新概念动态测试

New Concept Dynamic Test

祖 静 马铁华 裴东兴 范锦彪 著

国防工業出版社

·北京·

图书在版编目(CIP)数据

新概念动态测试/祖静等著.—北京:国防工业出版社,2016.9

ISBN 978-7-118-10775-3

Ⅰ.①新… Ⅱ.①祖… Ⅲ.①武器—动态测试 Ⅳ.①TJ06

中国版本图书馆 CIP 数据核字(2016)第 070259 号

※

国防工业出版社出版发行

(北京市海淀区紫竹院南路 23 号 邮政编码 100048)

腾飞印务有限公司印刷

新华书店经售

*

开本 710×1000 1/16 **印张** 29¾ **字数** 595 千字

2016 年 9 月第 1 版第 1 次印刷 **印数** 1—3000 册 **定价** 169.00 元

(本书如有印装错误,我社负责调换)

国防书店:(010)88540777 发行邮购:(010)88540776

发行传真:(010)88540755 发行业务:(010)88540717

致　读　者

本书由国防科技图书出版基金资助出版。

国防科技图书出版工作是国防科技事业的一个重要方面。优秀的国防科技图书既是国防科技成果的一部分，又是国防科技水平的重要标志。为了促进国防科技和武器装备建设事业的发展，加强社会主义物质文明和精神文明建设，培养优秀科技人才，确保国防科技优秀图书的出版，原国防科工委于1988年初决定每年拨出专款，设立国防科技图书出版基金，成立评审委员会，扶持、审定出版国防科技优秀图书。

国防科技图书出版基金资助的对象是：

1. 在国防科学技术领域中，学术水平高，内容有创见，在学科上居领先地位的基础科学理论图书；在工程技术理论方面有突破的应用科学专著。

2. 学术思想新颖，内容具体、实用，对国防科技和武器装备发展具有较大推动作用的专著；密切结合国防现代化和武器装备现代化需要的高新技术内容的专著。

3. 有重要发展前景和有重大开拓使用价值，密切结合国防现代化和武器装备现代化需要的新工艺、新材料内容的专著。

4. 填补目前我国科技领域空白并具有军事应用前景的薄弱学科和边缘学科的科技图书。

国防科技图书出版基金评审委员会在总装备部的领导下开展工作，负责掌握出版基金的使用方向，评审受理的图书选题，决定资助的图书选题和资助金额，以及决定中断或取消资助等。经评审给予资助的图书，由总装备部国防工业出版社列选出版。

国防科技事业已经取得了举世瞩目的成就。国防科技图书承担着记载和弘扬这些成就，积累和传播科技知识的使命。在改革开放的新形势下，原国防科工委率先设立出版基金，扶持出版科技图书，这是一项具有深远意义的创举。此举势必促使国防科技图书的出版随着国防科技事业的发展更加兴旺。

设立出版基金是一件新生事物，是对出版工作的一项改革。因而，评审工作需要不断地摸索、认真地总结和及时地改进，这样，才能使有限的基金发挥出巨大的效能。评审工作更需要国防科技和武器装备建设战线广大科技工作者、专家、教授、以及社会各界朋友的热情支持。

让我们携起手来，为祖国昌盛、科技腾飞、出版繁荣而共同奋斗！

国防科技图书出版基金
评审委员会

序

我国兵器技术及其他国防科学技术长期存在仿制和“画、加、打”的落后局面，发展远远落后于西方发达国家，是我国武器技术发展的瓶颈。改革开放以后党中央提出独立创新发展国防科技，彻底改变“画、加、打”的落后局面。其中重要一条就是要发展现代动态测试技术。发达国家对我国长期技术封锁，某国曾对我国转让炮射导弹、末制导炮弹等生产技术，但是不转让测试技术。西方发达国家更是把可用于国防事业的科学仪器列为禁运之首。武器系统工作条件极为恶劣，高温、高压、高振动、高动态和瞬态性、恶劣电磁环境、高运动性等使武器系统的实时实况动态测试成为高难课题。

祖静教授和他所在的科研团队所提出的“新概念动态测试”就是针对恶劣环境下的信息获取问题，走我国独立自主发展国防科技的道路，总结出一套独特的在武器系统运动过程的恶劣环境中直接测取被测对象运动规律、在同样恶劣环境下进行溯源性校准、仪器系统在恶劣环境下可靠生存等理论和技术体系。提出了一种恶劣环境下的信息获取科学，研制出大量具有微体积、微功耗、微噪声、高适应性及实时性、高精度、高可靠性、高存活性、低的试验测试费用的测试仪器系统，广泛应用在武器系统的研制、生产验收、勤务、故障判别等动态测试的各个方面，对我国武器系统的创新发展起了重要作用。

本书是该团队近30年从事武器动态测试工作的理论总结，立足我国实际，具有独特特色，未见国内外有相同或相似的文献。本书所提出的理论和技术将进一步对我国的国防事业的发展起推进的作用。

2015年6月13日　于北京

序

我从1993年起就关注祖静教授领导的科研团队所进行的独创性的研究工作,1990年祖静把他们应用在炮膛内直接测取火炮发射的膛压曲线以及放置到发射中的弹丸上直接测取其动态参数这一类技术定名为“存储测试技术”,形成一个独特的理论体系,成为我国存储测试技术的奠基人。他的助手、学生张文栋在十多年实践的基础上,以《存储测试系统的设计理论及其应用》为题完成博士学位论文,论文以完整的理论体系、丰富的实践内容、前瞻的科学前景及对国防科技的贡献,获得1997年全国百篇优秀博士学位论文的荣誉。虽然我的研究领域不是测试技术,但我对他在科学研究中展露的科学思想很感兴趣。我曾把他们对电子测压蛋的研究的过程写入我先后发表的著作《科学研究的途径——一个指导教师的札记》和《藏绿斋札记(一)走近科学》中,作为技术研究途径的一个范例。祖静教授及其团队从实际需求出发,深入研究各种矛盾,上升到理论,创造性解决了存储测试的技术难题,形成了具有我国自己特色的体系。

进入21世纪,祖静和他的团队进一步深化对恶劣环境下动态信息获取科学的研究,对各种被测对象的运动规律的特点,测取这类动态信息的仪器必须具有的特性及其设计方法,极端恶劣的环境力对植入其中的测试仪器特性的影响,在模拟实际应用的恶劣环境中进行测试仪器的溯源性校准、测试仪器动态特性的溯源性校准及环境因子校准,测试仪器在恶劣环境下的存活性,以及测试仪器的微型化、微功耗、微噪声、高精度、高适应性、高存活性等独特的研究归结为一个新的命题——“新概念动态测试”,成为恶劣环境下的信息获取的科学,并付之于实践,为国防建设做了大量的有关测试技术的工作,做出了杰出的贡献。

祖静教授是我的师兄,他一生坎坷而辉煌的经历令我由衷钦佩,他对科学事业的执着和奋斗精神是我学习的榜样。“电子测压蛋”在20世纪90年代,就获得了国家发明二等奖的荣誉,但他从不满足于所取得的成就,和他的团队同志们一直不停在探索动态测试的新问题和新概念,《新概念动态测试》一书是他们近30年来研究工作的总结。我对他们勇于探索科学问题,敢于建立具有自己特色的学派体系表示钦佩和支持。祖静教授告诉我,他们的这本书的一些学术观点也许会引起学术界的争论,但我认为这是好事,科学真理愈辩愈明,将会推动动态测试技术更大的发展。我深信,本书所涉及的研究对我国国防事业的发展将会起更大的推动作用。是为序。

周立伟

2015年6月8日

序

我近十几年担任电子测试技术国家级重点实验室的学术委员会主任之职，对重点实验室的工作深有了解。实验室中北大学分部的学术方向是动态测试技术，祖静教授是该方向的创始人，祖静领导的团队是其中的“恶劣环境下的信息获取科学”方向，新著《新概念动态测试》是该方向几十年研究工作的总结和凝练。

本书研究国防科技中必需的将测试仪器直接放入被测体内或被测环境中，在被测对象实际运动的过程中实时实况地高精度测取其动态参数，测试仪器需承受高温、高压、高冲击、恶劣电磁环境等极端恶劣环境力的作用等相关的科学命题。在测试系统动态特性设计和对恶劣环境的适应性设计、恶劣环境下应用的仪器系统的溯源性校准及动态特性的溯源性校准、恶劣环境下应用的仪器系统的存活性和可靠性等方面有独创性的论述。该团队研制出多种基于上述理论的独具特色的试验校准设备，并已付诸实用，成为该重点实验室的亮点。在火炮全弹道、爆炸冲击波及毁伤效果评估、硬目标侵彻、紧凑型运动机械、石油井下射孔压裂等多种恶劣环境下的动态测试领域、导弹、多种航天器的数据记录仪(黑匣子)等多方面得到广泛的应用，以测试精度高、记录信息可靠为特色。现已成为武器系统研制、生产验收、勤务等多方面不可或缺的技术，为我国国防科技突破发达国家封锁、创新发展做出了贡献，获多项国家级及省部级奖。

本书提出“动态测试仪器设计原理及环境适应性设计原理”、“测试技术是计量的延伸、动态测试是对运动着的对象的动态参数实时计量的过程”、“脉冲校准原理”、“恶劣环境下应用的仪器在模拟应用环境下的溯源性校准原理”、“仪器动态特性的准 δ 校准原理”、“恶劣环境下应用的仪器的存活性设计原理”，以及本书的命名《新概念动态测试》等学术观点供学术界讨论，是一种科学学风，将促进我国仪器科学与动态测试科学技术的发展。

本书立足我国国情，理论立足于指导实践，独具特色，是恶劣环境下的信息获取科学，未见国内外有相同或相近的文献报道。

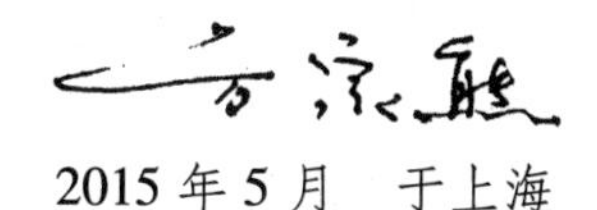

2015 年 5 月　于上海

自　序

动态测试的概念源于国际计量局(BIPM)、国际电工委员会(IEC)、国际标准化组织(ISO)、国际法制计量组织(OIML)联合制定的《国际通用计量学基本名词》。其“动态测试”的定义是“量的瞬时值及其随时间变化的值的确定”。这个定义中没有限定“量的瞬时值及其随时间变化的值”是怎样获得的。目前所有有关动态测试的论述都是基于这个定义,并默认测试仪器放置在被测对象或环境之外来获取动态信息,只分析测试仪器对被测动态参量的响应,而不考虑动态环境参量对测试仪器的影响。

然而在现代武器系统测试实践中,必须经常把测试仪器系统放置到被测体内或被测场内,测试仪器系统将受到和被测对象相同的极其强烈的动态环境参量的作用,如高温(瞬时高温可达2000℃以上)、高压(可达1000MPa)、高冲击加速度(可达200000g)、高速(可达2000m/s)。这些动态环境参量对仪器系统的影响不容忽略,甚至会造成仪器系统的损坏。被测过程经常是高瞬态性过程(全过程在毫秒、微秒量级,甚至至纳秒量级,有陡峭的前沿和复杂多变的过程)。并且,武器系统的研究对被测参量的测量精度要求甚高。

针对上述情况,本书提出“测试是计量的延伸,动态测试是对瞬态或动态过程变化参量进行实时计量的过程,新概念动态测试是对于这一实时计量过程的综合研究”的观点,并在以下5个方面进行了研究:①研究了针对瞬态量精确测量的测试系统静、动态特性设计原理,提出单纯以测试系统幅频特性的不平直度及其在频率域的宽度作为评价系统动态特性优劣的标准不够客观,而应当以该测试系统测量某类具体信号的动态不确定度估计为评价其动态特性的标准;②研究了测试系统(仪器)对被测对象、被测环境及被测过程的适应性设计原理;③研究了仪器系统静、动态特性校准的脉冲校准原理,恶劣环境下应用的仪器系统在模拟应用环境下的溯源性校准的原理和方法,及动态特性准Δ校准原理和方法,环境因子校准等理论和技术,实现了对应用在恶劣环境下的测试系统静、动态不确定度综合评定;④研究了仪器系统在恶劣环境下的存活性问题;⑤研究了多种具体应用场合的测试原理和技术。

本书的研究内容丰富了恶劣环境下信息获取科学,是有关动态测试的一种新概念。仅仅用表达测试仪器放置位置或方式的词(如植入式“embeded”或弹载式“onboard”）不能表达其完整内涵。

本书定名为《新概念动态测试》，作为有关动态测试诸多著作的补充。希望在学界同仁中引起批评和争论，得到大家的批评指正，共同为我国动态测试技术的提高做出贡献。

20世纪80年代以来，北京航空航天大学黄俊钦在著作《测试系统动力学》中对测试系统的动力学特性进行了深入分析，南京理工大学朱明武等的两本教材《动态测量原理》、《测试信号处理与分析》，从原理上和信号处理角度对动态测试的基本理论进行了探讨，都对动态测试有指导性的意义。

本书是作者所在科研团队30余年从事武器系统动态测试技术实践与理论研究的总结。本书作者的科研团队从20世纪80年代初开始从事武器系统的动态测试工作，紧跟现代电子技术和微型计算机技术的发展，研究把测试仪器集成微型化为可放置到被测体或被测环境中，在被测对象实际运动的过程中直接测取和记录存储其动态参数的命题。研究了放置于炮膛内直接测取火炮膛压曲线的“电子测压蛋”（现定名为“放入式电子测压器”）和放置于发射过程中的弹丸上直接测取弹丸在全弹道动态参数的“引信膛内、飞行、终点环境测试技术”（后更名为“弹载全弹道动态参数快速存储测试装置”）等两个项目，获得了成功，分别于20世纪90年代获得国家发明二等奖和三等奖。20世纪80年代末期开展了“石油井下高能气体压裂过程动态参数（$p-t$ 曲线）测试”和“导弹实射信息电子存储器——智能导弹黑匣子”技术研究工作。1990年祖静在中国电子学会主办的“第一届电子技术应用研讨会”上以《存储测试技术》为题发表公开论文，把这种利用电子存储器组成的、直接放置于被测体或被测环境中、在被测对象实际运动的过程中实时实况地测量和记录其动态参数的测试技术命名为“存储测试技术”。对它的组成原理、特性等进行了深入探讨，有关理论主要用于研究生和本科生的教学，也发表了一些论文。1995年，由北京理工大学马宝华教授担任导师、祖静教授担任副导师的张文栋（教授）完成了博士学位论文《存储测试系统的设计理论及其应用》，基于信息理论对存储测试系统的设计问题进行了深入分析，首次提出利用数据实时压缩技术实现自适应采样的想法，特别是对在战略导弹上的应用进行了论述，这篇论文获评为“1997年全国百篇优秀博士学位论文”，随后又撰写了同名的学术著作，在北京高等教育出版社出版发行。20世纪90年代，作者所在科研团队继续深入研究已经开展的科研课题，并开始探讨坦克装甲车辆等封闭体中关重部件动态参数的实时实况测试问题、战斗部爆炸冲击波场及毁伤威力测试问题以及其他一系列的应用课题。存储测试技术逐步在武器的动态测试领域得到广泛应用。

进入21世纪，为更好地满足国防科技对动态测试的更高要求，作者所在科研团队对恶劣环境下动态信息获取原理、恶劣环境下应用的仪器的校准原理、仪器在恶劣环境下的存活性，以及多种具体场合下的测试原理和技术进行了深入研究。在电子测试技术国家级重点实验室拓展提高基金支持下，研制了多种武器动态测试技术研究和校准设备，包括：为研究火炮膛压测试技术的模拟膛压发生器准静态溯源性校准系统；高压传感器动态特性的预加高压的准δ脉冲校准系统；为战斗部侵彻过程研究的空气炮试验校准系统，系列加速度传感器静、动态特性校准系统；爆炸冲击波测试装置研究和校准的激波管系统；油井测压器准静态校准的模拟油井准静态校准系统等。形成了独特的恶劣环境下应用的仪器系统校准理论和技术装备。基于以上研究，作者提出了"新概念动态测试"的概念。作者曾多次在国内外有关会议提出这些观点，并于2006年—2008年连续三年在美国国家标准局组织的测量科学研讨会（MSC）上发表关于新概念动态测试的论文，并主持该会议的动态参量校准分会场。广泛听取学界对这个名称的意见。本书所提论点都经由作者所在团队及博士研究生从理论上和实践上给以分析和论证。新概念动态测试理论和技术体系得以建立并不断完善，是仪器科学、电子科学、计算机科学、信息科学、兵器科学、力学及物理学等多学科综合发展的结果，是在武器系统极端恶劣环境下对有关动态测试理论的应用，是恶劣环境下的信息获取科学。

本书全部由作者团队和在某个方面有研究的博士编写而成。祖静教授30多年来从事武器动态测试技术研究，长期担任科研团队的学术带头人，提出了相关的学术命题，制定了本书的编写大纲。作者中大部分是祖静教授的学生，本书的自序由祖静教授和马铁华教授写成。

本书第一篇讲述新概念动态测试原理，绪论、第1章"新概念动态测试系统的组成原理"、第2章"新概念动态测试的适应性研究"、第3章"新概念动态测试的校准技术"由祖静教授执笔，第4章"高冲击条件下测试装置的存活性研究"由徐鹏博士（教授）执笔；第二篇讲述新概念动态测试应用，第5章"火炮发射膛压测试和弹底压力测试技术"由张瑜博士（副教授）执笔，第6章"飞行弹簧全弹道参数测试技术"由裴东兴博士（教授）和沈大伟（博士研究生）执笔，第7章"高速碰撞侵彻过程测试技术"由范锦彪博士（教授）执笔，第8章"战斗部爆炸冲击波及其毁伤参数测试技术"由杜红棉博士（副教授）和尤文斌博士（副教授）执笔，第9章"石油井下动态参数测试技术"由崔春生博士、裴东兴博士（教授）执笔，第10章"运动机械测试技术"由靳鸿博士（教授）、谢锐博士执笔，第11章"弹载记录仪（黑匣子）技术"由李锦明博士（副教授）执笔。

马铁华博士（教授）现在是本科研团队的负责人，他统编了全书，对全书和每一章都提出了关键性的指导意见，对每一个具体测试项目都提出了有创见性的意见。

承蒙朵英贤、周立伟、方家熊三位中国工程院院士为本书题写序言，从不同角度出发，高屋建瓴，指出书中的创意与不足，使本书增辉。本科研团队深受教益和鼓舞。在此向三位院士表示最崇高的敬意和最深切的谢意。

祖静

目　　录

第二篇 新概念动态测试应用

Contents

绪　　论

著名科学家王大珩语:“仪器是认识世界的工具,机器是改造世界的工具,改造世界是以认识世界为前提的”,“测试技术是信息的源头技术”。

0.1　新概念动态测试产生的背景及历史沿革

1. 国防科技发展对测试技术日益增长的需求

近年来各种新武器不断涌现,射程、打击精度、毁伤能力成倍数提高,研制周期越来越短,单件成本越来越高,对测试技术提出了更为苛刻的要求:能在一次试验中准确判断本次试验成功是由于所有有关的零部件的工作符合预设的要求,相反,本次试验失败是由于原设计中某些不合理因素或某个部件没有按照预定规律运动的结果;能在恶劣环境和复杂的运动规律下实时实况地精确地测试运动全过程的动态参数;能用少量试验样本取得所需的数据;能对各种高、新技术武器系统及时地提供适合的测试技术。而在动态测试工作中目前还普遍存在“测不着”、“测不准”、“不可靠”的技术难题。面对这样严格的要求,为解决动态测试的这些难题,提出了“新概念动态测试”,研制了一些新的测试技术。

测试是计量的延伸,动态测试是对动态或瞬态变化过程的动态参数的计量过程。计量是法规,是所有制造业、商业、服务业、科学研究等活动必须遵循的标准。新概念动态测试就是要做到在恶劣环境下的动态测试能够符合计量的标准,能对武器研制者提供可信的客观的评价和帮助,这是本书作者们工作的目标。

2. 新概念动态测试的历史沿革

我国长期受到西方发达国家(含日本)的封锁和制裁,国防技术装备研制长期仿制前苏联的产品,研制过程处于“画、加、打”的落后状态,研制周期长,成本高,水平低,测试技术是国防科技发展的“瓶颈”。本书作者从 20 世纪 80 年代开始研制“电子测压蛋”,模仿应用超过百年的基于铜柱(铜球)塑性变形机理的铜柱(铜球)测压蛋(附带说一句,美国陆军试验规程至今规定以铜柱(球)测压法和引线电测法为火炮膛压测试的基本方法),将测压用电子仪器及存储器微型化组合放置到坚硬的外壳中,直接放入火炮炮膛中测取火炮发射的膛压过程;同时与兵器 212 研究所的梁燕熙研究员等共同研究“引信膛内、飞行、终点环境测试技术”项目,将测量加速度用的电子仪器及存储器微型化组合放置在炮弹的引信位置测取其全过程的动态参数。这两项技术都获得成功,开辟了应用电子存储技术直接在恶劣环境下运动着的武器系统中测取其动态参数的新路。1989 年,国防科工委要求研究废弹药利用工程中的石油井下压裂过程超压测试技术及重型反坦克导弹的电子黑匣子技术。1990 年作者将所有这些研究归类为利用电子存储器实时实况地在武器系统或工业对象运动过程中测取其运动动态参数的测试技术,探讨了其特点和特殊的设计原理,命名为《存储测试技术》,在电子学会举办的“第一届电子技术应用研讨会”上,以“存储测试技术”为题名发表公开论文[1],第一次提出“存储测试技术”的命题。1995 年张文栋在本课题组研究的基础上以《存储测试系统的设计理论及其应用》[2]为题完成了博士学位论文,该论文获评为 1997 年国家优秀百篇博士学位论文,并出版专著《存储测试系统的设计理论及其应用》[3]。21 世纪开始,作者及所在科研团队和博士研究生在 20 世纪 90 年代后期及 21 世纪开始的研究的基础上,学习了北京航空航天大学黄俊钦教授的专著《测试系统动力学》,深入研究了有关的动态测试理论、恶劣环境下应用的测试系统的校准原理和方法、测试装置的存活性等问题,从事了大量的工程实践,深感用现有动态测试理论不能全面解决恶劣环境下应用的国防科技的特殊问题。现有的动态测试理论是基于国际计量局(BIPM)、国际电工委员会(IEC)、国际标准化组织(ISO)、国际法制计量组织(OIML)联合制定的《国际通用计量学基本名词》,对动态测试定义为“量的瞬时值及其随时间变化的值的确定”,在这个定义的基础上,学者们对动态信号的获取、动态信号的处理、动态误差的确定等多个方面发表了很深入、很完备的理论和技术,而且不断有新的研究推出,对动态测试工作有重要的指导意义。但是,这个定义和现有的动态测试理论没有研究将测试仪器系统置身于恶劣环境之中产生的特殊问题。近年来也有一些文献报道将测试仪器嵌入被测对象的嵌入式测试系统(embaded testing system)和将测试仪器放置在被测对象中的弹载测试系统(on-board testing system),这些报道主要涉及测试仪器放置的位置问题,没有涉及仪器放置在被测对象或被测环境中受到恶劣动态环境参量作用而产生的深层次的问题。而本书作者们所研究的是动态测试的一个新的概念,是怎样能够在国防科技中大量存在的仪器系统必须放置在被测体上或被测环境中承受极端恶劣动态环境参量作用下获得准确的动态测试信号,对瞬态变化的信号实现准确测量的仪器的设计方法,对武器系统复杂运动规律的适应性,在恶劣环境下仪器系统的存活性和可靠性等问题。因而在“存储测试技术”的基础上进一步提出了“新概念动态测试”的概念,在国内外学术会议上与学者们广泛交流,研制了一系列在恶劣环境下对测试装置进行溯源性校准和测试装置存活性考核及动态特性校准的装备,进一步开发了各种恶劣环境中应用的测试系统。本书就是这些学术观点的总结。图 0-1 简述了新概念动态测试的发展历程。

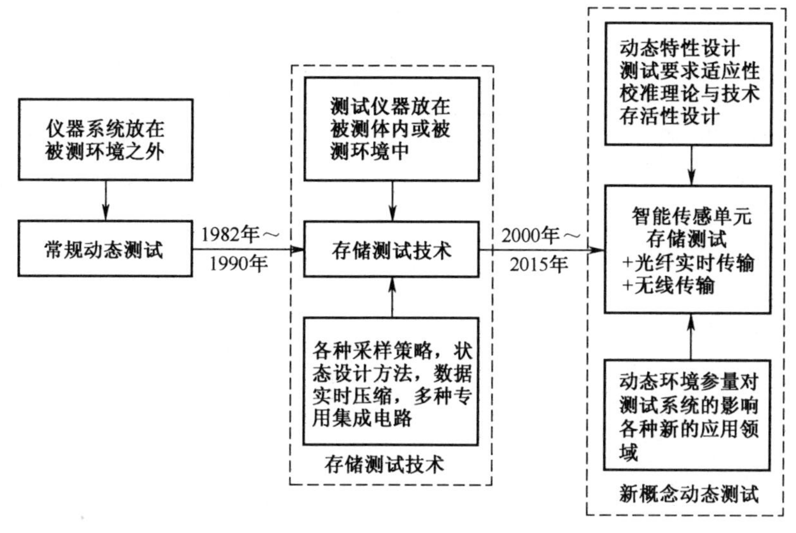

图 0-1　新概念动态测试的发展历程

0.2　新概念动态测试的定义、研究内容及与通常意义上的动态测试的区别

1. 新概念动态测试的定义和研究内容

将测试仪器系统直接放置在实际运动着的被测体内或被测环境中,仪器系统在承受与被测对象相同的极其恶劣的动态环境参量的作用的条件下实时实况地准确地获取其动态参数的动态测试技术,研究:测试系统针对瞬态变化信号无损测试的动态特性设计;测试系统对被测体复杂运动规律的适应性;恶劣的动态环境参量对测试系统的作用和影响及在恶劣环境下仪器系统的静、动态特性与计量标准接轨的校准原理与方法;测试系统在恶劣环境下的存活性和可靠性;各种具体被测对象运动过程的测试技术的理论和技术。新概念动态测试是恶劣环境下的信息获取科学。

2. 与通常意义上的动态测试的区别

被测信号都是动态的。通常意义上的动态测试的仪器系统置身于被测环境之外,不受恶劣动态环境参量的影响,测试仪器的体积、质量一般不受限制,测试过程常常是模拟的。新概念动态测试的测试仪器系统置身于被测体上或被测环境之中,承受与被测体或被测环境相同的恶劣的动态环境参量的作用,动态环境参量将影响测试仪器系统的性能，损坏甚至摧毁测试仪器系统。表0-1从七个比较项上表述新概念动态测试与通常意义上的动态测试的异同。

表0-1 新概念动态测试与通常意义上的动态测试的异同

比较项	通常意义动态测试	新概念动态测试
信号	动态	动态
测试仪器系统放置位置	被测体或被测环境之外	被测体或被测环境之中
动态环境参量对测试仪器系统性能的影响	无	直接强烈地影响，以环境因子表述
仪器系统对恶劣环境的抵抗力要求	无	十分严格要求仪器系统的存活性和可靠性
对测试仪器系统体积、质量、质心的要求	无	常常有非常苛刻的要求，决不允许影响被测体的运动规律
校准方法	常规校准理论和方法	特有校准理论和方法： 1. 脉冲校准原理； 2. 在模拟应用环境下的准静态校准； 3. 准δ动态校准； 4. 环境因子校准
测试方法及测试仪器的适应性	多为模拟法，无适应性要求	实时实况测试法，仪器系统必须适应被测对象的运动规律

3. 测试信号的信号图示和数学表述[4]

常规意义上的动态测试的信号流如图0-2及式(0-1)所示。

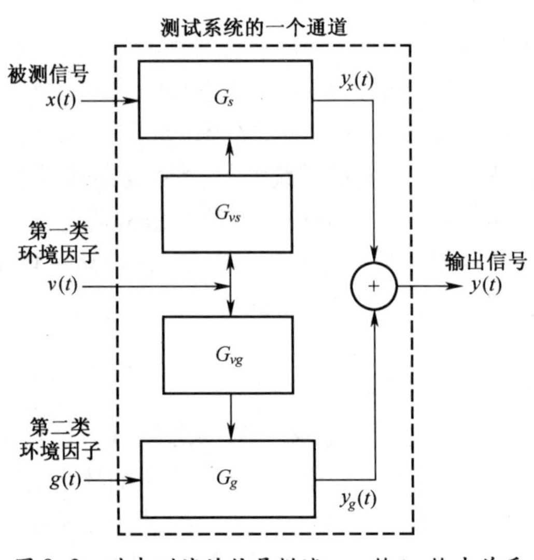

图0-2 动态测试的信号描述——输入-输出关系

图 0-2 中：$x(t)$是被测信号，通过信号系统特性 G_s输出 $y_x(t)$；$v(t)$是第一类环境因子，是一种调变信号，通过 G_{vs}调变 G_S，通过 G_{vg}调变 G_g；$g(t)$是第二类环境因子，是干扰信号，通过干扰特性 G_g直接输出 $y_g(t)$；$y_x(t)$与 $y_g(t)$合成为输出信号 $y(t)$。

常规动态测试的信号数学表述为[4]

$$y(t)=F(x(t),v(t),g(t),G_s,G_{vs},G_g,G_{vg}) \tag{0-1}$$

图 0-2 和式(0-1)中：G_s可通过校准得到测试系统的灵敏度函数及其不确定度；G_g也可以通过输入不同的 $g(t)$得到系统对 $g(t)$的灵敏度函数及其不确定度；G_{vs}、G_{vg}是第一类环境因子 $v(t)$调变信号系统特性 G_s及第二类环境因子干扰特性 G_g的调变函数，要建立其函数关系是很复杂的。

在新概念动态测试中，$v(t)$和 $g(t)$可能非常大，例如进行火炮膛压测试时，放入式电子测压器使用时放在火炮膛内，在炽燃的火药中测取实时的膛压信号，受到 2000℃以上的短时（毫秒量级）高温热冲击，壳体受到可达 700MPa 的动态压力，还要按照军标规定事先经过-40℃、20℃及 55℃长时间保温，这些环境因子很难一个一个得到它的调变函数。又例如测试火炮内弹道期间弹底压力的测试系统要装在弹丸上，其压力传感器要在受到高压作用时同时受到可高达 50000g 的加速度作用，必须得到压力测试系统在受到高压作用下的干扰特性 G_g。但是，直接安装到被测体内或被测环境中的仪器系统是由多个部件组成的测试系统，目前还不能逐一研究出它们受动态环境参量影响的函数关系，为此，新概念动态测试提出对组装成的仪器系统整体逐一在“模拟应用环境下进行校准”的理论，和“放入式电子测压器模拟膛压发生器准静态校准”的概念和相应的技术。直接在与火炮相同的高温高压环境下，对经过不同保温条件的放入式电子测压器进行准静态校准，得到三种保温条件下的灵敏度函数 G_{sv}和不确定度，这个灵敏度函数已经包含了“恶劣的高温高压环境”及“三种保温条件”两种 $v(t)$的调变结果。对弹底压力测试系统，研制一种在加压条件下的加速度灵敏度校准技术，得到更为实用的加速度灵敏度函数 G_{gv}。这样就把第一类环境因子 $v(t)$和第二类环境因子 $g(t)$的作用包含在准静态校准过程中。此外，还要考虑：测试过程中对装到被测体上的测试装置的质量、体积、质心等特殊要求；测试装置的采样策略能否适应被测对象的复杂运动规律；测试装置能否在极端恶劣环境下存活；测试装置的布设和布局是否符合测试要求；等等。基于上述，把式(0-1)改为

$$
\left.\begin{array}{l}
y(t)=\begin{cases} F(x(t),g(t),G_{\mathrm{sv}},G_{\mathrm{gv}}) & \text{如 } Cal \wedge Sur \wedge Ada = 1 \\ \text{不完美甚至失败} & \text{如 } Cal \wedge Sur \wedge Ada \neq 1 \end{cases} \\
Cal = Cal_{\mathrm{envirtr}} \wedge Cal_{\mathrm{dyn}} \\
\quad Cal_{\mathrm{envirtr}} = [0,1]; Cal_{\mathrm{dyn}} = [0,1] \\
Sur = [0,1] \\
Ada = Sat_{\mathrm{mass}} \wedge Sat_{\mathrm{vol}} \wedge Sat_{\mathrm{cen\ of\ grav}} \wedge Sat_{\mathrm{pos}} \wedge Sat_{\mathrm{sst}} \\
\quad Sat_{\mathrm{mass}} = [0,1]; Sat_{\mathrm{vol}} = [0,1]; Sat_{\mathrm{sst}} = [0,1] \\
\quad Sat_{\mathrm{cen\ of\ grav}} = [0,1]; Sat_{\mathrm{pos}} = [0,1]
\end{array}\right\} \tag{0-2}
$$

式(0-2)与式(0-1)的区别有两点。首先第一类环境因子调变信号 $v(t)$ 在应用环境下准静态校准时已经充分加载，系统灵敏度函数 G_s 是已经是经 G_{vs} 调变后的 G_{sv}，G_g（如果有的话）也已经是经 G_{vg} 调变后的 G_{gv}。其次，式(0-2)是一个 Cal∧Sur∧Ada=1 才能成立的条件函数，其中：Cal 是校准条件，由两个子条件相与，只有经过模拟应用环境下的准静态校准（溯源性校准）$\mathrm{Cal}_{\mathrm{envirtr}}=1$（子条件 1）与动态特性校准 $\mathrm{Cal}_{\mathrm{dyn}}=1$（子条件 2）同时成立，才有 Cal=1；Sur 是存活性条件，只有测试系统在恶劣环境下能够存活（保持功能正常）才有 Sur=1；Ada 是适应性条件，由 5 个子条件相与，测试装置的质量满足弹载条件 $\mathrm{Sat}_{\mathrm{mass}}=1$（子条件 1）、体积满足弹载条件 $\mathrm{Sat}_{\mathrm{vol}}=1$（子条件 2）、对弹丸质心的影响满足弹载条件 $\mathrm{Sat}_{\mathrm{cen\ of\ grav}}=1$（子条件 3）、测试系统（主要指传感器）布设和布局合理 $\mathrm{Sat}_{\mathrm{pos}}=1$（子条件 4）及采样策略符合被测体运动规律 $\mathrm{Sat}_{\mathrm{sst}}=1$（子条件 5），这几个条件都能满足，才有 Ada=1。这 3 个条件都满足，才能得出本次测试有效这个结论。式(0-2)中的诸元，是对新概念动态测试的要求及新概念动态测试要研究的各个问题。

0.3 新概念动态测试的主要测试对象和主要采用的测试技术

1. 新概念动态测试的主要测试对象

炮弹、导弹、运载火箭等在全弹道过程中的动态参数及其相互关系；几千米深的石油井下射孔、压裂及生产过程的动态参数；火炮发射的膛压或弹底压力及火炮结构的动载荷参数；坦克、装甲车辆及各种运动体运动过程的动态参数；内燃机活塞、曲轴、传动部件在工作过程的应力、温度、扭矩、振动等动态参数；战斗部爆炸冲击波场，对舰船、工事、楼宇等各种目标的毁伤作用及其评估；弹丸高速碰撞及侵彻硬目标（混凝土工事、装甲等）过程的动态参数；子母弹抛撒规律的动态参数；水中兵器的各种动态参数；各种导弹、航天器的数据记录仪（黑匣子）；等等。高温、高压、高冲击、实际运动过程的各种动态参数的实时实况测试，是新概念动态测试最显著的特色。

2. 新概念动态测试主要采用的测试技术

为尽可能减小体积、质量，便于配合被测体重心调配，新概念动态测试采用如图 0-3 所示的构架，采用虚拟仪器结构，把大量与信号采集过程无直接关系的部分尽可能放在地面，通过有线、无线、光通道等传递控制和信息。新概念动态测试装置的坚强的全封闭外壳，把从传感器到记录仪整个信号链完全屏蔽，成为智能传感单元，使测试数据免除了外界噪声的干扰，在测试系统的静、动态特性设计上能满足被测信号瞬态性的要求，摒除测试系统内部构建的自有谐振，经过在恶劣环境下静、动态溯源性校准，所得测试数据出人意外的“干净”和准确。

新概念动态测试主要采用存储测试技术、有时具有实时数据传输功能、无线遥测技术、近场遥测技术、激光测试技术、利用地磁场的测试技术等。

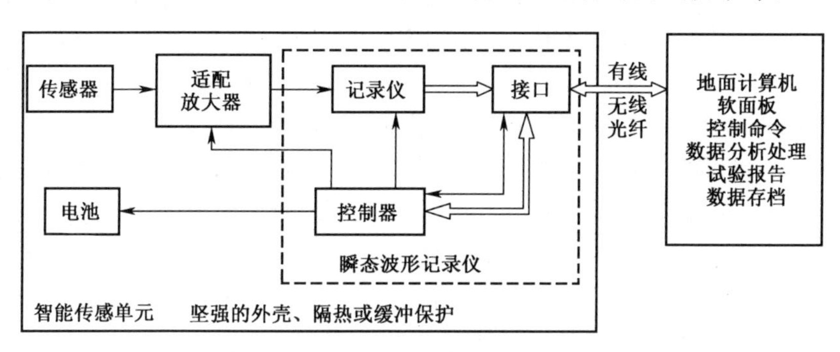

图 0-3　新概念动态测试系统组成框图

0.4　新概念动态测试面对的问题和主要研究课题及特点

1. 新概念动态测试面对的问题

国防科技所面临的问题往往是恶劣环境，高速、高温、高压、高冲击、高瞬态性、大跨距移动物体的测试问题，要求测试系统有高的存活性和可靠性，在恶劣环境下的高测试精度，而被测载体能给测试仪器系统的空间十分狭小，质量有严格限制，不能影响被测载体的运动参数，可靠的测试数据回收，等等。

2. 新概念动态测试研究的主要课题

新概念动态测试面临恶劣的测试环境，苛刻的测试要求，主要研究以下几个方面。

(1) 动态测试系统的设计原理——‘测得着’问题、可测性问题、信息获取问题。包括：各种被测对象的运动规律及信号特点分析；测试系统对瞬变信号的适应性和对内部自由振荡的抑制性的静、动态特性的设计原理；贴切的测试系统的布局(topology)和布设(position)；适应被测信号变化的多种多样采样策略；适应复杂测试要求的仪器功能结构；微型化、微功耗、微体积及抗恶劣环境的能力；装置和数据的可靠回收；等等。(本书第1、2章)

(2) 在恶劣的运动环境下的高测试精度——"测得准"问题、测试结果的可信性问题。新概念动态测试提出："测试是计量的延伸，动态测试是对动态或瞬态变化过程的动态参数的计量过程"，所有测试仪器都必须经过溯源性校准，处于恶劣环境中使用的仪器必须在相当的恶劣环境中进行溯源性校准。在新概念动态测试的校准技术研究方面包括：仪器动态特性高精度的设计原理；专门的校准原理和技术，包括脉冲校准原理、模拟恶劣的应用环境下的准静态校准原理(溯源性校准)和技术、动态特性的溯源性校准原理(准δ校准)和技术、环境因子校准问题；等等。经这样处理过的测试系统所得到的测试结果是可信的，经得起考核和推敲。脉冲校准原理探讨了恶劣环境下应用的测试系统的准静态校准和动态校准的相关准则。准静态校准：为了实现测试系统的溯源性校准，准静态校准的目的是得到动态测试系统的灵敏度函数及其不确定度及针对某仪器系统所需要的激励脉冲最小宽度问题——宽脉冲校准准则；模拟应用环境下的准静态校准是在模拟的恶劣应用环境条件下实现溯源性校准，得到仪器系统在恶劣环境下应用时的灵敏度函数。动态校准：测试系统动态校准的目的是获得其频域响应特性及针对某项测试对象的动态不确定度估计及针对某仪器系统的动态校准所需要的激励脉冲的最大宽度——窄脉校准冲准则。脉冲校准原理是研究模拟应用环境下校准、准δ校准及环境因子校准的理论基础。这些校准技术未见前人研究报道，作者的科研团队自主研制了成套的校准设备和技术(本书第3章)。

(3)动态测试系统的存活性和可靠性研究——可靠测试问题。包括高速撞击条件、爆炸冲击波条件、高压力条件、高温条件、油污条件、超强电磁干扰条件、核辐射条件等极端恶劣条件下的存活性和可靠性研究及测试装置和测试数据(信息)的可靠回收问题研究。

(4)各种具体测试技术研究，包括：瞬变高压力过程测试、瞬变高温过程测试(由作者所在电子测试技术国家级重点实验室周汉昌教授领导的团队进行了卓有成效的研究，本书未列入)、爆炸冲击波场及针对各种目标毁伤效果的测试和评估、高速撞击及硬目标侵彻过程测试、飞行体飞行过程动态参数测试、水中动态参数测试(本书未列入)、复杂控制过程监测、装甲车辆运动机构实况实时动态测试问题、石油井下动态参数测试问题、空间及深空探测测试问题(各种导弹黑匣子)等。

3. 新概念动态测试的主要特点

微体积、微功耗、微噪声、高适应性及实时性、高精度、高可靠性、高存活性、低的试验测试费用。合并可将其特点称为“三微、四高、一低”。多年来我国高技术受到发达国家的封锁和禁运,特别是测试技术,我国高新武器的发展受到瓶颈性制约,如某国对我国转让炮射导弹和末制导炮弹生产技术,但是不转让测试技术,我们只能自力更生,创新研究适合我国国情的测试技术,新概念动态测试是其中试验成本最低、测试精度最高、最可信的测试技术,为我国武器系统的发展做出了贡献。

0.5 本书的主要内容

本书共分为两篇,第一篇论述新概念动态测试原理,第二篇论述新概念动态测试的成功应用的各个领域。第一篇分4章:第1章新概念测试系统动态特性设计,从频率域探讨仪器的动态特性的研究方法与设计方法及动态不确定度的估计;第2章新概念动态测试的适应性研究,研究测试系统的布局与布设原则,怎样使测试系统的采样策略贴合被测对象复杂的运动规律,怎样实现微体积、微功耗、微噪声;第3章新概念动态测试的校准技术,提出脉冲校准原理,探讨模拟应用环境下的准静态校准(溯源性校准)的原理及技术,定义动态特性校准和实现动态特性校准(准δ校准)的原理和技术及第二类环境因子校准的原理和技术;第4章高冲击条件下测试装置的存活性研究,集中探讨高冲击(可达200000g)环境下测试仪器组成元(部件)的抗恶劣环境本征特性、提高存活性的技术和方法。

第二篇新概念动态测试应用,由长期直接参与研究实施该项应用技术的博士分别撰写。第5章论述火炮发射膛压测试和弹底压力测试技术;第6章论述全弹道参数测试技术,第7章论述高速撞击侵彻过程测试技术;第8章论述战斗部爆炸冲击波及其毁伤参数测试技术;第9章论述油气井下射孔压裂动态参数测试技术;第10章论述特殊环境下运动机械动态测试技术;第11章论述各种弹载记录仪(黑匣子)测试技术。

本书讲述的内容都是经过多次实践验证的,本书所提出的新概念动态测试原理和相关技术,经多次检索,除作者所在团队成员或研究生的论文外,未见相关报导。

0.6 新概念动态测试主要应用情况

以下介绍几种应用情况。

1. 火炮内弹道压力测试

膛底压力,采用放入式电子测压器,直接放入炮膛底部获国家发明二等奖,已制定国军标;弹底压力,类似放入式电子测压器,放置于弹丸上。放入式电子测压器直接放到火炮药室内,与发射药混在一起,在发射药燃烧过程中测取膛内的压力过程,承受火药燃烧的短时高温(可达2000℃以上)及可达700MPa的压力的作用。弹底压力测试装置要装置在弹体内,直接测量发射过程火药燃烧作用到弹底的压力,还要承受20000g~50000g的推力加速度的作用,终点时要承受10000g以上的阻力加速度的作用,在所测压力数据中含有高加速度的干扰信号(第二类环境因子),正确排除干扰信号,得到准确的弹底压力信号是本项测试的难点。本项研究成果已经在两个国家常规兵器试验场及研究单位普遍应用。图0-4示出22cm^3/600MPa放入式电子测压器。图0-5所示某加农榴弹炮同一发炮射导弹膛底压力和弹底压力曲线。

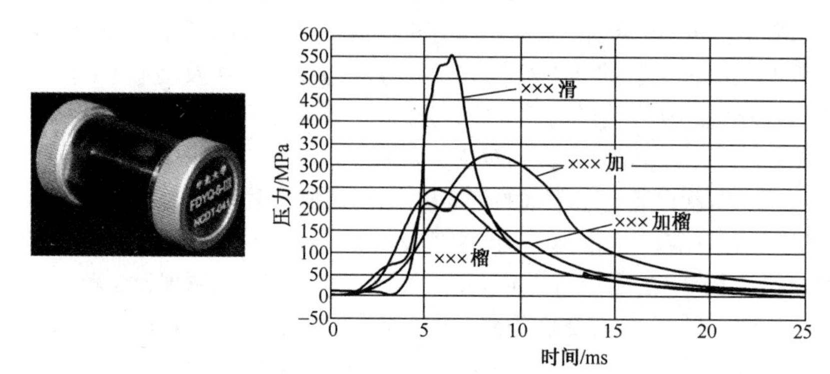

图0-4　放入式电子测压器及所测4种火炮膛压曲线(加榴)

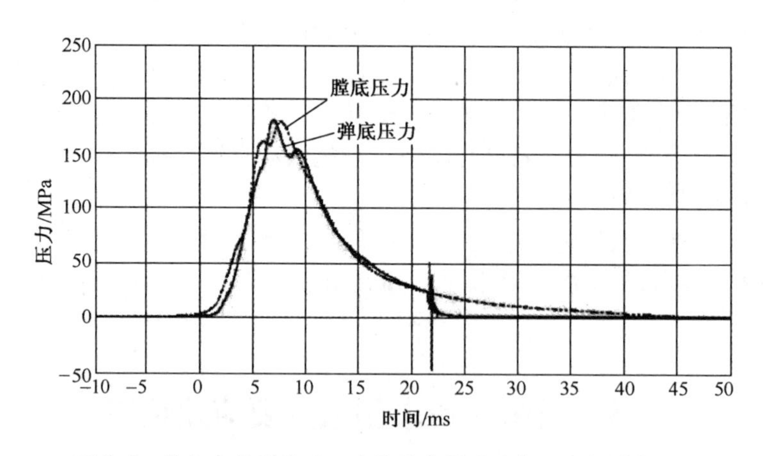

图0-5　某加农榴弹炮同一发炮射导弹的膛底压力和弹底压力

2. 全弹道测试(引信动态环境参量测试及其他相关测试)

获国家发明三等奖,已普遍应用。全弹道测试要经过复杂的动态环境参量过程,以火炮发射过程为例,在内弹道阶段(膛内),弹丸(含弹上测试装置)要经受 5000g~50000g 的推力加速度,持续时间为 10ms~30ms,转速迅速加速到 20000r/min;外弹道阶段,要受到 10g 以下的空气阻力加速度、较小的减旋阻力、章动和进动、一定的攻角过程,持续时间可达数秒至若干分钟;终点弹道阶段,可能是侵彻混凝土(负向加速度 20000g 左右,持续时间毫秒量级,可能为多层)、装甲钢板(负向加速度 50000g~300000g,持续时间微秒量级,可能为多层)、土地(负向加速度 5000g~10000g,持续时间毫秒量级)。弹上的测试装置要有完全的适应性,采用复杂多变的采样策略,能准确测试全弹道过程中的各阶段的动态信号,并且在这样恶劣动态环境参量的作用下保持完好,测外弹道动态环境参量的传感器必须能承受其额定量程几千倍的高过载,在高过载后要能迅速恢复,保持应有的测量精度。全弹道测试长期以来是测试工作中的"瓶颈"。图 0-6 所示为某引信全弹道测试装置,图 0-7 所示某加榴炮弹引信部位在内弹道和中间弹道段的实测数据,图 0-8 所示为其外弹道段的实测数据图 0-7 和图 0-8 中,地磁信号以 ADC("ADC"是模拟—数字转换器)输出的值表述。

图 0-6　引信全弹道动态环境参量测试装置

3. 高速撞击及侵彻过程测试

钻地弹、针对坦克主装甲的杆式穿甲弹、反舰艇、反航母主装甲并多层侵彻等动能型战斗部是近年来攻击型弹药发展的一个重点方向,撞击和侵彻过程的动态参数对战斗部设计、炸药安定性研究、引信研制都十分重要。其主要特点是高冲击加速度过程,对混凝土目标的撞击和侵彻可达 30000g,对厚钢板目标可达 100000g 以上,测试装置必须安装到弹丸上,能承受同样的冲击加速度的作用,是这种测试技术的一个难点,研制和选用合适的高量程高精度传感器及

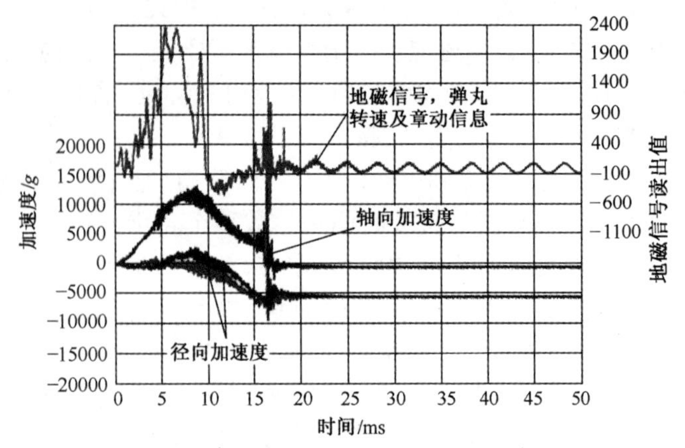

图 0-7 引信动态环境参量测试全弹道信号,膛内及中间弹道测试数据

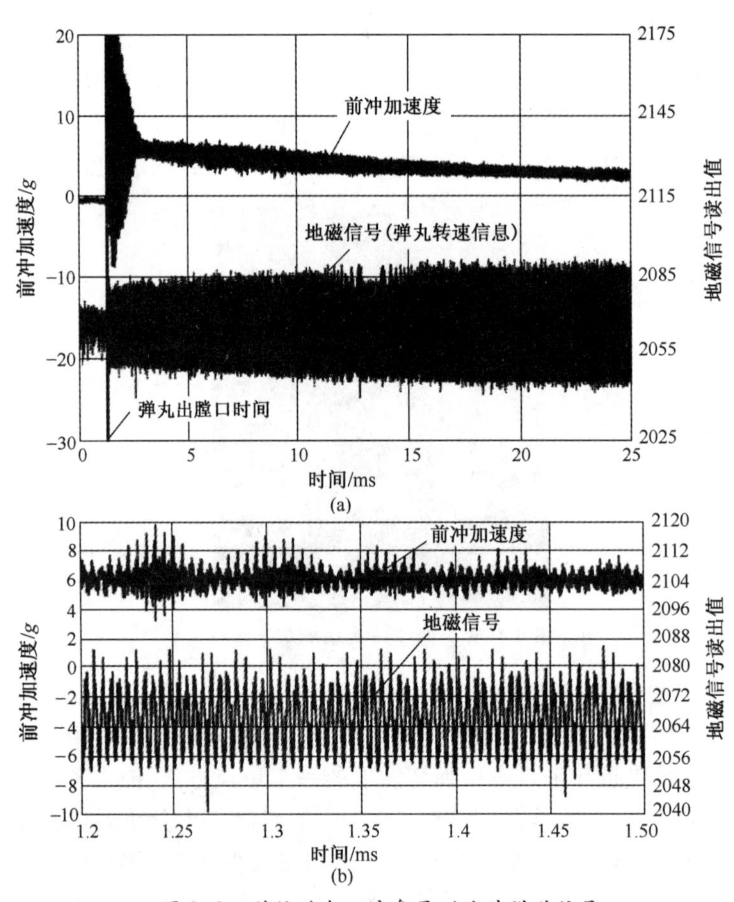

图 0-8 引信动态环境参量测试外弹道信号

(a)全弹道减速度及转速信号;(b)全弹道减速度及转速信号展开图。

根据测试要求布局和布设是另一个研究的主题(本书第 2 章及第 7 章有详尽论述)。杆式穿甲弹无法安装测试装置,据报道有采用在被侵彻装甲的背面测试侵彻过程的应力波的方法计算侵彻过程,这一方法本科研团队没有研究。图 0-9 所示现在使用的测试装置及所测侵彻三层混凝土目标的实测加速度曲线,图 0-10 示出对集成电路芯片型 120000g 量程 MEMS 加速度传感器的组装过程。

(a)

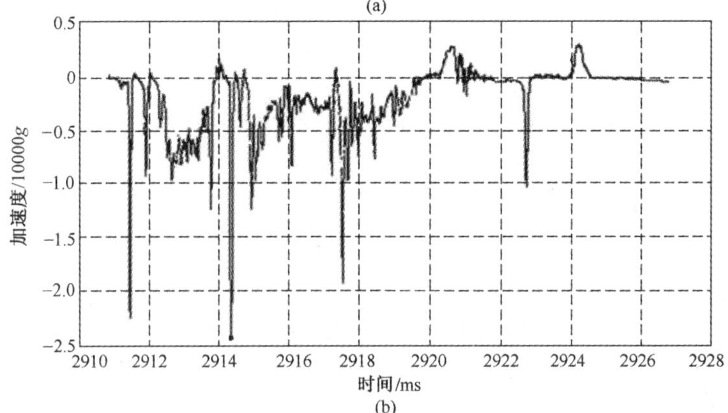

(b)

图 0-9　高速撞击过程测试装置及侵彻 3 层混凝土靶板停止在土堆的加速度信号
(a)测试装置;(b)加速度信号。

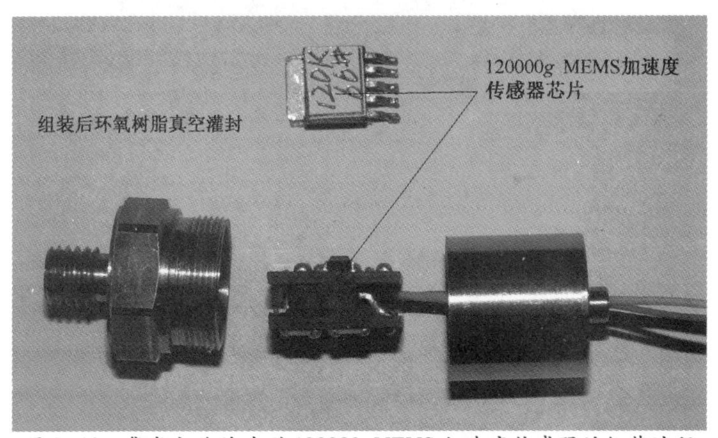

图 0-10　集成电路芯片型 120000gMEMS 加速度传感器的组装过程

4. 爆炸冲击波测试

爆炸冲击波测试过程是测量爆炸形成的空气激波过程,不是爆炸近场爆炸产物形成的高速高压压力波的测试。爆炸冲击波呈球形超声速传播。经常伴有弹片或预置杀伤物以超过冲击波传播速度高速飞行,这些飞行物也伴随着幅值较小的空气激波。爆炸冲击波是爆炸过程对目标破坏或人员杀伤的主要作用源,爆炸冲击波测试是弹药作用威力评估的主要手段。爆炸冲击波是空气激波,其波面前沿十分陡峭(纳秒量级),信号频谱有丰富的高频段,易受爆炸形成的强电磁波干扰。爆炸冲击波测试分为冲击波场测试和冲击波破坏力测试两种要求:对冲击波场测试,要测出场的压力,要求测压传感器敏感面与冲击波传播方向平行(掠入式)布设,并且附有适当的导流结构,使到达传感器测压面的冲击波受到的扰动尽可能小;对于破坏力测试,则要求测压传感器敏感面正对冲击波传播方向(反射式)布设。爆炸冲击波以爆心为球心呈球面向外传播,遇地面等障碍则发生反射波,反射波混入直射冲击波则对冲击波场测试造成不良影响,如何避免反射波是爆炸冲击波测试布局的重要课题。针对舰船各舱室的破坏力测试也是一项重要的测试课题。本书作者所在科研团队主要采用智能传感单元测试法,在传感器原位进行信号调理、模/数转换和数据存储,避免了干扰信号,在爆炸过程结束后用无线信道传输测试数据;在测量舰船各舱室的冲击波压力及冲击加速度时则在存储测试同时用光纤将数据(数字量)实时导出到舰船安全部位的集总备份控制箱存储,爆炸结束后通过无线电台传送到中心站(可能在无人直升机上)。在第8章将有较全面的论述。图0-11示出近来采用的爆炸冲击波测试智能传感单元(未示出传感器),图0-12示出800kg当量温压弹距爆心8m处测到的冲击波超压信号。

图0-11　爆炸冲击波测试智能传感单元

5. 坦克装甲车辆测试

坦克装甲车辆以其高机动性,强的突击能力和强大火力成为陆军的关重武器系统,其作战环境十分恶劣,主要部件高度密封,结构十分紧凑,其实际运动的动

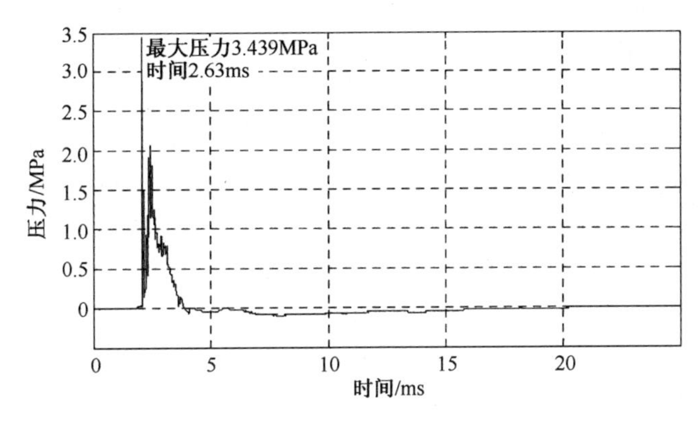

图 0-12　800kg 当量温压弹距离 8m 地面实测冲击波超压曲线

态参数测试是测试界的难题。20 年来作者的科研团队对其关键测试技术进行了持续、深入的研究。采用了存储测试技术、近场遥测技术、红外近程测试技术等测试技术；研制了基于容栅原理及容栅应变原理的在运动件上没有有源测试部件的扭矩传感技术。1996 年开始和中北大学光电仪器厂及兵器 201 研究所开始联合研制的热线风速仪已经装备到我国所有坦克、自行火炮等装甲进攻型车辆上。图 0-13 示出坦克发动机活塞在某工况下每一个做功循环中的顶部应力场及温度场测试装置及某次测量转速为 1501r/min 时的活塞顶部应力曲线。

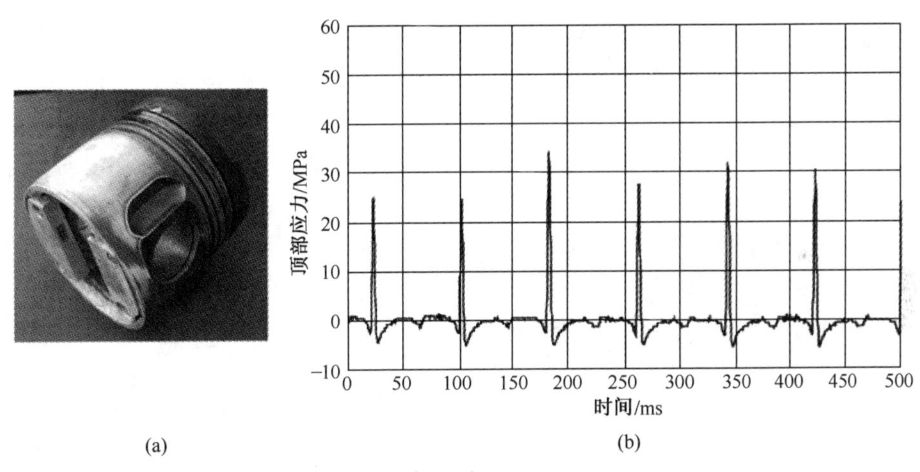

图 0-13　发动机活塞应力场温度场测试装置及转速 1501r/min 时的活塞顶部某点应力曲线
(a)发动机活塞应力场温度场测试装置；(b)转速 1501r/min 的活塞顶部应力。

6. 石油井下动态测试

石油井下动态过程包括射孔、压裂和恢复压力等过程。射孔过程是用射孔枪在预定储油层用多个炸药射流破甲子弹序列在油井套管壁及套管外岩、土层定向定位射开抽取石油的孔洞。压裂过去使用水力压裂法,用高压水灌入密封的油井套管从射孔的孔洞压裂四周的岩、土层,产生出油的通道。近 30 年来改用压裂枪中的火药产生高能气体实现压裂过程,称作高能气体压裂,比水力压裂操作简单,效果也很好,得到广泛应用。近年来广泛使用复合射孔/压裂枪,一次性实现射孔和压裂过程。恢复压力过程是为预测判断油井的产油能力,对于生产井是突然停止抽油,观察油井中液面逐渐升高的过程,对于新射孔、高能气体压裂的油井则是在压裂后观察油井中液面逐渐升高的过程,以此估算油井的产能。一般要求射孔/压裂枪与油井套管壁之间环空的压力过程在预定的压力范围内,过小不能达到射孔压裂效果,过大可能压坏油井套管。射孔/压裂环空压力测试就是为对射孔压裂过程进行监测。射孔过程是炸药爆燃过程,每一个破甲子弹的作用时间在微秒量级,枪内压力过程测试(为研制射孔枪提供数据)基本上是在爆炸场内,采用特种传感器和 10MHz(10 点/μs)左右的采样频率;射孔过程在射孔枪和井管壁的环空范围呈现瞬变高压过程,每一个射孔弹作用时间在 5μs 左右,全部射孔过程在 1ms 以下。压裂过程是火药(发射药)燃烧过程,作用时间在毫秒量级,压力控制在 200MPa 上下。恢复压力则视井深,在数十兆帕内有微小的变化。

图 0-14 示出近期使用的油井测压器是中北大学电子测试技术国家级重点实验室研制的射孔/压裂过程油井环空压力测试仪,具有复杂的采样策略,从地面准备随射孔/压裂枪下井开始给装置上电,以“点/5min”的采样频率采集记录下井的过程中压力的变化,达到射孔/压裂枪达到预定深度是自动转换为等待触发态;等待触发态,采样频率为 1Hz,直到射孔压裂过程开始;射孔压裂过程开始压力骤升,触发油井测压器转换为高速采样态,采样频率 125kHz(8 点/μs),从触发点前若干点开始采样记录压力上升前沿(负延迟),高速采样态持续 5s;随后自动转入中速采样态,采样频率 1Hz(1 点/s),记录 5min;最后转入低速采样态,以 5min 一个点的采样频率记录到提出井管。本项技术 1995 年获兵器工业科技进步二等奖,2010 年进一步获山西省科技进步一等奖。

图 0-14　近期使用的油井测压器

图 0-15 示出某一次射孔/压裂过程的压力曲线,为表述全部压力过程,分两个图示表述,图(a)为从在地面上电(t_s)-15.5min 至时间零点,及时间零点

以后 140ms 的压力/时间曲线，图(b)为从时间点 140ms 至采样结束的压力/时间曲线。上图的中段横轴坐标从“0”开始时间单位为 ms；从横坐标“0”开始是等待触发状态，t_1 是触发点(射孔/压裂过程压力达到 20MPa)，t_1 开始是射孔/压裂过程压力过程，t_2 开始的波形是 t_1 开始的井管内压力波传播到井底后到达测压器的回波；从 t_3 开始低速采样，至 5. 087min 后停止。

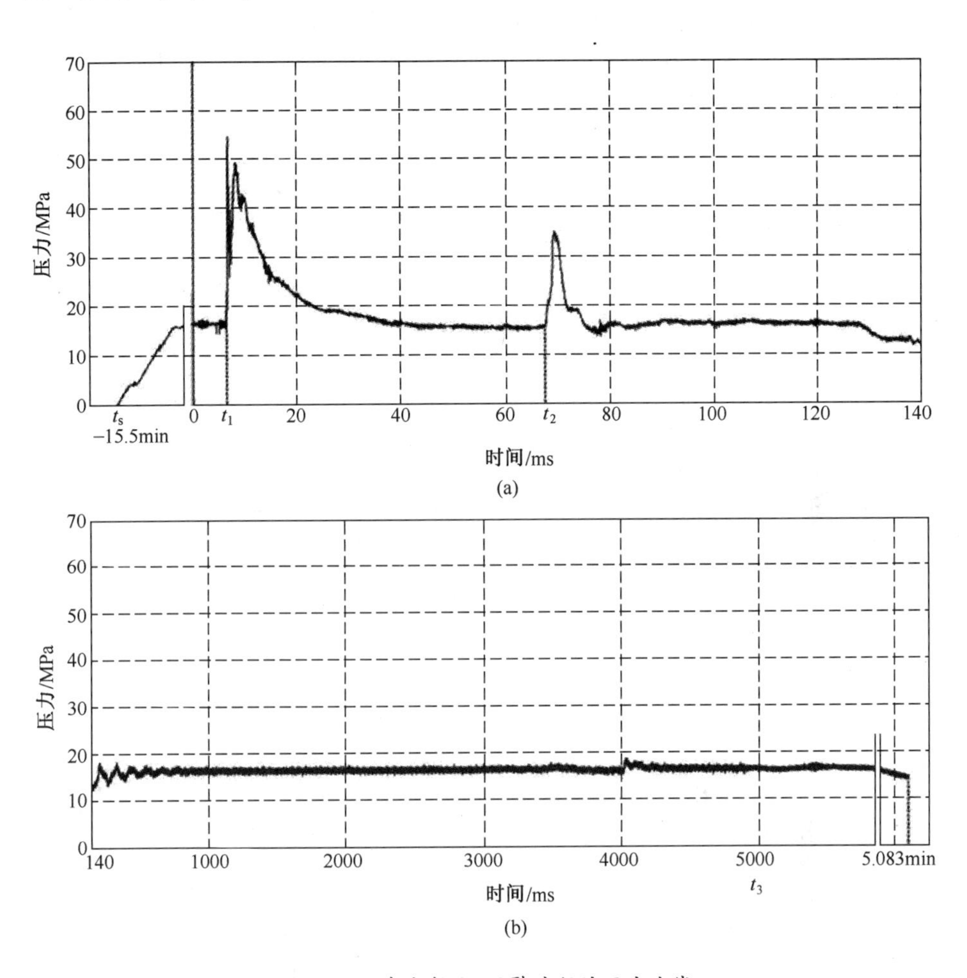

图 0-15　某次射孔/压裂过程的压力曲线

(a)某次射孔/压裂过程井中环空压力曲线(前半段)；(b)某次射孔/压裂过程井中环空压力曲线(后半段)。

7. 弹载数据记录仪(基于电子存储器的黑匣子)

本书作者所在科研团队自 1989 年开始研究重型反坦克导弹的基于电子存储器的弹载数据记录仪——智能导弹黑匣子，20 世纪 90 年代中期张文栋博士(教授)把它逐步推广应用到战略导弹，取代了磁带记录仪，经过近 20 年的发展,现已成为我国各种导弹、运载火箭及神舟系列宇宙飞船的主要发射过程大量数据及发射过程各种状态记录仪,成为不可或缺的一项技术装备。2010 年熊继军博士(教授)、张文栋博士(教授)等在“模块式导弹黑匣子”项目上获得国家科技进步二等奖。近年来本科研团队的前期成员李永红博士(教授)把黑匣子技术研究推广到船舶、重要的车辆方面,得到广泛的应用。

新概念动态测试是我国独创的测试技术,研究在狭小空间和恶劣环境下可靠、准确地获取被测对象的动态参数的理论和技术,是仪器科学、计量科学、信息科学、兵器科学与技术、宇航科学与技术、电子科学与技术、计算机科学与技术、石油科学与技术等多学科综合应用的成果,为现代信息技术和各种科技领域提供可信的动态参数数据,已经成为我国国防科技和装备研发、制造、验收、勤务不可或缺的测试手段,是严酷环境下的信息获取科学。

参考文献

[1] 祖静,张文栋.存储测试技术[C].第一届电子技术应用会议论文集. 北京:万国学术出版社,1990:172.

[2] 张文栋. 存储测试系统的设计理论及其应用[D]. 北京:北京理工大学,1995.

[3] 张文栋. 存储测试系统的设计理论及其应用[M]. 北京:高等教育出版社,2002.

[4] 朱明武,李永新. 动态测量原理[M]. 北京:北京理工大学出版社,1993.

第一篇　新概念动态测试原理

第1章　新概念动态测试系统的组成原理

研究新概念动态测试系统组成原理的目的是获得准确的、无内部噪声干扰的光滑的测试数据。新概念动态测试普遍采用智能传感单元，将传感器采集的信号就地调理转换存储为数字信号，具有坚强和完好屏蔽的壳体，能有效地屏蔽掉外部噪声。

动态测试系统框图如图1-1所示，图中ADC是模拟—数字转换器。

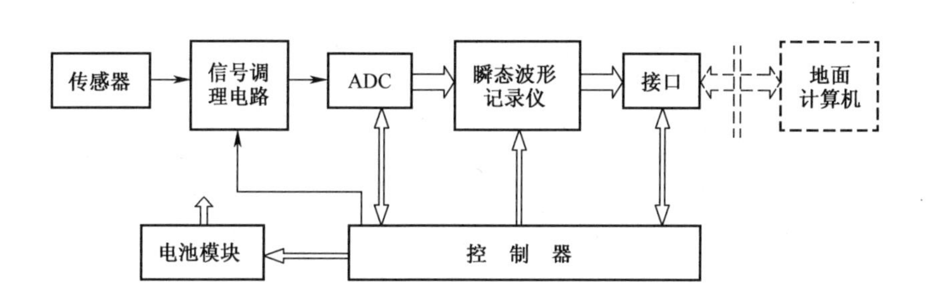

图1-1　动态测试系统框图

简化成图1-1的模式，是为了便于测试系统的静、动态特性的分析与设计。系统的静态特性分析与设计，是为了在规定的被测对象最大和最小量程的范围内，ADC及瞬态波形记录仪记录的数据能充分利用其存储介质的物理空间，达到需要的静态精度；系统的动态特性分析与设计，是使得测试系统的动态特性能满足对瞬变的被测信号实现精确测试的要求，达到要求的动态不确定度。本章着重讲述测试系统的动态特性设计。

1.1　测试系统的静态特性设计

测试系统的静态特性设计：

$$\left.\begin{aligned}
&Sig_{\max} \times S_{\text{sen}} \times A = k \times Vref - Hbin \\
&Sig_{\min} \times S_{\text{sen}} \times A = Lbin \\
&Voff = \frac{1}{2}(Sig_{\max} - Sig_{\min}) \times S_{\text{sen}} \times A, \text{被测信号有正、负向时,} \\
&Voff = Lbin \qquad\qquad \text{被测信号只有正向时}
\end{aligned}\right\} \tag{1-1}$$

式中:$\mathrm{Sig}_{\max}$及$\mathrm{Sig}_{\min}$分别为被测信号最大值与最小值的估计值;S_{sen}为所选传感器的灵敏度系数;A 为信号调理电路的总放大倍数;V_{ref}为 ADC 的基准电压;V_{ref}对应 ADC 满量程输出者,$k=1$;V_{ref}对应 ADC 的满量程输出的 1/2 者,$k=2$;H_{bin}为保证最大输出信号不被削顶的预留空间,模拟量;L_{bin}为输出信号的预留底部空间,模拟量;V_{off}为信号调理电路的偏置电压。

式(1-1)保证了被测信号充分利用系统的物理空间。

设计实例——800MPa 放入式电子测压器:

传感器:Kistler6213,最大量程 1000MPa,灵敏度系数 -1.2pC/bar;

最大输入压力:$1.1 \times 800\text{MPa} = 880\text{MPa}$。

最大输入电荷量:$-1.2\text{pC/bar} \times (880 \times 10)\text{bar} = -10560\text{pC}$。

ADC 输入信号:0V~1.5V。

预留偏置电压:0.1V。

滤波器总增益:4。

电荷放大级输出幅值设计要求(最大输入电荷量时):$(1.5 - 0.1)\text{V}/4 = 0.35\text{V}$。

电荷放大级反馈电容:$C_f = -(-10560)\text{pC}/0.35\text{V} = 30171\text{pF} \approx 30\text{nF}$。

电荷放大级反馈电阻(取大值):$R_f = 10\text{G}\Omega$。

低频时间常数:$T = R_f \times C_f = 10\text{G}\Omega \times 10^9 \times 30\text{nF} \times 10^{-9} = 300\text{s}$。

电荷放大级实际最大输出:
$$\begin{aligned}
V_{\text{OCmax}} &= -(-10560\text{pC} \times 10^{-12})/30\text{nF} \times 10^{-9} + 0.1\text{V}/4 \\
&= (0.352 + 0.025)\text{V} = 0.377\text{V}
\end{aligned}$$

电子测压器系统最大输出:$V_{\text{OSYSmax}} = 4 \times V_{\text{OCmax}} = 1.508\text{V}$。

1.2 动态测试系统的动态特性设计

测试系统的动态特性设计是在频率域进行的,设计的目的是确定所设计系统能满足系统动态特性要求,给出系统的动态不确定度估计。

1.2.1 动态设计模型

动态测试的过程是被测信号激励测试系统(含图 1-1 中实线部分的各个方

框),测试系统在一定的不确定度范围内记录下被测信号的变化过程,并能在计算机上复现被测信号的变化过程。

工程上的被测信号一般的表现形式是非周期时域信号,并且大都能满足 Dirichlet 条件,即

$$\int_{-\infty}^{\infty} |x(t)| \mathrm{d}t < \infty$$

$x(t)$ 在 $t \in (-\infty, \infty)$ 区间内只存在有限个不连续点和极限点,且在不连续点或极限点处取有限值。

则被测信号的的傅里叶变换存在[1]。也即,被测信号可以用众多复指数(或三角函数)谐波分量的频谱来表征。或可理解为被测信号就是由按照具体频谱分布的诸多谐波分量组成的,只是与时域法观察的角度或方法上不同。当前对于时域信号和其频域间的变换已经很方便地使用快速傅里叶变换(FFT)实现从时域到频域的变换或快速傅里叶反变换(IFFT)实现从频域到时域的转换,有:

被测信号 $x(t)$:

$$x(t) \xrightarrow{\text{FFT}} X(f) \tag{1-2}$$

测试系统的频率响应特性为 $\mathrm{SYS}(f)$,系统对被测信号的频域响应为 $R(f)$:

$$R(f) = X(f) \times \mathrm{SYS}(f) \tag{1-3}$$

可通过傅里叶反变换得到测试系统的输出的时域信号 $x_{res}(t)$:

$$R(f) \xrightarrow{\text{IFFT}} x_{\mathrm{res}}(t) \tag{1-4}$$

测试系统对该输入信号的动态误差 $\mathrm{err}(t)$ 可估计为

$$\mathrm{err}(t) = x_{\mathrm{res}}(t) - x(t) \tag{1-5}$$

测试系统的频率响应特性 $SYS(f)$ 是系统各个构件频率响应特性的乘积:

$$\mathrm{SYS}(f) = A_{\mathrm{senser}}(f) \times A_{\mathrm{amplifier}}(f) \times A_{\mathrm{filter}}(f) \tag{1-6}$$

1. 动态特性设计过程

计算传感器(式(1-6)中的 $A_{\mathrm{sensor}}(\mathrm{f})$)、放大器(式(1-6)中的 $A_{\mathrm{amplifier}}(\mathrm{f})$)、滤波器(式(1-6)中的 $A_{\mathrm{filter}}(\mathrm{f})$)等环节的频率响应特性,ADC 的静、动态特性单列一节来分析。瞬态波形记录仪和接口已经能够实现极微小概率的误差,在动态设计时可不予考虑。式(1-2)~(1-6)中以频率 f 表述频率,也经常用角频率 ω 来表述频率,$\omega = 2\pi f$。

2. 测试系统频率响应特性的分析要点

系统特性 $\mathrm{SYS}(\omega)$ 由幅频特性 $|H(\omega)|$ 和相频特性 $\varphi(\omega)$ 组成,在直角坐标系中分别由幅频特性曲线和相频特性曲线表述,也可采用 Nyquist 图以极坐标形式表述。

幅频特性确定信号经过系统后不同频率分量在幅值上的响应。

相频特性决定信号通过系统后不同频率分量的相位,系统响应的各个频率分量与输入信号在时间上的延迟由相频特性的斜率确定,非线性相频特性将造成各个频率分量经过系统后延迟的时间的差异,形成波形畸变。

每个频率分量通过系统的延时 $td(\omega)$ 由相频特性的斜率确定:

$$td(\omega)=\frac{d\varphi(\omega)}{d\omega} \tag{1-7}$$

其因次为

$$\frac{\text{rad}}{\frac{\text{rad}}{s}}=s$$

3. 理想系统

理想系统应当是频率从 0Hz(静态,对采用电荷放大器类测试系统可以 1Hz 或几十 Hz 作为静态)到信号的最高频率,幅频特性是平直的(平行于频率坐标的一条直线),超过信号的最高频率分量幅频特性为 0,抑制各种高频噪声;相频特性是等斜率的(从频率 0Hz 起的一条等斜率的直线)。信号经过这样的系统只有时间的延迟(群延迟),没有畸变。

$$\left.\begin{aligned}&|H(\omega)|=\begin{cases}\text{常数} & ,\text{如 }\omega\leqslant\omega_{\text{sigmax}}\\ 0 & ,\text{其他}\end{cases}\\ &t_{\mathrm{d}}(\omega)=\frac{d(\phi(\omega))}{d(\omega)}=\text{常数},\text{如 }\omega\leqslant\omega_{\text{sigmax}}\end{aligned}\right\} \tag{1-8}$$

以下各节分析时都列出各个环节的幅频和相频特性,尽可能构建理想系统。

1.2.2 被测信号的频率特性估计及最高频率分量的确定

在进行动态测试系统设计时,首先要估计被测信号的时域和频域特性。被测信号的时域特性涉及信号的最大和最小幅值及正、负方向,上升沿或下降沿的陡度,信号持续时间或要求测量的时间,其他非主测方面的共生信号的特点,等等;在测试系统静态设计时选择适当的传感器及其量程,根据传感器的灵敏度及 ADC 的满量程电压值设计信号调理电路。

被测信号的动态特性表征为频率特性,本章以后的动态特性计算就是以被测信号的频率特性为基础的。

被测信号可根据测试条件建立一个信号模型,用于仿真计算,也可以根据以往的经验数据选择输入信号的模型。以下分别用图例表述几种被测信号。图 1-2 为用信号模型建立的爆炸冲击波信号及其频谱,图 1-3 为一次实测爆炸冲击波信号及其频谱,图 1-4 为某次实测的某滑膛炮膛压及其频谱,图 1-5 为某次实测高速弹丸侵彻混凝土的加速度信号及其频谱,图 1-6 是图 1-5 的信号经过滤波后的信号及其频谱。

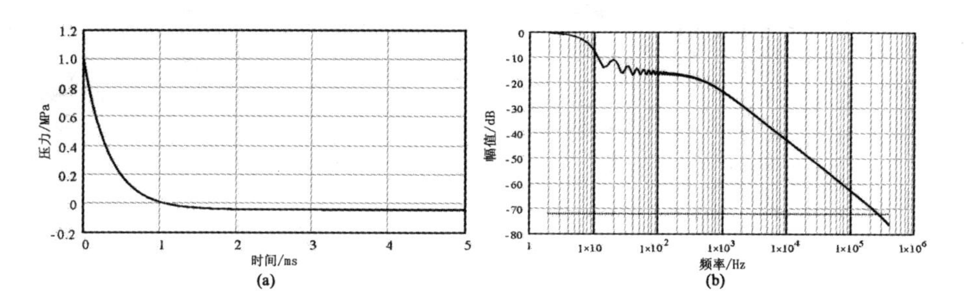

图 1-2 模拟的上升沿 1μs 峰值 1MPa 按指数下降的爆炸冲击波信号的时域及归一化幅频特性

(a)时域图;(b)归一化幅频特性。

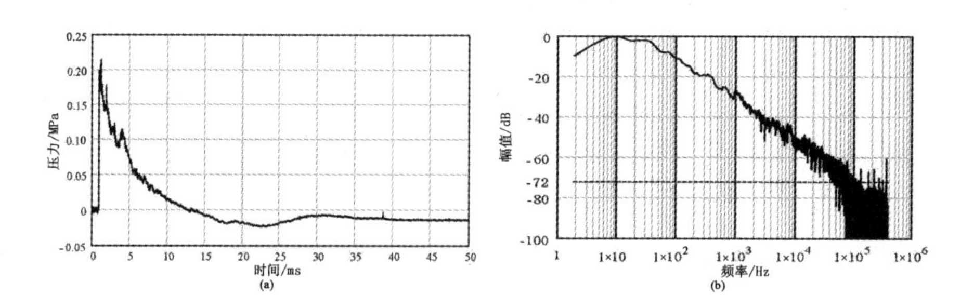

图 1-3 实测的爆炸冲击波信号及其归一化幅频特性

(a)冲击波信号;(b)归一化幅频特性。

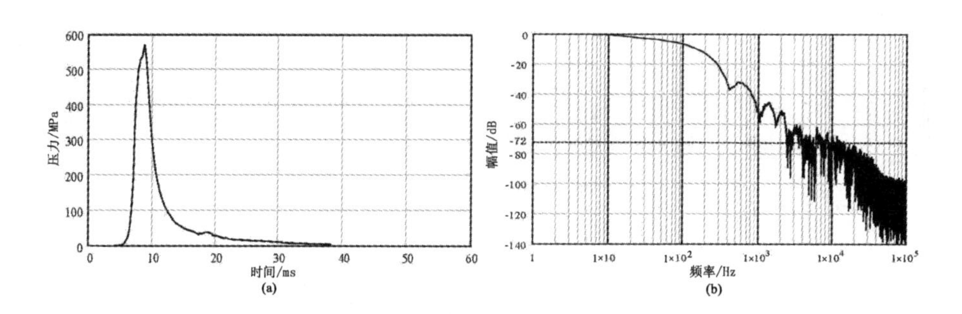

图 1-4 实测的某滑膛炮的膛压信号及其归一化幅频特性

(a)膛压信号;(b)归一化幅频特性。

从图 1-5(b)中可看出在 20kHz 附近有一个峰值,经研究和实测是弹体的自振频率信号混入,经采用 10kHz 巴特沃斯低通滤波器滤波后,示于图 1-6 中。

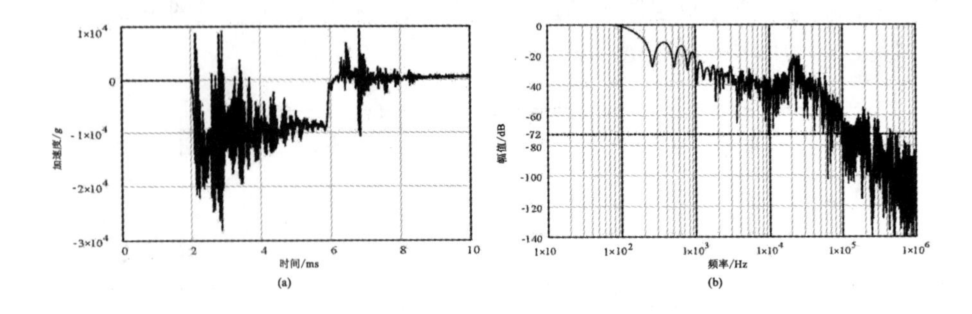

图 1-5　实测的 70mm 弹丸侵彻素混凝土加速度信号及其归一化幅频特性

(a)加速度信号;(b)归一化幅频特性。

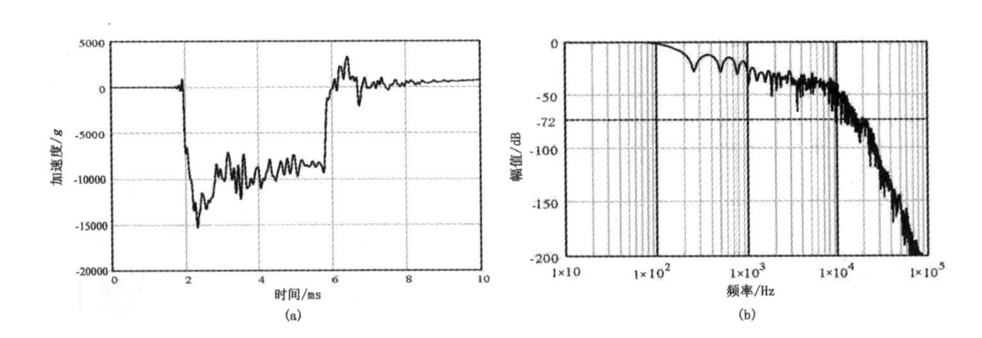

图 1-6　经 10kHz 滤波的侵彻混凝土信号及其归一化幅频特性

(a)信号;(b)归一化幅频特性。

1. 采样定理

为避免频率混叠,从测试数据如实地恢复被测信号,有

$$S \geqslant 2F_{\max} \tag{1-9}$$

式中:S 为测试系统的采样频率;$F_{\max}$ 为被测信号的最高频率分量 。$S_{\mathrm{Nyquist}}=2F_{\max}$ 通称为奈奎斯特(Nyquist) 频率。

2. 如何确定被测信号的最高频率分量

参考文献[2]建议在被测信号频率特性的功率谱中从低频(0Hz)起占总能量 99.9%处的频率定义为信号的最高频率分量。

现在使用的动态测试系统中一般采用 12bit 或更高分辨率的 ADC,本节建议采用一种更为简单的方法,对于采用 12bit ADC 的系统,在被测信号(经验的——过去实测的,或理想建模的)的归一化幅频特性中画一条-72dB 水平线,相当于 12bit ADC 的分辨率,与幅频特性曲线的交点频率即定义为信号的最高频率分量。图 1-2~图 1-5 中都画有-72dB 线,其交点处的信号能量分别为总能量的 99.97%、99.997%、99.999%、99.9997%。

新概念动态测试系统的智能传感单元一般都具有全封闭的壳体,对外部噪声有良好的屏蔽,采集的信号可以不考虑外部噪声。

实际确定采样频率时,一般远高于采样定理的规定(奈奎斯特频率),可以降低 ADC 的量化噪声,详见 1.2.6 节。

1.2.3 传感器的动态模型

传感器的动态模型可采用实测法(如准 δ 校准法,见第 3 章)或建模法[3],本节先采用建模法,利用一个实例说明传感器的动态模型的建立方法。

以校准级的 Kistler6213 传感器为例,从 Kistler 公司提供的操作手册中得知:

量程:10000bar。

过载:11000bar。

灵敏度:-1.2pC/bar,在静态设计时用。

自振频率:大于 160kHz,经实测约为 160kHz,本例按 $f_n=160\text{kHz}$ 计算。

阻尼系数:未提供,压电晶体传感器一般 $\zeta<0.01$,本例按 $\zeta=0.005$ 计算。

按照二阶系统模型计算[3]。

定义:传感器的满量程电荷量 $A_{max}=10000\times(-1.2)=-12000\text{pC}$ 定义为 1 个 unit;

已知

$$\omega_n = 2\pi f_n = 2\pi \times 160 \times 10^3$$
$$\zeta = 0.005$$

传感器幅频特性,复数形式为

$$A_{sen}(\omega) = \frac{1}{1 + i\left(2\zeta \frac{\omega}{\omega_n}\right) - \left(\frac{\omega}{\omega_n}\right)^2} \tag{1-10}$$

传感器归一化幅频特性为

$$L_{sen}(\omega) = 20\log\left(\frac{|A_{sen}(\omega)|}{A_{sen}(0)}\right) \tag{1-11}$$

传感器相频特性为

$$\varphi_{sen}(\omega) = \arctan \frac{2\zeta \frac{\omega}{\omega_n}}{1 - \left(\frac{\omega}{\omega_n}\right)^2} \tag{1-12}$$

按式(1-11)、式(1-12)计算出传感器的归一化幅频特性曲线如图1-7所示,相频特性曲线如图1-8所示。

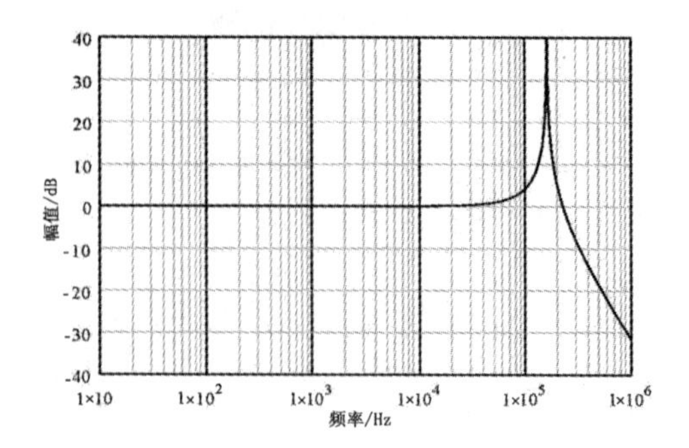

图1-7 Kistler6213传感器归一化幅频特性

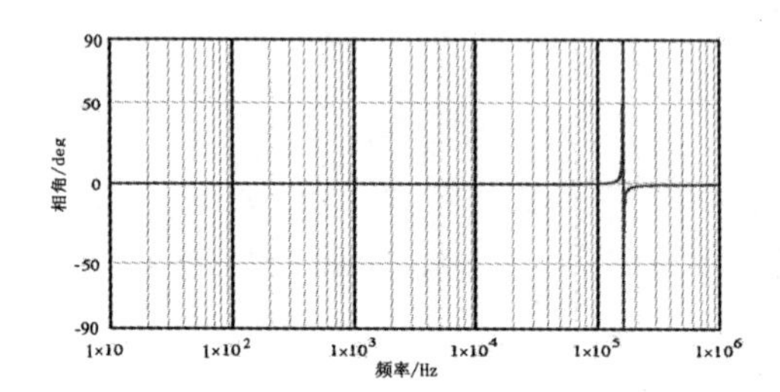

图1-8 Kistler6213传感器相频特性曲线

1.2.4 基于运算放大器的放大器的动态模型

运算放大器是现代仪器设计中最重要的频率敏感型器件,其动态模型如图1-9所示[4]。

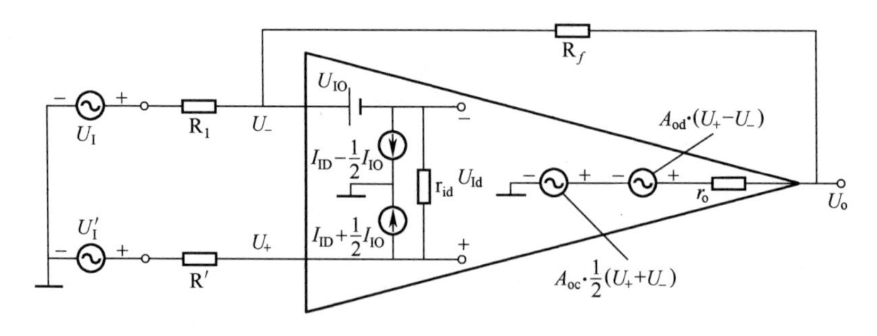

图1-9 运算放大器的动态模型

其中:U_I及$U_I{}'$分别为反相及同相输入信号;U_-及U_+分别为直接加到反相及同相输入端的信号电压;R_1及R_f分别为反相端输入电阻及反馈电阻,决定放大器的放大倍数；I_{ID}为运算放大器输入偏流；R'为配平恒电阻，为使因输入偏流造成的在运放反相和同相输入端的偏流电压相同不形成差动电压；U_{IO}为运放输入端的偏置电压；r_{id}为运放的输入阻抗；A_{oc}为运放的开环共模放大系数，是频率敏感参量；A_{od}为运放的开环差动放大系数，是频率敏感的参量，以复数形式表述；r_o为输出阻抗。

目前应用的运算放大器如 TI 公司的 OPA 系列运算放大器采用 MOS 管输入级，其输入阻抗很大（$10^{13}\Omega$），输入偏流很小，且不是频率敏感参量；在本节研究中忽略 A_{oc} 的影响；在以下的论述中简化为如图 1-10 所示的简化模型。

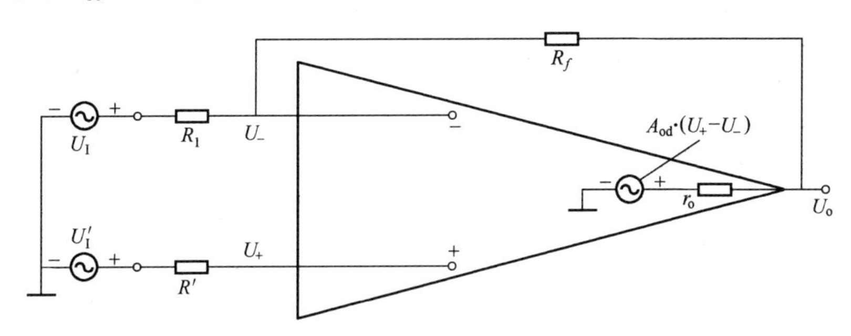

图 1-10 只考虑开环增益频率特性的运算放大器动态模型

运算放大器的制造厂商提供了 A_{od} 的幅频和相频特性图，图 1-11 列举了 TI 公司的 OPA340、OPA301 及 OPA365 三种运算放大器 A_{od} 频率特性[5]。

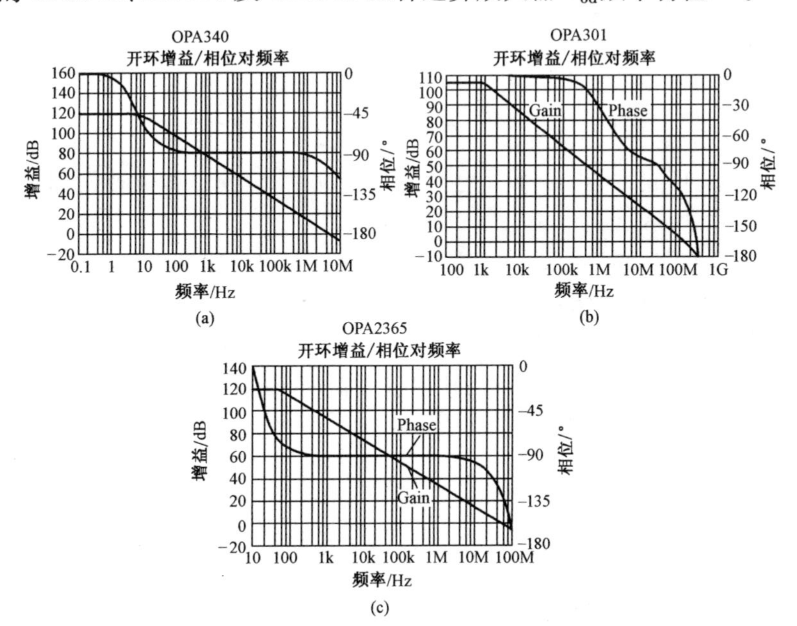

图 1-11 OPA340、OPA301 及 OPA365 的开环增益频率特性

各种运放厂商都给出单位增益带宽(GBW)来表述运放的动态特性,如:

OPA340　GBW=5.5MHz;

OPA365　GBW=50MHz;

OPA301　GBW=150MHz。

运算放大器的幅频特性在GBW处增益为1。幅频特性呈现-20dB/dec的现象,也即每增加10倍频程放大倍数减为1/10,是频率的负线性函数,这个斜直线上端到最大放大倍数,如OPA340为120dB(10^6),下端在0dB处通过该放大器的GBW,在得知A_{max}和GBW时可按式(1-13)得出开环幅频特性函数

$$A(f)=\begin{cases} A_{max} \text{ if } A(f) \geqslant A_{max} \\ \dfrac{GBW}{f} \text{ otherwise} \end{cases} \tag{1-13}$$

式中:A_{max}是所计算的运算放大器的最大增益;GBW是该运放的单位增益带宽。

各种运算放大器的相频特性可分段采用解析法或按照厂家给出的相频特性逐点采用线性模型得到近似的相频特性。图1-12所示用式(1-13)计算的OPA340的幅频特性。与手册给出的开环幅频特性曲线图基本一致。

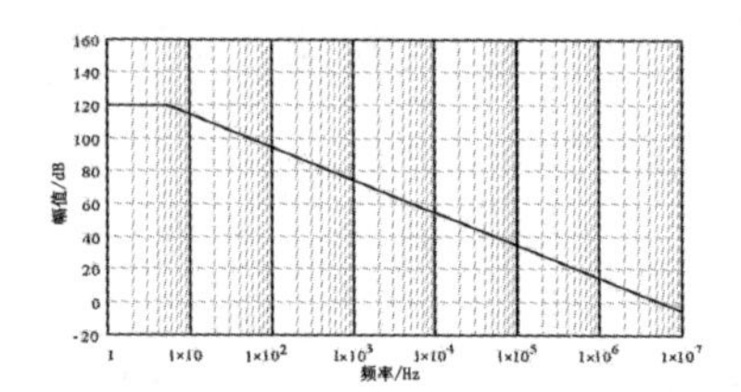

图1-12　用解析法得到的OPA340的幅频特性

在得到运算放大器的幅频特性和相频特性后,可建立幅频特性和相频特性数值函数如下所示。

由开环增益频率特性图中建立幅频特性函数$A(f)$和相频特性函数$\varphi(f)$,按照式(1-14)可得到所用运算放大器的开环增益频率特性$A_{od}(f)$

$$A_{od}(f)=A(f)\cos(\varphi(f))+\mathrm{i}\cdot A(f)\sin(\varphi(f)) \tag{1-14}$$

得到$A_{od}(f)$后,可以分别得出比例放大器的和电荷放大器的动态模型。

1. 比例放大器动态模型

由图1-10,有

$$U_+=U_I'$$

$$U_-=U_I-I_1R_1$$

$$I_1=I_f=\frac{(U_I-U_O)}{R_1+R_f}$$

得

$$U_{-}=U_{\mathrm{I}}\frac{R_f}{R_1+R_f}+U_{\mathrm{O}}\frac{R_1}{R_1+R_f}$$

$$U_{\mathrm{O}}=A_{\mathrm{od}}(U_{+}-U_{-})=A_{\mathrm{od}}\left(U_I'-U_I\frac{R_f}{R_1+R_f}-U_{\mathrm{O}}\frac{R_1}{R_1+R_f}\right)$$

$$=\left(U_I'-U_I\frac{R_f}{R_1+R_f}\right)\Big/\left(\frac{1}{A_{\mathrm{od}}}+\frac{R_1}{R_1+R_f}\right) \tag{1-15}$$

(1) 同相放大器,在式(1-15)中

$$U_{\mathrm{I}}=0$$

$$A_{\mathrm{amp}}(f)=\frac{U_{\mathrm{O}}}{U_{\mathrm{I}}'}=\frac{1}{\dfrac{1}{A_{\mathrm{od}}}+\dfrac{R_1}{R_1+R_f}} \tag{1-16}$$

如果

$$A_{\mathrm{od}}=\infty$$

则有

$$A_{\mathrm{amp}}=\frac{U_{\mathrm{O}}}{U_{\mathrm{I}}'}=\left(1+\frac{R_f}{R_1}\right)$$

(2) 反相放大器,在式(1-15)中

$$U_{\mathrm{I}}'=0$$

$$A_{\mathrm{amp}}(f)=\frac{U_{\mathrm{O}}}{U_{\mathrm{I}}}=-\frac{\dfrac{R_f}{R_1+R_f}}{\dfrac{1}{A_{\mathrm{od}}}+\dfrac{R_1}{R_1+R_f}} \tag{1-17}$$

如果

$$A_{\mathrm{od}}=\infty$$

则有

$$A_{\mathrm{amp}}=\frac{U_{\mathrm{O}}}{U_{\mathrm{I}}}=-\frac{R_f}{R_1}$$

根据各运放的开环增益频率特性曲线按需取点按式(1-14)计算出频率特性函数 A_{od},按照式(1-16)及(1-17)分别计算出放大倍数为10,三种运算放大器构成的同相放大器和反相放大器的频率特性 $A_{\mathrm{AMP}}(f)$,其幅频特性如图1-13所示。

2. 电荷放大级的动态模型

为尽可能减小动态测试系统的体积和功耗,新概念动态测试系统一般只在

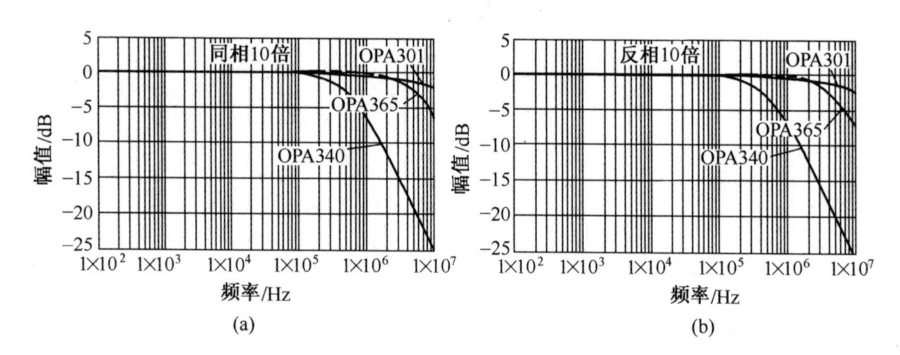

图 1-13 三种运算放大器构成的放大倍数为 10 的同相放大器和反相放大器的归一化幅频特性

(a)同相放大器的归一化幅频特性;(b)反向放大器的归一化幅频特性。

系统中设有电荷放大级,电荷放大器的其他模块如压电晶体传感器电荷灵敏度的归一化模块、增益控制模块等都放在地面计算机实现,电荷放大器的滤波模块设计在“1.2.5”模拟滤波器的动态模型小节中详述,本小节只研究电荷放大级的设计问题。

根据图 1-14 的电荷放大级的基于电荷的简化原理模型及运算放大器的开环增益频率特性 A_{od},可以推导出电荷放大器的动态模型公式。

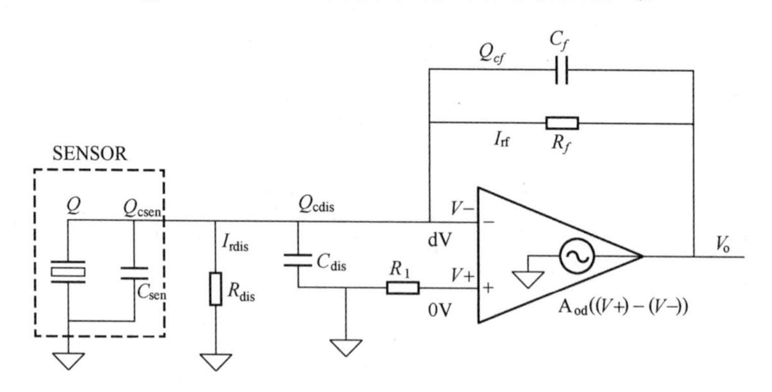

图 1-14 电荷放大器的基于电荷的简化原理模型

图 1-14 中:C_{sen}是传感器的极间电容;C_{dis}是电路板导线分布电容、电缆电容和运放输入电容的和;R_{dis}是放大器输入阻抗、电缆绝缘电阻及印制板绝缘电阻之并联值;C_f是电荷放大器的反馈电容,是主要决定放大倍数的器件;R_f是为稳定零输入时输出电压的反馈电阻;Q 是随时间变化的被测量的传感器的瞬时输出电荷;Q_{csen},Q_{cdis},Q_{cf}分别为流入到各个电容的瞬时电荷;I_{rf}为流过反馈电阻 R_f 的瞬时电流;A_{od}是运算放大器的开环增益频率特性。

根据电路理论,可以导出电荷放大器的传输特性

$$V_O = \frac{-\mathrm{j}\omega A_{od} Q}{\mathrm{j}\omega(C_{sen} + C_{dis} + (1 + A_{od})C_f) + (\frac{1}{R_{dis}} + (1 + A_{od})\frac{1}{R_f})}$$

$$A_{charamp} = \frac{V_O}{Q} = \frac{-1}{\frac{1}{A_{od}}\left[(C_{sen} + C_{dis} + (1 + A_{od})C_f) + \frac{1}{\mathrm{j}\omega}(\frac{1}{R_{dis}} + \frac{(1 + A_{od})}{R_f})\right]} \tag{1-18}$$

当低频时

$$A_{od} \approx \infty, A_{charampLF} = \frac{-1}{C_f + \frac{1}{\mathrm{j}\omega R_f}} \tag{1-19}$$

可以导出,当电荷放大级的同相输入端加上偏置电压时,电荷放大级等同于一个电压跟随器,其输出端也输出同样的偏置电压,式(1-18)的关系不变。图 1-15 所示为三种不同 GBW 运放构成的电荷放大器按式(1-18)计算的幅频特性的中、高频部分。

图 1-15 中 OPA365 组成的电荷放大级的相对幅频特性表现特殊,现将 OPA365 及 OPA301 组成的电荷放大级的中高频归一化幅频特性单列如图 1-16 所示。

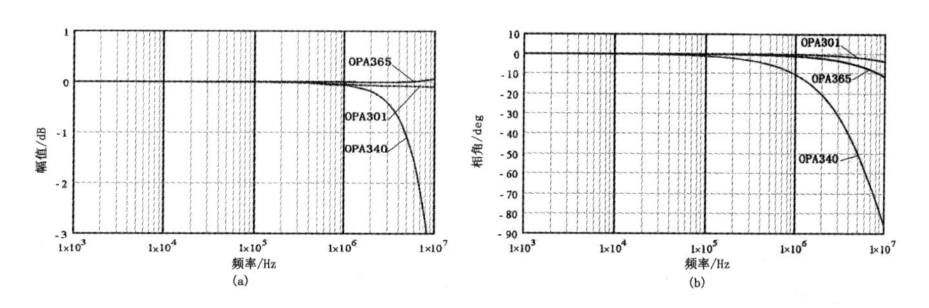

图 1-15　三种运放构成的电荷放大级的中、高频归一化幅频特性和相频特性
(a)幅频特性;(b)相频特性。

OPA365 组成的电荷放大级的幅频特性之所以形成高频上扬,是因为在相频超过-90°时幅频还有较大的幅值,落入第三象限, $1 + 1/A_{od} < 1$ 所致。可以看出,OPA365 的 GBW 比 OPA301 的 GBW 小,但在 10^6 Hz 以下的表现优于 OPA301 组成的电荷放大级。

电荷放大器设计时,当传感器输出电荷量 Q 急剧变化时,反馈电容的充(放)电电流很大,超过运算放大器能提供的范围,经常在电荷放大级输出端加

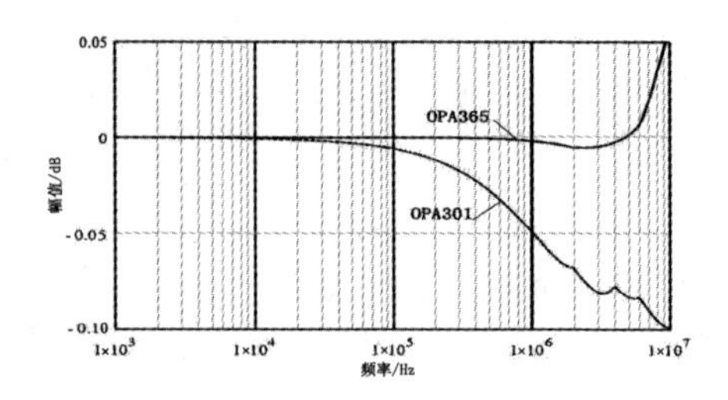

图 1-16　OPA365 及 OPA301 组成的电荷放大级中、高频归一化幅频特性

上由三极管组成的推挽电流放大电路给反馈电容提供充(放)电电流,如图1-17所示。

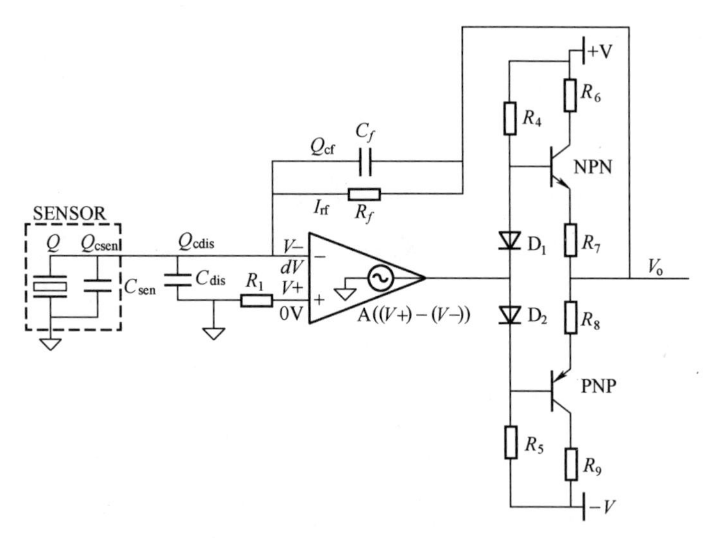

图 1-17　加推挽电流放大级的电荷放大器

3. 电荷放大级的低频特性

在低频段运算放大器的开环增益都在 10^5 以上,可用式(1-19)计算。低频截止频率(-3dB)由反馈电容和反馈电阻并联电路的时间常数 T 确定。

$$T = R_f C_f \tag{1-20}$$

$$f_{\mathrm{Lc}} = \frac{1}{2\pi T}\quad ,-3\mathrm{dB}\ 频率$$

图 1-18 所示为三种不同时间常数的运算放大级的低频特性。其中 $T=3.183\times10^4\mathrm{s}$ 的是对应“电荷放大器”标准[6]中 2 级 A 类电荷放大器要求低频截止频率 $f_c\leqslant5\times10^{-6}\mathrm{Hz}$ 推算的,即“可静标”电荷放大器。采用电压放大器作为压电晶体传感器的阻抗变换器的低频特性也同样受到 RC 时间常数有限的制约。

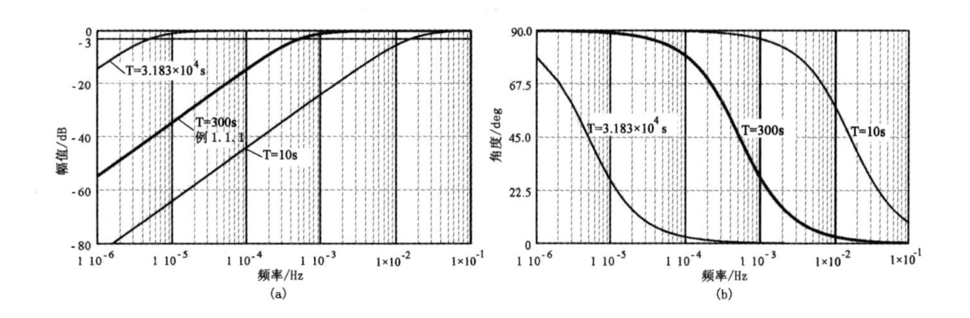

图 1-18 电荷放大级的低频归一化幅频特性和低频相频特性

(a)归一化幅频特性;(b)相频特性。

由图 1-18 可以看出,电荷放大器不能用于放大直流信号(0Hz)。当信号的频谱在低频端幅值很大时,有很大的直流分量(f=0Hz),f_{Lc}不够低会造成信号一定的误差,在电荷放大器的误差频率分布中低频误差占主要份额。商品电荷放大器中有"可静标"电荷放大器,利用短时将反馈电阻开路(利用电路板的绝缘电阻作为反馈电阻)的方法得到大的时间常数,A 类电荷放大器的低频截止频率测量电路如图 1-19[6] 所示,静标过程相当于检定电路中电容 C 上的电荷给电荷放大级的反馈电容 C_f充电后通过 R_f按指数规律放电的过程。

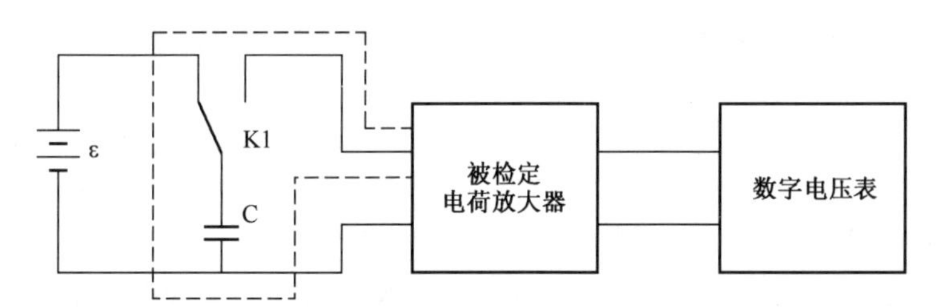

图 1-19 A 类电荷放大器低频截止频率检测电路图

按照 T=3.183×10^{4}s 计算(2 级 A 类电荷放大器),先把 K1 拨向左边给电容 C 充电,然后把 K1 拨向右端(此刻定为时间 0)3min 后电压降到 99.4%,也即在 3min 以内读取数据,静标误差在 6‰以内。这个过程相当于静标过程。

根据图 1-15,1.1 节中实例电子测压器的电荷放大级选用 OPA340 运算放大器。

1.2.5 模拟滤波器的动态模型

滤波器的动态模型如式(1-21)~式(1-23)所示。

滤波器的传递函数

$$A(S)=\frac{A_{0i}}{\prod_{i}(1+a_iS+b_iS^2)} \tag{1-21}$$

二阶滤波器的传递函数

$$A_i(S)=\frac{A_{0i}}{(1+a_iS+b_iS^2)} \tag{1-22}$$

一阶滤波器的传递函数

$$b_i=0$$

$$A_i(S)=\frac{A_{0i}}{1+a_iS} \tag{1-23}$$

为得到不同的滤波特性,前辈科学工作者们根据在复平面上零、极点分布的规律,编出了对应于各种要求的滤波器的各个级的 a_i、b_i的表[7],形成了具有不同要求(低通、高通、带通、带阻)、不同特性的滤波器。常用的有贝塞尔、巴特沃斯、切比雪夫三种模型。在新概念动态测试系统中,为尽可能减小体积和功耗,主要用低通滤波器实现反混叠滤波和滤除传感器自振及被测体的一些机械振动信号。在三种通用滤波器模型中,贝塞尔滤波器的相频特性线性度最好(适合于类如锯齿波等要求各个不同频率的谐波分量延时一致的场合);巴特沃斯滤波器的频率特性在通带中平坦度最好;切比雪夫滤波器从通带到阻带变化最尖锐。为减小通带内的误差及信号畸变,动态测试系统设计时可选用贝塞尔模型,在爆炸冲击波测试方面,用贝塞尔滤波器比较合适,在本书第 8 章中有详尽的分析。现有几种滤波器设计软件(如 TI 公司的 Filter Pro),这些软件都是按照上述几位科学家给出的列表模型及设计要求迅速给出设计结果,可以很方便地按照要求设计滤波器,但是没有给出可以直接利用的频率特性数据(函数)的输出接口,不便于系统整体设计。现在一般先用设计软件根据要求设计出所需的滤波器,然后将得到的元件(电阻、电容)参数序列化,再按照计算公式核算各级的参数 a_i和 b_i,计算出各级和滤波器整体的频率特性及误差,进行全系统的动态设计。根据作者实践,设计软件设计出的滤波器其滤波元件计算出的 a_i、b_i与附录 A 中附表所列完全一致,在没有元件参数序列化前,用户完全可以根据附表来估算所设计滤波器的频率特性。

文献[7]分析了各种有源滤波器的工作原理和设计原理,列出了贝塞尔、巴特沃斯和切比雪夫三种结构滤波器的滤波器系数表,根据系数表可以设计滤波器和分析滤波器的频率特性。本章摘录其系数表,放在本章附录 A 中。

可以由查表法计算滤波器各级的电阻、电容值,进而计算滤波器的频率特性和通带内的误差[7]。低通滤波器的频率特性计算过程如下[7]。

为从传递函数得到相对于拐点(截止)频率 ω_c 的相对频率特性,令

$$S=\frac{j\omega}{\omega_c}=j\Omega,\Omega=\frac{\omega}{\omega_c}=\frac{f}{f_c}$$

定义品质因数

$$Q=\frac{\sqrt{b_i}}{a_i}$$

二阶低通滤波器的频率特性

$$A_i(f)=\frac{A_{0i}}{1+a_i(j\Omega)+b_i(j\Omega)^2}=\frac{A_{0i}}{1-b_i\Omega^2+ja_i\Omega} \tag{1-24}$$

一阶低通滤波器的频率特性

$$A_i(f)=\frac{A_{0i}}{1+ja_i\Omega} \tag{1-25}$$

一阶滤波器有同相放大和反相放大两种结构。

一阶滤波器的传递函数　　$A_i(S)=\dfrac{A_{0i}}{1+a_iS}$

图 1-20 所示同相一阶滤波器的传递函数

$$A_i(S)=\frac{1+\dfrac{R_2}{R_3}}{1+\omega_{ci}R_1C_1S}$$

$$A_{0i}=1+\frac{R_1}{R_3} \tag{1-26}$$

$$a_i=\omega_{ci}R_1C_1=\omega_{ci}an_i \tag{1-27}$$

如图 1-21 所示反相一阶滤波器的传递函数为

$$A_i(S)=\frac{-\dfrac{R_2}{R_1}}{1+\omega_{ci}R_2C_1S}$$

$$A_{0i}=-\frac{R_2}{R_1} \tag{1-28}$$

$$a_i=\omega_{ci}R_2C_1=\omega_{ci}an_i \tag{1-29}$$

由式(1-25)可得一阶有源滤波器的频率特性可表述为

$$A_i(f)=\frac{A_{0i}}{1+a_i\cdot j\left(\dfrac{2\pi f}{\omega_{ci}}\right)}=\frac{A_{0i}}{1+an_i\cdot j(2\pi f)} \tag{1-30}$$

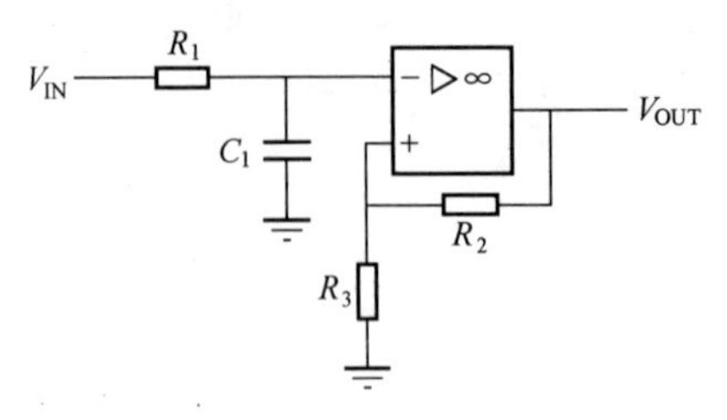

图 1-20　一阶同相低通滤波器

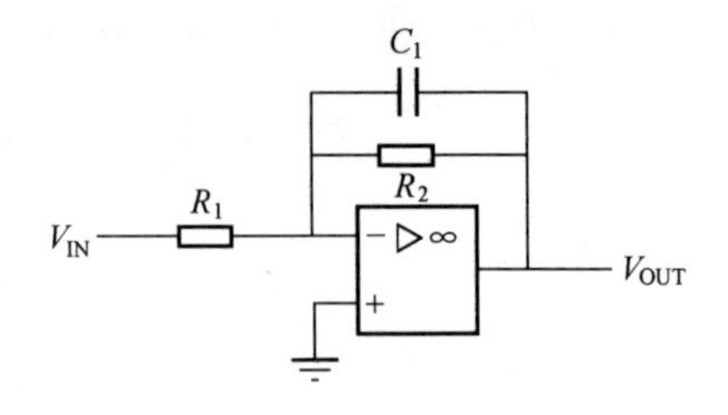

图 1-21　一阶反相低通滤波器

二阶滤波器有两种基本结构，Sallen－Key 结构（同相）和多点反馈（MFB——反相）结构。

（1）Sellen－Key 结构（同相）二阶低通滤波器，电路结构如图 1-22 所示。

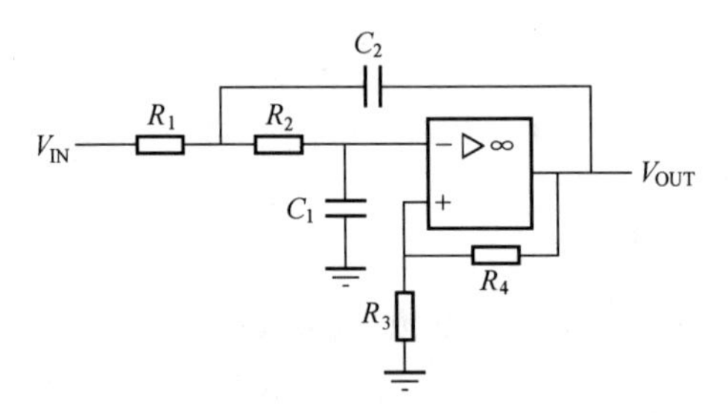

图 1-22　Sellen-Key 结构低通滤波器

二阶系统的传递函数

$$A(S) = \frac{A_0}{(1 + aS + bS^2)} \tag{1-31}$$

Sallen-Key 结构二阶滤波器的传递函数

$$A(S) = \frac{A_0}{(1 + \omega_c[C_1(R_1 + R_2) + (1 - A_0)R_1C_2]S + \omega_c^2R_1R_2C_1C_2S^2)}$$

$$\begin{aligned} a &= \omega_c[C_1(R_1 + R_2) + (1 - A_0)R_1C_2] \\ &= \omega_c[(C_1 + (1 - A_0)C_2)R_1 + C_1R_2] \\ &= \omega_c \cdot an \end{aligned} \tag{1-32}$$

$$an = (C_1 + (1 - A_0)C_2)R_1 + C_1R_2 = a/\omega_c \tag{1-33}$$

$$\begin{aligned} b &= \omega_c^2R_1R_2C_1C_2 \\ &= \omega_c^2 \cdot bn \end{aligned} \tag{1-34}$$

$$bn = R_1R_2C_1C_2 = b/\omega_c^2 \tag{1-35}$$

这里定义了两个完全由电阻、电容值确定的参量 an、bn，是为了由软件设计得到滤波器的参数，用式（1-36）反求滤波器的频率特性。

由式(1-24)、式(1-33)、式(1-35),得

$$A(f)=\frac{A_0}{1+an\cdot i(2\pi f)+bn\cdot(i(2\pi f))^2} \tag{1-36}$$

用查表法设计滤波器电阻电容的算法,请参阅本章附录 A,或查阅文献[7]。

(2) MFB 结构(反相)二阶低通滤波器:电路结构如图 1-23 所示。

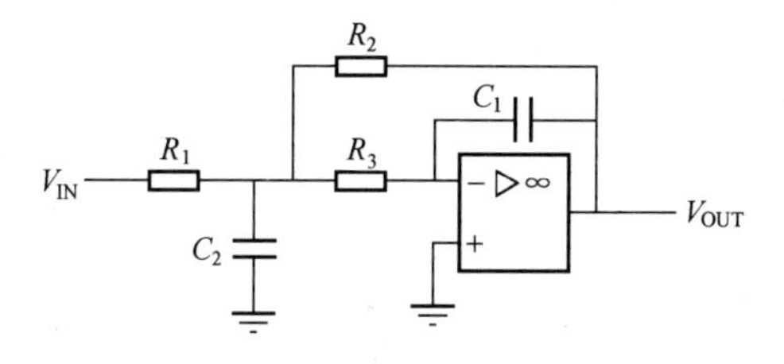

图 1-23 MFB 二阶低通滤波器

传递函数

$$A(S)=\frac{A_0}{1+a_1S+b_1S^2}$$

$$A_i(S)=\frac{-\dfrac{R_2}{R_1}}{1+\omega_{ci}C_1\left(R_2+R_3+\dfrac{R_2R_3}{R_1}\right)S+\omega_{ci}^2C_1C_2R_2R_3S^2}$$

$$A_{0i}=-\frac{R_2}{R_1}$$

$$a_i=\omega_{ci}C_1\left(R_2+R_3+\frac{R_2R_3}{R_1}\right)$$

$$b_i=\omega_{ci}^2C_1C_2R_2R_3$$

定义

$$an_i=C_1\left(R_2+R_3+\frac{R_2R_3}{R_1}\right) \tag{1-37}$$

$$bn_i=C_1C_2R_1R_2 \tag{1-38}$$

有

$$a_i=\omega_{ci}an_i \quad b_i=\omega_{ci}^2bn_i$$

在给定 C_1 和 C_2 后可求解 $R_1\sim R_3$:

$$R_2=\frac{a_iC_2-\sqrt{a_i^2C_2^2-4b_iC_1C_2(1-A_{0i})}}{4\pi f_{ci}C_1C_2}$$

$$R_1 = \frac{R_2}{-A_{0i}}$$

$$R_3 = \frac{b_i}{4\pi^2 f_{ci}^2 C_1 C_2 R_2}$$

（3）二阶系统的频率特性。综合上述 Sellen-key 的三种情况及 MFB 的情况，二阶系统的频率特性为

$$A_i(f) = \frac{A_{0i}}{1 + an_i \cdot \mathrm{j}(2\pi f) + bn_i \cdot (\mathrm{j}(2\pi f))^2} \tag{1-39}$$

由式(1-33)、式(1-35)、式(1-39)可见，滤波器的动态特性只和构成滤波器的电阻电容值有关。

当前，滤波器设计软件，如 TI 公司的 Filter Pro，可以很快速根据设计要求给出设计结果，用户可以根据软件所设计的元件值进行序列化，然后按照上述公式(1-33)、式(1-35)、式(1-37)、式(1-38)、式(1-39)计算出每一级滤波器的频率特性及误差。滤波器设计软件给出每一级需要的运算放大器的最小 GBW 值。

低通滤波器动态特性设计实例——放入式电子测压器 4 阶巴特沃斯低通滤波器。拐点频率 $f_c = 15\text{kHz}$；放大倍数 $A = 4$；在 5kHz(膛压信号的有效带宽上限)处的相对误差(不平坦度)err<1‰ 。滤波器需要两级，用 Filter Pro 设计，选用低通滤波器、通带纹波<0.01dB(1‰)、阻带斜率为-80dB/dec，放大倍数 4，Sallen-Key 结构。得出如图 1-24 设计报告，所有设计参数都列在报告表中，图中的电阻电容参数均为理想计算值，按照电阻电容序列化要求取值为图中数值下括弧中的数值，经核算，得到在系统设计中作为滤波环节的频率特性及误差特性。

核算：

第一级：

$A_{01} = 2$

$R_{11} = 21 \times 10^3 \qquad R_{21} = 9.76 \times 10^3$

$C_{11} = 1 \times 10^{-9} \qquad C_{21} = 538 \times 10^{-12}$

$an_1 = C_{11}(R_{11} + R_{21}) + (1 - A_{01})R_{11} \cdot C_{21} = 1.778 \times 10^{-5}$

$bn_1 = R_{11} \cdot R_{21} \cdot C_{11} \cdot C_{21} = 1.103 \times 10^{-10}$

$$A_1(f) = \frac{A_{01}}{1 + \mathrm{j}2\pi \cdot an_1 \cdot f - bn_1\,(2\pi f)^2}$$

第二级：

$A_{02} = 2$

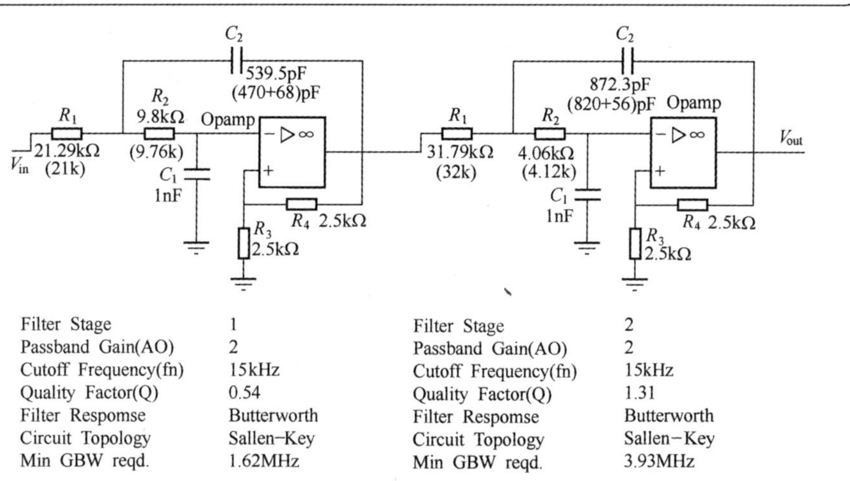

图 1-24 4 阶巴特沃斯低通滤波器设计报告

$$R_{12} = 32 \times 10^3 \qquad R_{22} = 4.12 \times 10^3$$

$$C_{12} = 1 \times 10^{-9} \qquad C_{22} = 876 \times 10^{-12}$$

$$an_2 = C_{12}(R_{12} + R_{22}) + (1 - A_{02})R_{12} \cdot C_{22} = 1.0088 \times 10^{-5}$$

$$bn_2 = R_{12} \cdot R_{22} \cdot C_{12} \cdot C_{22} = 1.155 \times 10^{-10}$$

$$A_2(f) = \frac{A_{02}}{1 + \mathrm{j}2\pi \cdot an2 \cdot f - bn_2 \cdot (2\pi \cdot f)^2}$$

两级合成，得

$$A_{\text{filter}}(f_i) = A_1(f_i) \times A_2(f_i)$$

相对误差为

$$\text{err}_i = \frac{|A_{\text{filter}}(f_i)| - A_{01} \times A_{02}}{A_{01} \times A_{02}} \times 100$$

群延迟为

$$t_{\mathrm{d}} = \frac{-0.84}{3 \times 10^4} = -28\mu\text{s}$$

图 1-25 所示为所设计的滤波器的归一化幅频特性和相频特性，图 1-26 所示为误差频率特性。

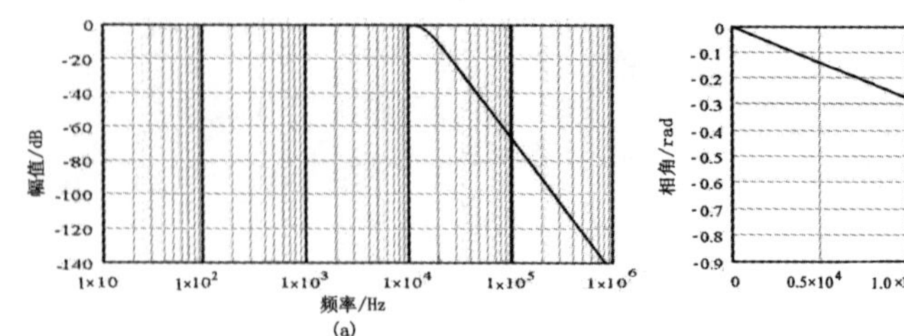

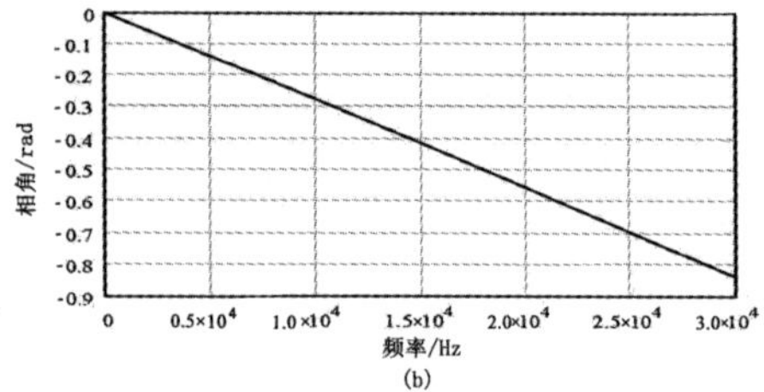

图 1-25　4 阶巴特沃斯滤波器的归一化幅频特性及 5kHz 以下相频特性

(a)幅频特性;(b)相频特性。

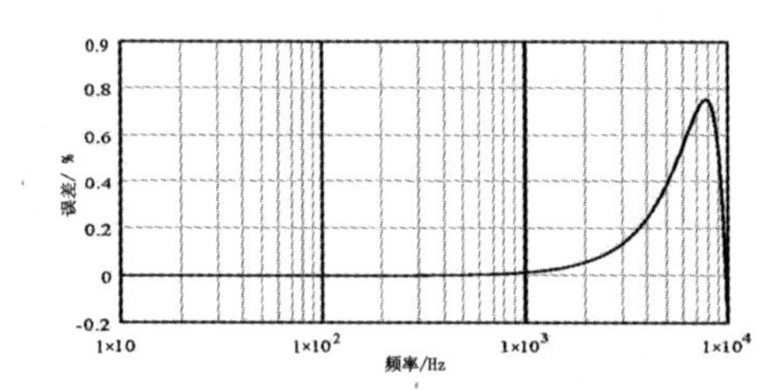

图 1-26　4 阶巴特沃斯滤波器相对误差的频率特性

由核算结果可以看出,在火炮膛压信号有效带宽(5kHz)范围内,最大相对误差 0.385‰,通带特性足够平坦,阻带斜率为-80dB/dec(十倍频程),群延迟时间-28μs,各频率延迟一致,不会产生畸变,能满足要求。$A_{\text{filt}}(f)$将作为滤波器动态特性参与系统设计。

1.2.6　ADC 的动态特性[8]

ADC 的静态特性一般由 5 个参数表征:分辨率(Resolution)、积分非线性 (Integral Nonlinearity)、微分非线性 (Differential Nonlinearity) 、偏置误差 (Offset error)、增益误差 (Gain error)。在每一种商品 ADC 的数据手册中都给出以最低有效位(Least significant bit)表征的静态特性参数。如 ADC7492 的参数值为:分辨率 12bits;积分非线性±1. 25LSB max;微分非线性+1. 5/-0. 9LSB max;偏置误差±9bits max;增益误差±2. 5LSB max。静态特性的校准我国按照电子部标准“SJ2480-2481 混合集成电路数字-模拟、模拟—数字转换器静态测试方法的基本原理”实行,经实际检测,商品 ADC 都能符合数据手册的数据。新概念动态测试系统是按照整系统统一校准的方法实行,在动态设计时不考虑静态特性的各种误差。

ADC 的动态特性用以下术语表征[8]:

LSB:最低有效位;

SNR(Signal to noise ratio):信噪比;

SINAD(Signal to noise and distortion ratio):信噪失真比;

ENOB(Effective number of bits):有效位数;

DR(Dynamic range):动态范围;

THD(Total harmonic distortion):总谐波失真;

SFDR(Spurious free dynamic range):无伪动态范围;

TTIMD(Two tone intermodulation distortion):双音调交调失真;

MTIMD(Multitone intermodulation distortion):多音调交调失真;

Aperture Delay:孔径延迟;

Aperture Jitter:孔径跳动。

其中,SINAD、THD、SFDR、TTIMD、MTIMD 等几个参数一般通过正弦激励和频谱分析的方法测定,以下列举 Maxim 公司的几个实例说明。

ADC 的正弦校准原理框图及布置图如图 1-27 所示。

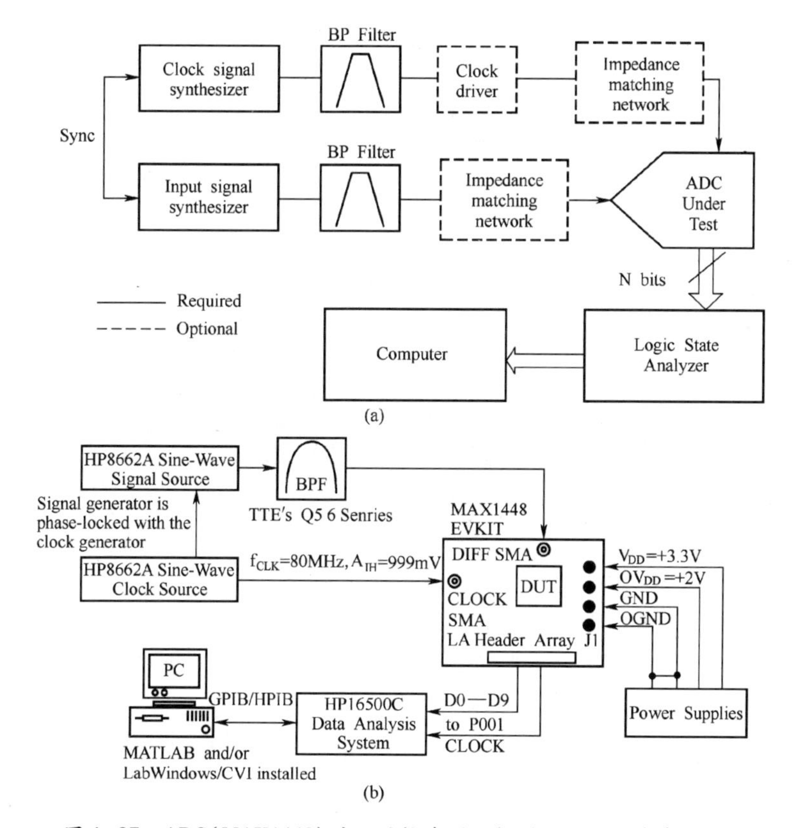

图 1-27 ADC(MAX1448)的正弦校准原理框图及正弦校准布置图
(a)正弦校准原理框图;(b)正弦校准布置图。

ADC 动态校准术语在频率域的表述方式如图 1-28 所示。

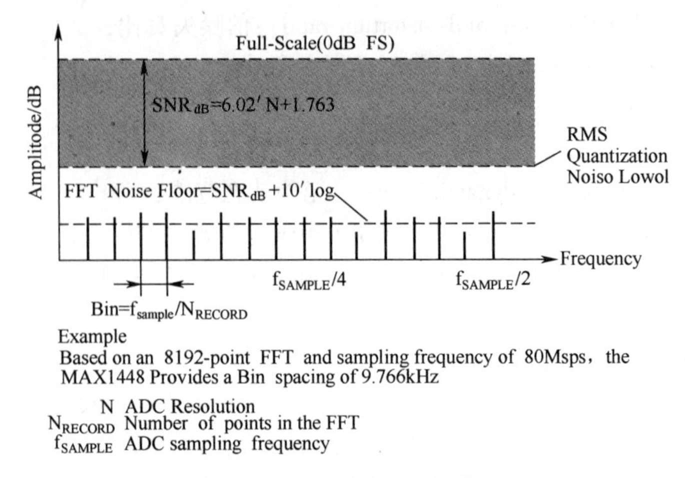

图 1-28　频域图中术语的表述

对 MAX1448 动态校准的频域图如图 1-29 所示。

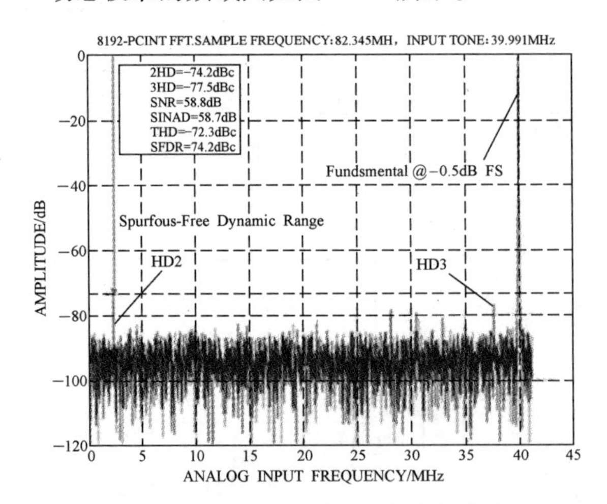

图 1-29　MAX1448 的正弦校准频域图

ADC 的双音调交调失真的校准布置图如图 1-30 所示。

ADC 双音调交调失真在频率域的表述方式如图 1-31 所示。

对 MAX1448 双音调失真校准频域图如图 1-32 所示。

这些检测在厂家出厂数据手册中都给出了明确的校准数值,例如 AD 公司的 AD7492 的数据手册给出:

SINAD:60dB;

THD-83dBS;

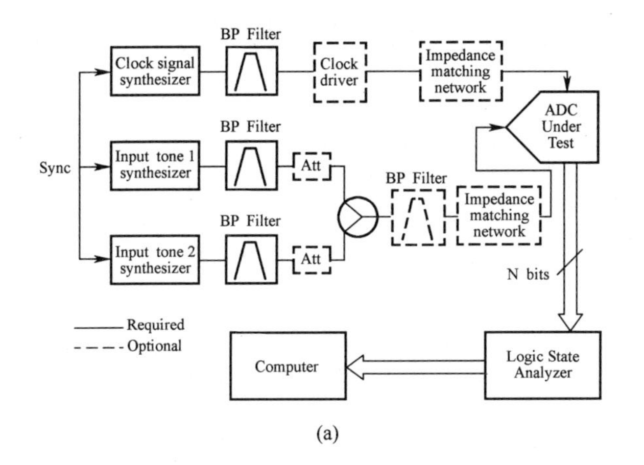

(a)

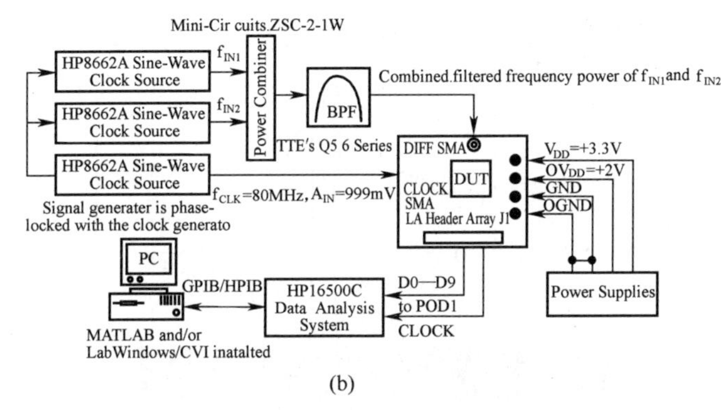

(b)

图 1-30　ADC 双音调交调失真校准原理图与布置图

(a)原理图;(b)布置图。

IMD 2-Order:-82dB;

Aperture Jitter:15ps;

SNR:70dB;

SFDR:-83dB;

IMD 3-Order:-71dB;

Full Power Bandwidth:10MHz(主要指采样保持放大器)。

以上数据是在采样频率 1.25MHz,输入信号 $f_{IN}=500\text{kHz}$、正弦信号等条件下做出的。

在一般应用中,这些指标完全能够满足应用要求,可以不必关心商品 ADC 的动态特性指标。

在测试系统的动态设计中,更为关心是 ADC 的信噪比(SNR)和有效位数(ENOB)。信噪失真比(SINAD)定义为 ADC 输出的基频信号的均方根(rms)幅

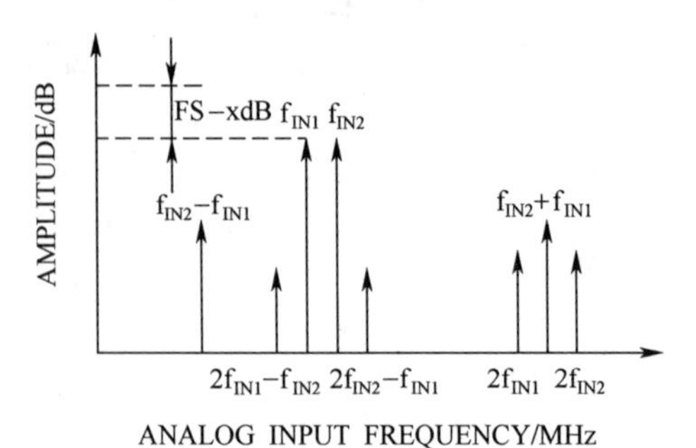

图 1-31　带二阶和三阶交调的双音调交调失真谱的说明

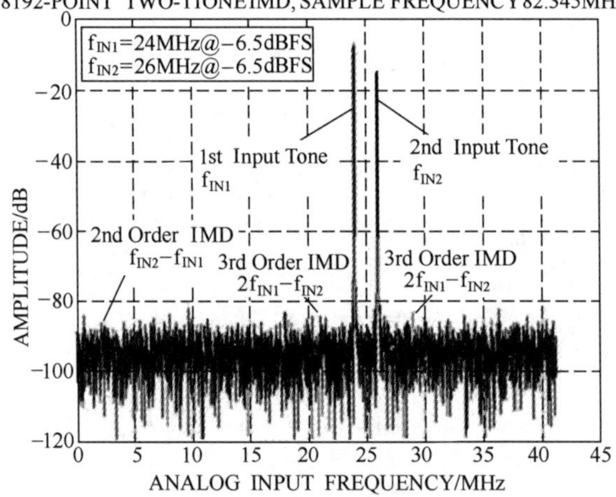

图 1-32　MAX1448 的交调失真校准频域图

值和输出噪声的 rms 幅值之比(dB),其中噪声定义为所有 Nyquist 频率($f_s/2$)以下的频率(不包括直流)、基底、谐波和伪信号分量的和。信噪比(SNR)表示在指定频段内满幅值信号功率与噪声功率的比。对于理想 ADC,它的噪声只有量化噪声,没有失真,所以 SINAD = SNR。根据参考文献[8],有过采样原理:

$$\mathrm{SNR} = 6.02N + 1.76 + 10\log\left(\frac{1}{2}\frac{f_s}{f_m}\right)$$

式中:N 为 ADC 的位数;f_s 为采样频率;f_m 为信号的最高频率分量,$f_{\mathrm{Nyquist}} = 2f_m$。

定义:过采样率 $M = \dfrac{f_s}{f_{\mathrm{Nyquist}}}$;有

$$\mathrm{SNR} = 6.02N + 1.76 + 10\log(M) = 6.02\left(N + \frac{10\log M}{6.02}\right) + 1.76 \quad (1-40)$$

$$\mathrm{ENOB} = \left(N + \frac{10\log M}{6.02}\right) = \frac{\mathrm{SNR} - 1.76}{6.02} \quad (1-41)$$

当 $M = 1$ 时，即按照 Nyquist 频率采样时，有

$$\mathrm{SNR} = 6.02N + 1.76$$

$$\mathrm{ENOB} = N = \frac{\mathrm{SNR} - 1.76}{6.02}$$

这就是一般按照采样定理规定的采样频率采样的信噪比和实际有效位数的公式。

关于过采样原理的证明，见本章附录 B。

举例：放入式电子测压器的信噪比计算。

火炮膛压信号的最高频率分量 $f_m \leqslant 5\mathrm{kHz}$，$f_{\mathrm{Nyquist}} = 2f_m = 10\mathrm{kHz}$；采样频率为 125ks/s，则有

$$M = \frac{f_s}{f_{\mathrm{Nyquist}}} = 12.5$$

$$\mathrm{SNR} = 6.02 \times 12 + 1.76 + 10\log M = 85\mathrm{dB}$$

$$\mathrm{ENOB} = \frac{\mathrm{SNR} - 1.76}{6.02} = \frac{85 - 1.76}{6.02} = 13.8\mathrm{bit}$$

考虑到电子测压器的滤波频率为 15kHz，则有

$$M = \frac{125 \times 10^3}{15 \times 10^3} = 8.33$$

$$\mathrm{SNR} = 6.02 \times 12 + 1.76 + 10\log M = 83.2\mathrm{dB}$$

$$\mathrm{ENOB} = \frac{83.2 - 1.76}{6.02} = 13.5\mathrm{bit}$$

计算表明由于采用过采样，系统的信噪比远超 12bitADC 的信噪比，在系统动态设计时可以忽略 ADC 的量化误差。

1.2.7 系统的总体动态特性

系统的动态特性如 1.2.1 节所示：

$$\mathrm{SYS}(f) = A_{\mathrm{sensor}}(f) \times A_{\mathrm{amplifier}}(f) \times A_{\mathrm{filter}}(f)$$

一般用归一化对数幅频特性和相频特性来表述系统的频率特性

$$A_{\mathrm{sys}}(f)\ (\mathrm{dB}) = 20\log\left(\frac{|\mathrm{SYS}(f)|}{\mathrm{SYS}(0)}\right)$$

$$= 20\log\left(\frac{|A_{\text{sensor}}(f)|}{A_{\text{sensor}}(0)}\right) + 20\log\left(\frac{|A_{\text{amplifier}}(f)|}{A_{\text{amplifier}}(0)}\right) + 20\log\left(\frac{|A_{\text{filter}}(f)|}{A_{\text{filter}}(0)}\right)$$

$$\varphi_{\text{sysv}}(f) = \varphi_{\text{sensor}}(f) + \varphi_{\text{amplifier}}(f) + \varphi_{\text{filter}}(f)$$

1.2.8 动态测试系统的动态不确定度估计[2]

动态测试系统的动态不确定度估计可以在频域做出,也可经过与输入信号的频率特性相乘后经过 IFFT 得到系统对输入信号的响应后,与输入信号相比较在时域得出。现在简述在频域动态不确定度估计。

根据帕斯瓦尔定理,有[9]

若 $x[n]$ 和 $X(e^{j\omega})$ 是一对傅里叶变换对,则

$$\sum_{n=-\infty}^{\infty} |x[n]|^2 = \frac{1}{2\pi}\int_{2\pi} |X(e^{j\omega})|^2 d\omega \tag{1-42}$$

这个定理说明等式两边的能量相等,$|X(e^{j\omega})|^2$ 是信号 $x[n]$ 的能量谱密度。在得到动态测试系统的动态特性后,可以根据其幅频特性及相频特性及被测信号的频率特性估计系统可能发生的动态不确定度。文献[2]的 2.2 节对动态不确定度估计有较清楚的论述,本节简述如下:

信号 $x(t)$ 通过实际系统输出为 $y_r(t)$,通过理想无失真系统输出为 $y_i(t)$ 动态误差为

$$\varepsilon(t) = y_r(t) - y_i(t)$$

当误差为有限能量和有限功率条件下,动态误差的总能量和动态误差的平均功率为

$$W_\varepsilon = \int_{-\infty}^{\infty} \varepsilon^2(t)\,dt$$

$$P_\varepsilon = \lim_{T\to\infty} \frac{1}{2T}\int_{-\infty}^{\infty} \varepsilon^2(t)\,dt$$

$\sqrt{P_\varepsilon} \Leftrightarrow \varepsilon(t)$ 的均方根称为动态均方根误差或动态误差有效值。

对于持续时间为 T_0 的时限信号,定义误差的平均功率为

$$p_{\varepsilon d} = \frac{W_\varepsilon}{T_0} = \frac{1}{T_0}\int_{-\infty}^{\infty} \varepsilon^2(t)\,dt$$

根据珀斯瓦尔公式,有

$$P_\varepsilon = \overline{\varepsilon^2} = \int_{-\infty}^{\infty} G_\varepsilon(\omega)\,df$$

理想系统的频率响应函数为 $H_i(j\omega)$,实际系统为 $H_i(j\omega) + \Delta H(j\omega)$,信号的功率谱密度函数为 $G_x(j\omega) = |X(j\omega)|^2$

误差是由信号通过偏离理想系统的 $\Delta H(j\omega)$ 造成的,则有

$$G_{\varepsilon} = G_x(\omega) \cdot |\Delta H(\mathrm{j}\omega)|^2$$

误差的功率谱可表述为

$$P_{\varepsilon} = \int_{-\infty}^{\infty} G_x(\mathrm{j}\omega)\ |\Delta H(\mathrm{j}\omega)|^2 \mathrm{d}f = \int_{-\infty}^{\infty} |X(\mathrm{j}\omega)|^2\ |\Delta H(\mathrm{j}\omega)|^2 \mathrm{d}f \quad (1-43)$$

对于持续时间 T_0 的时限信号 $x(n)$，其误差功率谱为

$$P_{\varepsilon d} = \frac{W_{\varepsilon}}{T_0} = \frac{1}{T_0}\int_{-\infty}^{\infty} |X(\mathrm{j}\omega)|^2\ |\Delta H(\mathrm{j}\omega)|^2 \mathrm{d}f \quad (1-44)$$

为计算 $\Delta H(\mathrm{j}\omega)$，设定理想系统特性，其幅频特性为一个恒定值，相频特性为从 0Hz 起的一条拟合直线，使各频率分量的延迟时间（群延迟 td）一致，可得到各个频率的 $\Delta\varphi_f$，求解 $\Delta H(\mathrm{j}\omega)$，有

实际系统的频率特性为

$$H_{\mathrm{r}}(\mathrm{j}\omega) = K_{\mathrm{r}}(\omega)\mathrm{e}^{\mathrm{j}\varphi_{\mathrm{r}}(\omega)}$$

式中，$K_{\mathrm{r}}(\omega)$ 是实际系统的幅频特性，$K_{\mathrm{r}}(\omega) = |H_{\mathrm{r}}(\mathrm{j}\omega)|$；$\varphi_{\mathrm{r}}(\omega)$ 是实际系统的相频特性。

理想系统的频率特性为

$$H_{\mathrm{j}}(\mathrm{j}\omega) = K_{\mathrm{i}} e^{\mathrm{j}\varphi_1(\omega)}$$

式中，K_{i} 是理想系统自低频起至整个工作频段一个恒定的值（幅频特性），一般取实际系统幅频特性低频段（最好从 0Hz 起）的拟合水平线值；$\varphi_{\mathrm{i}}(\omega)$ 是理想系统在工作频段的线性相角。在实际运算中，用实际系统的幅频特性与理想系统幅频特性的差值比较方便。有

$$\Delta\varphi(\omega) = \varphi_{\mathrm{r}}(\omega) - \varphi_{\mathrm{i}}(\omega)$$

$$K_{\mathrm{i}} = \Delta K(\omega) + K_{\mathrm{r}}(\omega)$$

在 Nyquist 图上，$H_{\mathrm{r}}(\mathrm{j}\omega)$ 和 $H_{\mathrm{i}}(\mathrm{j}\omega)$ 是两个幅值分别为 $K_{\mathrm{r}}(\omega)$ 和 K_{r}，夹角为 $\Delta\varphi(\omega)$ 的矢量，两个矢量尖端的连线就是 $\Delta H(\mathrm{j}\omega)$，根据余弦定理可得

$$|\Delta H(\mathrm{j}\omega)|^2 = K_{\mathrm{r}}^2 + K_{\mathrm{i}}^2 - 2K_{\mathrm{r}}K_{\mathrm{i}}\cos(\Delta\varphi(\omega))$$

将 $K_{\mathrm{i}} = \Delta K(\omega) + K_{\mathrm{r}}$ 代入并整理，得

$$|\Delta H(\mathrm{j}\omega)|^2 = 2[(K_{\mathrm{r}}(\omega))^2 + K_{\mathrm{r}}(\omega) \cdot \Delta K(\omega)] \times (1 - \cos(\Delta\varphi(\omega)) + (\Delta K(\omega))^2 \quad (1-45)$$

式(1-43)、式(1-44)说明误差功率与系统特性和被测信号的特性有关。

以上摘录自参考文献[2]，读者可直接阅读参考文献[2]得到详细论述。

由于绝大多数信号的幅频特性呈现随频率升高大幅衰减的特征，即使测试系统在高频段幅频特性有超过要求的（如 2%～10%）的不平直度，在测量某具体信号时由于信号本身在这个频段有较大的衰减，测试系统这个不平直度对系统误差的“贡献”还是很小的，单纯以测试系统的频率特性而不结合具体测试信号的频率特性来评价一个测试系统的优劣是不恰当的。

为讨论适用于一定范围内各种不同信号的测试系统的不确定度估计，提出理想信号和理想系统及对设计动态测试系统的基本期望的概念，定义动态测试系统的不确定度估计为用这个符合基本期望的理想系统测量理想信号时的误差功率估计。

（1）理想信号。理想信号定义为针对某一类信号（如各种火炮的膛压信号），其幅频特性能包容各种被测信号（如各种炮种的膛压曲线）幅频特性的理想幅频特性。

（2）理想系统。理想系统定义为，其幅频特性是所研制的测试系统的归一化幅频特性值，能包容理想信号的幅频特性；其相频特性是从 0Hz 到系统工作频带的一条直线，其斜率不随频率改变，这样各个不同频率分量通过系统后的延迟时间相同，不会产生畸变。

（3）对设计动态测试系统的基本期望。所设计的测试系统在所需要的频率（由被测信号估计的最高频率分量确定）范围内幅频特性的不平直度在允许范围内；相频特性的斜率固定（或可拟合成一条过 0Hz 的直线，其偏差可以忽略），这样可避免信号的各个频率分量通过系统时产生不同的延迟，造成测量结果的畸变；由测试系统的动态特性造成的动态误差在允许范围之内。根据笔者的经验，在需要的工作频带内，经过选择的传感器、放大器、滤波器等环节，都能满足基本期望，超过工作频带则需要计算 ΔH。电荷放大器在低频段（由电荷放大级的反馈电容及反馈电阻构成的时间常数 $T_L = C_F R_F$ 决定的低频截止频率 $f_L = 1/2\pi C_F R_F$ 一般达到 10^{-2}Hz 以下）会造成较大的误差，这个误差所占总误差的份额比高频段的误差份额大很多，1.2.9 节举例中将计算电荷放大器低频段造成的误差。

在理想信号、理想系统和动态测试系统的基本期望的前提下，设定在所需的频率范围内有信号、有误差，在此频率范围之外没有信号也没有误差，导出动态测试系统的不确定度估计。

根据式（1-43）及式（1-45），在所需要频率范围内，有

$$P_\varepsilon = \sum_{f=0}^{f_{\max}} |X(\mathrm{j}\omega)|^2 |\Delta H(\mathrm{j}\omega)|^2 \Delta f \qquad (1-46)$$
$$\omega = 2\pi f$$

式中：$X(\mathrm{j}\omega)$ 为理想信号的幅频特性；$\Delta H(\mathrm{j}\omega)$ 按式（1 - 45）计算；Δf 是设计中取用的频率间隔（bin）。

对于基本期望系统中有电荷放大器或传感器低频特性欠佳的系统，采用分段计算，有

$$P_e = \sum_{f=0}^{fl} |\Delta Xl(\mathrm{j}\omega)|^2 \Delta fl + \sum_{f=f_l}^{f_m} |\Delta X(\mathrm{j}\omega)|^2 \Delta f \qquad (1-47)$$

式中:fl 为需要计算低频特性的频率,一般可在 1Hz 以下;Δfl 为计算低频特性的频率间隔,一般可小到 10^{-5}Hz;$\Delta Xl(\mathrm{j}\omega)$ 是低频段频率特性的向量偏差,包括幅值和相位偏差,包括幅值和相位的偏差,按照式(1-45),可得

$$|\Delta Xl(\mathrm{j}\omega)|^2 = 2[K_r(\omega)^2 + K_r(\omega)\cdot\Delta K(\omega)] \times [1-\cos(\Delta\varphi(\omega))] + \Delta K(\omega)^2 \tag{1-48}$$

上述论证的是所设计的动态测试系统测量理想信号的动态不确定度估计,作为测试系统系统特性的一种描述方法。本书提到的是动态不确定度的估计,区别于不确定度的概念。具体测试对象确定以后,代入被测信号的动态特性,就可以得到用这个系统测量这个具体信号时的动态不确定度估计。系统动态不确定度估计的算例见 1.2.9 节。

以上是设计动态测试系统时对系统动态特性中的不确定度估计,实际系统的不确定度要通过适当的校准来确定,本书第 3 章将深入讨论新概念动态测试的校准理论和方法。

1.2.9 举例 800MPa 放入式电子测压器的动态设计

在本章 1.1.1、1.2.3、1.2.4、1.2.5 节的实例中,分别计算了放入式电子测压器采用的总体设计、传感器、电荷放大级、4 阶低通滤波器的频率特性。在 1.2.6 节中论证了由于采用过采样,ADC 的有效位数超过 12 位,可以在误差估计时忽略。本节将上述各节计算的传感器、电荷放大级和低通滤波器的频率特性合成,仿真测量某滑膛炮膛压的误差估计,最后在频率域计算其不确定度估计。

1. 计算

系统中、高频段(1Hz 以上)频率特性为

$$A_{sys} = A_{sen} \times A_{charamp} \times A_{filter}$$

系统低频段(0 ~ 1Hz)频率特性为

$$A_{sysLF} = A_{sen} \times A_{charampLF} \times A_{filter}$$

经计算,系统的中、高段(1Hz 以上)及低频段(0~1Hz)的归一化幅频特性及相频特性示于图 1-33、图 1-34 和图 1-35 中。

由图 1-34 可以看出,在火炮膛压曲线最高频率分量 5kHz 以下的中高频段,系统相频特性是一条过零的等斜率的直线,表明在测量火炮膛压信号时其各个频率分量延迟时间一致,不会产生波形畸变。在 5000Hz 时相角为-53.6°,其斜率为群延迟时间

$$td = \frac{-\dfrac{53.6\times\pi}{180}}{2\times\pi\times5000}\times10^6 = -29.8\mu\mathrm{s}$$

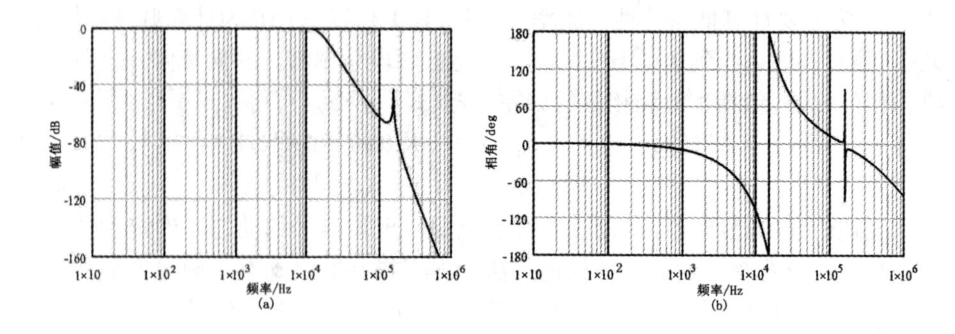

图 1-33　电子测压器系统中、高频归一化幅频特性及相频特性
(a)幅频特性;(b)相频特性。

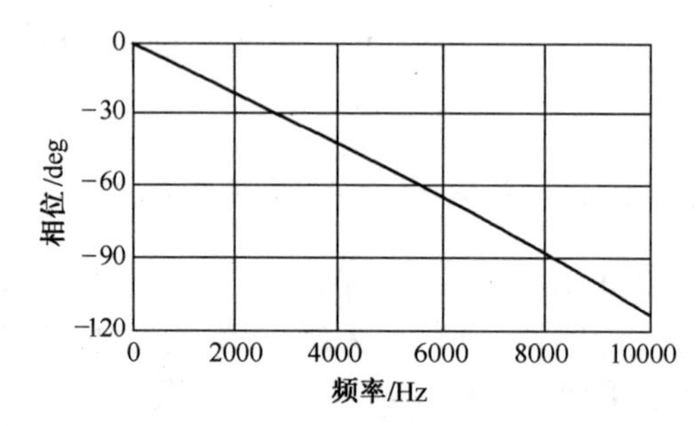

图 1-34　电子测压器系统中、高频 10kHz 以下相频特性

图 1-35 示出电子测压器的低频特性,可以看出,电子测压器低频截止频率(-3dB)在 6×10^{-4} Hz,在 0Hz 有较大的频率特性误差,造成的测试误差将予以计算。低频频率误差只占有 0~1Hz,误差能量虽小,但占总误差能量的主要份额。

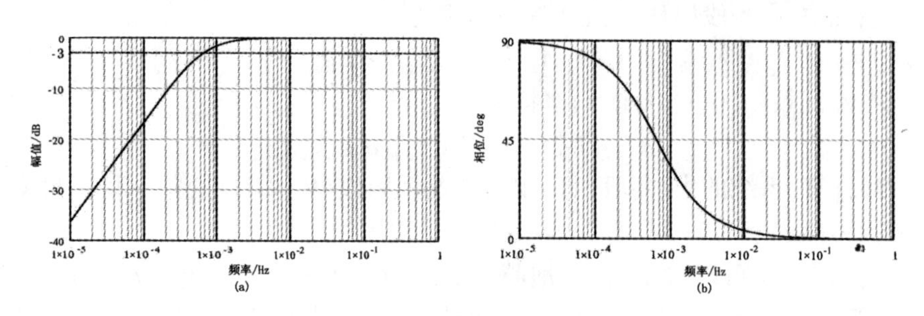

图 1-35　电子测压器系统低频归一化幅频特性及相频特性
(a)幅频特性;(b)相频特性。

2. 所设计系统测量某滑膛炮膛压曲线的仿真

设输入信号为图 1-4 所示某滑膛炮的膛压信号,经计算其幅频特性最高频

率分量为 5kHz,是火炮膛压信号中最高频率分量最高的一种。输入信号为 sig(t) ,其最大值为 572MPa,为计算方便,在计算频率特性时信号幅值除以系统的设计最大幅值 650MPa 的相对膛压曲线,其频率特性为 ftsig(f) ,在 0Hz 和 1Hz 对应的幅频特性值均为 3.78×10^{-3} ,在仿真时只计算中、高频频率特性的响应:

系统对某滑膛炮膛压信号在 1Hz~5kHz 的频域响应为

$$\mathrm{res}(f) = \mathrm{ftsig}(f) \times \mathrm{Asys}(f)$$

其傅里叶反变换为系统对 sig(t) 输入的时域响应仿真

$$\mathrm{RES}(t) = \mathrm{IFFT}(\mathrm{res}(f))$$

计算出的系统对输入信号的频域响应,系统的仿真输出与输入信号,如图 1-36、图 1-37。

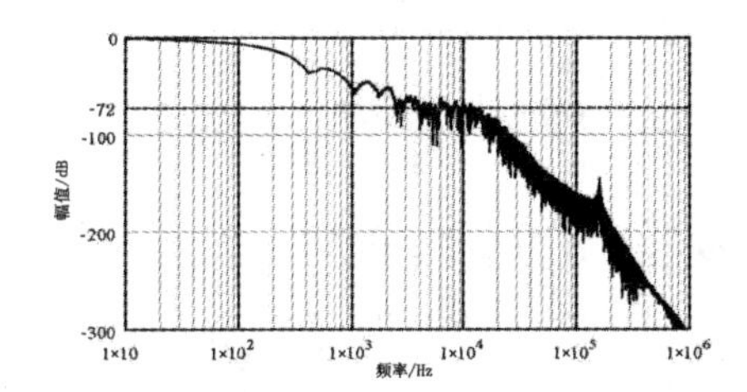

图 1-36 系统对输入信号的频域响应

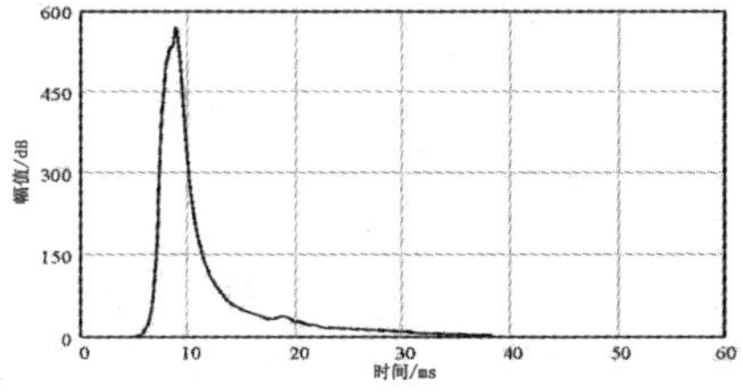

图 1-37 系统仿真输出时域响应及输入信号

图 1-38 所示出二者上升沿的展开图,可以看出输出信号比输入信号在时间上有延迟,经互相关计算将输出响应向前移 59 个点(相当于 29μs,即系统特性中的群延迟时间 td),相关系数为 0.999999,计算仿真误差的方均根值(σ)。

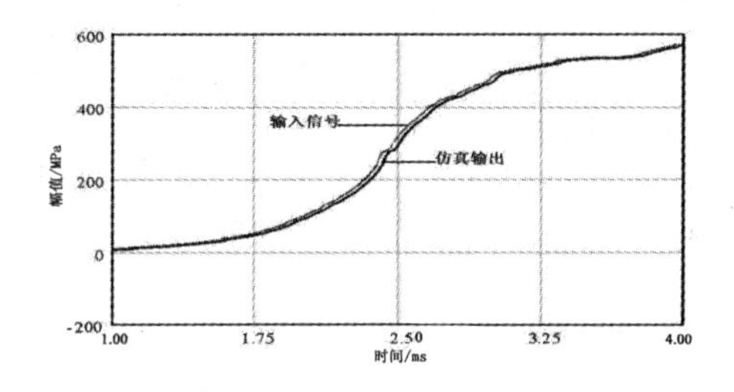

图 1-38 仿真输入信号与系统仿真输出信号上升沿展开图

滑膛炮膛压数据共有 80000 个点,其中有 10000 个点为采样系统的负延迟,为计算方便,对信号按时间间隔 0.47684μs 重新线性采样,系统对输入信号的

响应应前移 59 个点，有

$$s = 0\cdots(80000 - 10000)$$

$$dt = 0.47684 \times 10^{-6}$$

$$a = 59$$

$$\sigma = \sqrt{\frac{1}{70001 - 1}\sum_{s=0}^{7000}(\mathrm{res}_{s+a} - \mathrm{sig}_s)^2} = 2.47\ \mathrm{MPa}$$

置信度 99.7%时的不确定度为

$$Un = \pm \frac{3 \times \sigma}{\max(\mathrm{sig})} \times 100 = \pm 1.29\%$$

3. 根据系统的频率特性作系统不确定度估计

根据式(1-47)、式(1-48)，估计系统特性的不确定度。

根据前述有关在频域确定不确定度估计的论述[2]，有下述公式

$$P_e = \int_{-\infty}^{\infty} G_x(\mathrm{j}\omega)\ |\Delta H(\mathrm{j}\omega)|^2 \mathrm{d}f = \int_{-\infty}^{\infty} |X(\mathrm{j}\omega)|^2\ |\Delta H(\mathrm{j}\omega)|^2 \mathrm{d}f \quad (1-49)$$

$$P_{\varepsilon d} = \frac{W_\varepsilon}{T_0} = \frac{1}{T_0}\int_{-\infty}^{\infty} |X(\mathrm{j}\omega)|^2\ |\Delta H(\mathrm{j}\omega)|^2 \mathrm{d}f \quad (1-50)$$

$$|\Delta H(\mathrm{j}\omega)|^2 = 2(|K_r|^2 + |K_r|(\Delta K))(1 - \cos(\Delta\varphi)) + (\Delta K)^2 \quad (1-51)$$

理想信号：按照各种火炮膛压信号的频率特性，某滑膛炮的膛压信号的带宽最宽，构建幅频特性包容滑膛炮膛压信号频率特性的信号，相频特性为线性相频特性的理想信号。

$a = |\mathrm{ftsig}_0|$，按照滑膛炮膛压信号的 0Hz 幅频特性作为理想信号的低频幅值；

$$\mathrm{Amsig}(f) = \begin{cases} a & ,\text{if } f \leqslant 100 \\ \dfrac{a}{10^{2\times\lg\left(\frac{f}{100}\right)}} & ,\text{otherwise} \end{cases}$$，理想信号的幅频特性；

$\varphi_{\mathrm{sig}}(f) = \dfrac{-\pi}{54} \times f$，理想信号的线性相频特性；

$X(f) = \mathrm{Amsig}(f) \times \cos(\varphi_{\mathrm{sig}}(f)) + i \cdot \mathrm{Amsig}(f) \times \sin(\varphi\mathrm{sig}(f))$，理想信号的频率特性。

理想信号的归一化幅频特性及相频特性如图 1-39 所示。

4. 理想系统和实际系统特性

实际系统特性即本例电子测压器的频域特性；理想系统的幅频特性取幅值为实际系统 1Hz 的幅频特性不随频率变化的直线，理想系统的相频特性取实际

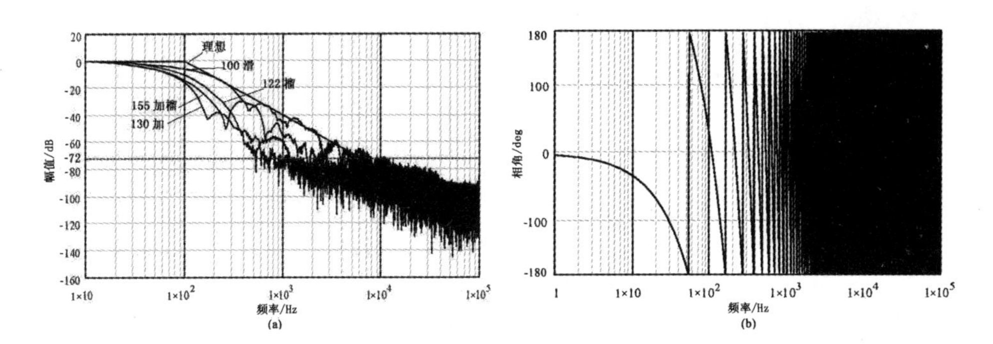

图 1-39　多种火炮实测数据的归一化幅频特性及构建的理想信号的归一化幅频特性及相频特性

(a)幅频特性;(b)相频特性。

系统 5kHz 前的线性相频特性。

实际系统频率特性为本例中的 Asys(f),有

$$H_r(\mathrm{j}\omega) = \mathrm{Asys}(\mathrm{j}\omega)$$

$$K_r(\omega) = |H_r(\mathrm{j}\omega)|$$

$$\varphi_r(\omega) = \arg(H_r(\mathrm{j}\omega))$$

理想系统的幅频特性

$$|H_i(\mathrm{j}\omega)| = \mathrm{Asys}(f)_{f=1} = K_i$$

$$\Delta K(\omega) = K_r(\omega) - K_i$$

理想系统的相频特性

$$\arg(H_i(\mathrm{j}\omega)) = \frac{\arg(\mathrm{Asys}\ (f)_{f=5\times10^3})}{5\times10^3} \times f$$

$$\Delta\varphi(\omega) = \arg(H_r(\mathrm{j}\omega)) - \arg(H_i(\mathrm{j}\omega))$$

1) 中、高频的平均误差功率计算

由式(1-41)可得系统幅频误差及在测量理想膛压信号时中、高频(1Hz 以上)的平均误差功率,取频率间隔(Bin of frequency) df = 1,从 1Hz 计算到 1×10^6 Hz,有

$$|\Delta H(\mathrm{j}\omega)|^2 = 2[|K_r(\omega)|^2 + |K_r(\omega)| \times \Delta K(\omega)]\{1 - \cos[\Delta\varphi(\omega)]\} + [\Delta K(\omega)]^2$$

$$P_{\varepsilon mh} = \sum_{f=1}^{10^6} |X(\mathrm{j}\omega)|^2 \times |\Delta H(\mathrm{j}\omega)|^2 \times \mathrm{d}f$$

$$P_{\varepsilon mh} = 1.271 \times 10^{-9}$$本算例中、高频段计算结果

2) 低频段(0~1Hz)误差平均功率计算

取 0~1Hz 区间的信号幅值相同,有

$$|X_L(\mathrm{j}\omega_L)| = |X(\mathrm{j}f_1)|$$

低频时信号的相角取为0°,有

$$\arg(X_L(\mathrm{j}\omega_L)) = 0$$

本算例频率间隔取为1×10^{-5}Hz,有

$$\mathrm{d}f_L = 10^{-5}$$

$$k = 0,\cdots,10^5$$

$$f_{Lk} = k \times 10^{-5},\ \omega_{Lk} = 2\pi f_{Lk}$$

低频段系统特性,取1Hz是的幅频特性作为理想系统在低频段的幅频特性,有

$$H_L(\mathrm{j}\omega_L) = A_{sysLF}(\mathrm{j}\omega_L)$$

$$|H_{iL}(\mathrm{j}\omega_L)| = |H(\mathrm{j}f_1)|$$

$$\arg(H_{iL}(\mathrm{j}\omega_L)) = 0$$

$$K_{rL} = |H_L(\mathrm{j}\omega_L)|$$

$$\Delta K_L(\omega_L) = K_{rL} - |H(\mathrm{j}f_1)|$$

$$\Delta\varphi_L(\omega_L) = \arg[H_L(\mathrm{j}\omega_L)]$$

$$|\Delta H_L(\mathrm{j}\omega_L)|^2 = 2[|K_{rL}(\omega_L)|^2 + |K_{rL}(\omega_L)| \times \Delta K_L(\omega_L)]\{1 - \cos[\Delta\varphi_L(\omega_L)]\} + (\Delta K_L(\omega_L))^2$$

低频段误差平均功率

$$P_{\varepsilon L} = \sum_{k=0}^{10^5} |X_L(\mathrm{j}\omega_L)|^2 \times |\Delta H_L(\mathrm{j}\omega_L)|^2 \times \mathrm{d}f_L$$

$P_{\varepsilon L} = 1.248 \times 10^{-8}$　　本算例低频段计算结果

3）电子测压器系统平均误差功率

$$P_\varepsilon = P_{\varepsilon \mathrm{L}} + P_{\varepsilon \mathrm{mh}} = 1.248 \times 10^{-8} + 1.271 \times 10^{-9} = 1.375 \times 10^{-8}$$

可以看出,所设计的电子测压器系统主要误差功率在低频段。

设膛压信号持续时间为T_0,有

$$T_0 = (\mathrm{length}(\mathrm{sig}) - 10000) \times \mathrm{dt}$$

$$P_{\varepsilon d} = \frac{1}{T_0} P\varepsilon = 3.204 \times 10^{-7}$$

以上计算基于满量程输入880MPa,输出1.381V。计算实例的理想信号是按照输入为572MPa得到的。不确定度估计应当是以计算实例的理想信号满量程输入时的估计值,单位应当是MPa。

令　　$\mathrm{coe} = \frac{880}{1.381} \times \frac{880}{572} = 980.34$,有

$$\sigma_{\mathrm{estimate}} = \sqrt{P_{\varepsilon d}} \times \mathrm{coe} = 0.361\mathrm{MPa}$$

从频率域计算系统不确定度估计为均方根值 0.361MPa，与仿真计算的 2.47MPa 有较大差别，由频率域特性做不确定度估计是一种新提法，还有待完善。但是可以看出，对于经过精心设计的测试系统，采用压电晶体传感器的系统总误差的主要份额在低频段。频域域计算系统不确定度估计可作为专用动态测试系统性能指标的一种评估方法。

测试是计量的延伸，从这个观点来看，一个测试系统针对某个测试对象的测试不确定度应当从对这个系统进行校准后得到。本书第 3 章将专门论述在恶劣环境下应用的测试系统的校准问题。

1.2.10 附录

附录 A：滤波器设计系数表及相关元器件值计算法[7]

本附录中包含 3 类滤波器系数表，贝塞尔、巴特沃斯和切比雪夫，其中切比雪夫系数表又以不同的通带纹波细分为 0.5dB、1dB、2dB 及 3dB（后两种在测试系统中一般很少用，本附录未摘录）见表 A1-1～表 A1-4。

表 A1-1 中的第一行包含：

n 为滤波器的阶数；

表 A1-1　贝塞尔系数

n	j	a_i	b_i	$k_i=f_{ci}/f_c$	Q_i
1	1	1.0000	0.0000	1.000	—
2	1	1.3617	0.6180	1.000	0.58
3	1	0.7560	0.0000	1.323	—
	2	0.9996	0.4772	1.414	0.69
4	1	1.3397	0.4889	0.978	0.52
	2	0.7743	0.3890	1.797	0.81
5	1	0.6656	0.0000	1.502	—
	2	1.1402	0.4128	1.184	0.56
	3	0.6216	0.3245	2.138	0.92
6	1	1.2217	0.3887	1.063	0.51
	2	0.9686	0.3505	1.431	0.61
	3	0.5131	0.2756	2.447	1.02
7	1	0.5937	0.0000	1.648	—
	2	1.0944	0.3395	1.207	0.53
	3	0.8304	0.3011	1.695	0.66
	4	0.4332	0.2381	2.731	1.13

（续）

n	j	a_i	b_i	$k_i=f_{ci}/f_c$	Q_i
8	1	1. 1112	0. 3162	1. 164	0. 51
	2	0. 9754	0. 2979	1. 381	0. 56
	3	0. 7202	0. 2621	1. 963	0. 71
	4	0. 3728	0. 2087	2. 992	1. 23
9	1	0. 5386	0. 0000	1. 857	—
	2	1. 0244	0. 2834	1. 277	0. 52
	3	0. 8710	0. 2636	1. 574	0. 59
	4	0. 6320	0. 2311	2. 226	0. 76
	5	0. 3257	0. 1854	3. 237	1. 32
10	1	1. 0215	0. 2650	1. 264	0. 50
	2	0. 9393	0. 2549	1. 412	0. 54
	3	0. 7815	0. 2351	1. 780	0. 62
	4	0. 5604	0. 2059	2. 479	0. 81
	5	0. 2883	0. 1665	3. 466	1. 42

表 A1-2　巴特沃斯系数

n	i	a_i	b_i	$k_i=f_{ci}/f_c$	Q_i
1	1	1. 0000	0. 0000	1. 000	—
2	1	1. 4142	1. 0000	1. 000	0. 71
3	1	1. 0000	0. 0000	1. 000	—
	2	1. 0000	1. 0000	1. 272	1. 00
4	1	1. 8478	1. 0000	0. 719	0. 54
	2	0. 7654	1. 0000	1. 390	1. 31
5	1	1. 0000	0. 0000	1. 000	—
	2	1. 6180	1. 0000	0. 859	0. 62
	3	0. 6180	1. 0000	1. 448	1. 62
6	1	1. 9319	1. 0000	0. 676	0. 52
	2	1. 4142	1. 0000	1. 000	0. 71
	3	0. 5176	1. 0000	1. 479	1. 93
7	1	1. 0000	0. 0000	1. 000	—
	2	1. 8019	1. 0000	0. 745	0. 55
	3	1. 2470	1. 0000	1. 117	0. 80
	4	0. 4450	1. 0000	1. 499	2. 25

（续）

n	i	a_i	b_i	$k_i=f_{ci}/f_c$	Q_i
8	1	1.9616	1.0000	0.661	0.51
	2	1.6629	1.0000	0.829	0.60
	3	1.1111	1.0000	1.206	0.90
	4	0.3902	1.0000	1.512	2.56
9	1	1.0000	0.0000	1.000	—
	2	1.8794	1.0000	0.703	0.53
	3	1.5321	1.0000	0.917	0.65
	4	1.0000	1.0000	1.272	1.00
	5	0.3473	1.0000	1.521	2.88
10	1	1.9754	1.0000	0.655	0.51
	2	1.7820	1.0000	0.756	0.56
	3	1.4142	1.0000	1.000	0.71
	4	0.9080	1.0000	1.322	1.10
	5	0.3129	1.0000	1.527	3.20

表 A1-3　通带纹波 0.5dB 的切比雪夫系数

n	i	a_i	b_i	$k_i=f_{ci}/f_c$	Q_i
1	1	1.0000	0.0000	1.000	—
2	1	1.3614	1.3827	1.000	0.86
3	1	1.8636	0.0000	0.537	—
	2	0.0640	1.1931	1.335	1.71
4	1	2.6282	3.4341	0.538	0.71
	2	0.3648	1.1509	1.419	2.94
5	1	2.9235	0.0000	0.342	—
	2	1.3025	2.3534	0.881	1.18
	3	0.2290	1.0833	1.480	4.54
6	1	3.8645	6.9797	0.336	0.68
	2	0.7528	1.8573	1.078	1.81
	3	0.1589	1.0711	1.495	6.51
7	1	4.0211	0.0000	0.249	—
	2	1.8729	4.1795	0.645	1.09
	3	0.4861	1.5676	1.208	2.58
	4	0.1156	1.0443	1.517	8.84

(续)

n	i	a_i	b_i	$k_i=f_{ci}/f_c$	Q_i
8	1	5.1117	11.9607	0.276	0.68
	2	1.0639	2.9365	0.844	1.61
	3	0.3439	1.4260	1.284	3.47
	4	0.0885	1.0407	1.521	11.53
9	1	5.1318	0.0000	0.195	—
	2	2.4283	6.6307	0.506	1.06
	3	0.6839	2.2908	0.989	2.21
	4	0.2559	1.3133	1.344	4.48
	5	0.0695	1.0272	1.532	14.58
10	1	6.3648	18.3695	0.222	0.67
	2	1.3582	4.3453	0.689	1.53
	3	0.4822	1.9440	1.091	2.89
	4	0.1994	1.2520	1.381	5.61
	5	0.0563	1.0263	1.533	17.99

表 A1-4　通带纹波 1dB 的切比雪夫系数

n	i	a_i	b_i	$k_i=f_{ci}/f_c$	Q_i
1	1	1.0000	0.0000	1.000	—
2	1	1.3022	1.5515	1.000	0.96
3	1	2.2156	0.0000	0.451	—
	2	0.5442	1.2057	1.353	2.02
4	1	2.5904	4.1301	0.540	0.78
	2	0.3039	1.1697	1.417	3.56
5	1	3.5711	0.000	0.280	—
	2	1.1280	2.4896	0.894	1.40
	3	0.1872	1.0814	1.486	5.56
6	1	3.8437	8.5529	0.366	0.76
	2	0.6292	1.9124	1.082	2.20
	3	0.1296	1.0766	1.493	8.00
7	1	4.9520	0.0000	0.202	—
	2	1.6338	4.4899	0.655	1.30
	3	0.3987	1.5834	1.213	3.16
	4	0.0937	1.0432	1.520	10.90

（续）

n	i	a_i	b_i	$k_i=f_{ci}/f_c$	Q_i
8	1	5.1019	14.7608	0.276	0.75
	2	0.8916	3.0426	0.849	1.96
	3	0.2806	1.4334	1.285	4.27
	4	0.0717	1.0432	1.520	14.24
9	1	6.3415	0.0000	0.158	—
	2	2.1252	7.1711	0.514	1.26
	3	0.5624	2.3278	0.994	2.71
	4	0.2076	1.3166	1.346	5.53
	5	0.0562	1.0258	1.533	18.03
10	1	6.3634	22.7468	0.221	0.75
	2	1.1399	4.5167	0.694	1.86
	3	0.3939	1.9665	1.093	3.56
	4	0.1616	1.2569	1.381	6.94
	5	0.0455	1.0277	1.532	22.26

i 为分部滤波器的序号；

a_i、b_i为该分部滤波器的系数；

k_i为该分部滤波器的转折频率f_{ci}与总滤波器转折频率f_c之比，这个比值可以用来确定该分部运放的单位增益带宽 GBW，也可以用来简化对滤波器设计的测试，测试的方法是先确定f_{ci}，然后和f_c进行比较；

Q_i为该分部的品质因子。

本附录的第二部分是各种物理滤波器中利用 a_i、b_i计算该分部中电阻电容的解算方法。

查表法设计 Sellen-Key 结构滤波器

先指定 C_1、C_2，由式(1-32)、式(1-34)解出 R_1及 R_2，并确定 C_1及 C_2之间的关系。

由式(1-32)得

$$R_2 = \frac{a}{\omega_c C_1} - \left[1 + (1 - A_0)\frac{C_2}{C_1}\right] R \tag{A1-1}$$

将式(1-33)代入式(1-32)，得

$$\left[1 + (1 - A_0)\frac{C_2}{C_1}\right] R_1^2 - \frac{a}{\omega_c C_1} R_1 + \frac{b}{\omega_c^2 C_1 C_2} = 0 \tag{A1-2}$$

$$R_1 = \frac{\frac{a}{\omega_c C_1} \pm \sqrt{\frac{a^2}{\omega_c^2 C_1^2} - 4\frac{b}{\omega_c^2 C_1 C_2}\left[1 + (1 - A_0)\frac{C_2}{C_1}\right]}}{2\left[1 + (1 - A_0)\frac{C_2}{C_1}\right]}$$

$$= \frac{aC_2 \pm \sqrt{a^2C_2^2 - 4bC_2[C_1 + (1 - A_0)C_2]}}{2\omega_c C_2[C_1 + (1 - A_0)C_2]} \tag{A1-3}$$

由式(1-39)可以算出 R_1,进而由式(1-37)可以算出 R_2。

为使 R_1得出实数解,C_1、C_2须有下列条件关系:

$$a^2C_2^2 \geqslant 4bC_2[C_1 + (1 - A_0)C_2]$$

所以

$$C_2 \geqslant \frac{4b}{a^2 - 4b(1 - A_0)}C_1 \tag{A1-4}$$

(1) Sallen-Key 结构的特殊情况:$A_0 = 1$,有

$$R_1 = \frac{aC_2 \pm \sqrt{a^2C_2^2 - 4bC_1C_2}}{2\omega_c C_1 C_2} \tag{A1-5}$$

$$C_2 \geqslant \frac{4b}{a^2}C_1 \tag{A1-6}$$

(2) Sallen-Key 二阶低通滤波器的特殊情况:$R_1 = R_2 = R$; $C_1 = C_2 = C$,有

$$A_{\mathrm{i}}(S) = \frac{A_{0i}}{1 + \omega_{Ci}[C_1(R_1 + R_2) + (1 - A_{0i})R_1C_2]S + \omega_{Ci}^2 R_1R_2C_1C_2S^2}$$

$$= \frac{A_{0i}}{1 + \omega_{Ci}RC(3 - A_{0i})S + \omega_{Ci}^2(RC)^2S^2}$$

其中:$A_{0i} = 1 + \frac{R_4}{R_3}$。

$$b_i = \omega_{Ci}^2(RC)^2, a_i = \omega_{Ci}RC(3 - A_{0i}) = \sqrt{b_i} \times (3 - A_{0i})$$

$$R = \frac{\sqrt{b_i}}{2\pi f_{Ci}C}$$

前述 $Q_i = \frac{\sqrt{b_i}}{a_i}$,所以 $Q_i = \frac{1}{3 - A_{0i}}$;$Q_i$ 和 A_{0i} 呈函数关系。

附录 B:过采样原理

量化及量化误差

图 B1-1 示出一个满量程正弦波周期经 3bit AD 量化的过程及量化误差。

量化误差相当于引入量化噪声。量化噪声具有白噪声的性质,幅值在

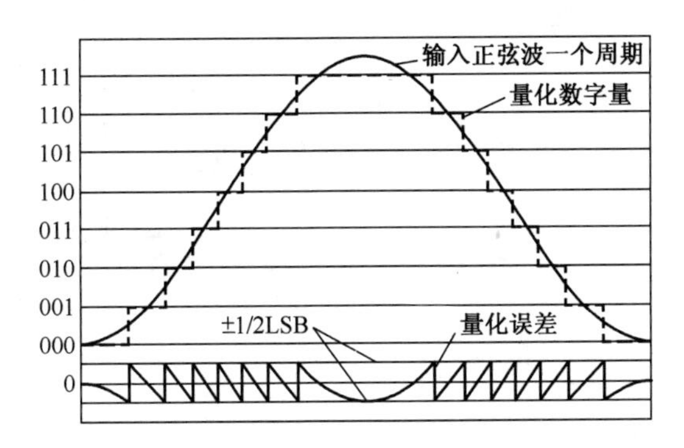

图 B1-1　一个周期正弦波经 3bit AD 量化过程及量化误差

±1/2LSB范围内,频谱呈矩形分布。设输入信号为 x_s ,量化后得到 x_d ,量化误差为 e ,定义 q = 1LSB 为一个量化阶梯:

ADC 的位数为 N,有

$$q = \frac{1}{2^N - 1}$$

$$e = x_d - x_s$$

$$\bar{e} = E(e) = 0$$

$$\sigma_e^2 = E\{(e - \bar{e})^2\}$$

$$= \frac{q^2}{12}$$

量化噪声能量呈矩形分布,采样频率为 f_s ,量化噪声能量密度的分布函数为

$$S_{\text{qe}}(f) = \frac{\sigma_e^2}{f_s} = \frac{q^2}{12}\frac{1}{f_s}$$

输入幅值 $A = V_{\text{FS}}/2$,偏置 $V_{\text{FS}}/2$,频率为 f_B 的正弦信号 x_s;

$$\sigma_{xs}^2 = \frac{1}{2}A^2 = \frac{1}{2}\left\{\frac{(2^N - 1)q}{2}\right\}^2 = \frac{1}{8}$$

$$f_{\text{Nyquist}} = 2f_B$$

过采样率为

$$M = \frac{f_s}{f_{\text{Nyquist}}}$$

量化噪声能量为

$$P_{qe} = \int_{-f_B}^{f_B} S_{qe}(f)\,\mathrm{d}f = \frac{q^2}{12}\frac{2f_B}{f_s} = \frac{q^2}{12}\frac{1}{M} \tag{B1-1}$$

量化噪声呈矩形分布于 0~$f_s/2$ 区间,用滤波器滤除 f_B~$f_s/2$ 量化噪声,得

信噪比为

$$\mathrm{SNR}(\mathrm{dB}) = 10\lg\left(\frac{\sigma_{\mathrm{xs}}^2}{P_{\mathrm{qe}}}\right) = 10\lg\left(\frac{\frac{1}{8}}{\frac{q^2}{12M}}\right)$$

$$= 10\lg[1.5 \times (2^N - 1)^2 \times M] \tag{B1-2}$$

$$\approx 1.76 + 6.02N + 10\lg M \tag{B1-3}$$

当 $M = 1$,以 f_{Nyquist} 采样时,有

$$\mathrm{SNR}(\mathrm{dB}) = 1.76 + 6.02N \tag{B1-4}$$

$M = 1$ 时的有效位数为

$$\mathrm{ENOB} = \frac{\mathrm{SNR} - 1.76}{6.02} \tag{B1-5}$$

$M \neq 1$ 时的有效位数为

$$\mathrm{ENOB} = N + \frac{10\lg M}{6.02} = N + 1.66\lg M \tag{B1-6}$$

式(B1-6)中的 $1.66\lg M$ 项可视为过采样的“红利”。

注意:式(B1-1)中的量化噪声能量的积分上下限为 $\pm f_{\mathrm{B}}$,意味着必须滤波到 f_{B}。或按照实际的滤波截止频率计算 M 的值。

经笔者验算,仅存在量化噪声时,以远高于 Nyquist 频率采样的 ADC 的有效位数仍然是 ADC 的实际位数。新概念动态测试系统为能在恶劣环境下正常工作,一般都具有良好的保护壳体,对外界干扰噪声有良好的屏蔽作用,在动态设计时不必考虑 ADC 的量化噪声。

过采样原理中的“红利”已经成功地应用到 ΣΔADC,在其他类型 ADC 中怎样应用这个“红利”,还有待于进一步研究。

参 考 文 献

[1] 朱明武,李永新. 动态测量原理 [M].北京:北京理工大学出版社,1993.

[2] 朱明武,李永新,卜雄洙. 测试信号处理与分析 [M]. 北京:北京航空航天大学出版社,2006.

[3] 黄俊钦. 测试系统动力学 [M]. 北京: 国防工业出版社,1996.

[4] 童诗白. 模拟电子技术基础(第二版)[M]. 北京:高等教育出版社,1996.

[5] “Texas Instruments 公司 OPA340,OPA365,OPA301 data sheet.”

[6] JJG 338-201X 电荷放大器. 中华人民共和国国家计量检定规程[S].

[7] Carter Bruce, Mancini Ron. 运算放大器权威指南(Op Amps For Everyone,Third Edition)[M]. 姚剑清译. 北京:人民邮电出版社,2010.

[8] Dallet Dominique,Silva J. M. ADC 的动态特性(Dynamic Characterisation of Analogue-to-Digital Converters)[M]. 北京:科学出版社,2007.

[9] Oppenheim A, Willsky A. 信号与系统 (Signals & Systems) [M]. 刘树棠译. 西安:西安交通大学出版社.

第 2 章　新概念动态测试的适应性研究

新概念动态测试要适应各种被测对象复杂的瞬变的运动规律，以及武器装备的研制单位或使用单位对测试的具体要求，必须有很强的适应能力。本章研究新概念动态测试的适应性问题。首先是宏观适应性研究，使动态测试行为真正有助于解决被测对象发生的各类问题，本章第一节先探讨宏观适应性问题，其后几节探讨具体测试系统（通道）设计的具体适应性问题。测试系统数字控制电路的设计就是为实现测试行为的适应性要求。

2.1　宏观适应性研究

新概念动态测试是针对具体测试要求的具体测试行为，其目的是解决被测对象研制、生产、验收、勤务等方面的准确的具体的需求。宏观适应性研究决定具体选用的测试方案和测试方法的有机组合及每种测试方法的具体适应性要求。

2.1.1　全局性思考——测试对象运动过程分析及对测试目的的具体要求的实现

正确的测试行为建立在对测试对象运动规律的正确分析和认识的基础上。在 2.1.2 小节中以举例的方式列出了常见的各种测试问题的宏观适应性设计问题。在此，通过一个应用实例说明动态测试的全局性思考。

20 世纪 80 年代初，当时的兵器工业部安排自主研制一种轻型轮式车载中口径火箭增程动能穿甲反坦克炮，经弹道炮试射效果良好，装车后试射，发生射弹超常散布，有时弹丸离炮口就直接射向地面，有时直接射向天空，由于问题严重，国家靶场不允许进场试验。兵器部的一局（战车）、二局（枪炮）、三局（弹药）都说是其他两个局所属工厂在装车炮和弹道炮所用产品不合格造成了这么严重的问题，莫衷一是。兵器部确定由刚引进一批进口测试仪器的太原机械学院负责通过全面测试找出问题所在。当时笔者负责组织测试工作，安排了三套测试系统及一套共同时间基点装置：在战车前端装加速度传感器测取发射时车体振动信号；在炮管前端装三维加速度传感器测取炮管三维振动信号；在炮口前最短距离处装狭缝摄影机测取弹丸出炮口姿态;在炮口装靶线以便弹丸出炮口发生一个断线脉冲,作为这三套系统同步的共同时间基点。经几发实射,取得了完整的数据。根据共同时间基点全面分析处理,得:①每一发实射中车体振动都发生在弹丸完全出炮膛以后,排除了车体振动对射弹的影响;②得到炮管在发射过程全过程的振动特性,炮管在弹丸发射膛内过程中就开始发生振动,弹丸出炮口时炮管有较大幅度的振动;③狭缝高速摄影图像清晰,可觉察较大的弹丸攻角;④按共同时间基点核对,凡是发生正攻角(弹丸抬头)的情况在弹尾出膛口时炮管的振型向下,凡是发生负攻角(弹丸低头)的情况在弹尾出膛口时炮管的振型向上。结论:炮管的模态(振型)与火箭增程杆式穿甲弹的弹道规律不匹配,弹丸前定心部离弹尾定心部约300mm,前定心部出膛口后,炮管膛口对后定心部施加横向作用,拨动弹尾,产生较大的弹丸出膛口攻角,成为火箭增程弹的初始射向,在火箭推力作用下产生不可容忍的弹道散布。经查,弹道炮的炮管管壁较厚,为减轻车载炮的重量,炮厂按照炮管强度允许原则,尽量减薄了车载炮炮管的壁厚,车载炮与弹道炮发射模态(振型)的重大差异,是造成了这样的严重后果的原因。宏观、全面的测试结果,清晰地解开了这个问题,得到了大家的共识。附带说明,由于威力不够,这款武器没有列装价值,国防科工委决定终止了进一步研究和验证。

全局性宏观思考包括:①研究武器系统的运动规律,和需方提出的测试要求所要解决的问题,准确掌握测试的要求、特点和难点;②确定合理的测试系统的布局(topology)和布设(position);③选定合理的测试方法、传感器及相应的测试通道要求、采样策略、及信息传输通道的要求,以及确定作用到这个测试通道的所有可能的“力”;④多测点的统一时基;⑤测试数据的可靠回收问题;⑥数据处理方法问题;等等。

智能传感单元——新概念动态测试普遍采用智能传感单元结构,即将信号调理电路、ADC、数字存储电路、接口等和传感器都直接放置和连接在一起,“就地”把传感器得到的模拟信号转换为抗干扰能力强的数字信号,并设有完善的抗恶劣动态环境参量及电磁屏蔽能力的保护壳体,没有长线信号传输问题,频率响应高,对瞬变信号不产生畸变。基本可排除外界噪声干扰。为适应某些需要,可通过光纤实现数字信号实时高速传输,或在强外界噪声产生前或过去后通过无线链路接口,实现控制和传输测试数据,可保证很高的测试数据的可靠性。智能传感单元是一种理想的测试系统布设方案。1990年,作者曾把这种集成化的测试技术称为“存储测试技术”[1],已经在测试界广为流传,经20多年的广泛领域的测试实践,深感存储测试数据的回收率(可靠性)往往成为瓶颈问题。特别是在诸如舰船毁伤或楼宇毁伤试验等测试场合,把被测信号在充分保护和屏蔽的智能传感单元现场转换成数字信号，通过光纤实时传输到安全地带，在爆炸过程结束后立即加密编码无线传输到基站，是非常重要的。因此，在存储测试技术的基础上，以存储测试装置的主要功能作为前端，成为智能传感单元，更有利于克服测试数据可靠性这个瓶颈问题。

全局性宏观思考要求的第一条和第二条在2.1.2小节举例中描述。

2.1.2 宏观适应性设计举例，测试行为的布局和布设

本小节探讨针对主要测试行为的测试对象的运动规律、特点及为实现测试目标（由需求方提出，或由研制方根据科学技术发展自主提出）的测试行为的布局和布设。布局（topology）是指为实现测试目标需要如何对整个测试行为进行布局，本书中以路线图的方式阐明布局问题；布设（position）是指对每一个测试点的布设方法和结构要求。测试行为的布局和布设在以下各例中说明。

1. 引信偶发性功能不正确问题测试——引信动态环境参量测试、弹丸飞行规律测试

引信偶发性小概率事件包括膛炸、早炸（远解保险失效）、瞎火等，发生概率往往小到10^{-4}，但是危害性极大，而且，其发生特征往往和使用同一种引信的某一个炮种或某一个弹种有关，即某种成熟引信在其他炮种弹种工作可靠，而在某种炮或某种弹上发生问题，查明其原因是动态测试中一个重要的难题。以安装在弹丸头部的引信为例，引信机构的动作以弹丸给予引信的某种“力”的变化为转换机制，因此，必须对弹丸的飞行规律全面分析，实现高适应性的准确测试。

（1）火炮对弹丸及引信的作用，包括：弹丸在炮膛内受到火药燃烧的推力（弹底压力——轴向加速度），装药结构不合理、发射药在高温高压下碎裂形成的突发性增面燃烧，都会形成膛压（弹底压力）的多峰性，造成轴向加速度的多峰性，可能导致引信误解除保险，发生膛炸；旋转弹受到炮管膛线的旋转力（旋转加速度）的作用，旋转加速度也会受到轴向加速度不均匀变化的影响；火药燃烧的不均匀性引起弹底压力的不均匀性，会对弹丸产生推力偏心，激发弹丸的横向振动模态；炮管受到高膛压的作用发生轴向和横向的振动模态，弹丸出膛口瞬间受到炮管横向振动的横向推动力，造成弹丸外弹道飞行阶段的初始扰动；等等。

（2）弹丸本征特性（模态）对弹丸及引信的作用，包括：弹丸的各阶振动模态（包括纵、横向及扭转）对引信的影响；弹体内轴向应力波对引信的作用；及测试传感器布设不当可能误将测到的弹丸体内应力波信号当做弹体轴向加速度信号；弹丸的横向振动模态在出膛口后失去炮管的约束振幅可能会加大；等等。

（3）弹道规律对弹丸及引信的作用，包括：弹丸出膛口弹底压力突然泄压（陡峭的负阶跃）激励起弹丸的轴向振动、也激励起装在弹上的引信部件的自振，以及轴向加速度测试系统产生自激振动信号（幅值很大，往往被误认为是弹体抖动），这些振动都是衰减振动；炮管膛线设计的缺陷，可能引起弹丸出膛口阶段产生扭转力的突降（扭转力的负阶跃），激起弹丸和弹上所有装载件的扭转振动（也是衰减扭转振动）；弹丸在外弹道阶段高速旋转，成为一个按一定规律运动的陀螺，受到空气阻力（负向加速度，量值在 $10g \sim 100g$，近似与飞行速度的平方成比例），弹丸飞行时的攻角加大了迎面空气阻力；空气对弹丸的减旋阻力使弹丸的转速逐渐减小（这个减旋阻力不大，弹丸转速下降很少）；陀螺运动还有章动和进动；等等。

所有这些“力”，都会作用到引信上，对引信的动作产生影响。现针对以上对弹丸不同阶段的作用力及上述各种弹丸和引信受到的激励（“力”），为解决引信偶发性工作不正确问题，对实现适应性准确测试的布局及布设逐一进行分析。

图 2-1 所示为解决引信小概率问题火炮发射对弹丸及引信测试行为布局路线图。图中粗实线框表示要实现的测试行为，细实线框是对该测试行为达到的目的说明，细虚线框是建议实施的测试行为，以下图例中相同。

图 2-2 所示为弹丸及外弹道对引信作用测试行为布局路线图。图中粗虚线框表明这种测试行为目前尚不成熟，需要进一步研究探讨，以下图例中相同。

测试装置的布设问题——引信小概率工作不正常的测试研究是测试工作的一项难题，涉及到引信机构的复杂性和引信在全弹道过程中受力的复杂性，而正是这种复杂的受力环境的变换是引信功能转换的契机。20 世纪 80 年代兵器科学研究院曾下达“引信膛内、飞行、终点环境测试技术”研究课题，作者负责此项课题研究工作，于 20 世纪 90 年代初获得国家发明三等奖。在火炮膛内阶段，弹丸和引信受到发射药燃烧产生的 $10000g$（大口径火炮）~ $50000g$（小口径火炮）的推力加速度，从弹底向弹头传递的应力波造成弹体的瞬间变形，甚至可能超过弹体的强度限而造成弹体的永久变形，引信硬性安装在弹丸上，应力波会传递到引信部件造成其损坏，为得到引信受到的应力波的量值，测试时采用的传感器也必须是能够测出应力波的传感器（用集成电路封装模式的高 g 值传感器不能感受应力波），并且硬性安装在引信相应部位——这是测试装置布设问题。安装在弹上的测试装置（包括传感器）同样受到这样巨大的加速度的作用。外弹道阶段弹丸受到的空气阻力一般在 $100g$ 以下，这种传感器在膛内阶段要承受可高达 $50000g$ 的过载，出膛口后要迅速从过载状态转换为能以高精度测量 100g 以下的空气阻力负向加速度，称为“高过载低量程加速度传感器”，这种传感器直至今日还是仪器科学与技术界长期研究的课题。由于没有这种传感器当年笔者在研究前述课题时一直用大量程传感器配高增益放大器组成测试通道来测量外弹道段的空气阻力负向加速度，测量精度受到限制。直到 2005 年以后，才有真正的“高过载低量程加速度传感器”面市，其中型号为 Model1521 和 Model1010 型加速度传感器的技术指标为：量程±100g，抗高过载加速度 5000g（加速度脉冲持续时间 0.1ms），高过载状态后恢复（苏醒）时间 3ms~5ms；经校准不确定度 2%。至此，大口径火炮弹丸的轴向外弹道负向加速度测试方得到初步解决，抗过载能力还是过低，对于中口径高初速火炮不能适用。火炮弹丸高速旋转的测试经作者用薄膜线圈在弹体内部切割地磁磁力线测量已成功得到完满的转速正弦信号，其包络包含弹丸的章动和进动信息，经与轴向加速度测量数据合理融合，也已成功分离出来[2]。弹丸径向加速度（X、Y 向）可用大量程高过载低量程传感器近弹轴安装方式测量；刘俊等[3]在研究高速旋转弹半捷联惯导中提出测试平台在弹丸内以相同的负向转速形成对地不旋转的测试平台，来测量弹丸对地坐标的飞行姿态及惯导的方法，也是一个很有应用前景的方案。这些测试系统布设方法，逐步解决了弹丸外弹道过程精确测试的问题。弹丸终点弹道测试问题，在下一个实例中阐述。引信小概率工作不正常问题经常在使用同一引信的某炮种或某弹种发生，而在其他炮种或弹种从未发生，这可能是发生问题的炮种或弹种的发射模态与引信机构的模态不匹配造成的，图 2-1 及图 2-2 中建议对未发生过问题的炮和弹进行相同的试验测试，以辨明是弹的发射模态问题还是弹和炮的发射模态匹配问题，从对比中寻求问题的所在。

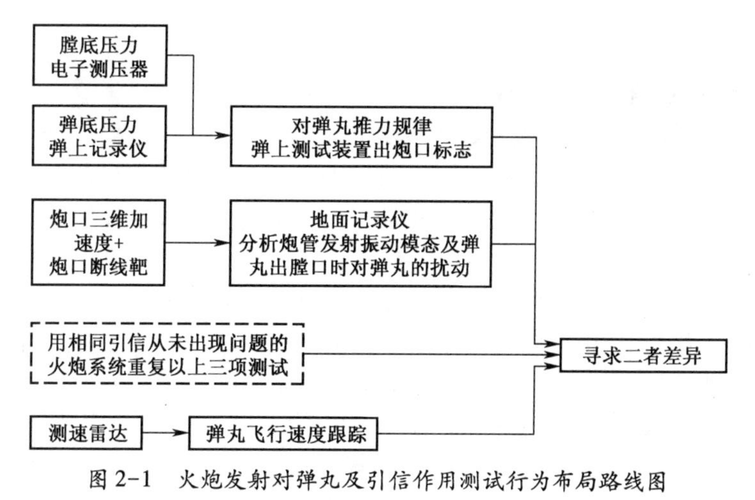

图 2-1　火炮发射对弹丸及引信作用测试行为布局路线图

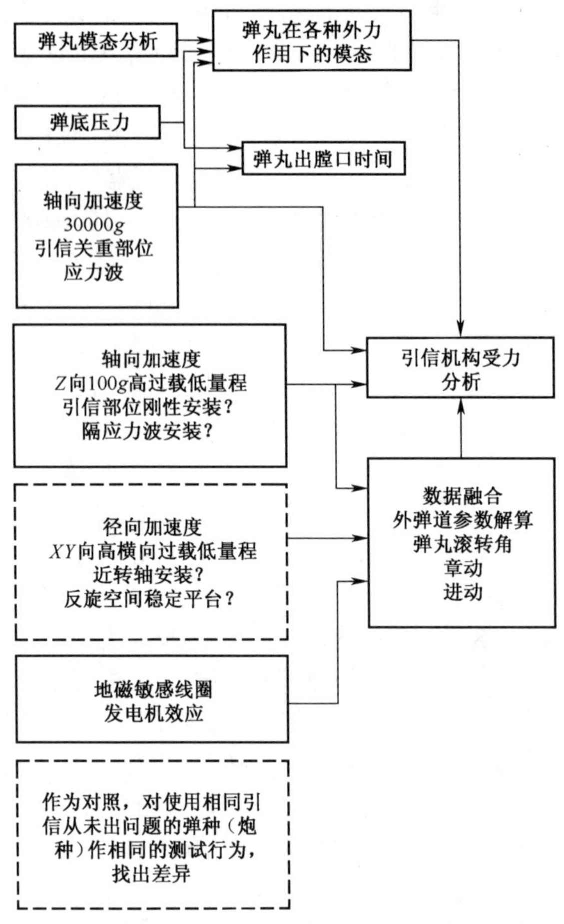

图 2-2　弹丸及弹道对引信作用测试行为布局路线图

2. 弹丸碰撞和侵彻硬目标过程测试

这是弹丸终点弹道效应测试的极端情况。在高速碰撞过程中，弹丸受到极大的负向加速度减速，或穿透硬目标，或侵彻一定深度后停留在靶板中，同时在弹体内发生幅值极大的以弹体材料中的音速传播的应力波传递和反射过程，形成弹体的自振。对混凝土或钢筋混凝土类靶板，负向加速度的幅值可达 $20000g$，侵彻过程持续时间在毫秒量级。对钢质目标，根据目标材质及厚度和弹丸的种类及着靶速度，负向加速度可达到 $100000g$ ~ $300000g$，侵彻过程持续时间为微秒量级。需要说明的是，目前市面上能够提供的加速度计其最大可用量程小于 $200000g$，在弹上能测到的负向加速度受到这个限制，上述 $300000g$ 负向加速度是反坦克杆式穿甲弹穿透坦克装甲过程的估算值，无法在弹上实测，有关文献报道曾有人尝试在厚钢靶板背面焊接一个与靶板磨光接触的同质金属细杆,在杆端测量侵彻过程中靶板中的应力波过程,推算侵彻过程的负向加速度,取得了实测的测试数据。

根据研究的目的,对测试的要求大致可分为三类:第一类是研究弹丸侵彻的过程,为防护设计提供依据,以及对侵彻弹侵彻规律研究,为侵彻弹弹道设计提供依据,这一类测试要求得到弹丸在侵彻过程的运动规律,即所谓的"弹丸质心加速度过程",对这类测试要求传感器安装机械滤波器,隔除弹体中的应力波;第二类是为研究弹丸强度设计提供数据,由于弹体强度是受到弹体中应力波的作用决定的,应力波强度超过弹体屈服限,弹体就会产生永久变形,这类测试要求是要测出弹体中应力波的过程及其幅值;第三类是为弹丸上的引信设计提供数据,很多场合要求弹丸穿透若干层目标后爆炸,如打击某种重要工事,打击战舰或航母,要求侵彻通过既定的防护工程层数再破坏其要害部分,根据引信的侵彻层数判别机制的不同,或要严格隔离弹丸中应力波的作用,或依靠弹丸中应力波过程进行判别。图 2-3 所示为弹丸撞击侵彻硬目标的测试行为布局布设路线图。

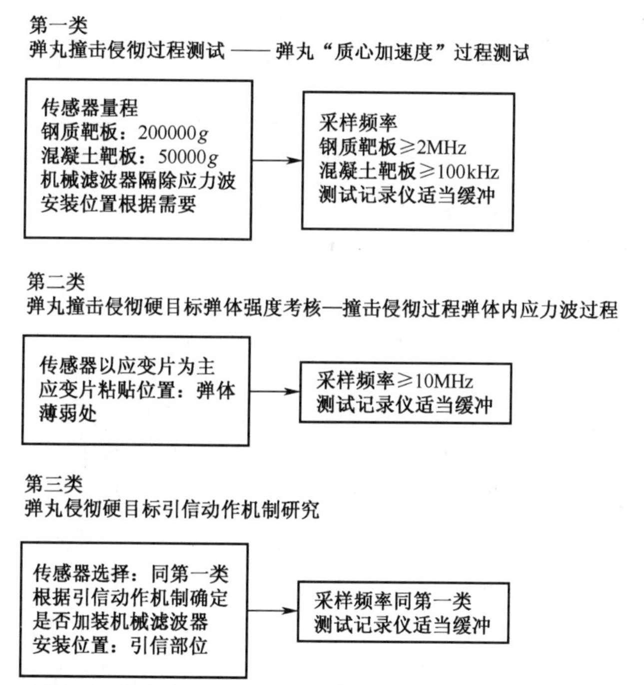

图 2-3　弹丸撞击侵彻硬目标的测试行为布局布设路线图

3. 爆炸冲击波测试

爆炸冲击波是指爆炸过程中爆轰波推动爆炸产物(爆炸近场)高速(远超过空气中的声速)高压压缩周围空气在空气中形成的空气激波的传播过程。是战斗部破坏、杀伤功能的主要部分之一。爆炸冲击波测试包含爆炸冲击波场场强分布规律测试和冲击波破坏力测试两种情况。随距爆心的空间布点不同,常伴有地面反射激波,称为马赫杆效应。本书第 8 章对爆炸冲击波测试有详尽的论述。图 2-4 所示为爆炸冲击波测试行为路线图。

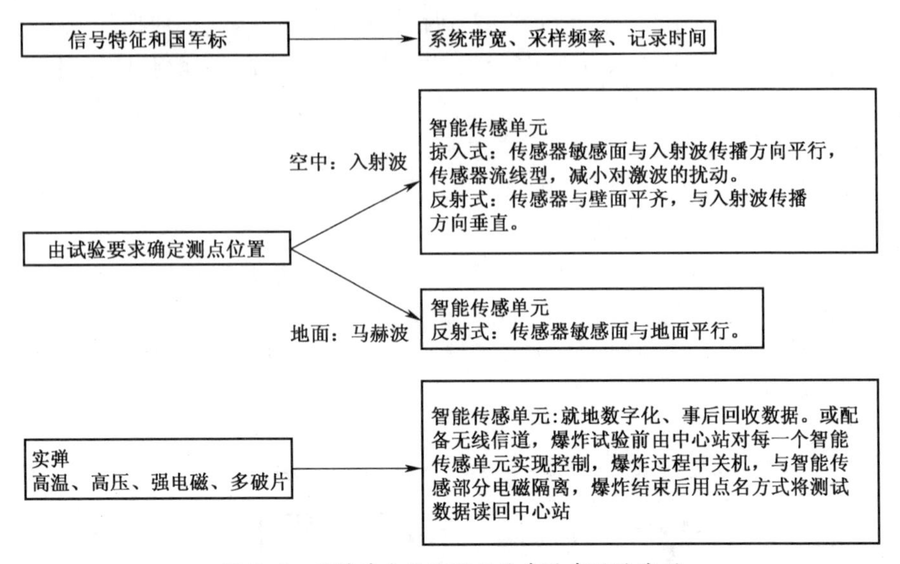

图 2-4　爆炸冲击波测试行为布局布设路线图

4. 战斗部对舰船、楼宇等大型设施毁伤测试

战斗部对舰船、楼宇等大型设施破坏力测试是武器效能检测的重要内容,这种试验价格昂贵,一般用于中远程导弹、鱼雷等武器装备,靶船一般为报废的数千吨级的船舶,数据可靠回收是最优先考虑的问题,图 2-5 示出某中程导弹射击试验毁伤效果测试的布局布设路线图。由于靶船舱室分隔,每一个舱室同时布设若干冲击波反射压智能传感单元和振动加速度智能传感单元。

舰船毁伤试验费用十分昂贵,可靠、安全地数据回收是最重要的要求,在布局上每一个测试点都就地转换和闪存存储,由于采样频率为 2MHz,各个测点在向闪存存储的同时通过光纤向布设在船艏(此处离目标区最远)的主控台浮箱和船尾的存储浮箱实时传送测试数据实现备份存储。采用综合触发逻辑,靶船迎弹面张挂断线靶网,导弹穿过(包括掠船脱靶)致靶网断线,或任何一个智能传感单元信号大于阈值电平内触发都由船艏主控台发出整个系统触发命令,如果主控台触发控制逻辑失效,每一个测点只要接受到超过阈值电平信号也要自主触发测试记录。在毁伤过程结束后,测控中心站通过无线电台命令船艏及船尾浮箱把加密后的数据在靶船沉没前传送到测控中心站,经常会发生浮箱被沉船压住浮不起来的情况,沉船前无线传输测试数据这一技术措施十分重要。靶船沉没后捞出两个浮箱，可直接读出测试数据。必要时由潜水员在沉船船舱中取出智能传感单元读取数据。舰船毁伤在海上进行，有时要在公海进行，数据保密工作十分重要，无线传输的数据都必须经过密码箱加密，浮箱必须有定时自毁功能。

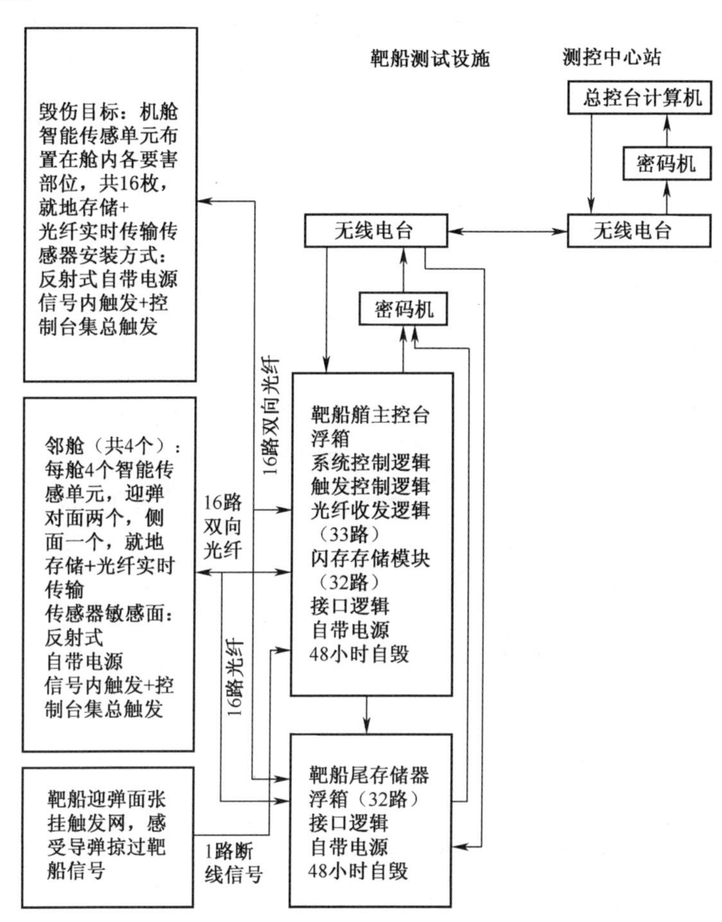

图 2-5　舰船毁伤测试布局布设路线图

5. 石油井下动态过程测试

目前开展的石油井下动态过程测试包括以下三个方面：射孔压裂过程油井环空多参量测试、射孔枪内压力过程测试及油井恢复压力测试。油井射孔压裂过程超压测试是最基本测试要求，为保证射孔和压裂效果必须达到某预定的超压值，为保护井管壁不被压坏又不能超过某最大压力值，此外还包括下井过程仪器测到的压力变化过程，及射孔压裂结束后油井中压力恢复的过程。目前通用的射孔和压裂是两个不同的物理过程，射孔过程使用炸药制成的若干个射流射孔弹，其过程是爆炸过程，每一发射孔弹的作用时间在 5μs 量级，需用超高频响的高压传感器和 5MHz 以上采样频率的存储测试装置，至今尚未见到有关射孔过程油井环空压力成功测试结果的报道，笔者曾组织研究生进行试探性研究，终因传感器频响不够高只能看出若干个射孔弹的脉冲波形而没有得到满意的结果，目前用的测试压裂过程的装置可以看到在压裂数据的前沿有一个陡峭的过冲，估计为射孔信号激励起测压裂过程的传感器的震荡，无法分辨每一发射孔弹的环空压力波形；压裂过程使用发射药或推进剂（火药）制成的压裂枪，其过程是火药燃烧的过程，作用时间在 10ms 量级，可以使用常规压力传感器，及采样频率在 100kHz 左右的测试记录仪；为测取下井过程及压裂后恢复的压力过程，需要采样频率低至 1Hz～(1/60) Hz。射孔枪内压力测试是在爆炸近场（爆炸产物场）的压力过程测试，要求使用超高频响传感器及 10MHz 以上采样频率记录仪，以及超高强度的保护壳体，笔者所在团队正在努力解决这一测试难题。恢复压力测试是油井生产部门（矿）的要求，为测知油井的潜在生产能力，在正常抽油过程中突然停止抽油，测取在几个小时内油井内压力恢复的过程，采样频率可在(1/60) Hz，现在要求能随抽油泵一起下井，不抽出抽油泵，能在长期（和抽油泵使用周期一样长）存在井下的测试仪器装置。图 2-6 所示为石油井下动态参数测试的路线图。

射孔压裂过程油井环空多参量测试

单参量（压力）或多参量（压力+温度+加速度+电池电压）
测量:下井过程、射孔压裂过程、恢复过程的动态参数
复杂的采样策略：（1/60）Hz→1Hz→125kHz→1Hz→（1/60）Hz；从1Hz→125kHz的转换要求负延迟、触发点前的压力过程

射孔过程油井环空压力过程测试

传感器自激振荡频率在500kHz以上
测试系统采样频率在5MHz以上

射孔枪内压力过程测试

传感器自激振荡频率在500kHz以上
测试系统采样频率在10MHz以上
超强测试装置壳体

油井恢复压力测试

采样频率（1/60）Hz
在井下工作时间24h以上，最好能和抽油泵同时下井和提出，并由地面供电及读取测试数据

图 2-6　石油井下动态参数测试行为路线图数据

6. 黑匣子

黑匣子(以大容量存储器为基础的海量数据存储记录仪)自1989年开始研究,至今已经成为我国重要国防技术装备及运输装备不可或缺的运行过程控制、状态记录装置,记录的数据有可高达上百通道的模拟量、数字量(含控制命令、状态反馈量)、视频信号等等。黑匣子目前是定制产品,每一种导弹有不同的要求,就得要研制不同的黑匣子。熊继军、张文栋等在模块式导弹黑匣子的指导思想下,为避免大量重复劳动,把黑匣子的主要模块实现模块化,是个很好的思路。黑匣子的布局完全由导弹(装备)的研制方提出。布设问题,自1991年在智能导弹黑匣子项目研制中根据在黑匣子中工作性质和在回收保护要求的轻重,张文栋提出分为采编单元和存储单元,对存储单元给以最高级别的保护,沿用至今,在文献[4,5]中有详尽的论述。本书第11章也以实例予以论述,此处不再赘述。

2.1.3 信号的传输、同步与分离

1. 测试方法及测试数据传输信道的选取

这个问题是测试行为布设研究的主要问题,为在恶劣环境中有效地实现低噪声高精度可靠的测试行为,新概念动态测试普遍采用智能传感单元,在传感器所在地就地适配和转换为数字量,就地非易失存储,并配有坚实的保护壳体,完备的电磁屏蔽(必要时包括核辐射屏蔽)。在某些场合还需要实时传输(通过光纤)或事后传输(通过无线信道)实测的数字量数据。数字量数据传输具有高的抗干扰能力,不会在传输过程产生畸变。具体的测试通道设计原理在具体节中表述。

2. 同一时基问题

在分析多信号综合性问题时,必须拥有共同的时基,例如,分析火炮发射过程引信的故障,需要测取膛底压力(使用放入式电子测压器,膛内测量)、弹底压力、弹丸及引信在全弹道发生的各种物理现象(弹上测量)、弹丸在外弹道飞行时的速度变化规律(测速雷达全程跟踪)、火炮及炮管在发射过程的振动振型及弹丸出膛口时对弹丸的作用(地面测量)以及弹丸出膛口的姿态(高速摄影),等等。一共采取了6种测试手段,为得到这些测量结果的相关关系,必须有一个统一的时基,或构建统一的时间基点。在6种测试手段中都有各自的时基(晶振),现代晶振的频率误差在10^{-5}以下,作为分析引信故障时间精度是足够了。在综合测试行为中设置炮口断线触发机构,作为统一的时间基点。地面的测量装置(记录火炮发射现象的瞬态波形记录仪)、测速雷达、高速摄影机等三套测试手段可以直接以弹丸出炮口断线信号作为计时基

点。弹丸上弹带是火炮炮膛压力的密封部件，弹带出炮口弹丸轴向加速度骤减，形成负阶跃激励引起轴向加速度测试系统自激振动，有明显的特征，根据测速雷达测到的弹丸初速及弹丸上弹头到弹带的尺寸可以在足够精度范围内推算出整个弹上测试系统的弹头出膛口时间。弹底压力测试装置及电子测压器都带有火光触发的机制，由膛内火药燃烧的火光实现这两套装置的触发(时间节点)，可以得出弹上装置和电子测压器的同一时间节点，进一步统一到弹丸出炮口的时间基点。这样这 6 种测试手段所测数据就有了在一定精度范围内的同一时基，为分析发射过程的各种现象的相关关系提供了基础。

构建同一时基，是综合测试中一个重要的课题。

3. 分辨出测试系统与被测体安装后的"安装本构特性"产生的自激信号

一个测试通道(仪器)由于其传感器结构、适配放大电路结构等特性，可能具有复杂的本构特性；安装到被测体上，会包括被测体在内形成"安装本构特性"，在受到某种变化的外界环境的激励下可能发生一个或多个频率的谐振振荡信号，叠加到输出信号上，常被误读为被测对象的的某种特定信号；被测体，例如弹丸，弹体中应力波的作用也使弹体具有自振频率的振动。在数据处理时应分辨出测试系统的安装本构特性。一般当激励信号为阶跃或窄脉冲信号时，其丰富的高频分量可能会激起测试通道的某个或某几个谐振振荡，常用来作为分析测试通道本构特性的手段。以图 0-7 所示引信外弹道动态环境参量中轴向减速度信号测试通道及地磁传感器转速信号测试通道为例。弹丸以高速度出炮膛膛口，形成弹丸所受加速度信号从高 g 值正向加速度到空气阻力负向加速度的陡峭负阶跃，这个负阶跃激励起弹丸的轴向谐振振动，轴向减速度测试通道所测信号中包含弹体的振荡，如图 2-7 所示。可以看出在 3kHz 附近有一个很明显的谐振峰，这是弹体的本构特性，在弹体外弹道运动的过程中还会发生这个谐振峰以驻波的形态反复出现，在作数据处理时应分析形成这种谐振峰的内在因素。

在弹丸高速出膛口瞬间。地磁传感器感受到由厚的炮管及弹丸屏蔽下的磁感应强度到只有弹丸屏蔽的磁感应强度的阶跃变化，地磁传感器是由线圈及弹丸和测试装置的磁路构成的自感 L、分布电容 C 及电阻 R 构成的振荡电路，以发电机效应切割弹内的地磁磁场发生与弹丸转速呈线性关系的正弦电压信号，叠加上弹丸章、进动及旋转振动引起的电压信号，以及高速出炮口磁感应强度阶跃激励起测试线圈回路的振荡信号。图 2-8 所示为出膛口瞬间地磁传感器的衰减振动信号及其幅频谱。

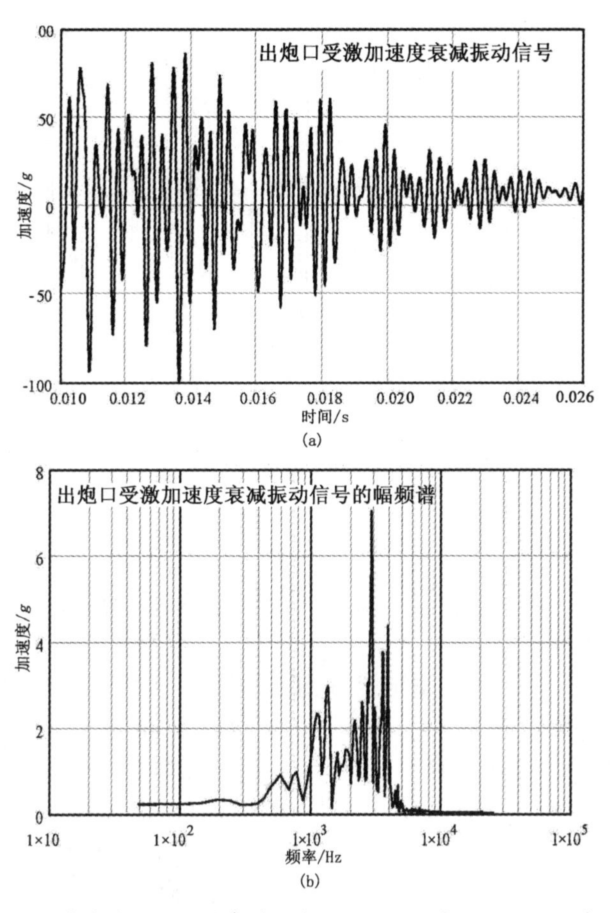

图 2-7　轴向减速度测试通道在弹丸出炮口处的衰减振动信号及其幅频谱
(a)衰减振动信号;(b)幅频谱。

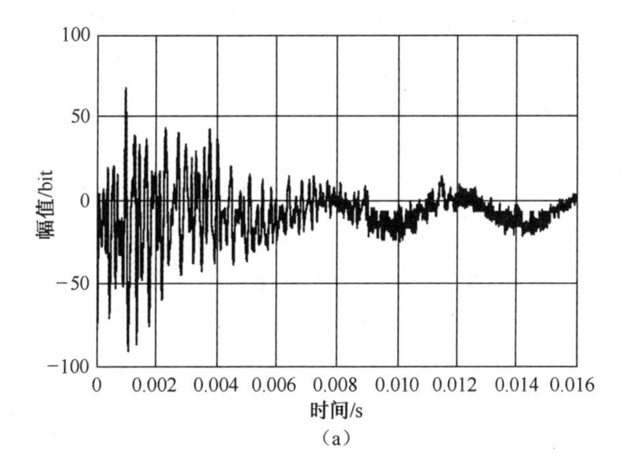

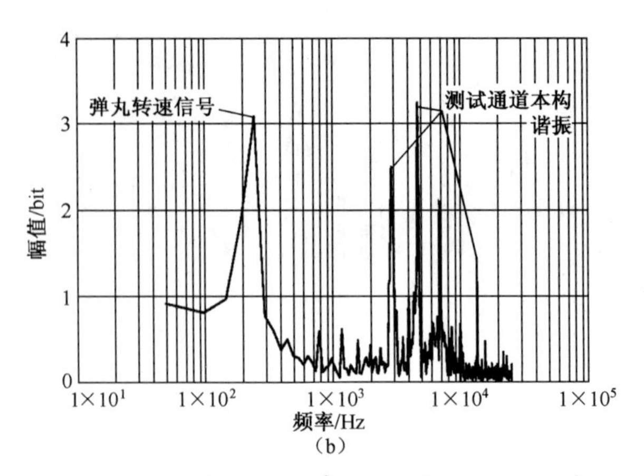

图 2-8　弹丸出膛口瞬间地磁传感器的衰减振动信号及其幅频谱

(a)衰减振动信号;(b)幅频谱。

2.2　采样策略及状态设计方法

自本节开始分析一个测试系统(通道)的适应性设计问题。

新概念动态测试将微型化的测试装置放置到被测体中,其基本矛盾是高测试精度要求和有限的系统资源(存储器容量、电池能量等)的矛盾,为解决这个矛盾,必须采用适当的采样策略。

采样策略是一个测试系统(测试装置、测试通道、智能传感单元)为适应被测过程的运动规律而采用的测试控制过程,包括测试过程恰当地开始、根据被测体的运动规律把测试过程分成若干个阶段、每一个阶段的采样频率、系统增益、记录长度、每个阶段的转换机制等及测试过程的结束,等等。采样策略是设计测试系统的基础,特别是测试系统的数字控制电路设计的基础。状态设计方法及状态图法是采样策略设计的基本方法。自 1990 年笔者提出“存储测试技术”[1]以后,根据大量武器测试的实践,总结出以下 6 种采样策略:单次单过程采样策略(如火炮膛压测试用的放入式电子测压器——电子测压蛋);单次多过程采样策略(如石油井下压力过程测试,及早期的引信膛内、飞行、终点环境动态参数测试等等);复合的单次单过程采样策略(如引信磕碰试验撞击加速度测试);复合多过程(工况过程)采样策略;黑匣子采样策略;自适应采样策略。

状态设计方法,是笔者参照通用仪器接口总线(GPIB/IEEE488)及各种通用接口标准中采用的状态图标准要求,移植到存储测试技术采样策略的表述和设计上。状态设计方法把采样策略的每一个状态的功能及状态的转换用图形的方式表述出来,设计者可以清醒地审视每一个状态的逻辑功能,具有明确的设计思路。状态设计方法是测试系统数字控制逻辑设计的基础,尤其是目前大量采用 CPLD(复杂可编程逻辑器件)、FPGA(现场可编程门陈列)、SoC(单芯片系统)、MCU(微控制单元)、基于 ARM(英国 ARM 公司的精简指令集 CPU 内核)的 MCU、DSP(数字信号处理器)等超大规模集成电路作为测试系统的主控器件时,必须首先根据状态图得到正确的数字逻辑表述,然后用 VHDL(甚高速集成电路硬件描述语言)或其他编程语言做出正确的控制逻辑设计。

为表述采样策略及状态设计方法,先探讨触发及正负延迟的实现问题。

2.2.1 触发及正负延迟的实现

一个智能传感单元(测试装置或测试通道)应能自动判别和控制一个测试过程的开始、转换和停止。例如,一个导弹测试装置在装弹后可能要等几天甚至几个月才开始发射试验,这时就必须感知和判别发射试验的启动,开始跟踪测试,这种感知和判别,称为触发事件,测试和记录状态一直持续,直到预先设定的记录长度或记录时间到达,本次测试行为结束,在这个例子中,有两个触发事件,一个是试验启动,另一个是记录终结。又如,一枚炮弹在装入炮膛后,射手拉动扳机击发的时间是相对随机的,测试装置应能自动感知和判别发生击发这个触发事件,并自动记录内弹道过程;在内弹道过程结束后,可根据事先编程定时,发生第二个触发事件,测试装置转为测试和记录外弹道过程;当发生弹丸撞击目标时,发生第三个触发事件,测试装置转为测试和记录终点弹道过程,直至整个测试过程终结事件发生(第四个触发事件),结束一次测试行为,得到全弹道的动态参数。触发事件是测试行为中状态转换的契机。

1. 触发事件

触发事件可分为内触发和外触发。某一触发事件都以某一触发器的状态来表征,所有表征触发的触发器在测试系统上电时都必须复位。

(1) 内触发定义为被测参量(如膛压)达到某一个预定的量值(经传感器和适配电路转化为某一电平,称为触发电平),就发生一次触发事件。触发电平必须合理设置,以弹丸加速度测试系统为例,设置过低,则可能在弹药装填过程不当发生超过触发电平的撞击加速度引起误触发,设置过高,则可能在整个发射过程中,没有发生达到触发电平的加速度,造成不触发,使一次测试失败。

触发电平的合理设置经常是测试成败的关键问题。内触发的原理框图如图 2-9 所示。

(2) 外触发定义为被测参量以外的某种物理量的变化,或测试装置内的时间或计数器的计数值作为触发事件,如图 2-10 所示。

2. 正负延迟及其实现

由图 2-9 及图 2-10 可以看出,触发事件发生时都不可能正巧是被测信号

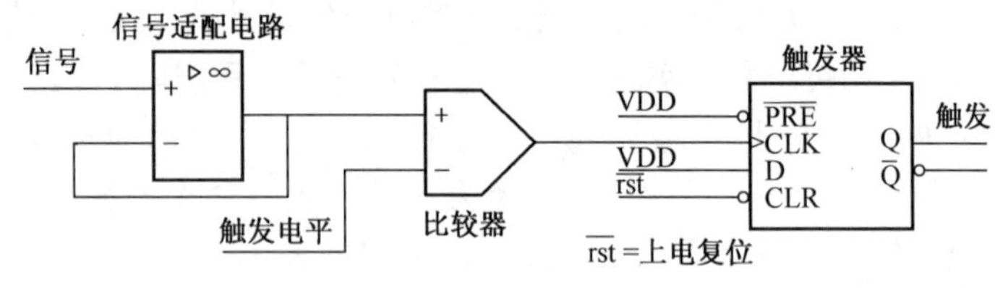

图 2-9　内触发原理框图

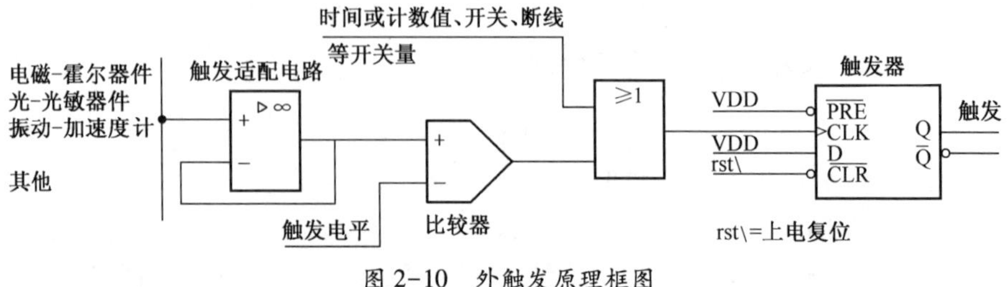

图 2-10　外触发原理框图

的有效记录长度的起点，以触发事件为"0"点，为记录完整的被测信号有效记录长度，需要实施负延迟或正延迟，如图 2-11 所示。

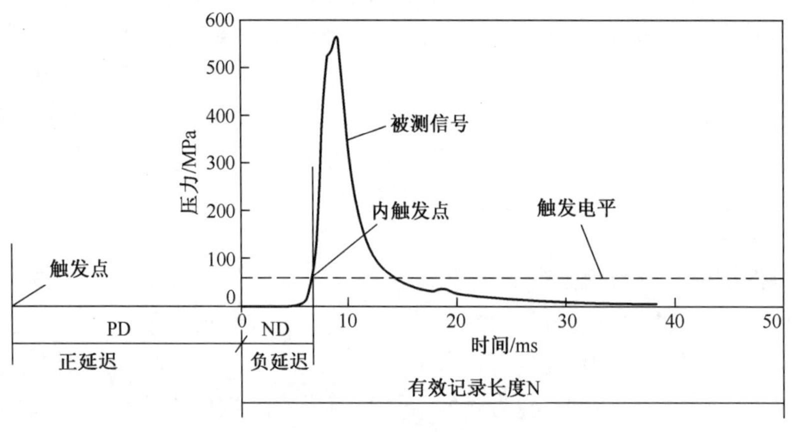

图 2-11　正、负延迟示意图

正、负延迟的实现，有延迟计数器法和先进先出寄存器（FIFO）法。

（1）延迟计数器法。延迟计数器法可实现正延迟和负延迟。在测试装置电路中，除存储器地址计数器 N 外，设一个延迟计数器 D（Delay counter），用 *DL* 代表延迟计数器的长度，（以下"长度"都以存储器的记录点数为单位），上电时延时计数器 D 清零（$\overline{\text{rst}}=0$），复位后，测试装置即以规定的采样频率采样并循环写入存储器（RAM），不断地发生新写入的数据替换原先写入的数据的过程；触发事件发生，测试装置转变为触发态，延迟计数器开始按照采样频率计数，直至延迟计数器计满,D“满”标志使测试装置转入下一状态,如果是单次单变采样策略就结束采样过程,存储器停止写入。保持存储器地址计数器停止时的计数值(存储器地址值),读出时从下一个地址依次读出存储器有效数据长度 N 个数据,得到所需的完整的被测数据。第一个读出的存储器数据就是负延迟的有效长度 0 点的数据。参照图 2-11,有

$$\begin{aligned} DL &= NL + PD \quad \text{正延迟} \\ DL &= NL - ND \quad \text{负延迟} \end{aligned} \tag{2-1}$$

式中:DL 为延迟计数器长度,一般以主存储器记录的点数为单位;NL 为主存储器的长度,记录的点数;PD 为正延迟的点数;ND 为负延迟的点数。

延迟计数器法如图 2-12 所示。

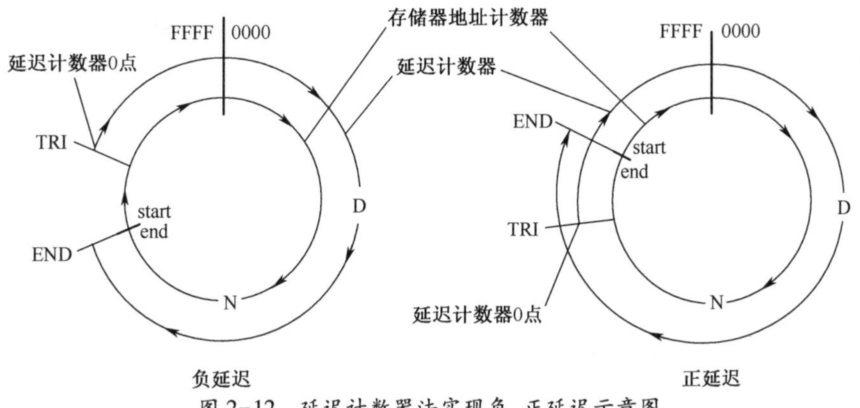

图 2-12 延迟计数器法实现负、正延迟示意图

可设定延迟计数器中间的某些计数值作为标志点,用以作为测试装置状态转换的触发事件(相当于定时标志)。

对于采用微控制器 MCU 为核的测试装置,可以辟出一定长度的 RAM 区作为负延迟循环写入的存储区,在触发前不断循环写入新的采样数据,触发事件发生,保持这个区的“当时地址计数值”,随后把采样数据依次写入 MCU 的闪存区(Flash memory)。等采样过程结束后,立即从保持的存储区的“当时地址计数值”开始读出负延迟数据,依次写入闪存区的前面预留负延迟区,在闪存中保持这次测试过程的有效长度完整的测试数据。

延迟计数器同时可作为记录长度(时间)计数器。在等待触发态,数据不断循环写入存储器,触发事件发生时存储器的地址是随机的,因此,存储器地址计数器不能用于记录长度(时间)计数器。

对于下一小节中的单次多变采样策略,延迟计数器法要有选择地分段使用。

(2) 先进先出寄存器(FIFO)法。商品的 FIFO 是一个基于双端口存储器(有分离的写入地址计数器和读出地址计数器,写入和读出可分别进行)的先进

先出移位寄存器。可以在某一个触发事件前用高频率采样写入 FIFO,用另外一个低频率(根据需要设定)从 FIFO 读出需要的数据写入数据存储器的方法实现低速采样的存储记录,FIFO 中存放的是高速采样的数据。当发生触发事件,即刻转变为高速从 FIFO 中读出数据并写入数据存储器,实现高速采样记录,高速采样记录的第一个点,是 FIFO 中存放的相应时间长度的负延迟数据。特别适用于采样策略中需要从极低的采样频率状态经过信号内触发转变为高采样频率状态的场合。

商品 FIFO 有其固有特性,在应用时应充分注意。一般具有半满和全满标志,全满时如不清空(读出)就不再写入新数据,因此当高速写入低速读出时要注意及时清空(可以是全清空或半清空)。而当发生触发事件时,必须等到全满标志才开始高速读出,这样才能够保证一定的负延迟长度,否则负延迟可能是从半满至全满的一个随机的数值。另一个问题是 FIFO 是推进式工作方式,写入一个数据可导致所有存储单元都前推重写一遍,因此功耗比较大,可能达到 20mA,对于要求微功耗的测试系统有时不适合。

商品 FIFO 的某些特性对于采用闪存(Flash memory)为主存储器,需要块擦除、块编程的场合用起来比较方便。

笔者曾用 RAM 配地址计数器组成 FIFO,采用高速写入,需要写入主存储器时先读出 FIFO 中数据(相当于 FIFO 长度的负延迟数据)写入主存储器,后向 FIFO 写入新采样数据的方法,特点是每次只写入(需要时先读出)一个存储单元,功耗在微安量级。对以闪存为主存储器时,闪存不便于随时擦除改写,需设有适当 RAM 缓冲区,以备在负延迟时循环写入。在广泛采用 FPGA 的场合,可以在 FPGA 中编程定制一个各方面特性都满意的 FIFO。

在等待触发态,采样数据不断循环写入 FIFO,而不写入测试数据存储器,触发事件发生后,逐一从 FIFO 中读出数据并从 0 地址开始写入数据存储器。存储器的 0 地址就是有效记录长度的开始地址,存储器地址计数器可以具有记录长度(时间)计数器的功能。

FIFO 不能用于正延迟。

2.2.2 采样策略与状态设计方法

以下按照现在采用的 6 种采样策略分别以状态图的方式举例阐述。状态图中各个状态可能有不同的采样频率和系统增益,也可能具有相同的系统增益或采样频率。

1. 单次单过程采样策略

以放入式电子测压器为例,其状态图如图 2-13 所示。

图 2-13 为示例性图，以圆圈代表“状态”，用汉字(或大写的英文字首)写明状态名及主要操作；圆圈间的箭头附上标注表示状态的转换条件；圆圈周边辐射性箭头附上标注表明在这个状态下测试装置的主要行为，尽可能细致地描述主要行为，以便于设计测试装置的控制逻辑，编写硬件描述语言程序，“烧写”CPLD 或 FPGA 的 E^2PROM(电可擦除电可改写只读存储器)，或设计 ASIC(定制的专用集成电路)及 SoC，或采用 MCU 类的控制程序。在以后的各种采样策略的状态图中，都按国际惯例用状态名的英文单词字首序列作为状态名，最后一个字母 S 代表 State(态)。用逻辑符号代表转换和行为。

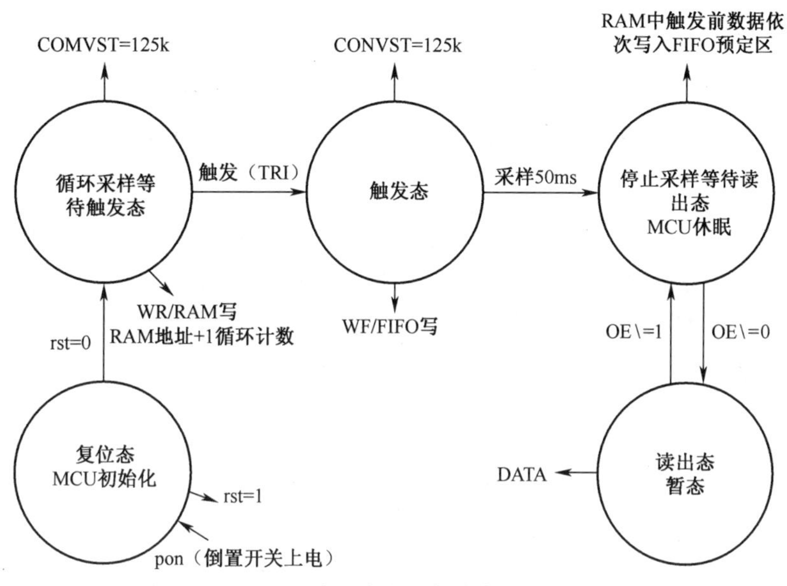

图 2-13　单次单过程采样策略状态图

2. 单次多过程采样策略

以油井测压器为例，油井测压器是用 FIFO 实现从低速采样经内触发到高速采样，并记录高速采样的负延迟数据。ADC 永远处于 125kHz(kHz ——samples per second，每秒采样数)高速采样并直接写入 FIFO(高速时钟 CLK1)。而根据所处的状态不同，从 FIFO 读出并写入闪存的频率分别为(1/60)kHz、1kHz、125kHz、1kHz、(1/60)kHz(变速时钟 CLK2)。采用 MCU 作为控制核心，每当遇 FIFO“全满”标志，则清空一半 FIFO；并控制闪存的“擦除”、“编程”和从 FIFO 读出写入闪存的块缓冲区。其状态图示于图 2-14 所示。

图 2-14 所示状态图是油井测压器的主状态图，还应画出系统初始化子状态图，FIFO“高位满”和清除高位子状态图，以及闪存“块擦除”和“块编程”子状态图。对于 MCU 的编程和 CPLD 烧写都有必要。

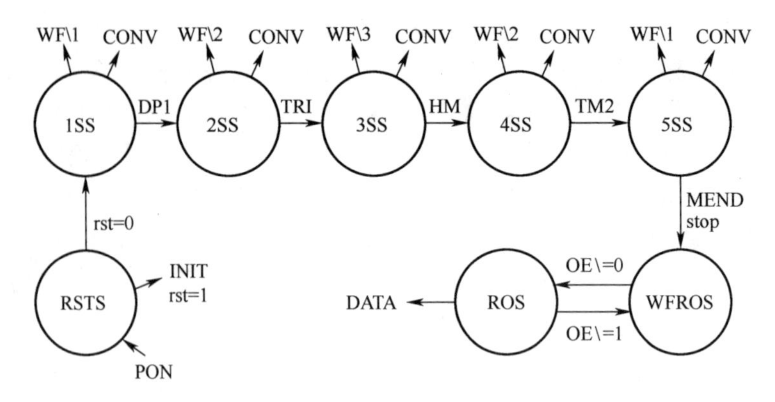

图 2-14　单次多过程采样策略状态图

CONV＝125kHz；WF\1＝(1/60)wps；WF\2＝1wps；WF\3＝125kwps；WF\读 FIFO 写闪存；
DPI＝DP0－10m；DP0＝下降深度；HM＝存储器半满；TM2＝30min；MEND 存储器满；
wps＝word per second 存储器写入速度。

图 2-14 中共有 5 个采样状态，ADC 总是以 125kHz 高速采样写入 FIFO，第一个状态对应射孔压裂枪及测压器下井过程，每 1 分钟记录一个数据，钢缆下井时大约半小时内可完成下井，油管下井则可能需要一个台班(8h)，下到还剩下 10m 时进入第二个状态；等待射孔压裂过程发生，每 1s 记录一个点；射孔压裂过程发生，产生触发事件，进入第三个状态，记录频率为 125kword/s，计满存储器总量一半时进入第四状态；第四和第五状态重复第二和第一状态，是射孔压裂后的恢复过程记录，直至写满存储器或提出井外人工停止。

3. 复合的单次单过程采样策略

这种采样过程是从引信磕碰试验的要求产生的，为考核引信在战地运输过程的安全性，将被测引信和一些铁块放入一个旋转的大木桶，让它们不断互相磕碰，被测引信内装存储测试装置，记录每次磕碰的加速度过程，一共记录若干次，最初要求 16 次，以后发展到可连续记录 256 次。这个采样策略是单次单过程采样策略的多次重复，采用信号内触发，要求记录触发事件前负延迟的数据，每次触发记录完成后要将代表触发状态的触发器复位，处于等待触发态，以便进行下一次测试记录。

在采用延迟计数器法时，存储器按照要求被分成若干段，段的高位地址表示段的序列号，段的低位地址在等待触发态是循环记录的，在每一个工况结束时段低位地址是不固定的，为正确读出每一个状态的数据必须在每一个工况结束时在一个预先设定的存储锁存区中锁存该段的当时低位地址，在读出某一状态的数据时，将序列号赋给存储器段地址高位，并从相应段的低位地址锁存区中给段低位地址计数器赋值，然后序列读出正确的测试数据。在使用延迟计数器法时，延迟计数器作为每一段的记录长度计数器和总记录长度计数器。

在采用 FIFO 实现负延迟时，在 FIFO 中循环写入，等待触发，触发事件发生后依次从 FIFO 中读出数据从段低位的 0 地址逐点写入负延迟开始点起的测试数据，读出时按顺序读出就是正确的测试数据序列。此外，段低位地址计数器还可以作为一个数据段的记录长度(时间)计数器。

图 2-15 所示为复合的单次单过程采样策略状态图。

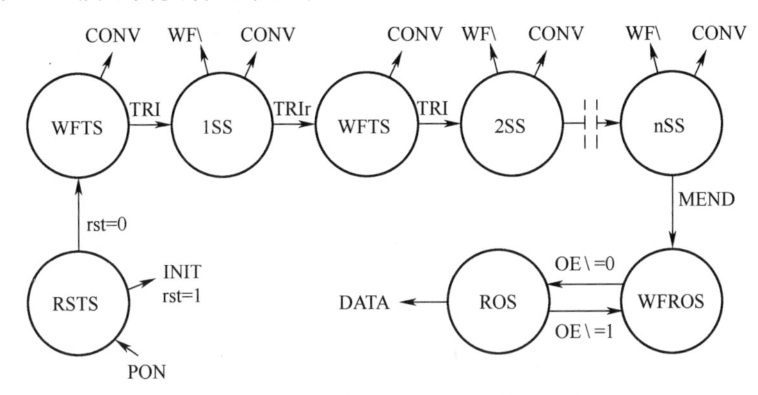

图 2-15　复合的单次单过程采样策略状态图

CONV = 100kHz；WF\ = 100kwps；TRIr 触发器复位命令。

4. 复合多过程(工况过程)采样策略

这个采样策略是针对坦克、装甲车辆运动中各种工况的动态参数测试提出来的。按照 NATO(北大西洋公约组织)的内燃发动机试验要求，在发动机稳定在某一工况(转速、扭矩)后，对发动机某一部件的某种状态(例如活塞顶部某点的应力)测试记录 100 个发动机做功循环；稳定在另一工况后再测试记录 100 个做功循环；如此类推。20 世纪 90 年代，作者所在的科研团队将其推广应用到坦克传动部件(如动力输入轴和动力输出轴的扭矩和转速)的测试中，如坦克行驶在某种路面或某种坡度时，对被测部件的动态参数测试一段时间。由试验主持人根据试验要求及当前运动的状况和时机决定开始一个工况的测试过程，按下电磁按钮，运动件上的霍尔元件感知成为触发事件，启动每一次工况测试过程，到预定时间后自动停止，等待下一次工况过程测试。

工况过程不需要正、负延迟，在等待触发态不需采样记录，只需要按照触发事件开始记录规定长度的测试数据，存储器的地址计数器可以作为记录长度(时间)计数器，以及测试过程结束标志。

图 2-16 示出复合多过程采样策略状态图。

5. 黑匣子采样策略

黑匣子是电子数据记录仪，只需要按照被测体(导弹，运载火箭等)的要求

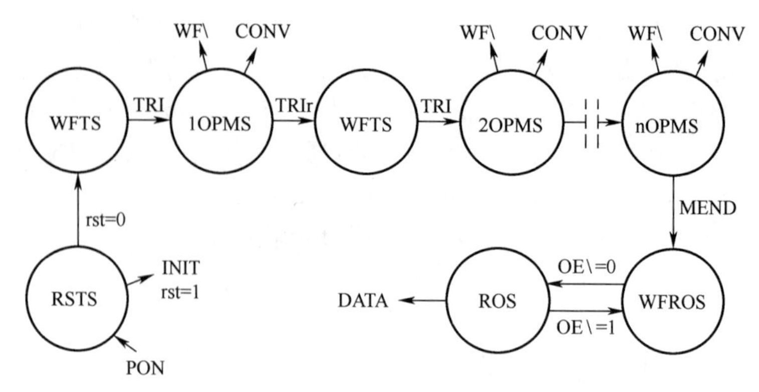

图 2-16 复合多过程采样策略状态图

CONV = 100kHz；WF\ = 100kwps；TRIr 触发器复位命令。

正确转换记录。其设计有其特殊的规律，在文献[4]和在本书第 11 章中都有详细阐述。

2.2.3 采样频率的确定和自适应采样策略的实现

1. 采样频率的确定

本书 1.2.6 节对采样频率与 ADC 的量化噪声的关系进行了详细的论述。从避免采样后的数据在频率域上发生混叠出发，按照采样定理的规定采样频率必须高于被测信号最高频率分量的 2 倍(Nyquist 频率)以上。在所设计的测试系统的有效资源(体积、功耗等)能满足设计要求的前提下，提高采样频率能提高 ADC 的有效位数(减小量化噪声)是有利的。目前还没有如何利用高于 ADC 的计算有效位数的方法，故也不需要提高到 ADC 的名义位数以上。

2. 采样频率的自适应

测试系统的有限资源(存储容量)和高速高精度采样的矛盾是新概念动态测试系统长期存在的基本矛盾。随被测对象的变化自适应采样是仪器科学界长期追求的目标。1995 年张文栋在其博士论文[5]中首次提出基于数据压缩的自适应采样算法，为解决采样频率的自适应提出一个新的思路，是对测试科学与技术的一大贡献。当时是基于 8bit 测试系统展开研究的。

张文栋提出的压缩方式流程图如图 2-17[5]所示，名为“有损间距误差限算法”，其原理是，测试系统以需要的最高采样频率采样，在写入存储器前进行数据压缩处理。设定一个误差限(一般为噪声限)；将存储器组织为每两个相邻存储单元为一个数据组，以低位地址序号为 0 的单元存放数据——数据单元，以低位地址序号为 1 的存放误差在给定范围内的数据的个数——个数单元。将第一个采样数据的值取高 7bit 存放在数据单元中，将随后采集的数据高 7 位与

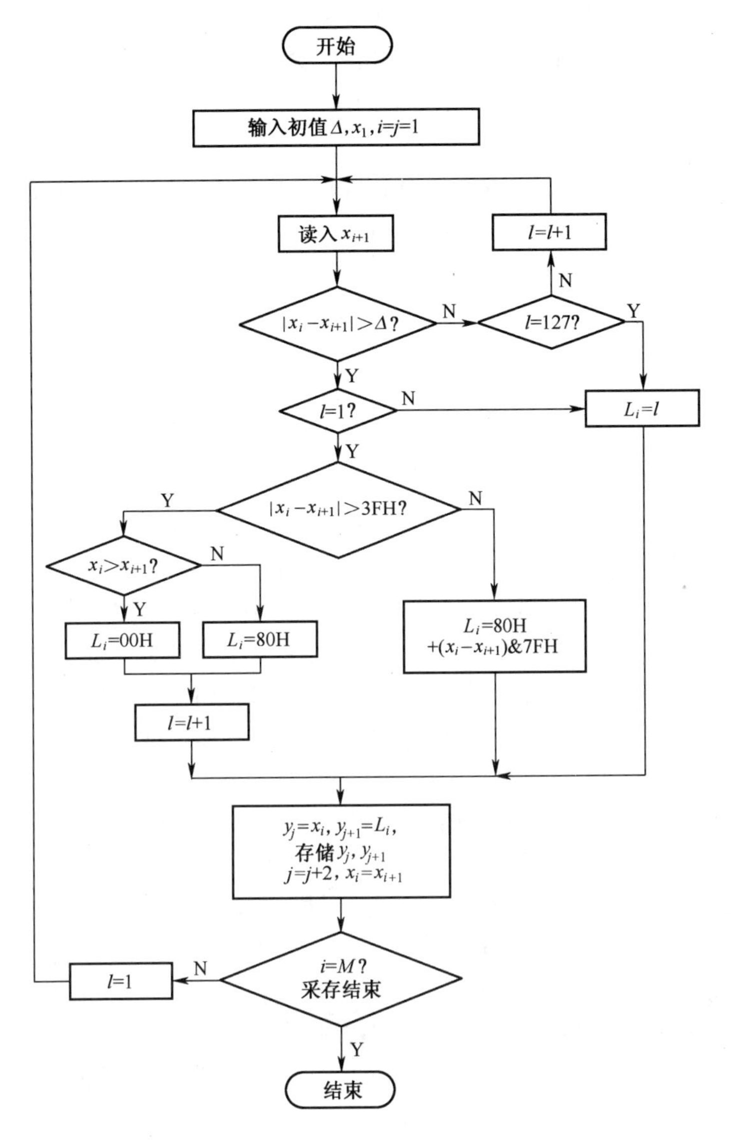

图 2-17　通过数据压缩实现采样频率自适应流程图

数据单元中的数据比较,如小于误差限,则只把个数单元+1;如误差大于误差限,或个数单元大于 127(对于 8bit 系统),则新开辟一个数据组。如此类推。对于 8bit 测试系统,其最大压缩率为 63.5。对于类似火炮膛压测试或弹丸撞击目标测试来讲,在测试数据中有大量相邻数据是相同的,只有少量噪声叠加在数据上,只有少量数据段是变化激烈的部分,则予以如实记录。据文献[5]实例统计,火炮膛压曲线(8bit 系统),原记录长度为 4096B,压缩后成为 324B;末敏弹发射膛内加速度曲线(8bit 系统),原记录长度 8192B,压缩后为 1774B。压缩效果是很显著的。这种压缩算法,经熊继军设计并用门阵列烧制成专用数据实时压缩模块,定名为 TH9601,发挥了实用效果。

这种方法在存储器的记录中体现了在信号变化变化快时记录点数多,信号变化慢时(特别是相当长一段信号到来前的等待时段和信号结束后的等待结束时段)记录点数少,实现了实际的自适应采样。

这种压缩算法属于有损压缩,8bit 系统只有 7bit 存放有效数据,降低了测试系统的分辨率。此外,在相邻数据大于设定的误差限(信号变化激烈)或噪声大时,容易产生“负压缩”,即压缩机输出数据量大于输入数据量。

这种思想,给人以启迪,能否采用计算机和数据通信中成熟的无损压缩软件算法(如 ZIP、RAR 等),采用硬件实现,分区实现实时数据压缩?中北大学的裴东兴于 2004 年在其博士学位论文《新概念动态测试若干问题的研究》中[6]提出基于 LZW 压缩算法用 FPGA 实时硬件无损压缩,从而实现自适应采样频率。中北大学的刘文怡 2009 年在其博士学位论文《遥测系统无损压缩技术评估理论与实践》[7]及其同名著作《遥测系统无损压缩技术评估理论与实践》[8]中对无损压缩的评估理论进行了全面、深入的探讨,在基于码空间、码分布和样本有序度和 UH-CR 生成和稳定性的临界性能评估、算法优选问题等问题深入研究的基础上,设计出一种基于 DSP 的航天遥测系统无损压缩器,已经付诸实用。

电子科技的迅猛发展,在采用什么样的采样频率自适应问题上,必须折衷考虑,硬件压缩模块需要系统资源(能耗、体积),有时需要不菲的开销。而非易失的闪存体积小功耗低,铁电存储器也已经很成熟,是采用硬件压缩模块还是采用大容量存储器需要很好地折衷考虑。对于通过模拟开关后进行数模转换得到的数据序列,由于各个模拟通道之间依次组成的序列本身自相关性很差,压缩率不会很大,不宜于使用数据压缩技术来实现自适应采样频率。对于一般弹载测试装置来说,目前还是以采用大容量非易失存储器为主。对于航天遥测系统,由于受到遥测系统传数码率的限制,对于速变信号的传输,必须采用无损压缩器。

2.2.4 系统增益的自适应问题

在测试系统的自适应问题上,还有一个系统增益的自适应问题。例如弹丸在一次发射过程中,弹丸受到的加速度在膛内阶段可达 $50000g$,外弹道阶段只有 $-100g$ 以下的空气阻力减速度,终点弹道在撞击硬目标时可达 $-20000g \sim -200000g$,这样大的量值差采用一套固定增益的传感器——放大器系统无法得到外弹道阶段的高精度的转换数据。曾对压电晶体大量程($100000g$)加速度传感器采用在外弹道阶段改变电荷放大器的反馈电容(从 $C_F = 20\text{nF} \rightarrow C_F =$

200μF)，使得电荷放大器的增益加大 100 倍的方法，因从原理上无法实现实现当 C_F 上的电荷 $Q=0$pC 时精确转换，因此得不到外弹道阶段稳定的加速度值。也曾考虑在电荷放大级采用小增益（在内弹道阶段电荷放大器不会饱和），在后续电压放大级中改变增益的办法来满足适合全弹道的设计要求，但因传感器的非线性，也难以全面满足测试精度的要求。近年来高过载低量程传感器逐渐有可应用的产品，在一个系统中采用两套不同量程的模拟通道（传感器——放大器）来解决系统增益的自适应问题已得到实际成功应用。

2.3　电源控制策略

弹载或恶劣环境中使用的测试系统的系统资源中，电源始终是一个瓶颈问题。受到体积和质量的严格限制，测试系统自带的电源（电池）的体积要尽可能小。电池的容量（mAh ——毫安小时）随温度降低而减小，对于要求长时间随弹药保低温（-40℃）的测试装置在保低温状态电池容量更是一个大问题。此外，对于高速撞击过程测试系统电池要能承受与被测对象相同的过载环境并保持不间断供电，也是一个难题。目前从三个方面解决电源这个瓶颈问题：电池筛选；电池减震和瞬间不间断供电；电源控制策略。

1. 电池筛选

锂电池单位体积供电能量最大，单节电压在 3V 上下，长期保存放电率最低，是新概念动态测试装置电源的首选，也是常储弹药弹载电子设备首选；由于在测试装置体积狭小的情况下拆换电池很不方便，近年来常用锂离子充电电池，单位体积能量略小于锂电池，特殊研制的锂离子充电电池低温（-40℃）容量最高可高于常温容量的 50%。

2. 电池减震和瞬间不断电供电

抗高过载能力最强的是某种类型的聚合物锂离子充电电池（详见本书 4.4 节）。对电池在电路模块缓冲的基础上再用橡胶垫进一步缓冲。为保持电池瞬间断电时不间断给电路模块供电，采用一个 0.01F 的“超级电容”与电池并联，就可以保证耗电 20mA 的电路模块正常工作 100ms 以上，完成一个高速撞击过程测试。请注意，在电池接入电路后就通过一个电阻给电容充电，控制充电电流，在电阻上要消耗一部分能量，电容上只能保持部分能量，电池的容量要比不接入超级电容时选得大一些。此外，为避免电容损坏或电池损坏造成供电系统短路，还应采用各自的防反流保护二极管。图 2-18 示出采用超大电容的抗冲击保护电路原理图。在本书 4.4 节表述实用中采用在电容置入测试装置前预先充电的方法，以减少电池的耗损。

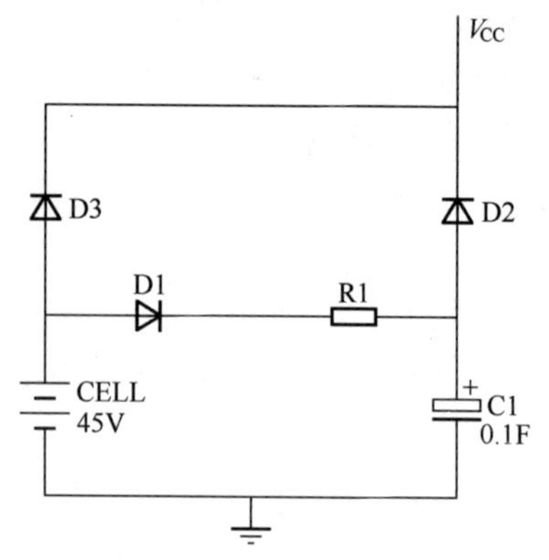

图 2-18　采用超大电容的抗冲击保护电路

3. 电源控制策略

电源控制策略是新概念动态测试控制策略中的一个重要组成部分。例如导弹子母弹子弹抛撒姿态测试装置需要自带电池,测试装置事先先不接通主电源装配到子弹中,把子弹装到导弹上以后,测试人员就无法再接近导弹,由于试验导弹各部件装配很复杂,有时要拖到半个月后才能进行试验,为接通测试装置的主电源,事先从测试装置连接一段暴露在试验导弹外部的上电触发电线,开始试验时委托导弹工作人员剪断上电触发电线,产生一个上电脉冲,图 2-19 所示电路可在剪断线后给出 0. 45s 的正脉冲,触发测试装置上的值更电路,令测试装置主电路上电,在完成一次测试过程后测试装置自动关断主电源,只给为读出存储器中数据的部分电路供电。

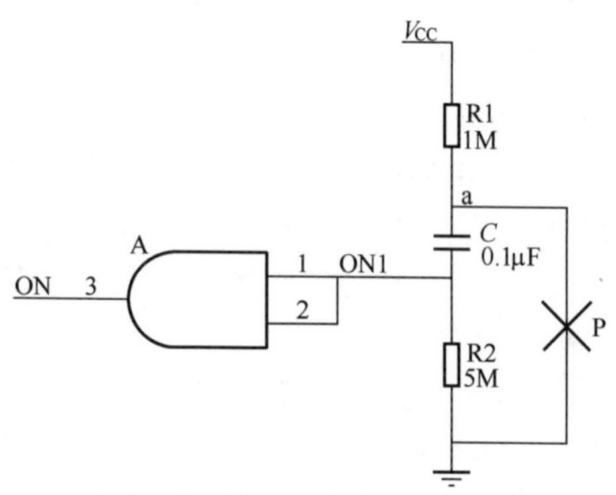

图 2-19　断线上电脉冲发生电路

(1) 值更电路。测试装置主电路关断,有一部分功耗很低的电路接通电源(耗电在微安量级),接受外界上电命令(持续一定时间的脉冲),值更电路接收上电命令,使主电路上电,这个微功耗电路称为值更电路。

(2) 外界物理状态变化上电机制。电源控制策略有时采用外界某种物理现象在必要时给测试装置主电路上电。国外有一些测试装置采用定时上电法，如人工接通电源后延时 48h 后主电路上电。这种方法不适合靶场的实际情况，经常做不到准时发射，造成测试装置电源耗尽，测试失败。笔者的科研团队提出利用某些物理状态变化实现主电路上电的机制，对于用于火炮膛压测试的放入式电子测压器采用倒置开关倒置上电法，在电路模块中装置一个倒置开关，按照军标规定在运输态或放置态弹药不允许弹尖朝下放置，只允许弹尖朝上或水平放置，制作一个翻弹机，在弹药保温后发射试验前 2min，将弹药缚住在翻弹机上，弹尖朝下 30s，倒置开关导通，通过值更电路（或不需要值更电路）使主电路上电，为避免由于运输车辆刹车造成误触发，主电路连续检查倒置开关导通状态达到 30s，就维持上电状态，准备膛压测试，否则自动关断主电源，等待真正的上电机制。笔者的团队研究过几种倒置开关：加入铊的水银式（图 2-20，可工作于-40℃以下）、双球式（图 2-21），都因为可靠性或长时期可靠性达不到要求，终于淘汰。现采用微加速度计式，并经过特殊的在不同保温条件下的可靠性考核（见本书第 5 章），完全满足可靠性要求和靶场使用便捷性要求。

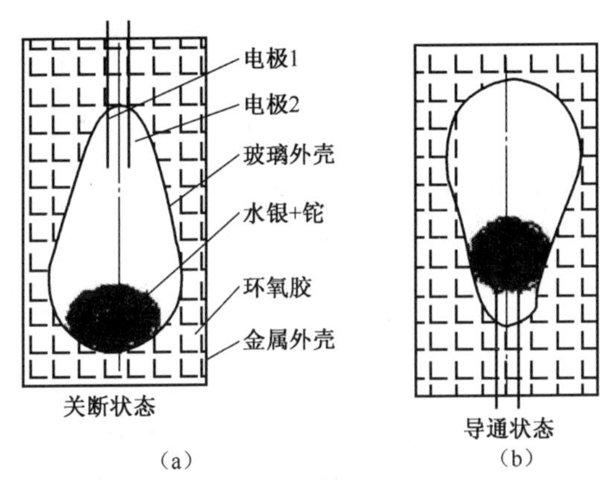

图 2-20　加铊的水银倒置开关

这种机械导通式倒置开关，可以不用值更电路，功耗更小。但其可靠性达不到军标要求，最终淘汰。

（3）集成微加速度计模块（普遍用于手机翻转显示幕），现在放入式电子测压器全部用集成微加速度计模块作为倒置开关，失效率极低，不足之处是如图 2-19 断线上电脉冲发生电路这种有源器件作为上电机制的情况，必须有值更电路与之配合，上电前要消耗微安级电流。

下式计算了放入式电子测压器一次测试电源开销：采用微加速度模块作为倒置开关，值更电路（MSP430MCU 处于 4 级省电模式+微加速度计模块）共功耗 50μA，工作 48h；主电路上电功耗 5mA，工作 7min；等待读出态 2h，关断模拟

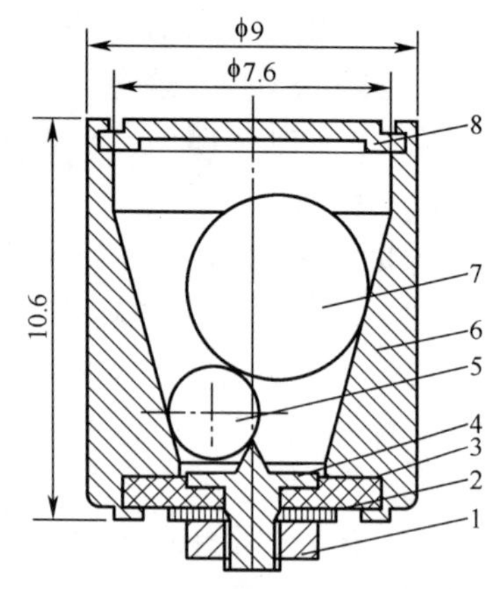

图 2-21 双球式倒置开关

1—螺帽;2—导电垫片;3—绝缘板;4—电极;5—小钢珠;
6—壳体;7—大钢珠;8—端盖。

电路,功耗 100μA。

$$P_{wd} = (50 \times 10^{-3} \times 48) + \left(5 \times \frac{7}{60}\right) + (0.1 \times 2)$$

$$= 2.4 + 0.58 + 0.2 = 3.18\text{mAh}$$

式中:第一项为保低温 48h 的功耗,占总功耗的 75.5%;第二项为测试过程的功耗,占总功耗的 16.2%;第三项为找回测压器和读出数据的功耗,占总功耗的 6.3%。

一次保温测试过程消耗 3.18mAh,电池在-40℃可提供 3V × 28mAh 能量。其中主要消耗在保温状态。可以看出,这个电源控制策略对节省电源消耗有显著的作用。

还有其他用于加速度敏感的机械微动开关。关键问题是要有高可靠性,包括可靠导通和不误导通。电源控制策略是新概念动态测试不可或缺的采样策略。图 2-22 示出新概念动态测试的电源控制策略。

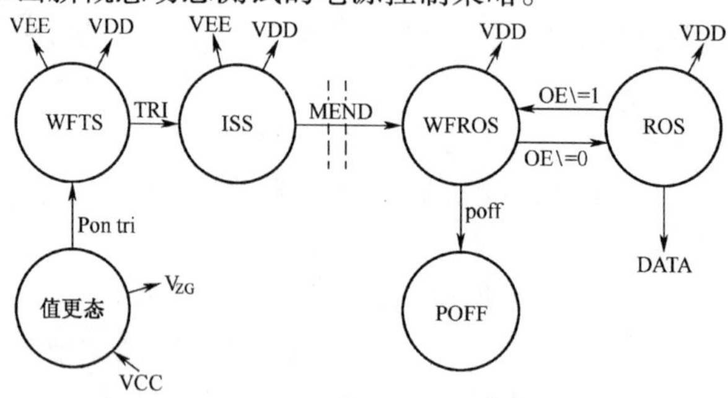

图 2-22 电源控制策略

VCC—电源电压;VDD—数字控制部分电压;VEE—模拟部分电压;V_{ZG}—值更电路电压。

2.4 微体积、微功耗、微噪声研究

由于弹载条件的限制,测试装置的电路模块微体积、微功耗研究是新概念动态测试的永恒主题,在 MEMS(微电子机械系统)传感器逐步占据传感技术的主流的趋势下,集成一体化智能传感单元是大势所趋,更需要微体积、微功耗技术的支撑。从抗恶劣动态环境参量的角度出发,质量越小动态环境参量的作用就越小,也需要微体积、微功耗技术的支撑。微噪声则是新概念测试装置的主要属性之一,更是研究的重要目标。

1. 微体积、微功耗研究

在本段的叙述中以测试电路消耗的电流作为功耗的评价单元。

微电子技术中的 CMOS(互补金属氧化物半导体)技术,其每一个单元器件(CMOS 管)在不改变状态时基本上不消耗功率,在改变状态时需要给 CMOS 管的每一个极的极间电容充、放电,需要消耗功率,功耗和极间电容大小呈线性关系,与工作的频率也呈线性关系,与供电电压也呈线性关系。集成度越高(线及线间距越小),CMOS 管的每一个极的极间电容越小,功耗越小,且需要的供电电压也越低,同时芯片的体积也越小。此外,一个封装了的四面引脚的集成芯片,其体积大小与引脚数呈近似平方关系,和引脚排布方式密切相关,例如 BGA(球阵列封装)封装方式的引脚在芯片的腹面,呈面阵排列,在各种封装方式中,其体积最小,并且焊接后抗冲击能力最强。近年来可编程逻辑阵列(CPLD、FPGA)大量涌现,包含的宏单元越来越多,可以很方便地构成(编程、烧制)各种复杂的控制和功能模块,但如果选择不当,没有用到的冗余单元很多,其极间漏电流将造成很可观的功耗。微控制器 MCU 的发展很快,单片中集成了 CPU、大量 RAM 和闪存、各种接口功能、运算放大器、模拟开关、ADC、DAC、计数器、比较器等,有完善的低功耗状态选择功能,可作为低速和某些高速采样的单片测试系统,基于 ARM 的微控制器可以运行操作系统和功能软件,更适合于组建智能化系统。总结上述,为达到微体积、微功耗的目的,需从以下几个方面入手。

① 尽可能采用低的供电电压。

② 尽可能采用 CMOS 器件,包括 CMOS 运算放大器。

③ 采用集成度高的工艺,目前我国集成电路工艺技术已经达到 0.18μm 以下。

④ 减小冗余单元。

⑤ 减少芯片的引脚数,采用 BGA 类封装器件。

⑥ 为降低成本及易于实现,采用适当的可编程逻辑器件。

⑦ 采用适当功能的 MCU 组成单片测试系统。

在中小规模CMOS集成电路组合成测试系统、ASIC(专用集成电路)、可编程逻辑阵列(CPLD、FPGA)、MCU单片式测试系统、SoC(单片式系统)等几个组成测试系统的方案,用表2-1列表比较其特点,作者所在科研团队历年研制的ASIC及SoC如表2-2所示。

表2-1 各种组成测试系统方案比较

组成方式	功能	工艺	引脚数	体积	功耗	价格	实现难易度
中小规模集成电路组合	适当	10μm		最大	最大	低	易实现
ASIC	强	2μm	较多	小	小	高	批量小较难
CPLD FPGA	强	<1μm	多	较大	中等	低	易实现
MCU	强	<1μm	无用引脚多	小	小	低	易实现
SoC	最强	0.18μm	最少	最小	最小	最高	最难实现

表2-2 作者所在科研团队历年研制的ASIC及SoC

型号	年份	CMOS工艺	功　能	设计人
TJ8815AB	1988	10μm	控制逻辑,100kHz	张文栋
HB9401	1994	10μm	控制逻辑,电子测压器	孙绍文(研)
HB9402			控制逻辑,工况测试	邵成忠
HB9403			控制逻辑,各种采样策略	王俊杰(研)
TH9601	1996	门阵列	控制逻辑,数据压缩	熊继军(博)
HB0201	2002	2μm	控制逻辑,电子测压器,200kHz	祖静
HB0202			控制逻辑,各种采样策略	祖静
ZBSOC10	2010	0.18μm	除模拟电路外全部电路模块(含RAM),8通道(可选),1MHz max,可纵向级联提高采样率,可横向级联提高存储容量或通道数,各种采样策略。7mA	靳鸿(博)[9]

图2-23是ZBSOC10的版图,版图上绝大部分面积都是SRAM。

2. 微噪声处理

新概念动态测试采用智能传感单元结构,测试仪器的全部“弹上”单元和传感器放置在一起,免除了信号长线传输的反射和谐振,加以采用超强保护壳体,必要时再加用电场屏蔽和磁场屏蔽,基本排除了外界噪声干扰,测试数据显得很“干净”,微噪声是新概念动态测试的一个显著的特点。在“弹上”电路设计方面,注意以下几点。

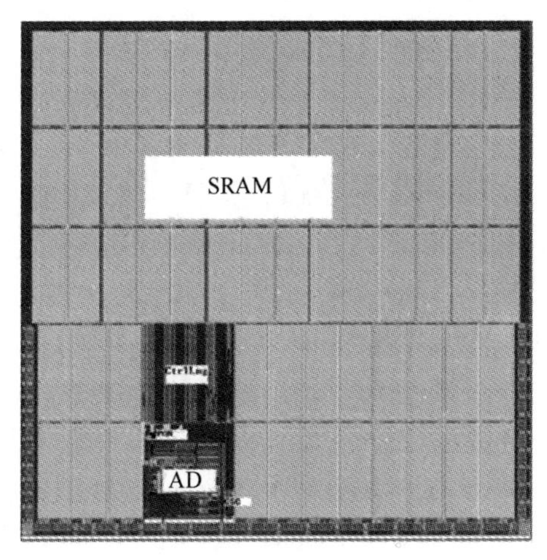

图 2-23　ZBSOC10 的版图

① 电路设计(第 1 章)方面,精心设计,尽可能消除测试系统(包含传感器)的自生噪声;

② 数字电源(VDD)和模拟电源(VEE)分开,加大电容和高频电容去耦合,这也是电源控制策略的要求;

③ 采用多层板,中间用地和电源层屏蔽;模拟电路和数字电路分开布置,隔离数字噪声;

④ 在资源允许的情况下,采用高的采样频率,提高 ADC 的信噪比,减少量化噪声;

⑤ 在有后续无线通信模块时,在测试过程中关闭无线模块,无线模块与采集模块采用分开电源、不“共地”的光隔离;

⑥ 必要时采取彻底的电磁屏蔽及核防护措施。

参 考 文 献

[1] 祖静,张文栋. 存储测试技术[C]. 第一届电子技术应用会议论文集. 北京:万国学术出版社,1990.
[2] 裴东兴. 弹丸的章动参数测量方法:中国专利　103217189 A 专利号 0[P]. 2013-07-24.
[3] 李杰,刘俊. 制导弹药用微惯性测量单元结构设计[C]. 北京: 兵工学报. 2013.
[4] 张文栋. 存储测试系统的设计理论及其应用[D]. 北京:北京理工大学,1995.
[5] 张文栋. 存储测试系统的设计理论及其应用[M]. 北京:高等教育出版社,2002.
[6] 裴东兴. 新概念动态测试的若干问题研究[D]. 北京:北京理工大学,2003.
[7] 刘文怡. 遥测系统无损压缩技术评估理论与实践[D]. 太原:中北大学,2009.
[8] 刘文怡. 遥测系统无损压缩技术评估理论与实践[M]. 北京:兵器工业出版社,2009.
[9] 靳鸿. 弹载动态参数测试系统构建方法研究[D]. 太原:中北大学,2011.

第3章 新概念动态测试的校准技术

测试是计量的延伸，动态测试是对动态参量进行实时计量的过程。

所有用于测量的“仪器”都必须经过校准。置身于恶劣环境中的测量仪器应当在相当的恶劣环境中进行校准。

校准就是溯源，就是直接或间接得到被校仪器和国家标准计量源器（或导出量标准具）相比较的在一定置信度下的不确定度。溯源性校准是在标准状态的环境条件下，按照计量标准条例进行的。

1. 静态校准

一般都是在静态环境下，实现直接或间接溯源。对被校仪器施加已知的、由经过溯源的传递标准仪器监测的激励信号激励被校仪器，得到被校仪器对激励信号的响应的读数值，与传递标准仪器的读数值比较，拟合出被校仪器的灵敏度函数（必要时），计算测量的误差，经多次重复校准，得到数学期望值和散布规律——不确定度。这个不确定度应包含传递标准仪器本身的不确定度。静态校准的激励信号一般是静态信号——0Hz 信号。

2. 准静态校准

在不能施行静态校准的情况下（绝大多数测试系统的校准不能施行静态准），用高频分量极低的激励信号激励被校系统，使得被校系统的固有振荡频率特性对激励信号的响应在其总响应输出中所占的比例在预定的有限误差范围内，同时用经过溯源的标准仪器监测激励信号，作为激励信号的“真值”，经恰当的拟合计算得到被校仪器系统在该环境下的灵敏度函数及相对于标准仪器的相对不确定度，综合计算被校仪器系统的相对不确定度与标准仪器的不确定度，得到被校系统在该环境下的的综合测量不确定度。

3. 动态校准

本书支持有关动态校准[1][2]和动态不确定度[2]的概念，即动态校准是为了得到被校系统的频率响应特性从 0Hz 起到需要的测试频率范围内的特性：幅频特性的不平直度和相频特性的非线性度。幅频特性的不平直度造成被校系统对输入信号的响应在不同频率分量上幅度的误差，相频特性的非线度会造成响应输出在各个频率上有不同的延迟，导致响应信号的畸变。

4. 动态溯源性校准

指在静态（0Hz）或准静态下经溯源性校准；通过动态校准得到被校系统的

频率响应特性[3],进而得到在测量某具体动态信号时对被测信号不同频率分量响应误差的综合不确定度[2]。

5. 动态校准的实施

用一种具有丰富高频分量(超过被校系统的一阶固有频率)的激励信号激励被校系统,得到其响应输出,同时用标准仪器测量激励信号,在频率域得到被校系统响应输出信号与用标准仪器测量的激励信号在频率域的比值,得到被校系统的频率响应特性。

6. 标准仪器

是经过溯源性校准的高精度等级的仪器(相对于被校仪器),在实际校准中作为量值传递标准的仪器。其静、动态特性都比被校仪器高一个等级。

新概念动态测试由于所处环境恶劣,也由于动态测试系统动态设计的需要,完善和发展了动态测试系统的校准技术。新概念动态测试的校准技术在三个层面上展开:模拟应用环境下的溯源性校准,即准静态校准;动态特性校准,即准δ校准;环境因子校准[3]。

新概念动态测试的溯源性校准一般采用间接校准方法,即用高一级精度校准系统在模拟应用环境下比对性校准被校的测试系统,同时也对被校系统进行了恶劣环境下适应性考核。对于冲击加速度测试系统的溯源性校准则采用了基于激光速度干涉仪的“直接校准”技术。

动态特性校准则广泛采用准δ脉冲激励的校准技术。

新概念动态测试的模拟应用环境下的校准和动态特性校准技术可用图3-1表述。

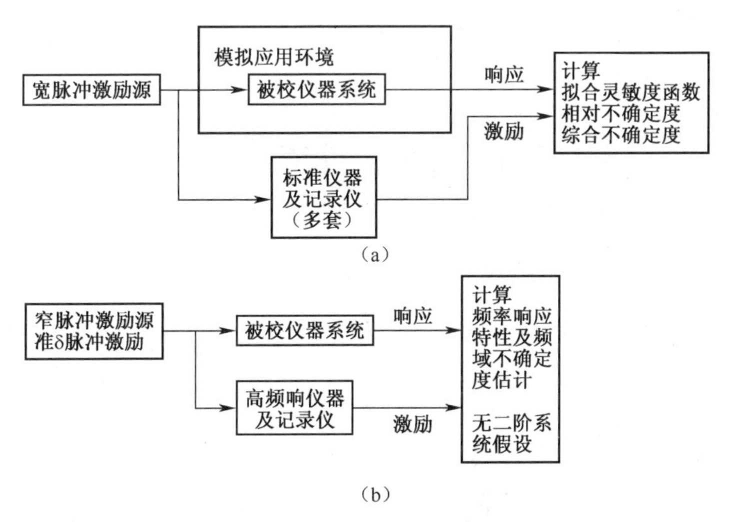

图 3-1 新概念动态测试的校准技术框图

(a)模拟应用环境下的校准;(b)动态特性校准——准δ校准

第一类环境因子(见第1章)的校准在模拟应用环境下的校准时进行;第二类环境因子校准类同于模拟应用环境下的校准。

图3-2是放入式电子测压器的校准路线图[4],清晰地表达了放入式电子测压器的校准内容。

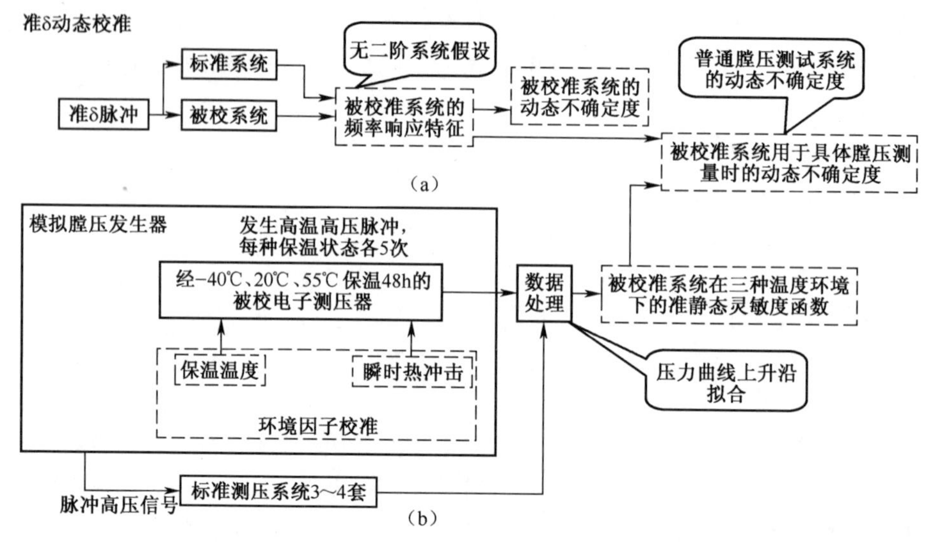

图3-2 电子测压器校准路线图

(a)准δ动态校准;(b)模拟应用环境下的准静态校准

在模拟应用环境下进行溯源性校准只能使用脉冲激励(爆炸冲击波测试系统还是采用激波管校准技术,将在第8章里详述),准δ校准也是窄脉冲激励,冲击加速度校准用Hopkinson杆也是一种脉冲激励,本章首先论述脉冲校准原理。

3.1 脉冲校准原理[12]

3.1.1 准动态及动态校准的激励源

常用的准动态及动态校准的激励源有阶跃激励(激波管)及脉冲激励两种。

理想单位阶跃激励信号(由激波管发生)如图3-3所示,其频率特性如图3-4所示。

激波管作为阶跃信号源被广泛采用,含有很宽的高频频谱,目前爆炸冲击波场测试系统的校准还主要依靠激波管。但是,目前高压激波管只达到100MPa,并且设备复杂,不能实现对高压测试系统的准静态校准;此外,无法实

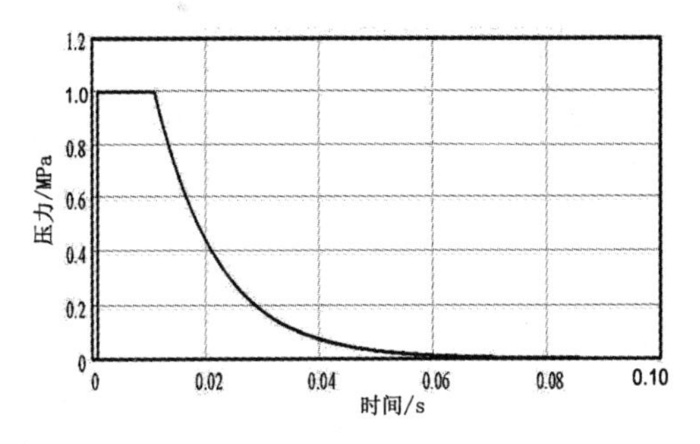

图 3-3　上升沿 0.46μs 平台 10ms 负指数下降的单位阶跃信号(激波管发生)

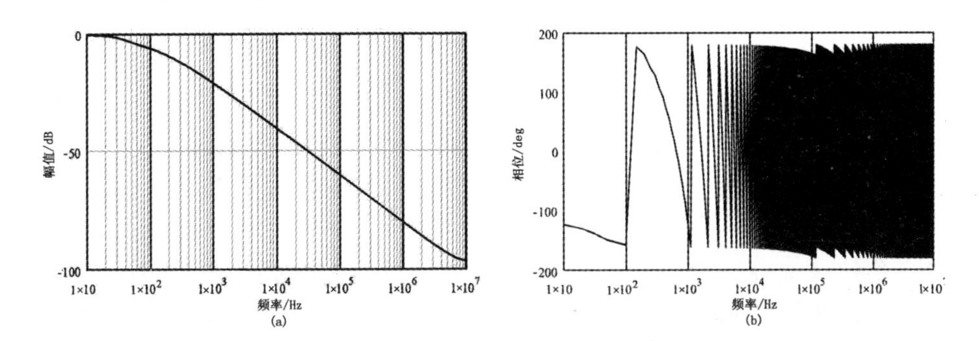

图 3-4　上图单位阶跃信号的归一化幅频特性和相频特性
(a)幅频特性;(b)相频特性。

现应用环境下的校准。在新概念动态测试中广泛采用脉冲激励校准。

3.1.2　脉冲信号的特征

脉冲信号广泛存在,图 3-5 所示为 5μs 宽的四种脉冲,半正弦、三角形、矩形波及“任意”波形,图 3-6 所示为这 4 种形状脉冲的归一化幅频特性及其低频段特性图。

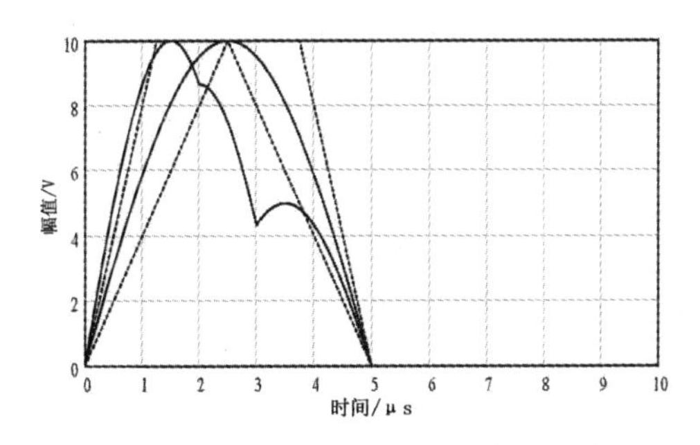

图 3-5　4 种不同波形的 5μs 脉宽的脉冲信号

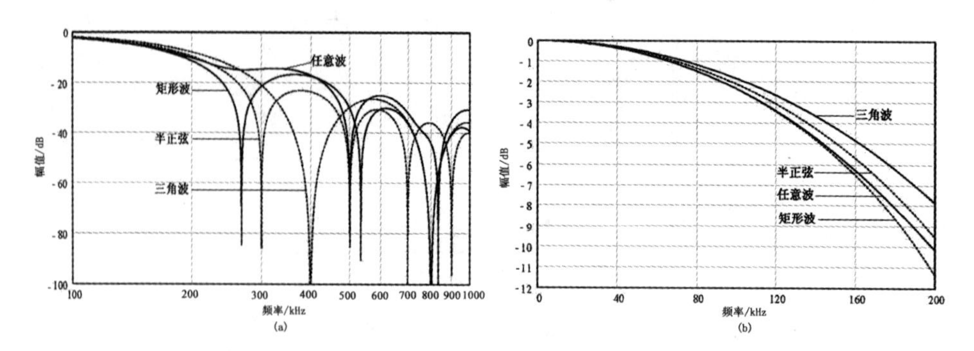

图 3-6 4 种形状 5μs 宽的脉冲的归一化幅频特性及其低频段特性

(a)幅频特性;(b)低频段特性。

由图 3-6 图(a)可以看出,波形瘦削的信号(能量小的信号)第一个主瓣频率高一些,三角波为 400kHz,半正弦为 300kHz,矩形波约为 260kHz,“任意波”则表现出不规则的性状。由图 3-6 图(b)可以看出,在 40kHz 以下,4 种波形的归一化幅频特性相差小于 0.1dB。在工程实际中产生的脉冲信号大多类似于半正弦信号,在以下讨论中以半正弦脉冲信号为代表。在实际校准过程中,还是要监测脉冲激励的信号的实际量值和性状。

为简化讨论过程,本书用图示法展示脉冲信号的特征。图 3-7 示出脉宽为 15μs、150μs 和 1500μs 三种半正弦脉冲信号,图 3-8 示出这三个信号的归一化幅频特性。

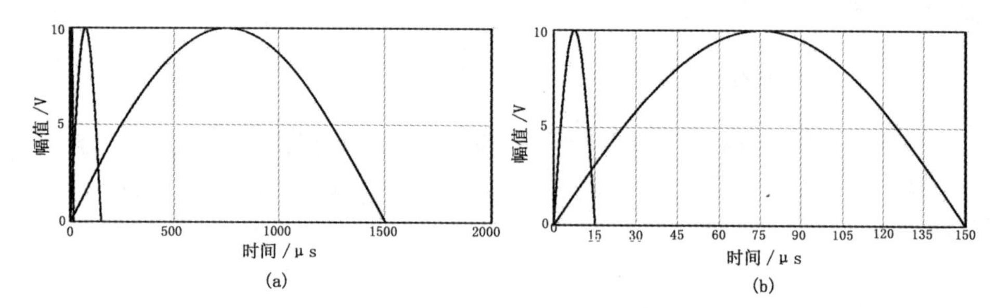

图 3-7 脉宽为 15μs、150μs 和 1500μs 半正弦脉冲信号,右图为展开图

(a)三种正弦脉冲信号;(b)展开图。

由图 3-8 可得出半正弦信号的主要特征(证明略)。

脉宽为 τ 的半正弦信号频谱的主瓣宽为

$$f_{\text{mainpiece}} = \frac{1.5}{\tau} \tag{3-1}$$

按下式可计算半正弦信号频谱副瓣包络线的起点(增益为 1~0dB)频率:

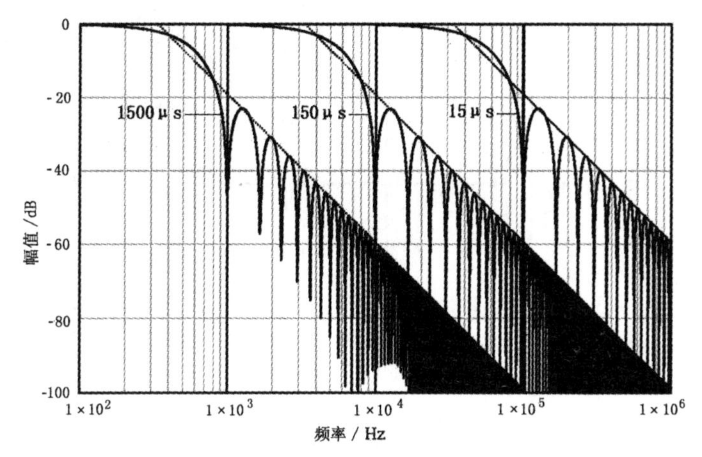

图 3-8　三种脉冲信号的归一化幅频特性

$$f_{\text{envstart}} = \frac{0.5}{\tau} \tag{3-2}$$

按下式计算半正弦信号频谱副瓣的包络线，是一条-40dB/dec 的直线：

$$f_{\text{env}} = \begin{cases} 1 & f \leqslant f_{\text{envstart}} \\ \left(\dfrac{f_{\text{envstart}}}{f}\right)^2 & \text{otherwise} \end{cases} \tag{3-3}$$

图 3-8 中的虚线就是按式 3-3 画出的每种脉宽半正弦信号频谱副瓣的包络。

式(3-1)、式(3-2)及式(3-3)用于脉冲校准的两个准则。

3.1.3　宽脉冲校准准则(准静态校准准则)

准静态校准是为了得到被校系统的灵敏度函数及不确定度，即对被校系统进行溯源，希望激励信号激励起的被校系统本征的自振在其响应输出中占的比例小到预先规定的范围以内。宽脉冲校准准则用以确定为进行准静态校准所需的激励脉冲的最小宽度，有两种表述方法，即基于频域法和基于解析法，为表述的形象化，先表述频域法。

1. 宽脉冲校准(准静态校准)准则——频域法

设有传感器，具有如图 3-9 所示归一化幅频特性，其自振频率为 160kHz，自振峰值为 40dB。

为使校准时传感器的响应输出中自振输出(误差)占输出幅值的 1%以下，要求激励信号的归一化幅频特性在 160kHz 处小于-80dB，这样，激励信号和系统特性在频率域的乘积(在归一化幅频特性上是相加)为-40dB。同理，为使自

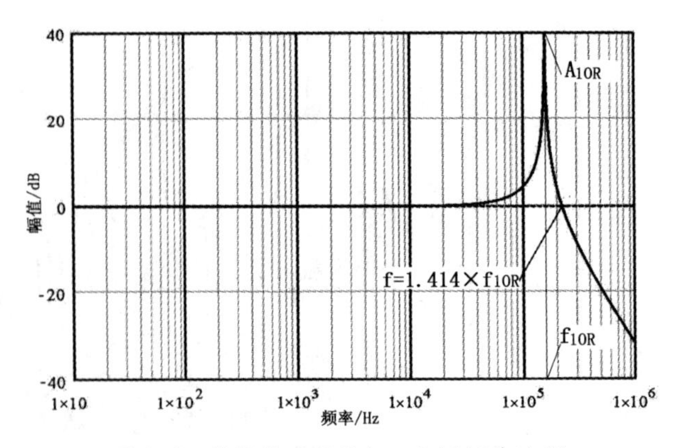

图 3-9　被校传感器的归一化幅频特性 Hz

振误差小于 1‰，则应使二者的乘积在-60dB 以下，也即激励脉冲信号在 160kHz 处的归一化幅频特性在-100dB 以下。

为表述宽脉冲校准(准静态校准)准则，定义：

A_{10R}为被校系统在 1 阶谐振频率f_{10R}处的归一化幅频特性值(单位为 dB)；

A_{HOP}为被校系统在宽脉冲激励后在f_{10R}处的响应的期望值(dB)，根据要求的校准精度按上段表述确定；

A_{EX}为激励信号归一化幅频特性的包络在被校系统一阶谐振频率f_{10R}处的值；

$f_{envstart}$为激励信号归一化幅频特性的副瓣包络与 0dB 线交点的频路；

τ_{min}为达到期望的校准精度所需最窄激励脉冲宽度。可得

$$A_{EX} = A_{HOP} - A_{10R} \tag{3-4}$$

$$f_{envstart} = \sqrt{f_{10R}^2 \times 10^{\frac{A_{EX}}{20}}} \tag{3-5}$$

$$\tau_{min} = \frac{0.5}{f_{envstart}} = \frac{0.5}{f_{10R}\sqrt{10^{\frac{A_{EX}}{20}}}} \tag{3-6}$$

式(3-4)，(3-5)，(3-6)即宽脉冲(准静态)校准准则——频率法。

以图 3-9 所示例题数据，按期望校准精度为 1%，代入上述公式，可得

$$\tau_{min} = 312.5\mu s$$

图 3-10(a)示出激励脉宽 312.5μs 幅值为 10V 的半正弦信号，为了对照，同时列出了脉宽 100μs 的激励信号，图 3-10(b)示出二者及传感器的归一化幅频特性。

图 3-11 示出传感器对两种激励脉冲的频域响应，图 3-12 示出时域响应。

图 3-13 示出传感器对两种激励脉冲响应的相对误差。

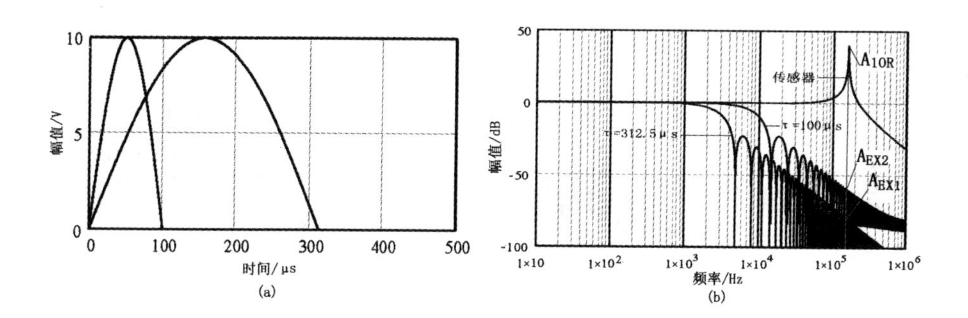

图 3-10　两种脉宽半正弦激励脉冲归一化幅频特性和被校传感器的归一化幅频特性
(a)半正弦激励脉冲;(b)幅频特性。

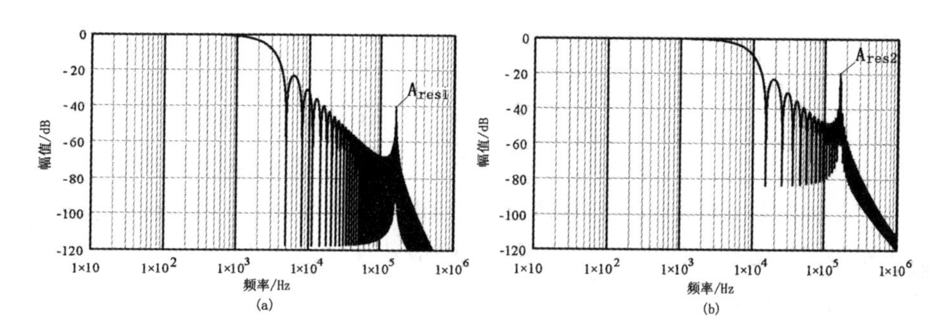

图 3-11　传感器对两种脉冲激励的频域响应 312.5μs 和 100μs
(a)312.5μs 的频域响应;(b)100μs 的频域响应。

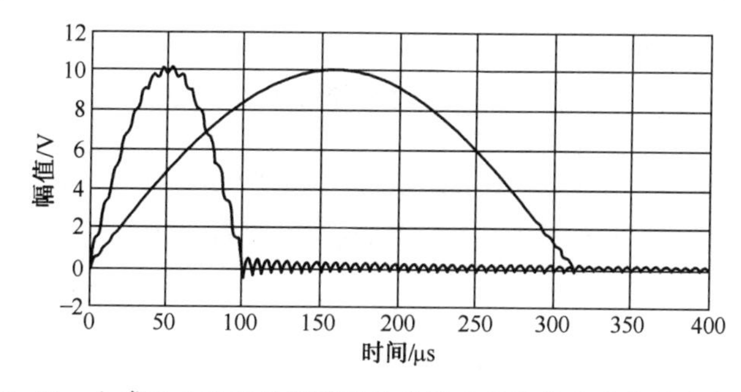

图 3-12　由傅里叶反变换得到的传感器对两种激励脉冲的时域响应

准静态校准频域法准则:确定激励脉冲的类别和宽度,使激励脉冲归一化幅频特性在被校对象最高幅值谐振频率处激励起的响应与被测对象幅频特性最大值(对采用电压放大器的系统为一般 0Hz,对采用电荷放大器的系统根据其低频时间常数确定为 1Hz 或几赫,某些系统也可能是在几十赫)的响应的比在规定误差以下。对半正弦激励而言是按照式(3-6)确定激励脉冲的宽度,使

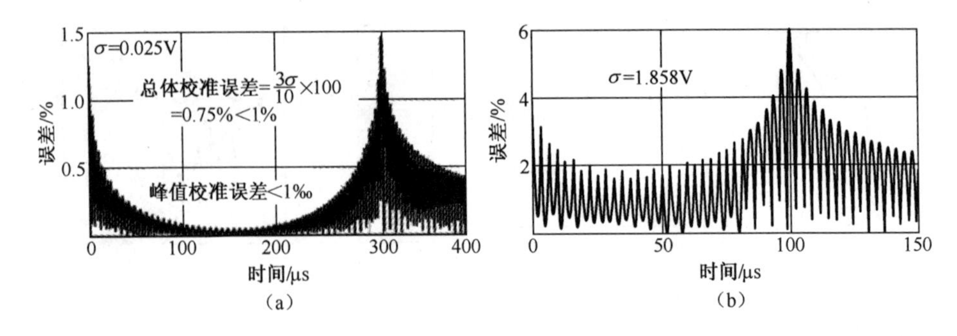

图 3-13　传感器对两种激励脉冲响应的相对误差分布

(a)312.5μs 时相对误差;(b)100μs 时相对误差。

激励脉冲归一化频率特性副瓣的包络在被校对象最高幅值自振频率处激励起的响应符合上述规定。

式(3-4)(3-5)(3-6)为宽脉冲校准频域法准则的数学表述。图 3-9~图 3-13 为其图形表述。本例是以二阶系统模型传感器响应特性表述的,实际校准时可针对整系统的响应特性来计算,如果系统中传感器的响应特性是经过准 δ 校准的实际响应特性,则应当用实际响应特性参与计算。如果校准的激励脉冲不是半正弦,则应用其实际校准信号参与计算。

这个准则可应用到被校准的仪器系统(包括传感器和配用的二次仪表)。频域法准则没有用二阶系统假设,适用于在第一章测试系统的动态设计时预设准静态校准激励脉冲信号的脉宽。

2. 准静态校准的解析法准则[4]

根据传感器二阶系统假设,设传感器的响应为二阶系统,其欠阻尼冲击响应为

$$h(t)=\frac{\omega_n \mathrm{e}^{-\zeta\omega_n t}}{\sqrt{1-\zeta^2}}\sin\left[\left(\sqrt{1-\zeta^2}\,\omega_n\right)t\right]$$

设阻尼系数 $\zeta << 0.01$,有

$$h(t)\approx\omega_n\sin(\omega_n t)$$

以脉宽为 t_1 的半正弦信号激励,其输出为

$$y(t)=\begin{cases}a_0\sin\left(\dfrac{\pi t}{t_1}\right) & ,0\leqslant t\leqslant t_1\\ 0 & ,\text{否则}\end{cases}$$

传感器对这个激励的响应输出是激励信号与传感器冲击响应的卷积积分,即

$$x^*(t) = \int_0^t a_0 \sin\left(\frac{\pi t'}{t_1}\right) h(t - t')\mathrm{d}t'$$

$$= - a_0\omega_n \int_0^t \sin\left(\frac{\pi t'}{t_1}\right) \sin(\omega_n(t - t'))\mathrm{d}t'$$

为校准,只考虑卷积积分 $x^*(t)$ 的强迫振动部分,即 $0 \leqslant t \leqslant t_1$ 部分,不考虑 $t > t_1$ 后的自由振动部分,有

$$x^*(t) = -\frac{a_0}{1 - \left(\frac{\pi}{\omega_n t_1}\right)^2}\left(\sin\left(\frac{\pi t}{t_1}\right) - \frac{\pi}{\omega_n t_1}\sin(\omega_n(t - t_1))\right), 0 \leqslant t \leqslant t_1$$

设定一个允许误差 δ,系统的谐振振荡叠加在响应波形 $< \delta$,则有不等式

$$\left|\frac{x^*(t)}{y(t)}\right| \leqslant 1 + \delta$$

所以 $$\left|\frac{x^*(t)}{a_0\sin\left(\frac{\pi t}{t_1}\right)}\right| = \frac{\left|-\frac{a_0}{1-\left(\frac{\pi}{\omega_n t_1}\right)^2}\left(\sin\left(\frac{\pi t}{t_1}\right) - \frac{\pi}{\omega_n t_1}\sin(\omega_n(t-t_1))\right)\right|}{\left|a_0\sin\left(\frac{\pi t}{t_1}\right)\right|} \leqslant 1+\delta$$

所以 $$\frac{1 + \frac{\pi}{\omega_n t_1}}{1 - \left(\frac{\pi}{\omega_n t_1}\right)^2} \leqslant 1 + \delta$$

所以 $$\frac{\pi}{\omega_n t_1} \leqslant \frac{\delta}{1 + \delta}$$

由 $\omega_n = 2\pi f$,得

$$t_1 \geqslant \frac{1 + \delta}{2\delta f_n} \tag{3-7}$$

式(3-7)被称为宽脉冲校准准则解析法。这是一个很“宽裕”的公式,基于半正弦激励信号,和被校系统是二阶系统假设,没考虑系统的阻尼系数。作为选择激励脉宽的依据,是很方便的。范锦彪[6]、张瑜[5]都在这方面做过深入的论述,使选择激励脉冲宽度的原则更为精确。但是仍然是基于半正弦激励,被校系统没有脱离二阶系统假设。

例 3-1 以图 3-9 所述例题,按式(3-7)计算:

$$f_n = 160 \times 10^3; \delta = 0.01;$$

$$t_1 \geqslant \frac{1 + \delta}{2\delta f_n} = 315.625\mu\text{s}$$

与式(3-6)计算的 312.5μs 基本相同。

例 3-2 以封装成集成电路形式的高 g 值加速度传感器焊接到印制板上后的传感器组合为例,这种组合的谐振频率降低,阻尼较大,谐振频率处过冲较小。

$$f_n = 10 \times 10^3;\ A_{1OR} = 15\text{dB} \approx 5.6\text{倍};\ \delta = 0.01 = -40\text{dB} = A_{\text{HOP}};$$
$$\delta_1 = 0.001 = -60\text{dB} = A1_{HOP}$$

按式(3 - 6) 计算:

$$\tau \geqslant \frac{0.5}{f_n\sqrt{10^{\frac{A_{\text{HOP}}-A_{\text{1OR}}}{20}}}} = 1.186\text{ms}$$,精度为 1%时的激励脉宽。

$$\tau 1 \geqslant \frac{0.5}{f_n\sqrt{10^{\frac{A1_{\text{HOP}}-A_{\text{1OR}}}{20}}}} = 3.75\text{ms}$$,精度为 0.1%时的激励脉宽。

按式(3-7)计算,得

$$t_1 \geqslant \frac{1+\delta}{2\delta f_n} = 5.05\text{ms}$$

图 3-14~图 3-17 示出按脉宽 τ、τ_1、t_1 半正弦激励的仿真图及误差图。

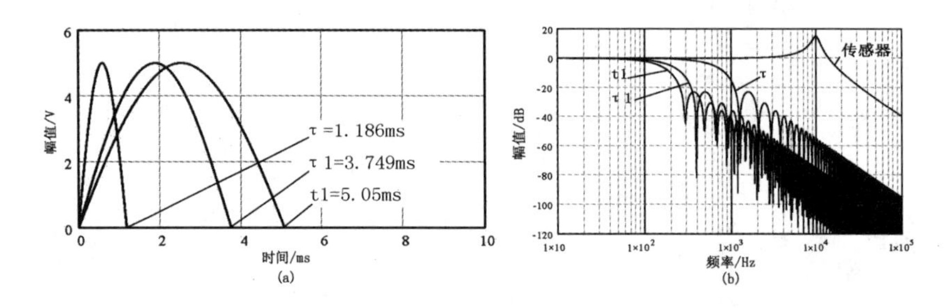

图 3-14 三种宽度激励脉冲信号及传感器和三种激励信号的归一化幅频特性
(a)脉冲信号;(b)幅频特性。

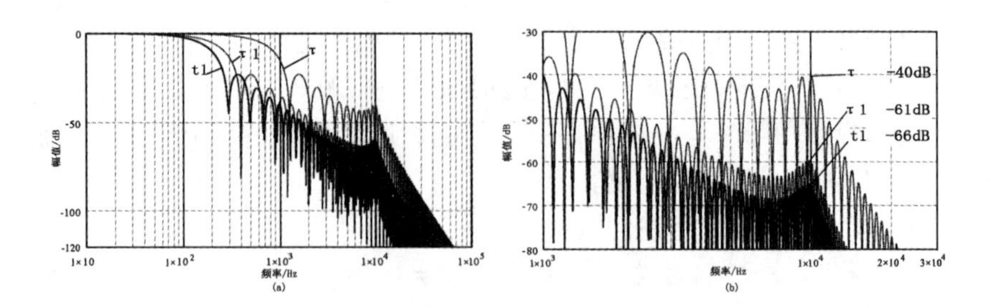

图 3-15 三种脉宽激励传感器的响应信号归一化幅频特性及展开图
(a)幅频特性;(b)展开图。

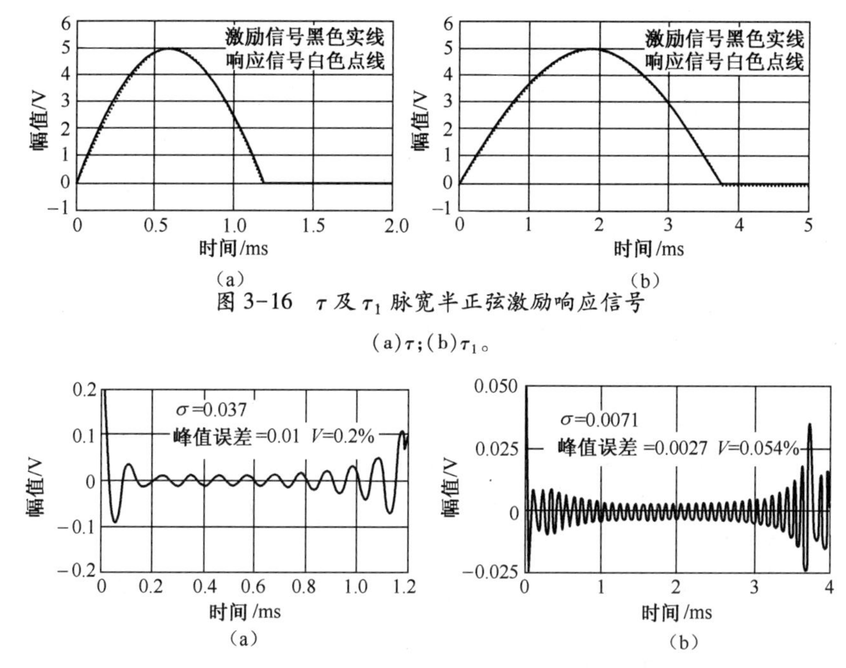

图 3-16 τ 及 τ_1 脉宽半正弦激励响应信号

(a)τ;(b)τ_1。

图 3-17 τ 及 τ_1 脉宽半正弦激励响应信号的误差图

(a)τ 误差;(b)τ_1 误差图。

在上述仿真计算中,没有计算按式(3-7)得到的脉宽 5.8ms 的算例。

在例 3-2 中,频率法和解析法在要求校准精度同为 1%的情况下,脉宽相差 4 倍多,而频域校准法的峰值校准误差可以满足小于 1%的要求,这是因为式(3-7)没有考虑系统阻尼(谐振频率处的过冲)。在现实中实现大幅值(例如 100000g)5.05ms 宽的激励脉冲在技术上是很难的,但实现 1.186ms 脉宽幅值 100000g 的激励脉冲就要现实多了。

激励脉冲测量脉宽测量误差容差性比较。对例 3-2 中前两种激励脉宽(1.186ms,3.75ms),假设激励脉宽测量中各出现-2%的误差,现观察对校准误差的影响。

由图 3-18、图 3-19 与图 3-17 比较,可以看出当脉宽测量误差-2%时,总体误差(σ)相差很大,但峰值误差没有增加,只是判断峰值的准确度要求高,否则会带来较大的误差。

激励脉冲幅值测量误差。直接加到峰值校准误差中,与激励脉宽宽度无关。

作者认为,可通过准 δ 校准直接得到被校系统的动态特性,可以将系统动态特性的不平直度计算到误差中;可直接测量得出实际的激励信号(波形),不

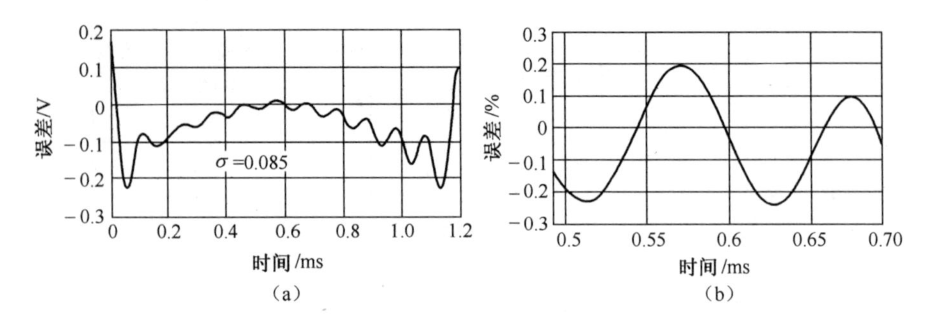

图 3-18 激励脉宽 1.186ms 测量误差-2%的校准误差和峰值校准误差

(a)测量校准误差;(b)峰值校准误差。

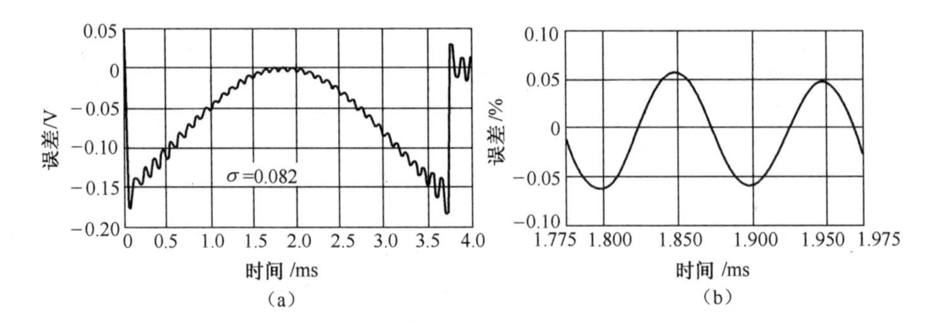

图 3-19 激励脉宽 3.75ms 测量误差-2%的校准误差和峰值校准误差

(a)测量校准误差;(b)峰值校准误差。

采用半正弦激励的假定。从诸方面来讲,采用频域法作为选择准静态校准脉冲宽度更适用一些。

3.1.4 窄脉冲校准(准δ校准——动态校准)准则

动态溯源性校准的定义如下。

动态校准是为得到被校系统的频率响应特性:幅频特性从0Hz(对采用电荷放大器的仪器系统,从1Hz或某个低频率)开始的平直度、各阶模态自振幅值的抑制度及相频特性的线性度。如果一个仪器系统经过了静态或准静态溯源性校准,在需要的工作频率范围内幅频特性的平直度在要求的范围内,仪器系统各阶自振模态在工作频率范围内对激励信号的响应叠加到仪器的输出信号上的量值在允许范围之内,且相频特性有良好的线性度,则可认为这个仪器系统经过了动态溯源性校准[2]。

动态校准的激励信号最好从 $0\text{Hz} \to \infty$ 具有平直的幅频特性和线性相频特性,δ脉冲信号从数学上完全符合这个要求,但在物理上难以实现。20世纪80年代太原机械学院(1993年更名为华北工学院,2004年更名为中北大学)的潘德恒教授、路宏年教授提出用窄脉冲实现“准 δ 校准”的概念[7]，他们采用高速塑料飞片打击装有被校传感器的开放式液面，产生高幅值(可达 400MPa 以上，脉宽 10μs 左右)半正弦高压脉冲，初衷是用于校准高压压力传感器，窄脉冲校准需要的能量不大，设备简单易行，并做出了相应的校准设备，是一种新颖的学术观点。但是，由于激励脉冲过窄，传感器的输出脉冲中有很大的振荡，不能直接实现准静态校准。且由于大幅值陡峭的上升沿的上升速度远超过压电晶体传感器压电元件的应力波传递的速度，造成晶体碎裂，传感器常被洞穿损坏，而终止了进一步研究。本书在他们研究的基础上，提出用上述用窄脉冲(准 δ 脉冲)的良好频率特性激励被校系统，得到被校系统的频率响应特性，结合静态或准静态校准实现动态溯源性校准的概念[2]。

激励信号必须具有良好的幅频特性，能够激起被校系统的主要振动模态。由 3.1.2 节的论述可以看出，如果准 δ 激励信号(窄脉冲信号)幅频特性的主瓣或包络能包容被校系统的主要谐振模态，就能很好地实现动态校准的目的。

1. 窄脉冲校准(动态特性校准)准则——频域法

根据式(3-3)、式(3-4)、式(3-5)、式(3-6)，从传感器的产品技术手册可得 f_{1OR}；根据传感器类型可估计阻尼系数 ζ，一般可直接安装的压电传感器和压阻传感器的 $\zeta < 0.01$，封装成集成电路后焊接在印制板上的高加速度 MEMS 传感器组的 $\zeta < 0.1$；根据二阶系统公式可估算出 A_{1OR}。为便于求被校系统频率响应特性，在计算时可取 $A_{\mathrm{HOP}} = 10\mathrm{dB} \approx 3.16$ 倍，使响应输出中有明显的谐振信号。有：

$f_{1\mathrm{OR}}, A_{1\mathrm{OR}}$； 设 $A_{\mathrm{HOP}} = 10\mathrm{dB}$；

由式(3-4)

$$A_{\mathrm{EX}} = A_{\mathrm{HOP}} - A_{1\mathrm{OR}}$$

由式(3-6)可得

$$\tau \leqslant \frac{0.5}{f_{\mathrm{envstart}}} = \frac{0.5}{f_{1\mathrm{OR}}\sqrt{10^{\frac{A_{\mathrm{EX}}}{20}}}} \tag{3-8}$$

式(3-8)就是窄脉冲校准准则——频率法。

2. 窄脉冲校准准则——解析法

由图 3-9 可以看出，二阶系统的一阶振动模态的谐振频率为 $f_{1\mathrm{OR}}$，其下降沿再回落到归一化幅值 1 时的频率为 $\sqrt{2}f_{1\mathrm{OR}}$(推导过程略)。对于脉宽为 τ 的脉冲，根据式(3-1)归一化幅频特性的主瓣宽(频率)为

$$f_{\mathrm{mainpiece}} = \frac{1.5}{\tau}$$

为完好地激发被校系统的一阶振动模态，让窄脉冲的主瓣覆盖整个一阶振

动模态，由式(3-1)，得

$$\tau \leqslant \frac{1.5}{f_{\text{mainpiece}}} = \frac{1.5}{\sqrt{2} \times f_{10R}} = \frac{1.06}{f_{10R}} \tag{3-9}$$

式(3-9)就是窄脉冲校准(准δ校准)准则——解析法。

被校系统的频率响应特性可按下列公式计算，有实测信号

$x(t)$ 实测的激励信号；

$y(t)$ 实测的被校系统的响应输出；

可得

$$\begin{cases} X(\mathrm{j}\omega) = \mathrm{FFT}(x(t)) \\ Y(\mathrm{j}\omega) = \mathrm{FFT}(y(t)) \\ H(\mathrm{j}\omega) = Y(\mathrm{j}\omega/X(\mathrm{j}\omega) \end{cases} \tag{3-10}$$

$|H(\mathrm{j}\omega)|$被校系统的幅频特性

$\varphi(f) = \arg(H(f))$ 被校系统的相频特性。

准δ校准(窄脉冲校准)可以通过测量激励脉冲及被校系统对激励脉冲的响应，由式(3-10)直接得出被校系统的频率响应特性，没有用到二阶系统假设。

例 3-3 Kistler6213 传感器的窄脉冲校准仿真计算及误差估计——频率法，按式(3-8)计算激励脉宽。

$$f_{10R} = 160 \times 10^3 \mathrm{Hz};\ A_{10R} = 40\mathrm{dB};\ A_{HOP} = 10\mathrm{dB}$$

$$A_{EX} = A_{HOP} - A_{10R} = 10 - 40 = -30$$

$$\tau = \frac{0.5}{f_{10R}\sqrt{10^{\frac{A_{EX}}{20}}}} = \frac{0.5}{160 \times 10^3\sqrt{10^{\frac{-30}{20}}}} = 17.57\mu\mathrm{s}$$

为凑整数计算点数，取 $\tau = 17.64\mu\mathrm{s}$ 。图 3-20 为传感器归一化幅频特性及激励脉冲；图 3-21 为激励脉冲的归一化幅频特性和传感器对激励脉冲的幅频响应；图 3-22 为仿真的传感器时域响应及仿真的传感器幅频特性和原传感器的幅频特性图，可以看出二者幅频特性很好重合。

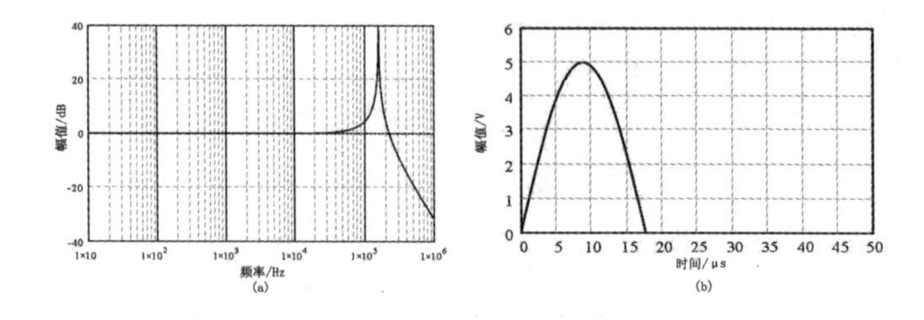

图 3-20 传感器的归一化幅频特性和激励脉冲

(a)幅频特性；(b)激励脉冲。

以下计算当激励脉冲测量时脉宽发生 ±2.7% 误差时的仿真，图 3-23 示出当激励脉宽测量误差为 ±2.7% 时仿真出的传感器响应的归一化幅频特性与原按二阶系统计算的传感器归一化幅频特性图；为研究激励脉宽测量误差对被最系统频率特性的影响，以下用幅频特性的差来表述，图 3-24 为图 3-23 的幅频特性差图及其展开图。

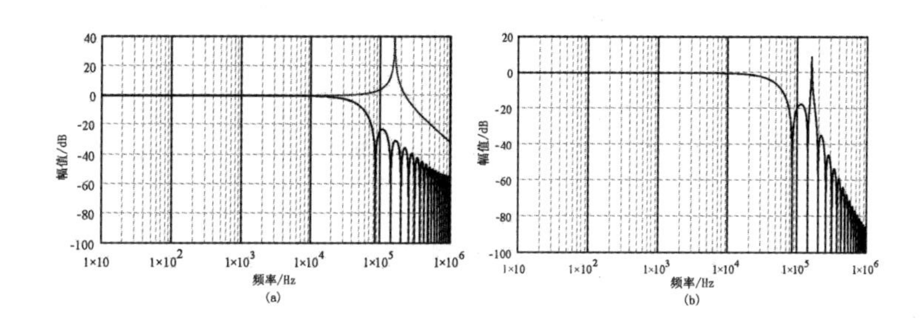

图 3-21　激励脉冲的幅频特性及传感器对激励脉冲响应的幅频特性

(a)激励信号的幅频特性及传感器的幅频特性；(b)传感器对激励信号响应的幅频特性。

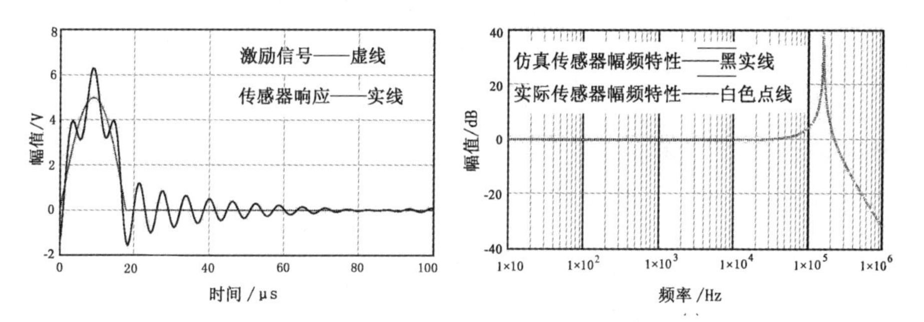

图 3-22　激励脉冲和响应波形仿真和实际传感器归一化幅频特性

(a)波形；(b)幅频特性。

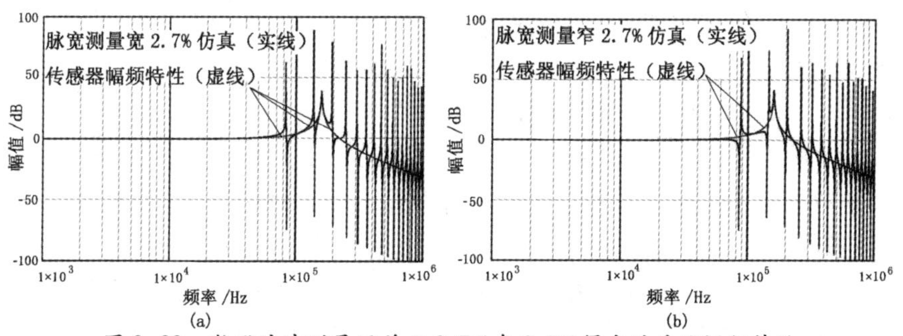

图 3-23　激励脉冲测量误差正 2.7% 负 2.7% 得出的系统幅频特性

(a)误差正 2.7% 幅频特性；(b)误差负 2.7% 幅频特性。

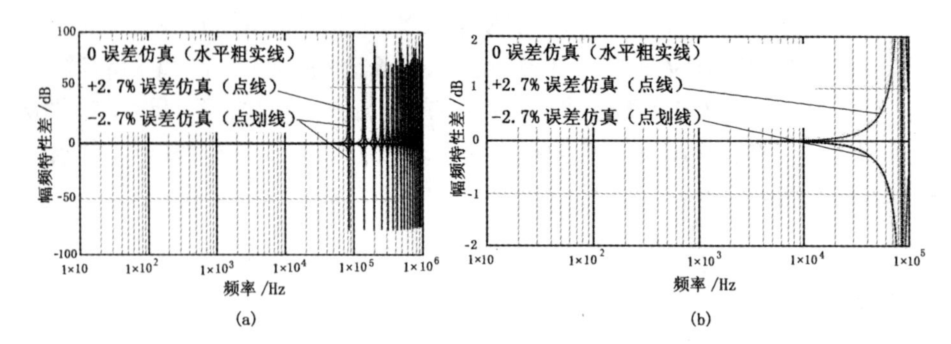

图 3-24　因激励脉冲宽度测量误差造成的仿真误差及误差展开图

(a)仿真误差;(b)误差展开图。

由图 3-24 可以看出,当激励脉冲比较宽时,能按式(3-11)计算出传感器的幅频特性,但是计算出的幅频特性和图 3-21(a)所示传感器幅频特性的差对脉宽测量误差是很敏感的。幅频特性误差为 ±1dB 时的频率大约为 60kHz。

例 3-4　Kistler6213 传感器按窄脉冲准则解析法(式(3-10))计算脉宽仿真及误差计算。

按式(3-9),有

$$\tau=\frac{1.06}{160\times10^3}=6.625\mu s$$

为比较激励脉冲宽度测量误差对校准结果的影响,按上式计算值取 3 个不同脉宽进行仿真计算,取

$\tau=6.2\mu s$ 脉冲真值仿真;

$\tau1=(1-0.077)\tau=5.72\mu s$ 脉宽测量误差-7.7%;

$\tau2=1.077\tau=6.68\mu s$ 脉冲测量误差+7.7%。

图 3-25 示出激励脉冲和传感器及传感器对激励脉冲的响应的归一化幅频特性;图 3-26 示出传感器对激励脉冲的时域响应及其起始段展开图;图 3-27 示出传感器及传感器对脉宽测量误差 ±7.7% 仿真的归一化频率响应特性;图 3-28 示出脉宽测量误差 ±7.7% 仿真的频率响应特性与图 3-25 所示传感器幅频特性的差;图 3-29 示出频率响应特性差的展开图。

由图 3-24 可以看出,用频率法得出 $\tau=17.64\mu s$,但是当激励脉宽测量误差 ±2.7% 时,仿真出的被校系统幅频特性差为 1dB 时的频率 ≈ 65kHz。由图 3-29 可以看出,用解析法得出 $\tau=6.2\mu s$,当激励脉宽测量误差 ±7.7% 时,仿真出的被校系统幅频特性误为 1dB 时的频率 ≈ 130kHz。由此可以得出结论,在作窄脉冲校准(准 δ 校准)时,激励脉冲越窄,对激励脉冲宽度测量的容差能力越强,也就是对激励脉宽的测量精度要求可以低一些。这一点对于用激光速

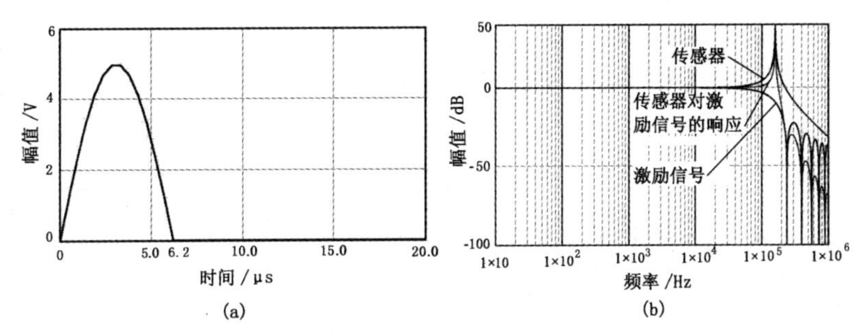

图 3-25 激励信号及激励信号、传感器及其响应的归一化幅频特性

(a)激励信号时频特性;(b)归一化幅频特性。

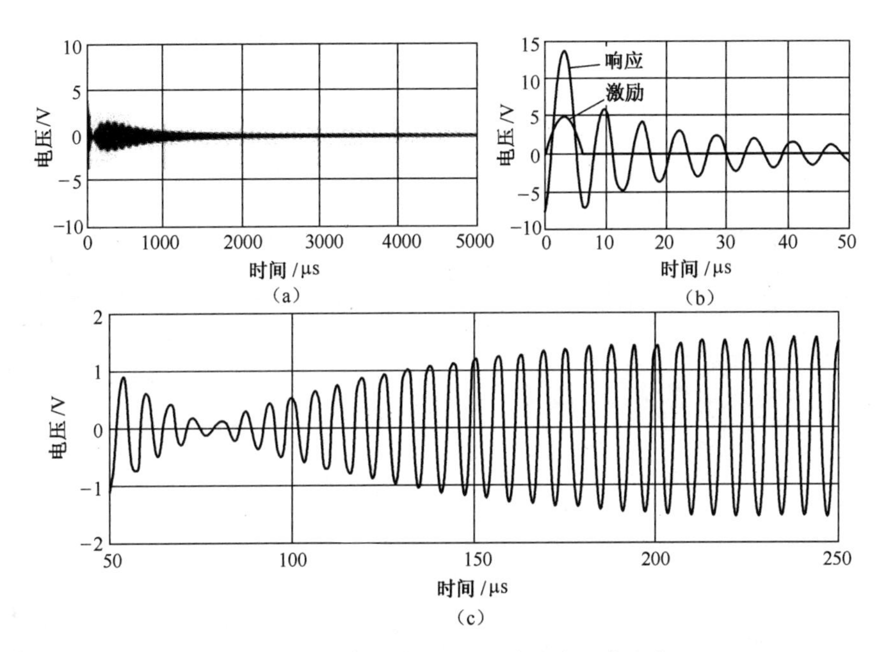

图 3-26 传感器对激励的时域响应及展开图

(a)时域响应;(b)起始段展开图;(c)250μs 前展开图。

度干涉仪来作为动态校准的"源器"时更显得重要。但是,窄的激励脉冲实现起来也更难一些。

范锦彪[6]、张瑜[5]论述了过窄脉冲校准准则。

在实现对压电晶体传感器的准 δ 校准时,对于压力校准,采用事先加到某一个静压(对于量程为 600MPa 的压电晶体压力传感器,可事先加上 200~400MPa 的静压),然后叠加上小于 100MPa 的准 δ 压力脉冲,激励起传感器的各阶模态,可有效地避免击碎压电晶体造成的传感器损坏。对于

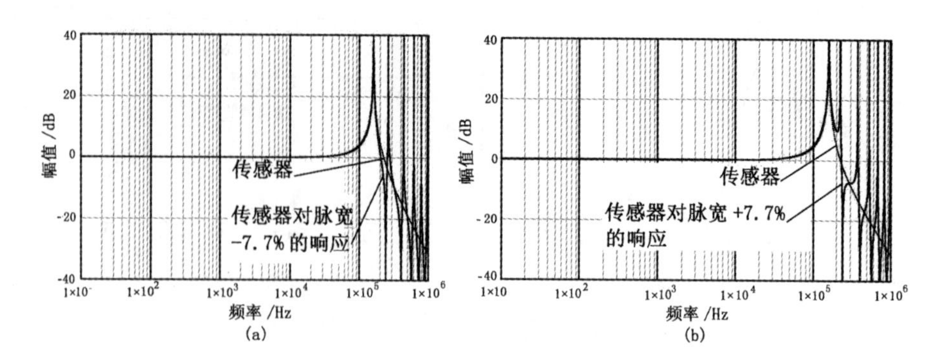

图 3-27　传感器响应信号对脉宽-7.7%和+7.7%的仿真幅频特性

(a)脉宽-7.7%仿真幅频特性;(b)脉宽+7.7%仿真幅频特性。

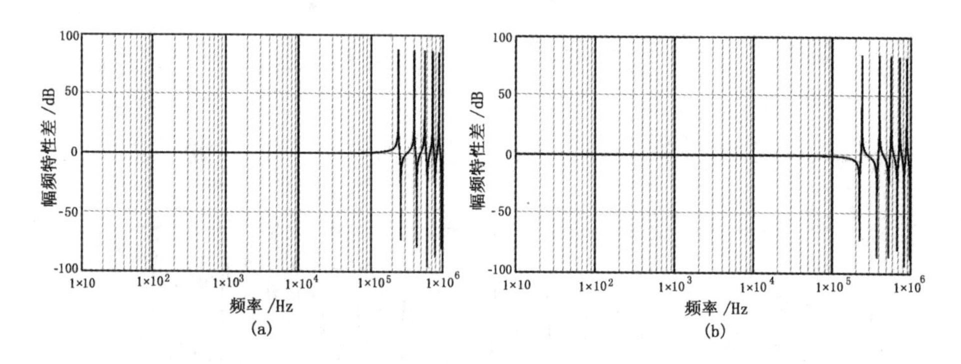

图 3-28　传感器响应对脉宽-7.7%+7.7%仿真响应频率特性的误差

(a)脉宽-7.7%误差;(b)脉宽+7.7%误差。

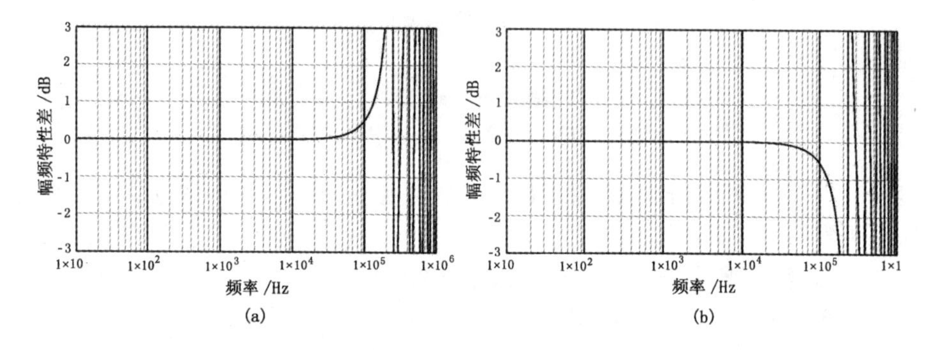

图 3-29　传感器响应对脉宽-7.7%+7.7%仿真响应频率特性误差展开图

(a)脉宽-7.7 误差展开图;(b)脉宽+7.7%误差展开图。

加速度传感器,在校准时传感器处于可自由飞行状态,没有发生过敏感元件被击碎的情况。

宽脉冲校准准则和窄脉冲校准准则给出了对准静态校准和动态校准时确定激励脉冲的脉宽一些建议,对于研制准静态和动态校准系统时有指导性的意义。宽脉冲校准(准静态校准)和窄脉冲校准(准 δ 校准,动态校准)结合应用,可以实现被校系统的准静态和动态溯源性校准。

3.2 模拟应用环境下的溯源性准静态校准

3.2.1 模拟应用环境下校准问题的提出

新概念动态测试经常需要把测试仪器直接放入被测环境之中,如放入式电子测压器需要与发射药一起放置到火炮膛内,在发射药燃烧的炽热环境中直接测取膛压信号,短时温度可达 2000℃ ~ 3000℃,压力可达 700MPa,微小体积的仪器系统在常规的标准环境下校准得到的性能指标在这样恶劣的使用环境下还适用吗?事实表明,只用常规标准环境下校准的电子测压器测量火炮膛压信号得到的测试数据呈现较大的分散性[5]。此外,为考核仪器系统在恶劣环境下的适用性、存活性和可靠性,也需要在模拟应用环境下进行考核试验。这就驱使我们去研究在模拟火炮炮膛中火药燃烧产生高温高压环境下对放入式电子测压器进行准静态校准和考核的问题。

再如高速飞行的弹丸撞击硬目标过程测试的仪器系统必须放置到弹丸内,承受与弹丸相同的动态环境参量的作用,冲击加速度可达到 10000g ~200000g,在炮膛中发射过程的加速度也达到 10000g ~50000g,在这样恶劣环境中使用的仪器系统也必须在相同的环境中校准和考核。

基于以上考虑,新概念动态测试提出了在模拟应用环境下校准和考核的命题。

3.2.2 放入式电子测压器的模拟应用环境下的校准[3]

1988 年在研制放入式电子测压器的过程中,提出并设计了第一个模拟膛压发生器试验校准装置,获得了专利,随后几经改进,形成了原理图如图 3-30,实物照片如图 3-31 的模拟膛压发生器校准试验系统。

模拟膛压发生器采用与火炮装药相同的火药,最大可发生 800MPa 压力,根据装药量和膜片厚度调整所需的最大压力值,根据内弹道学中火药气体动力学,有

$$p = \frac{RT}{\omega - b} \tag{3-11}$$

式中：p 为火药燃烧产生的压力；R 为火药气体常数；$R = \frac{p_0\omega_1}{273}$；$T$ 为火药燃烧温度；ω 为火药气体的容积；b 为火药燃气分子的体积；p_0 为标准状态下，(1个大气压)，$p_0 = 1.033\text{kg/cm}^2$；$\omega_1$ 标准状态下 1kg 火药燃烧产生的气体体积。

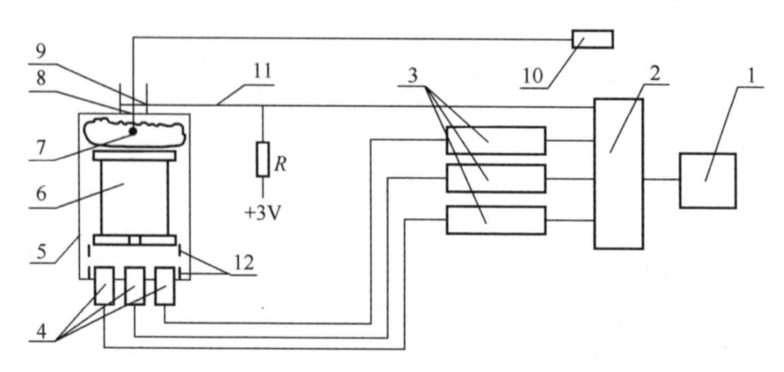

图 3-30　模拟膛压发生器准静态校准系统原理框图

1—微型计算机；2—多通道瞬态记录仪；3—电荷放大器；4—标准传感器；
5—模拟膛压发生器；6—被校测压器；7—电点火头、点火药、发射药；8—泄压膜片；
9—喷管；10—起爆器；11—破膜信号线；12—围栏。

图 3-31　模拟膛压发生器准静态校准装置实物图

由式(3-11)可以看出，在火药燃烧状态，产生的压力和温度呈线性关系，也即，发生的压力和炮膛内相同时，其温度也和炮膛内相当。对被校电子测压器产生与火炮膛内发射状态相同的短时高温高压环境，在这样的环境下实现准静态校准。

校准过程:用 3~4 套经过动态校准和溯源性校准的高一级的标准系统测量模拟膛压发生器内的压力过程,以这几套标准系统测量值的平均值作为"真值",来校准置于模拟膛压发生器腔内的电子测压器。在每一个国军标要求的弹药(电子测压器随同弹药保温)的保温条件经 5 次校准过程,用这些样本拟合出电子测压器在该保温条件下的灵敏度函数。根据国军标 GJB2973A-2008"火炮内弹道试验方法"的要求,被校准的电子测压器要随弹药预先在-40℃(低温)、20℃(常温)和 55℃(高温)下各保温 48h 以上,在准静态校准过程中也必须事先将被校准的电子测压器在上述三种温度下各保温 48h,然后迅速放入模拟膛压发生器,进行校准过程,拟合出该保温条件下的灵敏度函数。

这种校准方法有几个重要的原则问题需要论证:①模拟膛压发生器产生的压力脉冲宽度符合准静态校准准则;②标准系统之间和标准系统与被校电子测压器所测到的是同一个压力过程源;③确定适合校准的起始时刻和终了时刻;④适当的被校电子测压器灵敏度函数的算法及不确定度算法。

1. 模拟膛压发生器准静态校准电子测压器可行性论证(问题①)

用实测模拟膛压发生器信号及放入式电子测压器特性(见第 1 章)进行论证。图 3-32 示出模拟膛压发生器信号及其归一化幅频特性和电子测压器的归一化幅频特性,图 3-33 示出电子测压器对模拟膛压发生器信号的频域和时域响应,图 3-34 示出电子测压器响应的误差分布及统计结果。

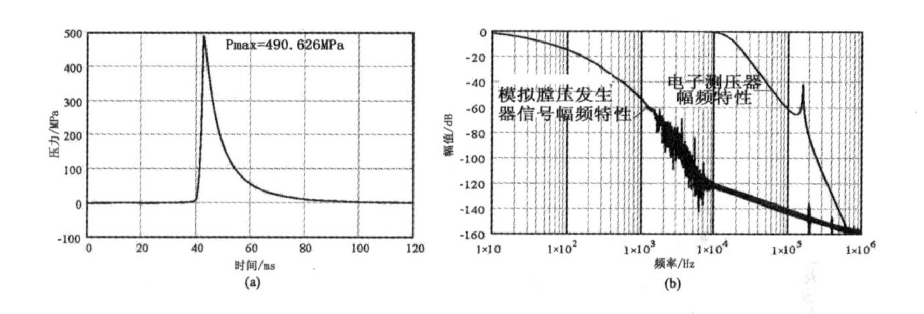

图 3-32 实测模拟膛压发生器信号及其归一化幅频特性和电子测压器特性
(a)模拟膛压发生器信号;(b)幅频特性和电子测压器特性。

由图 3-33 (a)可以看出,电子测压器一阶振型对模拟膛压发生器信号激励的响应达到-180dB(10-9),完全符合宽脉冲校准准则。由图 3-34 可以看出,仿真计算的电子测压器响应信号的最大误差为最大信号的 0.043%,误差的方均根值为 0.025MPa,都远超准静态校准的要求。用模拟膛压发生器作为校准的激励源是可行的。

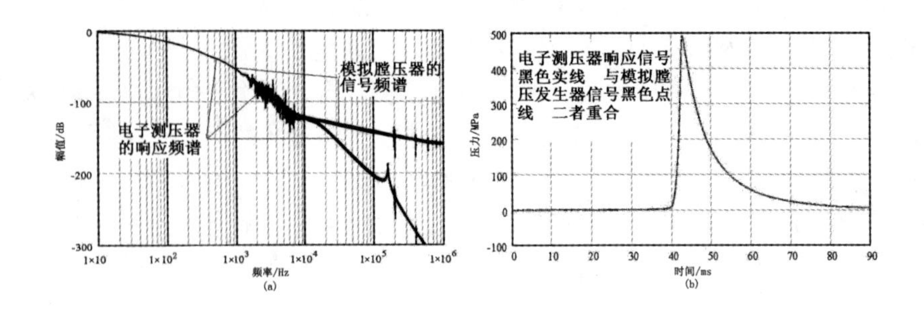

图 3-33　模拟膛压发生器信号及电子测压器频域及时域响应信号

(a)发生器信号及测压器频域;(b)时域响应信号。

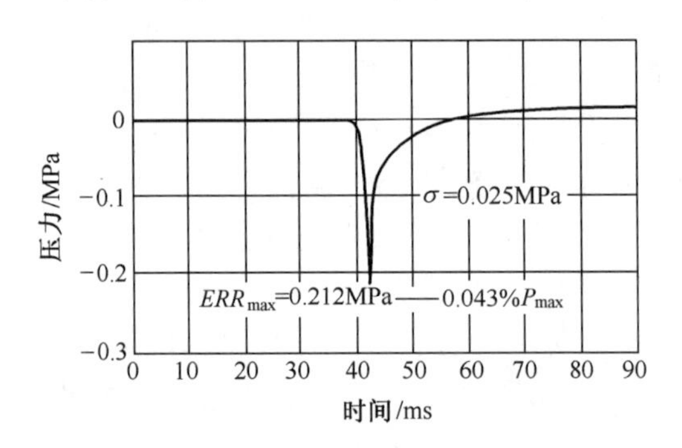

图 3-34　电子测压器时域响应的误差分布曲线

2. 标准系统与被校系统所测为同一压力源的条件和校准取值时刻(问题②③)

同一压力源的条件一:模拟膛压发生器结构考虑,标准系统与被校系统测压孔分布在一个小独立压力空间范围内;条件二:发射药在密闭容器内燃烧,没有大的扰动气流。第一条件由模拟膛压发生器结构设计予以保证,在图 3-31 所示模拟膛压发生器设计中,3 个标准系统的传感器传压孔分布中心和被校电子测压器的传压孔相对,间隔距离约 10mm,用一个四面开口的刚性围栏围住,形成一个小的压力空间(图 3-30),以保证标准系统与被校系统所测为同一压力;第二条件是校准压力范围取值原则,是在火药被充分点燃,且没有冲破膜片的区段,这个区段火药是在密闭空间燃烧,没有大的动态气流扰动。为保证火药充分点燃图 3-32 所示系统校准低压取值在大于满量程的 3/10 以上,高压取值在破膜前,图 3-31 所示模拟膛压发生器在破膜喷管处设有破膜断线信号线(图 3-30),与三个标准系统用同一瞬态波形记录仪同一时基采样记录,适当调整装药量和膜片厚度,使破膜压力大约在满量程的 85%以上,校准压力区段只用大于满量程 3/10 至破膜信号前的压力段,也即确定了校准的起始时刻和终了时刻。同样也保证了在取值范围内火药是在密闭环境中燃烧,3 套(4 套)标准系统及被校电子测压器测量的是同样的压力源。

3. 校准算法(问题④)

模拟膛压发生器准静态校准的算法分成三个步骤:① 3 套(4 套)标准系统及被校电子测压器所测为同一压力源信号检验,及求解多套标准系统平均压力曲线,作为本次校准的“真值压力曲线”;②选择压力过程被校系统灵敏度拟合区间;③拟合被校系统灵敏度函数及误差检验。

(1) 同一压力信号源检验:对各标准系统要进行波形相似性检验及幅值误差检验。①波形相似性检验为求解相关系数,要求各标准系统所测压力信号曲线与各标准系统的平均压力信号曲线的互相关系数在 0.9999 以上;②幅值误差检验要求各标准系统所测压力信号曲线的幅值与平均压力信号曲线的幅值之差在允许范围之内,按军标要求定为 0.6%以下(电子测压器允许误差的 1/3)。通过这两项检验则可认为在此次校准测量中 3 套(或 4 套)标准系统所测为同一压力源信号。③要求被校系统(电子测压器)所测压力数据与三套标准系统的平均标准压力曲线进行互相关检验,互相关系数达到 0.999 及以上者合格,认为此次校准测量中被校系统与各套标准系统受同一压力源激励,校准有效。由于标准系统与被校系统是互相独立的两套记录仪记录的,无法实现同一时基,只能要求二者采用相同的采样频率;同时标准系统与被校系统为不同结构的仪器系统,对同一压力信号的群延迟时间有差异,在求解互相关系数时先在时间轴上移动被测系统的数据,以求得最大互相关系数作为依据。也以移动后的被校系统数据序列与平均标准压力曲线数据序列进行拟合处理。

(2) 选择拟合压力曲线区间。平均标准压力曲线最大压力的 30%作为校准的起始压力,破膜信号对应的压力为校准的终止压力,一般破膜发生在最大压力的 85~90%范围内,终止压力可选最大压力的 80%。张瑜在博士学位论文中[5]证明,在这个区段压力信号(及被校准的电子测压器所测数据)最接近呈正态分布。

(3) 不采用峰值校准法。一般校准过程采用峰值校准法,多次不同峰值压力数据进行拟合得到被校系统的灵敏度函数。在模拟膛压发生器准静态校准过程中,由于峰值压力发生在破膜以后,此时模拟膛压发生器内有强烈的燃气流动扰动,不宜于作为校准依据。在模拟膛压发生器准静态校准中采用在所选区段内全程校准算法。

(4) 拟合算法及校准误差计算。在军标规定的 3 个保温环境条件下(-40℃、20℃、55℃),各进行满量程压力校准试验多次(本实验室取各 5 次),取通过同一压力信号源检测的 5 次数据,得到 5 个平均标准压力信号序列和 5 个对应的被校电子测压器校准数据序列对样本(互相关系数大于 0.999),分别按选择满量程30%~80%的拟合压力区间,在5次校准压力——数据序列对中按等间隔各取10个“数据——压力对”,共50(也可以更多)个“数据——压力对”,进行拟合计算,得出被校系统在该保温条件下的灵敏度函数。这种在压力曲线上拟合计算的算法,拟合的样本数为5×10个(或以上),可以得到较为精确的灵敏度函数。最后再计算各点的误差及方均根值。

(5) 3套标准系统所测为同一压力源检验及平均标准压力序列求解。3套标准系统所测数据序列中数据的个数为 N,数据为

$$\mathrm{dst_i}(n)$$

式中:$n=0,\cdots,N-1;i=1,2,3$

3套标准系统的灵敏度函数为 $\mathrm{Sen_i}, i=1,2,3$;转换成压力数据序列为

$$\mathrm{Pst}_i(n)=\mathrm{Sen}_i\times \mathrm{dst}_i(n)$$

式中:$n=0,\cdots,N-1;i=1,2,3$。

平均标准压力序列为

$$\mathrm{Psm}(n)=\frac{1}{3}\sum_{i=1}^{3}\mathrm{Pst}_i(n),\quad n=0,\cdots,N-1$$

做平均压力序列和3套标准压力序列的相干函数(归一化互相关函数)检验[2][5]采样间隔时间为 $\mathrm{d}t$,总数据序列时间为 $T=(N-1)\mathrm{d}t$,有

$$\left.\begin{aligned}
&\mathrm{Rsmst}_i(n)=\frac{1}{T}\sum_{n=0}^{N-1}\mathrm{Psm}(n)\mathrm{Pst}_i(n)\mathrm{d}t\\
&\mathrm{Csmst}_i(n)=\frac{\mathrm{Rsmst}_i(n)}{\frac{1}{2T}\sqrt{\sum_{n=1}^{N-1}(\mathrm{Psm}(n))^2\mathrm{d}t\cdot\sum_{n=0}^{N-1}(\mathrm{Pst}_i(n))^2\mathrm{d}t}}\\
&\text{要求}\\
&|\mathrm{Csmst}_i(n)|\geqslant 0.9999\\
&\text{可得第 } i \text{ 套标准系统压力与平均标准压力误差能量比}\\
&\frac{W\varepsilon smst_i}{\sum_{n=0}^{n-1}\mathrm{pst}_i^2(n)\mathrm{d}t}=1-(\mathrm{Csmst}_i(n))^2
\end{aligned}\right|_{\mathrm{i}=1}^{3}\tag{3-12}$$

验证峰值误差

$$\frac{\mathrm{Pst}_i\ (n)_{\max}-\mathrm{Psm}\ (n)_{\max}}{\mathrm{Psm}\ (n)_{\max}}\leqslant 0.006, i=1,\cdots,3\tag{3-13}$$

式(3-12)中 $\mathrm{Rsmst}_i(n)$ 为平均压力序列与第 i 套标准系统的压力序列的互相关函数; $\mathrm{Csmst}_i(n)$ 是第 i 套标准系统压力序列与平均压力序列的相干函数,又称归一化相关函数,表示两个序列的相似程度。

如果得不到 $|\mathrm{Csmst}_i(n)|_{\max} \geqslant 0.9999$，则认为3套标准系统未通过同一压力源检验。

式(3-12)中 $1-(\mathrm{Csmst}_i(n1))^2$ 代表第 i 套标准系统的误差总能量与所测数据的总能量之比。在符合相干函数要求的条件下，总误差能量与信号总能量之比在万分之二以下。

在实际运算时，用计算软件中的皮尔逊相关，直接由下式求出归一化相关函数

$$\rho_{\mathrm{smst}_i} = \mathrm{corr}(sm, st_i), i = 1, \cdots, 3 \tag{3-14}$$

ρ_{smst_i} 就是式(3-10)中的 Csmst_i。

如果某一套标准系统压力曲线与平均压力曲线的峰值误差大于0.6%，也认为未通过同一压力源检验(式(3-13))。

(6) 被校电子测压器所测校准数据序列与平均标准压力序列同压力源检验。被校电子测压器与标准系统瞬态波形记录仪需用同一采样频率。

截取平均标准压力曲线 $\mathrm{Psm}(n)$ 使其起始点与被校电子测压器数据起始点相对应，且具有相同序列长度 N。以 $\mathrm{Psm}(n)$ 作为"真值"做被校电子测压器与标准系统所测同一压力源检验及被校电子测压器灵敏度函数拟合。

采样间隔时间为 $\mathrm{d}t$，总采样时间为 $T=(N-1)\mathrm{d}t$，被校电子测压器数据序列为

$$\left.\begin{aligned}
&X(n), n = 0, \cdots, N-1 \\
&\mathrm{Rsm}X_i(n1) = \frac{1}{T}\sum_{n=0}^{N-1}\mathrm{Psm}(n)X(n-n1)\mathrm{d}t \\
&\mathrm{Csm}X(n1) = \frac{\mathrm{Rsm}X(n1)}{\frac{1}{2T}\sqrt{\sum_{n=0}^{N-1}(\mathrm{Psm}(n))^2\mathrm{d}t \cdot \sum_{n=0}^{N-1}(X(n))^2\mathrm{d}t}} \\
&\text{移动 } n1 \text{ 使得到} \\
&\qquad |\mathrm{Csm}X(n1)| = |\mathrm{Csm}X(n1)|_{\max} \geqslant 0.999 \\
&\text{可得平均误差能量与电子测压器数据序列总能量之比} \\
&\qquad \frac{W\varepsilon smX}{\sum_{n=0}^{N-1}X(n)\mathrm{d}t} = 1-(\mathrm{Csm}X(n_1))^2
\end{aligned}\right| \tag{3-15}$$

式中 $\mathrm{Rsm}X_i(n1)$ 为移动 $n1$ 个点的被校电子测压器数据序列与平均标准压力序列的互相关函数，$\mathrm{Csm}X(n1)$ 为其相干函数(归一化相关函数)，如果找不到适当的 n_1 使相干函数大于0.999，则不能通过同压力源验证。$1-\mathrm{Csm}X(n1)^2$ 为相对误差总能量，如果能够达到上述指标，则误差能量占所测数据能量的

0.2%以下。

在实际运算时,用计算软件中的 Pearson 相关函数 $\rho_{\mathrm{smx}}=\mathrm{corr}(sm,X)$ 直接计算式(3-15)中的互相关系数(归一化相关函数)C_{smx}。用移动 $n1$ 计算 corr(sm,X)的算法找出最大互相关系数。

(7) 被校电子测压器灵敏度函数拟合。在通过被校电子测压器所测数据与标准系统所测压力为同压力源检测后,进行电子测压器灵敏度函数拟合。

一般都采用峰值拟合法。即在某一保温条件下,对于量程为 600MPa 的电子测压器,按照估计值为 200MPa、300MPa、400MPa、500MPa 各进行若干次校准试验,取每次的最大压力值的压力——数据对为样本,进行最小二乘线性拟合,得到电子测压器的灵敏度函数。

在进行模拟膛压发生器准静态校准时,由于最大压力点发生在模拟膛压发生器破膜以后,已经不是火药定容燃烧过程,破膜后形成强大喷射气流扰动,不能保证标准系统与被校系统的同源性,不宜于作为校准源。模拟膛压发生器破膜压力设计在最大压力的 85%~90%处,此前是火药定容燃烧过程。通过选择适当金属材料和膜片形状和厚度设计,以及选择火药的装药量,使达到破膜压力的设计要求。模拟膛压发生器准静态校准时,按照国军标的要求,在三种保温条件下(-40℃、20℃、55℃)各按最大压力做 5 次校准试验,通过压力同源性检验后,取出 5 个破膜前压力——数据序列对,对破膜前压力过程中 5 个压力——数据序列的最大压力的 30%~80%区间全程取出适当样本数,混合进行线性拟合算法,得到电子测压器在三个保温条件下的灵敏度函数。这样的做法,最小二乘线性拟合的样本数比峰值校准法多出许多倍,而试验的次数却少了很多。同时也进行了放入式电子测压器恶劣短时高温环境因子的校准。

进行线性拟合的条件是压力——数据对序列必须线性相关。线性相关的主要条件是:①两个变量独立;②两个变量是连续变量;③两个变量均符合正态分布。这也就是 Pearson 相关函数的条件。其中前两条在模拟膛压发生器准静态校准中是自然存在的。关于条件③,张瑜在博士论文中[5]根据大量统计数据证明,在模拟膛压信号最大值的 30%~80%区间取值的压力——数据序列对最接近符合正态分布条件。这与从物理过程提出来的"火药要充分点燃"和在火药在密闭容器中燃烧过程中校准(即"破膜前"的原则)完全一致。关于在 5 个压力——数据序列对中如何取出用于最小二乘线性拟合,以及拟合过程都是常规算法,不在此详述。关于这种校准方法的效果,以及 3~4 套标准系统的静、动态溯源问题详见第 5 章。

有一个大家经常质疑的问题,为什么不采用常规校准方法?为什么 3 套标准系统用常规溯源性校准同样测量模拟膛压发生器的压力信号其平均值可以作为“真值”？本节曾由徐鹏博士做过深入的研究，其原因在于模拟膛压发生器信号是一个短时间热冲击过程，3~4 套标准系统的传感器安装在体积相当大的厚实的端盖上（或模拟膛压发生器的厚实的壳体上），对短时热冲击的散热效果比较好，短时热冲击对标准系统传感器的影响很小，因此在军标中火炮膛压就是以安装在火炮药室壁上的压力测试系统所测压力定义的。而放入式电子测压器为追求体积小，壁厚及端盖都在强度允许范围内取最小值，其热容量很小，对短时热冲击的散热能力很差，短时热冲击形成传感器的垂链膜片表面和内部的较大温差变形，形成对压电晶体的附加作用，这是常规校准方法无法弥补的。经 ANSYS 仿真的垂链膜片在短时热冲击下的变形情况示于图 3-35，ANSYS 仿真的温度分布图是用彩色表示的，本书不能示出。放入式电子测压器在燃烧着的火药中工作，受到短时热冲击和不同保温条件对热冲击的不同表现两种环境因子（一类环境因子）的作用，上述的校准过程将这两种环境因子都充分地进行了校准。

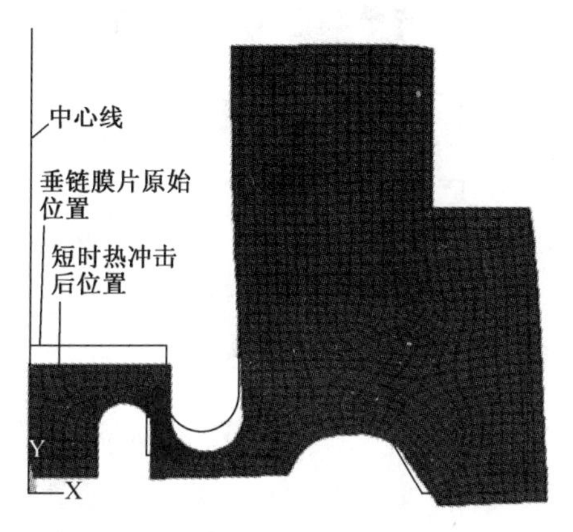

图 3-35　传感器垂链膜片（从中轴取半面）受短时热冲击变形 ANSYS 仿真图

以上校准过程已经定入 GJB2973A—2008“火炮内弹道试验方法”及 GJB2870A“放入式电子测压器规范”（报批稿）中。

3.2.3　高速撞击侵彻过程测试仪器的模拟应用环境下的校准[6]

高速撞击侵彻过程属终点弹道范畴，除空炸弹丸（战斗部）外，所有战斗部都要经历终点弹道过程，对沙土地、岩石、混凝土及薄钢板的高速撞击及侵彻过程的测试一般都采用存储测试技术。对厚钢板（坦克前装甲）类所用杆式穿甲弹侵彻的过程的测试，无法采用存储测试技术，有报导采用在钢甲的侵彻撞击面的背面装置应力波测试系统的间接测量法。本节叙述采用存储测试技术的高速碰撞过程测试仪器的校准问题。

高速碰撞过程测试仪器的量程可达到 10000g~200000g，目前还难以进行静态校准，转而采用准静态校准方法进行灵敏度函数校准。高速碰撞过程测试仪器的动态特性校准在 3.3 节中论述，在第 7 章中详细论述。高速碰撞侵徹过程测试仪器的准静态校准也必须遵循准静态校准准则（宽脉冲校准准则）。

图 3-36 所示系统可产生幅值 100000g 脉宽 150μs 的近似半正弦激励脉冲，可用于对动态特性一阶振型频率在 170kHz 以上的测试系统（校准误差在 2%量级）进行准静态校准。

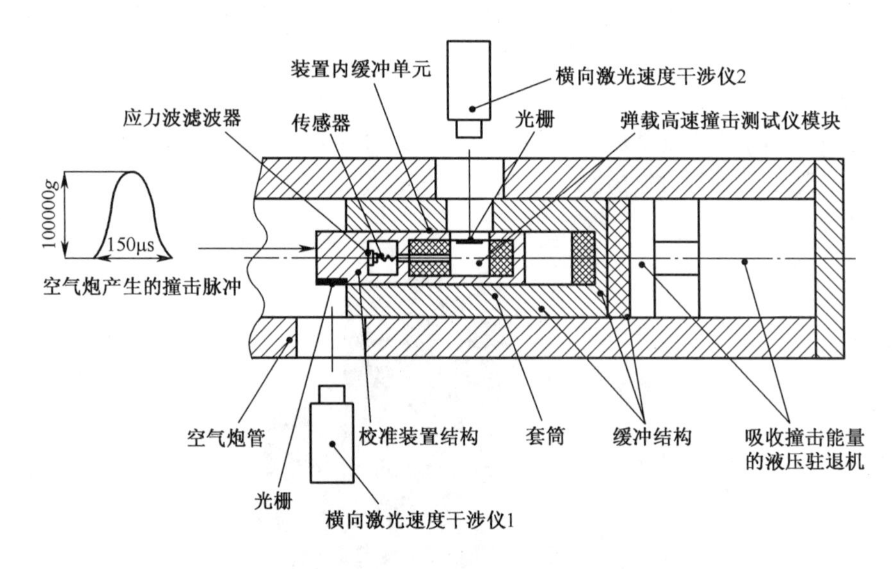

图 3-36　高速撞击过程测试仪的准静态校准试验系统

图中前端装有毡垫的空气炮弹丸高速撞击校准装置结构，可产生 150μs 脉宽 100000g 幅值的高加速度激励脉冲，施加到校准装置结构的前端面，校准装置结构在空气炮管内的套筒内可自由滑动一个距离，然后缓冲结构带动套筒经液压驻退机吸收运动能量。校准装置结构内腔前端装有应力波机械滤波器的被校系统的高加速度传感器，该滤波器用以滤除校准装置结构前端的应力波。校准装置结构内装有弹载高速碰撞侵彻测试仪模块（被校系统的主体），模块前端是装置内置缓冲单元，用以减小弹载测试模块受到的高加速度峰值，保护电路模块，详见第 4 章校准装置结构的前端与弹载高速撞击信号测试仪的结构完全一致。横向激光速度干涉仪 1 用以检测校准装置结构受到激励脉冲作用后的运动规律，作为校准输入的“真值”。横向激光速度干涉仪 2 用于检测弹载高速撞击测试仪模块的运动规律，以考核装置内置缓冲单元的缓冲效果和测试仪模块的可靠性。

横向激光速度干涉仪是太原机械学院（现中北大学）王圣佑、曹才芝两位教授于 20 世纪 90 年代发明的，当时的反光膜是用微玻璃珠膜（苏格兰片），可实现入射光线的原向反射,后经航空 304 研究所改为光栅原理图如图 3-37 所示。

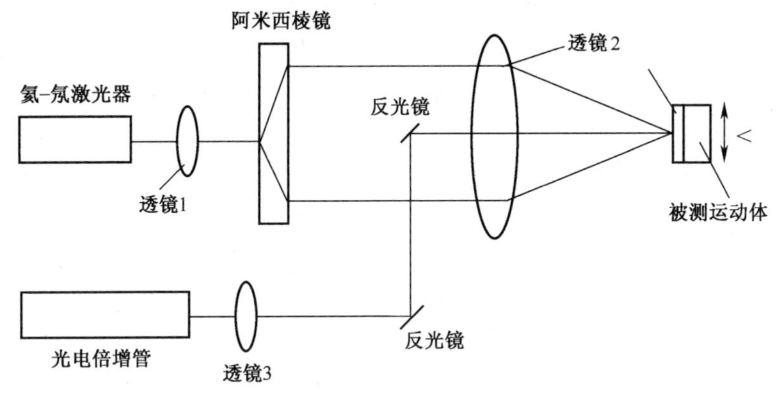

图 3-37　横向激光速度干涉仪原理图

聚焦到光栅上一点的两束激光在光栅随被测运动体运动时产生一个多普勒频差,经光电倍增管放大后可检测出与运动体运动速度呈线性关系的多普勒频率,具有下述稳定的运动体速度,即多普勒频率公式[8]:

$$
\begin{cases}
f_D = \dfrac{2v}{\lambda}\sin\psi \\
\sin\psi = \dfrac{\lambda}{d} \\
\text{所以 } v(t) = f_D(t)\ \dfrac{d}{2} \\
a(t) = \dfrac{\mathrm{d}(v)}{\mathrm{d}t}
\end{cases}
\tag{3-16}
$$

式中:v 是被测体运动速度;f_D是多普勒频率;λ 是激光波长;d 是光栅删距。

其中激光波长和光栅删距都是可溯源性校准的,而且是稳定的。因此这种校准运动体速度和加速度的方法属直接校准法。

全部被校对象(传感器、弹载高速撞击测试仪模块——内含电池、装置内缓冲单元)都装在校准装置结构中,如同装在实测的弹丸上一样,这种校准方法属于模拟应用环境下校准。

一般只要峰值加速度值,不要求全过程校准,校准过程的数据处理方法比较简单。关键是在准确的多普勒频率的解调算法。

在高速撞击侵徹过程测试中,现在已经能够比较好地对弹载高速撞击测试仪模块进行缓冲,高冲击冲击力对模块性能影响不大[13],一般采用 Hopkinson 杆可以进行准静态校准(传感器装在安装座上,吸附在 Hopkinson 杆端,仪器模块放置在试验台上),图 3-36 所示校准装置操作比较繁琐,所以经常使用 Hopkinson 杆做准静态校准。但是对整个弹上测试装置的考核还是要使用图 3-36 所示装置。Hopkinson 杆校准方法在 3.3 节中叙述。

对于 MEMS 高 g 值加速度计,一般做成集成电路芯片的形式,应用时需要焊装到印制板上,这时它的安装谐振频率往往降低到 10kHz 量级,按照宽脉冲(准静态)校准准则,需要的激励脉宽在 1.2ms 以上(2%以上精度),一般基于碰撞法产生的激励脉冲难以实现,正在研究另类激励原理和方法。

3.2.4 爆炸冲击波场测试仪器的校准问题[9]

爆炸冲击波是由高压高速爆炸燃气场压缩周围空气形成的超音速激波,其上升沿在几纳秒量级[15],激波管内的激波具有同样陡峭的上升沿,有一定宽度的平台段,现行的国家计量标准"JJG 624—2005 动态压力传感器检定规程"采用激波管校准,用基于兰基涅-胡果尼公式的导出公式根据激波管内激波速度推算出的激波反射压力作为校准"源值"进行校准。这种校准方法由于不能给出由计算公式得出的"源值"的不确定度,似乎不能符合计量原理。作者所在国防科技重点实验室在拓展提高项目的支持下正在研制大口径带视窗的激波管利用封闭端盖上安装被校系统传感器,和若干套经过溯源性校准的标准传感器系统进行比对式间接校准。对用于测量爆炸冲击波破坏力的测压系统,测量的是爆炸冲击波场的反射压——反射式,这种校准方法是适当的。用于测量爆炸场压力分布规律的测压系统,传感器测压表面应平行于空气激波的流场——掠入式,采用适当的导流部件使到达传感器测压表面的激波流场尽量少受到扰动,应连同导流部件一起在拟议中的激波管中校准,同时通过视窗观测传感器测压表面激波流场受到扰动的状况。

爆炸冲击波场的温度不高,一般在 100℃ 量级,持续时间在微秒量级,对测试用的智能传感单元影响可以忽略不计。爆炸冲击波测试系统(智能传感单元)主要受到冲击波压力的作用,测试仪器的壳体及构架按照抗爆炸飞片设计,远远超过能承受冲击波压力的作用。除掠入式测压会对流场造成扰动外,没有其他环境因子的作用。

爆炸冲击波场测试问题详见第 8 章。

对于贴近爆炸物测量其爆炸产物场压力过程,属于爆炸近场压力测试问题,本书第 9 章将初步讨论爆炸近场测试问题。

3.3 动态特性校准——准 δ 校准

1. 关于动态溯源性校准的概念

测试仪器的特性可表述为时域特性和频域特性,时域特性往往建立在把被校系统定义为某种模型，一般为二阶系统，少数可到三阶模型，更高阶的不常见，不易定量化溯源。动态溯源性校准则可表述为在静态（0Hz，具有电荷放大器类仪器系统则在低频）或准静态对仪器系统进行溯源性校准（或得出仪器系统的灵敏度函数及不确定度），动态校准时得出仪器系统的频率响应特性，由幅频特性的不平直度和相频特性的非线性度可得出该系统测量某具体信号时的动态不确定度估计[2,3]，即表明该仪器系统进行了动态溯源性校准。因此，动态校准的目的是得到被校系统的频率响应特性。

得到被校系统的频率响应特性的方法，根据校准时采用的激励信号不同，可分为多种校准方法。其中，窄脉冲激励（准 δ 校准）由于激励脉冲的频率特性比较适于作为校准的激励源，以及所消耗的能量最小，设备简单等因素，笔者认为是比较理想的动态校准方法。在本章第 3.1 节脉冲校准原理中已经探讨了窄脉冲激励信号的特性，本节只讨论几种具体动态校准技术。

（1）准 δ 校准。20 世纪 90 年代太原机械学院（现中北大学）的潘德恒教授、路宏年教授曾深入研究了高压测试系统的准 δ 校准问题[7]，虽然这项技术由于传感器突然受到大幅值前沿陡峭的压力波作用，往往被大幅值压力波洞穿而损坏，没有能推广应用。但是准 δ 校准原理给人们很多启发。

（2）高压测试系统的准 δ 校准技术。本书的作者在其启发下，提出预先给传感器（被校系统）加所需要的压力，例如从 200MPa～500MPa 静压，然后施加小幅值的准 δ 脉冲激励，可得到被校系统在受不同压力情况下的动态特性。其原理如图 3-38 所示。高压测试系统准 δ 校准装置如图 3-39 所示。

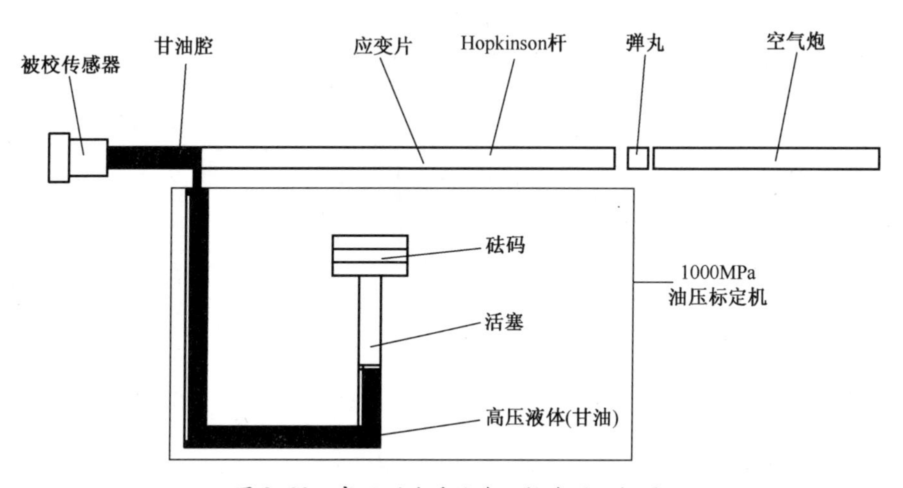

图 3-38　高压测试系统准 δ 校准原理框图

在一台 1000MPa 油压标定机的传感器安装口上装上一个带甘油腔和传感器安装接头的微小型 Hopkinson 杆系统（杆的直径 8mm），安装被校传感器后，

图 3-39　高压测试系统准 δ 校准装置照片

排出甘油腔中空气，油压标定机加压到预定值，立即打出空气炮弹丸，Hopkinson 杆中产生一定幅值的应力波，经杆的另一端大部分向后反射，小部分传递到甘油中成为窄脉冲压力波，作用到传感器表面，成为准 δ 校准激励脉冲。用 Hopkinson 杆上粘贴的应变片测量应力波的波形，作为传感器的准 δ 激励信号，与传感器的响应分别作 FFT，得出传感器的频率响应特性。从图 3-40 起示出一个实例，被校准传感器是 Kistler6215Q-1282083 号，Hopkinson 杆直径 8mm，长 240mm，弹丸长度 20mm，事先加基础压力 100MPa。图 3-40 是应变片上测到的应变波形（含正向应力波和反向反射应力波）及传感器的响应波形（去除 100MPa 的基础压力），图 3-41 是只取第一个激励脉冲作为激励脉冲及其归一化幅频特性，图 3-42 是从第二个激励脉冲开始点截断的传感器响应信号及其归一化幅频特性，图 3-43 是由上述两个幅频特性相除得到的传感器归一化幅频特性，图 3-44 是这样校准得出的传感器幅频特性与厂家给出的技术指标按二阶系统假设计算得出的幅频特性之间的误差-频率曲线。

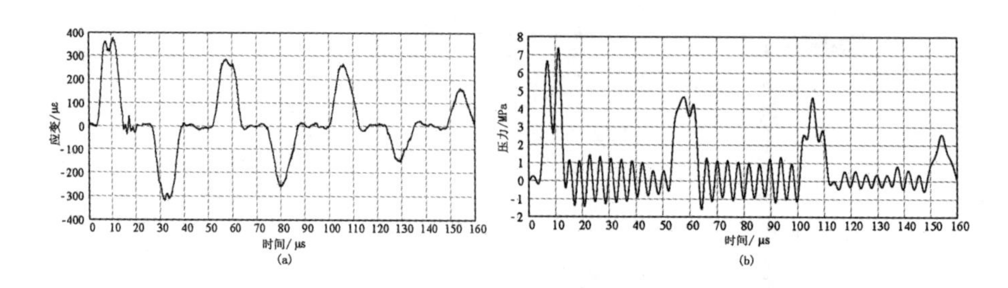

图 3-40　Hopkinson 上的应变信号和传感器响应信号

(a)应变信号；(b)传感器响应信号

这样得出的被校系统的动态特性避免了二阶系统假设。但是有一个重要问题正在研究解决：为使得在传感器表面反射的压力波传递到 Hopkinson 杆端面再反射回到传感器测压表面的二次压力波发生在第一次压力波的响应结束

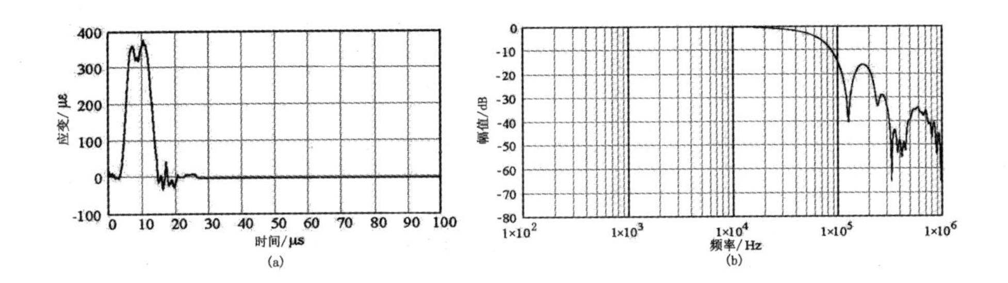

图 3-41　只取第一个激励应变的激励信号及其归一化幅频特性

(a)激励信号;(b)归一化幅频特性。

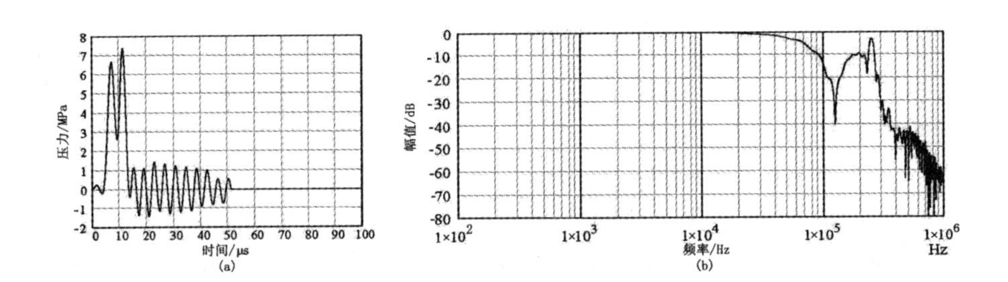

图 3-42　传感器响应信号自第二个脉冲起截断及其归一化幅频特性

(a)响应信号;(b)归一化幅频特性。

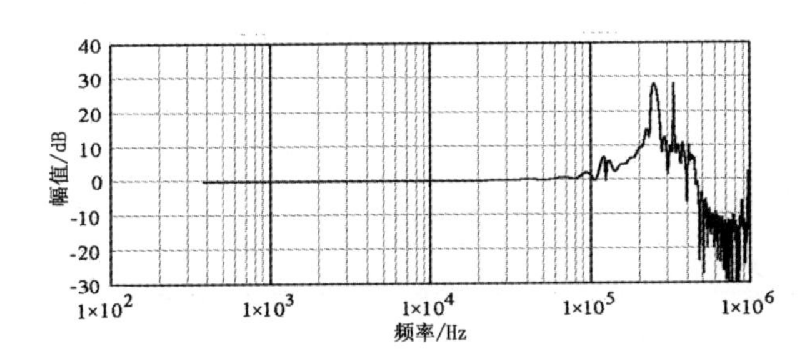

图 3-43　Kistler6215 传感器在图 3-37 所示装置中校准得到的幅频特性

后,甘油腔必须具有一定的长度(由甘油中音速可计算出来),在这样长度的甘油腔内窄脉冲压力波在传递过程发生了多大的弥散?由应变片测出的 Hopkinson 杆中的应力波能在多大程度上代表作用到传感器的压力波?这个问题正在进一步研究解决。现在在研究的方案是在传感器安装座上先安装频响特性比压电晶体传感器高得多的锰铜压阻传感器,经多次实验得出传感器表面受到的压力波与应变片测到的 Hopkinson 杆中应力波的函数关系(甘油腔传递

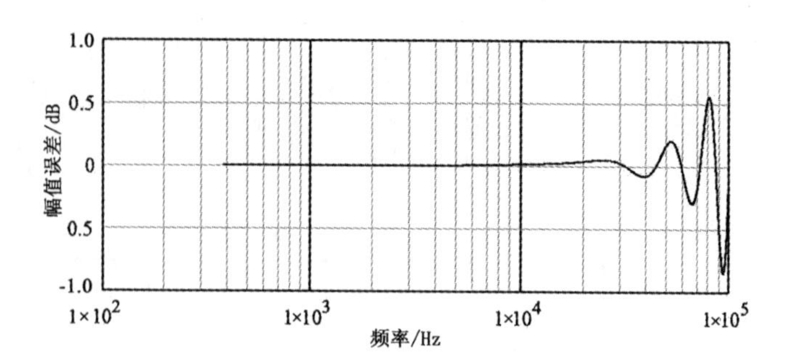

图 3-44 被校传感器实测幅频特性与按二阶系统计算出的幅频特性间的误差

压力波的弥散特性)，在实际传感器校准中以此函数关系来处理从 Hopkinson 杆上粘贴的应变片信号，换算出作用到压电晶体传感器的压力波准 δ 激励信号。

关于为产生和传递极窄的应力波的 Hopkinson 杆设计问题，以及弹丸长度或其他激励方法问题在随后的高速撞击侵彻过程测试系统的准静态和动态校准问题中论述。

2. 高速撞击侵彻过程测试系统的准静态和动态校准

高速撞击侵彻过程测试系统的校准分为准静态校准和动态校准，最便利的校准装备是 Hopkinson 杆，Hopkinson 杆可产生 150μs 宽的高冲击脉冲，根据宽脉冲校准准则可对一阶振型频率 170kHz 以上的高速撞击过程测试测试系统进行准静态校准(误差在 2%以内，但是幅值难以达到 100000g)，落锤和空气炮则是较好的校准激励源发生装置。动态校准主要依靠 Hopkinson 杆。本段从 Hopkinson 校准系统开始讨论。图 3-45 示出现在使用的 Hopkinson 杆校准系统原理图。

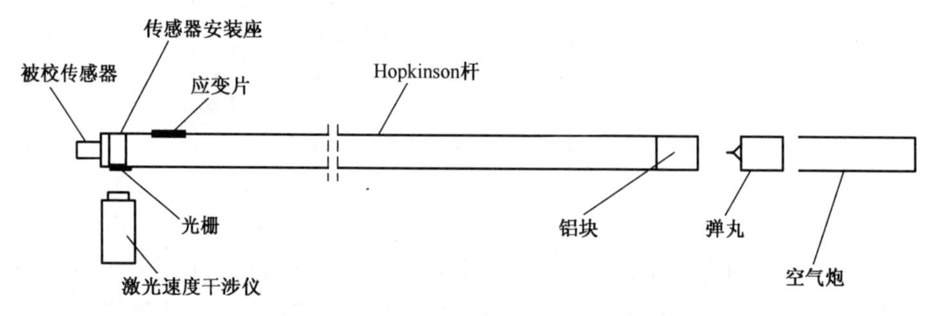

图 3-45 Hopkinson 杆校准系统原理图

在做准静态校准时，以图中横向激光速度干涉仪作为标准具进行校准，以 Hopkinson 杆上粘贴的应变片所测杆中应力波信号作为参考，实现直接法校准。

(1) Hopkinson 杆中应力波的作用。对于高压传感器动态特性校准，整个应力波的全部脉宽前传至油腔中，成为压力波，成为被校传感器的激励源。对于加速度传感器的动态校准,由于传感器(或其安装座)贴附在 Hopkinson 杆的端面,在应力波的前沿作用下传感器安装座加速运动,应力波的下降沿发生时,传感器安装座已经飞离 Hopkinson 杆端,所以只有应力波的上升沿作用到被校体上,上升沿的微分是被校体的激励源。

(2) 对动态校准标准具的要求。在做动态校准时,激励脉冲很窄,传感器安装座在激励脉冲作用下的位移很小(可为 10μm 或更小),由于光栅的删距(单位为"线/mm")有限,图 3-45 中所用为 150 线/mm,不能测量这么小的位移,可以用应变片所测应力波信号前沿的微分作为传感器的激励信号(精度较差)。目前正在研究使用轴向激光速度干涉仪直接测量传感器及安装座的纵向运动规律,作为被校传感器的激励信号,进行直接校准。

(3) 对 Hopkinson 杆的要求。文献[10]根据应力波在 Hopkinson 杆中传播中的弥散规律,推导出能够传递的最小应力波脉冲宽度与杆的直径和长度的关系,即式(3-17)。

$$\tau_{\min} = 6.9\frac{r}{c} + 0.014\frac{l}{c} \tag{3-17}$$

式中:$\tau_{\min}$是不发生弥散的最小脉冲宽度,小于这个值可能发生脉冲宽度弥散,下降沿还会发生拖尾的减幅振动;r 是杆的半径;l 是杆长单位都是 m;c 是杆中声速。

由式(3-17)可以看出,杆的半径的影响比杆长的影响要大得多。作者在高压传感器准 δ 校准装置和高速撞击过程测试系统准 δ 校准中所用的都是 ϕ8mm ×l200mm 的 Hopkinson 杆,按公式计算 τ=5.85μs,用于 5μs 脉宽准 δ 校准效果不错。根据范锦彪博士的反复实践,在做窄脉冲校准时,Hopkinson 杆的材质对其中应力波的波形有很大的影响,钛合金 Hopkinson 杆上贴附的应变片的应力波脉冲波形良好,而普通钢材 Hopkinson 杆上贴附的应变片的应力波脉冲波形则不好,不能直接用于校准。

(4) 对激励方式的要求。弹丸撞击(任何激励)Hopkinson 杆端面的过程是,弹丸打击接触杆端面开始的撞击使杆中产生前向应力波,同时弹丸内产生后向应力波,以弹丸中声速向后传播,当弹丸后向应力波达到弹丸后端面时,发生前向反射,同时推动弹丸离开 Hopkinson 杆端面,此时 Hopkinson 杆中的前向应力波结束,Hopkinson 杆中应力波的宽度由弹丸的长度和声速决定,如式(3-18)所示。式中 τ 是 Hopkinson 杆中应力波的宽度,l_{extor}是激励体(指直接贴近 Hopkinson 杆端面的部件,在图 3-45 中是铝块)的长度,c 是激励体中的声速。

$$\tau = \frac{l_{extor}}{c} \tag{3-18}$$

对用于准静态校准的 Hopkinson 杆，要求杆中应力波的脉宽尽可能宽，图 3-45 中示出用于准静态校准的激励结构，一次校准实验发生弹丸激励铝块和铝块激励 Hopkinson 杆两个激励过程，弹丸设计成某种尖头形式及足够长度，在铝块中产生前沿尽可能宽、总脉宽宽的应力波，铝块中应力波前向传递到铝块与 Hopkinson 杆的接触面在 Hopkinson 杆中产生前向应力波，同时在铝块中向后反射，到达铝块后端面时铝块弹离 Hopkinson 杆，Hopkinson 杆中前向应力波结束。

对用于动态校准（准 δ 校准）的 Hopkinson 杆，要求杆中应力波尽可能窄，前沿尽可能陡峭（可产生大激励加速度），脉冲前沿尽可能短，以获得对被校体的窄的激励脉冲。一般不用铝块，按式（3-18）用短的弹丸直接撞击 Hopkinson 杆端面。作者曾用瞬发电雷管通过薄隔垫激励 Hopkinson 杆，产生短的激励脉冲，如图 3-46 所示。

（a）

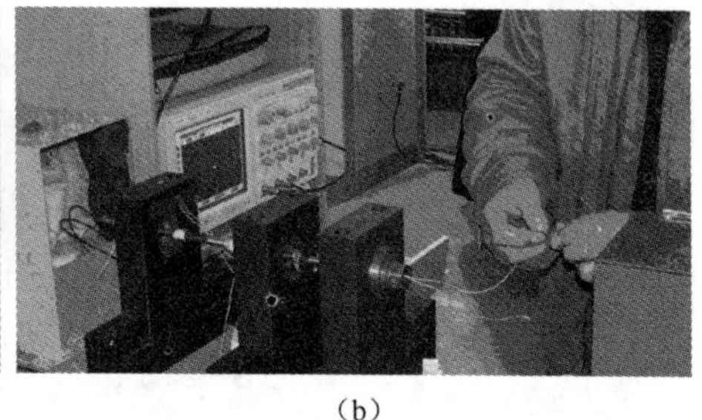
（b）

图 3-46　用瞬发电雷管激励 Hopkinson 杆
（a）正在接雷管起爆线；（b）准备起爆。

为实现准 δ 校准，需要由高频响应 1MHz 及以上的电荷放大器（对压电晶体传感器），目前市场上还没有产品，笔者的科研团队正在研制这种电荷放大器。

3.4　环境因子校准

1. 第一类环境因子

图 0-1 表述在动态测试中有两类环境因子作用到测试系统上，第一类环境因子影响测试系统对输入信号的响应特性，而影响测试系统对输入信号的响应输出，这类环境因子如放入式电子测压器受到的不同保温温度及短时间高温热冲击环境的作用。张志杰在博士学位论文[11]中首次在仪器科学与技术中提出“环境因子”的概念，探讨了环境因子对动态测试的作用，并做了高压传感器不同温度下的灵敏度系数的实验研究。笔者提出的放入式电子测压器应用环境下的准静态校准方法（模拟膛压发生器准静态校准方法）及技术就是全面地针

对放入式电子测压器受到的第一类环境因子的作用，得到了每一个放入式电子测压器在军标规定的三种保温条件、在与火炮实射相当的高压、短时甚高温热冲击条件下的灵敏度函数，实现了第一类环境因子校准。本 3-2 节图 3-36 所示为高速撞击过程测试系统所受高加速度环境因子作用的校准过程，也属第一类环境因子校准。

2. 第二类环境因子

这个问题在火炮弹丸在内弹道阶段受到的弹底压力测试中表现非常突出，弹丸在受到弹底高压的推动下产生相应的高加速度（小口径弹丸可达到 50000g），这么大的加速度作用到装在弹丸上的压力传感器上，其垂链膜片必然会对压电晶体产生可观的除高压作用外的附加加速度效应，一起混在输出信号中。一般传感器厂家都给出压力传感器在没有受到压力作用下的压力传感器对加速度的灵敏度系数，但是在火炮膛内环境这样大压力作用下传感器对加速度作用的响应还是不是用没有加压条件下的灵敏度系数能够表征的？张志杰博士（教授）采用在 250MPa 油压标定机上通过长高压油管连接到安装在锤击试验机上的传感器使其受到高压的作用，在这个条件下用锤击产生 10000g 以上的冲击加速度，用标准传感器同时监测锤击加速度，得到 Kistler6215 传感器在受到高压作用下的加速度灵敏度系数，比厂家给出的加速度灵敏度系数小[12]。此后，作者的科研团队又研制一种压力球式高压传感器在受到高压下加速度灵敏度系数校准装置（图 3-47），并得到发明专利，在高压油压标定机（1000MPa）上通过一种特殊装置将压力球中的氮气加压到不同等级的压力，然后在 Hopkinson 杆上校准其加速度灵敏度。建立压力/加速度—传感器/加速度灵敏度二维函数，对准确的弹底压力测试是非常重要的。

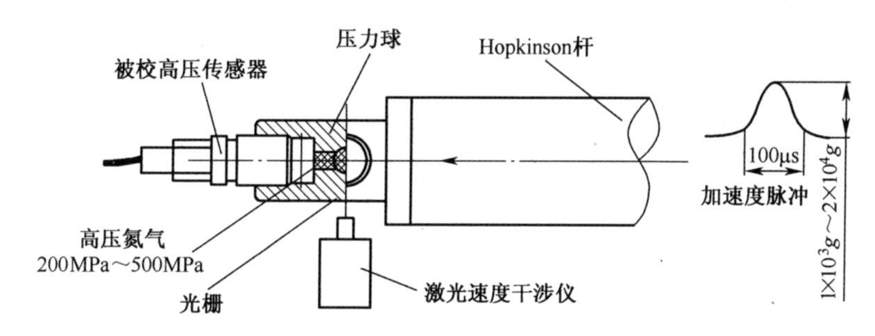

图 3-47　高压传感器加速度灵敏度加压态（压力球）校准示意图

在其他动态测试过程中，第二类环境因子的作用不如弹底压力测试过程高加速度作用那么明显。

根据本书第 5 章 5.7.3 节的分析，对于采用 Kistler6215 类传感器测试弹底压力的情况，加速度效应对弹底压力的影响在 3‰左右，可以不考虑弹底压力实测值的加速度效应影响。

参考文献

[1] 黄俊钦.测试系统动力学[M].北京:国防工业出版社,1996.

[2] 朱明武,李永新,卜雄洙. 测试信号分析与处理[M].北京:北京航空航天大学出版社,2006.

[3] Zu Jing, Zhang Zhijie, Pei Dongxing, et al.New concept dynamic testing and calibration techniques[C]. MSC (Measurement Science Conference):National Institute of Standard and Technology(美国国家标准局主办),2006.

[4] Zu Jing, Lin Zusen, Zhang Hongyan.Quasi-δ calibration of dynamic characteristic of high pressure transducer[C]. MSC (Measurement Science Conference):National Institute of Standard and Technology(美国国家标准局主办),2007.

[5] 张瑜. 身管武器膛压测试关键技术研究[D].太原:中北大学,2013.

[6] 范锦彪. 高 g 值加速度参量的溯源性校准及高冲击测试技术研究[D].太原:中北大学,2010.

[7] Pan Deheng, Lu Hongnian. An automatic dynamic response calibration system for high-pressure transducers [C]. IEEE Instrumentation and Measurement Technology Conference IMTC/88 Proceeding, 1988.

[8] 梁治国,李新良.用激光速度干涉仪对加速度传感器行溯源性校准[J].测试技术学报,2004,18(2):1671-7440.

[9] 杜红棉.空中爆炸冲击波测试技术研究[D].太原:中北大学,2011.

[10] B.C.别利维茨(前苏联).冲击加速度测试[M].董祥全译.北京:新时代出版社,1982.

[11] 张志杰.单次性动态测试的不确定度研究[D].北京:北京理工大学,1998.

[12] Zu Jing, Lin Zusen, Fan Jingbiao, et al.Study on calibration technique of high-impact sensors[C].MSC (Measurement Science Conference):National Institute of Standard and Technology(美国国家标准局主办),2008.

[13] 徐鹏.高 g 值冲击测试及弹载存储测试装置本征特性研究[D].太原:中北大学,2006.

[14] JJG 624-2005.动态压力传感器检定规程[S].

[15] X.A.拉赫马杜林(前苏联).激波管(上、中)[M].魏忠磊,等译.北京:国防工业出版社,1966.

第 4 章　高冲击条件下测试装置的存活性研究

弹体高速侵彻硬目标过程中，弹载测试装置承受了高 g 值加速度冲击作用，这经常导致其不能正常工作，例如芯片功能失效、导线断裂、焊点脱开、机械结构破坏等。本章以弹载存储测试系统为例，展开其抗高过载本征特性研究。通过内部加固设计和环境应力筛选，可以提高弹载测试装置的抗高 g 值加速度极限值（脆值）和可靠性，但不可能无限提高，必须利用被动冲击隔离技术，降低弹体传递到电子仪器上的冲击加速度，从而提高其在恶劣条件下的存活性。本章以弹载存储测试装置的电路模块为例，讨论其高 g 值冲击缓冲技术[1]。

4.1　冲击载荷作用下弹体内应力和加速度分布规律分析

当弹体冲击目标时，相当于在弹体前端施加了一个突加力。因为加载速率很快，在弹体中将产生弹塑性应力波的传播，从而引起弹体中每一点的应力、位移、速度、加速度发生突变。对杆式侵地武器，弹体的长径比约为 10 倍或更高，如美军的 GBU-28 钻地弹，弹长 5.84m，弹体外径 370mm。又因为在弹体的发射和穿靶过程中，主要受轴向冲击载荷，所以将弹简化为一等直杆，为了简化分析不考虑塑性应力波，于是问题的研究归结为一维弹性应力波的传播问题。对于其长度至少 10 倍于它的直径细长杆，当传播脉冲的波长至少比杆的横截面直径大 6~10 倍时可以忽略横向惯性，以轴向位移 u 为未知函数表示的波动方程为[2]

$$\frac{\partial^2 u}{\partial t^2} - c_0^2 \frac{\partial^2 u}{\partial X^2} = 0 \tag{4-1}$$

式中：$c_0 = \sqrt{E/\rho}$ 为一维线弹性应力波的波速，对钢 $c_0 = 5190\text{m/s}$。

在高 g 值冲击作用下，弹体中应力波、速度、加速度分布规律的研究归结为求解上述一维波动方程的初、边值问题，为了从理论上分析在全弹道过程中，弹体中应力、速度、加速度分布规律，可以将弹体简化为一个等截面直杆，并分以下两类情况进行讨论：在膛内运动过程中，弹体仅受到炮管的侧向限制，可将弹体简化为两端自由杆，膛压简化为半正弦脉冲载荷（图 4-1）；侵彻过程可初步简化为两端自由杆以速度 v_0 撞击刚性靶板（图 4-2），进一步可将侵彻过程中靶对弹体的约束简化为弹簧约束(图 4-3),以更接近实际情况。下面首先讨论第一种情况(图 4-1)。

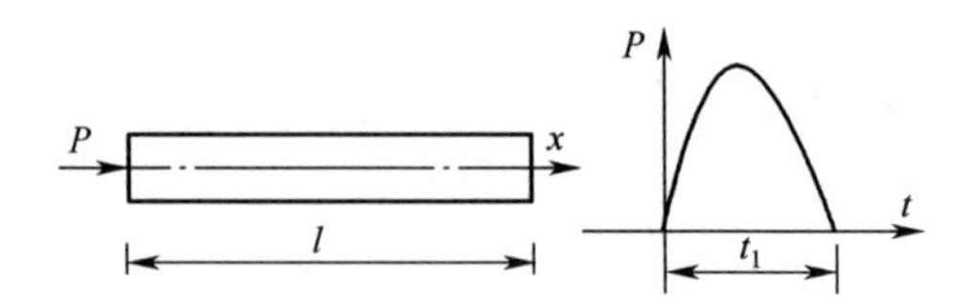

图 4-1 弹体膛内发射模型

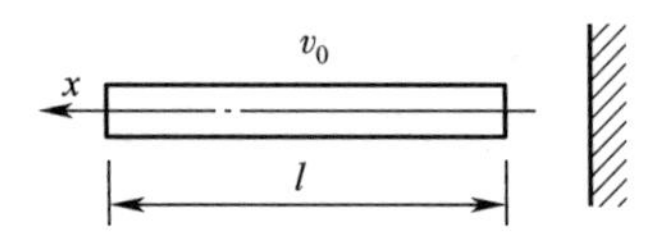

图 4-2 弹体撞击刚性靶模型

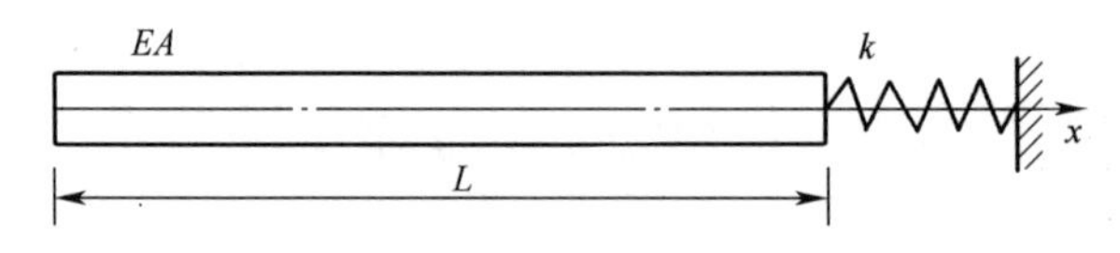

图 4-3 弹体撞击弹性靶模型

1. 半正弦载荷作用下弹体模型中加速度分布规律

将弹体等效为一个两端自由的等截面钢制直杆(图 4-1,可采用质量和频率等效的方法),设杆长 $l=0.5\text{m}$,直径 $d=0.04\text{m}$,将膛压简化为作用直杆一端的一半正弦脉冲载荷,即

$$P(t)=\begin{cases}P_0\sin\dfrac{\pi t}{t_1}, & 0\leqslant t\leqslant t_1\\ 0, & t>t_1\end{cases}\tag{4-2}$$

因为模拟弹体的长细比为 0.5/0.04=12.5 大于 10,在弹体将存在一维线弹性应力波,几何弥散可以忽略。

因为杆的两端自由,所以边界条件为

$$\begin{cases}EA\left.\dfrac{\partial u}{\partial X}\right|_{X=0}=\begin{cases}-P_0\sin\dfrac{\pi t}{t_1}, & 0\leqslant t\leqslant t_1\\ 0, & t>0\end{cases}\\ \left.\dfrac{\partial u}{\partial X}\right|_{X=l}=0\end{cases}\tag{4-3}$$

假设杆初始时刻处于静止状态,所以初始条件为

$$\begin{cases} u|_{t=0} = 0 \\ \left.\dfrac{\partial u}{\partial t}\right|_{t=0} = 0 \end{cases} \tag{4-4}$$

采用振型叠加法求解过程，得到位移、加速度、应力的解答为

$$u = \frac{a_c}{\omega}t - \frac{a_c}{\omega^2}\sin\omega t + \sum_{i=1}^{\infty}\frac{2a_c}{p_i^2 - \omega^2}(\sin\omega t - \frac{\omega}{p_i}\sin p_i t)\cos\frac{i\pi x}{l} \tag{4-5}$$

$$a = a_c\sin\omega t - \sum_{i=1}^{\infty}\frac{2a_c\omega}{p_i^2 - \omega^2}(\omega\sin\omega t - p_i\sin p_i t)\cos\frac{i\pi x}{l} \tag{4-6}$$

$$\sigma = -\sum_{i=1}^{\infty}\frac{2\sigma_0 c_0}{l(p_i^2 - \omega^2)}\left(\sin\omega t - \frac{\omega}{p_i}\sin p_i t\right)\sin\frac{i\pi x}{l} \tag{4-7}$$

将 $x = l/2$ 代入(4-6)，可得杆的中点加速度表达式为

$$a|_{x=\frac{l}{2}} = a_c\sin\omega t - \sum_{i=1}^{\infty}\frac{2a_c\omega}{p_i^2 = \omega^2}(\omega\sin\omega t - p_i\sin p_i t)\cos\frac{i\pi}{2}, 0 \leqslant t \leqslant t_1 \tag{4-8}$$

式中：$\omega = \dfrac{\pi}{t_1}$；$a_c = \dfrac{P_0}{lA\rho}$；$\sigma_0 = \dfrac{P_0}{A}$。

式(4-8)表明，即使在杆的中点，其加速度与将杆视为刚体由牛顿第二定律而求得的 a_c 也是不同的。事实上，当物体内有应力波传播时，质心的加速度并不等于根据牛顿第二定律计算得到的数值。从式(4-6)可知，弹体受冲击载荷作用时，弹体内各点的加速度是不同的，任意一点的加速度等于刚体运动加速度与相对质心运动加速度之和。式(4-6)右边第一项中的 $a_c\sin\omega t$ 可理解为质心的加速度，其余项可理解为某一点相对质心运动加速度之和，所谓的刚体运动加速度(或称为整体加速度)可以认为是杆上各点加速度的平均值，并非根据牛顿第二定律得到的质心加速度。驻波法的这一结果揭示弹体受冲击载荷作用时应力、速度和加速度的频域特性，它们的各次谐波频率为弹体的自由振动频率，而且可以看出，谐波的频率越低贡献越大，前 10~15 阶谐波已能基本描述弹体内各点的应力、速度、加速度。

所以不同持续时间的载荷脉冲对加速度、应力响应波形产生强烈的影响。实际上载荷的作用时间越短，载荷上升时间越短，应力波前处应力梯度越大，因而能引起很高的加速度。

由以上分析可知，要得到测点处比较真实的加速度测试数据，加速度传感器和测试电路的频率特性指标确定原则如下：

选择加速度计时应结合不同的测试目的和弹体的频率范围综合考虑，测试前通过有限元软件进行模态分析，得到被测弹体模态的前几阶频率，并检查它

是否落在加速度计幅频曲线的工作频带(曲线的平直段)内。

(1) 若需要测试弹体侵彻混凝土靶的刚体加速度,可以选择的加速度计范围较宽,压电晶体、压电薄膜式(PVF2)或压阻式加速度计均可,因为高量程加速度计的谐振频率最低也在 10kHz 左右(如压电薄膜式),而钻地弹体的基频最高也在 10kHz 以下,不会引起加速度计共振,只需对实测信号以弹体基频滤波即可。

(2) 若要考核引信的动态特性,或弹载电子仪器的存活性,应选用谐振频率高的加速度计,其幅频曲线的工作频带应能覆盖弹体的前十阶频率,如压阻式(Endevco 7270 系列)、谐振频率高的压电式(B&K 的 8309)加速度计,以反映高频成分的影响。

2. 刚性靶模型

忽略靶板的变形。设钢制弹体以初速冲击刚性靶(图 4-2),波动方程如式(4-1),边界条件为

$$u\big|_{x=0}=0 \qquad \left.\frac{\partial u}{\partial x}\right|_{x=l}=0 \tag{4-9}$$

初始条件为

$$u\big|_{t=0}=0 \qquad \left.\frac{\partial u}{\partial x}\right|_{t=0}=-v_0 \tag{4-10}$$

该波动方程初、边值问题的解为

$$u=\frac{8v_0 l}{\pi^2 c_0}\sum_{i=1,3,5,\cdots}^{\infty}\frac{1}{i^2}\sin\frac{i\pi x}{2l}\sin p_i t \tag{4-11}$$

$$\sigma=-\frac{4Ev_0}{\pi c_0}\sum_{i=1,3,5,\cdots}^{\infty}\frac{1}{i}\cos\frac{i\pi x}{2l}\sin p_i t \tag{4-12}$$

在弹体将产生线弹性应力波,杆中任一点的加速度为

$$a=\frac{\partial^2 u}{\partial t^2}=-\frac{8v_0 l}{\pi^2 c_0}\sum_{i=1,3,5,\cdots}^{\infty}\frac{p_i^2}{i^2}\sin\frac{i\pi x}{2l}\sin p_i t \tag{4-13}$$

杆中点的加速度为

$$\begin{aligned} a\big|_{x=\frac{l}{2}} &=-\frac{8v_0 l}{\pi^2 c_0}\sum_{i=1,3,5,\cdots}^{\infty}\frac{p_i^2}{i^2}\sin\frac{i\pi}{4}\sin p_i t \\ &=-\frac{4\sqrt{2}v_0 c_0}{l}=(\sin p_1 t+\sin p_2 t-\sin p_3 t-\sin p_4 t+\cdots) \end{aligned} \tag{4-14}$$

刚性模型的缺点是:由于忽略了靶板的变形,杆端与靶板接触瞬时,杆撞击端速度立即变为零,这就使得加速度式(4-13)在波阵面上不收敛,给不出确定的加速度数值。另外,杆与靶板碰撞时间只有 $2l/c$,与弹体实际侵彻时间为几

毫秒相差甚远,所以刚性靶模型夸大了碰撞的剧烈程度。

3. 弹簧约束

实际上弹体侵彻靶板过程中,要受到来自靶板的轴向和径向的约束,初步分析时这种约束可以简化为线性弹簧,来代替靶板对弹体的约束。为了分析这种约束对弹体频率变化的影响,将弹体简化为一个一端自由,一端弹性支撑杆件(图 4-3),弹簧系数为 k,其中 $L=0.6\text{m}$。

边界条件为

$$①EA\frac{\partial u}{\partial x}\bigg|_{x=0}=0 \quad ; \quad ②EA\frac{\partial u}{\partial x}\bigg|_{x=l}=-ku\big|_{x=l}。$$

$$u=X(x)\cos(pt+\alpha) \qquad X_i=C\cos\frac{p_i x}{c_0}+D\sin\frac{p_i x}{c_0}$$

由边界条件①,得 $D=0$,所以

$$X_i=C\cos\frac{p_i x}{c_0}$$

由边界条件②,得

$$\frac{p_i l}{c_0}\sin\frac{p_i l}{c_0}=k\Big/\frac{EA}{L}\cos\frac{p_i l}{c_0} \tag{4-15}$$

求解式(4-15),得到前各阶频率,分析计算结果可知,当弹簧的系数 k 改变时,杆的频率也发生改变。

$k\Big/\frac{EI}{l}=0$ 为两端自由杆;$k\Big/\frac{EI}{l}=\infty$ 为一端固定,另一端自由杆,但实际上 $k\Big/\frac{EI}{l}>20$ 可近似看作一端固定,另一端自由杆,误差为 5%;总之,一端加了弹簧,杆的振形比自由杆多了一阶,加弹簧杆的第一阶频率要比自由杆的第一阶频率(除刚体振型外)小,并且减小的程度与弹簧的系数 k 相关。当 $k\Big/\frac{EI}{l}$ 不是很大时,一端自由,另一端弹性支撑杆的基本振型无节点,接近刚体运动振型。

4.2 高 g 值实测加速度信号的信息组成分析

采用弹载存储测试装置测量弹体的加速度—时间信号时,目前国内外通常采用整体安装方式。在某型号钻地弹侵彻混凝土靶加速度测试中,将加速度计、记录电路、电池做成一个整体装置(图 4-4),用尾翼螺纹的预紧力通过调整垫片、铝压筒将装置压紧在弹体内腔的前端面(图 4-5),或用螺纹与弹体连接。

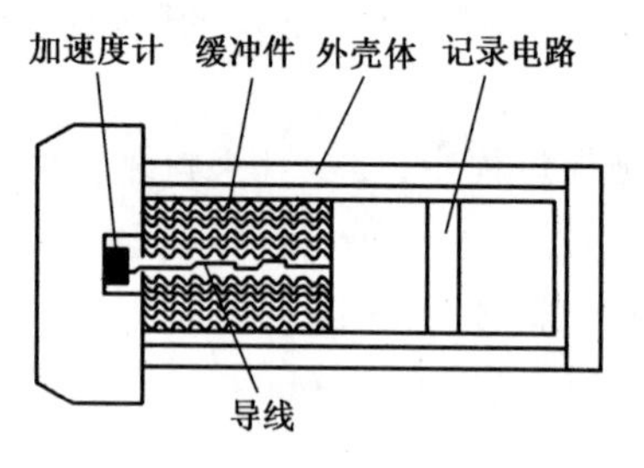

图 4-4　加速度测试仪结构示意图

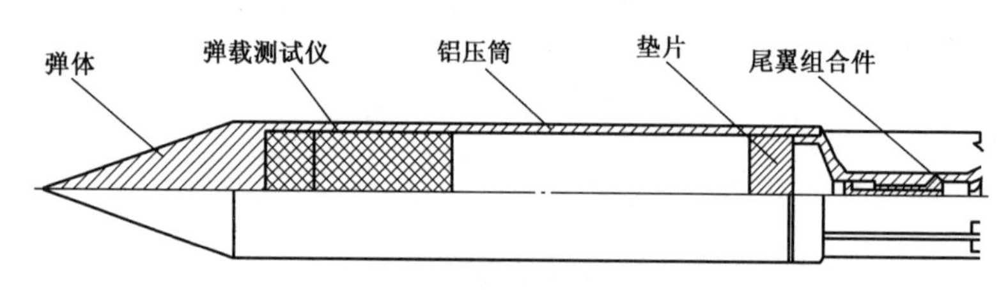

图 4-5　加速度测试仪安装图

1. 应力波对实测加速度信号的影响分析

由于弹体内腔的前端面加工较粗糙,另外为了使加速度计与弹体之间绝缘,在加速度计与安装座间通常要加绝缘纸垫,所以当应力波从弹头传播到弹体与测试装置的接触面,以及加速度计安装座时,大部分应力波被反射,所以加速度计基本不受应力波的影响。

2. 测试装置基础运动对实测加速度信号的影响分析

图 4-5 的加速度计安装方式可以简化为图 4-6 模型,它可视为一个基础激励单自由度二阶系统。设加速度计的激励信号为基础运动 $u = u_0 \sin \omega t$,基础加速度

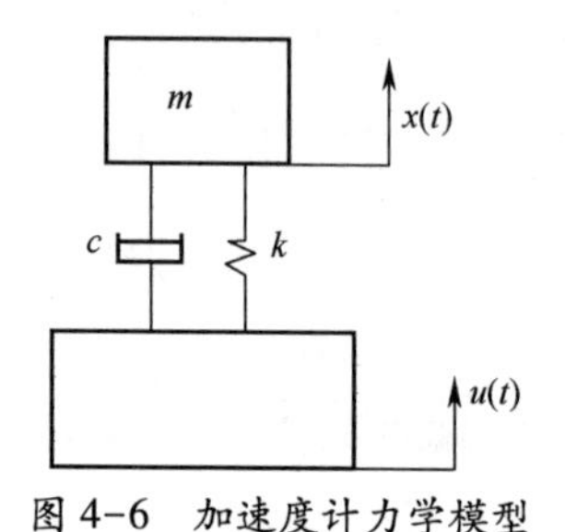

图 4-6　加速度计力学模型

$$a_f(t) = -u_0 \omega^2 \sin\omega t$$

其相对基础的运动方程为

$$m\ddot{x} + c\dot{x} + kx = -ma_f(t) \tag{4-16}$$

整理,得

$$\ddot{x} + 2\zeta\omega_n\dot{x} + \omega_n^2 x = u_0\omega^2\sin\omega t \tag{4-17}$$

若忽略阻尼，则式(4-17)为

$$\ddot{x} + \omega_n^2 x = -a_f(t) \tag{4-18}$$

对杜哈梅积分逐次应用分部积分，可把相对位移表示成关于 $1/\omega$ 的幂级数，因加速度传感器的自振频率很高，取其前三项为

$$x(t) = -\frac{1}{\omega_n^2}\left[a_f(t) - a_f(0)\cos\omega_n t - \frac{1}{\omega_n}\dot{a}_f(0)\sin\omega_n t\right] \tag{4-19}$$

因为

$$-\frac{ma_f(t)}{k} = -\frac{a_f(t)}{k/m} = -\frac{a_f(t)}{\omega_n^2}$$

式(4-19)右边第一项为加速度计对惯性力 $-ma_f(t)$ 静力响应，其余各项为加速度计对惯性力 $-ma_f(t)$ 的动力响应，它是以 ω 为频率的高频信号。式(4-19)中的后两项在加速度实测信号中反映出弹体和安装结构的高频振动的影响。

在钻地弹侵彻混凝土靶实验中，需要测试的是弹体的刚体加速度即 $a_f(t)$，则要从实测加速度信号中提取该信号。通常是先采用对悬挂弹体用力锤激励，测试弹体的基频和二阶频率，这种方法只能得到前几阶低频；或采用有限元软件计算机模拟的方法，对弹体进行模态分析，这种方法从理论上可以得到任意高次的振型和频率，再结合实测加速度信号的频谱图（图 4-7），在基频附近频谱图通常出现峰值，因为基频对应的振型为弹体的轴向振动，所以将该峰值对应的频率作为加速度信号的滤波截止频率（在图 4-7 中为 3kHz）。

3. 测试装置安装结构刚度对实测加速度信号的影响

下面结合图 4-5 测试装置安装结构，分析铝压筒和加速度计安装座的刚度对实测加速度信号的影响。

(1) 当弹体在炮膛内加速向前运动时，测试装置因惯性向后运动压缩铝筒，铝压筒的刚度将影响膛内加速度信号，甚至导致测试失败。图 4-8 中曲线出现剧烈振荡。计算机模拟可知铝压筒的固有频率为 1.6kHz，而图 4-9 中在 1.5kHz

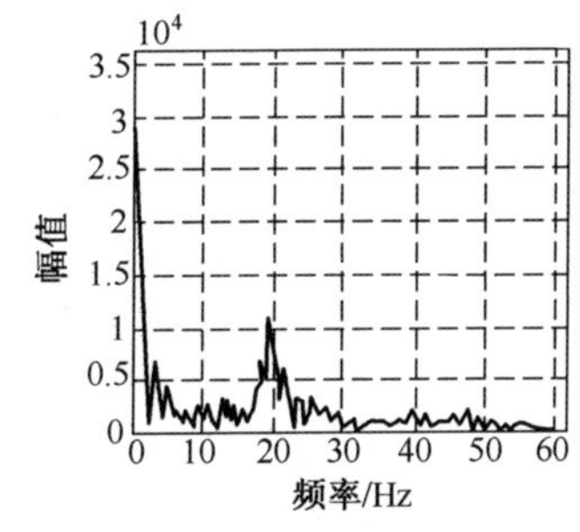

图 4-7　加速度信号频谱图

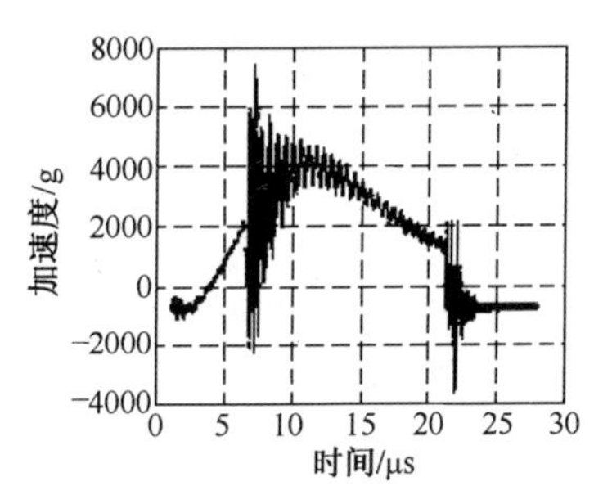

图 4-8　膛内加速度曲线

左右出现一个尖峰,即膛内加速度信号中包含铝压筒刚度的影响。按 1.5kHz 滤波,可得到弹体在膛内运动时的刚体加速度(图 4-10)。

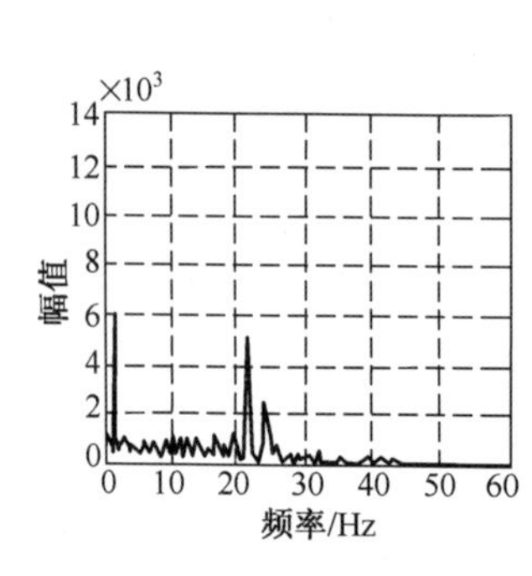

图 4-9 膛内加速度频谱

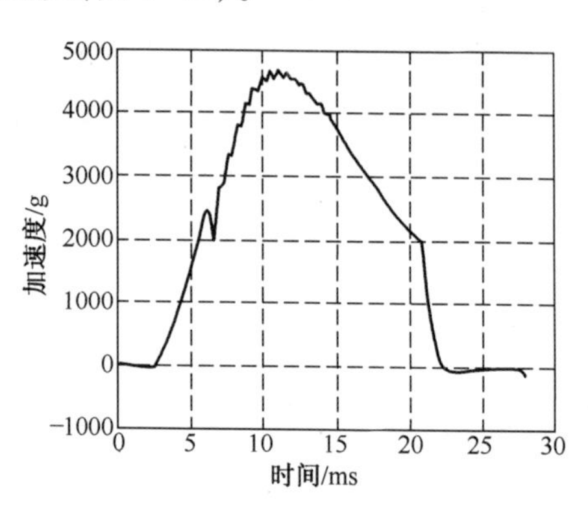

图 4-10 弹体在膛内的刚体加速度

(2) 当弹体侵彻靶板时,测试装置相对弹体有向前运动的趋势,加速度计安装座压紧弹体,因为安装座的本身的刚度大,而加速度计是通过钢螺栓安装在基座上,所以此时整体安装刚度大,可以认为加速度的信号是对弹体内腔前端安装面的响应。

总之,高 g 值加速度的实测输出信号的信息组成包括以下成分。

① 弹体的质心加速度,其波形与弹丸所受的冲击力信号相同,它是经常需要了解的主要成分。

② 被测点(面)相对弹丸质心的振动加速度,在测试曲线上表现为明显的上下剧烈振荡。这个成分也是高 g 值加速度的主要成分之一,其频率较质心加速度的频率高,幅值往往很大,是对引信、弹载电子仪器的主要作用因素,可能造成引信的误动作或导致弹载电子装置的失效。该加速度值有时很大,但不应该认为是弹体的刚体加速度。

③ 应力波在弹体中的传播,其波前的应力将影响加速度传感器的敏感元件,导致其失效。通过在加速度计安装座下加绝缘纸,既可使加速度计与弹体绝缘,又可大幅减轻应力波影响。

④ 安装结构刚度、安装方式对加速度信号的影响。在具体安装时,加速度计应采用刚性连接,同时应提高测试装置的安装刚度。

根据前面章节的分析,加速度计的输出信号是其对安装点(面)加速度激励的响应。所以,不同的安装方式,对加速度计的输出信号有很大影响。下面对国内外已采用或可能的安装方式进行讨论。

(1) 将加速度计通过钢螺栓直接安装在弹体上。这种安装刚度最大,频响特性最好,但无论安装在弹体内空腔的前端还是尾翼盖上,传感器数据线与记录电路的连接都难以实现,所以目前国内外都采用类似于图 4-4 的结构。

(2) 将电路模块与加速度计安装成一个整体(简称整体),或将加速度计直接灌封在电路模块中,然后再对这一整体进行缓冲保护,目的是减短连接到电路模块上的加速度计数据线的长度,提高数据线的抗高冲击能力。这种安装方式可简化为图 4-11。

在侵彻过程中,整体相对弹体以相对加速度 a_r 向前运动,加速度计感知的绝对加速度为 $a_0 = a + a_r$,实际上并不是弹体的加速度。

若从冲击响应的角度考虑,这个问题可简化为一个基础激励的二阶系统(图 4-12),整体的运动方程为

$$m\ddot{y} + c\dot{y} + ky = - m\ddot{x} \tag{4-20}$$

令

$$a = \ddot{x}/\ddot{x}_{\max} \qquad \tau = t/T \qquad \delta = - ky/m \cdot \ddot{x}_{\max} \qquad R = 2\pi\sqrt{m/k}/T$$

式中:$\ddot{x}_{\max}$ 为弹体加速度最大值;$\ddot{x}$ 为弹体加速度瞬时值;T 为弹体加速度脉冲持续时间。

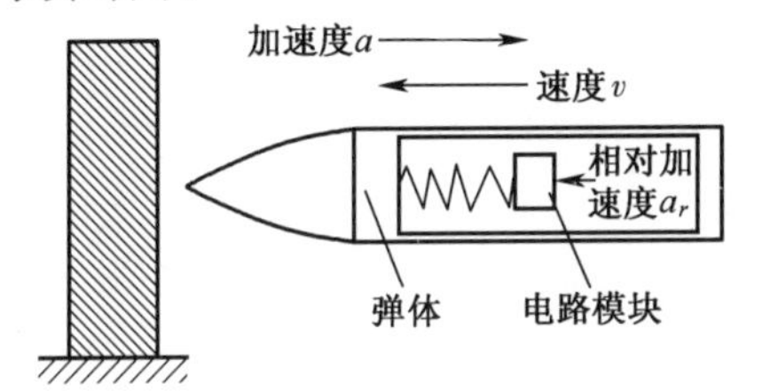

图 4-11 整体安装的力学模型

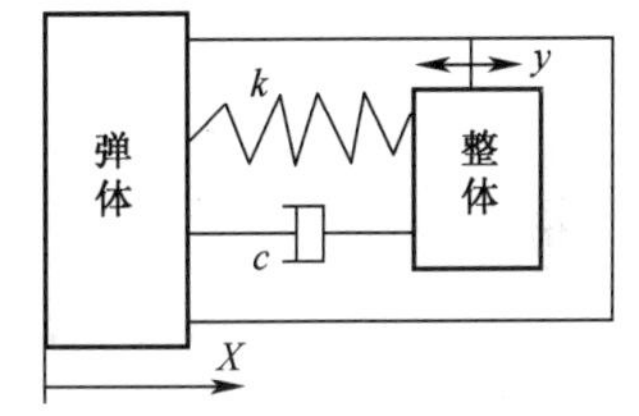

图 4-12 基础激励的二阶系统

对上式进行无量纲化,得到

$$\left(\frac{R}{2\pi}\right)^2 \frac{\mathrm{d}^2\delta}{\mathrm{d}\tau^2} + \frac{R\xi}{\pi}\frac{\mathrm{d}\delta}{\mathrm{d}\tau} + \delta = a \tag{4-21}$$

上式为相对于无量纲输入 a 的无量纲响应 δ

从(4-22)可知,当 R 很小时,方程的前两项可以忽略,于是 $\delta = a$;当 R 变大时,前两项发生影响,第一项引起在 a 值上下的振荡,第二项引起时间滞后。这将使弹体加速度波形发生变化,由该加速度信号积分得到的着靶速度、侵彻深度与实测值之间的误差也随之加大。

4.3 高 g 值冲击下弹载测试电路系统的环境应力考核

4.3.1 弹载存储加速度测试电路常用芯片破坏性物理剖析

为了验证元器件的设计、结构、材料和制造质量是否满足预定用途或有关

规范的要求，对元器件按标准进行试验，对试验后的样品进行解剖，以及解剖前后进行一系列检验和分析的全过程，称为破坏性物理分析（Destructive Physical Analysis，DPA），它变"事后把关"为"事前预防"，使产品的质量和可靠性大大提高。在国军标GJB548A—96（微电子器件试验方法和程序）提供的试验方法2002A中，使用冲击试验机，产生的机械冲击加速度的幅值为30000g，脉冲宽度为0.12ms，这与弹体高速侵彻硬目标时，弹载存储加速度测试电路所承受最高可达$1\times10^5 g$的冲击环境还有很大差距。所以，需要采用模拟高g值冲击实验对它们进行破坏性物理分析，以确定它们在高g值冲击下的失效模式和失效机理。为此我们进行了三个层面的本征特性研究：裸硅片、常用芯片和电路模块。

采用Hopkinson杆（图4-13）加载技术，对裸硅片、不同冲击方向的两种晶振（在灌封和未灌封状态）和扩展型可编程逻辑器件CPLD进行不同冲击方向（平行和垂直与冲击方向）的抗高g值冲击性能研究。

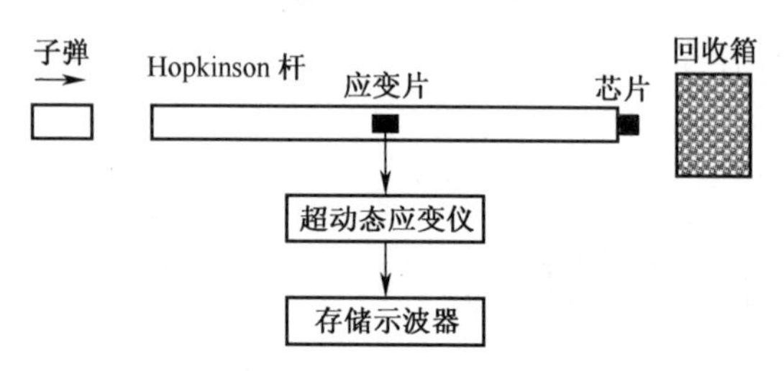

图4-13　芯片抗高冲击实验原理图

1. 裸硅片的抗高冲击本征特性

在杆中央对称布置的应变片，可以测得此应变脉冲。当应变脉冲传至Hopkinson杆与被测微晶振的界面时，晶振的质量可以忽略，根据一维应力波理论可以得出该界面质点速度为

$$v_1(t) = 2c\varepsilon(t) \tag{4-22}$$

式中：c为杆的波速；$\varepsilon(t)$为应变片的信号。

由于被考核的晶振与Hopkinson杆尾部紧密相贴，且质量很小，所以晶振的速度应与Hopkinson杆尾部界面质点速度相等，晶振的加速度为

$$a_1(t) = 2c\frac{\mathrm{d}\varepsilon(t)}{\mathrm{d}t} \tag{4-23}$$

一部分透射到晶振的压应力波反射形成拉应力波，使黄油处断开，晶振飞出至装有软塑料泡沫的纸箱。采用平均应变率来计算晶振的加速度，由式(4-23)可得

$$a = 2c\frac{\Delta\varepsilon}{\Delta t} \tag{4-24}$$

为了确定应变片的电压信号和应变之间的对应关系，首先要对超动态应变仪进行校准。记校准阶跃高度为 X，对应的应变为 X_g。在冲击实验时，如果应变片经超动态应变仪放大后的输出信号为 $U_g(t)$，那么对应的应变为

$$\varepsilon(t) = \frac{X_g U_g(t)}{X} \tag{4-25}$$

所以有

$$a = 2c\frac{X_g}{X}\frac{\Delta U_g}{\Delta t} \tag{4-26}$$

取 ΔU_g 和 Δt 分别为应变电压信号的峰值和应变脉宽的 1/2，根据式(4-27)就可以估计出晶振受到的加速度。取 $c = 5190\text{m/s}$，就可以估算出晶振受到的峰值加速度。由于这种方法是取应变上升阶段的平均应变率来估算最大应变率(在上升前沿)，平均应变率小于最大应变率，因此该法估计出的加速度值偏小。另外可以认为，由平均应变代替应变率来计算加速度，相当于将应变波形近似处理为三角形波，脉宽过大时将加大计算值和实验真值误差。所以，在实验时使用长度较短的子弹，以产生脉冲宽度较窄的应变波。

采用图 4-14 的基座，将裸硅片用环氧树脂胶粘在一个钢制圆柱的侧面(加工了一个平面)，和圆柱体的一端面。将钢制圆柱用工业黄油吸附在 Hopkinsun 杆的尾部，由于油脂层很薄，压缩应力波几乎无损失地从输入杆进入圆柱，在圆柱的自由端反射后变为拉伸波，而油脂不能承受拉应力，则沿冲击方向飞入回收箱。文献研究表明，当圆柱较短时，可以认为是刚体，即侧面和端面上的裸硅片将承受相同的加速度。

利用 Hopkinson 杆对图 4-14 所示的圆柱，每个进行三次不同加速度幅值的冲击，最大加速度为 $2.2\times10^5 g \sim 2.5\times10^5 g$，总的裸硅片样本数为 12 个。采用 Hitachi 公司的 S-530 扫描电子显微镜(SEM)，获得了冲击前后裸硅片的表面形貌照片图 4-15。

(a)

(b)

图 4-14　裸硅片的不同冲击方向图

比较图 4-15(a)~(d)可以看出，在 200000g 以上的冲击加速度作用下，圆柱上与冲击方向平行的四个侧面上裸硅片完好无损；比较图 4-15(a)、(b)、(e)、(f)可以看出在与冲击方向垂直的圆柱顶面上，一个裸硅片损坏较严重，局部出现裂纹，另一个圆柱顶面上的裸硅片完好。

结合上述实验现象，可得到如下结论：裸硅片布置方向与冲击方向平行时，其抗冲击性能高于布置方向与冲击方向垂直时的抗冲击性能；在 2×10^5g 以下冲击加速度作用下，裸硅片不会发生损坏。

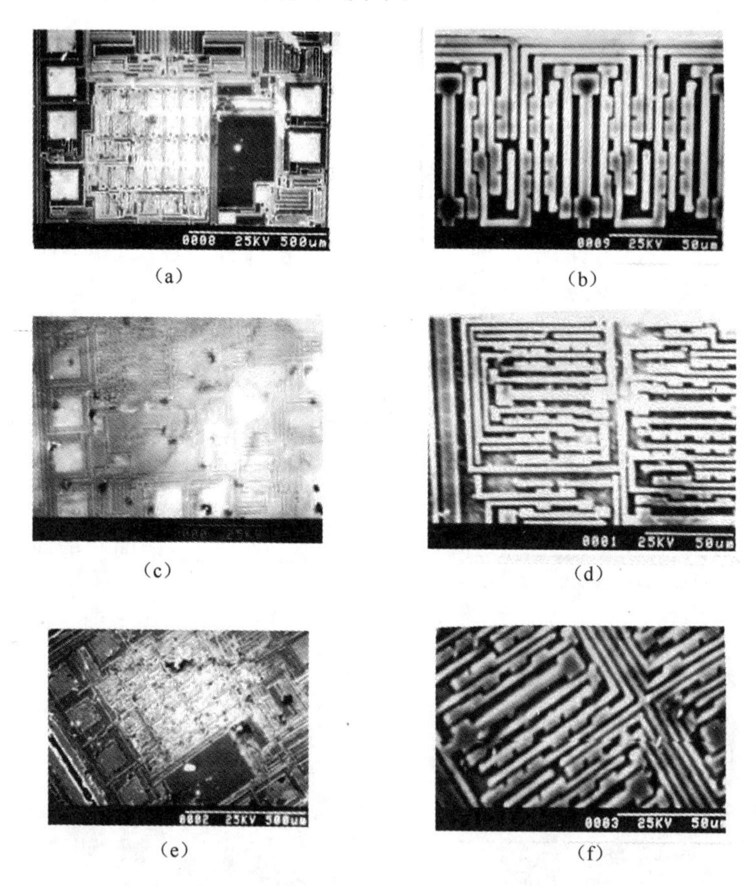

图 4-15 未冲击和冲击后裸硅片的表面形貌

(a)未冲击裸硅片(放大 100 倍)；(b)未冲击裸硅片(放大 800 倍)；
(c)侧面上裸硅片冲击后(放大 100 倍)；(d)侧面上裸硅片冲击后(放大 800 倍)；
(e)顶面上裸硅片冲击后(放大 100 倍)；(f)顶面上裸硅片冲击后(放大 800 倍)。

该实验研究了裸硅片的抗冲击本征特性，表明它可在 2 倍安全系数的条件下直接应用于 1×10^5g 的冲击环境下仍能正常工作。

2. 晶振(EXO3、KSS)的抗冲击本征特性

实验选用弹载存储测试电路常用的 EXO3-16M 晶振(封装形式 DIP8)和 KSS 晶振(封装 SMD8)。

实验前数据:

EXO3-16M 晶振正常工作时电流为:$I=3.00\sim3.20$mA,晶振输出频率为 16M 正弦波信号;

KSS 晶振(封装 SMD8)正常工作时电流为:$I=5.00$mA 左右,输出 20M 正弦波信号;

动态应变仪校准为:500mV 对应 2000 个微应变,应变仪触发电平 220mV;示波器 X 轴显示每一格 10μs,Y 轴显示每一格 500mV,采样频率为 25Ms/s。

实验前用示波器检测晶振在各个频率下的输出,如图 4-16 所示,表明晶振功能正常。然后将未灌封晶振背面用黄油粘在 Hopkinson 杆的端部(图 4-17),实验时先将子弹放在距枪管底部 1/2 管长处,施加较小的冲击加速度,进行两次冲击,每冲击一次用示波器检测晶振在各个频率下的输出是否正常,若正常则将子弹依次放置在距枪管底部 1/4 管长处和枪管底部,不断加大冲击加速度,直至示波器检测晶振输出不正常(曲线无周期性)为止。

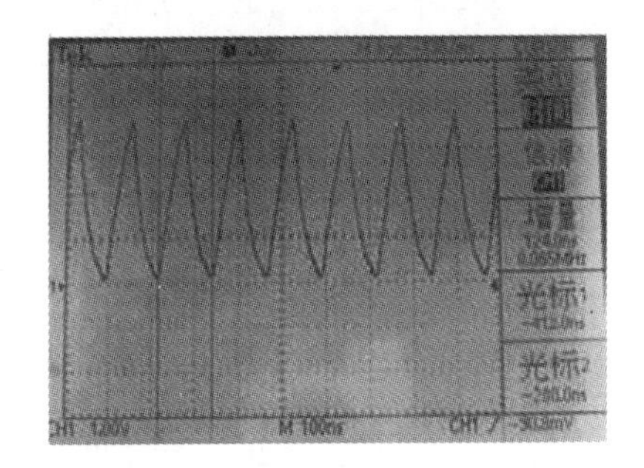

图 4-16 晶振正常工作输出

图 4-17 晶振安装图

为了研究灌封对集成电路的保护效果,将晶振焊接在电路板上,同时焊接上检测用导线,然后灌封在钢制壳体内(图 4-18),导线留在外面。其中晶振分别采取平行和垂直于冲击方向的方式放置,以比较不同冲击方向晶振能承受的极限加速度值,确定其失效模式和失效机理。实验时用黄油将壳体粘在 Hopkinson 杆的端部(图 4-19),同样采用冲击加速度由低向高加载,每冲击一次用示波器检查晶振的输出。

本次实验共对 10 个晶振进行了 20 次抗高冲击性能测试,共获得 18 组完整数据,有 2 组由于动态应变仪误触发的原因没有测得波形。实验过程中,对同一试样按照加速度值从低到高依次进行冲击,每次冲击完毕都对试样进行检测,直到被测晶振不能正常工作时停止。取 $c=5190$m/s,根据式(4-24)可以计算出晶振受到的加速度。所有结果列在表 4-1 中。其中,未用环氧树脂灌封的晶振为 2 个,用环氧树脂灌封的晶振为 8 个。

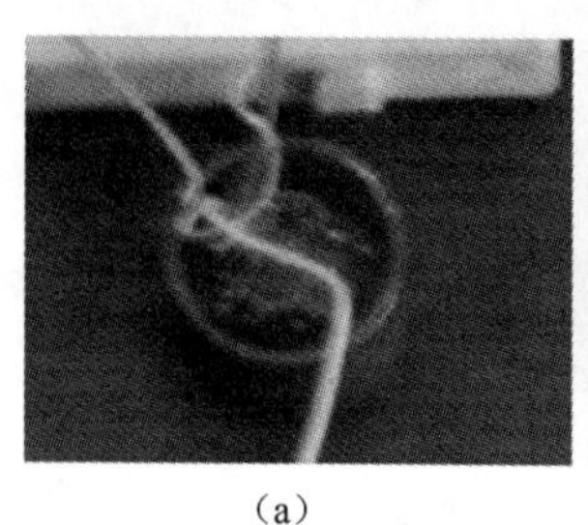
(a)

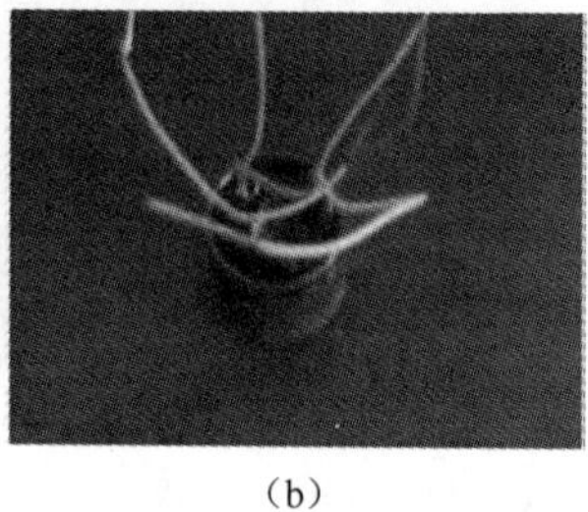
(b)

图 4-18 晶振灌封图
(a)垂直于冲击方向;(b)平行于冲击方向。

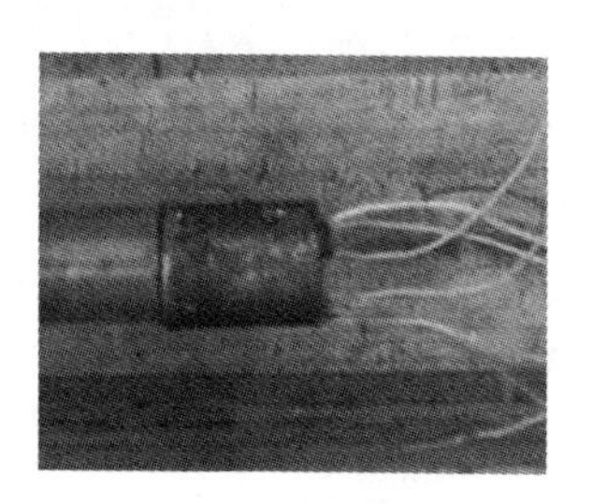

图 4-19 灌封后晶振安装图

表 4-1 晶振冲击实验结果统计

芯片试样序号	应变片信号	最大应变	脉宽	加速度	芯片损坏情况
	ΔU_g/mV	$\Delta\varepsilon/\mu\varepsilon$	$\Delta t/\mu s$	$\alpha/10^4 g_n$	
LJ-1#	440	1760	24.0	14.6	完好
LJ-1#	600	2400	25.0	19.2	工作不正常
LJ-2#	280	1120	28.0	8.0	完好
LJ-2#	695	2780	26.0	21.4	工作不正常
FJ-V-1#	—	—	—	—	完好
FJ-V-2#	650	2600	26.6	19.5	工作不正常
FJ-V-3#	950	3800	26.4	28.8	工作不正常
FJ-P-1#	580	2320	25.8	18.0	完好
FJ-P-1#	910	3640	23.8	30.6	完好
FJ-P-1#	1100	4400	25.0	35.2	完好
FJ-P-1#	1250	5000	25.4	39.4	工作不正常
FJ-P-3#	610	2440	23.0	21.2	完好
FJ-P-3#	—	—	—	—	完好
FJ-P-3#	700	2800	24.0	23.3	完好
FJ-P-3#	900	3600	25.4	28.3	完好
FJ-P-3#	—	—	—	—	工作不正常
FJ-P-4#	980	3920	24.0	32.7	完好
FJ-P-4#	1250	5000	26.0	38.5	工作不正常
FJ-P-5#	580	2320	25.8	18.0	工作不正常
FJ-P-6#	610	2440	23.0	21.2	工作不正常

说明:1. LJ:未用 5010 灌封的晶振;
2. FJ-V:用 5010 灌封的晶振(与冲击加速度方向垂直的位置);
3. FJ-P:用 5010 灌封的晶振(与冲击加速度方向平行的位置);
4. LJ-1#~2#、FJ-V-1#~3#、FJ-P-1#~3#型号为:EXO3 晶振;
5. FJ-P-5#、6#型号为:KSS 晶振。

从得到的数据分析,没有经过环氧树脂灌封的晶振在 1.9×10^5g 以上加速度冲击下无法正常工作;对于经过环氧树脂灌封的晶振,与冲击加速度方向垂直的试样在 1.9×10^5g 以上加速度冲击下无法正常工作;与冲击加速度方向平行的晶振在 3.6×10^5g 以上加速度冲击下无法正常工作。

结合上述实验现象,可得到如下结论:对同一个冲击方向(沿垂直方向冲击)经过环氧树脂灌封的晶振抗冲击能力并没有明显高于未灌封的晶振。此外,抗冲击能力还与晶振位置和冲击加速度方向的相对位置有关,与冲击加速度方向平行的晶振抗冲击性能要明显高于与冲击加速度方向垂直的晶振,这一点与裸硅片相同。由于试样的样本较少,因此无法准确归纳具体在多大的加速度下晶振失效,还需要作进一步的工作。

3. CPLD 的抗高冲击试验

为了考核 CPLD 的抗冲击性能,采用类似上述晶振冲击试验的方法和步骤,分别对未灌封和两种方向灌封的 CPLD(型号:XCR3064,封装形式 VQFP44)进行了高 g 值冲击试验。未灌封的芯片全部按照与冲击加速度方向垂直的位置摆放,灌封过的芯片(图 4-20)按照与冲击加速度方向垂直、与冲击加速度方向平行两种位置摆放。

实验前数据:

各 CPLD 芯片正常工作时电流如下:

1#:I=0.111mA;

2#:I=0.122mA;

3#:I=0.122mA;

4#:I=0.119mA;

8#:I=0.119mA;

动态应变仪和示波器的设置与晶振冲击试验时相同。

本次实验共对 8 个 CPLD 进行了 21 次抗高冲击测试,共获得 17 组完整数据,有 4 组由于误触发的原因没有测得波形。实验过程中,对同一试样按照加速度值从低到高依次进行冲击,每次冲击完毕都对试样进行检测,直到被测 CPLD 不能正常工作时停止冲击。其中,未用环氧树脂灌封的芯片为 2 个,用环氧树脂灌封的芯片为 6 个。

因为 CPLD 管脚多(共 44 个管脚),故采用芯片专用测试夹对其电参数进行检测(图 4-21),以提高检测效率。检测方法为:在 CPLD 内部事先烧写好计数器程序,检测时外部给 CPLD 输入一定晶振的频率,检测其对应的输出是否正确。正确的情况为:CPLD 为 7 进制计数器,晶振输给 CPLD16M 信号,对应 CPLD 输出管脚应为 8M、4M、2M、1M、500K、250K、125K。

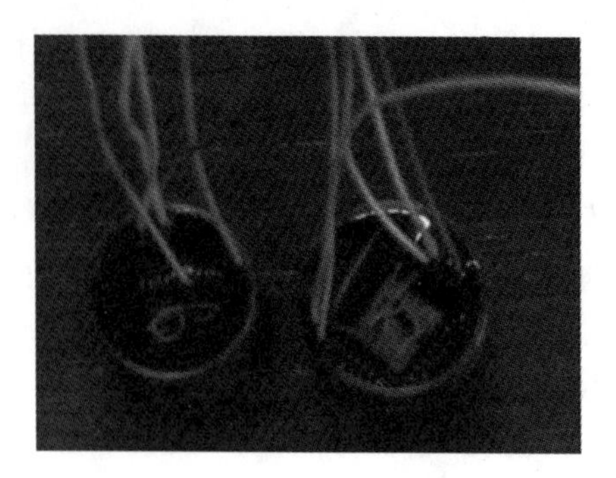

图 4-20 CPLD 的两种灌封方式

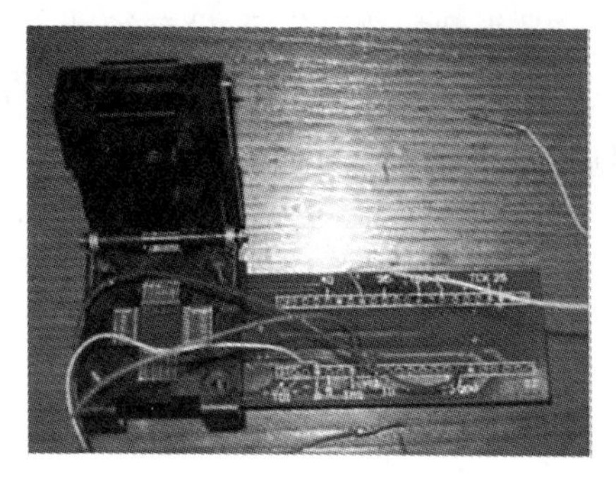

图 4-21 CPLD 专用测试夹

CPLD 抗冲击性能试验结论如下。

(1) 采用研磨法除去 CPLD 芯片表面的塑封层,可以观察到内部只有集成电路,而没有可动构件,不会出现因惯性力过大而导致可动构件断裂;而塑封或灌封材料的波阻抗(ρc)远小于 Hopkinson 杆材料的波阻抗,大部分应力波被反射,从而降低了应力波对内部集成电路的损伤。

(2) CPLD 芯片具有很高的抗高 g 值冲击性能,且与冲击方向没有关系,所以不用从强度上考虑 CPLD 芯片在电路板排布方位。

(3) 目前弹体侵彻各种目标时的加速度幅值远小于 $3 \times 10^4 g$,所以可以认为采用弹载加速度存储测试仪器进行现场试验时,CPLD 芯片不会失效。

4. 晶振和 CPLD 芯片的失效分析

(1)失效分析的目的和意义。器件的可靠性研究验证工作,包括可靠性试验和分析,其目的一方面是评价鉴定集成电路的可靠性水平,为整机可靠性设计提供参考数据(例如芯片在各种冲击环境中能承受的极限加速度);另一方面,也是主要方面,是提高产品的可靠性。就要求对失效的产品作必要的分析,确定失效模式,分析失效机理,找出失效原因,制定纠正和改进措施。此外,进行产品失效分析还可以帮助确定何种失效应力对提高产品的使用可靠性有效,以及用什么筛选条件最为合适。

集成电路的失效是指正常工作的产品经过一定应力试验或使用以后,它的性能不再符合原规定的要求。失效模式是指产品失效的形式,只讲它是怎样失效或什么部位失效,而不涉及失效的原因。而失效机理是指集成电路失效的实质原因,即引起产品失效的物理或化学过程。

失效分析通常分为两个阶段:第一阶段是确定失效模式,进行失效模式的统计分类,从中找出主要的失效模式,然后对其进行分析。对现场收集到的失效的集成电路样品,通过外观检测、电参数测试以及开盖后用光学显微镜观察等初步检查,确定每一个失效品的失效模式,然后对每种失效模式进行统计,如果某一种或两种失效模式占了全部失效品的大多数,则应认为它就是该种产品在其使用条件下的主要失效模式,首先应集中精力对其进行分析解决。失效分析的第二阶段就是进一步进行失效机理的分析,找出失效原因,提出改进措施。这一阶段往往要利用许多现代化的理化分析手段,花费的时间和精力较多,但这一步十分重要,否则就不能切中要害并提出有针对性的改进措施。

进行失效分析前要制定一个分析方案,所应取得的信息资料必须齐全,尤其在进行解剖分析之前,一定要考虑周密,否则产品一经解剖就不可能复原,若欲取得的信息未能完善,则势必影响下一步的工作。一个完整的失效分析应包括以下几个方面:失效现场资料 ;失效现象判断; 失效模式确定; 失效机理分析;失效原因证实。

典型的失效分析流程图如图 4-22 所示。

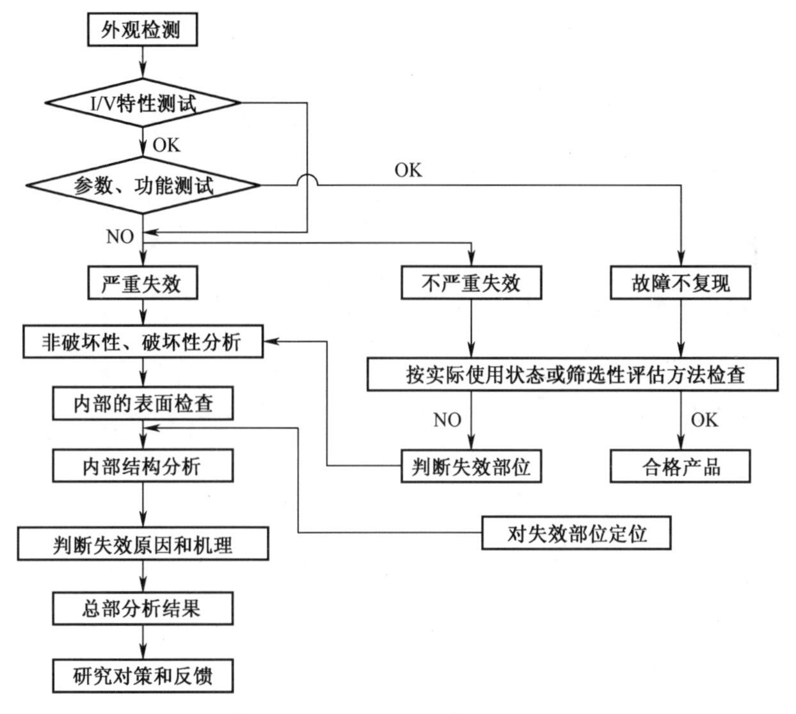

图 4-22　失效分析流程

(2) 外壳启封技术。为了对集成电路进行解剖分析,必须将外壳启封,但是无论何种封装结构的外壳,均应在所有的电气测量和对封装的鉴定完成之后进行启封。启封前必须了解样品的内部结构,必要时用同类产品试开封。对于常见的塑料封装芯片,视塑料材料及芯片的键合引线,可采用热硫酸或热硝酸喷射式启封法是目前启封效果较好,而且启封时对芯片的金属化层和键合系统损伤很小,但该套系统较贵,对晶振采用了研磨法进行开封。

具体方法如下:KSS 晶振为空封结构,一面为金属,另一面为塑料封装。用低速转动的砂轮小心将其一端磨开一个小缝,将金属面向上,放在一张纸上,再用薄刀片把金属面撬开,就露出内部结构(图 4-23(a))。可以看到上面为一端固定的石英梁,其上涂了一层银,下面为集成电路部分(图 4-23(b))。EXO3 晶振为塑封结构,先将其两边的管脚扳平,再用砂轮小心磨去向下一面的塑料,露出一层钢片,在钢片一端,用薄刀片小心把钢片撬开揭去,可看到内部结构为一空腔(图 4-24),内有一个两端固定的石英梁。

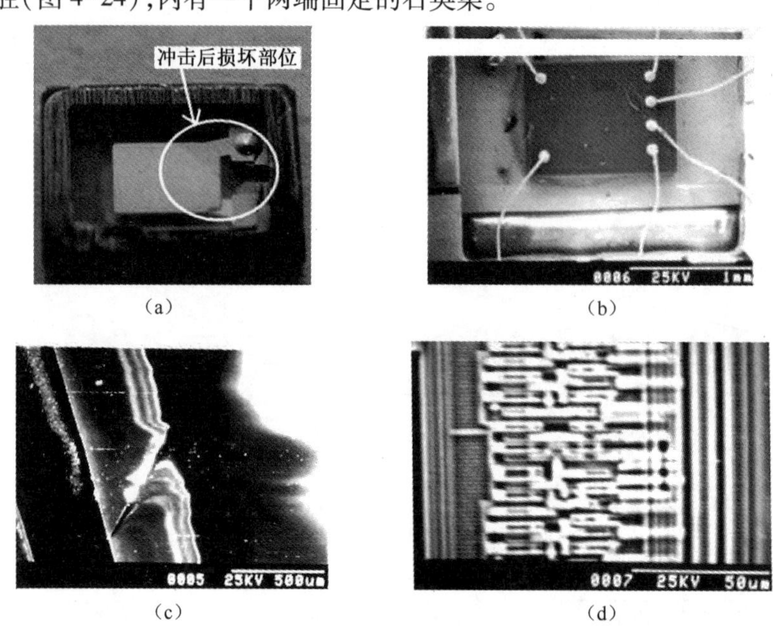

图 4-23 冲击后 KSS 晶振

(a)KSS 内部结构;(b)KSS 晶振的集成电路;(c)裂纹(SEM);(d)冲击后 KSS 晶振的芯片(800 倍)。

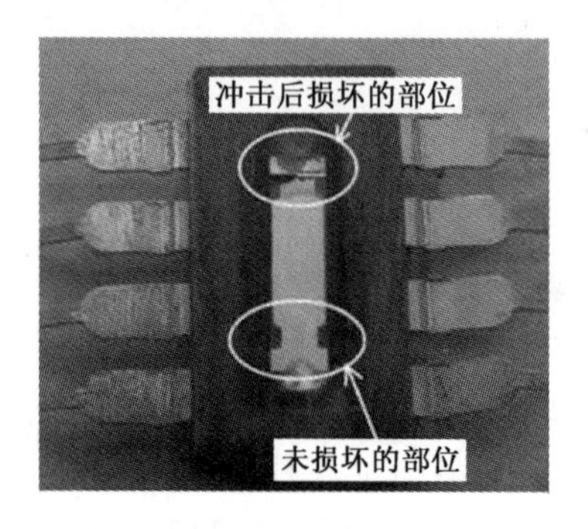

图 4-24 EXO3 晶振内部结构

(3)晶振的失效机理。从图 4-23 可见,KSS 晶振梁的固定端处有一条贯穿性裂纹(图 4-23(a),(c)),图 4-24 中 EXO3 晶振梁的一端出现部分断裂。当晶振与冲击加速度方向垂直时,KSS 晶振梁和 EXO3 晶振梁可以简化为如下图 4-25 和图 4-26 力学模型,考虑惯性力作用下的失效。从图中可知道,失效位置均处在最大弯矩和剪力的位置。

KSS 石英晶体,梁长 $l=5\text{mm}$,宽 $b=2.62\text{mm}$,厚 $h=0.14\text{mm}$,它的两个焊点在同侧,EXO3 石英晶体,梁长 $l=6.28\text{mm}$,宽 $b=1.84\text{mm}$,厚 $h=0.16\text{mm}$,它的两个焊点在两侧。

在图 4-25 和图 4-26 中,载荷为惯性力为分布载荷 q , $q=\rho A a_0$,其中 ρ 为石英密度,$\rho = 2.65 \times 10^3\ \text{kg/m}^3$,$A$ 为横截面面积,a_0 为加速度幅值。

在图 4-26 中,最大剪力 $Q_{\max} = ql$,最大弯矩 $M_{\max} = \dfrac{1}{2}ql^2$。

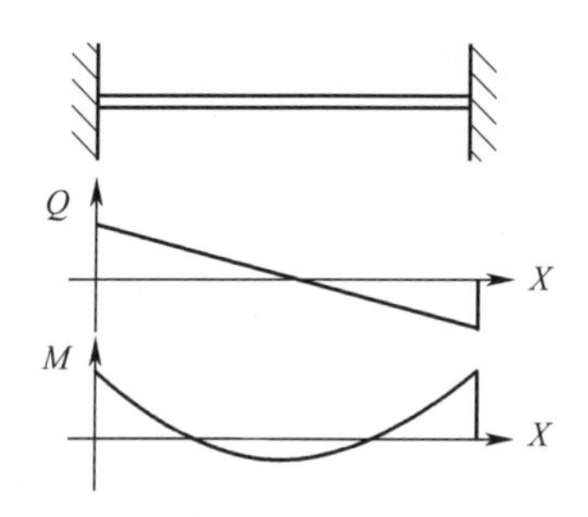

图 4-25　EXO3 晶振梁剪力、弯矩

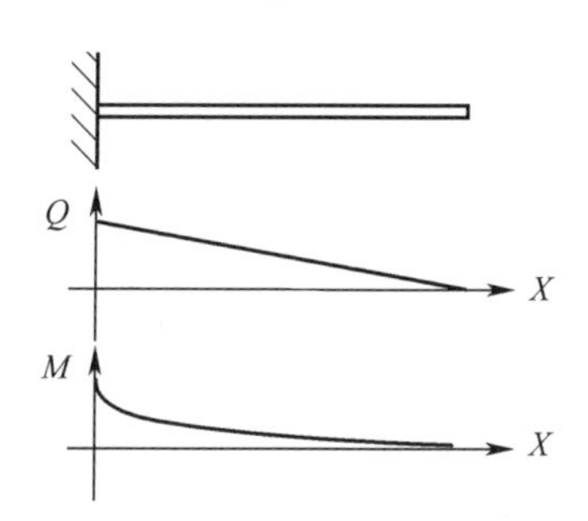

图 4-26　KSS 晶振梁剪力、弯矩

在图 4-25 中,最大剪力 $Q_{\max} = \dfrac{1}{2}ql$,固定端弯矩 $M = \dfrac{1}{12}ql$,中点弯矩 $M = \dfrac{1}{24}ql^2$。

比较图 4-25 和图 4-26,EXO3 梁为一个两端固定的超静定梁,其上最大剪力和弯矩均比 KSS 梁要低,所以 EXO3 梁抗冲击性能比 KSS 梁好,这一点从表 4-1可明显看出。对图 4-25 的 EXO3 晶振梁,最大弯矩在固定端, $M_{\max} = \dfrac{1}{12}ql^2$,最大正应力为

$$\sigma_{\max} = \frac{M_{\max}}{W} = \frac{\dfrac{1}{12}ql^2}{\dfrac{bh^2}{6}} = \frac{ql^2 a_0}{2h} \tag{4-27}$$

石英具有很高的机械强度,理论承压能力可达 2000~3000MPa,屈服极限应

力为 $\sigma_s = 1000\text{MPa}$。当式(4-28)成立时,晶振梁失效 $\sigma_{\max} = \sigma_s$,此时晶振梁能承受的最大加速度为

$$a_0 = \frac{2h\sigma_s}{\rho l^2} = \frac{2 \times 0.16 \times 10^{-3} \times 1000 \times 10^6}{2.65 \times 10^3 \times 6.28^2 \times 10^{-6}} = 3.12 \times 10^5 g \quad (4-28)$$

当晶振与冲击加速度方向平行时,两个晶振可简化为如图 4-27 所示的力学模型,KSS 结构的最大正应力在固定端

$$\sigma_{\max} = \rho a_0 l \quad (4-29)$$

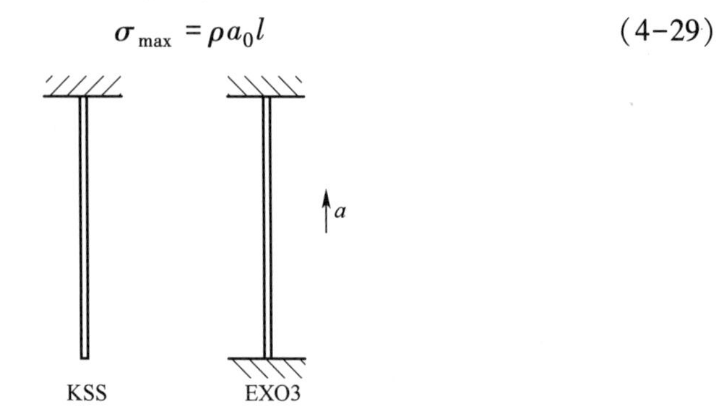

图 4-27 晶振与加速度平行时力学模型

EXO3 结构为静不定结构,两个固定端的相对变形为零,解变形协调方程

$$\Delta l = \frac{\rho a_0 l^2}{2E} - \frac{Rl}{EA} = 0 \quad (4-30)$$

得到端部支反力为 $$R = \frac{1}{2}\rho a_o l A$$

则最大应力为

$$\sigma_{\max} = \frac{R}{A} = \frac{1}{2}\rho a_0 l \quad (4-31)$$

EXO3 结构的最大应力只是 KSS 最大应力的 1/2,所以前者能承受更高的冲击。

将式(4-31)和式(4-28)比较,比值 n 为

$$n = \frac{0.5\rho a_0 l}{\dfrac{0.5\rho l^2 a_0}{h}} = \frac{h}{l} \quad (4-32)$$

因为 h/l 远小于 1,所以晶振与冲击加速度平行放置时的抗冲击性能远高于垂直放置时,在电路结构布置时,应尽量使晶振与冲击加速度平行。

总之,晶振在高 g 值加速度冲击下内在的失效机理为:当封装芯片内部有可运动的机械部分时,机械部分(如晶振中的微梁)在高 g 值加速度冲击下可能

发生断裂,这将导致芯片功能失效。而 CPLD 集成电路部分几乎没有损伤,这是因为封装材料的波阻抗一般远小于 Hopkinson 杆,大部分应力波发射,从而保护了内部的集成电路。

4.3.2 记录电路模块的抗高 g 值冲击分析

1. 真空灌封

为了进一步提高电路模块整体的抗高 g 值冲击的性能,通常将电子线路采用灌封材料如硅橡胶、环氧树脂和聚氨酯泡沫塑料灌封在一个强度、刚度足够的壳体内。但是常规的灌封方法很难保证灌封的质量, 为了提高电路模块的灌封质量,减小气泡和和裂纹的产生。目前主要方法是采用真空灌封,如图 4-28 所示。即在一定温度条件下,采用流动性较好的灌封材料对组装好的测试仪电路进行灌封,使其固化成模块。灌封时,应尽可能将附着在被封电路上的杂质清除干净,以避免引起不必要的短路或影响粘结强度。正确掌握固化时间和固化温度。一般来说,液体灌封材料在固化之后的反应是受扩散控制的,因此,温度对最终的反应程度将有决定性的影响。使用热固性胶延长固化时间可以提高固化程度,但延长固化时间和提高固化温度并不等效,必须按各种封装材料特定的固化温度固化。

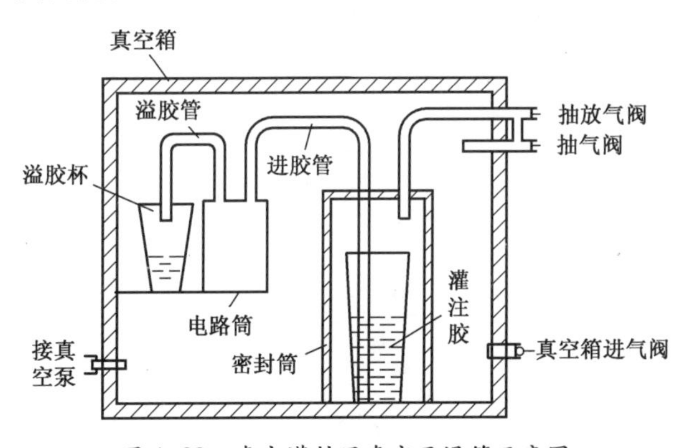

图 4-28　真空灌封用真空干燥箱示意图

对于灌封材料需具备如下特性。

(1) 具有高粘结性能:保证电路中的元器件、连接件和导线的牢固。

(2) 膨胀系数小:不会因灌封造成内部电路焊点的松动和导线的断裂。

(3) 耐高温特性和耐低温特性:适应不同的测试环境。

(4) 高的绝缘电阻:不会造成电荷放大器信号的漂移。

(5) 吸湿性小,抗腐蚀能力强:保证电路不受环境湿度、化学污染的影响。

(6) 抗疲劳性能好:保证电路的多次重复使用。

2. 环氧树脂灌封对电路保护的计算机模拟

实验测取了常用的灌封材料的力学指标。按照国标 GB 2569—81(树脂浇铸体压缩试验方法)制作了一个环氧树脂圆柱体(图 4-29),在计算机控制的万能试验机上进行压缩实验。

实验数据如下:

试件:直径 $D=33.5\text{mm}$,高 $H=38.4\text{mm}$,质量 $M=36.6g$。

加载方式:用微机控制试验机,加载单位为 $\Delta P=100\text{kg}$。在试件侧面中部贴应变片,接应变仪。每隔 100kg 从应变仪读一次数据,得到直线段应变值如下:

-580 -1057 -1554 -2051 -2561 -3070 -3574 -4128 -4656 (微应变$\times10^{-6}$);

面积 $A=\dfrac{\pi D^2}{4}=881\text{mm}^2$,应力增量为 $\Delta\sigma=\dfrac{\Delta P}{A}=\dfrac{1000}{881\times10^{-6}}=1.135\text{MPa}$。

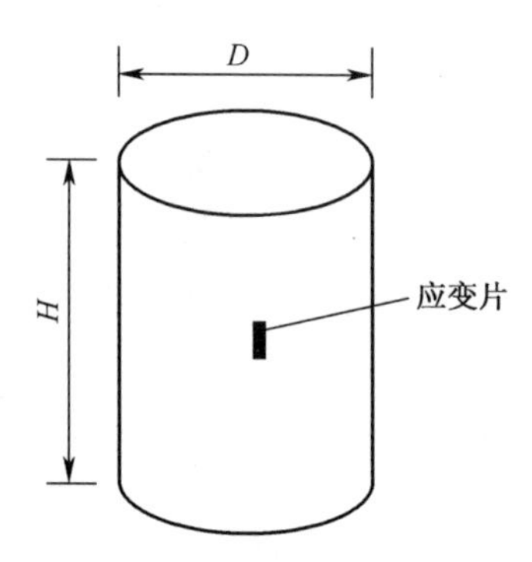

图 4-29 环氧树脂压缩试样

弹性模量为

$$E=\frac{\Delta\sigma}{\Delta\varepsilon}=2.27\text{GPa}$$

密度为

$$\rho=\frac{M}{V}=\frac{36.6\times10^{-3}}{881\times38.4\times10^{-9}}=1082\text{kg/m}^3$$

由于设置最大变形量为 5mm,最后试件没有发生断裂,但已由圆柱形变为鼓形,且载荷已经下降。载荷最大值为 $p_{\max}=46.91\text{kN}$,所以压缩强度为

$$\sigma_b=\frac{p_{\max}}{A}=53.2\text{MPa}$$

采用 ANSYS 模拟了记录电路在承受半正弦脉冲载荷作用下的应力和变形。材料模型为线弹性各向同性,各部分材料参数如下:

环氧树脂的力学指标:密度 $\rho=1082\text{kg/m}^3$,弹性模量 $E=2.27\text{GPa}$,泊松比

$\mu = 0.34$;

电路板材料:弹性模量 $E = 14\text{GPa}$, $\rho = 1800\text{kg/m}^3$,泊松比 $\mu = 0.34$,厚度 1.5mm;

钢外壳弹性模量 $E = 200\text{GPa}$, $\rho = 7800\text{kg/m}^3$,泊松比 $\mu = 0.3$;

为了建模方便,暂不考虑电路板上的元器件、芯片等,将电路灌封在一个钢壳体内。

将三层电路板等间距平行灌封在钢外壳内,实体模型如图 4-30 所示,按轴对称问题进行分析。在外壳底面沿 Y 正向加一个持续时间为 200μs 的半正弦脉冲载荷,100μs 时电路模块的等效应力如图 4-31 所示,电路板上 1 点和钢外壳上 2 点的加速度如图 4-32 所示。

从图 4-31 可知,内部(电路板和灌封材料)的应力远小于外壳的应力,这是因为常用的灌封材料波阻抗低,仅有钢材的 0.01~0.001 倍,当冲击波从弹性载体透射到灌封材料中时,应力幅值大幅减小;另外由于这些材料的粘弹性效应和横向惯性效应,使得应力波在传播过程中会发生幅值衰减和波形弥散。即灌封材料可降低因外部载荷作用而在内部产生的应力损伤,如芯片管脚剪切、焊点脱开、导线拉断等,从而提高了电路模块整体的抗高 g 值冲击的性能。

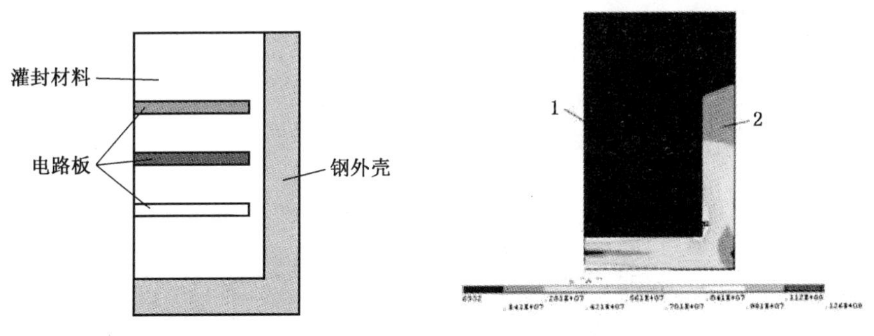

图 4-30　灌封电路模块实体模型　　　图 4-31　等效应力云图

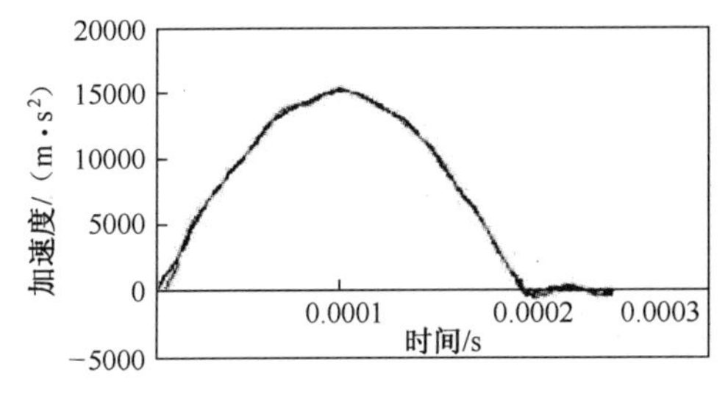

图 4-32　电路板上 1 点和钢外壳上 2 点的加速度

图 4-32 显示,在 200μs 的窄脉冲作用下,内部电路板和外壳的加速度基本

相同。这是因为对灌封后的电路模块,电路板、灌封材料以及外壳形成一个整体,各部分之间没有相对位移,所以都承受相同的加速度。所以,要提高电路模块在高 g 值冲击环境中的存活性,必须从外部对其进行缓冲保护。

4.4 高 g 值冲击下电池的存活性研究

电池是弹载存储测试系统重要的组成部分,它为整个测试系统提供能源保障,其性能好坏、质量优劣、稳定与否直接决定着测试的成败。特别对于高冲击条件下的动态测试,必须要考虑电源的存活性问题,即电池的抗高冲击性和瞬时断电问题。因为在弹体高速侵彻硬目标的过程中,弹载加速度存储测试系统的电源部分承受着与弹体相同的加速度,一般的商用电池可能会出现输出不稳定或暂时断电,甚至由于短路、挤压等因素而发生爆炸的情况[3]。因此高 g 值冲击环境下电池的抗冲击防护是弹载存储测试在供电方面需要解决的基本问题。

本章利用 Hopkinson 杆作为高 g 值加载手段,对实验室用于弹载加速度存储测试系统的几种不同种类型号的电池进行了 1×10^5g 以上的加速度冲击,对电池的抗高 g 值冲击性能进行了实验研究。通过实验得到了电池在高过载环境下的特性曲线,分析讨论电池在高过载冲击环境下的失效机理,并提出了高冲击存储测试中电池防护的一些措施。

试验所采用的冲击装置如图 4-33 所示,主要由 Hopkinson 杆、数字示波器和计算机系统组成。通过选择撞击速度能比较容易实现 1×10^5g 以上幅值、不同脉冲宽度的冲击加速度,易于实现对电池进行加载。

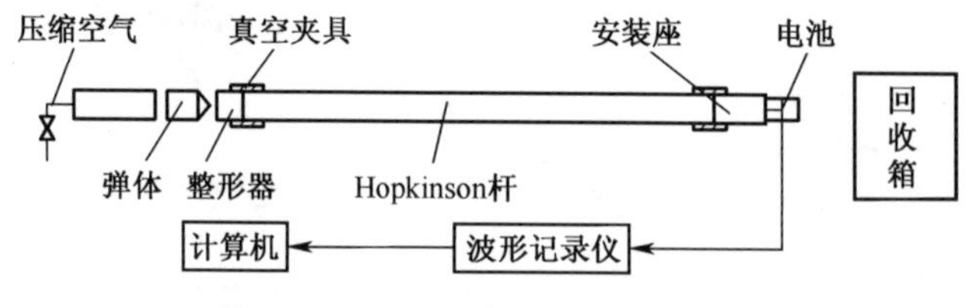

图 4-33　电池抗高冲击试验原理图

在对电池进行冲击之前,首先将每种待测电池采用平躺和竖立两种方式用石蜡灌封于圆柱型壳体内,灌封结构如图 4-34 所示,其中图 4-34(a)为实验电池灌封后的实物模块,图 4-34(b)为去掉壳体后的电池模块。

将灌封后的电池用工业黄油紧密吸附于 Hopkinson 杆的末端,在模拟高过载的条件下测试电池的抗高 g 值冲击性能,图 4-35 是电池在 Hopkinson 杆上的连接方式。采用固定电阻放电的方法进行高过载作用下电池电性能的测试。电池外部电路接有 450Ω 的电阻,放电电流接近于通常存储测试电路正常工作

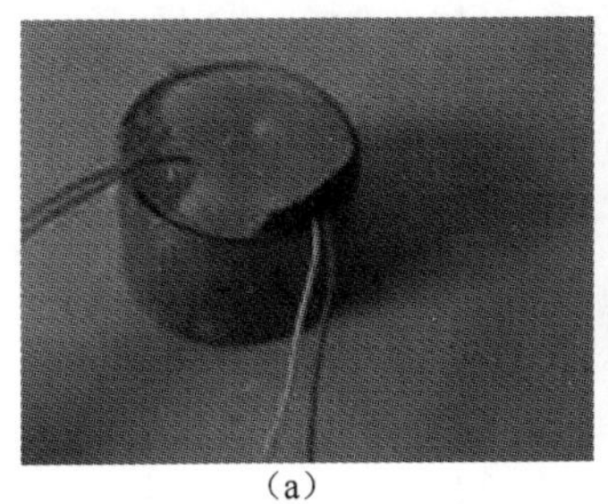
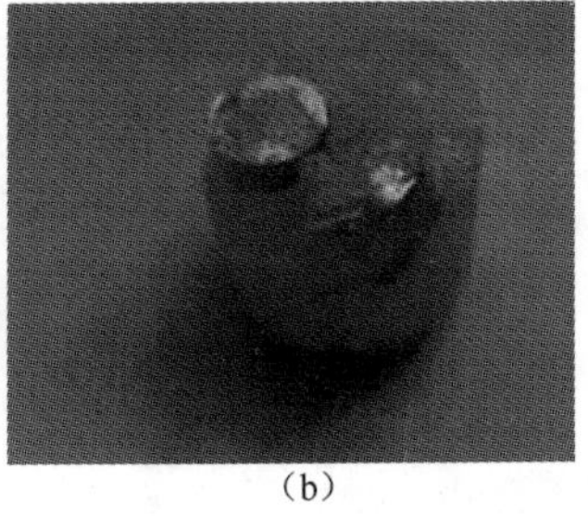
(a)　　　　　　(b)

图 4-34　电池灌封结构图

时的电流(7mA)。实验中将电池输出接至数字示波器,通过增加气压来改变子弹的速度,不断加大冲击加速度,最高冲击加速度达 30 万 g,用示波器检测电池电压的输出是否正常。通过综合分析,对比几个参数的变化情况,研究电池在高过载作用下的特性。电池性能测试线路如图 4-36 所示。

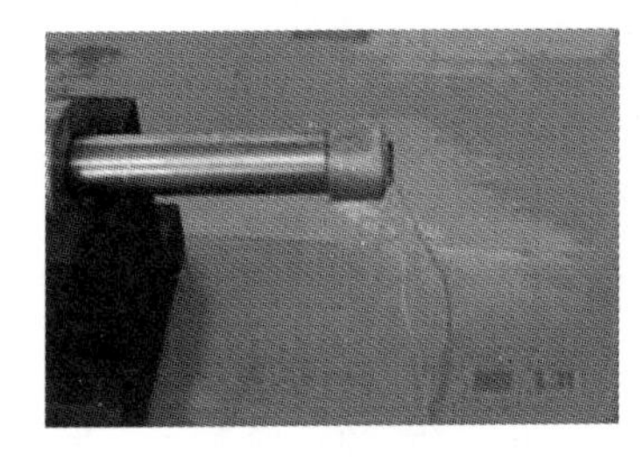
图 4-35　电池在 Hopkinson 杆上的连接方式

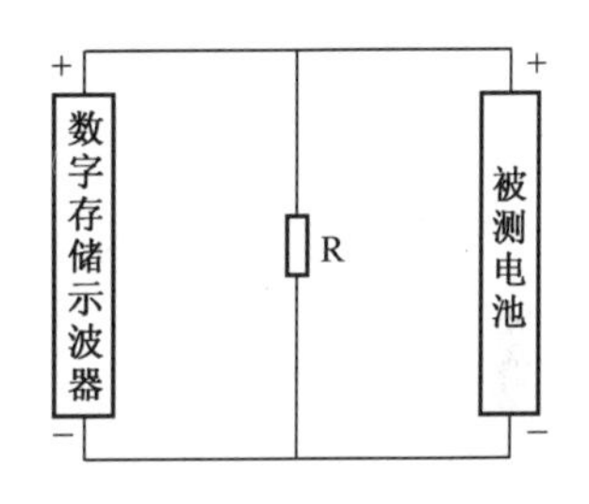

图 4-36　电池性能测试线路

对目前常用于弹载存储测试电路的 8 种不同类型的电池,按照约 1×10^5g、12 万 g、15 万 g、20 万 g、30 万 g 的顺序依次进行冲击。测试结果表明:在约 15 万 g 的加速度水平冲击下,大部分电池会出现 μs 量级的掉电并能够瞬间恢复。随着冲击加速度值的增大,电池电压掉电的幅度增大,次数增加。在约 30 万 g 的加速度冲击下,电池均没有发生爆炸,但个别电池发生永久掉电。下面给出具体的测试结果。

1. 锂/亚硫酰氯(Li/ $SOCl_2$)电池

试验所测试的锂—亚硫酰氯(Li/ $SOCl_2$)电池为方形结构,型号为 LTC-3PN,电池的额定电压为 3. 5V,电池实物如图 4-37 所示。试验依次对电池(电池平躺)进行了约 12 万 g、约 20 万 g、约 30 万 g 的冲击。图 4-38、图 4-39 和图 4-40分别是三次冲击时电池的输出电压随时间的变化曲线。从图中可以看出,电池在 12 万 g 和 20 万 g 的加速度冲击下,电池出现了微秒量级的掉电。电池电压由原来的 3. 6V 掉到 2. 8V 并瞬间恢复,恢复时间持续 4μs 左右。当加速度达到 30 万 g 时,电池出现了 2 次掉电且掉电幅值增大,电池电压由原来的

3.6V 降到 2.6V,电池第二次掉电的恢复时间持续 10μs 左右。

图 4-37　方形锂亚硫酰氯电池 LTC-3PN

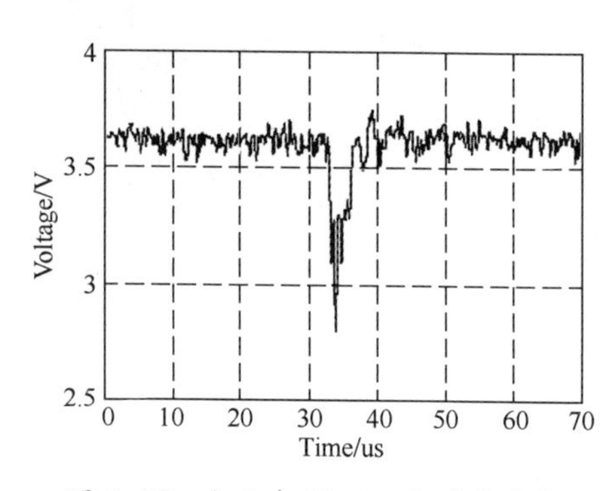

图 4-38　电池在 12 万 g 加速度冲击下掉电曲线

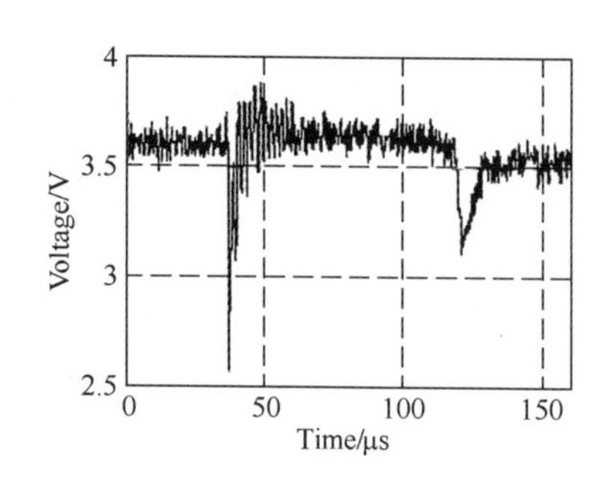

图 4-39　20 万 g 加速度冲击下掉电曲线

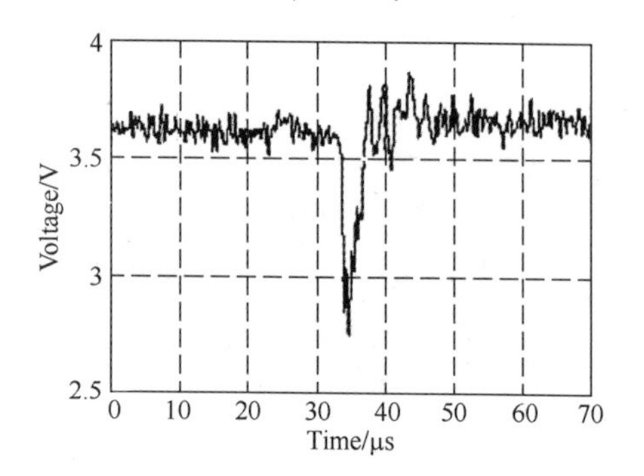

图 4-40　30 万 g 加速度冲击下掉电曲线

2. 可充电扣式锂电池

试验所测试的可充电扣式锂电池型号为 LIR2450,电池的额定电压为 3.7V,电池实物如图 4-41 所示。从试验可以看出,电池出现了微秒量级的掉电。电池电压由原来的 4V 降到 3.4V 并瞬间恢复,恢复时间持续 2μs 左右。

3. 锂离子电池

试验所测试的锂离子电池有两种,型号分别为 LIR1025(图 4-42)和 LIR2025

图 4-41　可充电扣式锂电池 LIR2450

图 4-42　锂离子可充电电池 LIR1025

(图 4-43)。电池的额定电压均为 3.6V。从试验可以看出,电池两种灌封方式均出现了 μs 量级的掉电。电池电压由原来的 4V 降到 3.2V 并瞬间恢复,恢复时间持续 10μs 左右。当冲击加速度达到约 $3\times10^5 g$ 时,电池发生永久掉电。而 LIR2025 型号的电池在所施加的冲击加速度(约 $3\times10^5 g$)范围内没有出现掉电现象,显示出了很好的抗冲击性。

4. 固态聚合物锂离子电池

试验所测试的固态聚合物锂离子电池型号为 10072,电池的额定电压为 3.6V,电池实物如图 4-44 所示。电池(电池平躺)在约 $2\times10^5 g$ 的加速度冲击下,电池出现了微秒量级的掉电。电池电压由原来的 4V 掉到 3.35V 并瞬间恢复,恢复时间持续 2μs 左右。

图 4-43 锂离子可充电电池 LIR2025

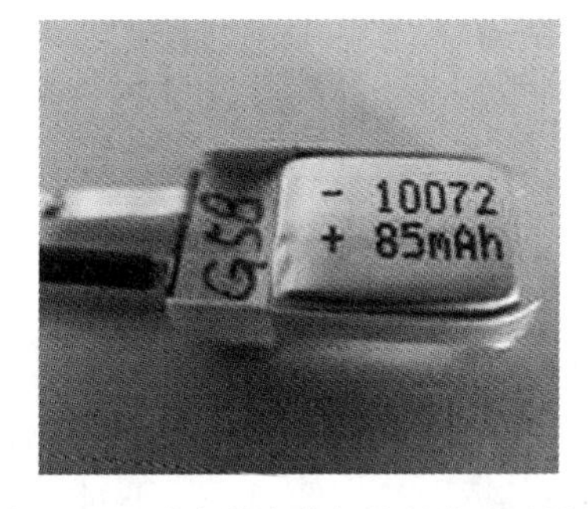

图 4-44 固态聚合物锂离子电池 10072

另外还进行了一次性锂电池和氧化银电池的高冲击试验,发现它们 1×10^5g 以上掉电明显,有时甚至是永久掉电。

电池在受到高过载冲击时,电池内部受力的作用而发生变形,导致电解质与电极间断路,因而在电池的输出端会出现电压跌落的现象,严重时导致电池永久失效。电池电压的跌落程度,与过载程度的大小、电池的种类型号、电池的内部结构、电极与电解质(液)的分布、内部电极与外部电极的接触方式等都有关系。

电池在滥用的条件下可能发生爆炸,主要原因是电池内部的高温、高压都与产热因素有直接关系。这很大程度上是和电池内部组件的化学和电化学反应有关,活性物质起着主要的作用。碳负极、正极活性物质和锂电解液等都会在正常使用或滥用情况下发生电化学或化学反应放出热量,引起电池的升温,会加速锂电池内部有机物分解等一系列化学反应的进行,当热量累积到一定程度的时候,便有着火和爆炸的危险。实验表明:锂电池在高温下的容量衰减较常温下快。电池内部的产热因素众多,电池组工作时,如无其他热平衡手段,某些电池的过充、过放就会发生爆炸或燃烧现象。高温条件下如果锂电池内部的热生成速率大于热散失速率,则体系内的反应温度就会不断上升,将引起电解液的阳极氧化以及电解液、阳极活性物质、阴极活性物质、粘结剂的热力学分解等问题。其结果可能造成两种极端情况:①反应物质的温度达到其着火温度而发生火灾;②由于锂电池是一个封闭体系,随着体系内部温度升高,反应速度加快,反应物蒸气压急剧上升的同时,活性物质的分解、活性物质与电解液的反应都会产生一定量的气体,其结果导致在缺少安全阀保护或安全阀失效的情况下,电池内压便会急剧上升而引起电池爆炸。

对于弹载存储测试来说,测试装置要承受着与被测弹体相同苛刻复杂的恶劣环境。在 5×10^4g 甚至 1×10^5g 以上的高 g 值冲击下,供电电池的极耳、接线柱、外部的连线、焊点等可能会折断、脱落,而电池极片上的活性物质也可能剥落,从而引发电池(组)的内部短路、外部短路、过冲、过放及控制电路极耳的熔化、导线断裂及电子元器件的损坏失效,进而导致起火、爆炸等一系列危险情况;另外如果设计的弹载加速度测试仪的机械壳体强度不足或者保护不够的话,那么测试装置就会由于惯性力的挤压而严重变形,这样电池也可能由于严重挤压而短路爆炸。

由于弹载存储测试的特殊性,要提高数据的捕获率,必须提高电池在高冲击下的可靠性,目前主要采取以下几个方面的措施。

第一,要选用性能好的电池,这是保证测试成功的关键。应根据测试环境的不同,特别是高低温环境下对电池的性能进行严格的筛选。应优选内部结构强度高、抗过载能力强、热稳定性好的电池。多层卷极板结构的电池和非液态电解质的电池在高冲击环境下有着较高的可靠性。

第二,通常的弹载测试系统都会将电池连同电路灌封在一起,因此就必须考虑电池的布置方位,电池承受的冲击方向要选取合理。要注意对电池的电极进行保护以避免与电路板上的焊点、芯片管脚等接触而短路。电池极耳与电路导线一定要焊接牢固。

第三,电池在受到高 g 值冲击时,电池的输出端会出现电压跌落,因此利用储能元件补偿电池的电压跌落是实现电池抗冲击防护的关键。对弹载测试仪的实测曲线分析可以看出,弹体侵彻加速度的最大值通常发生在撞靶的瞬间,时间为 0.15~0.2ms。为了防止撞靶时的瞬间断电,具体做法是,将电池并联一个较大容值的电容器,上弹前对电容器充电,这样电容器会对电池的瞬时断电或电压波动起到一定的补偿作用。同时在电池和电容的正极都各串联了一个二极管以防止电流倒灌。

试验将经过冗余设计的电池再次在 Hopkinson 杆上进行冲击,结果冲击电池均没有出现掉电,说明这种电容可以为测试装置提供短时间的供电保证。

第四,采用电池冗余供电。为保证数据捕获率,采用多套电池并联的方式对电路进行供电。由于存储测试系统要做到微型化,测试装置的体积有限,目前均采用两套电池供电。电池要选用不同种类的电池,以达到优势互补。

总之实现电池防护的主要途径是:选用电解质与电极接触面较大、电解质为固态且抗冲击强度高的电池;采用储能元件,在电池电压出现跌落的情况下维持供电;采用多套电池冗余供电。

4.5 高 g 值冲击下弹载电子仪器的缓冲保护

冲击隔离系统的缓冲特性是利用弹、塑性元件和阻尼元件储存或耗散冲击能量,以减小传递到设备上的冲击脉冲幅值,从而使设备中的元器件、结构中的动应力远低于其失效极限值和材料的强度极限。

由冲击隔离系统设计理论可知,缓冲系统的理想动态特性应符合以下设计原则[4]。

(1) 能量吸收最多原则:缓冲系统达到最大变形时,应该储存和耗散全部冲击能量,或尽可能多地吸收冲击能量,以降低刚性碰撞时电路模块响应的加速度。

(2) 输出动态载荷最小原则:应使传递给测试电路系统的冲击荷载 F_{sh} 远小于其容许值[F_{sh}],保证测试电路模块的多次重复使用。

(3) 变形量最小原则:因为测试电路系统的微体积要求,留给缓冲器的变形空间很有限,在保证以上两个原则的前提下,应使缓冲器的变形尽可能小。

(4) 能量耗散最多原则:在冲击压缩过程中,应使阻尼力耗散尽可能多的冲击能量,以拟制测试电路模块的冲击残余响应峰值。从而避免设备受连续冲击时(如弹体侵彻多层靶),测试电路的残余响应与下一个冲击产生同相位叠加,对设备造成有害影响。

要显著降低电路模块的最大加速度响应值,弹体和电路模块之间的线性隔振器的频率很高,刚度很大,弹体内的空间能安装的线形弹簧难以满足要求。所以,系统的隔振和缓冲设计对线性隔振器的要求是相互矛盾的,解决这个矛盾出路在于使用非线性缓冲装置,如利用结构塑性变形吸收能量。

电路模块的非线性缓冲保护问题可简化为基础激励的力学模型如图4-45[5]所示。

基础激励时的数学模型为

$$m\ddot{z} + c_1\dot{z}|\dot{z}| + c_2\dot{z} + c_f\operatorname{sgn}(\dot{z}) + k_1z + k_3z^3 = -m\ddot{x}(t) \tag{4-33}$$

式中:$\ddot{z}$ 为质量块相对加速度;$\dot{z}$ 为质量块相对速度;z 为质量块相对位移。

模型中质量块 m 与基础之间采用具有平方阻尼(阻尼系数为 c_1)、黏性阻

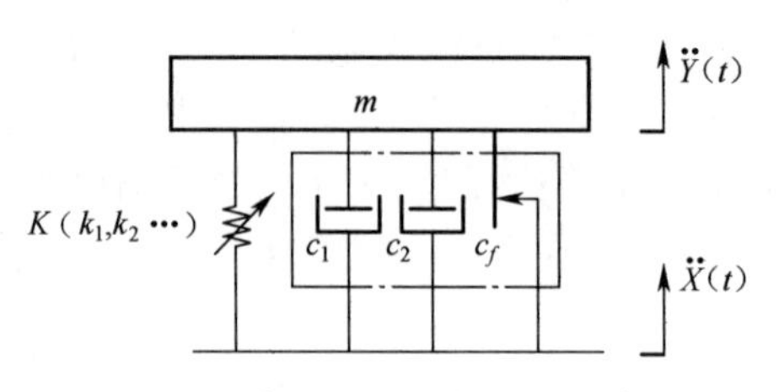

图 4-45　基础激励缓冲器的力学模型

尼(阻尼系数为 c_2)、库仑阻尼(阻尼系数为 c_f)、立方刚度(系数为 k_3)和线性刚度(系数为 k_1)耦合的物理器件来连接,通过它们的耦合匹配来衰减或缓冲质量块与基础之间的动力传递,以达到抗振冲的目的。系统的物理模型可采用含有金属弹性元件、橡胶弹性元件、流体阻尼、库仑阻尼、粘弹性阻尼及其他阻尼耦合为并联系统来实现。

为了降低电路模块承受的高达 10 万 g 的冲击加速度,经过反复比较,选择了泡沫铝材料,设计了泡沫铝填充壳,对电路模块进行缓冲保护。

利用薄壳结构在轴向冲击载荷作用下的压缩屈曲过程是一种主要的吸能方式,这种结构的优点是压溃后直径变化相对较小,具有较长的压溃持续时间,但缺点是冲击力—位移曲线中初始最大峰值远大于其后的屈曲平台载荷,正是初始最大峰值可能导致被保护的结构失效。泡沫铝材料具有平稳的屈服段,能够在较长的应力平台上平稳地吸收相当大的能量,很适合作为缓冲吸能构件,但泡沫金属承载力较低,若与传统管状结构进行组合将充分发挥两者的优势,互补不足,即出现泡沫金属填充壳结构。研究表明泡沫填充不仅可以提高空心管的能量吸收能力,而且可以改善空心管变形模式的稳定性。对于如何设计吸能性能更为良好的结构以及如何选择合适密度的泡沫铝,已成为人们关注的问题。但已有研究工作主要是在车辆、航天、舰船等中低速、大质量体缓冲吸能的应用,对高 g 值加速度冲击也仅限于单次冲击的缓冲问题研究,且由于多方面原因,国内大多只限于基于有限元模拟的优化设计,很少进行实验评价。

本章通过万能试验机对泡沫铝填充壳进行了静态压缩实验,分析了其压溃载荷和吸能性质。利用空气炮作为加载平台,研究了泡沫铝填充壳在高 g 值冲击下的缓冲吸能特性。实验结果表明,在高 g 值多次冲击条件下,泡沫铝填充壳对其上的轻质电路模块具有良好的缓冲保护效果。

1. 泡沫铝填充壳的吸能特性分析

为了比较不同组合方式泡沫铝填充壳的吸能特性,设计加工了两种尺寸的试件:采用线切割将 20mm 厚泡沫铝板加工为圆柱状泡沫铝填充芯,尺寸为 $\phi24.75\times20$,密度为 $0.96\mathrm{g/cm^3}$;平均孔径 1~2mm。铝壳 $\phi24.75$mm(内径)×20mm,壁厚分别为 $t=0.4$mm 和 $t=0.8$mm,材料为 2A12 铝,屈服应力 σ_y =

255MPa，试样如图 4-46 和图 4-47 所示，其中 1 号、2 号在泡沫铝和铝壳间隙涂有 AB 胶，以比较壳与泡沫铝芯不同联结方式对吸能效果的影响。在 WDW-200E 型万能试验机进行了准静态压缩试验，实验过程中加载速度为 2mm/min。

图 4-46　0.4mm 壁厚泡沫铝填充壳

图 4-47　0.8mm 壁厚泡沫铝填充壳

泡沫铝试样在准静态压缩试验中，整体变化均匀，由于两端的摩擦作用，试件被压成鼓形状。图 4-48 是泡沫铝压缩对比图，图 4-49 为泡沫铝准静态压缩条件下的载荷—位移曲线，从中可看出曲线有明显的三阶段性，即弹性段、塑性平台段和压实致密段，表明泡沫铝有很好的吸能特性。

图 4-48　泡沫铝试件压缩图

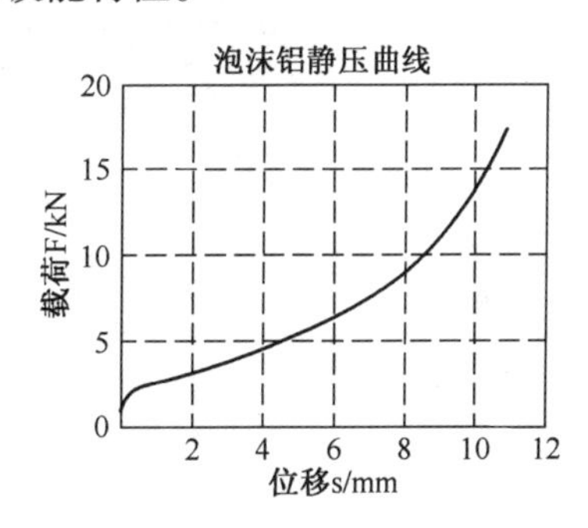

图 4-49　泡沫铝准静态压缩载荷—位移曲线

薄壁铝壳轴向压溃载荷 p_m 的 Alexander 公式为[6]

$$p_m \approx 6\sigma_y t\sqrt{Dt} \tag{4-34}$$

取材料屈服应力 $\sigma_y = 255\text{MPa}$，直径 $D=25\text{mm}$，壁厚分别为 $t=0.4\text{mm}$ 和 $t=0.8\text{mm}$，代入式(4-35)为 $t=0.4\text{mm}$ 和 $t=0.8\text{mm}$ 的轴向压溃载荷 $p_{m0.4} = 1935\text{N}$ 和 $p_{m0.8} = 5473\text{N}$。

两种尺寸的铝壳试件在准静态轴向载荷下的压溃试件和载荷—位移曲线见图4-50,载荷的平台值与轴向压溃载荷 p_m 的的以上计算结果吻合。试验具有圆管轴向静压下的典型特征,一般发生渐进式破坏,最先在两端发生屈曲,在压缩初期表现为轴对称屈曲模式,其载荷随变形的增加快速达到峰值,其后发生非轴对称屈曲模式,最后在端部多处产生轴向劈裂,载荷—位移曲线表现出明显的波动性。随着变形不断发展,金属壳体呈现不规则的花瓣状翻卷,薄壁铝管翻卷到一定程度就会因碎裂崩落而脱离,然后进入下一阶段的。图4-51和图4-52是薄壁铝壳试件、泡沫铝和填充壳试件的载荷—位移曲线。其中泡沫铝芯材的密度相同。从上图载荷—位移曲线中可看出,无论是壁厚0.4mm还是壁厚0.8mm的组合试件,填充壳能承担的载荷均高于泡沫滤芯试件的平均载荷,明显提高了泡沫铝试件的承载和吸能本领,组合件的载荷—位移曲线形状基本上受薄壁铝壳屈曲模式控制。

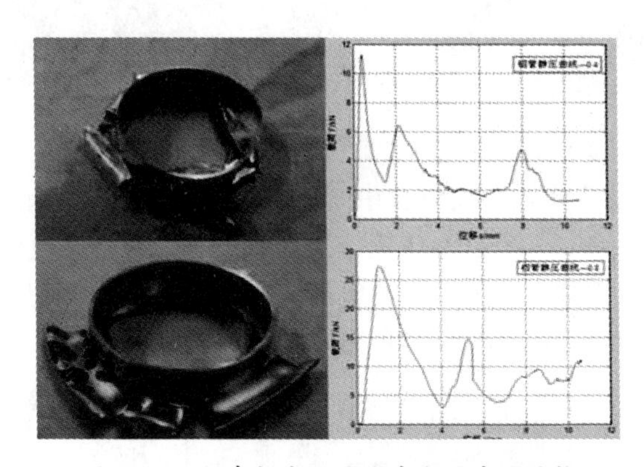

图4-50 铝壳轴向压缩曲线和压溃后结构

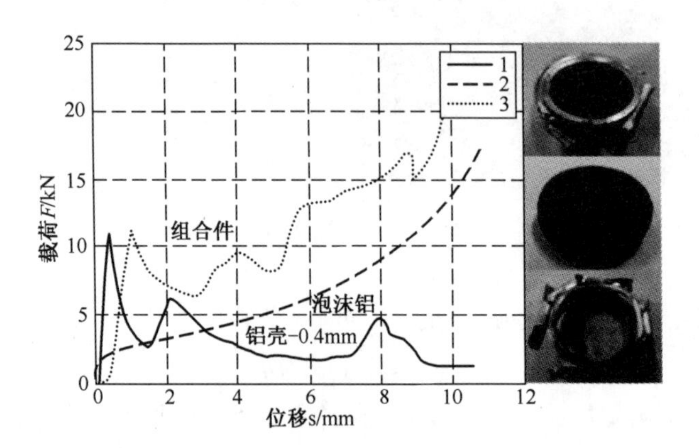

图4-51 0.4mm壁厚组合试件的载荷—位移曲线

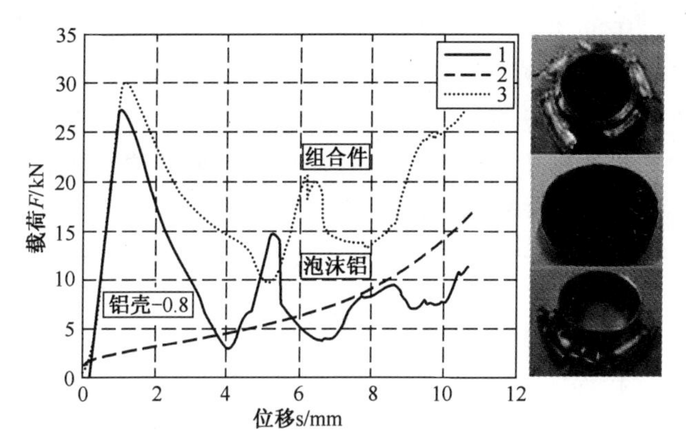

图 4-52　0.8mm 壁厚组合试件的载荷—位移曲线

下面计算描述缓冲装置的吸能能力的三个物理参数,分别是:载荷加载过程中缓冲器吸收的总能量 W_{total},单位体积内吸收的能量 W,轻量化指标单位质量吸收的能量 W_m。依据能量守恒定律,得

$$W_{total} = \int_0^s F(s)\,ds \tag{4-35}$$

$$W = \frac{W_{total}}{V} \tag{4-36}$$

$$W_m = \frac{W_{total}}{m} \tag{4-37}$$

式中:s 为压缩变形(m);$F(s)$为压缩距离为 s 时作用在缓冲器上的力;W_{total}为缓冲压缩过程中吸收的总能量;V 为缓冲器的体积;m 为缓冲器的质量。

缓冲器的理想吸能效率 I 定义为

$$I = \frac{W}{\sigma_p \varepsilon_m} \tag{4-38}$$

式中:σ_p为缓冲器压缩过程中的平台应力;ε_m为该材料允许达到的最大应变。

剔除一些结果不好的数据,计算结果如表 4-2 所示。W_{total}、W、W_m的量纲分别为 J、J/m^3、J/kg。

试件编号说明:fal 表示纯泡沫铝;com(0.4)表示 0.4mm 厚铝壳填充泡沫铝的组合件;sal(0.4)和 sal(0.8)分别表示 0.4mm 厚和 0.8mm 厚的铝壳;com(0.8)表示 0.8mm 铝壳填充泡沫铝的组合件。

从表 4-2 中可以看出,泡沫铝填充薄壁铝管缓冲试件的承载和吸能能力并非泡沫铝试件和铝壳试件吸能能力的简单叠加,而是得到了大大的提高,这主要是因为泡沫铝芯材和铝壳的耦合效应。在塑性平台区相同形变量的情况下,对于 com (0.4)的组合件吸收的能量比纯泡沫铝芯吸收的能量提高了 80%~

90%,对于 com (0.8)类型的试件,组合件吸收的能量较泡沫铝芯件吸收的能量提高了两倍。组合件中,随着外套铝壳厚度的增加,单位体积内的吸能能力、单位质量内的吸能能力以及理想吸能效率都随着增大。在所有的试件中,薄壁铝壳塑性变形缓冲器单位质量内的吸能能力最高。另外泡沫铝和铝壳间隙是否涂有胶,对泡沫铝填充壳吸能效果影响很小。

表 4-2 试件缓冲特性

试件标号	W_{tota}/J	W/(J·m^{-3})	W_m/(J·m^{-3})	I
fal 1	66.15	6.829×10^6	6.098×10^3	0.413
fal 2	68.68	6.883×10^6	6.331×10^3	0.408
fal 3	69.19	7.142×10^6	6.387×10^3	0.398
sal1(0.4)	32.81	3.134×10^6	18.68×10^3	0.281
sal2(0.4)	32.82	3.135×10^6	18.69×10^3	0.261
sal3(0.4)	24.66	2.355×10^6	14.04×10^3	0.276
sal1(0.8)	95.80	8.599×10^6	27.37×10^3	0.331
sal2(0.8)	93.07	8.354×10^6	26.59×10^3	0.330
sal3(0.8)	82.82	7.434×10^6	23.66×10^3	0.307
com1(0.4)	116.93	11.19×10^6	9.375×10^3	0.530
com2(0.4)	122.81	11.75×10^6	9.864×10^3	0.534
com3(0.4)	108.32	10.37×10^6	8.684×10^3	0.533
com1(0.8)	181.84	16.21×10^6	12.84×10^3	0.581
com2(0.8)	184.01	16.40×10^6	13.00×10^3	0.652
com3(0.8)	181.42	16.17×10^6	12.81×10^3	0.591

2. 高 g 值多次冲击下泡沫铝填充壳的缓冲实验[7]

为了考核泡沫铝填充铝壳在多层侵彻过程中对弹载加速度测试装置记录电路模块缓冲保护性能,利用空气炮模拟了多层侵彻过程,并对多次缓冲的效果进行了评估。

空气炮(图 4-53)的工作原理如下:将被考核测试装置安装在测试段,在压缩空气的推动下使模拟炮弹沿 6m 长的身管加速度获得一定的速度,在测试段与测试装置发生碰撞,使测试装置获得所需的加速度,图 4-54 为最终碰撞状态。实验过程中,调节子弹与测试装置间毡垫的厚度和高压气室压力值,可以实现对碰撞加速度幅值与脉宽的调节。为了评估缓冲效果,研制了双通道加速度测试装置,原理如图 4-55 所示。测试装置中安装两个传感器,一个安装在最底端,用来测试缓冲前测试装置加速度值 A_n;另一个安装在记录模块里面,用来测试经过缓冲后的加速度值 A_m。因为多次连续次高冲击过程在该空气炮中无法模拟,用多个单次高 g 值冲击累加的方法代替,即用同一个组合件进行多次空气炮实验,每次试验后读取两个传感器的记录信号,观察实验效果并对缓冲效果进行评估。

图 4-53 空气炮装置

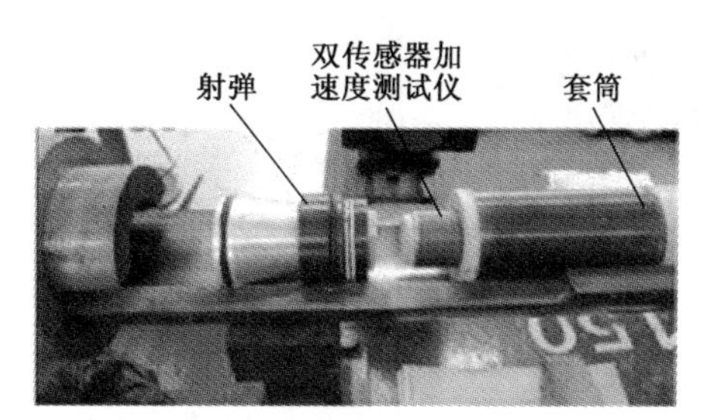

图 4-54 最终碰撞状态

根据现场侵彻试验结果分析,经环氧树脂灌封的弹载电子装置能耐受的加速度极限值能达到 $a_0=1.5\times10^4g$,由 $F=ma_0$ 可以确定泡沫铝填充结构的平台载荷 F、m 为被缓冲的电路模块的质量。由静态压缩实验结果设计加工了泡沫铝填充壳缓冲结构,泡沫铝芯材密度同上,圆柱直径为 25mm,高度为 17.7mm,铝壳厚度为 0.3mm,内径为 25mm,高度为 17.7mm。为了验证泡沫铝外填充壳对电路模块的多次缓冲性能,针对同一个填充壳缓冲件,以 0.2MPa 的相同空气炮气压值对双通道加速度测试仪进行了三次高 g 值冲击试验。三次冲击前后的缓冲装置实物图如图 4-56 所示。第一次冲击时所测得加速度实测曲线如图 4-57 所示,5k 滤波后的加速度曲线如图 4-58 所示。

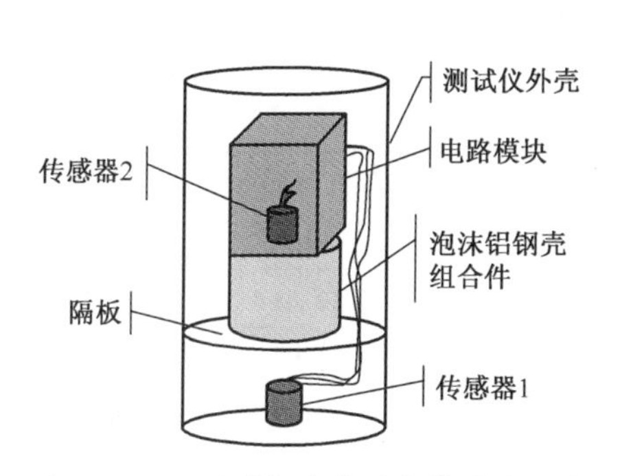

图 4-55 双通道加速度测试装置原理图

图 4-56 三次冲击前后的缓冲件对比图

从图 4-58 中可以看出,传感器 1 测得的过载测试仪整体加速度最大值为 26640g,脉宽为 391μs,传感器 2 测得的电路模块加速度最大值为 12526g,脉宽为 655μs。可见经过填充壳缓冲后电路模块所受到的冲击加速度幅值明显比缓冲前冲击加速度小很多,脉宽也明显变宽。定义缓冲效率 η_a 为

$$\eta_a = \frac{A_n - A_m}{A_n} \times 100 \tag{4-39}$$

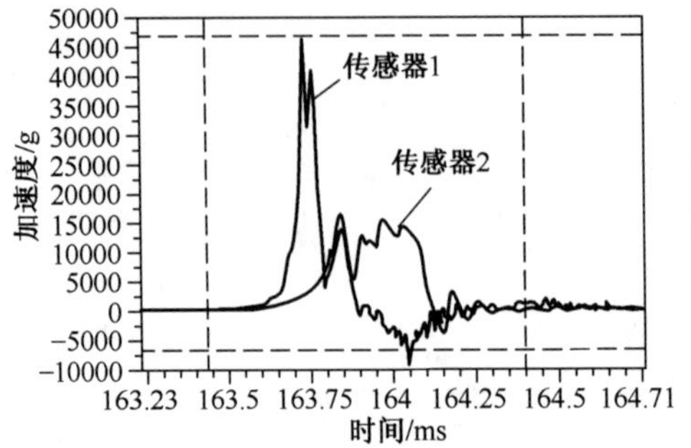

图 4-57　第一次冲击实测加速度曲线

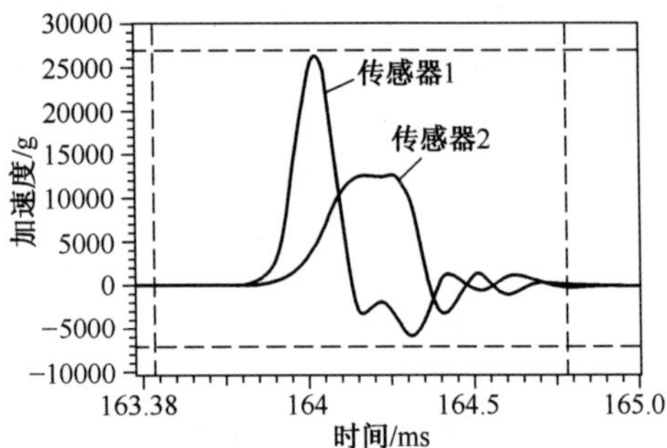

图 4-58　第一次冲击实测加速度 5k 滤波曲线

第二次冲击和第三次冲击时所测得加速度经 5kHz 滤波后的加速度曲线如图 4-59 和图 4-60 所示。试验数据如表 4-3 所示。

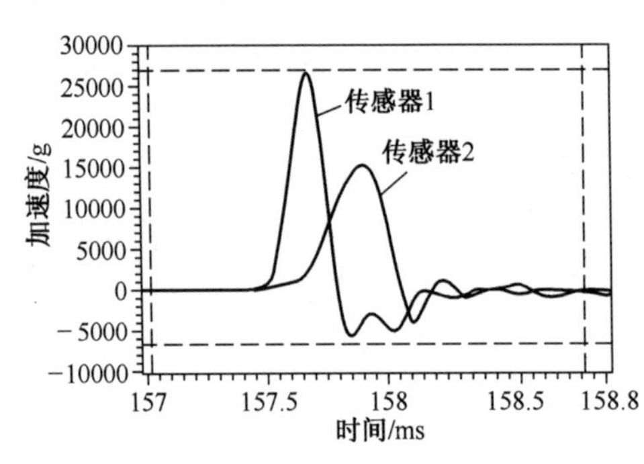

图 4-59　第二次冲击加速度 5k 滤波曲线

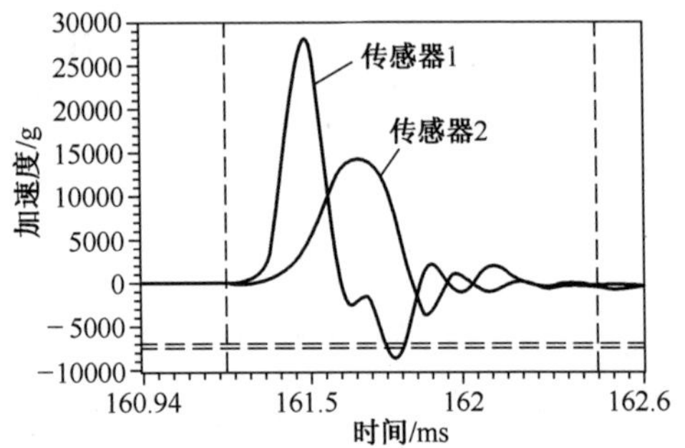

图 4-60　第三次冲击加速度 5k 滤波曲线

表 4-3　缓冲试验数据

冲击次数	加速度最大值/g		加速度脉宽/μs		缓冲装置厚度/mm		缓冲效率 η_a
	传感器 1	传感器 2	传感器 1	传感器 2	冲击前	冲击后	
1	26640	12526	351	605	17.70	14.63	52.98%
2	28520	14708	347	582	14.63	13.64	48.43%
3	26950	15650	330	578	13.64	13.14	41.93%

对泡沫铝填充铝壳进行了静态压缩实验,采用空气炮为加载平台评价了高 g 值多次冲击条件下泡沫铝填充铝壳的缓冲吸能特性。研究结果表明:由于泡沫铝芯和铝壳的耦合效应,泡沫铝填充薄壁铝管缓冲试件的承载和吸能能力大于泡沫铝试件和铝壳试件响应值的简单叠加;文中所设计的缓冲器件在变形较小的情况下达到了在每一次冲击中将电路模块所受到的加速度幅值降低的目

的。由此可见,泡沫铝填充壳缓冲件可用于多层侵彻环境下弹体狭小空间中电路模块的缓冲保护。

参考文献

[1] 徐鹏.高 g 值冲击测试及弹载存储测试装置本征特性研究[D].太原:中北大学,2006.

[2] 王礼立. 应力波基础[M].北京:国防工业出版社,1985.

[3] Lawrence W.Burke, Edward Bukowski. HSTSS battery development for missile and ballistic telemetry application[R].ARL-MR-447,2000.

[4] 汪凤泉. 电子设备振动与冲击手册[M].北京:科学技术出版社,1997.

[5] 杨平. 非线性抗振动冲击防护动力学和动态设计[M].北京:国防工业出版社,2003.

[6] 余同希.材料与结构的能量吸收[M].北京:化学工业出版社,2006.

[7] 徐鹏.高 g 值冲击下泡沫铝填充壳缓冲吸能试验研究[J].兵工学报,2013(增):363-368.

第二篇　新概念动态测试应用

第5章　火炮发射膛压测试和弹底压力测试技术

5.1　膛压测量的特点及方法

5.1.1　膛压测量的特点

膛压的测量是指对火炮发射时火药气体在炮膛内压强的测量,包括压力变化规律及其最大值测量。用实验的方法准确地测出膛内压力随时间变化的曲线,对研究兵器设计理论、分析身管武器性能及加速新型武器的研究进程都具有十分重要的意义。

火炮射击过程具有高温、高压、高速和瞬时性的特点[1],火药燃气压力是一个动态量。高膛压火炮膛内压力可达800MPa、初速可达1800m/s,硝化甘油火药燃烧的瞬时温度可达3000℃。

膛压的变化范围较宽,从零至数百兆帕,持续时间有长有短,从几毫秒到数十毫秒。因此对于身管武器膛压测量来说,有其显著的特殊性。第一,膛压测量的客观环境十分恶劣,测试仪器必须承受高温、高压和高冲击,同时还要满足军标规定的弹药保高低温要求,能适应温度、湿度等复杂多变的环境影响;第二,发射过程具有瞬时性和单次性特点,因此要求测试仪器必需有高可靠性,测试量程要宽,精度要高,要有很强的抗干扰能力,要有良好的频率响应,同时要具有快速综合处理数据的能力[2];第三,测试空间狭小,要求测试仪器体积微小;第四,从准备、保温到射击要经历2~3天的时间,测试仪必须低功耗。

5.1.2　膛压测量方法

1. 铜柱(球)测压法

目前广泛采用的膛压测量方法有铜柱(球)测压法、引线电测法和放入式电子测压器电测法三种。

铜柱(球)测压法是用专门制作的铜柱(球)测压器直接放入火炮的药室中,在火药燃气压力作用下以测压器上的活塞压缩铜柱(球)产生的塑性变形量作为压力值的量度，因此，它只能测定火药燃气的压力峰值，不能反映火药燃气压力变化的全过程[3]。但是，这种方法设备简单、操作方便、工作稳定、成本低廉、不需要破坏身管武器，一直是膛压测量的主要技术手段，从 17 世纪至今仍为世界各国所采用，在身管武器的生产验收中起着重要的作用。

南京理工大学的朱明武教授领导的科研团队研制的铜柱（球）测压器校准系统，使铜柱（球）测压法的膛压测试精度与电测法相当，得到普遍推广应用，使得这个应用了 100 年以上的测压技术又重新焕发了青春。

铜柱测压器体积有 4 种规格，即 $4.08cm^3$、$35cm^3$、$38cm^3$（高膛压测压器）、$38cm^3$（低温测压器）。铜球测压器的体积只有 $14.5cm^3$ 一种。铜柱（球）测压器能够满足现役各种身管武器的膛压测试需求。

2. 引线电测法

从 20 世纪 70 年代开始，随着电子技术的发展，世界各国开始普遍推广火炮膛压的引线电测法。

引线电测法属于传感器测压法，利用传感器把膛压的变化转变为电信号，再通过仪器把变化的电信号放大并记录下来，所记录的压力随时间变化的电信号即为 $p-t$ 曲线。

引线电测法的特点是能够完整地反映膛压随时间的变化规律，便于校准，测试准确度高。$p-t$ 曲线能如实反映内弹道阶段发射药燃烧的状况，这是铜柱（球）测压法无法比拟的。

测试系统主要由压力传感器、电荷放大器、数据记录仪构成，试验前需要在药筒底部安装传感器安装座，试验炮则在炮身膛壁上打孔，以便安装压力传感器。药筒底部安装传感器时，要通过炮闩和药筒底部的刻槽引出电缆，经常发生关闩时克断引线的事故。一般使用压电晶体传感器，通过低噪声电缆将被测信号传送到电荷放大器，由数据记录仪进行信号的采集存储。测试试验一般在野外进行，传感器安装在火炮后座体上，电荷放大器及记录仪放在安全区实验室，压电晶体传感器与电荷放大器组合的测试精度一般不受电缆长度的影响（详见本书第 1 章式（1-17）），但由于关闩动作经常克断电缆，数据捕获率较低，此外，需要现场布线，安置试验仪器，给试验带来不便。

引线电测法虽然能获得完整的膛压曲线，便于校准，测试精度高，但要在火炮身管上打安装孔，这对于设计定型武器是不允许的，药筒底部安装传感器结构可靠性低，而对于相当种类的弹药结构（如全可燃药筒）则不能安装传感器，因此该方法的推广应用受到限制。

3. 放入式电子测压器电测法

放入式电子测压器电测法是采用存储测试技术，将传感器、电荷放大器电路、采集、存储及数据通信电路、随行电池集成在一个很小的空间内，放置到高强度壳体内，在燃烧着的火药中实现膛压的实时测量。使用时直接放入药筒底部或药室内，自动测量射击时的膛压变化，事后回收读取测试数据。

放入式电测法不需要在药筒底部打孔安装传感器，发射现场也不需配备专用仪器，既有铜柱测压器的体积小、无引线、使用方便的特点，又有引线电测法测试精度高，能记录完整膛压-时间曲线，并可重复使用，避免了引线电测法的缺点等特点。是火炮膛压测试从应用了百年的铜柱测压法过渡到电测法的理想手段。

中北大学（原太原机械学院，1993 年更名为华北工学院，2004 年更名为中北大学）研制的“电子测压蛋”，1989 年获得国家发明专利，1991 年国家发明二等奖，1997 年制定了国军标（GJB2870—1997）《放入式电子测压器规范》，2009 年对该规范进行了修改，并由总装备部军标审议委员会审议通过，等待颁布实施。2008 年 3 月颁布实施的国军标 GJB2973A—2008《火炮内弹道试验方法》已把放入式电子测压器测压方法和铜柱（球）测压法及引线电测压法并列成为火炮内弹道的三大测压方法之一。

多年来，中北大学先后研制了体积是 $80cm^3$、$60cm^3$、$38cm^3$、$22cm^3$ 的放入式电子测压器产品。自 2004 年作为军用电子仪器定型后，开始在国家级试验靶场、科研院所及各兵工厂推广使用，获得了大量火炮膛压测试数据。经 1991 年由工程院院士李鸿志教授（南京理工大学）主持的科研鉴定会和 2004 年工程院院士王泽山教授（南京理工大学）主持的军用电子仪器型号验收会都给以评价“处于国际领先水平”。

本章主要论述放入式电子测压器的设计、校准和应用。

5.2 膛压信号的时域和频域特征

5.2.1 典型膛压信号的时域特征

在火炮发射时，炮膛内不同现象的相互制约和相互作用，形成了膛内燃气压力变化的特性。由于炮、弹种类繁多，点火过程的不同，膛压曲线有较大的差异，但其特征基本相同。膛压信号的特征参数如图 5-1 所示，从图中可看出，膛压信号是有限的非平稳信号，持续时间较短，信号变化比较剧烈，有一个明显的上升和下降过程[4]。膛压信号的主要特征参数有最大膛压值 p_m；弹丸开始启动瞬间的膛压值 p_o（启动压力—弹带嵌入膛线）；弹丸运动到炮口时的膛压值 p_g；膛压上升到 p_0的时间 t_2，从弹丸击发到膛压上升到 p_m的时间 t_4，从弹丸击发到弹丸运动到炮口的时间 t_6，弹丸在膛内运动时间 t_7。

根据膛压信号的变化规律,可将火药燃气作用的全过程分为静力燃烧时期(从击发底火到弹丸挤进膛线)、内弹道时期(从弹丸开始运动到弹丸出炮口)和后效期(弹丸飞出炮口以后)[5]。

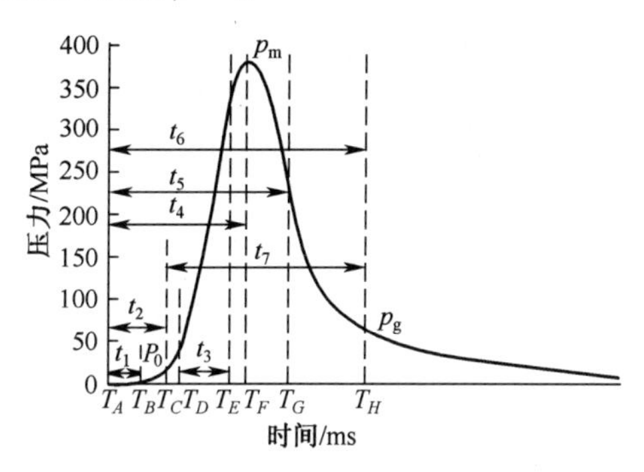

图 5-1　膛压信号的主要特征参数示意图

图 5-1 中:T_A为击发底火时刻;T_B为压力开始形成时刻;T_C为膛压上升到启动压力(嵌入弹带)P_0的时刻;T_D为 10%最大膛压时刻;T_E为 90%最大膛压;T_F为最大膛压时刻;T_G为火药燃烧结束时刻; T_H为弹丸离开炮口时刻;t_1为底火点火时间;t_2为膛压上升到启动压力 p_0时间;t_3为压力上升时间;t_4为点火到最大压力时间;t_5为点火到火药燃烧结束时间;t_6为点火到弹丸离开炮口时间;t_7为弹丸在膛内运动时间。

火炮膛压信号的时域特点为:膛压信号的上升沿持续时间在毫秒量级,全过程持续时间(到 T_H)5~30 毫秒,口径小、初速大的身管武器的全过程持续时间短,大口径火炮持续时间长。装药结构设计完好的火炮膛压信号一般呈光滑的单峰值状态,装药结构不合理时常常呈多峰值不规则燃烧状态。

5.2.2　典型膛压信号的频域特征

图 5-2 和图 5-3 是 4 种火炮实测膛压信号及其归一化幅频特性曲线。由图 5-2 可知,膛压信号是时限信号,膛内压力值从零到数百兆帕,信号持续时间小于 30 毫秒,信号上升时间为 1~6 毫秒。其频谱宽度是无限的,信号的大部分能量都集中在有限的频谱宽度内。这个信号能量集中的频率范围就是信号的带宽。工程上是采用信号带宽中的能量占总能量的百分比(如 90%,95%,99%)来定义信号带宽的[6]。

在图 5-3 的实测膛压信号频谱特性曲线中画了一条-72dB 水平线,相当于 12 位 AD 转换器的分辨率,与频谱特性曲线的交点频率即定义为膛压信号的最高频率分量。交点频率之前的信号能量均大于总能量的 99.95%。因此,火炮膛压信号的有效带宽定为 5kHz。

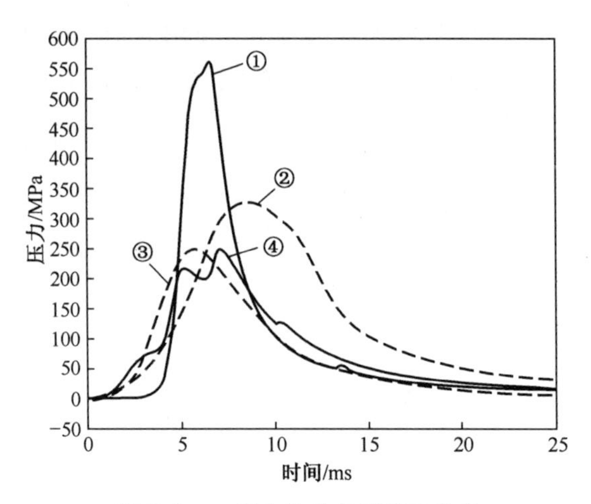

图 5-2　四种火炮的实测膛压信号

①—××mm 滑膛炮;②—××mm 加农炮;③—××mm 榴弹炮;④—××mm 加榴炮。

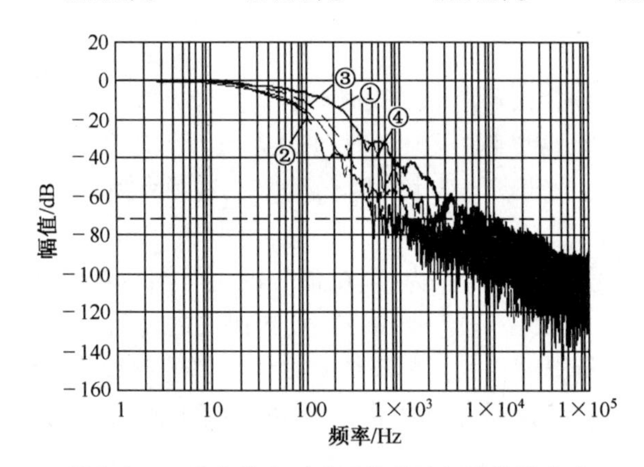

图 5-3　四种火炮实测膛压信号的频谱特性曲线

①—××mm 滑膛炮;②—××mm 加农炮;③—××mm 榴弹炮;④—××mm 加榴炮。

5.3　放入式电子测压器设计

5.3.1　系统功能

放入式电子测压器是火炮膛压专用测试仪器,它的环境适应能力、系统功能、使用寿命和使用便捷性等方面都有具体的要求,功能要求与技术指标在国军标 GJB 2973A-2008《火炮内弹道试验方法》及 GJB2870-1997《放入式电子测压器规范》中做了明确的规定。

根据火炮内弹道试验方法国军标的规定,放入式电子测压器的体积不应超过药室容积的2.5%,测试误差不大于满量程的2%[7]。我国作战地域广阔,一年四季南北温差很大,如南方干热地带气温可达+55℃以上,而寒带则到-40℃以下。一般在战术技术指标中规定应满足-40~+55℃的极端温度要求。为了使放入式电子测压器与弹药的相互作用不影响测试结果的准确度,国军标中规定在射击试验前测压器必须在低温(-40℃)、常温(20℃~25℃)及高温(+55℃)环境下与弹药一起保温至少48h,口径大于155mm的火炮保温时间至少72h。根据上述要求,测压器的功能应满足如下要求。

(1) 体积:在满足不超过火炮药室容积的2.5%要求的前提下尽量小;

(2) 抗冲击能力:≥20000g(≤100μs);

(3) 工作温度:-40℃~+55℃;

(4) 耐瞬时高温:≥3000℃(≤40ms);

(5) 测量压力量程:≤600MPa;

(6) 能随弹药长期保温(48~72h),保温温度-40℃、20℃~25℃、+55℃,保温过程结束后可在保温状态长期等待(有时可达数天),在射击前3分钟用变更炮弹姿态(倒置)的方式使测压器处于工作状态;

(7) 系统功耗:满足测试要求的前提下尽量小;

(8) 使用便捷性:操作简单。

5.3.2 22cm^{3}放入式电子测压器的主要技术指标

系统静态误差(2σ):优于2%FS;

量程范围:0~600MPa;

体积:22cm^3;

分辨率:12bit;

采样频率:125kHz、100kHz、50kHz(可编程设置);

存储容量:52KWords;

负延时点数:2KWords;

触发压力:5%~99%FS(可编程设置);

触发方式:内触发;

工作时间:测前准备时间3h,工作待命(保温)时间0~72h,读出准备时间1h;

上电方式:无保温要求时手动上电、有保温要求时倒置上电;

通信方式:红外接口+USB接口。

5.3.3 组成及工作原理

22cm^{3}放入式电子测压器的原理框图如图5-4所示,结构图如图5-5所示,主要由高强度壳体、压力传感器、电路模块、电池及倒置开关组成。工作状态图如图 5-6 所示。

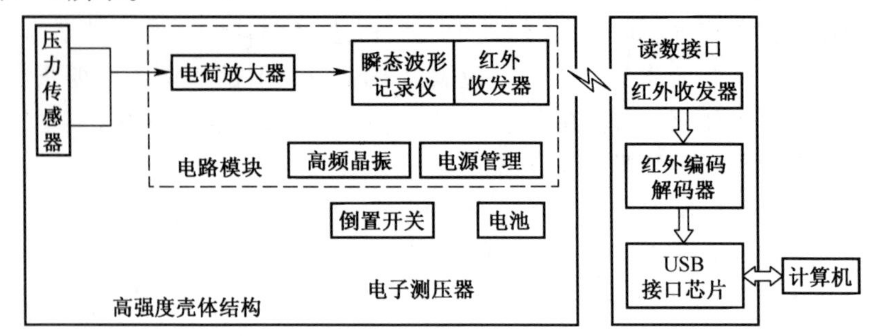

图 5-4 放入式电子测压器工作原理框图

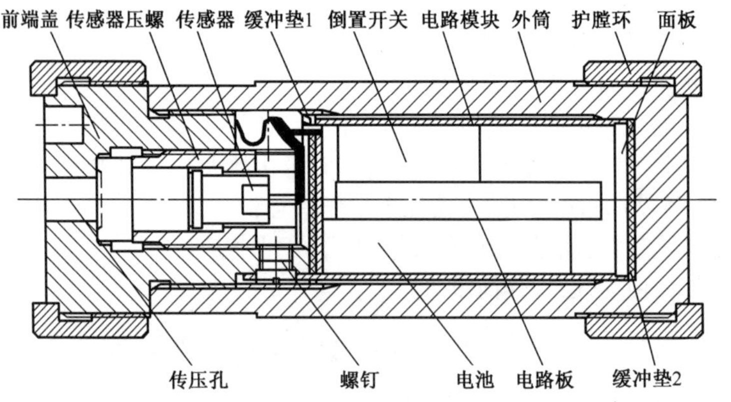

图 5-5 放入式电子测压器结构示意图

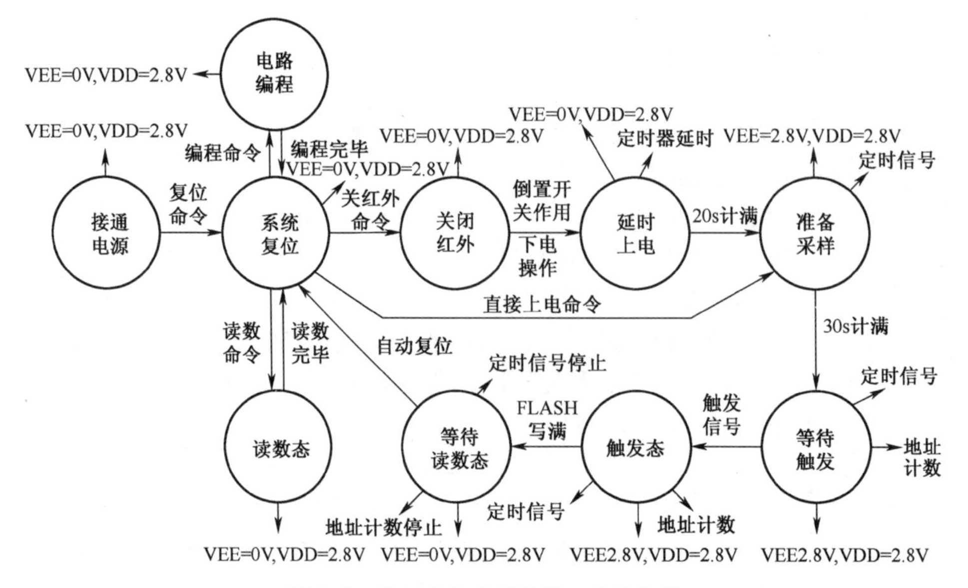

图 5-6 放入式电子测压器工作状态图

1. 压力传感器

瑞士 Kistler 公司的 6215 型压电式压力传感器是前端密封的高压传感器，适用于各种内弹道压力测量，性能优越。该传感器的固有频率大于 240kHz，上升时间 1μs。

2. 电路模块

电路模块是电子测压器的核心部件，由电荷放大器、瞬态波形记录仪及红外接口（位于面板上）、高频晶振、电源控制器等组成。主要完成传感器输出信号的调理、采样与存储及数据通信等功能。倒置开关采用微加速度计倒置开关。面板实现电池连接和充电管理、红外通信接口及工作状态显示功能。

3. 电源控制策略及倒置开关

测压器从接通电源到保温再到测试数据要经历 2~3 天的时间，电池容量有限，必须通过电源控制技术使用定时或自适应等手段减小系统功耗。倒置开关是实现测压器电源控制的关键部件。测压器随弹药一起保温时处于微功耗状态，按照弹药安全规程，弹药在保存、保温、运输状态只允许平放或弹丸前端朝上放置，如图 5-7(a)和图 5-7(b)所示。保温结束，在射击试验前 5~10 分钟，使用专用翻弹机把弹药按非常规姿态（弹丸的前端朝下）倒置半分钟以上，如图 5-7(c)所示，通过倒置开关和电源控制器控制测压器的上电（从微功耗态转到准备采样态）。在弹药存放和运输过程中不允许处于非常规姿态，测压器的控制模块有电子自动识别电路，倒置开关必须连续倒置 30 秒以上测压器才会上电，不会发生误上电的情况。

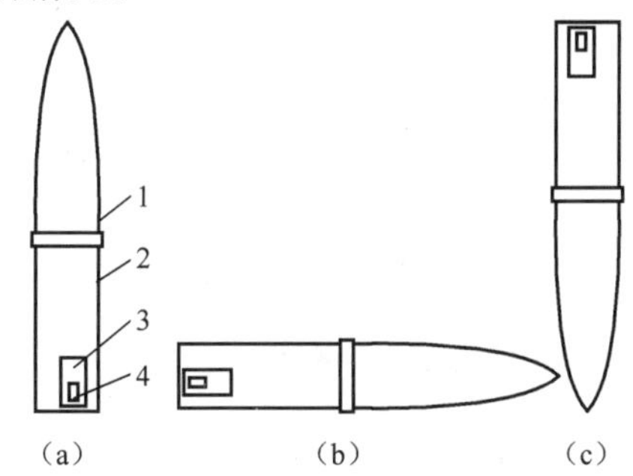

图 5-7　倒置开关使用示意图

1—弹丸；2—药筒；3—微型电子测压器；4—倒置开关。

4. 电池

测压器采用可充电的低温配方的聚合物锂离子电池提供电源，标称电压是 3.6V，常温和高温环境下电池容量是 45mAh，-40℃ 环境下电池容量是 30mAh。能够保证测压器在常温、高温和低温三种温度环境下正常工作，满足保温要求。

5. 壳体

壳体材料选用超高强度马氏体时效钢,经热处理后屈服强度可高达1000MPa,以保护传感器、电路模块和电池等在高温高压环境下不受损坏。

放入式电子测压器具有一定的智能化功能,操作采用非接触方式,面板上装有红外收发器(图5-4、图5-5),需要与控制计算机通信时,拆下图5-5所示外筒,使红外收发器与专用读数接口(图5-4)上的红外收发器相对,专用读数接口通过USB接口与控制计算机连接。控制计算机采用了虚拟仪器结构,用户通过鼠标点击软面板上的相关按钮来实现对测压器进行自检、编程,或读出测压器中的测试数据并按照给定的文件名存盘,按照军标规定的规程处理测试数据,显示膛压曲线,各标志点数据,形成报告文件等等。测压器按照控制命令执行相应的操作。测压器还具有自动记录使用次数的功能。

$22cm^3$放入式电子测压器可用于57mm以上口径火炮的膛压测试,适用炮种数量占统计炮种总数的70%。不能测试的炮种为小口径高射炮、双管高射炮、小口径舰炮和航空炮及小口径高射速炮,则采用在弹丸上安装测压器测量弹底压力,得到膛压曲线。

5.3.4 放入式电子测压器的静、动态设计

第1章以举例方式对此进行了讲述,在此不再重复。

5.4 模拟应用环境下的准静态校准技术

放入式电子测压器的校准在第3章3.2.2节中所描述的模拟膛压发生器模拟应用环境中,使用图3-14及图3-15所示的模拟膛压发生器准静态校准系统实施的。3.2.2节讲述了校准原理,本节将作深入详细的论述。

5.4.1 基于压力曲线上升沿的校准方法

放入式电子测压器的校准过程中采用的是基于压力曲线上升沿的校准方法。该方法的实施过程是:选择测压器满量程的95%~100%的压力值作为校准压力值,分别在3种温度环境下各重复5次试验,获得各温度环境下的5发有效数据,共计15发数据。将标准测压系统的平均压力曲线与测压器的压力曲线画在同一直角坐标系下,以标准测压系统的平均压力曲线为基准,逐点平移测压器曲线,求得二者相关系数序列并求出最大相关系数,要求最大相关系数不小于0.999。若测压器压力曲线平移j点后的数据序列$x(n)$与标准测压系统平均压力曲线数据序列$y(n)$具有最大的相关系数,在这两条压力曲线上升沿

按峰值压力 30%～80%压力范围内对应取 m 对数据(y_1,x_1),(y_2,x_2),…,(y_m,x_m)。在此温度环境下重复 5 次校准试验,把从 5 组压力曲线中得到的所有的数据样本用最小二乘法进行线性拟合,最终得到测压器在此温度环境下的工作直线方程。具体的数据处理方法见 5.4.3 节。

5.4.2 校准方法的合理性论证

1. 利用压力曲线上升沿数据进行校准的合理性分析

模拟膛压发生器的泄压膜片设计为在压力达到测压器满量程的 90%左右被冲破,经实际测试,破膜信号与三个标准系统的压力信号如图 5-8 所示,破膜信号在最大压力之前产生。

在泄压膜片被冲破之前,火药燃烧产生压力的过程是定容过程[5],火药在密闭条件下的燃烧情况满足

$$p_m = \frac{f \cdot \Delta}{1 - \alpha\Delta} \tag{5-1}$$

式中 p_m 为模拟膛压发生器内的最大压力;f 为系数,称为火药力;Δ 为火药装填密度;α 为系数,称为余容。

在膜片被冲破之前,火药定容燃烧,可认为三个标准压力传感器与被校测压器测试的是同一个压力信号;破膜以后的燃烧过程不再是定容燃烧,火药气体通过排气喷管向外排出,在模拟膛压发生器内将形成火药燃气的不均匀流场,如图 5-9 所示,此时不能再认为各标准压力传感器与被校测压器所测为同一个压力。由于火药燃气生成速率大于泄压速率,因此,模拟发生器内的压力继续增大,破膜后燃气生成速率小于泄压速率时,模拟膛压发生器内的压力不断下降,直到降为标准大气压。因此,以破膜信号之前的压力曲线上升沿数据进行校准数据处理是合理的。

2. 在压力曲线上升沿 30%～80%取点的合理性分析

在数据处理过程中,数据取点是以相关系数最大为前提条件的,该相关系数称为皮尔逊相关系数、积差相关系数或积矩相关系数[8],是标准系统所测压力数据与测压器所测压力数据相关程度的数字表现形式。皮尔逊相关的应用前提有三点:①两列数据都是测量得到的连续数据;②两列数据所来自的总体应是正态分布,或接近正态的单峰对称分布;③两列数据必须是成对的数据。对于标准系统所测平均压力数据和测压器所测压力数据而言,二者都是连续数据,并且是相互独立的成对数据。下面分析所测压力数据即模拟膛压信号的正态性。

正态性是试验数据随机误差特性统计的基本条件,关系到数据的选取与处

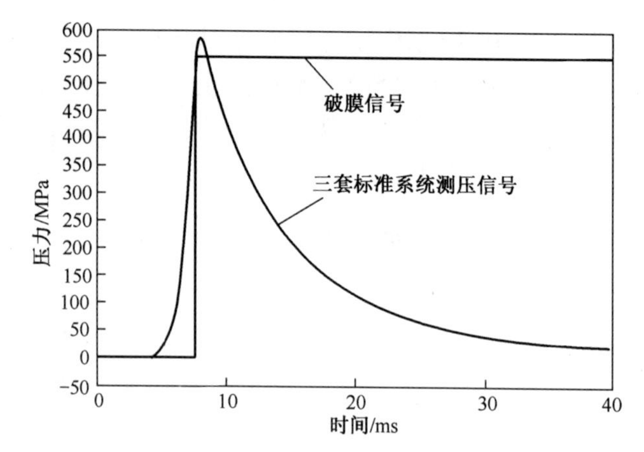

图 5-8　破膜信号与三套标准系统的压力曲线

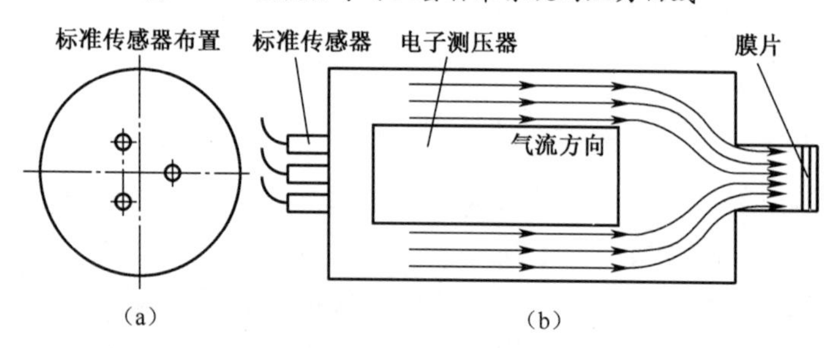

图 5-9　泄压过程模拟膛压发生器内气体流动示意图

理方法,因此对试验数据进行正态性检验是试验数据处理与分析的重要环节[9]。

对于正态性问题,虽然兵工产品的质量指标作为正态总体处理已得到公认,但是在某些条件下,这种正态性也常常不能或不能严格满足[10]。但常常有些数据处理与分析方法要求数据必须服从或大致服从正态分布,鉴于模拟膛压发生器中产生压力信号的过程是一个复杂的随机过程,不可能对其总体进行正态性检验,而只能对其多个样本数据进行正态性检验,以期能反映其总体的正态性特征。本节采用偏度和峰度检验法来对多个样本试验数据进行正态性检验,步骤如下。

(1) 设 $y_1,y_2,\cdots,y_n$ 为取自总体 y 的一个样本,将 $y_1,y_2,\cdots,y_n$ 分为 N 组,组距相等(纵坐标等间隔),求出其组中值 y_i' ,频数(即样本值落入小区间的个数) $f_i(i=1,2,\cdots,N)$ 。

(2) 计算样本均值和样本二阶中心距 $\widetilde{S}^2$ 的方根 $\widetilde{S}$:

$$\widetilde{S}=\sqrt{\frac{1}{n}\sum_{i=1}^{N}f_i\,(y_i'-\overline{y})^2} \tag{5-2}$$

（3）计算样本三阶、四阶中心距 B_3、B_4：

$$B_3 = \frac{1}{n}\sum_{i=1}^{N} f_i\,(y_i' - \bar{y})^3 \;,\; B_4 = \frac{1}{n}\sum_{i=1}^{N} f_i\,(y_i' - \bar{y})^4 \qquad (5-3)$$

（4）计算样本的偏度值和峰度值 g_1、g_2：

$$g_1 = \frac{B_3}{\tilde{S}^3} \qquad g_2 = \frac{B_4}{\tilde{S}^4} \qquad (5-4)$$

（5）给出显著性水平 α，查正态分布函数表得 $u_{\alpha/2}$，计算 D_1 和 D_2：

$$D_1 = u_{\alpha/2}\sqrt{\frac{6}{n}} \qquad D_2 = u_{\alpha/2}\sqrt{\frac{24}{n}} \qquad (5-5)$$

（6）判断：若 $|g_1| > D_1$ 或 $|g_2 - 3| > D_2$，则认为总体分布不服从正态分布；若 $|g_1| \leqslant D_1$ 且 $|g_2 - 3| \leqslant D_2$，则认为总体分布服从正态分布。

根据上述步骤对测压器校准试验数据进行了整体和局部正态性检验，结果如表 5-1 所示，使用 MINITAB 软件对其正态性分析如图 5-10 和图 5-11 所示。经验累积分布函数图可用来评估正态分布与样本数据的拟合程度。图 5-10 和图 5-11 中曲线 1 是样本数据的经验累积分布函数，曲线 2 是拟合的正态累积分布函数。图 5-10 和图 5-11 中 Bit 值表示测压器内部 12 位 AD 转换器输出的数字量值。

表 5-1　常温下校准试验的测压器数据正态性检验结果

范　围	$\lvert g_1\rvert$	$\lvert g_2-3\rvert$	D_1	D_2	判断结果
上升沿和下降沿整体	1.113	0.826	0.121	0.242	非正态
上升沿 0~100%	0.964	0.724	0.149	0.298	非正态
上升沿 10%~90%	0.181	1.456	0.249	0.498	非正态
上升沿 20%~80%	0.603	1.021	0.298	0.596	非正态
上升沿 20%~70%	0.494	0.981	0.487	0.974	非正态
上升沿 30%~80%	0.433	1.067	0.54	1.08	正态
下升沿 0~100%	1.467	0.922	0.088	0.176	非正态
下升沿 10%~90%	1.026	1.189	0.101	0.202	非正态
下升沿 20%~80%	1.003	0.975	0.204	0.408	非正态
下升沿 20%~70%	0.785	0.882	0.257	0.514	非正态
下升沿 30%~80%	0.821	0.906	0.187	0.374	非正态

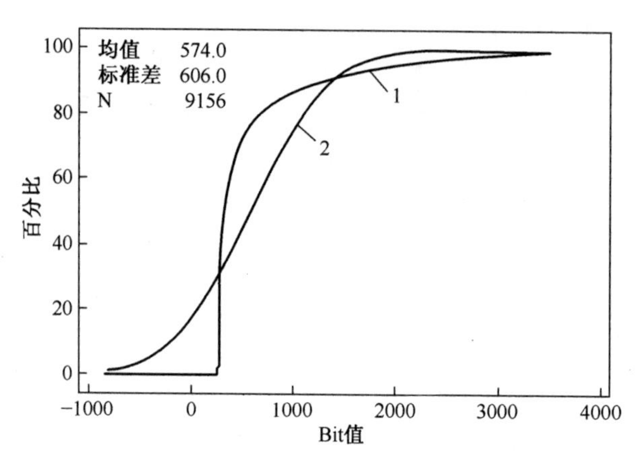

图 5-10　整体范围内的正态经验累积分布函数

1—整体范围内的经验累积分布函数;2—正态累积分布函数。

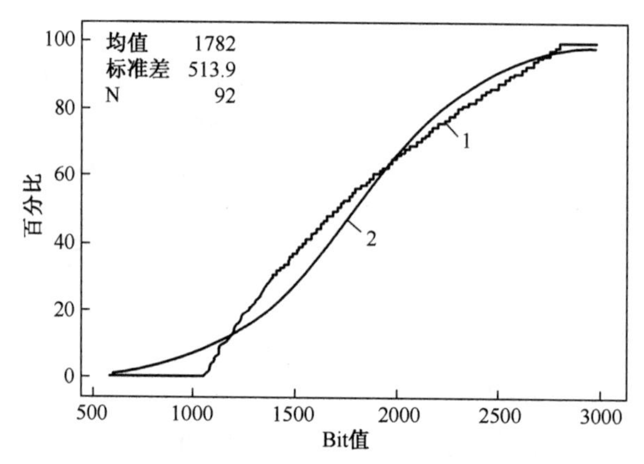

图 5-11　30%~80%范围内正态经验累积分布函数

1—经验累积分布函数;2—正态累积分布函数。

通过对多只测压器的试验数据样本进行正态性检验可知,测压器校准试验数据在上升沿的30%~80%范围内较好地服从正态分布,对数据整体而言正态性不够显著,特别是在其下降沿,正态性较差。但是考虑到试验样本的特殊性和局限性,其考察的样本容量较小,因此可认为测压器校准试验数据在最大值的30%~80%取值时总体上服从正态分布。

若某随机变量是服从正态分布的,则其线性组合后的随机变量也服从正态分布,正态性不变[11]。由于标准测压系统的校准试验数据与测压器校准试验数据呈线性关系,因此二者的正态性一致。因此,在压力曲线上升沿30%~80%取点,再利用这些数据点计算测压器灵敏度系数是合理的。

综上所述,模拟膛压发生器产生压力信号的过程是一个复杂的非平稳的近似正态的随机过程。

3. 线性拟合的合理性分析

在标准测压系统平均压力曲线上升沿获得的数据序列为 $y_1, y_2, \cdots, y_m$，相应的测压器的数据序列为 $x_1, x_2, \cdots, x_m$，组成数据对 $(y_1, x_1), (y_2, x_2), \cdots, (y_m, x_m)$，这些数据对的获取是以标准系统平均压力曲线与测压器压力曲线相关系数最大为前提的，二者相关系数为

$$\rho_{xy} = \frac{\sum_{i=1}^{m} (x_i - \overline{x_i}) \cdot (y_i - \overline{y_i})}{\sqrt{\sum_{i=1}^{m} (x_i - \overline{x_i})^2 \cdot \sum_{i=1}^{n} (y_i - \overline{y_i})^2}}, i = 1, 2, \cdots, m \tag{5-6}$$

相关系数具有三个性质[10]：① $\rho_{xy} \leqslant 1$；② $|\rho_{xy}|$ 越接近 0，y 与 x 之间的线性关系程度越低；③ $|\rho_{xy}|$ 越接近 1，y 与 x 之间的线性关系程度越高。

相关系数可以衡量 y 与 x 之间线性关系的密切程度，通过对大量校准数据进行计算可知，y 与 x 的相关系数大于 0.9997，即二者存在显著的线性关系，那么必然存在常数 a 和 b 使得 $P\{y = a + bx\} \approx 1$，即 y 与 x 之间可以用一元线性回归方程 $y = a + bx$ 表示，a 是回归直线的截距，b 是回归直线的斜率，a 和 b 采用最小二乘法求得，此回归方程就是测压器的工作直线方程。因此，用线性拟合求出测压器的工作直线方程是合理的。

由于标准系统平均压力曲线与测压器的压力曲线之间存在线性关系，压力曲线上升沿的数据可以看作是同一个压力源的测试数据，因此可以利用二者压力曲线上升沿中的数据求取常数 a 和 b。

5.4.3 校准数据处理方法

1. 标准测压系统的数据处理

压力曲线上升沿校准法中校准数据的处理过程如下。

(1) 对三套标准测压系统采集的数据采用 20kHz 截止频率进行数字滤波，得到滤波后的数据序列 V_{1i}、V_{2i}、V_{3i} $(i=1,2,\cdots,n)$。

(2) 根据三套标准测压系统的采集数据按照静态溯源校准的灵敏度函数把电压数据序列变为压力数据序列 p_{1i}、p_{2i}、p_{3i}。

(3) 计算三组标准压力数据序列的平均值，得到数据序列 $\overline{p}_{\mathrm{mean}i}$ $(i=1,2,\cdots,n)$。

(4) 计算三组标准压力数据 p_{1i}、p_{2i}、p_{3i} 与平均压力序列 $\overline{p}_{\mathrm{mean}i}$ 之间的相关系数，应不小于 0.9999，否则此次校准数据无效。

(5) 计算三组标准压力数据序列的峰值压力 $p_{j\max}$ $(j=1,2,3)$ 和峰值压力的

平均值 $\bar{p}_{\max}$，计算三组标准压力数据序列峰值的残差、残差平方和、标准偏差估计值、算术平均值标准偏差估计值。

峰值压力的平均值：$\bar{p}_{\max} = \sum_{j=1}^{3} p_{j\max}/3$；

残差：$\varepsilon_j = p_{j\max} - \bar{p}_{\max}$；

残差平方和：$[\varepsilon^2] = \sum_{j=1}^{3} \varepsilon_j^2$；

标准偏差估计值：$s = \sqrt{[\varepsilon^2]/2}$；

算术平均值标准偏差估计值：$\hat{\sigma}_{\bar{p}} = s/\sqrt{3}$。

取 $2\hat{\sigma}_{\bar{p}}$ 作为标准测压系统平均值的误差，在校准过程中以 $2\widetilde{\sigma}_{\bar{p}} \leqslant 0.66\%FS = 3.96\text{MPa}$ 作为标准测压系统的误差判定原则，如果 $\hat{\sigma}_{\bar{p}}$ 大于 1.98MPa，则此次校准数据无效，需要重新校准。

2. 被校测压器数据的处理

（1）采用 20kHz 截止频率对测压器数据序列进行数字滤波，得到滤波后的数据序列 $xc_i(i = 1,\cdots,n)$；

（2）滤波后测压器的数据序列减去测压器的偏置量，得到测压器的数据序列 x_i；

$$x_i = xc_i - \sum_{i=101}^{600} \frac{xc_i}{500} \tag{5-7}$$

式中：x_i 为减去偏置后的测压器数据序列；xc_i 为数字滤波后的测压器数据序列；$\sum_{i=101}^{600} \frac{xc_i}{500}$ 为数据序列 xc_i 在零压力时间段的平均值。

（3）把标准系统的平均压力曲线和测压器压力曲线画在同一坐标系内，标准系统的平均压力曲线不动，逐点平移测压器压力曲线，每平移 1 个数据点，计算标准系统平均压力数据序列 $\bar{p}_{\text{mean}i}$ 和测压器数据序列的相关系数，平移 $m(m>1)$ 个数据点，得到相关系数序列 $\rho_j(j = 1,\cdots,m)$，求最大相关系数 $\rho_{j\max}$，$\rho_{j\max}$ 应大于 0.999，否则此次校准数据无效。

（4）若测压器数据序列平移 $m1(m1 \leqslant m)$ 个数据点后，标准系统平均压力数据序列和测压器数据序列具有最大相关系数，此时测压器数据序列为 x_{i+m1}（$i=1,2,\cdots,n-m1$），在标准系统的平均压力曲线的上升沿按峰值压力平均值的 30%～80% 范围取 $m2$ 个数据点，组成新的数据序列 y_i（$i = 1,2,\cdots,m2$）。如果数据序列 $\bar{p}_{\text{mean}i}$ 中第 s 个数据点 $\bar{p}_s = 30\%\bar{p}_{\max}$，相应的在测压器数据序列 x_{i+m1}（$i = 1,2,\cdots,n - \text{m1}$）中把 $x_{s+m1}, x_{s+m1+1}, x_{s+m1+2},\cdots, x_{s+m1+m2}$ 共

$m2$ 个数据点取出，组成新的数据序列 $x_i(i = 1,2,\cdots,m2)$ 。

(5) 对相同保温条件下的 5 发数据序列 y_i 和 $x_i(i = 1,2,\cdots,m2)$ 的所有数据点对进行线性拟合，得出测压器工作方程

$$y = a + bx$$

式中：y 为该测压器某保温条件下某数据点的压力，单位为 MPa；a 为该测压器某保温条件下工作方程的截距，单位为 MPa；b 为该测压器某保温条件下工作方程的灵敏度，单位为 MPa/bit；x 为该测压器某保温条件下某数据点的 bit 值（即数字量值）。

(6) 以此工作直线方程分别处理所对应保温条件的测压器的 5 发数据，求得各数据点压力值 y_i'（$i=1,2,\cdots,n$），各数据点压力值与对应的标准压力平均值数据序列 $\bar{p}_{\text{meani}}$（$i = 1,2,\cdots,n$）应满足

$$y_i' - \bar{p}_{\text{meani}} \leqslant \sqrt{0.02^2 - 0.0066^2} \cdot 600 = 11.32\text{MPa}$$

(7) 按三种保温条件，将校准数据进行处理，分别给出测压器在三种温度环境下的工作直线方程：常温为 $y = a_c + b_c x$；高温（55℃）为 $y = a_g + b_g x$；低温（-40℃）为 $y = a_d + b_d x$ 。

根据火炮膛压过程的特点，虽然在火药燃烧过程中膛内温度可达到 2000℃以上，但是高温持续时间只有毫秒量级，由于传热的迟滞，在膛压测量过程中传感器和电荷放大级还没有很大的温度升高，模拟膛压发生器中的压力过程与相应的火炮膛压过程近似，这个校准过程可以得到军标规定的放入式电子测压器（弹药）三个不同保温条件下测量火炮膛压的三个不同的灵敏度函数，也即实现了电子测压器三种环境温度下的环境因子校准。

5.4.4 校准数据分析

1. 静态灵敏度系数与准静态灵敏度系数的比较分析

经过 2000 余次的模拟应用环境下的试验，先后对 140 多只测压器实施了准静态校准。经过校准发现测压器高温和常温下的灵敏度系数相差甚微，主要是因为常温（20℃）和高温（+55℃）温度相差较小，瞬变热冲击作用相当，因此测压器常温与高温灵敏度系数取相同数值。表 5-2 中列出了同一只测压器用静态校准方法和模拟应用环境下准静态校准方法获得的静态灵敏度系数和准静态灵敏度系数。模拟应用环境下的校准数据按照压力曲线上升沿校准法进行处理。

从表 5-2 中可以看出静态灵敏度系数与准静态灵敏度系数不相同，有的甚至相差很大，但总的趋势是准校准灵敏度系数 b 值都比静态灵敏度系数 b 值小。

表 5-2 静态校准灵敏度系数和模拟应用环境校准获得的灵敏度系数对比

测压器编号	静态校准(静态灵敏度系数)		模拟应用环境校准(准静态灵敏度系数)			
	常温灵敏度		常高温灵敏度		低温灵敏度	
	b(MPa/bit)	a(MPa)	b(MPa/bit)	a(MPa)	b(MPa/bit)	a(MPa)
1#	0.1754	0.061	0.1730	6.161	0.1729	3.310
2#	0.1739	0.076	0.1747	7.612	0.1684	9.540
3#	0.1758	0.386	0.1710	8.945	0.1689	8.683
4#	0.1762	0.045	0.1741	10.952	0.1756	9.408
5#	0.1752	0.053	0.1751	-0.374	0.1694	6.736
6#	0.1748	0.040	0.1726	5.205	0.1728	-1.558
7#	0.1751	0.021	0.1681	12.457	0.1661	6.546
8#	0.1725	0.059	0.1677	7.646	0.1639	9.528
9#	0.1769	0.029	0.1757	6.919	0.1768	2.257
10#	0.1723	0.033	0.1683	7.162	0.1692	3.429

表 5-3 和表 5-4 列出了实炮测试数据分别用两种灵敏度系数进行处理的对比情况。用静态灵敏度系数计算的测压器的测试数据散布较大,各组数据中的最大相对误差大于4%。用准静态灵敏度系数计算的测压器的测试数据稳定性好,散布小,各组数据中的最大相对误差小于1.6%。以弹丸初速作为参考,可知火炮膛内压力不会有如此大的散布,因此经过模拟应用环境校准的测压器的测试数据置信度高。

表 5-3 130mm 口径加农炮测试数据(高温环境)

射 序	初速/($m \cdot s^{-1}$)	铜球测压器最大压力值/MPa	最大压力值①/MPa	最大压力值②/MPa	差值①-②/MPa	相对误差①/%	相对误差②/%
1	926.9	364.4	360.5	355.0	5.5	-1.32	-1.90
2	928.3	365.3	363.9	360.4	3.5	-0.40	-0.40
3	936.0	371.9	368.5	364.5	4.1	0.87	0.72
4	937.7	372.6	371.0	379.6	-8.6	1.56	4.90
5	931.5	368.0	364.3	358.3	5.9	-0.29	-0.97
6	930.6	362.5	363.8	353.3	10.5	-0.42	-2.36
平均值	931.8	367.5	365.3	361.8	/	/	/

注:①是用模拟膛压发生器准静态灵敏度系数计算的测压器最大压力值;
②是用静态灵敏度计算的测压器最大压力值。

表 5-4　130mm 口径加农炮测试数据(低温环境)

射序	初速/(m·s)$^{-1}$	铜球测压器最大压力值/MPa	最大压力值①/MPa	最大压力值②/MPa	差值①-②/MPa	相对误差①/%	相对误差②/%
1	810.5	230.1	244.9	239.8	5.1	1.41	0.51
2	806.3	223.8	240.8	240.4	0.4	-0.28	0.75
3	807.3	229.1	242.6	237.8	4.7	0.43	-0.33
4	804.9	225.1	239.9	249.1	-9.2	-0.65	4.40
5	805.4	226.7	240.9	234.7	6.1	-0.27	-1.63
6	806.6	224.1	239.8	229.6	10.2	-0.70	-3.78
平均值	806.8	226.5	241.5	238.6	—	—	—

注:①是用准静态灵敏度系数计算的测压器最大压力值;

②是用静态灵敏度计算的测压器最大压力值。

2. 峰值校准法与压力曲线上升沿校准法的灵敏度系数比较分析

为了分析峰值校准法与压力曲线上升沿校准法的灵敏度系数之间的关系,对某些测压器分别采用这两种校准方法对校准数据进行了处理,表 5-5 是这两种校准方法获得的灵敏度系数对比,表 5-6 是 20#和 21#测压器采用这两种灵敏度系数计算的测压器峰值与标准测压系统峰值压力平均值的对比。

表 5-5　两种校准方法的灵敏度系数对比

测压器编号	峰值校准法				压力曲线上升沿校准法			
	常高温灵敏度		低温灵敏度		常高温灵敏度		低温灵敏度	
	b/(MPa/bit)	a/MPa	b/(MPa/bit)	a/MPa	b/(MPa/bit)	a/MPa	b/(MPa/bit)	a/MPa
11#	0.1792	4.57	0.1831	-1.30	0.1789	5.22	0.1829	-2.61
13#	0.1707	5.06	0.1715	1.22	0.1710	4.47	0.1725	-2.11
14#	0.1733	4.13	0.1751	3.51	0.1738	3.23	0.1760	1.5
15#	0.1789	1.63	0.1809	-1.90	0.1786	2.11	0.1811	-2.66
16#	0.1701	5.61	0.1732	-1.28	0.1708	3.67	0.1740	-2.08
17#	0.1727	4.15	0.1733	0.14	0.1733	3.45	0.1739	-1.33
18#	0.1737	1.28	0.1752	-2.66	0.1740	-0.56	0.1757	-3.02
19#	0.1776	3.70	0.1810	-2.54	0.1781	2.34	0.1817	-4.33
20#	0.1783	5.12	0.1765	5.1213	0.1780	4.94	0.1758	5.17
21#	0.1779	10.74	0.1771	6.3147	0.1780	10.13	0.1766	6.33

表 5-6　两种灵敏度系数计算的测压器峰值压力与标准测压系统峰值压力平均值的对比

温度环境	测压器编号	测压器最大数字量值/bit	峰值校准法计算的压力峰值①/MPa	上升沿校准法计算的压力峰值②/MPa	标准测压系统平均压力峰值③/MPa	压力差值①-③/MPa	压力差值②-③/MPa
常温（+25℃）	20#	1957	354.0495	353.288	352.069	1.9805	1.219
	21#	1934	354.8021	354.382		2.7331	2.313
	20#	2349	423.9431	423.064	420.194	3.7491	2.87
	21#	2320	423.4715	423.090		3.2775	2.896
	20#	2998	539.6598	538.586	536.839	2.8208	1.747
	21#	2969	538.9286	538.612		2.0896	1.773
高温（+55℃）	20#	1957	354.0495	353.288	352.069	1.9805	1.219
	21#	1934	354.8021	354.382		2.7331	2.313
	20#	2349	423.9431	423.064	420.194	3.7491	2.870
	21#	2320	423.4715	423.090		3.2775	2.896
	20#	2998	539.6598	538.586	536.839	2.8208	1.747
	21#	2969	538.9286	538.612		2.0896	1.773
低温（-40℃）	20#	1897	339.9418	338.6671	338.535	1.4068	0.1321
	21#	1903	343.336	342.4025		4.801	3.8675
	20#	2341	418.3078	416.7223	417.101	1.2068	-0.3787
	21#	2347	421.9684	420.8129		4.8674	3.7119
	20#	2965	528.4438	526.4215	527.247	1.1968	-0.8255
	21#	2972	532.6559	531.1879		5.2089	3.9409

由表 5-5 和表 5-6 可知，峰值校准法和压力曲线上升沿校准法获得的灵敏度系数是不同的，压力曲线上升沿校准法校准时间短，工作效率高。采用这两种校准方法校准的测压器其测试精度都能满足要求。在三种温度环境下，采用压力曲线上升沿校准法灵敏度系数计算的测压器的压力值与标准系统压力值的误差更小一些。

5.5　放入式电子测压器的动态特性校准

本书第 3 章对高压传感器动态特性校准（加预压下的准 δ 校准）作过叙述，

在此不再重复。

5.6 放入式电子测压器的可靠性试验

5.6.1 可靠性指标

膛压测量是内弹道试验的重要内容,一次靶场试验需要组织大量人员参加,参试设备多,弹药价格昂贵,试验成本高,而且射击过程是单次性的,不可复现,因此放入式电子测压器必须具有高可靠性。此外,为了放入式电子测压器要想在国家靶场、科研院所、兵工厂和军械勤务部门推广应用,还必须增加使用寿命,使其单次使用成本降低到与铜柱(球)测压器接近。希望通过可靠性设计与可靠性试验使其使用寿命达到1000次。

5.6.2 倒置开关的可靠性试验

对近几年放入式电子测压器的靶场试验进行了统计,其故障原因主要是倒置开关故障和电池故障,电池故障有时是因为倒置开关误动作而引起的。因此,倒置开关的可靠性直接影响测压器的可靠性,必须提高倒置开关的可靠性。

1. 几种倒置开关

倒置开关是实现测压器低功耗的关键部件,在随弹药保温时电子测压器必须处于省电状态,只有耗电微安级的“值更”电路工作,以感应倒置开关的动作。临发射前将弹药翻转利用倒置开关使其转为“全功耗工作状态”,控制电路在需要工作时才给其供电,减小电路无效操作时功耗。

多年来课题组研制了多种微型倒置开关,基于重力对物体的影响,研制了水银式、双球式、干簧管式倒置开关;根据金属极板构成敏感电容的原理,研制了电容式倒置开关;利用光电耦合原理和巧妙的结构设计研制了光电式倒置开关、脉冲供电式光电倒置开关等多种倒置开关。最终都因为可靠性达不到要求而舍弃。目前选用集成数字加速度计的智能倒置开关,可靠性能够满足要求。

2. 倒置开关的可靠性试验方法

倒置开关的可靠性是指其是否具有在高温(+55℃)、低温(-40℃)和常温(+20℃~25℃)环境下产生上电控制信号使测压器完成工作状态转换的能力。

倒置开关的可靠性试验以筛选试验为主,根据倒置开关的工作原理,设计可靠性检测系统,模拟倒置开关的实际工作环境,对所有的倒置开关进行筛选,剔除不合格产品。

文献[14]详细介绍了基于数字加速度计的智能倒置开关的工作原理、结构设计以及检测系统的设计过程。

加速度计倒置开关的可靠性检测系统结构框图如图 5-12 所示，实物照片如图 5-13 所示。检测系统由小功率电机、转筒和硬件检测电路三部分组成。检测系统工作分别工作在低温箱、高温箱和常温环境，被检测倒置开关固定在检测电路上，检测电路被固定于转筒的槽中，转筒最多可装 16 个检测电路。小功率电机带动转筒一起做匀速圆周运动，每转一圈模拟每一个倒置开关一个工作周期的倒置过程，而且能不间断的、多个倒置开关一次性进行检测。选择的电机能够在低温-40℃、高温+55℃正常工作，满足开关检测的工作环境要求。所有的倒置开关都要经过检测系统进行检测，对每一个倒置开关来讲，在检测系统旋转一周的过程中，需检测开始进入倒置状态的空间角度、在倒置状态能否保持 30s 以上、脱离倒置状态的空间角度等 3 个状态参数，小功率电动机的旋转速度必须低至 0. 25r/min，电机连续转动约 67 小时，倒置开关倒置 1000 次。

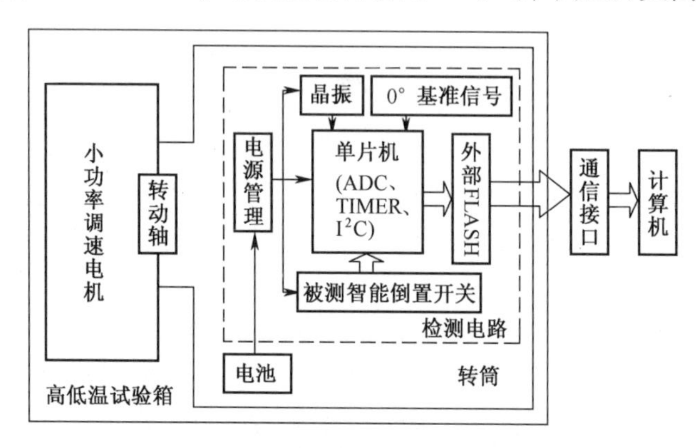

图 5-12　倒置开关检测系统结构框图

图 5-13　倒置开关可靠性试验装置照片

在完成规定的时间(大约 3 昼夜)试验后,通过通信接口将每一个倒置开关在每一次循环中的各个参数传送到计算机,计算出每一个被检测倒置开关的可靠性指标,要求在三种温度下各 1000 次循环不发生一次误动作。

5.7 弹底压力测试问题

智能传感单元直接装到弹丸内部,测压孔从弹底引出,智能传感单元主要承受弹丸在膛内运动时的加速度($5000g \sim 50000g$)和弹丸在终点时的撞击侵彻加速度($20000g \sim 100000g$),在这样高冲击加速度下的存活性是弹底压力测试智能传感单元研制的主要问题之一,像放入式电子测压器那样的耐高温、高压问题都不存在。在高冲击加速度下的存活性详见第 4 章,在此不再重复。

弹底压力测试第二个特殊问题是环境因子问题,弹底压力测试有两类环境因子,对于整装弹弹丸和药筒需要同时按军标要求保高低温测试的场合,有第一类环境因子问题,需要分别得出低温、常温、高温的灵敏度函数,可以用常规方法校准得到军标要修正的三种保温条件下的灵敏度函数,不需采用模拟膛压发生器准静态校准方法。第二类环境因子,传感器在感受弹底压力的同时,也受到 $5000g \sim 50000g$(视火炮口径和弹丸初速而定)的加速度,传感器输出信号中除主要为压力信号外,还包含弹丸运动的加速度信号,如何从弹底压力是内弹道阶段直接推动弹丸前进运动的压力,弹底压力测试可以直接获得弹丸直线加速和旋转加速的驱动动力参数;与膛底压力测试(使用放入式电子测压器或药筒底部引线式传感器测压法)相结合,可以判明火药燃烧过程的状态,改进内弹道装药结构的设计。

弹底压力测试时从智传感器输出的信号中解算出压力信号,是弹底压力测试要解决的关键问题。本节主要讨论传感器加速度灵敏度的校准问题和弹底压力的解算问题。

5.7.1 弹底压力测试系统的结构

弹底压力测试装置酷似放入式电子测压器,用螺纹连接安装在弹丸底部的中心,由于壳体不需承受高压,可以比放入式电子测压器壳体薄。电路模块前后都需要加缓冲结构。图 5-14 示出弹底压力测试仪的安装情况。

5.7.2 压力传感器加速度灵敏度系数的校准

用落锤式加速度传感器校准仪对 Kistler6215 传感器 1282975#,与 BK8309 号加速度传感器一同安装在测量砧座上,进行加速度比对校准,得出 1282975#

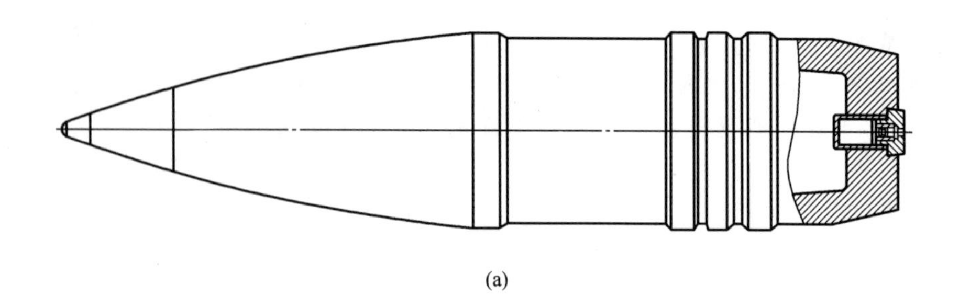

(a)

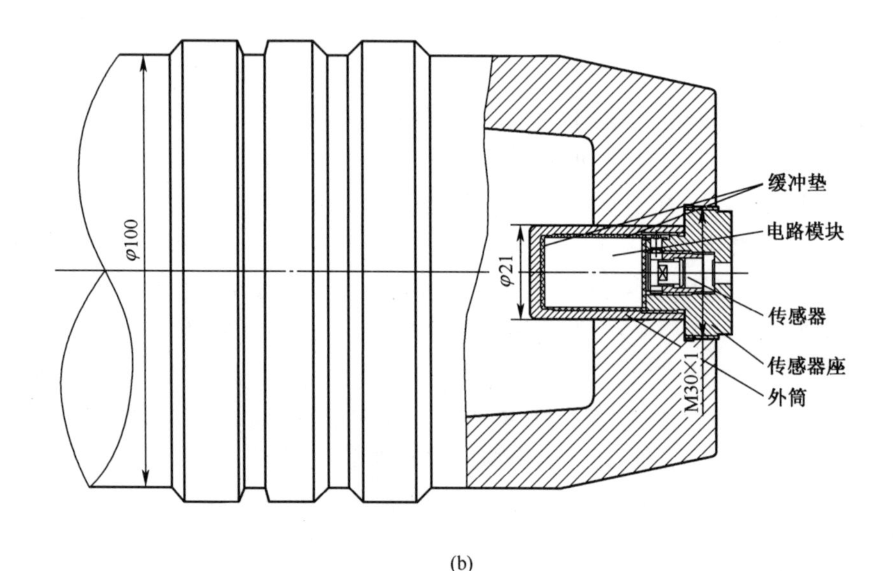

(b)

图 5-14　弹底压力测试仪安装示意图和结构细部

(a)安装示意图;(b)结构细部。

传感器的加速度灵敏度系数为 4.58×10^{-3}bar/g。

5.7.3　弹底压力数据的解算

本节以 Kistler6215 类传感器为例讨论弹底压力测试数据的解算问题。弹底压力测试装置的压力传感器安装在弹丸底部中心部位,随弹丸一起运动,传感器的传压面朝向弹丸底部的后方。弹底压力推动弹丸沿炮膛前进,产生弹丸的前向加速度,这个加速度作用到传感器的垂链膜片,产生传感器的加速度效应,其方向是趋向减小压力测量值。因此,压力传感器输出的压力信号应为弹底压力信号减去传感器的加速度效应信号值。本节分滑膛炮、等齐膛线线膛炮、渐速膛线线膛炮三种情况分别进行讨论。

1. 滑膛炮弹底压力测试信号的解算

滑膛炮的运动学模型如下,有

$$a = (p_d \times S - F)/M$$

$$p_d = p_s + \mathrm{Coe}_a \times a$$

式中:a 为弹丸运动加速度;p_d 为弹底压力;M 为弹丸质量;S 为炮膛面积;F 为弹丸运动摩擦力;p_s 为弹底压力传感器所测的压力值;Coe_a 为压力传感器的加速度灵敏度系数;$S=\pi d^2/4$。

关于摩擦阻力的计算,基于以下认定,为实现火药气体密封,工程塑料密封环与炮膛壁间的挤压力必需大于等于弹底压力,聚四氟乙烯密封环与光滑钢质炮管内壁的动摩擦系数$f = 0.05$;接触面积为炮膛内圆周长×接触宽度 b ,令 d 为炮膛直径,有

$$F = f \times p_d \times \pi d \times b$$

从以上 3 式中解出 p_d ,可得式(5-8)

$$p_d = \frac{p_s}{1 - \mathrm{Coe}_a \dfrac{S - f \cdot \pi d \cdot b}{M}} \tag{5-8}$$

按照传感器厂家技术手册上列出的传感器加速度灵敏度系数 $\mathrm{Coe}_a = 5\times 10^{-3}\mathrm{bar/g}$,对 122mm 滑膛炮,$M=21.76\mathrm{kg}$,$b=5\mathrm{mm}$,计算得出式(5-8)的分母为 0.997。即 $p_d = 1.0028p_s$,二者相差 2.8‰。

2. 等齐膛线弹底压力测试信号的解算

等齐膛线沿炮身的缠角为固定的 α 值,常用于初速大、射速高的火炮,根据文献[15],定义发射时炮膛内所有膛线受力的总和为 F ,有

$$M\frac{\mathrm{d}v}{\mathrm{d}t} = p_d S - F[\sin(\alpha) + f\cos(\alpha)]$$

$$F = \left(\frac{\rho}{0.5d}\right)^2 p_d S\tan(\alpha)$$

$$p_d = p_s + \mathrm{Coe}_a \cdot \frac{\mathrm{d}v}{\mathrm{d}t}$$

$$S = \frac{\pi}{4}\frac{ad^2 + bd_1^2}{(a + b)}$$

$$\rho = \sqrt{\frac{A}{M}}$$

式中:M 为弹重;A 为弹丸极转动惯量;dv/dt 为弹丸瞬时加速度;p_d 为弹底压力;p_s 为传感器所测压力值;S 为弹丸承受压力实际断面积;α 为膛线缠角;Coe_a 为压力传感器加速度灵敏度系数;d 为炮膛阳线(名义)直径;d_1 为炮膛阴线直径;a 为膛线阳线宽;b 为膛线阴线宽。

解上述公式,得出 p_d 与 p_s 的关系式如式(5-9)所示。

设:$d = 122\text{mm}, d_1 = 124\text{mm}, A = 0.048\text{kg}\cdot\text{m}^2, f = 0.1, \alpha = 6.8°$, $Coe_a = 5 \times 10^{-3}\text{bar/g}, a = 4.04\text{mm}, b = 6.6\text{mm}, M = 21.76\text{kg}$,得

$$p_d = 1.0028p_s$$

二者相差 2.8‰,即

$$p_d = p_s\left(\frac{1}{1 - Coe_a \dfrac{S}{M}\left(1 - \left(\dfrac{\rho}{0.5d}\right)^2 \{\tan(\alpha)[\sin(\alpha) + f\cos(\alpha)]\}\right)}\right) \tag{5-9}$$

3. 渐速膛线弹底压力测试信号的解算

根据文献[15],取膛线规律为二次抛物线,$y = cx^2$。

以 122mm 渐速膛线炮为例:膛线部分长度 $L = 3.4\text{m}$;$\alpha_0 = 2\text{deg}$ 起始缠角;$\alpha_1 = 6.8\text{deg}$ 炮口缠角;$c = 0.0182$;$x_0 = 0.979$;$y = c(x_0 + x)^2$;$y_0 = 0.017$;$Coe_a = 5 \times 10^{-3}\text{bar/g}$ 压力传感器加速度灵敏度系数;$v_1 = 715.7\text{m/s}$ 初速;$M = 21.76\text{kg}$;$A = 0.048\text{kg}\cdot\text{m}^2$。

为简洁得出起始运动及出炮口时的 p_d 和 p_s 关系,分别按照式(5-9)计算,得

弹丸初始运动时:$p_d = 1.0029p_s$;

弹丸出炮口时:$p_d = 1.0028p_s$。

4. 结论

对于使用 Kistler6215 传感器测量弹底压力的情况,实际弹底压力约比传感器测量的压力值大 3‰,可以直接以传感器测量的压力值作为弹底压力的实际值。

5. 验证

实测的弹底压力信号(图 5-15)应全程积分后与实测弹丸出膛口速度及实测弹丸出膛口转速比对验证。第 6 章列出弹丸出膛口速度及转速实测计算方法,误差均在千分位,可作为弹底压力验证的“真值”。

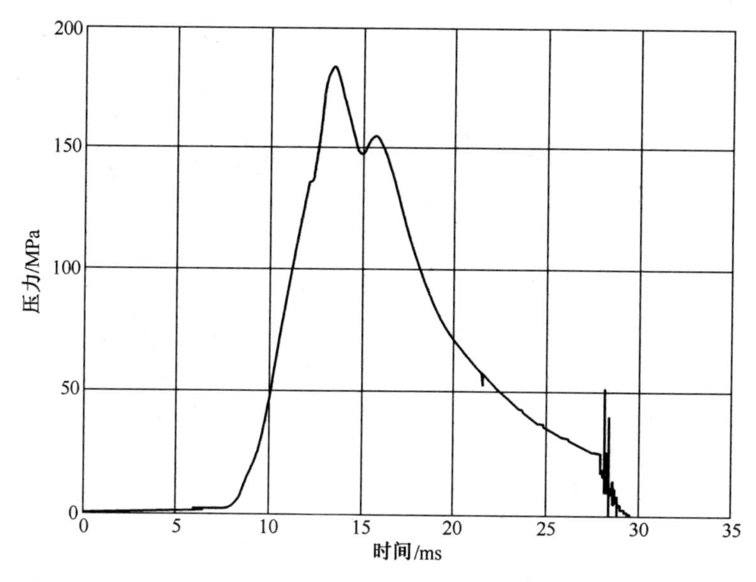

图 5-15 实测的 xx 炮弹底压力曲线

参 考 文 献

[1] 内弹道实验原理编写组.内弹道实验原理[M].北京:国防工业出版社,1984.

[2] 孔德仁,狄长安,范启胜.塑性测压技术[M].北京:兵器工业出版社,2006.

[3] Hart Terry.Chamber Pressure Measurement [EB/OL].2005.http://www.chuckhawks.com/pressure_ measurement.htm.

[4] 蔡伟妹,易连军,徐万和.一种新的内弹道膛压计算方法[J].四川兵工学报,2012,33(2):16-17.

[5] 金志明.枪炮内弹道学[M].北京:北京理工大学出版社,2004.

[6] 达新宇,陈树新,王瑜.21 世纪高等院校电子信息类系列教材-通信原理教程[M].北京:北京邮电大学出版社,2005.

[7] 中国人民解放军总装备部测量通信总体研究所.GJB 2973A—2008 火炮内弹道试验方法[S].北京:总装备部军标出版发行部,2008.

[8] 张敏强. 教育与心理统计学[M].北京:人民教育出版社,1993.

[9] 杨位钦,顾岚 .时间序列分析与动态数据建模[M].北京:北京理工大学出版社,1988.

[10] 中国人民解放军总装备部军事训练教材编辑工作委员会.试验数据的统计分析[M].北京:国防工业出版社,2001.

[11] 王宏禹.信号处理相关理论综合与统一法[M].北京:国防工业出版社,2005.

[12] 刘帅.光电倒置开关检测系统的研究[D].太原:中北大学,2010.

[13] 杨艳.关于倒置开关可靠性的研究[D].太原:中北大学,2011.

[14] 马英卓.基于数字加速度计的智能倒置开关设计及其可靠性研究[D].太原:中北大学,2013.

[15] 张相炎,郑建国,袁人枢.火炮设计理论[M].北京:北京理工大学出版社,2014.

第 6 章　弹箭全弹道参数测试技术

飞行体的全弹道包含弹箭的发射、飞行、命中目标全过程，在弹道学中分为内弹道、中间弹道、外弹道和终点弹道 4 个阶段。目前理论计算、数值模拟和真实的弹道参数有一定的差异，且缺乏准确全面的全弹道参数的试验数据，当弹丸、引信、火炮出现故障后最好的诊断方案是获取其弹道参数，通过试验测试数据为故障的排查和后续的改进提供科学依据，故获取准确、全面的全弹道参数是武器系统研制和故障排除的重要需求。由于全弹道测试具有如下特点：膛内温度达 3000℃，压力达 700MPa；发射过载高达 20000g，撞击目标过载高达 200000g；炮口速度高达 2000m/s，转速最高达 24000r/min；同时存在强的电磁干扰，特别是电热化学炮点火时瞬态电流高达 100000A；在弹药保低温和高温的过程需承受低温和高温环境（从-40℃保温 48h 到 55℃保温 48h）；测试参数的瞬态性和多样性，如在弹箭发射或侵彻目标时加速度信号幅值大变化快，飞行过程加速度信号幅值小变化慢；安装空间的限制要求测试仪器体积小、功耗低、重量轻。总之，全弹道参数测试环境极端恶劣，要求测试仪器能够适应高速、高转速、高压、高温、高冲击的复合恶劣环境的作用，同时被测信息种类多、信号瞬变性强，常规的测试方法难以获取准确的测试数据，采用新概念动态测试方法是目前一种有效的测试方法。本章研究飞行体全弹道参数的测试技术，为引信设计、弹丸设计、弹道研究及故障诊断提供技术支撑。

6.1　弹丸及引信在全弹道过程的力学分析

根据弹丸及引信在武器系统中的功能和作用，引信是利用目标信息和环境信息，按规定的条件适时引爆主装药的起爆装置，具有保险、解除保险、感觉目标、起爆点燃四大功能。若引信按预定条件不能解除保险，就会使弹丸不能爆炸，出现瞎火；若其在预定条件前解除保险，发生膛炸或早炸事故。故引信在全弹道过程的力学分析尤为重要[1]。引信的动态环境参量是指引信在全寿命周期内可能经受的特定物理条件的总和，通常把引信从环境中得到的一种特定激励称为动态环境参量[2]。本节重点分析引信在内弹道、中间弹道、外弹道、终点弹道的动态环境参量。

6.1.1 火炮、弹丸及引信的模态分析

火炮发射过程是一个极其复杂的动态过程。各种载荷的作用将会造成身管振动,主要包括 Bourdon 效应、弹-炮相互作用、弹丸惯性、后坐不平衡以及由于身管重力产生的初始挠度等,此外膛内高温高压燃气的作用下发生的弯曲变形,都严重影响火炮的射击精度。对火炮进行动态分析,首先必须建立足够精确的动力学模型,目前广泛采用有限元作为模型和分析的有效工具。由于火炮发射的瞬态性、强冲击性和特殊性,理论分析和仿真计算是在各种假设条件下进行的,其仿真计算结果难免出现误差,实践证明,大量参数必须依靠试验手段获取[3]。试验测试可以为火炮系统动力学分析、火炮虚拟样机设计提供准确的原始数据,为故障诊断、结构修改提供试验依据,为评价火炮设计方案和验证火炮设计效果提供判断依据。

在火炮武器系统中,除了要研究火炮自身的动力学特性,还需研究弹丸和引信的动力学特性。弹丸引信系统作为一种机械结构,在膛内发射过程中受膛内火药气体压力、弹带挤进压力及惯性载荷的作用。这将引起弹丸引信系统在瞬态响应条件下的振动,由于弹丸引信结构复杂、零部件较多,若结构设计的不合理,可能导致弹丸引信在振动过程中产生共振,引起结构颤震等不稳定现象,导致大变形、炸膛等严重动态强度问题。严格地说,弹丸引信系统是一个无限多自由度的复杂结构,有无穷多个固有频率和模态。但由于其高阶模态在发射时被激起的振幅很小,可以把弹丸引信系统简化成一个只有若干个自由度的线性定常振动系统,用系统前几阶较低频率的振动特性近似地代替系统的完全振动。目前常用的方法是通过模态实验得到弹丸引信系统的各阶模态,用以修正模型,模型的响应能反映弹丸引信系统本身实际的振动,而进行模态实验必须获取足够多的测试数据。

6.1.2 膛内动态环境参量

弹丸在膛内运动过程中,引信零件所受到的特定激励,称为膛内动态环境参量。弹丸发射的膛内环境包括击发开始到弹丸射出膛口所经历的全过程。在弹药系统射击过程中会发生极其复杂的物理化学变化,根据这种变化的主要特征不同,可以将射击过程分为点传火过程、挤压过程、弹丸在膛内运动过程等过程。这几个过程不是相互独立的,而是相互作用,甚至是相互重叠[4]。

图 6-1 是弹丸引信在膛内运动时与身管运动的关系图,引信在膛内动力过程的研究与火炮发射动力学的研究是密不可分的。在这一阶段,根据火炮身管长度的不同,引信在膛内运动过程持续几毫秒到十几毫秒不等。特别在线膛炮

内运动时,受发射药燃烧产生的火药气体作用,引信从静止状态获得每秒数百米的前进速度(有的速度达上千米),受到的加速度从零增加到上万 g,由于火炮膛线的作用,使得弹丸高速旋转,在这短短的十几毫秒内,弹丸从静止状态又获得每分钟数千转、甚至数万转的转速,随之产生巨大的旋转加速度。在弹丸引信零件上,相应的受到后坐力、离心力、切线惯性力、哥氏力和切线力矩的作用。弹底引信还可能直接受到火药气体压力的作用。

1. 后坐力

当弹丸加速前进时,引信零件受到与弹体轴向加速度方向相反的惯性力,称为后坐力。对于线膛炮,火药气体不但使弹丸产生直线运动,还要产生旋转运动和克服膛线的摩擦,同时还要使火炮产生后坐力等,即火药气体的功并不是全部用在推动弹丸前进。

后坐力在膛内的变化规律为

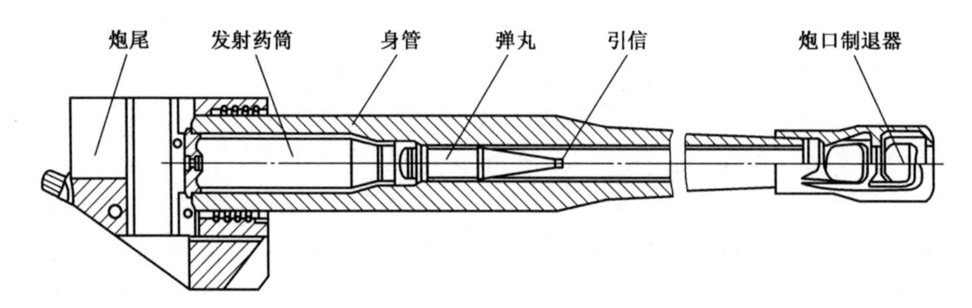

图 6-1　身管、炮尾、弹丸及引信膛内工作原理图

$$F(t)=P(t)\frac{\pi D^2}{4\varphi} \tag{6-1}$$

式中:$P(t)$ 为膛压(MPa);D 为弹丸口径(m);φ 为虚拟系数或次要功计算系数,根据不同火炮取值范围为 1.0~1.06。

另外,由于膛内压力波的存在,$F(t)$ 的形状不是平滑的(第五章有出现压力波似的膛压曲线),会发生抖动,受力会变得复杂,出现引信瞎火,甚至可能出现早炸。

弹丸在膛内运动除了有轴向加速度之外,径向也会产生冲击加速度。这一冲击加速度与弹体的模态、身管的模态、膛压有关。不同类型的榴弹,壁厚范围往往不同。通常爆破弹的壁厚取决于发射强度,在保证发射强度的前提下采用最小壁厚可以增加炸药的装填量,增加杀伤威力。发射时,弹丸底部惯性力最大,而头部小,故等强度壁厚将是底部最厚,并沿头部方向递减,其平均壁厚常在 1/8~1/10(口径)范围内。杀伤榴弹的壁厚除了保证发射强度的前提外,应根据得到最好的破片状态来确定。一般来说,当炸药的猛度较高,或弹壁金属较脆时,壁厚尺寸可以选择稍厚一些;相反壁厚应相对减小。通常其壁厚在1/4~1/6(口径)之间。杀伤爆破弹的壁厚综合前两种情况考虑。壁厚一般为1/5~1/8(口径)[5]。

如图6-2所示,榴弹有前后两个定心部,受火药气体推动,弹底和弹头部位受力不同,会造成弹体在膛内的弯曲变形,这种弹体的不均匀变形会造成装在弹丸最前部的引信发生剧烈摆动,并产生很大的径向过载。这种过载有时甚至能达到轴向过载的2倍多,对引信机构运动产生不容忽视的影响[6],这种径向过载对引信内部零件来说是一种巨大的冲击,有可能造成零件损坏,因此必须对膛内的径向过载也进行测试。

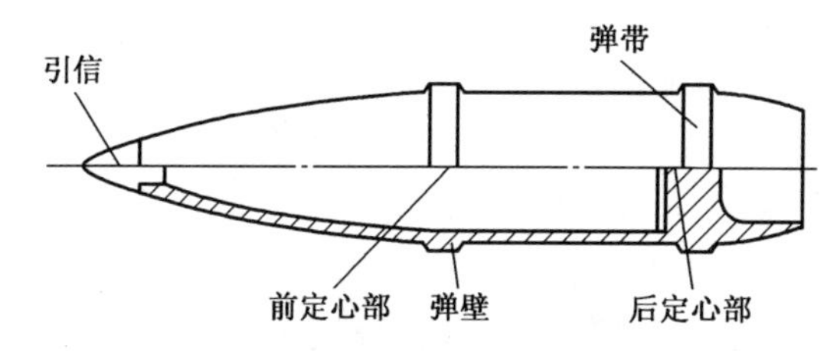

图6-2 榴弹弹丸结构示意图

2. 离心力

弹丸旋转时,引信零件将受到向心加速度产生的离心惯性力作用,这个力称为离心力。离心力可表示为

$$F_c = m_r r\omega^2 \tag{6-2}$$

式中:r为引信零件质心到弹轴的垂直距离(m);m_r为引信零件质量(kg);ω为弹的旋转角速度(rad/s)。

3. 切线力

当弹体做变速旋转运动时,质心偏离旋转轴的引信零件受到的沿切线并与切线加速度方向相反的惯性力称切线力,其公式为

$$F_r = mr\frac{d\omega}{dt} \tag{6-3}$$

4. 哥氏力

弹丸旋转时,引信零件有径向速度分量时受到的与哥氏加速度方向相反的惯性力,称为哥氏力。在火炮弹丸引信中弹丸做旋转运动,且当引信零件有径向位移分量时,将产生一个哥氏加速度,因此,引信零件对于弹丸也产生一个惯性力,其大小等于零件质量与哥氏加速度的乘积,方向相对于零件径向分量,绕其本身起点,逆着弹丸角速度方向转90°,表达式为

$$F_g = 2m\omega\frac{dx}{dt}\sin\alpha \tag{6-4}$$

式中：m 为引信零件质量(kg)；ω 为弹的旋转角速度(rad/s)；α 为引信零件径向运动方向和弹轴的夹角(rad)；$\frac{dx}{dt}$为引信零件径向运动速度(m/s)。

6.1.3 后效动态环境参量[11]

弹丸在后效期运动过程中，引信零件所受到的特定激励，称为后效动态环境参量。弹丸飞出炮口，结束了内弹道阶段。此时，炮膛内的火药气体以比弹速大的速度从炮口喷出，在弹丸飞出炮口的一段时间内，弹底仍然受到火药气体的推力，使弹丸继续做加速运动。由于火药气体出炮口后迅速膨胀，它对弹底的推力也迅速降低，直至消失。从弹丸出炮口到弹底压力消失的这一时期，称为后效期，亦称为中间弹道。

后效期的长短与火炮种类、口径和装药量等因素有关，通常为炮口外 1 米到几米。在后效期内，弹丸飞出炮口后，还产生了新的运动，即章动和进动。所以对引信来说会有新的惯性力，即章动力和进动力 。

所谓章动是指弹轴线偏离弹丸前进速度 F_{zh} 方向其间有个夹角(图 6-3(a))，此角时而大时而小，随着时间改变做周期性摆动，用 δ 表示。弹丸在作章动或摆动运动时，引信零件受到的惯性力，称为章动力。

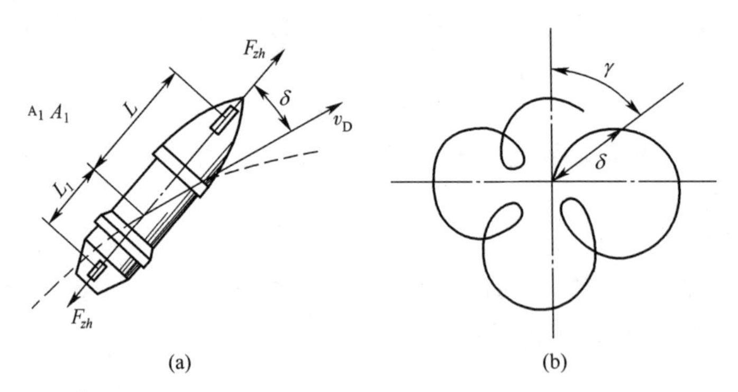

图 6-3 弹丸的章动和进动

(a)弹丸出炮口姿态；(b)弹丸章动和进动

所谓进动是指弹轴线绕弹丸前进速度方向做旋转运动。其转动的角度称为进动角，用 γ 表示。弹丸做进动运动时，引信零件所受到的惯性力称为进动力。

章动和进动合成，是弹丸顶点或者引信零件质心在空中画出的轨道，如图 6-3(b)所示。实际上，弹丸在后效期飞行过程中，既作前进运动又作旋转运动，弹丸顶点或引信零件质心所画出的轨迹，是一个三维空间的轨迹。由于章动的角速度远大于进动角速度，对引信零件影响较大的是章动运动。

位于弹丸质心前面的引信零件，所受的章动力永远向前；位于弹丸质心后面的引信零件，所受的章动力永远向后。章动力是一个脉动力，其计算公式为

$$F_{zh} = ml\Omega^2 \tag{6-5}$$

式中：l 为引信零件质心到弹丸质心的距离(m)；Ω 为章动角速度(rad/s)。

在后效期内，弹丸的角加速度在炮弹完全脱离膛线后消失。出炮口后，弹丸脱离膛线约束，弹丸轴向加速度由于后效期的作用有增大的瞬时变化，但转速不再增大，整个后效期内，可将弹丸角速度看作常数，而且炮口处的弹丸角速度最大。本章后几节通过弹丸角速度的测量，可以推算出引信在炮口处的速度。

引信中的离心自毁机构、离心保险机构和延期解除保险机构等的工作特性，与弹丸在飞行中的角速度变化规律有着密切关系。引信中经常利用偏心回转体作为隔爆件，虽然隔爆件在发射过程中不应该运动，由于其质心偏离弹轴，在随弹体旋转时也要受到离心力和切线惯性力的影响，这种影响的结果可能会对其保险件产生阻力或附加推力，也可能导致回转体自身有转正的趋势，万一它的保险件失效，会发生回转体在膛内转正的重大安全性隐患[7]。因此，角速度的测试对研究回转体的运动特性非常重要。

6.1.4 飞行动态环境参量

弹丸在飞行过程中，引信零件所受的特定激励，称为飞行动态环境参量。

弹丸经过后效期后，结束了中间弹道阶段，开始在空中飞行。此时，引信零件受力情况与膛内和后效期相比有根本的区别。弹丸进入空中飞行时，已无火药气体的推动，相反要受到迎面空气阻力的作用。弹丸质心在空间描绘的轨迹称为外弹道。弹丸与火炮间的相互作用中断后的飞行科学，称为外弹道学。

1. 爬行力

当弹体在运动中受到非目标介质阻力而减速运动时，引信零件受到的与载体阻力速度方向相反的惯性力，称为爬行力。引信零件在爬行力作用下，有沿着弹丸速度方向向前冲的趋势，爬行力表达式为

$$F_p = \mathrm{m}a \tag{6-6}$$

式中：m 为引信零件质量(kg)；a 为弹丸空气阻力加速度(m/s)。

根据外弹道学，空气阻力加速度一般表达式为[8]

$$a = \mathrm{c}H(y)F(v_{D\tau})$$

式中：c 为弹道系数；$H(y)$ 为密度函数；$F(v_{D\tau})$ 为空气阻力系数。

2. 迎面空气压力

弹体沿弹道飞行时，外露的引信零件直接受到的空气压力，称为迎面空气

力。外露的引信零件,如防潮帽、盖箔等,在弹丸飞行时将受到迎面空气的阻力 F_y 的直接作用。

在某些情况下,迎面空气压力可作用为解除保险的动力,而在另外的一些情况下,此力也可能造成引信的不正常作用。外露零件所受到的气流总阻力为

$$F_y = c_x \frac{\pi d^2}{4}(p_v - p_0) \tag{6-7}$$

式中:c_x 为与零件外形无关的空气阻力系数,对圆平面零件 $c_x=0.75$,无量纲;d 为外露零件受压部直径(cm);p_v 为单位面积上所受的空气压力(kPa);p_0 为大气压(kPa)。

式中的(p_v-p_0)为作用在单位面积上的剩余压力,即超过大气 p_0 的压力,或称超压差。

根据不同的弹速,公式中的 p_v 值应按不同公式计算,当弹速大于声速时,有

$$p_v = 9.81\left[0.11\left(\frac{v_D}{100}\right)^2 + 0.46\right]$$

当弹速小于声速时,则有

$$p_v = 9.81\left[0.062\left(\frac{v_D}{100}\right)^2 + 1.62\right]$$

式中:v_D 为弹丸速度(m/s)。

6.1.5 侵彻动态环境参量

弹丸碰击目标并在目标介质内侵彻过程中引信所受到的特定激励,称为侵彻动态环境参量。从弹丸碰击目标到侵彻运动终了,弹丸质心在目标介质中运动的轨迹,称为终点弹道。弹丸与目标碰击和侵彻过程中所产生的物理特征的研究,称为终点弹道学。

弹丸在碰击目标时,外露的引信零件将直接受到目标的反作用力。对于不外露的引信零件,弹丸与目标碰撞而急速减速时,所受到的与弹丸减速方向相反的惯性力,称为前冲力。目标反力与前冲力都是使引信作用的主动力。目标对引信头部零件的反作用力与目标特性、碰击速度、引信头部结构形状及其机械性质、引信与弹体连接,以及弹体结构强度等一系列因素有关,因此必须对目标和引信进行目标的分析计算。下面只介绍弹丸侵彻对土、木、砂、石的受力情况。

在弹丸对土、木、砂、石介质进行侵彻时,常用庞赛来—萨布茨基公式对弹丸所受的阻力进行计算

$$F_z = i \frac{\pi D^2}{4}(a + cV_D^2) \tag{6-8}$$

式中:D 为弹丸钻入目标部分的最大直径(cm);a 为目标的静阻力系数;c 为目标的动阻力系数;i 为弹性系数,球形弹 $i=1$,尖形弹 $i\approx0.9$;V_D为弹丸碰击目标过程的速度(m/s)。

6.2 全弹道测试技术通论

全弹道包含了弹丸在膛内发射过程(内弹道)、炮口附近飞行过程(中间弹道)、出炮口后在空气中飞行过程(外弹道)和撞击目标(终点弹道)4 个过程。采用新概念动态测试方法进行全弹道的动态参数测试,测试仪器必须能够适应上述 4 个过程的恶劣环境。考虑引信是弹药系统的核心控制部件,其所受到的动态环境参量对于引信的解除保险、可靠作用尤为重要,故本章主要研究引信的关键零部件在全弹道过程的动态参数测试方法。

6.2.1 全弹道测试特点

对于火炮弹丸,当弹丸装入火炮膛内,装入发射药,关上炮闩,即可进行弹丸的发射。击发装置击发底火,引爆发射药,弹丸被火药气体产生的推力推动开始运动,引信随之依次进入膛内、炮口、飞行和侵彻等全弹道运动状态。引信依次承受膛内动态环境参量、后效动态环境参量、飞行动态环境参量、侵彻动态环境参量的作用。整个过程如图分为 4 个阶段:①膛内发射过程是瞬时完成的,大约只需要十几 ms 的时间,发射时膛压产生的加速度值及其持续时间与火炮身管的长度、发射药的装药量等因素有关;②出炮口时由于压力卸载、身管的振动会造成弹丸发生激烈振动,这一阶段包括炮口处和后效期这两个连续的过程;③在飞行状态视射程的不同,持续时间几秒钟到几分钟不等,随后进入侵彻过程;④侵彻过程持续时间较短,也在 ms 级的时间内完成。其运动的过程复杂、环境恶劣,测试仪器置于引信体内需承受和引信同样动态环境参量的作用,其动态环境参量的测试难度极大,主要有以下特点:

(1) 高冲击。弹丸及引信在膛内发射过载为 10000g~24000g(小口径火炮可达 50000g);侵彻目标时根据目标介质和撞击速度的不同过载为 10000g~100000g。

(2) 高转速。155 系列弹丸的最高转速为 18000r/min,76 弹转速最高达 24000r/min。

(3) 高压。火炮膛内压力为数百 MPa,目前已测得的最高膛压为 100 滑高温全装药的膛压,膛压约为 720MPa。

(4) 高温。膛内温度约为 3000℃。

(5) 持续低温。当弹药保低温温要求时,要求在-40℃环境保温 48h。

（6）信号种类多。膛内三维加速度信号、膛内压力信号、弹底压力信号、炮口初速、转速、章动、进动、飞行加速度信号等。

（7）信号幅值变换大。膛内和侵彻过载为 $10000g \sim 100000g$，而飞行过载小于 $10g$。

（8）信号频率变化大。信号在膛内及侵彻过程信号变化快（毫秒量级），飞行过程信号变化慢（可达数百秒）。

（9）各参量的时间相关性要求高。为了能够准确分析个参量的关系，对各通道同步性能要求高。

（10）安装空间狭小。为了不影响引信和弹丸的工作，要求测试仪器体积尽可能小，重量轻。

图 6-4 示出全弹道动态参数测试过程示意图。

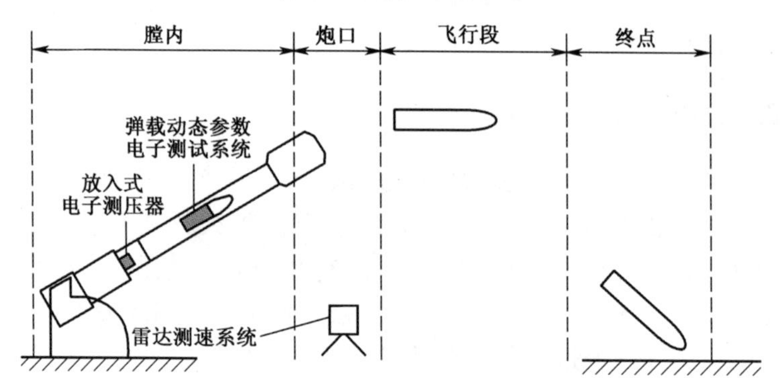

图 6-4　全弹道参数测试过程示意图

6.2.2　测试系统的设计原则

考虑到全弹道参数测试环境恶劣及其测试对象的特殊性，整个方案设计和实验主要遵循以下思想。

（1）测试试验方案满足武器研制和故障排除的需求。

（2）“实用、可靠、先进、准确、经济”，成熟可靠的产品和先进的技术结合。

（3）充分研究为解决武器系统设计及故障排除所需的相关物理过程、“动态环境参量”及其相关关系，实现一发射弹获取所需全部动态参数数据。

（4）为研究多种动态参数的相互关系，各被测参数间有统一时间基点，可为统一的物理时间基点或相对时间基点。

（5）采用新概念动态测试技术，完成特殊环境下使用的弹载仪器的静、动态特性设计；环境适应性设计；静、动态校准方法设计；存活性可靠性及工艺设计等工作。

(6) 安全可靠测试数据回收措施。

(7) 试验前,须对测试仪器进行模拟应用环境下校准与考核。

(8) 尽可能降低试验测试费用,节约测试成本。

6.2.3 测试系统的总体设计

由于测试仪器放置在被测体上(引信或弹丸内),随被测体一起运动,承受与被测体相同的动态环境参量,实时实况地测取其动态参数,因而具有以下特性。

(1) 抗高冲击能力。视发射和终点的具体情况,可测量及承受高达 50000g 的发射加速度及 100000g 的终点撞击加速度。

(2) 一弹多参数。为节省试验费用,需要在一次实射中可同时测量弹丸飞行时的微小姿态参数、空气阻力参数、弹上控制制导零件的运动、引信在环境参数激励下的响应运动,及其他的动态参数。

(3) 一弹多环境。炮弹发射时在炮膛内受到 10000g~20000g 的推动加速度,在飞行时受到小于 200g 的空气阻力加速度,在撞击目标时可受到高达 100000g 的撞击加速度,所受到的动态环境参量相差千倍以上,为得到弹丸和引信在全弹道的动态环境参量参数及其对环境里的响应,弹上测试仪器必须能够承受并在一次射击中准确地测取这些动态参数,因此测试仪具有动态范围大及智能采样功能。

微体积微功耗。为适应小弹体动态参量的测量,为不影响被测体的质量和质心分布及为减小弹载仪器缓冲装置的负担,弹载测试仪的弹上部分必须具有微小的体积和质量,微小的功耗,此外当弹药保温时要求电池能够在高温和低温环境下可靠工作。

通用性。弹载测试仪要具有通用性,可配用不同的传感器构成多种动态参数的测试系统,具有多种采样策略,通用的体系结构,以满足多种武器系统不同的测试要求。

高可靠性。由于全弹道飞行试验费用高,弹载测试仪必须具有高的可靠性。

1. 全弹道参数测试仪的结构

全弹道参数测试仪的体系结构是:把弹上动态参数测试必不可少的功能结构部分放置到弹载测试仪上,而把尽可能多的功能结构部分如数据处理、显示、打印等功能部件放置在地面。再经过特殊的校准系统进行校准,及专门的恶劣环境可靠性考核系统进行考核使其适应弹载测试的恶劣环境。图 6-5 示出各种测试仪的安装位置。

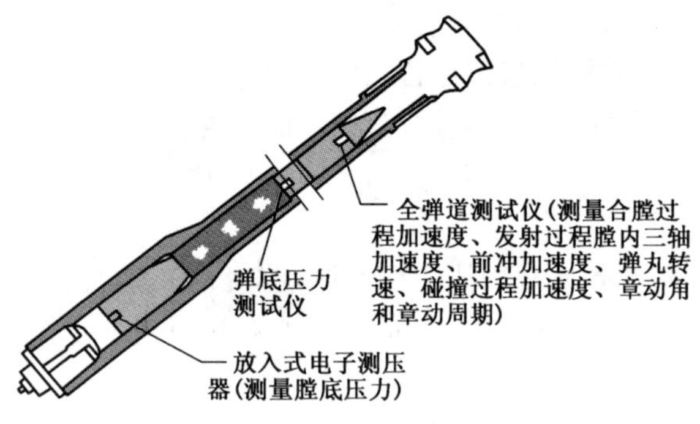

图 6-5 测试仪的安装位置

全弹道参数测试仪完成被测参量的获取和存储记录,通过抗高冲击壳体缓冲结构的有效防护,可以提高仪器的存活性。通过专用数据通信接口,地面计算机完成对弹载测试仪的参数设置及实验数据的读取、处理、显示。

全弹道参数测试仪由引信测试系统的电路模块原理框图如图 6-6 所示,它主要由高强度机械保护外壳、传感器阵列、测试电路以及电池组成。传感器阵列通常由三轴加速度传感器、柔性薄膜线圈转速传感器(或磁传感器)、高过载低量程加速度传感器等组成,视试验需求选择不同的传感器。为确保各通道时间的一致性,没有采用模拟开关而是采用并行采集的模式(图 6-6)。电路的核心中心控制电路采用本研究室研制的专用 ASIC-HB0202,完成对整个测试系统的控制。

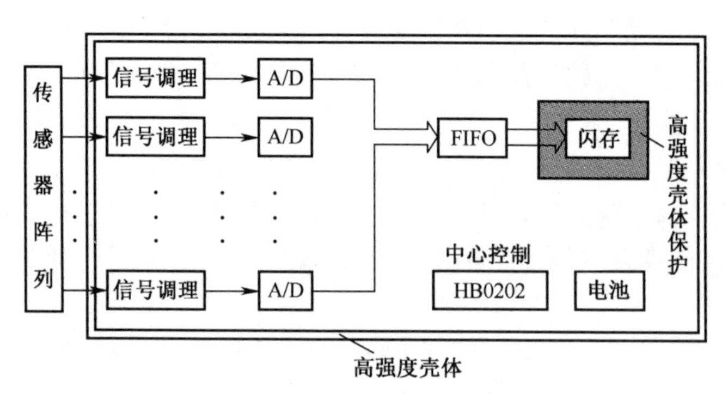

图 6-6 弹载测试仪原理框图

2. 关键技术

(1) 双层防护结构:为了确保数据的可靠采集和存储,通常采用双层的防护结构,即仪器的外壳采用高强度钢以保护内部的电路模块,同时在仪器电路模块内部进一步采用高强度钢对核心存储部分——闪存进行保护,即电路模块在撞击目标时结构损坏确保闪存内数据的完整性。

(2) 智能采样策略:为了满足弹上多种变化规律,采样频率、增益以及偏置的选择及设置关系到能否正确获取完整的信号和测试数据的质量。测试仪采用的专用 ASIC-HB0202 具有多种采样策略,可根据被测对象的特点、信号的变化规律,实时调整采样频率、增益及偏置等参数,具有体积小、抗冲击能力强、参数可编程功能、使用方便的特点,是弹载测试仪器的核心控制器件。

(3) 强化缓冲技术:为了确保仪器的可靠性必须对仪器进行强化处理,即电路模块采用真空灌封工艺,用高强度高硬度环氧树脂灌封,使得在高冲击过载作用下不致因灌封材料弹塑性变形而拉断板间的连接线和板上焊点,同时在电路模块周围增加合适的缓冲结构对电路进行缓冲;由于弹丸的高速旋转,为了确保测试仪在高速旋转时各部件间没有相对位移,必须设计止转结构。

(4) 冗余设计:鉴于全弹道测试的特殊性,电池不仅要能够抗高过载,同时能够适应弹丸的高速旋转环境,很多环境条件在实验室内部是无法模拟的,因此必须采用布置在不同方向上的多套电池并联的方式对电路进行供电,同时还要利用储能元件对电池在撞靶时刻的瞬间断电或电压波动进行补偿。图 6-7 示出冗余电源供电示意图。

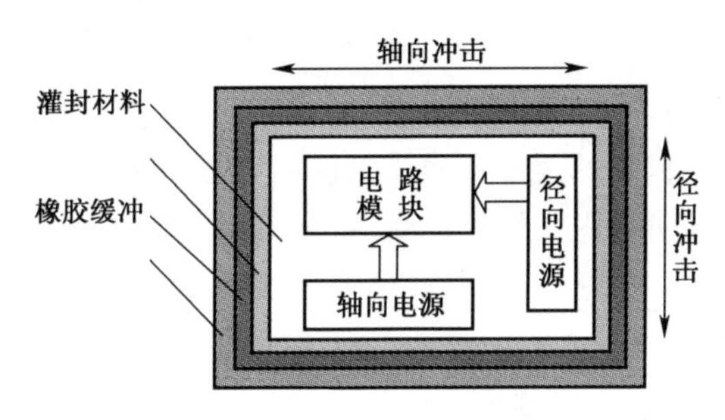

图 6-7　冗余电源供电示意图

(5) 机械滤波器的设计:对于高冲击加速度的测试,特别是信号变化快即含有高频分量时极易引起加速度传感器的共振,有效的解决方法是在传感器和安装面间安装机械低通滤波器。在设计机械滤波器时要考虑:①加速度计和滤波器组合足够牢固能够承受高 g 值冲击;②机械滤波器的 Q 值因数要非常低,以得到最大的频响线性;③机械滤波器的传递特性要清楚地确定,其结果应当可重复可预知。

6.3　内弹道和中间弹道参数测试及数据处理

内弹道学是研究弹丸在膛内运动规律的一门科学。内弹道学的研究方法主要有理论分析、数值模拟和实验研究。其中实验研究是内弹道学的重要组成部分，也是检验理论和数值模拟的根本依据。由于膛内过程具有高温、高压、高速和瞬态的特点，给内弹道实验研究带来相当的困难[9]。本节应用新概念念动态测试技术研究内弹道关键参数的测试方法，获取弹丸和引信在膛内及出炮口处的三轴加速度、膛内的 $L-t$ 曲线、$v-t$ 曲线、炮口初速等。

6.3.1 测试目的及要求

内弹道的性能影响枪炮系统的总体性能。随着内弹道反应多相流理论的建立，人们对于膛内的发生的物理现象越来越深入，目前已经认识到多数的膛炸事故和膛内的压力波有关。内弹道试验的内容主要是测量表征射击过程的膛内物理量，即弹丸的速度、火药气体膛内压力的大小已经随时间的变化特征，因此测量火炮膛内压力、弹底压力、弹丸速度、弹丸和引信在膛内发射过程及出炮口附近的三轴加速度是内弹道性能测试的主要内容。

6.3.2 内弹道和中间弹道参数测试系统的设计

关于膛压压力和弹底压力的测试方法及数据见第 5 章，本节主要介绍置于引信内部的弹载测试仪，如图 6-9 弹载测试仪的机械安装图，加速度传感器选用三个 B&K8309-100000g 加速度传感器，分别进行引信体轴向和两正交径向加速度的测试，选用自制的柔性薄膜线圈进行弹丸转速的测试。引信头部为实心硬铝，在引信落地时首先与接触体摩擦，起到对后续装置的保护缓冲，整个弹载测试仪通过引信体上的弹口螺纹与弹丸连接。测试仪的技术指标如下：

分辨力：　12bit；
采样频率：　500kHz/通道；
存储容量：　2Mwords；
延迟：　-8k；
工作温度：　-20℃ ~80℃；
通道数：　4；
非线性：　≤0.5%（电路部分）；
触发方式：　内触发；
电源：　聚合物可充电电池；
抗冲击能力：　100000g；
软件运行环境：Windows XP 和 Windows7。

本次测试安装三个加速度传感器，一个地磁传感器，具体安装方式如图6-8坐标系所示，坐标系箭头所指方向为传感器正向冲击方向。图 6-9 为机械安装图。

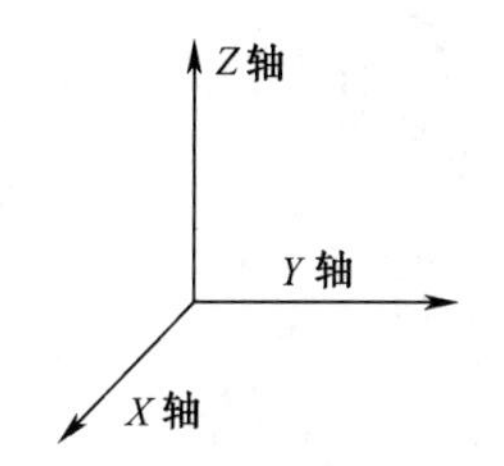

图 6-8 加速度传感器安装坐标图

Z 轴—轴向加速度传感器安装方向;X 轴—径向加速度传感器 1 安装方向;
Y 轴—径向加速度传感器 2 安装方向。

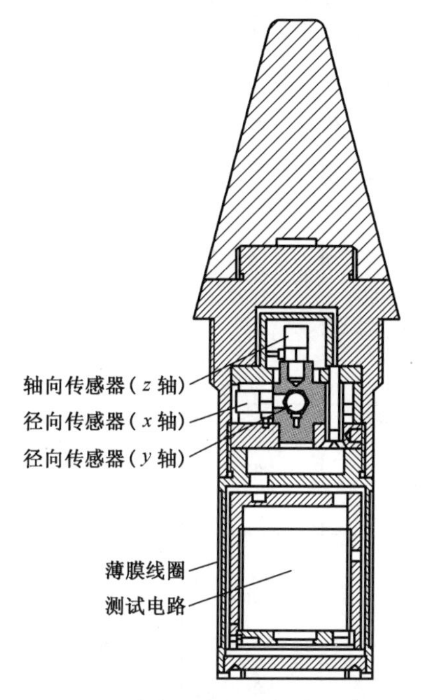

图 6-9 弹载测试仪的机械安装图

6.3.3 测试数据及数据处理

采用新概念动态测试方法,成功获取了某 155mm、某 152mm、某 122mm 口径弹丸引信在膛内及出炮口处动态环境参量。图 6-10 是实验前后装置对比图,从图中可以清楚地看到试验后的测试系统的头部由于摩擦产生热量导致部分熔化。表 6-1 是某次试验的数据总表,测得的数据包括轴向加速度、膛内压力、转速、炮口初速等。

图 6-10　实验前后弹载测试仪对比图

表 6-1　某次试验数据总表

弹种及电路编号	实测初速/(m·s^{-1})	实测转速		最大膛压/MPa	最大膛压处轴向加速度峰值/g
		炮口处/(r·min^{-1})	出炮口后 0.96s/(r·min^{-1})		
某 155mm 砂弹-1#	930.7	18077	17703	329	10296
某 155mm 砂弹-2#	925.6	18024	17532	322	11325
某 155mm 砂弹-3#	925.7	17990	17600	324	11649
某 155mm 砂弹-4#	926.2	18002	17596	325	11630
某 155mm 实弹-5#	925.8	18010	17575	322	11806
某 155mm 实弹-6#	927.1	17998	17620	326	11855
某 155mm 砂弹-7#	926.5	18004	17599	325	12031
某 155mm 砂弹-8#	928.2	18014	17585	325	11253
某 155mm 砂弹-10#	928.5	18075	17612	328	12057
某 155mm 砂弹-11#	928.3	18084	17542	327	11672
某 122mm 实弹-15#	未测	13371	13073	未测	11538

下面从分别三轴加速度、转速以及根据实测数据推导出的速度、行程数据进行分析。

1. 三轴加速度数据

为了更清晰的说明加速度数据，根据加速度曲线在膛内、出炮口处的具体情况将每条加速度曲线分为以下 4 段(图 6-11)。

① 起始段：此阶段曲线振荡频率小，发生时间短，为 0~5ms。

② 高频振荡段：此阶段曲线振荡频率最高，发生时间长，为 5~13ms，膛内

峰值在此段内。

③ 低频振荡段:此阶段曲线振荡频率小,发生时间为 13~16ms。

④ 炮口段:此阶段曲线振荡频率相对较高,发生时间为 16~19ms,炮口峰值在此段内。

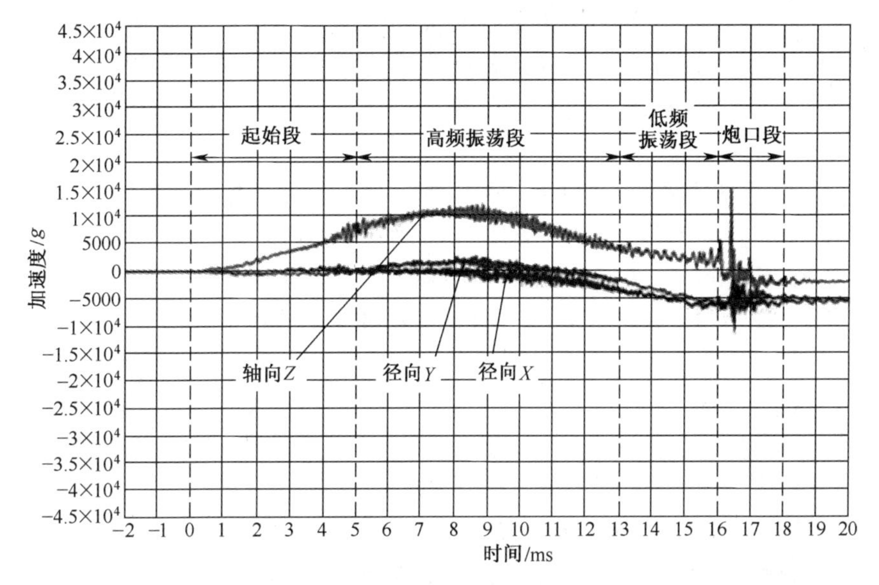

图 6-11 加速度曲线的分段说明图

根据测试曲线归纳得到的数据来看,无论是轴向加速度还是径向加速度,炮口段有着十分明显的差异,低频振荡段稍有差异,高频振荡段的差异不明显。下面按划分的每个阶段分别说明。

(1) 起始段。这一阶段的时间在 0~5ms,发射火药被点燃生成大量气体,开始推动弹丸挤入弹带,膛线突然切断弹带,弹丸突然推进运动,一个正向加速度阶跃发生,弹丸与弹带不断碰撞,使引信部位产生振荡。从振荡频率上看,轴向的振荡频率略高于径向的振荡频率。122mm 弹丸的振荡值小于 155mm 炮弹。这说明弹体结构不同,其弹丸—引信—加速度传感器系统的模态不同,造成测试信号有差异,需要进一步深入研究各种弹体的模态进行分析。

(2) 高频振荡段。这一阶段的发生时间在 5~13ms,弹丸继续沿弹带前进,并作旋转运动,在运动 9ms 左右,膛内压力达到最大值,轴向加速度随之也达到最大值,随后加速度值开始逐渐减小。从振荡频率上看,155mm 弹与 122mm 弹无明显差异。

(3) 低频振荡段。这一阶段的运动时间在 13~16ms,膛内压力在不断减小,加速度值也在逐渐减小,这是弹丸飞出炮口前的一段时间。从振荡频率上看 155mm 弹与 122mm 弹无明显差异，但振荡幅值有差异，实弹和砂弹无明显差异。

（4）炮口段。这一阶段的运动时间在 16～19ms，在运动到 17ms 左右时曲线出现巨大振荡，此时刻弹丸处于炮口处后效期，除后效期压力变化影响外，弹体飞出炮口，同时由于炮口制退器导致火药气体气流突变，给弹丸底部一个负阶跃力，引起弹丸—引信—加速度传感器系统自激振荡，有纵向振型和横向自激振型产生大加速度，从而造成弹丸的摆动、抖动。从振荡频率上看各弹种之间无明显差异。

从轴向振荡上来看，122mm 在炮口处几乎没有冲击振荡，说明同样型号的引信在 155mm 弹上受到的激励比 122mm 弹上的恶劣。

从径向振荡分析，对于 155mm 其径向的振荡值为膛内峰值的 3～6 倍，过载非常巨大，说明在出炮口时，引信工作环境在径向受到巨大冲击，很有可能在这个阶段引信损坏，炮口保险（包括远解保险）。实弹和砂弹之间无明显差异。从实际使用上看引信在 155mm 炮弹上的早炸率和瞎火率要高于 122mm 弹。

弹底压力引起的引信部位轴向加速度响应可分为两个分量构成，即

$$a(t) = a_n(t) + a_f(t)$$

式中：$a_n(t)$ 为弹丸系统的自由响应，它是高频振荡分量，其振幅取决于弹底压力激励高频分量的大小，以及弹丸—引信—加速度传感器整个系统的结构参数；$a_f(t)$ 为弹丸系统的强迫响应，它是与弹底压力成比例的一个波形，构成了加速度响应的基本波形。

图 6-12 为实测轴向加速度曲线，从图中可以看出，曲线与理论分析是一致

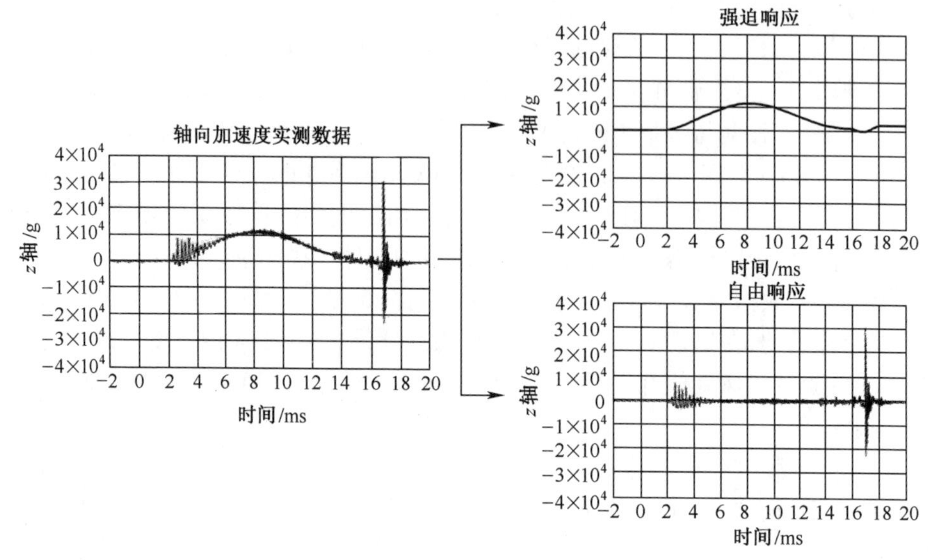

图 6-12 轴向加速度——时间响应图

的，实测波形的剧烈振荡，与加速度传感器的安装部位和安装方式有一定的关系。但从图中的自然响应分量可以看出，在不同时间段的振荡信号有着非常巨大的差异：2~4ms 振荡值在$-3217g \sim 7726g$之间，振荡频率为 7kHz，炮口处振荡值在$-22029g \sim 33146g$之间，振荡频率为 40kHz。说明引信运动到炮管的不同部位所受的激励是有区别的。强迫响应曲线显示膛内峰值为 $12057g$。

2. 轴向加速度信号和膛内压力的比较

由 $F = ma$ 可知，加速度跟压力成正比，本次试验同时通过放入式电子测压器获得了火炮膛压曲线，如图 6-13 所示为膛压曲线与轴向加速度曲线的比较。

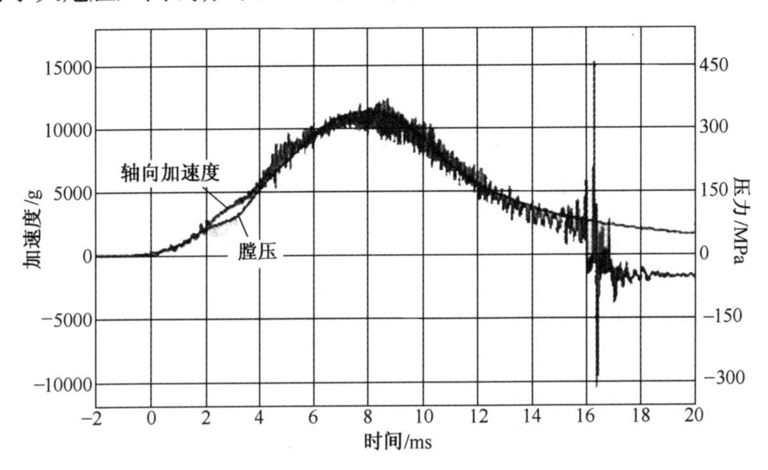

图 6-13　膛压与轴向加速度的曲线的比较

根据相关系数 r_{xy} 公式

$$r_{xy} = \frac{\sum_{i=1}^{N}(X_i - \overline{X})(Y_i - \overline{Y})}{\sqrt{(X_i - \overline{X})^2}\sqrt{(Y_i - \overline{Y})^2}}$$

式中：r_{xy} 为相关系数；X_i 为 i 时刻的膛压值；Y_i 为 i 时刻的加速度值；$\overline{X}$ 为膛压平均值；$\overline{Y}$ 为加速度平均值，$i=(1,2,\cdots,13)$，$N=13$。

计算得膛压曲线和轴向加速度曲线的相关系数为 98.8%。图 6-13 中的膛压是用放入式电子测压器于膛底测到的膛底压力数据，如果用弹底压力测试仪测到弹底压力数据，与加速度信号的相关系数可达到 99.9%以上。

由于弹丸膛内加速度是由膛内压力推动弹丸产生的，轴向加速度和膛压具有很强的相关性，二者随时间的变化规律相似，对应最大膛压处应有最大轴向加速度。但曲线还是有些不同的：①在起始运动阶段，压力产生后由于弹丸要嵌入弹带，弹丸仍然静止，即有膛压信号后嵌入弹带前加速度信号还为零；②弹丸运动后，膛内压力不仅仅推动弹丸运动，还使弹丸产生旋转，同时由于摩擦消耗掉的能量，因此膛压曲线和轴向加速度曲线并不是完全吻合，但二者的变化趋势是一致的；③出炮口阶段压力卸载后加速度值应归零，但压力突然泄放形成一个负阶跃，激起弹丸—引信加速度传感器系统剧烈振荡，使加速度信号在弹丸出膛时剧烈抖动，这一个阶段膛底压力波形没有突变，逐渐降低直至为零，弹底压力信号则和加速度信号一样突变至零。

3. 膛内弹丸行程

位移曲线是根据加速度曲线二次积分得到，如图 6-14 所示。根据炮体的有关数据可知，膛线长度为 6.875m，弹身铜带距弹底约为 0.09m，故炮弹运动 6.965m 左右应该飞出炮口，7.3m 左右飞出炮口制退器。

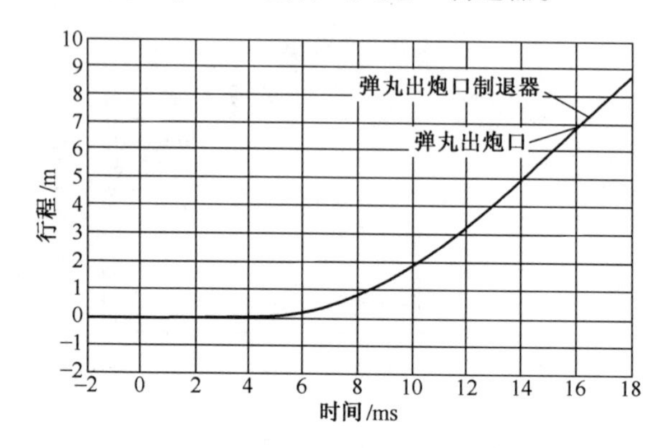

图 6-14　弹丸行程—时间曲线

4. 转速

图 6-15 是对某 155mm 弹丸实际测得的转速信号，图 6-16 是 50ms 内展开图。

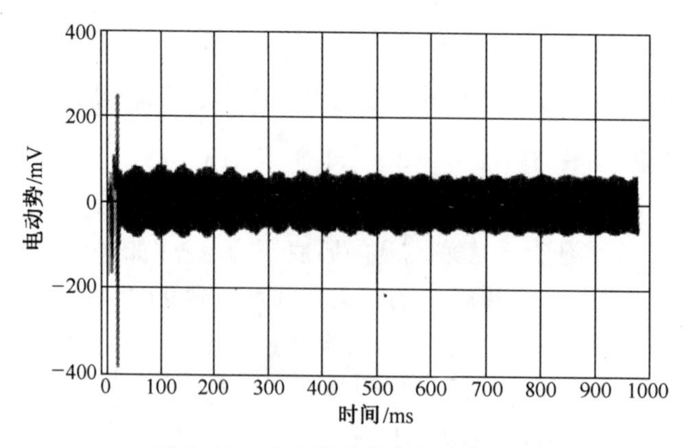

图 6-15　地磁线圈感应电动势信号

转速的测试信号主要基于弹丸旋转本章6.4.2节所述地磁传感器切割地磁场磁力线而产生的感应电动势。弹丸在整个膛内的运动时间很短，如图6-16所示，在17ms出炮口之前，整个弹丸的旋转持续1周左右，产生1个周期的信号，膛内阶段是弹丸旋转加速的一个过程，炮管屏蔽地磁场信号，信号呈现不规律状态。由于转速传感器是装在引信部位，弹丸一飞出炮管传感器即开始工作，出炮口时由于火药气体电离作用，使得信号在17ms处出现巨大波动。出炮口后，炮管屏蔽效果和火药气体电离作用消失，旋转引起的信号加强，规律性也明显，在18ms开始有明显的正弦波信号。弹丸进入平稳的外弹道飞行阶段。

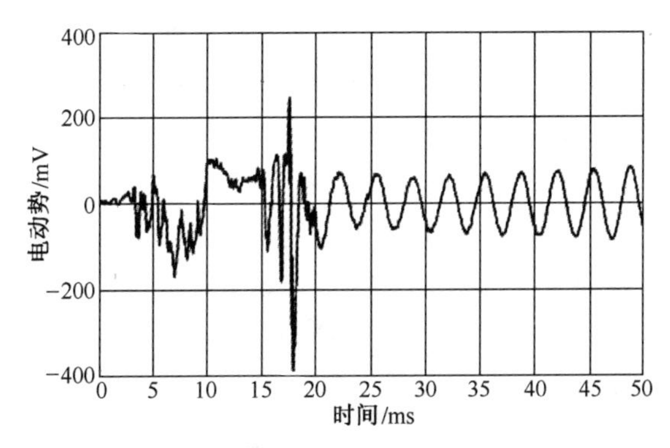

图6-16 地磁线圈感应电动势信号50ms展开图

155mm弹丸实测炮口转速分布在18000~18084r/min，经过近1s左右下降到17600r/min左右，122mm弹丸的转速值是最小的，从出炮口的13371r/min下降到13094r/min，转速值数据如表6-2所示。

表6-2 出炮口后960ms内转速值

类型 电路编号	不同时刻转速值/(r·min^{-1})					
	出炮口时刻	100ms	300ms	500ms	700ms	900ms
某155mm砂弹-1#	18077	18049	17969	17890	17811	17732
某155mm砂弹-2#	18024	17986	17881	11227	17673	17569
某155mm砂弹-3#	17990	17964	17895	17825	17755	17685
某155mm砂弹-4#	18002	17971	17884	17798	17711	17624
某155mm实弹-5#	18010	17975	17883	17791	17699	17607
某155mm砂弹-10#	18075	18038	17932	17827	17719	17612
某155mm砂弹-11#	18084	18041	17926	17811	17696	17582
某122mm实弹-15#	13371	13347	13283	13220	13157	13094

5. 利用弹丸转速信号求解炮口速度

利用转速测试弹丸炮口速度的方法，是采用地磁传感器直接测量弹丸转速，然后计算出弹丸在炮口速度的方法。本节所指的炮口初速是指弹丸飞离炮口时瞬间的速度。由于出炮口后，弹丸脱离膛线约束，弹丸轴向速度由于后效期的作用有增大趋势，但转速不再增大，整个后效期内(短时间内)，可将弹丸角速度看作常数，而且炮口处的弹丸角速度最大。通过实际测试得到的弹丸出炮口时的角速度值，根据事先精确测量的炮管膛线出炮口处的缠角，可以推算出弹丸在炮口处的速度值，即

$$v_0 = \frac{\omega_0}{2\pi} \cdot \eta_g D \tag{6-9}$$

式(6-9)表明，影响炮口初速的因素主要有火炮膛线炮口处缠度 η_g、弹丸口径 D 以及炮口转速 ω_0。它对炮口初速的影响主要有以下两个方面。

(1) 转速在炮口的作用时间是否能和加速度在炮口的作用时间对应，轴向加速度是产生速度的原因，为此，将转速曲线和轴向加速度曲线进行对比。分析图 6-17 可知，17ms 是出炮口时弹上加速度信号出现巨大振荡的时间，此时刻转速信号由于炮口电离气体产生的电磁场作用，也有巨大振荡，说明二者在时间上是一致的。炮口处的转速用于计算速度是可行的。

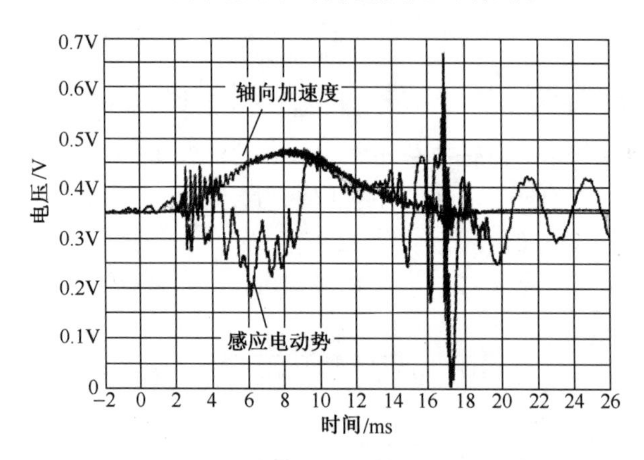

图 6-17　感应电动势与轴向加速度信号时间对应关系

(2) 炮口转速值自身有测试误差。由测试原理可知，一个正弦波的持续时间即为弹丸旋转一周的时间，即弹丸的转速。正弦波的过零点值、波峰值、波谷值是它的特征点，如果能提取出这些值，通过计算它们之间的时间差，可以得出弹丸的转速。由于实测曲线是一个个的离散点连线组成，测试点不一定正好是零值或峰值，这就需要确定一个幅值区间(y_1,y_2)来提取 0 点附近的测试值近似作为 0 点值。

对于正弦波信号，有

$$f(x) = \sin(x)$$

其导数为

$$f(x)=\cos(x)$$

可见,转速信号在过 0 点附近斜率接近 1,幅值变化迅速,在波峰波谷处斜率为 0,幅值变化缓慢。因此提取零点附近的值能减小随机误差,更准确地得到转速。实际处理时选取多个正弦波作平均,其平均值作为该段时间中间时刻的转速值,能进一步减小误差。测试系统是以 EXO3 晶振为计时的基准,它的频率误差 $\sigma_1=0.04\%$。

以转速 18000r/min 的测试为例,弹丸旋转一圈的时间为 3.3ms,而系统的采样频率为 500ksps,即一个周期记录点数为 1650 点,一周期内误差为 1 点,由此产生的误差为

$$\sigma_2=\frac{1}{1650}=0.06\%$$

此外,火炮的膛线缠度 η_g,缠度的大小在火炮制造时已经确定,射击后炮弹的弹带形状整齐,说明与膛线吻合程度较高,此时膛线的缠角,可以用专用测试工具的测量得到。炮口膛线角度测量仪的指标,产生的测量误差为

$$\sigma_3=0.3\%$$

转速测试的总误差为

$$\sigma=\sqrt{\sigma_1^2+\sigma_2^2+\sigma_3^2}=0.31\%$$

如某次测量计算得到弹丸在炮口处的转速值为 17990r/min,膛线的缠角与弹丸口径 D 为确定值,根据公式计算得到弹丸炮口初速 v_0 为 925.7m/s。为了证明利用转速测试弹丸炮口速度的可行性,和雷达直接测速法测试弹丸炮口初速比较,经过多次测量对比,利用转速测试得到的速度值与雷达测速得到的速度值差均在 1.3%之内,如表 6-3 所示。雷达测速得到的信号是在弹丸脱离后效期火药气体火光(电离场)之后,而地磁线圈得到的是出炮口处(图 6-17 中的 17ms 处),相当于炮口处的速度,可以认为是弹丸的符合定义的“初速”,其误差约为千分之三,而且均略大于雷达测到的初速。

表 6-3　雷达测速和转速计算初速的比较

	雷达测速 /(m·s^{-1})	转速计算初速 /(m·s^{-1})	两者相差	相对误差/%
某弹 1#	930.7	933.9	3.2	0.34
某弹 2#	925.6	931.2	5.6	0.60
某弹 3#	925.7	929.5	3.8	0.41
某弹 4#	926.2	930.1	3.9	0.42
某弹 5#	925.8	930.6	4.8	0.52

6.4 外弹道参数的测试

外弹道是研究弹丸在空中的运动规律的科学。在弹丸飞行过程中,由于受到发射条件、大气条件及弹丸本身等方面因素的干扰,弹丸除了按一定的基本规律运动外,还会产生一些干扰运动。

6.4.1 测试目的及要求

外弹道主要研究弹丸在空中运动时的受力状况、弹丸质心的运动规律、飞行稳定性问题。外弹道测试的对象是飞行中的弹丸或火箭,测试的主要参数主要是弹丸的各种气动力特征系数、速度、射程、弹道轨迹、飞行时间、落点散布等弹道参数,本节主要研究弹丸的章动参数、引信前冲加速度(弹丸沿弹道的减速度)的测试方法。

6.4.2 外弹道参数测试系统的设计

外弹道参数测试系统的设计原理同6.2节的论述,本节主要说明传感器的选取及数据的提取方法。

1. 传感器的选择——薄膜线圈式地磁传感器

结合系统测试测量弹丸转速及章动参数设计需求信息,选用本研究室设计的一种双面柔性覆铜板薄膜线圈式地磁传感器。如图6-18所示,为依据法拉第电磁感应定律设计的薄膜线圈式地磁传感器,设计线圈式地磁传感器主要考虑三个因素:线圈匝数(N)、线圈芯子磁导率(μ)及线圈面积(S)。它是利用先进的薄膜加工工艺制作,具有上下两层高挠曲性能结构的柔性薄膜线圈,可以灵活地粘贴于测试装置的表面,既减小了体积又便于安装,增大其输出灵敏度,具有无需电源供给的优点,可承受极大的冲击过载,满足测试要求。

图6-18 薄膜线圈式地磁传感器图

2. 章动参数的获取流程

利用弹丸转速信息(转速的测量同上节)解算弹丸章动参数的方法分为 4 个步骤,如图 6-19 所示。首先获取弹丸在外部弹道飞行过程中的转速信息,提取弹丸转速信息的包络即为弹丸的章动运动信息,依据包络曲线解算弹丸的章动周期,依据弹丸章动运动的概念建立数学模型,推导弹丸章动角的求解公式并解算章动角。

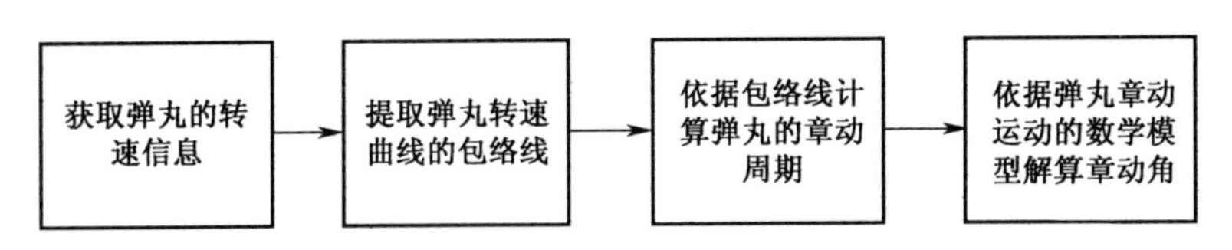

图 6-19 弹丸章动参数的解算流程图

3. 弹丸章动参数的解算方法

运用弹丸转速信息解算弹丸章动周期的流程为:获取弹丸的转速信息;提取处理后转速曲线的包络,包络线近似呈正弦规律变化,一个正弦波即代表弹丸的一次章动运动;对包络线做滤波处理,运用滤波后的章动运动曲线结合公式 $T=t/n$(表示时间 t 内共有 n 个章动运动)即可解算出弹丸在外部弹道运动过程中的章动周期。

其中包络线的绘制其处理流程如图 6-20 所示。首先,对弹丸的转速曲线进行去除基线及滤波处理,滤波的截止频率用 Hilbert 变换的边际谱来确定;其次,运用 Hilbert 变换提取去基线后感应电动势曲线的包络线,即弹丸的章动运动曲线;最后,对弹丸章动运动曲线进行滤波处理。弹丸章动角的解算流程图如图 6-21 所示。

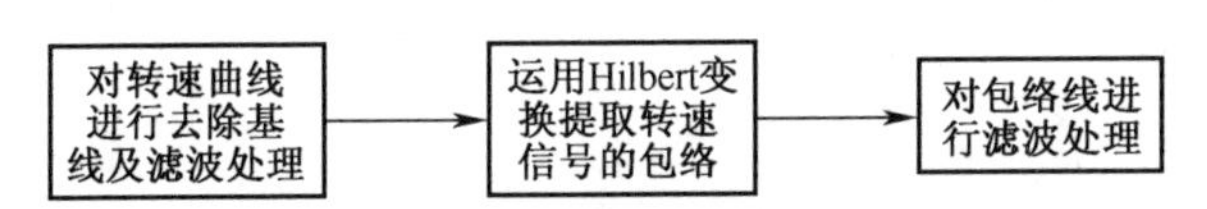

图 6-20 弹丸包络线的绘制及处理流程图

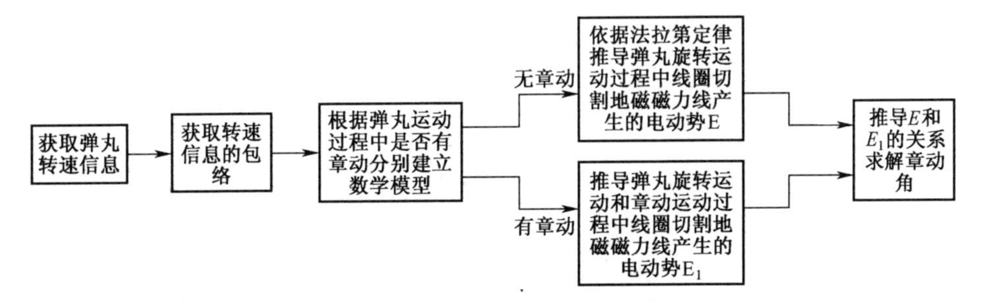

图 6-21 弹丸章动角的解算流程图

4. 弹丸无章动时线圈的感应电动势(如图 6-22)

柔性薄膜线圈式地磁传感器的工作原理为:线圈随着弹丸自旋旋转时,N 匝线圈的闭合回路切割磁感线产生的感应电动势为

$$E = NBS\left(- \sin\theta \cdot \sin\gamma \cdot \omega + \cos\theta \cdot \cos\gamma \cdot \frac{\mathrm{d}\gamma}{\mathrm{d}t}\right)$$

式中:E 为线圈中产生的感应电动势;t 为时间;N 为线圈的匝数;B 为当地地磁场总磁感应强度;S 为线圈的面积;θ 为线圈的旋转角;γ 为弹丸轴向与地磁场总磁感应强度 B 之间的夹角;ω 为线圈转动的角速度。

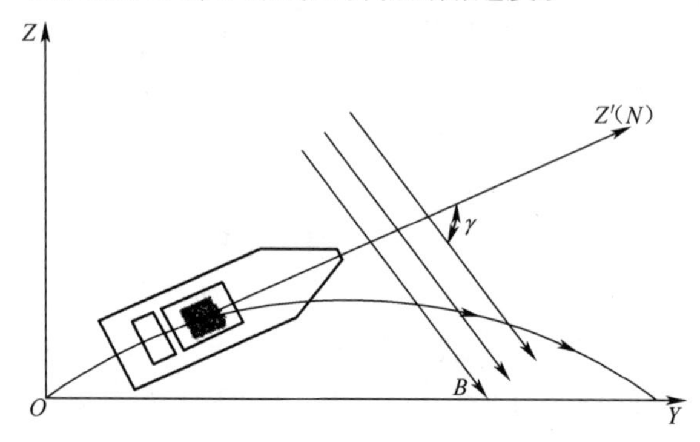

图 6-22　无章动运动时弹丸运动的数学模型

5. 弹丸有章动时线圈的感应电动势(如图 6-23)

弹丸运动过程中有章动角时,线圈随着弹丸自旋旋转时,N 匝线圈的闭合回路切割磁感线产生的感应电动势为

$$E_1 = NBS\left(- \sin\theta \cdot \sin\gamma_1 \cdot \omega + \cos\theta \cdot \cos\gamma_1 \cdot \frac{\mathrm{d}\gamma_1}{\mathrm{d}t}\right)$$

γ、γ_1 与 δ 三者之间的关系为

$$\gamma_1 = \gamma + \delta$$

得

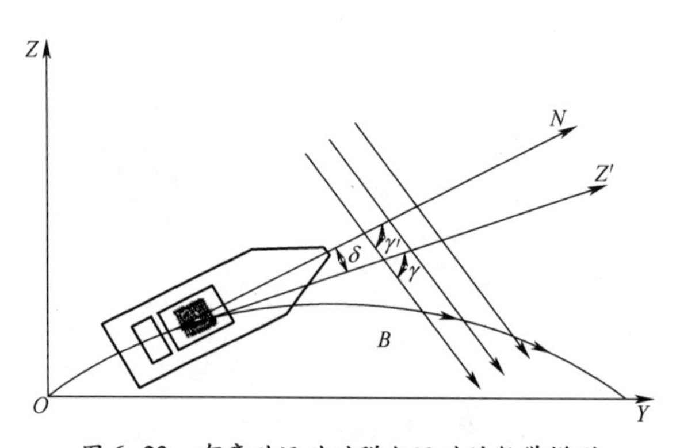

图 6-23　有章动运动时弹丸运动的数学模型

$$E_1 = -NBS\left[\sin\theta \cdot \sin(\gamma+\delta) \cdot \omega + \cos\theta \cdot \cos(\gamma+\delta) \cdot \frac{d(\gamma+\delta)}{dt}\right]$$

弹丸在出炮口后的运动过程中绕着弹轴高速自旋的同时还有章动运动，因此其运动轨迹是两种运动的合成。合成后每个周期内感应电动势的最大值点与弹丸仅有高速自旋运动时感应电动势的最大值点不一定在同一点上，弹丸的高速自旋运动的周期短、变化速度快、感应电动势的幅值大；章动运动的周期长、变化速度慢、感应电动势的幅值小。利用两种情况下电动势的比值可求出章动角，即

$$\frac{E}{E_1} = \frac{E}{E+\Delta E} = \frac{\sin\gamma}{\sin(\gamma+\delta)} \tag{6-10}$$

6. 引信零件前冲加速度的测试方法

由于弹丸在外弹道飞行阶段，引信零件所受到的前冲加速度很小，在几个 g 的范围，而传感器要承受在发射条件下轴向、径向的上万 g 的过载，既要保证测试精度同时确保传感器在高过载环境下不损坏，因此高过载低量程加速度传感器一直是外弹道测试技术领域的瓶颈。主要是因为传统工艺传感器固有的特性或工艺不能满足这一特定环境的要求。基于压电效应的传感器由于低频特性较差，在长期飞行过程中将发生较大的零点漂移现象，使得测量数据不能真实再现被测量的动态过程，而传统工艺的压阻和电容传感器虽然在频响方面能满足测试要求，低频漂移较小，但极易在高过载时损坏，也不能解决这一测试问题。

MEMS 技术的发展为传感器技术的发展提供了一个机会，MEMS 加速度传感器尺寸小、敏感元件质量轻，能有抗高过载结构、动态响应快。根据测试要求，经过详细比较和筛选，选用美国 Silicon Designs 公司生产的 Model-1221 系列单轴高精度 MEMS 加速度计，该加速度计包含了微机械电容传感单元、温度传感器、传感运放电路和差分输出电路。简化了电路，消除了交叉耦合的影响，而且利用该传感器的差分输出可以提高系统的测量精度。

经过完整校准后差分形式的电压信号输出范围±4V，单端形式的电压信号输出范围是 0.5~4.5V。频率响应范围 0~2.5kHz，工作温度范围-55~+85℃，在 5V 供电电压下的功耗仅有 10mA，抗机械冲击可达 5000g。此外，该传感器体积与一角硬币相仿，且具有低噪声、高灵敏度等特点。该 MEMS 传感器设计有质量块位移限位结构，在高过载激励下质量块的位移被限制在安全的变形范围之内，是前冲加速度测量理想的传感器。

6.4.3 测试数据及数据处理

1. 章动参数测试数据

采用 6.4.2 节中分析的章动参数数据处理方法对图 6-15 地磁线圈感应电动势信号进行处理，可以得到弹丸感应电动势包络线图（图 6-24）。

2. 章动周期的计算

利用图 6-24 即可求出弹丸初始弹道的章动周期。从图中可以看出在 82.40~935.77ms 之间共有 20 个章动周期。故可计算出弹丸的章动周期为

$$T = \frac{(935.77 - 82.40)}{20} = 42.67\text{ms} \approx 0.043\text{s}$$

3. 弹丸章动角的计算

依据上述的推导结果对某弹丸实测数据进行计算。弹丸的轴向与地磁场总磁感应强度 B 间的夹角为 30°,即 $\gamma = 30°$。某时刻 $E = 47.115\text{mV}$, $\Delta E = 2.07\text{mV}$ 代入式 6-10,有

$$\frac{E}{E_1} = \frac{E}{E + \Delta E} = \frac{47.115}{49.185} = \frac{\sin\left(\frac{\pi}{6}\right)}{\sin\left(\frac{\pi}{6} + \delta\right)}$$

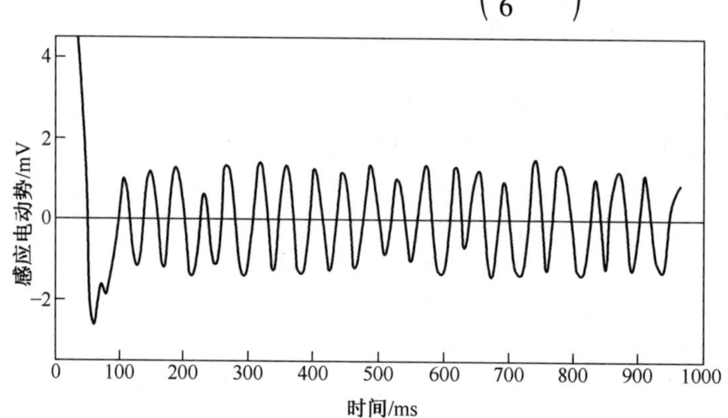

图 6-24　弹丸感应电动势包络线图

由上式解得 $\delta = 1.46°$。

按照上述方法分别计算了 9 发某型弹的章动角,得到弹丸在出炮口后 3s 内不同时刻的章动角,如表 6-4 所示。从表中可以看出:章动角是随时间逐渐减小的,即章动角是收敛的,弹丸在刚出炮口时刻的章动角达到最大值,这与弹丸在外弹道上的章动运动是逐渐衰减的这一理论相符合,说明弹丸在外部弹道的飞行是逐渐趋于稳定的。该方法解决了原有光测、摄像等方法难以覆盖全弹道章动测试的难题,经过实测数据验证了该方法是有效的。

表 6-4　某型弹出炮口后 3s 内章动角值

弹号	3s 内不同时刻章动角/°						
	0.2s	0.4s	0.6s	0.8s	1s	2s	3s
1#	3.238	3.136	3.126	3.071	2.954	2.95	2.192
3#	4.708	4.513	4.379	3.918	3.7	3.502	3.127

（续）

弹号	3s 内不同时刻章动角/°						
	0.2s	0.4s	0.6s	0.8s	1s	2s	3s
5#	2.614	2.607	2.542	2.21	2.18	1.955	1.428
6#	4.648	4.537	4.498	4.264	4.139	3.843	3.78
7#	2.795	2.635	2.414	2.09	2.085	0.99	0.732
8#	2.314	2.29	2.112	2.063	1.748	0.963	0.69
9#	3.878	3.694	3.573	3.231	3.007	2.694	2.41
10#	2.658	2.353	2.29	2.005	1.865	1.821	1.734
11#	3.964	3.877	3.828	3.697	3.051	2.936	2.608

4. 前冲加速度测试数据

下面以某远程杀爆弹实测外弹道前冲加速度的曲线为例，如图 6-25 所示，约定弹丸在膛内开始运动的时刻为 0 时刻，刚出炮口处的前冲加速度为 20m/s^2，5.4s 时底排药点火，7.6s 时底排药燃烧结束，38s 时弹丸速度由超声速飞行降为临界声速，91s 弹丸落地。图中由于弹丸在膛内发射和侵彻目标（落地）阶段加速度量值超出量程范围测试数据没有意义（该阶段轴向安装的大量程加速度计获取了有效数据）。为清晰了解弹丸在外弹道不同阶段前冲加速度的变化趋势，需对前冲加速度曲线分段展开分析，分段情况如图 6-26～图 6-29 所示。

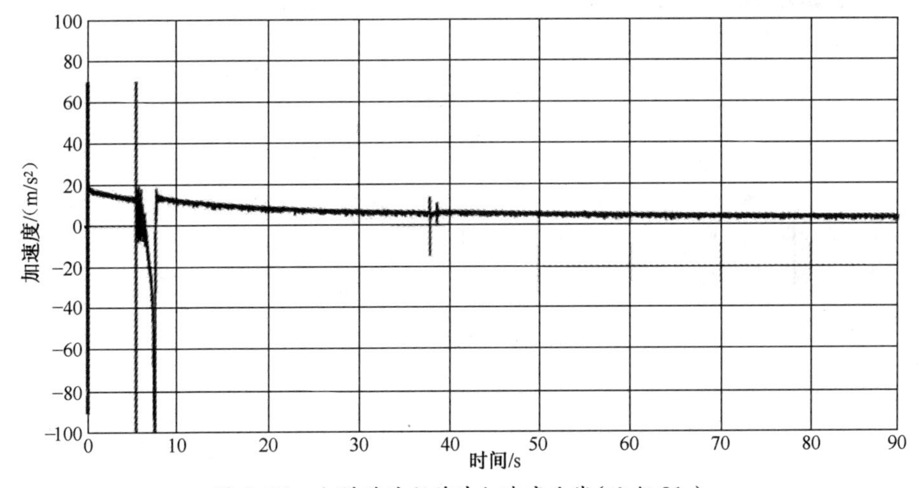

图 6-25　全弹道过程前冲加速度曲线（飞行 91s）

为了验证测试的正确性，已知弹丸初速为 650m/s，通过对加速度曲线积分得出在 38s 时弹丸的速度为 346m/s，考虑到加速度的测试误差以及音速和气压温度的关系，数据基本正确。通过对加速度曲线积分得出在 91s 落地时弹丸的速度为 108m/s。

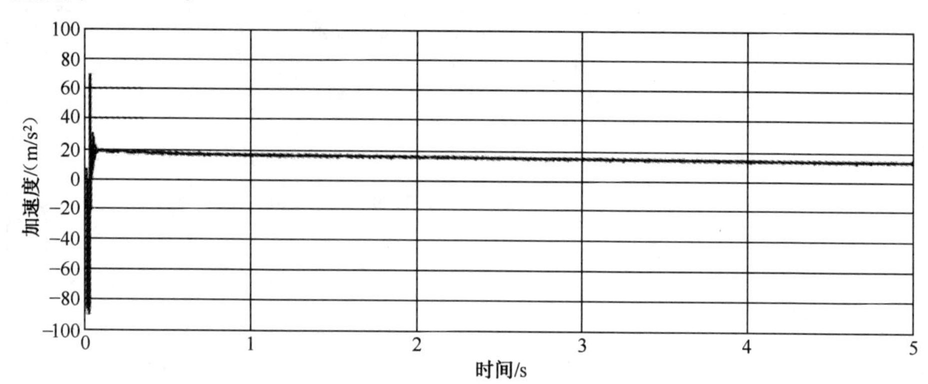

图 6-26 弹丸出炮口 5s 内前冲加速度曲线

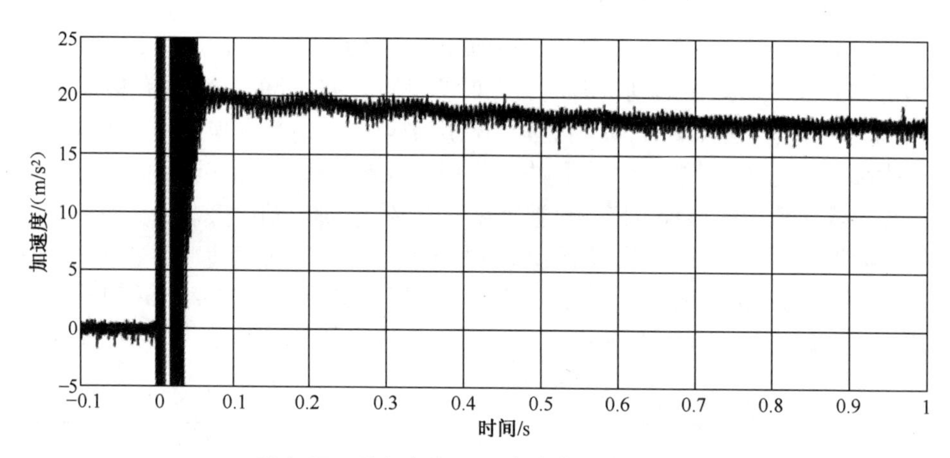

图 6-27 弹丸出炮口 1s 内前冲加速度曲线

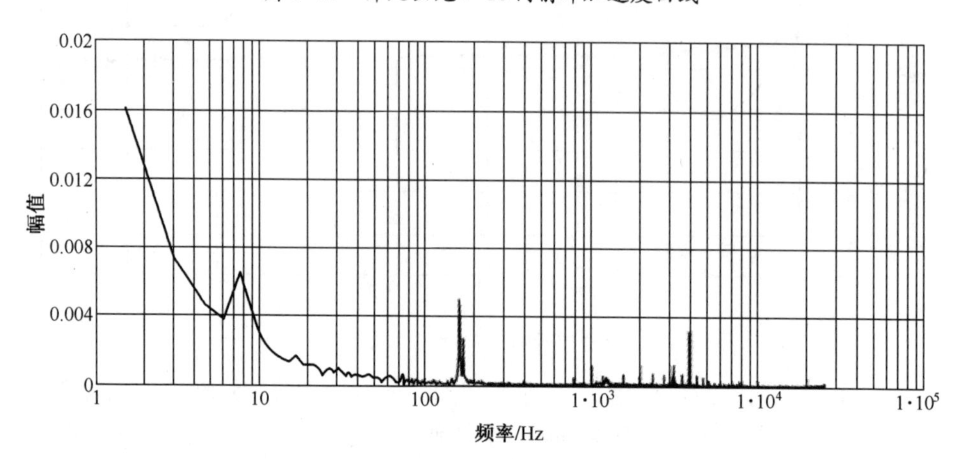

图 6-28 弹丸出炮口 1s 内前冲加速度幅频特性图

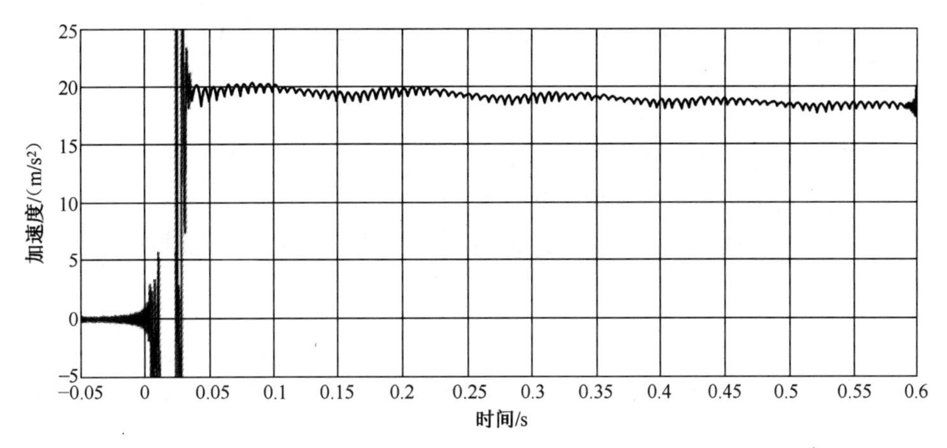

图 6-29 弹丸出炮口 0.6s 内前冲加速度曲线(500Hz 低通滤波)

5. 由前冲加速度数据推导弹丸章动参数

以前采用大量程加速度计进行测量,章动信息被噪声信号淹没难以发现章动规律,当采用高过载低量程传感器时,弹丸章动运动必然在测试数据中体现,下面讨论通过前冲加速度信息提取章动参数的方法。

6. 章动周期

由内前冲加速度幅频特性图 6-28 和经 500Hz 低通滤波后前冲加速度曲线图 6-29 可得出章动周期 T 约为 128ms,且随着弹丸的运动章动周期也在逐渐递减。

7. 章动角

由图 6-30 可明显看出章动角随着弹丸出炮口后的运动在逐渐递减。刚出炮口处第一组加速度波动最大值和最小值差为 1.68m/s^2、章动周期 T=128ms、加速度计到弹丸质心的距离 l 为 558mm,推导过程如下。

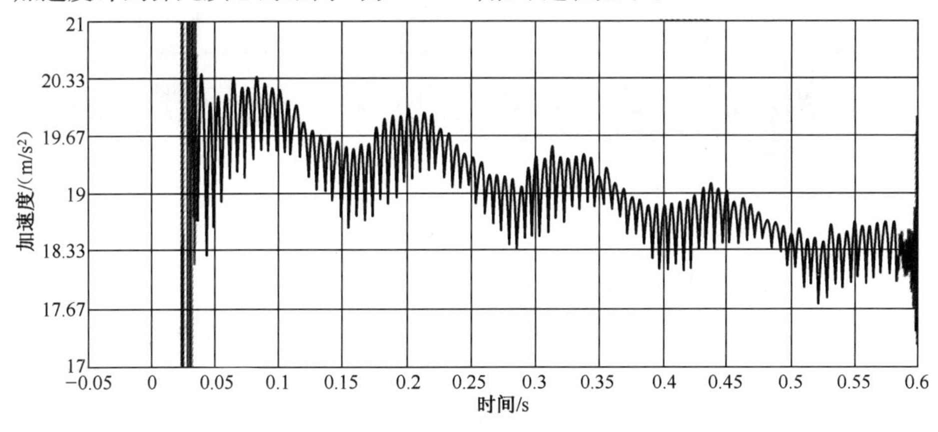

图 6-30 章动信息(图 6-29 进一步纵向展开)

（1）由公式 $a_{zh} = l\Omega^2$，得出最大章动角速率 $\Omega = 1.735\text{rad/s}$。

（2）最大章动角 $\delta = \dfrac{T \times \Omega}{\pi} \times 90°$，带入已知参数得 6.4°。

同样的方法可以计算出章动角依次为 6.1°、5.9°、5.7°，逐步衰减。

8. 底排药燃烧时的加速度变化规律

如图 6-31 所示，在 5.4s 时刻，底排药点火，7.6s 时结束，此时加速度发生明显的振荡，振荡范围为 $-150 \sim 150\ \text{m/s}^2$。

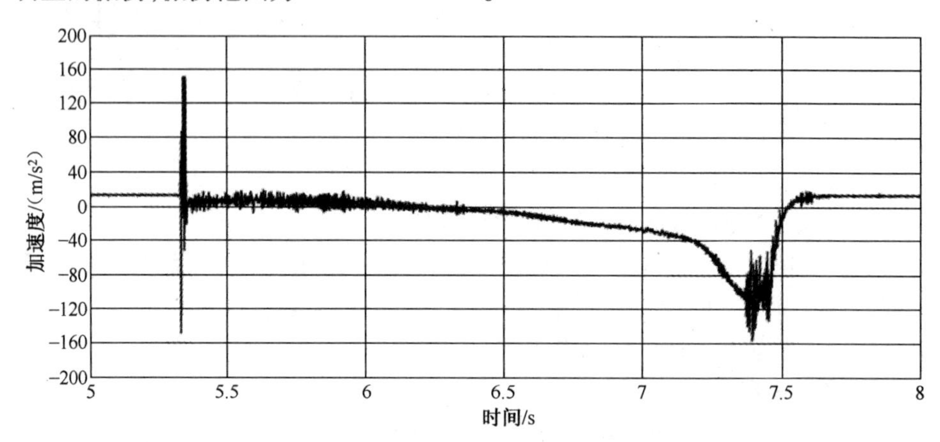

图 6-31　底排弹发动机点火时加速度曲线

9. 音障现象

当弹体的速度接近声速时，声波叠合累积的结果，会产生激波（Shock Wave），进而对弹体的加速产生障碍，即所谓的音障。如图 6-32 所示，在 37.9s 时刻，此时速度接近声速使得加速度出现振荡现象，振荡范围为 $-15 \sim 14\text{m/s}^2$。

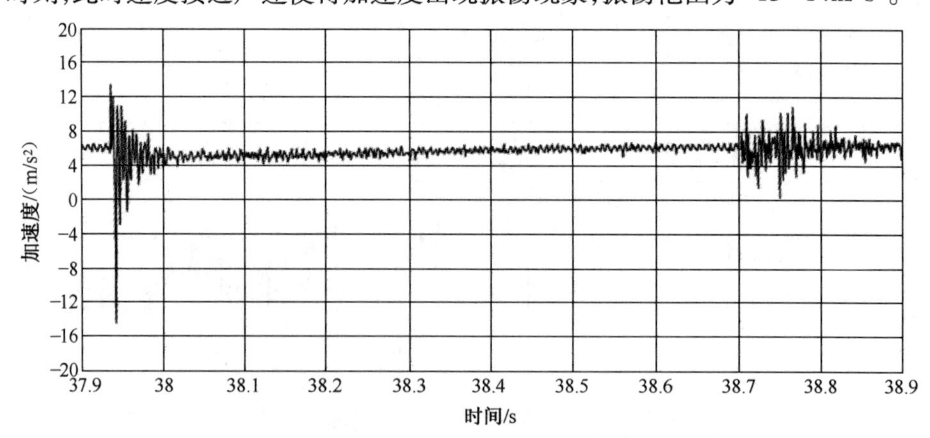

图 6-32　弹丸由超声速飞行降到声速时加速度曲线

6.5 终点弹道参数的测试

弹丸经历了内、外弹道后达到目标区，通过碰撞、爆炸、抛撒及其他机构的动作，对目标作用达到战场毁伤效果，第 7 章研究高速撞击侵彻过程参数测试技术，第 8 章研究战斗部爆炸冲击波及其毁伤作用测试技术。为了全弹道参数的完整性，本节仅给出采用大量程加速度计获取的完整的膛内、飞行、及撞击目标时的加速度曲线，如图 6-33、图 6-34、图 6-35 所示。

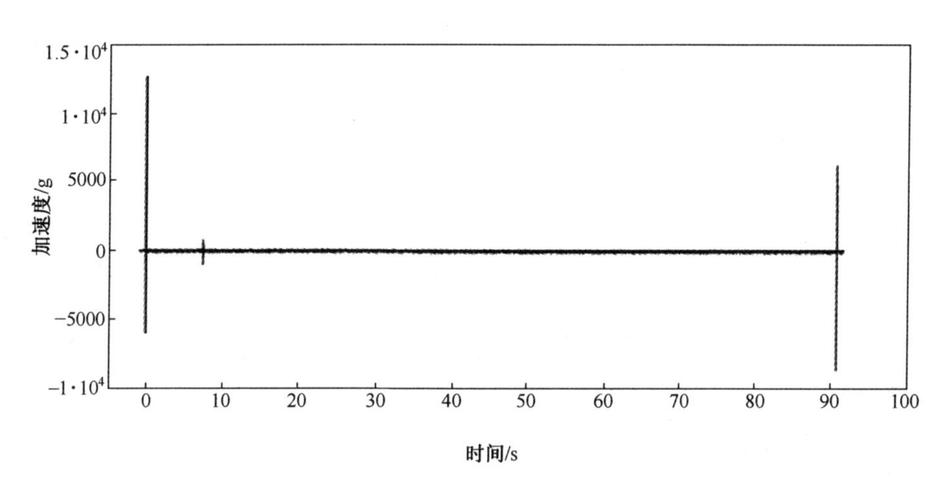

图 6-33　全弹道轴向加速度曲线

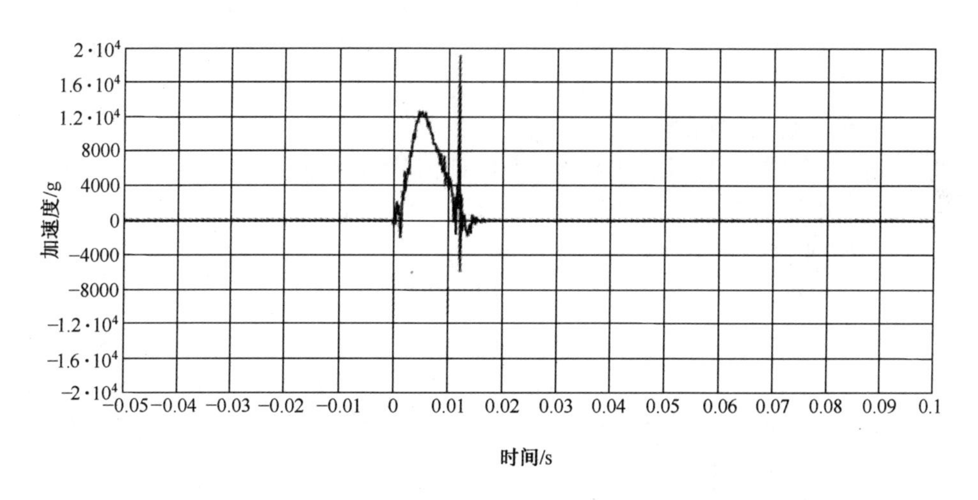

图 6-34　全弹道轴向加速度曲线——膛内阶段

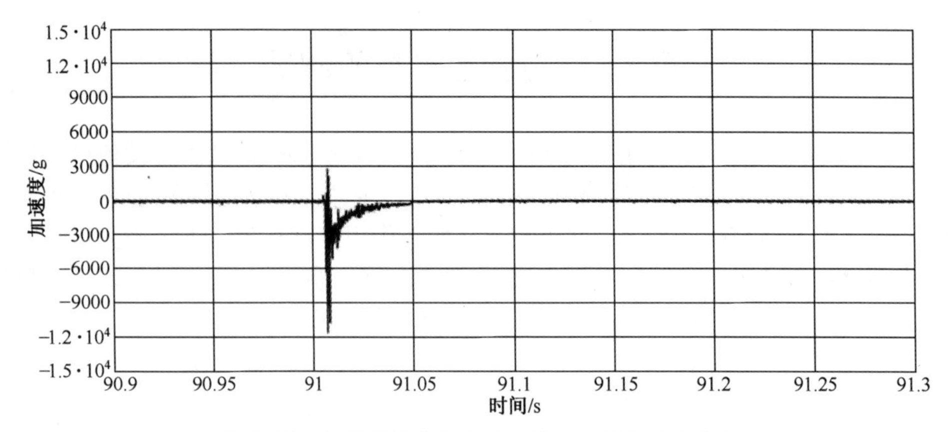

图 6-35 全弹道轴向加速度曲线——侵彻目标阶段

6.6 弹载测试装置的回收与数据传输问题研究

6.6.1 弹载测试装置的回收方法

本测试系统主要包括火炮、弹丸、雷达测速系统、地下金属探测器，如图6-36 所示。

系统主要部分介绍如下。

1. 雷达测速系统

雷达测速仪是通过微波来测量运动物体的速度，其工作理论是基于多普勒原理，即当微波照射到运动的物体上时，会产生一个与运动物体速度成比率的一个变化，其变化大小正比于物体运动的速度。

2. 地下金属探测器

地下金属探测器利用电磁感应的原理，利用有交流电通过的线圈，产生迅速变化的磁场。这个磁场能在金属物体内部能感生涡电流。涡电流又会产生磁场，倒过来影响原来的磁场，引发探测器发出鸣声。地下金属探测器有先进的地平衡系统，它只选通金属信号，排出"矿化反应"的干扰，最大探测深度可达8m，基本满足测试试验需要。在使用地下金属探测器探测时犹如工兵探雷，操作者握着手柄让探头缓缓地沿着地面移动，整个探测过程中应保持探头与地面距离为 20cm 左右，尽量不要使距离忽大忽小地变化。探测到金属时，仪器便发出声音，同时电表的指针也会有刻度指示。

3. 测试系统工作过程

火炮被击发，弹丸飞出身管后，在空中依靠惯性运动。雷达测速系统测出

弹丸的飞行速度 v 和角度 θ。使用速度 v、角度 θ、弹丸质量、空气阻力系数、空气升力系数等参数,通过弹道方程计算可得出弹丸的外弹道曲线,结合靶场实际地形,可以估计出弹丸落点的大致区域。工作人员携带地下金属探测器和挖掘工具到达弹丸落点区域。由于势能作用弹丸很可能已经侵彻到地面以下,工作人员找到地面上留下的弹孔,就可以进一步缩小弹丸在地下的位置。然后使用地下金属探测器配合挖掘工具,找出弹丸。

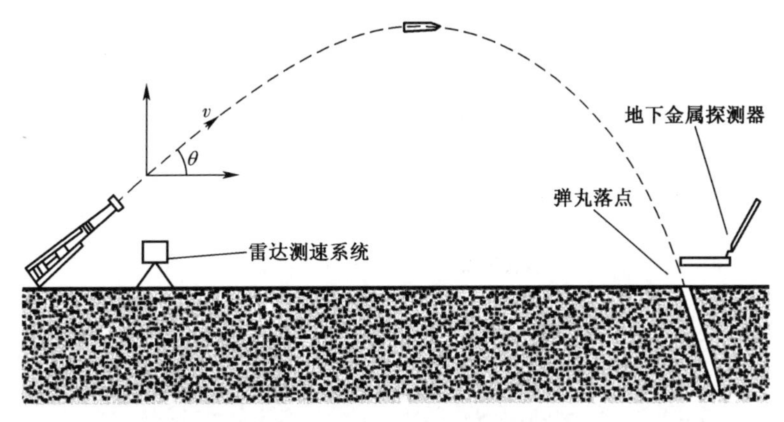

图 6-36　弹载测试装置回收示意图

6.6.2　无线遥测方法

为了准确测量引信在膛内及飞行过程的动态参数,设计的一种可置于引信内部通用、灵活的微型多参数测试仪,它具有小体积、微功耗、抗高冲击等特点。在以往的方案中,数据的读取、处理在装置回收后完成,即在装置回收后通过通信接口对测试装置记录的数据进行读取,测试数据在计算机上完成后续处理工作。在图 6-36 所示方案中,为避免弹丸落地后寻找的麻烦,可在弹丸飞行过程中对测试数据进行无线实时传输,实现弹丸姿态实时监测。

一个典型的无线数据传输系统由发送端和接收端组成,如图 6-37 所示。为了能够实时地监测弹丸的姿态信息,必须将姿态信号从弹道参数测试仪上实时地无线传输到相应的地面接收站。该方案的实现需考虑下列因素:①弹道参数测试仪体积小,微功耗;②传输距离远;③抗干扰;④数据安全性。

由于微型飞行器的载重及能量供给非常有限,因此对机载的微型无线传输系统提出了很高的要求。基于微机电系统（MEMS)的微型无线数据传输系统可以满足方案要求。该系统采用了 MSK(Minimum Shift Keying)数字调制编码,射频频率为自由频段 450MHz,频带宽度为 12.5MHz,信道间隔为 25kHz,接收灵敏度达到-117dB,空中传输率为 1.2Kb/s,有效传输距离达到 1.5km 以上,体积为 40 mm×60mm×30mm,有效质量为 35g。与传统的传输系统相比,系统的机载部分采用集成度高、耗电低的电子元器件,基本实现微型化。

提高发射距离的关键因素有两个:①提高发送信号的功率,增大辐射的程度;②提高接收部分的灵敏度。目前广泛采用的是前者。为了保证微型载体在各种姿态情形下都能够接收到相应的姿态信号,在开发的过程中采用较为简单的全向天线。同时,为了进一步降低功耗,选择天线增益为 0。

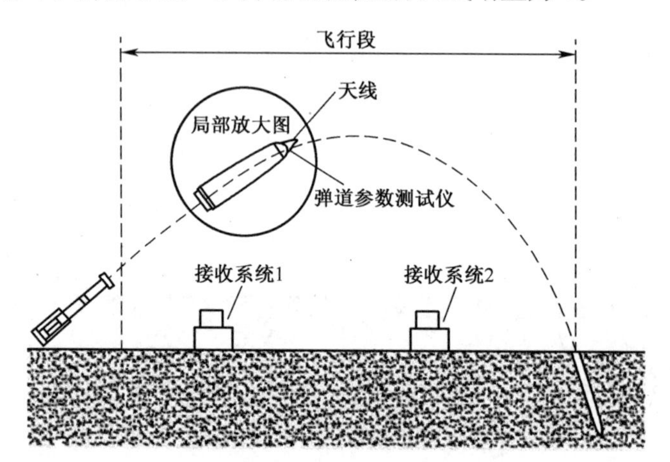

图 6-37　无线遥测方法示意图

参考文献

[1] 马宝华 . 引信构造与作用[M]. 北京:国防工业出版社,1984.

[2] 彭长清 . 引信机构动力学[M]. 北京:兵器工业出版社,1994.

[3] 王宝元,衡刚 . 火炮测试技术进展 [M]. 北京:国防工业出版社,2011:134-136.

[4] 金志明 . 枪炮内弹道学[M]. 北京:北京理工大学出版社,2004.

[5] 华恭,欧林尔 . 弹丸作用和设计理论(榴弹和迫击炮弹)[M]. 北京:国防工业出版社,1975.

[6] 芮筱亭,张薇,陆毓琪 . 引信发射环境研究[J]. 弹道学报 . 2000,12(4):12~17.

[7] 尚雅玲,马宝华 . 弹体角加速度对引信机构的影响[C]. 昆明:中国兵工学会,2001.

[8] 刘利生,外弹道测量数据处理[M]. 北京:国防工业出版社,2002.

[9] 钱林方 . 火炮弹道学[M]. 北京:北京理工大学出版社,2002.

[10] 张合,李豪杰 . 引信机构学[M]. 北京:北京理工大学出版社,2014.

[11] 范锦彪 . 高 g 值加速度溯源性校准理论及高冲击测试技术研究[D]. 太原:中北大学,2010.

[12]尤国钊,许厚谦 . 中间弹道学[M]. 北京:国防工业出版社,1984.

第7章　高速撞击侵彻过程测试技术

7.1　高速撞击侵彻过程测试原理

7.1.1　不同硬目标侵彻加速度信号的特征及处理原则

高 g 值加速度传感器的数学模型可等效为一个时不变的二阶系统，传感器的输出信号通常包括：运动物体的质心运动加速度、测试点相对于质心的各阶振动加速度、连接装置相对于测试点的加速度响应以及加速度计对主激励信号的余响应，等等。第4章基于理论分析和有限元模拟，给出了高 g 值加速度信号的信息组成，包括：弹体的质心加速度、被测点相对于弹体质心的振动加速度和由安装结构引起的振动加速度。在实际测试过程中，传感器的实际响应中一部分是上述已知弹体和智能传感单元本身的结构响应，其余大多数是测试装置(智能传感单元)安装到被测体内发生的结构响应，事先无法准确预估。本节以笔者多年来进行侵彻测试所获得的大量实测数据为基础，从时域和频域两个方面来研究弹体侵彻加速度信号的基本特征，以及加速度信号的处理原则。首先研究半正弦脉冲的特性及高速撞击侵彻加速度信号的模型及加速度信号的处理原则，随后展示8个具体加速度测试信号的实例及其处理结果。

1. 高速撞击侵彻过程加速度信号的要求及处理方法

根据大量测试试验的总结，高速撞击侵彻过程加速度信号的处理需尊重测试要求及物理过程。

有三种测试要求：①为得到高速碰撞侵彻过程参数，即刚体(质心)加速度过程，及最大加速度值，这是最普遍的测试要求，且将受到各种安装结构响应的影响；②为得到弹体在高速碰撞侵彻过程中的应力波过程，得到最大应力波值，这种测试要求需在弹体上粘贴应变片，极少受到其他安装结构响应的影响；③弹上引信在侵彻过程中受到的加速度效应及弹体应力波效应，针对这种测试要求测试装置需安装在引信部位，具有和引信一样的安装结构。本章主要研究第1种测试要求，具有最复杂的信号构成，要求得到侵彻过程及最大加速度值。

高速撞击侵彻的物理过程可大致描述如下：侵彻弹的形状一般如图7-1所示，弹头圆锥部高速撞击目标产生极大的撞击力，形成一个最大的撞击负向加速度脉冲,最大幅值发生在圆锥部的末端圆柱部开始侵入目标的时刻,随后圆柱部以一个较为平缓负向加速度过程侵入目标,速度逐渐减小,直至停止在目标中或穿透目标。高速碰撞侵彻过程的加速度过程可用图 7-2 所示 3 段线模型代表。

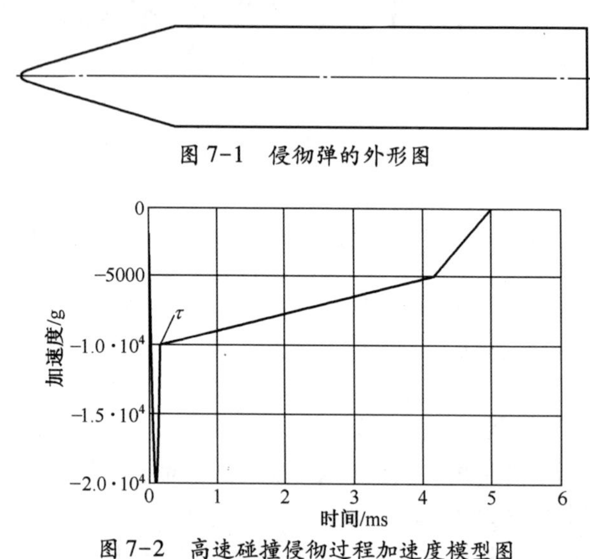

图 7-1　侵彻弹的外形图

图 7-2　高速碰撞侵彻过程加速度模型图

图 7-2 中 τ 以前为一个高幅值半正弦脉冲,为弹丸圆锥部高速碰撞产生的高加速度脉冲(对靶板的"开坑"过程),如本书第 3 章所述,可用半正弦波形模拟,半正弦的峰值应对应于弹丸圆锥部的某个部位。对于混凝土类或岩石类目标大致对应圆锥部的终点(如果弹丸圆锥部完全侵入目标);对于钢板类目标则对应于靶板随弹头产生圆锥形变形至撕裂时的部位。这一部分是全部加速度信号变化最激烈的部分,是全部加速度信号中高频分量最高的部分,也是加速度信号的峰值点所在的部分;其后为圆锥部继续侵入圆柱部随进的过程,可用两段直线模拟。弹丸的速度逐渐减小,至加速度为 0 时速度应当为 0。此时是弹丸侵彻的终点,侵深应与实际测量值相同。弹丸撞击目标时的速度是可以测量的,速递测量误差可达到 1% 以下,弹丸侵彻的深度也是可以精确测量的,这些都应作为数据处理的依据。对于弹丸高速碰撞侵彻过程加速度测试,确定其最大加速度值是最重要的,实测加速度信号中包含大量各种安装结构的冲击响应信号,必需进行滤波处理,如何选择滤波截止频率和滤波器的类型能够得到准确的加速度信号峰值是本小节和下一小节讨论的核心。对于整个侵彻规程的解算(确定侵彻深度和穿透时的速度),可以用未经滤波的信号直接积分运算,因为结构响应是一种振荡信号,对于积分速度和位移没有影响,滤波反而会影响积分的结果。如果数据处理结果不能满足实测速度和侵彻深度的要求,应

调整加速度数据,以满足实测速度及侵彻深度的现实。

对于穿透薄钢板的加速度信号采用时域处理,可只直接截取加速度信号的第一个脉冲,然后核对在第一个脉冲结束时侵彻深度是否小于弹丸圆锥部分的长度。加速度峰值对应于靶板被弹头顶撞呈锥罩形开始撕裂的瞬间,撕裂后靶板对弹丸的阻力迅速减小,弹丸继续轻易穿过靶板。这个过程一般在微秒量级,随后的振荡是各种结构响应信号。

2. 半正弦脉冲的特性及高速撞击侵彻过程信号的模型及其特征

为得到恰当的滤波截止频率和选用适当的滤波器类型,先研究半正弦脉冲的特性。有脉宽为 150 微秒、幅值为 1 的半正弦脉冲及其归一化幅频谱示于图 7-3 中,幅频谱的主瓣及各个旁瓣对应的频率及只截取主瓣或截取到第 1 旁瓣和截取到第 2、第 3 旁瓣带来的信号功率及信号幅值误差示于式(7-1)和式(7-2)中。

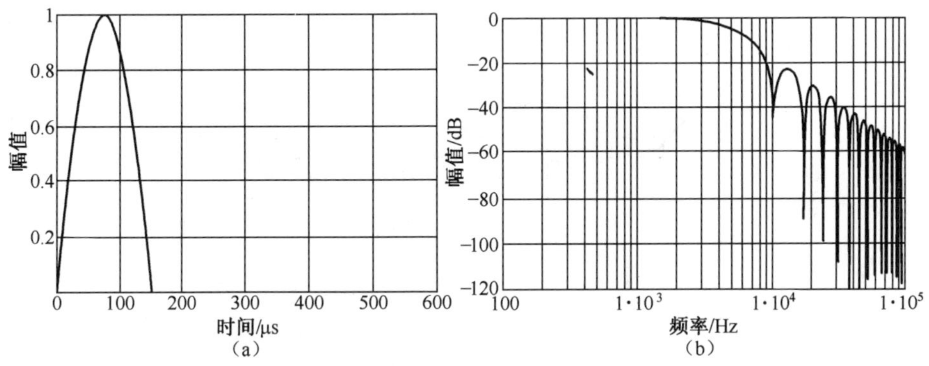

图 7-3 半正弦脉冲及其归一化幅频谱

(a)半正弦脉冲;(b)归一化幅频谱。

设 τ 为脉冲宽度,单位为秒。

可见,只取主瓣时,信号能量达到 99.49%,信号的幅值误差达到 4%;取到第 1 旁瓣时,信号的幅值误差达到 1.5%,取到第 2 旁瓣时,信号的幅值误差可降到 8‰,取到第 3 旁瓣时,幅值误差可降到 5‰。以上计算是人为将相应截止频率以外的幅频值取为 0,如果采用滤波器模型时,误差将略小于上述值。

$$\begin{cases}\text{主瓣截止频率} & 1.5/\tau \\ \text{第 1 旁瓣截止频率} & 2.5/\tau \\ \text{第 2 旁瓣截止频率} & 3.5/\tau \\ \text{第 3 旁瓣截止频率} & 4.5/\tau \\ \text{第 4 旁瓣截止频率} & 5.5/\tau \\ \text{第 5 旁瓣截止频率} & 6.5/\tau \end{cases} \tag{7-1}$$

$$\begin{cases}\text{截至主瓣能量比} & 99.49\% & \text{峰值误差} & 4\% \\ \text{截至第 1 旁瓣能量比} & 99.89\% & \text{峰值误差} & 1.5\% \\ \text{截至第 2 旁瓣能量比} & 99.96\% & \text{峰值误差} & 0.8\% \\ \text{截至第 3 旁瓣能量比} & 99.997\% & \text{峰值误差} & 0.5\% \end{cases} \tag{7-2}$$

高速撞击侵彻信号模型如图 7-2 所示,其归一化幅频特性示于图 7-4。

根据计算,当取图 7-2 中的半正弦脉冲起点至半正弦脉冲与其后的直线部交点的时间 τ 为脉宽时,可采用式(7-1)和式(7-2)来估计主瓣及各个旁瓣的截止频率及幅值误差。王燕在其博士学位论文中[27],根据大量实测弹丸高速撞击侵彻靶板过程的加速度信号,研究了在半正弦峰值脉冲后沿不同高度转换为斜线的情况下,以截取信号的频率特性主瓣和第 1 旁瓣的频率做滤波截止频率处理时的误差关系,列于表 7-1 中,主瓣和第 1 旁瓣与脉宽的关系基本符合式(7-1)。可见,以频率特性主瓣频率为滤波截止频率滤波时所得加速度的峰值误差小于 4%,以第 1 旁瓣频率为滤波截止频率滤波时所得加速度的峰值误差小于 1.5%。

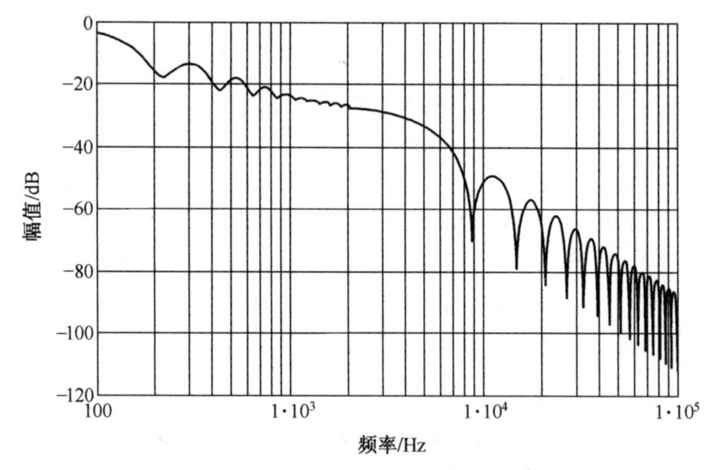

图 7-4 高速撞击侵彻模型的归一化幅频特性

表 7-1 加速度信号主脉冲宽为 150 微秒后沿不同高度连接直线的滤波处理峰值误差

半正弦脉冲宽	半正弦结束点		幅频特性瓣截止频率/kHz		能量比/%		滤波截止至此计算峰值误差/%	
	高度比	脉宽 τ/μs	主瓣	第 1 旁瓣	主瓣	第 1 旁瓣	主瓣	第 1 旁瓣
150 μs	0	150.0	10	16.78	99.494	99.892	4.1	1.5
	0.1	145.0	10.34	17.24	99.631	99.921	3.9	1.4

（续）

半正弦脉冲宽	半正弦结束点		幅频特性瓣截止频率/kHz		能量比/%		滤波截止至此计算峰值误差/%	
	高度比	脉宽 $\tau/\mu s$	主瓣	第 1 旁瓣	主瓣	第 1 旁瓣	主瓣	第 1 旁瓣
150 μs	0.2	140.5	10.68	17.79	99.778	99.953	3.7	1.1
	0.3	135.5	11.07	18.45	99.877	99.974	3.3	0.67
	0.4	130.5	11.49	19.16	99.929	99.985	2.9	0.18
	0.5	125.0	12	20	99.959	99.991	2.3	0.32
	0.6	119.5	12.55	20.92	99.975	99.995	1.6	0.71
	0.7	113.0	13.27	22.12	99.985	99.997	0.67	0.96
	0.8	105.5	14.22	23.70	99.992	99.998	0.42	0.91
	0.9	96.5	15.54	25.91	99.995	99.999	1.5	0.37
	1	75.0	20	33.33	99.998	99.9999	0.56	0.17

在实际处理数据时，可先用较高截止频率滤波，直至可从信号图中量出主峰脉宽 τ，根据式(7-1)计算出主瓣及各旁瓣的截止频率，根据需要及可能选取其中一个频率作为滤波截止频率。滤波器类型根据需要选择，对于临近滤波截止频率有较大噪声的，以选用通带纹波 0.5 分贝的切比雪夫滤波器为好，因为切比雪夫滤波器的截止段非常陡峭，对截止频率外的各种噪声（不需要的结构响应）滤除效果较好，但是切比雪夫滤波器在陡峭信号到来之前有“滤波器振荡”现象，巴特沃斯滤波器也有较小的滤波器振荡现象，对于在加速度信号中有多次陡峭前沿的情况，则以选用贝塞尔滤波器为宜。此外，切比雪夫滤波器在临近截止频率段纹波较大，本书数据处理时选用通带纹波为 0.5 分贝的模型，因信号在临近截止频率时幅频特性已经很小，这些纹波在处理误差中贡献很小，可以忽略，详见 1.2.8 节及 8.3.2 节。

以下通过测试实例验证上述处理原则。

3. 素混凝土侵彻过程信号的时域和频域特征

图 7-5~图 7-7 示出弹丸侵彻素混凝土目标的加速度测试曲线及处理结果。

1）图 7-5 及其处理结果

经初步以 10kHz 滤波后得到信号前部高幅值脉冲宽度为 $\tau=0.57$ms，按式(7-1)计算，其频谱的第 1 旁瓣宽为 4.4kHz，经采用 4.4kHz 10 阶切比雪夫滤波器滤波，得滤波后信号如图 7-5(c)所示，最大加速度为 -1.746×10^4g，侵彻深度为 0.909 米。根据式(7-2)可知，加速度峰值数据处理的误差在 1.5%以内，在给出测试报告时应加入到测试系统的校准误差中。由图 7-5(c)可以看出，切比雪夫滤波器和巴特沃斯滤波器在陡峭前沿前都加有附加的振荡，(8.3.2节)，在计算时应除去。当信号中包含多处陡峭前沿时，采用切比雪夫滤波器会在每一个陡峭前沿前增加滤波器振荡，不过这种振荡对数据处理不会带来影响。

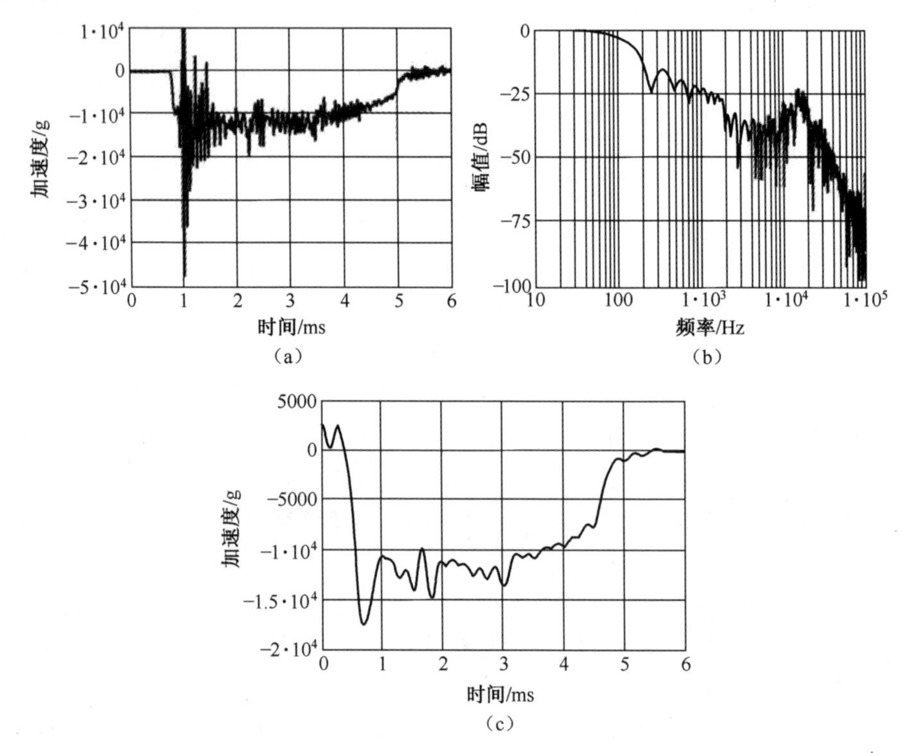

图 7-5　××弹以 455m/s 的速度垂直侵彻低强度素混凝土靶

(a)加速度曲线；(b)幅频谱；(c)经 4.4kHz10 阶切比雪夫滤波器滤波后的加速度曲线。

2) 图 7-6 及其处理结果

本次试验的物理过程是弹长 1.5m、弹径 500mm，内灌相当比重的塑料，两套测试装置串联后压装在塑料的预留孔中，弹丸以 70°入射角穿透叠放在一起的三层 1.5m 厚混凝土靶板后，停留在远处的土堆中。这是其中一套测试装置的加速度数据。采样频率为 50kHz，能得到的频谱最高为 25kHz。曾尝试为保持其中最大幅值的脉冲，分析其脉宽约为 100μs，根据式(7-1)其频谱主瓣为 15kHz，滤波已经没有实际意义。经对加速度数据积分得出穿透 3 层混凝土靶时的速度由 750m/s 降为 446m/s，弹丸在靶中行程为 5.3m。在加速度曲线图中可以看出还有两处近 3000g 的正向相当宽度的加速度脉冲，和最大−24000g 的 4 个 100μs 以上脉宽的负向加速度脉冲，这些在物理上是不可能出现的。其最大可能的解释是传感器装在测试装置上，感受到的是测试装置的加速度，在侵彻过程中测试装置发生轴向松动撞击产生这些脉冲,本加速度信号图不能如实反映本次试验弹丸的侵彻过程和刚体加速度峰值。当抹去加速度信号中的几个大峰值信号后做数据处理,可得到与其物理过程相符合的结果。

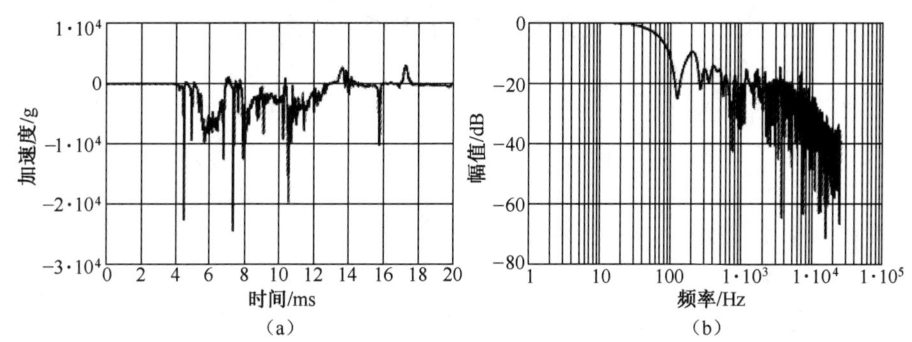

图 7-6　××弹 750m/s 速度 70°斜穿透三层混凝土靶停在远处土堆加速度幅频谱

(a)加速度;(b)幅频谱。

3) 图 7-7 及其处理结果

射弹以 707m/s 的速度垂直侵彻高强度混凝土,其加速度曲线如图 7-7(a)所示,幅频特性如图 7-7(b)所示。经初步滤波得出第一高量值脉冲宽度为 τ = 0.7ms ,根据式(7-1)可得第一旁瓣的频率为 3.6kHz,采用 3.6kHz 10 阶切比雪

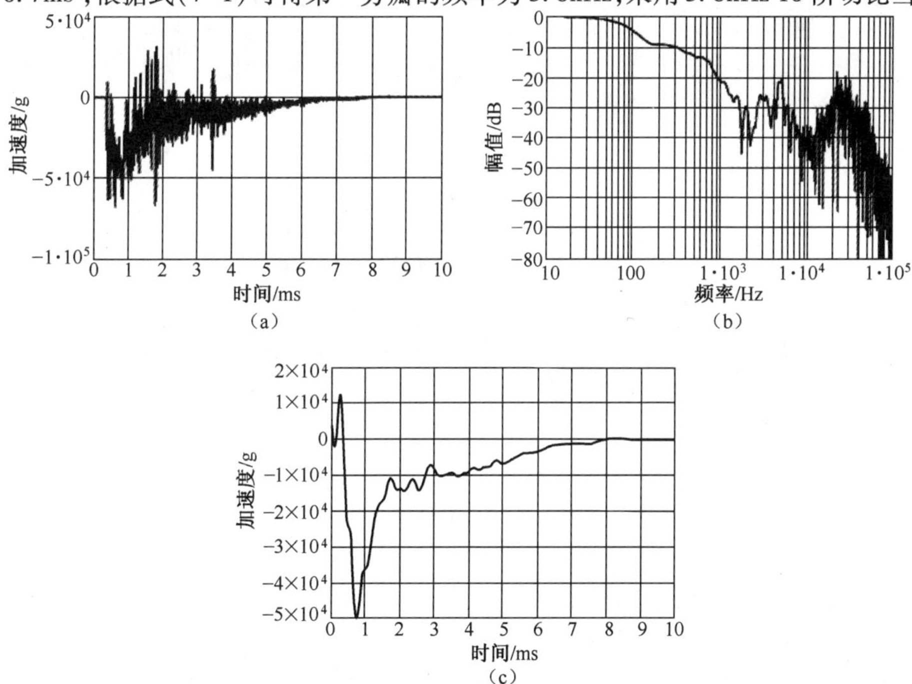

图 7-7　××弹以 707m/s 的速度垂直侵彻高强度素混凝土靶

(a)加速度曲线;(b)频谱;(c)经 3.6kHz 切比雪夫录波器滤波后加速度信号。

夫滤波器滤波，得滤波后加速度信号如图 7-7(c)所示，在陡峭前沿到来以前有滤波器产生的振荡。滤波后加速度幅值为 -4.915×10^4g，根据式(7-2)可知数据处理误差为 1.5%，经积分计算侵深为 1.266m。

4. 钢筋混凝土及岩石侵彻过程信号的时域和频域特征

1) 图 7-8 及其处理

图 7-8 所示为弹丸侵彻含 2%钢筋的混凝土过程的加速度信号，弹丸头部每侵入钢筋区将遇到较大的阻力，形成多个大加速度脉冲，为得到加速度脉冲的幅值，从图中可以看出这些大幅值脉冲的平均宽度为 100μs，由式(7-1)可得其主瓣频率为 15kHz，由频谱图可以看出在 20kHz 以后就有强烈的机构响应振荡，采用 10 阶切比雪夫 15kHz 滤波器滤波处理，得到图 7-8(c)所示处理后信号，加速度幅值为 -5.225×10^4g，数据处理误差在 4%；经计算侵彻深度为 0.773m。

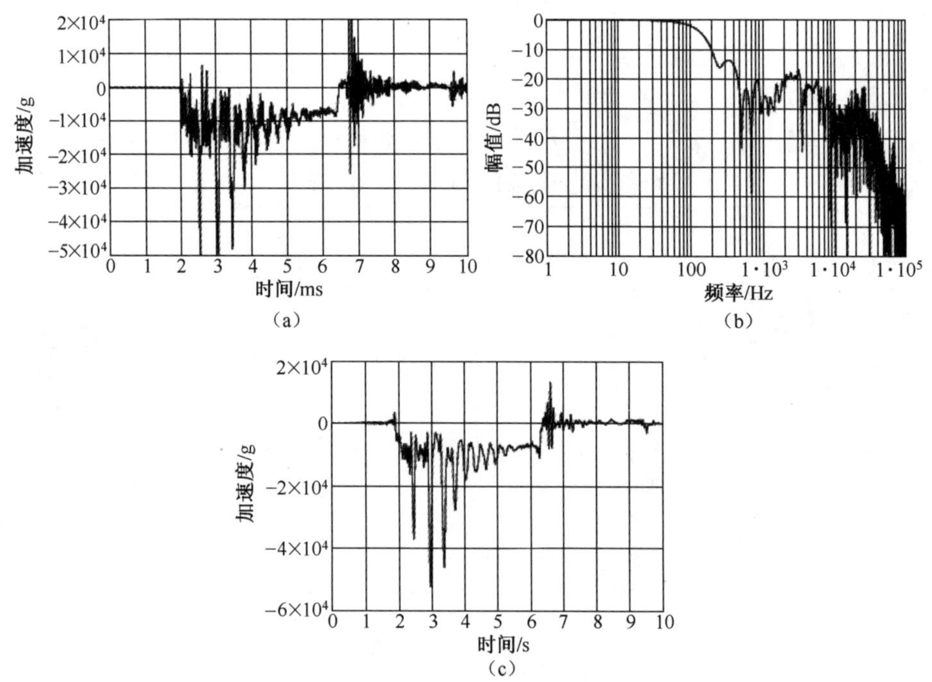

图 7-8　××弹以 435m/s 速度垂直侵彻含筋率 2%的钢筋混凝土靶

(a)加速度曲线；(b)幅频谱；(c)经 15kHz10 阶切比雪夫滤波器滤波后的加速度信号。

2) 图 7-9 及其数据处理

图 7-9(a)是弹丸以 297m/s 速度垂直侵彻山体岩石测试的加速度信号，经初步滤波得到第一个脉冲宽度为 1.5ms，按式(7-1)计算其主瓣宽为 1kHz，由图 7-9(b)幅频谱也可看出其主瓣为 1kHz，以截止频率 1kHz 10 阶切比雪夫滤

波器滤波后加速度信号如图 7-9(c)所示。最大加速度值为 -1.019×10^4g,处理误差在 4%,岩石硬度及强度都比较大,弹丸速度比较低,

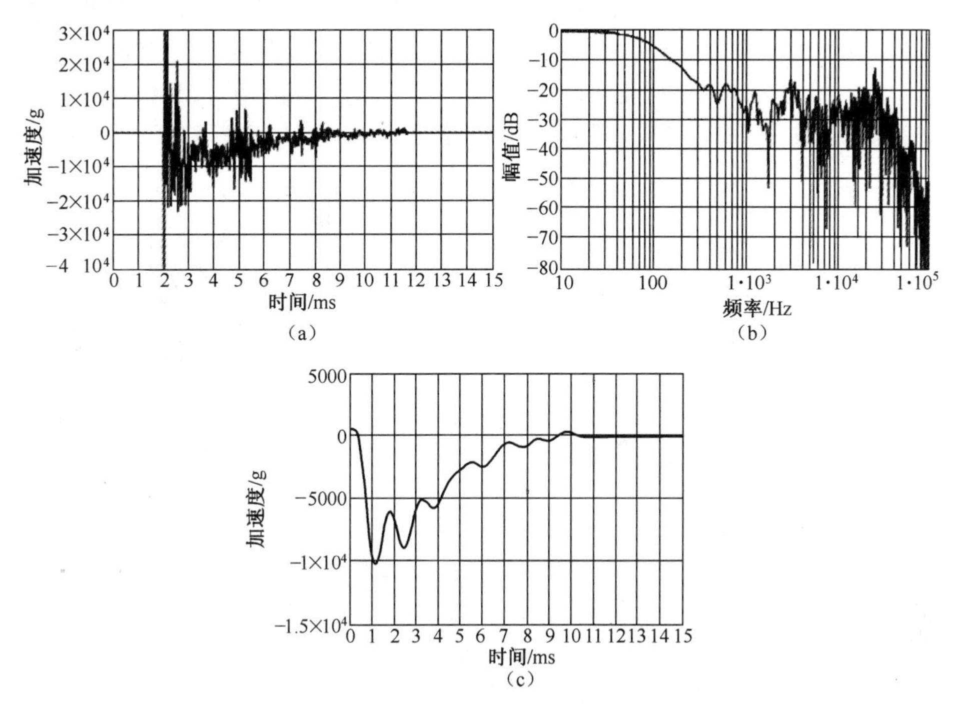

图 7-9 ××弹以 297m/s 的速度垂直侵彻岩体

(a)加速度曲线;(b)幅频谱;(c)经 1kHz10 阶切比雪夫滤波器滤波处理的加速度。

计算侵深为 0.747m,小于弹丸长度,现场实际弹丸掉落在岩体外。

从图 7-5~图 7-8 可以看出,射弹侵彻混凝土类目标的过程分为开坑阶段和成孔阶段(稳定侵彻阶段),开坑阶段存在强烈的冲击,在时域曲线中表现为信号前沿存在高幅值的窄脉冲加速度。对于抗压强度较低的混凝土类目标,若弹体能够侵入或穿透目标,其成孔阶段的加速度信号表现为稳定下降值,如图 7-5(a)和图 7-6(a);对于抗压强度较高的混凝土类或岩体目标,当弹体的侵彻速度不足以使其侵入目标内部时,在成孔阶段由于靶板表面的崩裂而没有形成稳定的侵彻过程,在时域曲线中表现为加速度信号呈逐渐衰减的趋势,如图 7-7(a)和图 7-8(a)。从频率域来看,侵彻加速度频谱的主瓣宽度为 2kHz~4kHz,也就是说,弹体的刚体加速度的频谱分量主要集中在这个范围以内,主瓣后的第一个频谱峰值常常对应于弹体的一阶振动(轴向振动),该频率分量主要取决于弹体的长度。

3) 图 7-10 及其处理结果

图 7-10 所示为弹丸以 225m/s 的速度 75°斜侵混凝土浇筑的块石层靶板过

程的加速度数据,从图 7-10(b)可以看出在 2.5kHz、10.1kHz 及 25kHz 附近有三个结构振荡峰值,经 3kHz 滤波后信号中仍可见强烈的 2kHz 左右结构振荡,进一步采用 1.5kHz 10 阶切比雪夫滤波器滤波后得到图 7-10(c)的处理后信号,除滤波器振荡外已经没有明显的结构振荡信号。最大加速度值为 -8.683×10^3g,由图 7-10(b)可见信号主瓣为 0.6kHz,滤波频率为 1.5kHz,相当于第 2 旁瓣,根据式(7-2)可知处理误差 1%。经积分处理,计算侵深为 0.537m。

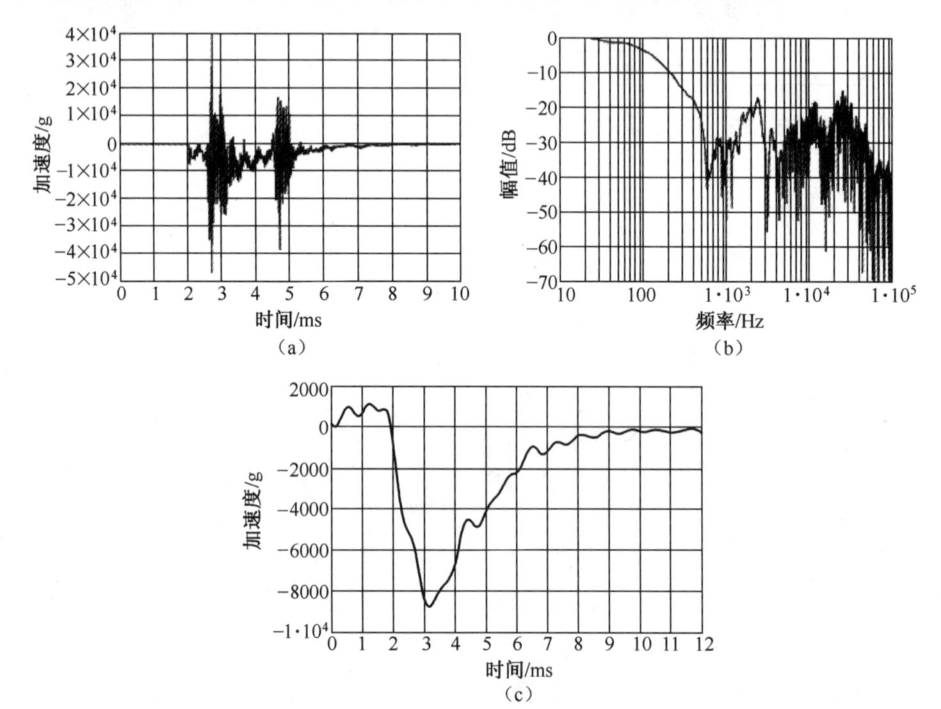

图 7-10 ××弹以 225m/s 速度 75°斜侵彻混凝土浇筑的块石层

(a)加速度曲线;(b)幅频谱;(c)经 1.5kHz10 阶切比舍夫滤波器滤波后的加速度曲线。

4) 图 7-11 及其处理结果

图 7-11 所示为射弹以 589m/s 斜侵彻混凝土机场跑道的加速度数据。第一个高幅值窄脉冲的宽度为 0.7ms,按式(7-1)计算第 1 旁瓣频率为 3.6kHz,经 3.7kHz 10 阶切比雪夫滤波器滤波后信号示于图 7-11(c),最大幅值为 -2.09×10^4g,按式(7-2)其处理误差在 1.5%,穿透目标时速度为 154m/s。

5) 图 7-12 某射弹以 397m/s 速度垂直穿透 5mm 厚钢板的加速度信号及其处理结果

弹丸穿透薄钢板时弹尖撞击钢板时产生很大的加速度冲击,钢板随弹头侵入发生包含弹尖的锥罩形的弹塑性变形,阻力逐渐加大,至钢板变形部分达到强度极限撕裂,随后阻力急剧下降,至弹丸穿出钢板。由图 7-12(a)可以看出

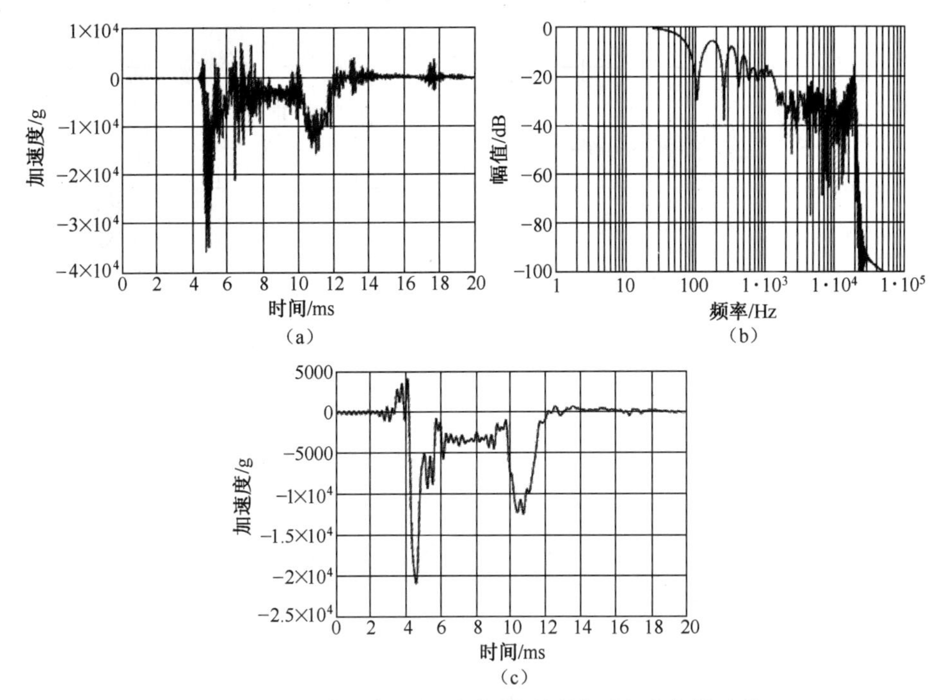

图 7-11　××弹以 589m/s 速度 80°斜侵彻混凝土机场跑道

(a)加速度曲线;(b)幅频谱;(c)经 3.7kHz 10 阶切比雪夫滤波器滤波后加速度曲线。

信号中包含大量大幅值结构振荡,持续几个毫秒。图 7-12(b)的幅频特性可以看出对这种信号无法采用频域滤波法处理。在处理时只取第一个加速度脉冲图 7-12(c),认为在第一个脉冲后的信号都是结构响应(噪声)。第一个加速度脉冲的幅频特性示于图 7-12(d)。经计算,加速度幅值为 -1.854×10^4g,弹丸穿透钢板时的速度由 397m/s 降至 387.2m/s,最大加速度发生在侵入 0.033m 时,此时对应于靶板的锥罩撕裂,脉冲持续时间弹丸共侵入 0.044m,未等到弹丸锥部完全通过,此后钢板对弹丸的阻力很小,弹丸顺利穿透。

从图 7-10、图 7-11 可以看出,射弹侵彻多层复合介质目标的过程在时域曲线中表现为(刚体)加速度信号存在多个峰值,峰值的个数等于侵彻目标的层数。从频域曲线来看,侵彻加速度频谱的主瓣宽度仍在 2kHz 附近,但位于主瓣后的弹体一阶振动频率在频谱中没有出现。对于图 7-10 所示曲线,其测试装置(包括传感器)是通过铝支撑筒轴向紧压在弹体内部,而图 7-11 所示曲线的测试装置是安装在用聚四氟乙烯制作模拟药柱内部并用环氧灌封,所以后者的加速度信号高频分量比前者明显要小,在频域曲线中表现为加速度信号的频谱随着频率的增加而逐渐减小,且弹体的结构响应在频谱中体现的并不明显。

从图 7-12 可以看出,射弹侵彻薄钢板的刚体加速度持续时间在微秒级,而

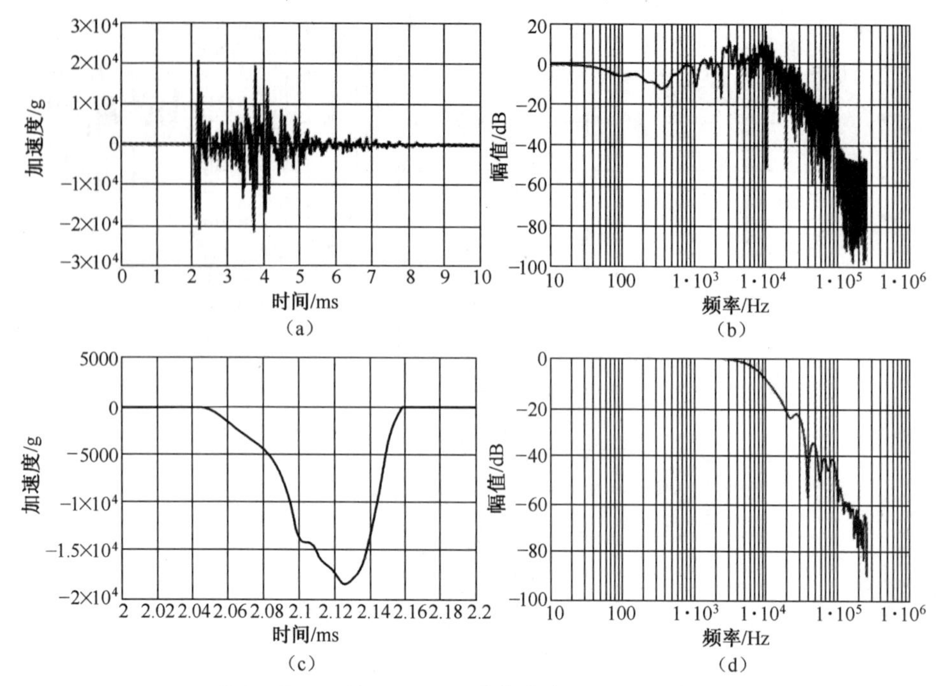

图 7-12 ××弹以 397m/s 速度垂直侵彻 5mm 厚钢板

(a)加速度曲线;(b)幅频谱;(c)只取第一个脉冲;(d)幅频谱。

且主要振荡部分为弹体结构及安装结构的机构响应,在弹丸穿透钢板后持续很长时间。在频谱曲线中表现为加速度信号高频分量(大于 2kHz)的频谱幅值大于低频分量(小于 2kHz)的频谱幅值。这类信号应结合弹丸侵彻薄钢板的物理过程,采用时域信号处理方法较好。

在弹丸高速碰撞侵彻过程测试中,传感器除感受弹丸的刚体(质心)加速度外,更多的是各种结构响应,特别是智能传感单元与弹体的安装结构响应,在这种测试工作中要特别注意智能传感单元与弹体安装结构的优化问题。

7.1.2 高 g 值加速度传感器的选择与安装

高 g 值加速度传感器的选择是高 g 值加速设计的首要问题,决定了记录模块和安装与防护结构的设计方法。目前国内外常用的量程在 50000g 以上的高 g 值加速度传感器中,压阻类加速度传感器性能最好的是美国 ENDEVCO 公司的 7270A-200k,量程 200000g,工作频带 150kHz (±5%);其次是 7270A-60k,量程 60000g,工作频带 100kHz (±5%);压电类加速度传感器性能最好的是丹麦 B&K 公司的 8309,量程 60000g,工作频带 39kHz (±5%),而其它型号高 g 值加速度传感器的工作频带多数在 10kHz 左右。

结合 7.1.1 节对侵彻加速度信号特征的分析和目前国内外现有的高 g 值加速度传感器的种类，可以得到高 g 值加速度传感器的选择与布置原则。

高 g 值加速度传感器的选择与布置应根据侵彻目标的特征和测试信号的用途来选择，具体如下。

1. 对于混凝土类目标

(1) 如果测试信号是用来研究弹体的平均强度或目标的反侵彻能力，则只需获得弹体的刚体(质心)加速度即可，由于刚体加速度的有效频率分量在 2~4kHz 以内，且混凝土类目标侵彻的刚体加速度幅值多数小于 50000g，因此常用的高 g 值加速度传感器都可以满足测试要求，且传感器可以布置在弹体中的任何位置。

(2) 如果测试信号是用来研究弹上电子设备(包括引信)的冲击可靠性或为引信提供解除保险的环境参数，加速度传感器通常选择成本较低的塑封类 MEMS 传感器，且必须布置在原电子设备的安装位置，传感器与弹体之间尽量采用刚性连接，若无法直接连接，则安装高 g 值加速度传感器的测试系统与弹体之间也必须采用刚性支撑。

(3) 如果测试信号是为侵彻定深引信提供信息，传感器须选择零漂较小的压阻型加速度传感器，为避免敏感元件在弹体内部应力波的作用下损坏，传感器最好通过柔性连接安装在弹体内腔的后端。

2. 对于多层复合介质目标

(1) 如果测试信号是用来研究弹体的平均强度或目标的反侵彻能力，传感器应选择压阻型的，且可以布置在弹体中的任何位置，要采用妥善的安装结构。

(2) 如果测试信号是为侵彻计数引信提供目标层数识别信息，传感器应选择带机械滤波器的压阻型的，且通过柔性连接安装在弹体内腔的后端。

3. 对于钢板类目标

(1) 如果测试信号是用来研究弹体的平均强度或目标的反侵彻能力，首先应考虑选择比较结实的压电加速度传感器，为了减小零漂，优先选用剪切型的，传感器通过柔性连接安装在弹体内部。

(2) 如果测试信号是为侵彻钢甲引信提供目标识别参数，可选择压电薄膜类的加速度传感器。

另外需要指出的是：①如果测试信号是用来研究战斗部的装药安定性，可通过测量弹体刚体加速度或装药内部应力的方法实现；②如果测试信号是用来研究侵彻弹体的局部强度，那么通过测量加速度的方法是无法实现的，此时可在被测点处粘贴应变计，通过测量应变来获得应力，用以研究该点的动态强度。

7.1.3　高 g 值加速度测试仪设计原理

高 g 值加速度测试系统原理框图如图 7-13 所示，测试仪记录模块由信号调理电路、瞬态波形记录仪、接口及电源控制器组成。

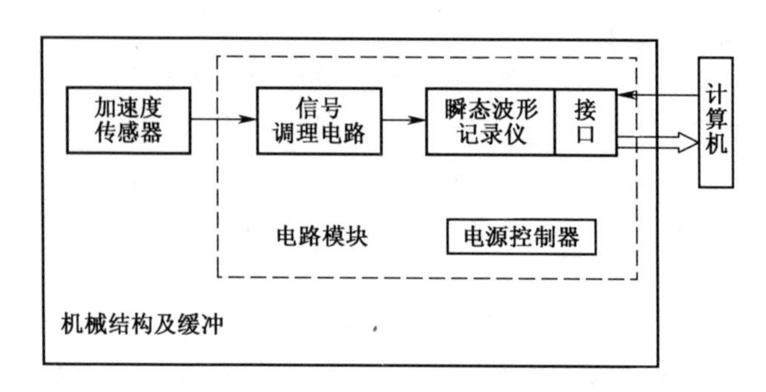

图 7-13　高 g 值加速度测试系统原理框图

1. 功能模块设计

存储测试系统的模块化设计最早是由张文栋教授在其博士论文[1]中提出的，具体是指所设计的测试系统尽可能由多个不同功能、相互独立的模块按照总线方式连接而成，并可根据不同测试要求，选用不同模块组合成相应的测试系统。高 g 值加速度测试系统要快速、可靠地完成测试任务，必须实现模块化设计。

模块化设计以基本单元模块为对象，以功能分析、分解为基础，从系统观点出发，采用分解与组合的方法，构建模块体系，力求各单元模块的简单化、标准化与最优化。高 g 值加速度测试系统的主要功能是完成侵彻过程中加速度信号的测试，包括非电量到电量的转化以及电信号的实时采集与存储，经过最优化的分解与组合，结合模块化设计的基本原则，将测试系统的记录部分划分为三大功能模块：信号调理模块、采存模块（含接口技术）和电源模块（含电源管理）。

1）信号调理模块

配合传感器完成非电量加速度信号到电量的转化，主要包括电荷（或电压）放大器、低通滤波器和多路转换器，其中低通滤波器的截止频率应由被测信号的有效频率分量及传感器的谐振频率来共同确定。侵彻过程需要测量的信息应根据侵彻方式来确定，对于正侵彻通常只需测量轴向的一维加速度，而斜侵彻则需要测量三轴方向的加速度，结合目前现有的 100000g 的高 g 值加速度传感器的种类，测试系统的适配电路模块可分为三类：压电单通道适配模块、压阻单通道适配模块和压阻三通道适配模块。实际的压阻三通道适配模块设计有 4 个通道，当把 4 路输入信号线共点连接时即可实现 4 倍采样频率的单通道测试。对于压电加速度传感器,由于其工作原理的制约,通常不能用于三维的高 g 值加速度测试。信号调理模块设计原理和方法,见本书第 1 章,在此不赘述。

2）采存模块

完成对信号调理模块输出电信号的实时采集与存储,主要包括控制器、A/D转换器、存储器及必要的接口电路。采存模块的设计要兼顾体积的限制,在保证功能与性能的前提下,尽量选用小体积、高可靠性的元器件。根据存储器选择的不同,采存模块可分为 FLASH 模块和 RAM(FRAM)(随机存取存储器伪随机存取存储器)模块两类,其控制逻辑一般由(可编程逻辑陈列)CPLD 硬件实现,逻辑功能由 VHDL 超高速集成电路硬件描述语言软件设计。FLASH 模块的最大容量 4M×16bit,最高采样率 100kHz,适用于火箭撬试验等需要长时间记录的侵彻测试,侵彻的目标是素混凝土、土壤、砂石等;RAM(FRAM)模块可适用于容量为 128K×16bit、256K×16bit、512K×16bit 的 RAM 和 FRAM,最高采样率 1.5MHz,适用于需要高频采样的侵彻测试,侵彻的目标是钢筋混凝土、岩石、钢板等。根据本书第 1 章所述"过采样原理",应尽可能采用过采样模式,结合使用低通滤波器,以降低系统的量化噪声和传感器的谐振噪声。

3）电源模块

高 g 值加速度测试系统是一个相对独立的系统,各模块完成其功能所需要的电源必须来自于系统内部,即自带电源模块。鉴于高冲击环境的特殊性,电源模块的选择必须考虑以下几点:输出电压的稳定性、电池瞬时断电保护及可恢复性、短路自保护功能(见图 2-18)、可充电功能等等。

综合以上分析,图 7-14 给出了高 g 值加速度测试系统记录部分的模块化设计框图。在 VHDL 语言软件平台的基础上,通过三级模块的简单组合,就可以实现现有 90%的侵彻过载测试。目前正在开发的可编程 FRAM 模块将会使采存模块更加柔性化、通用化、简单化。

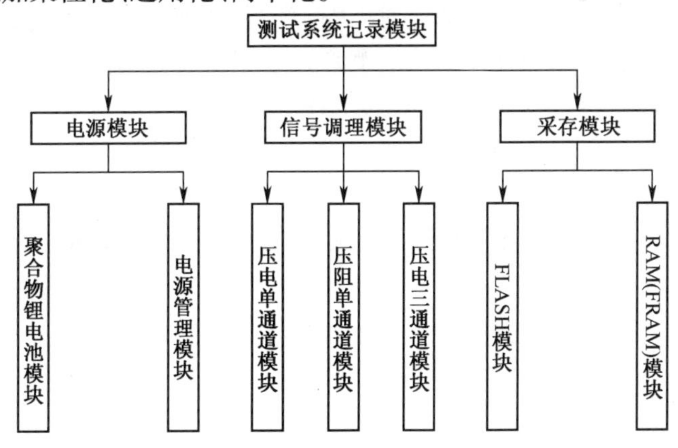

图 7-14 高 g 值加速度测试系统记录部分的模块化设计框图

2. 采样策略设计

本书2.2节详细阐述了6种采样策略的详细设计与实现方法。对于侵彻过程来讲，高g值加速度信号是瞬态单次信号，其持续时间一般在几十微秒到几毫秒之间，通常采用单次单过程采样策略，即在一次测量过程中采用一种固定的采样频率。但由于从弹丸发射到侵彻过程结束，所用的时间非常短，所以在设计时要求系统能够在一次测试中记录下从发射、飞行到侵彻的完整的过程，即采用单次单过程采样策略记录单次多过程信号。

在单次单过程采样策略设计中，最重要的是采用频率和触发方式的确定。

1）采样频率

采样频率确定的基础是采样定理，同时还要考虑测量时间和存储容量的限制，即

$$2f_H \leqslant f_s \leqslant \frac{M}{T} \tag{7-3}$$

式中：f_H为被测信号的最高频率分量；f_s为采样频率；M为存储容量；T为测量时间。

式(7-3)给出了不失真恢复被测信号的最低采样频率。但对于高g值加速度测试系统，由于受到重量、体积、功耗的限制，在保证精度和信号完整的前提下，应根据被测信号的有用频率分量来确定采样频率。根据本书第1章，在满足式(7-3)后半个要求的前提下，尽可能采用过采样，即$f_s = M/T$。

2）触发方式

本实验室所研制各种高速碰撞侵彻测试仪(智能传感单元)，都采取在火炮发射内弹道阶段由内弹道加速度上升沿触发的方式，带有负延迟，可以全面记录内弹道过程的加速度、飞行的短暂过程及碰撞侵彻目标过程的加速度过程。在短暂的飞行路径中装有弹丸速度测试装置(线圈靶或天幕靶)，速度测试不确定度在千分之几的范围，可以通过对内弹道过程加速度积分得到智能传感单元所测弹丸出口速度，用弹丸测试仪所测弹丸速度对智能传感单元的加速度灵敏度函数进行实测校对，再应用到高速撞击侵彻过程加速度信号的处理中。

有关触发设计，在本书2.2节有论述，本章不再赘述。

7.2 高g值加速度测试关键技术

7.2.1 高g值加速度测试仪可靠性技术

1. 可靠性设计

可靠性是指产品或系统在规定的时间内和给定的条件下完成规定功能的

能力。可靠性设计是保证产品或系统满足给定的可靠性指标的一种设计方法，包括对产品或系统的可靠性进行预计、分配、技术设计、评定等工作。具体的实现方法是：对可靠性定量指标按产品级别进行分配，由系统直到单元（包括电路板），设计人员在完成电路性能指标设计的过程中落实可靠性设计工作，要运用“简单、成熟”的原则，尽量简化电路、减少元器件数量，选取元器件时要运用降额设计方法，选用成熟的通用化、标准化的元器件，并将每个元器件的失效率数据填入元器件表中；然后要按照有关标准提供的公式计算该单元的可靠性设计值，从单元直至系统计算出整机的可靠性设计值，然后与分配的指标进行比较，如果没有达到要求则需要进行设计改进（进一步减少元器件数量，如果不能减少，则选取失效率等级更优的元器件；如果仍然达不到要求，则可以采取并联冗余设计方法，直至满足要求为止）。

对于新概念动态测试系统，文献[5]提出了系统可靠性设计的方法和一些具体措施，文献[6]运用可靠性理论、根据实弹测试试验情况，详细研究了侵彻测试系统各功能单元的故障模式及其可靠性指标。研究结果表明，电源模块、记录模块与外设（包括传感器和电池）之间的连接导线是导致测试系统失效的主要因素。

1）电源的可靠性设计

高 g 值加速度测试系统的电源模块为整个系统功能的实现提供能量保障，其性能的好坏直接决定着测试的成败。美国早在 1995 年就开始了高冲击环境下电池的可靠性研究，美国阿伯丁基地陆军研究实验室，由 HSTSS（加固小型化遥测装置与传感系统）计划资助，联合英国 Ultralife Batteries 公司研制了用于高 g 值弹道遥测的电池：可充电的固体聚合物 Lithium-Ion 电池和不可充电的 Li/MnO_2电池，并利用冲击试验机和气体炮对电池在水平和垂直放置时的抗过载能力进行了研究[7-10]。本书 4.4 节采用 Hopkinson 杆对存储测试中经常用到的 6 种电池，在水平和垂直放置时的失效模式和抗过载能力进行了大量的实验研究，指出在高冲击条件下电池失效的主要模式为瞬间断电、内部极板断裂及由于内部电解质短路而造成的爆炸。

针对电池的三种主要失效模式，采取下列措施来提高电源模块的可靠性。

（1）最优化选择。选用经冲击实验考核的内部结构强度高、抗过载能力强、热稳定性好的高性能电池，同时要考虑电池的布置方向。实验证明，电解质为固态、电解质与电极接触面大、极板为多层卷绕式结构的电池的抗冲击可靠性最好。冲击载荷作用方向垂直于电池极板时的可靠性比平行于电池极板时的可靠性要高。

（2）失效保险技术。即使是同一批次的电池，也会由于其生产过程的差异表现出个体的失效现象。因此应根据被测对象的实际要求,对所选择的电池在相应的环境和有无负载的条件下进行严格的筛选试验。

(3) 冗余设计。鉴于高冲测试的特殊性,有些环境条件在实验室内部是无法模拟的,尤其是斜侵彻过程的三维冲击加速度。因此必须采用布置在不同方向上的多套电池并联的方式对电路进行供电,同时还要利用储能元件(超级电容)对电池在撞靶时刻的瞬间断电或电压波动进行补偿,在使用前需要先对电容进行充电。另外,为了防止某个电池损坏对其他电池造成的影响,在电池和电容的正极都串联了一个二极管,防止电流倒灌。经冗余设计电池模块如图7-15 所示。

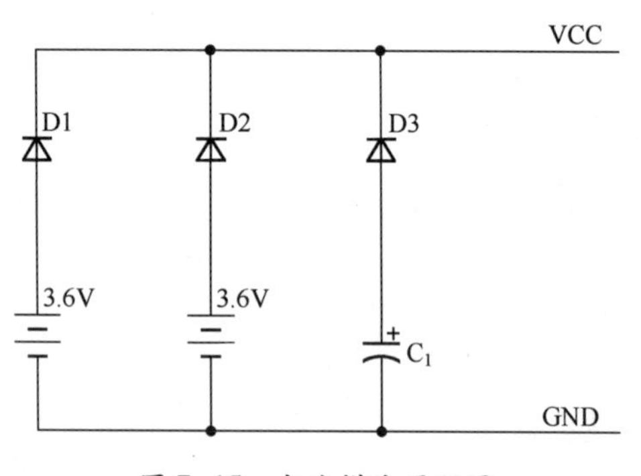

图 7-15 电池模块原理图

假设图中的电容标称值为 0.1F,充电后的空载电压为 4.3V,对其接入 430Ω 负载电阻进行放电(等效负载电流 10mA,即高 g 值加速度测试系统的工作电流,不包括传感器),放电电压降至 3V 时的时间为 8s,而侵彻过程的时间基本在毫秒级,也就是说这种电容可以为测试系统提供侵彻过程的短时间供电保证。

(4) 裕度设计。在侵彻试验中,弹体的可靠回收是比较困难的,经常会出现由于各种原因引起的测试系统不能及时取出的情况,因此要求电池容量要有足够的裕度。文献[5]提出了解决电池容量裕度问题的两项措施:一是选用性能好的电池,二是测试系统的微功耗设计。但对于高 g 值加速度测试系统来讲,在此两项措施已近乎完备的条件下,解决裕度问题最有效的方法是采用非易失性存储器。

2) 连接导线的可靠性设计

文献[11]第 4 章采用力学方法建立了导线在高 g 值惯性力作用下的力学模型,对导线焊接点的抗拉强度进行了实验研究,得出了导线在冲击环境下的失效模式,即在自身惯性力的作用下被拉断和被缓冲器件挤压或磨损。

高 g 值加速度测试系统的连接导线包括记录模块与电源模块之间的导线

和记录模块与传感器之间的导线。在早期的测试系统中,由于电源模块为一次性锂电池,考虑到电池的可更换性,电源模块与记录模块分体灌封;同时由于采用中心走线方式,传感器的信号线要穿过缓冲器件的中心孔后与记录模块连接。因此,当缓冲器件压缩变形时,穿过其中心的导线就可能受到挤压,缓冲效果越好,缓冲器件的变形量就越大,导线受挤压的可能性就越高。当信号线受挤压而发生短路时,就会造成测试信号的不完整。

针对上述两种失效模式,采取下列措施来提高连接导线的可靠性。

(1) 系统的一体化设计。一体化设计就是将电源模块、传感器及记录模块整体灌封,使测试系统连线为零。固态聚合物锂电池和高 g 值 MEMS 加速度传感器的研制成功为高 g 值加速度测试系统的一体化设计提供了可能。固态聚合物锂电池由于具有可充电、短路或过放电自保护功能,大大增加了电池的使用寿命,当其可靠度大于记录模块的可靠度时,电源模块与记录模块的一体化大大提高了系统的可靠性。

传感器与记录模块的一体化要考虑侵彻对象的目标特性和测试目的,同时增加了对缓冲器件的性能要求。当被测信号为微秒级的高幅值窄脉冲时,传感器与记录模块一起灌封后整体缓冲会展宽脉冲持续时间,造成测试信号失真。

(2) 走线的鲁棒性设计。鲁棒性是指系统在其特性或参数发生摄动时维持某些性能的特性,是系统在异常和危险情况下生存的关键。导线的鲁棒性是测试系统的连接导线在高 g 值冲击环境下生存的能力,鲁棒性设计是以避免导线在冲击环境下失效为目标的整体安全性设计。

对于高 g 值加速度测试系统,在综合考虑导线冲击环境下的受力状态与失效模式的基础上,设计了侧端"之"字形(蝶形)的走线方式,如图 7-16 所示,同时在导线的周围用石蜡灌封,保证导线在侵彻过程中没有与壳体的相对运动,且有利于对电路模块的缓冲设计。

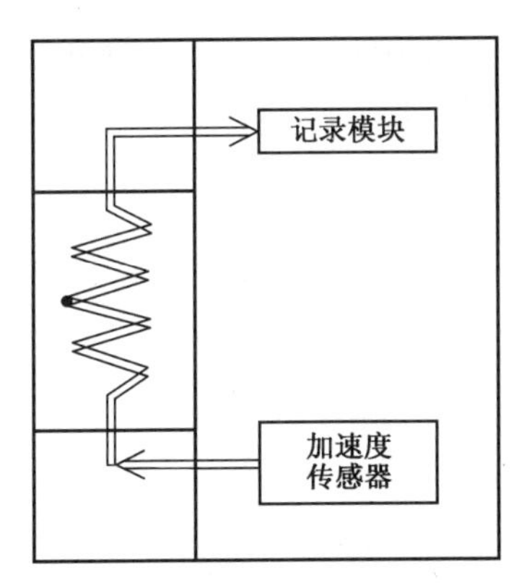

图 7-16　测试系统"之"字形走线示意图

3）记录模块的可靠性设计

记录模块是整个测试系统的基础与核心，虽然在侵彻测试系统实弹测试数据的失效概率分析中，记录模块的失效并非是整体系统失效的主要因素，这是因为在记录模块的设计与生产过程中已充分考虑了各环节的可靠性，具体如下。

（1）电路的简化设计。测试系统的记录模块是由若干个单元串联而成的，系统的可靠性是各单元可靠性的乘积，系统组成单元越多，系统的可靠性就越低。为提高系统可靠性，在记录模块设计时，去掉多余或不必要的功能，尽可能减少模块组成单元的数量，最大限度地实现电路的功能模块化。

在电路设计过程中，应重点考虑各模块之间的电流倒灌、读数接口的热插拔设计、数字电路的上电复位以及人机界面的限流保护。

（2）元器件的可靠性设计。元器件是构成系统的最小、最基本的单元，记录模块的故障最终都表现为电子元器件的各种失效与损坏，因此电子元器件的可靠性直接影响着系统整体的可靠性。作为系统的设计者，首先要保证所选用的元器件的质量和可靠性指标满足设计的要求。

① 元器件的选择。高 g 值加速度记录模块要优选抗冲击性能好的、经过可靠性筛选试验和可靠性增长试验的元器件。鉴于目前元器件的可靠性试验手段有限，实际选择时首先考虑工业级的元器件，且所选元器件要经过实际的或模拟的高冲击环境考核。其次，在电子元器件焊接到 PCB（印刷电路板）板上调试完成以后，在-40℃到 120℃之间进行若干次温度冲击循环试验，对元器件、PCB 板、焊接点等进行环境应力筛选试验，同时参照 GJB 150—86《军用设备环境试验方法》和 QJ 908A—98《电子产品老练试验方法》的有关规定，进行温度循环和电应力老化试验。

② PCB 板的设计。高 g 值加速度记录模块中的 PCB 板的可靠性设计主要应考虑其电磁兼容性的设计，包括元器件与走线的布置、去耦电容的选择、时钟信号的隔离等，具体表现为数字信号地线与模拟信号地线应分离、时钟信号线与模拟信号不可并行布置、数字信号接口连线应远离 A/D 转换器、模拟器件电源端应加上去耦电容等。

③ 电源器件的热设计与降额设计。高 g 值加速度测试系统的热设计和降额设计主要是针对电池和电源管理芯片而进行的。考虑到测试系统对体积的要求，所能选择的电池容量一般都很小，相应的电池额定放电电流也比较小，且每种电源管理芯片都有其最大输出电流，因此在系统功耗设计时就必须考虑电池的额定功率和芯片的额定工作电流。系统功耗越大，电池和芯片的热应力越高，由此而引起的热失效概率也越大，当工作温度超过其最大绝对值时，器件就

会失效，对于电池甚至可能会爆炸。所以，电源器件的设计必须采用降额设计方法，降额幅度为二级，即 50%的降额。

④ 模块的强化设计。高 g 值加速度测试系统通常处于高冲击、强振动的测试环境中，记录模块要可靠获取数据就必须具备抗高过载的能力，而提高记录模块抗冲击性能的主要方法是封装强化：高密度发泡和真空灌封。我们目前所采用的是真空灌封，即在一定的温度条件下，将记录模块密封后放在真空干燥箱内，采用流动性好的灌封材料对记录模块进行灌封，使其固化为一体。在灌封材料选择时，应重点考虑材料的膨胀系数和固化应力，保证灌封后元器件管脚的焊接可靠性；在灌封材料不同组份的配比时，要考虑固化后模块的最佳抗高冲击性能，即保证记录模块既具有一定的强度，又具有一定的韧性。

7.2.2 高 g 值加速度测试仪存活性技术

1. 存活性设计

存活性是指存储测试产品或系统在恶劣环境下生存的能力，是凌驾于可靠性之上而最终又表现为产品或系统可靠性的一种性能，也就是说，存活性的高低最终表现为产品或系统的功能模块或元器件失效概率的大小。存活性设计是保证产品或系统在特定的环境条件下可靠获取数据的一种设计方法。对于高 g 值加速度测试系统，存活性设计主要包括缓冲设计和防护设计。

1）缓冲设计

缓冲是提高存储测试产品或系统抗过载能力的有效方法，其原理是利用缓冲体的弹塑性变形和阻尼作用，减小由于弹体突然减速而作用在记录模块上的冲击脉冲幅值，使记录模块承受比弹体更小的过载峰值，同时可有效地隔离或衰减弹体与目标撞击时传递到记录模块内部的应力。

文献[11]第 5 章详细分析了线性冲击隔离和非线性冲击隔离的基本原理，并利用 ANSYS-LS-DYNA 软件模拟了泡沫铝缓冲件和加侧向限制的橡胶缓冲件的缓冲效果，并对不同泡沫铝试件的静态力学性能进行了实验研究。利用该文献的研究结果，针对不同的侵彻目标，设计了不同的缓冲结构，如对于单层混凝土或钢筋混凝土目标，采用由泡沫铝制作的缓冲器件；对于多层复合介质目标，采用由泡沫铝和金属橡胶制作的复合缓冲器件。

要实现最佳的缓冲效果，缓冲器件必须具有良好的缓冲吸能特性，即具有质轻和疏松的孔洞结构。对于给定的材料，需要优选孔洞的密度，密度太低的材料会在峰值脉冲的能量被吸收之前，记录模块就承受超过临界值的过载；密度太高则会使峰值脉冲的能量得不到耗散，而直接传给记录模块。理想的材料应该是：平台应力恰好低于记录模块的临界损坏应力，且应力——应变曲线下直至密实化开始时的面积，恰好等于缓冲材料每单位体积吸收的能量。

2）防护设计

防护是提高存储测试产品或系统抗挤压能力的有效方法，其原理是利用测试仪壳体的抗压强度，隔离弹体内部或外部其他零部件作用在记录模块上的力，使其在只受自身惯性力的作用下不发生塑性变形。

存储测试系统的防护设计可分为两个层面：记录模块壳体的设计和系统外壳体的设计，设计的基础是基于 ANSYS-LS-DYNA 软件的有限元模拟。记录模块壳体设计要综合考虑壳体强度和缓冲器件的缓冲效能，在材料相同时，壳体强度越高，相应的质量就越大，对缓冲器件的要求也越高。因此，记录模块壳体设计要以减小质量为前提，尽可能提高材料的比强度，同时采用抗压强度最好的加隔离加强筋的圆柱形结构。系统外壳体的设计目的主要是保护系统内部的记录模块、缓冲器件和传感器等在侵彻过程中不被弹体内部的其他零部件挤压，且在弹体损坏的条件下，能有效防止记录模块与弹体碎片或侵彻目标的刚性撞击。考虑到壳体与弹体内部的配合，外壳体通常采用优质合金钢制作的圆柱形结构。

2. 存活性试验

1）高 *g* 值冲击加速度模拟试验系统

高 *g* 值冲击加速度模拟试验系统如图 7-17 所示。

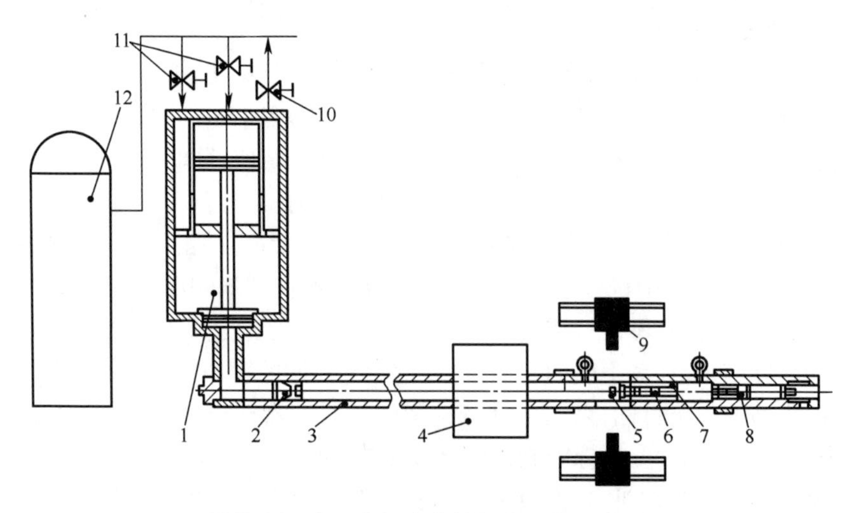

图 7-17　高 *g* 值加速度模拟试验系统原理图

1—高压气室；2—射弹；3—发射管；4—消声器；5—被撞体；6—弹性缓冲器；7—测试组件导向筒；8—主缓冲器；9—差动式激光多普勒干涉仪；10—放气阀；11—充气阀；12—高压气源。

该系统由高压气室、射弹、发射管、被撞体、测试组件导向筒、差动式激光多普勒干涉仪等组成。射弹是带有测速组件——苏格兰片的弹体，如图 7-18 所示，头部为凹型钢质碰撞头，内部可装填毛毡等软材料，尾部为硬铝支承筒，苏格兰片的主要目的是测量射弹碰撞前的速度。被撞体是包括有高 g 值加速度记录模块的专用测试组件，对应于不同的记录模块，其专用测试组件是不同的，图 7-19 为其中的一种，壳体基座和记录模块表面粘贴有 150 线/mm 的衍射光栅，主要用来研究缓冲器件的缓冲性能和记录模块的抗过载能力。高压气室容积为 $0.03592m^3$，发射管长度为 6.2m，内径为 0.1m。

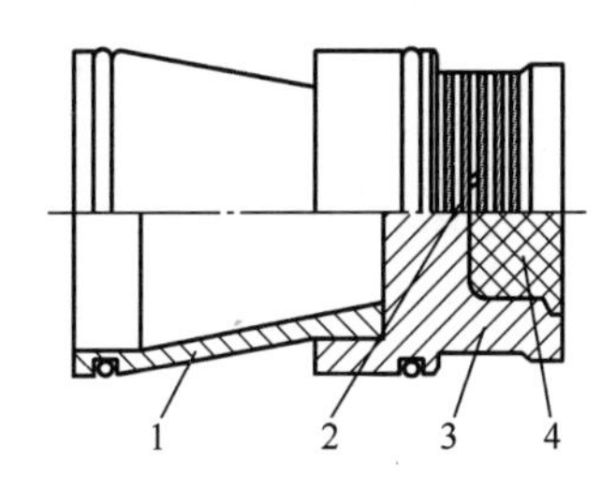

图 7-18　射弹结构简图

1—硬铝支承筒；2—苏格兰片；3—钢质碰撞头；4—毛毡。

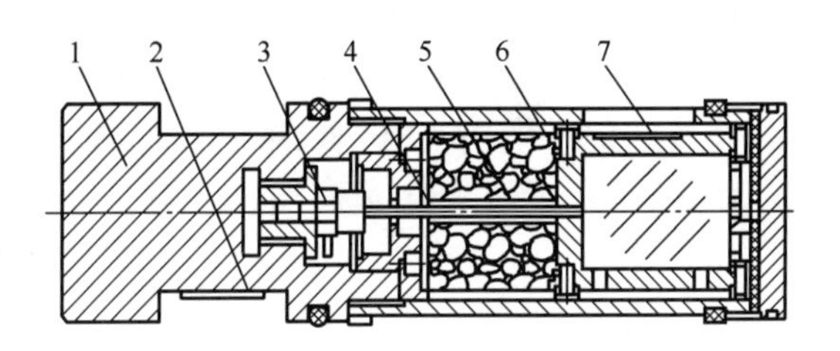

图 7-19　测试组件

1—壳体；2—光栅；3—高 g 值加速度传感器；

4—传感器信号线；5—缓冲试件；6—记录模块；7—光栅。

该装置利用高压气体推动射弹沿发射管加速运动，在测试段与装有高 g 值加速度记录模块的被撞体发生碰撞，通过改变高压气室的压力或改变射弹碰撞头内部填充材料的厚度或种类，可以产生幅值 $(0.1 \sim 1.0) \times 10^5 g$、脉冲宽度 $150\mu s \sim 600\mu s$ 的冲击加速度信号，用以模拟弹体侵彻硬目标过程中初始阶段的负向过载。

整个系统的工作过程为：给高压气室充气，当达到预设的工作压力后打开放气阀，射弹在高压气体的推动下以 50m/s～200m/s 的速度撞击被撞体。在碰撞过程中，被撞体获得加速度，并随同射弹一起向前运动，最后在弹性缓冲器和主缓冲器的作用下减速静止。被撞体获得的加速度脉冲由差动式激光多普勒干涉仪来测量,同时安装在被撞体内部的高 g 值加速度传感器和记录模块也实时记录了该加速度信号。

使用图 7-17 所示的高 g 值冲击加速度模拟试验系统可以对高 g 值加速度测试系统进行如下的研究。

(1) 高 g 值加速度测试系统内部缓冲器件的缓冲性能研究。借助两套差动式激光多普勒干涉仪来测量被撞体壳体和记录模块的加速度,或采用差动式激光多普勒干涉仪和高 g 值加速度传感器分别测量被撞体壳体和记录模块的加速度,由于记录模块(包括传感器)位于缓冲器件上,其加速度必定小于壳体的加速度,通过比较壳体和记录模块的加速度值,可确定缓冲器件的缓冲性能。

(2) 高 g 值加速度传感器的零漂规律研究。采用一套差动式激光多普勒干涉仪测量被撞体壳体的加速度信号,同时高 g 值加速度测试系统的记录模块实时记录被撞体内部高 g 值加速度传感器的输出信号,比较这两个信号,实现对高 g 值加速度传感器冲击后的归零特性和零漂规律的研究。

(3) 高 g 值加速度记录模块的抗冲击性能研究。采用一套差动式激光多普勒干涉仪测量碰撞过程中记录模块所获得的高幅值加速度,通过检测冲击后记录模块的工作正常性,可确定记录模块在不同缓冲条件下抗冲击能力。

(4) 高 g 值加速度测试系统应用环境下的校准。采用一套差动式激光多普勒干涉仪测量碰撞过程中高 g 值加速度测试系统所获得的高幅值加速度,同时高 g 值加速度测试系统的记录模块实时记录系统内部高 g 值加速度传感器的输出信号,比较这两个信号,实现对高 g 值加速度测试系统应用环境下的校准。

2) 缓冲材料的缓冲性能试验

在高 g 值加速度测试系统中常用的缓冲材料由橡胶、毡垫、泡沫金属及其组合,每种材料的缓冲效果是不同的,在实际设计时应根据被侵彻目标的特性选择。下面以泡沫铝材料为例来研究缓冲试件的缓冲性能。

实验采用 $\phi36\times25$ 的泡沫铝缓冲试件,中心有 $\phi13$ 的走线孔,如图 7-20(a)所示,材料的理论密度 1.1g/cm^3,孔径 1mm ~ 3mm。被缓冲的记录模块质量 0.278kg,如图 7-21 所示。被撞体采用图 7-19 所示的测试组件,泡沫铝缓冲试件置于图中标号(5)所示的位置。

在测试组件的壳体和记录模块的侧表面分别粘贴光栅,按照图 7-19 所示将测试组件装配好后放入发射管测试窗口处,给高压气室充气到 0.4MPa 后打开放气阀,射弹在高压气体的推动下撞击测试组件使其获得加速度,利用两套差动式激光多普勒干涉仪同时测量壳体和记录模块的加速度信号。由于缓冲的作用,记录模块与壳体之间会产生相对位移,位移差即为缓冲器件在冲击过

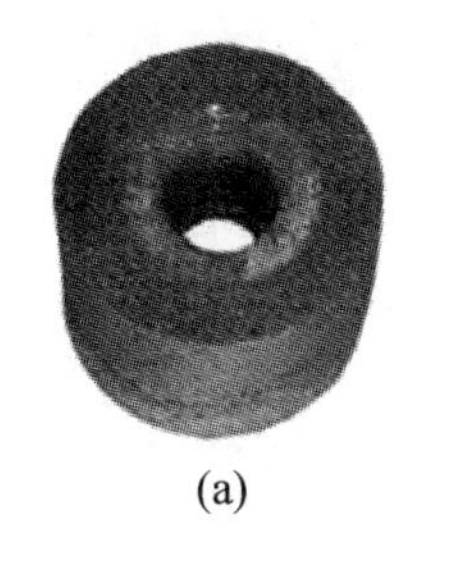

(a) (b)

图 7-20 缓冲实验前后的泡沫铝试件

(a)实验前试件形状;(b) 实验后试件形状。

图 7-21 被缓冲的记录模块

程中的压缩量,当缓冲过程结束时记录模块的速度应等于组件壳体的速度。

在同一气压下对相同器件进行了 2 次实验,测试数据见表 7-2。

表 7-2 泡沫铝缓冲器件缓冲效果的实验测试数据

次数	被撞体壳体加速度 a_1		记录模块加速度 a_2		缓冲率 κ
	幅值/g	脉宽/μs	幅值/g	脉宽/μs	
1	44349	298	13137	509	70.4%
2	62040	169	14110	344	77.3%

表中,缓冲率的计算公式为 $\kappa = \dfrac{a_1 - a_2}{a_1} \times 100\%$

图 7-22 为缓冲前后的加速度比对曲线,图中实线为组件壳体的加速度曲线,虚线为经缓冲后的记录模块的加速度曲线。

从图中可以看出,对于给定的泡沫铝缓冲器件,当被缓冲的记录模块质量一定时,器件的最大抗力不受激励加速度幅值和脉宽的影响,在加速度曲线上表现为记录模块所感受到的最大加速度基本一致,而器件的有效缓冲时间,即记录模块加速度曲线的上升时间则取决于激励信号的加载时间。

表 7-3 和图 7-23 给出了缓冲试件厚度降低至 6mm 时的测试数据。

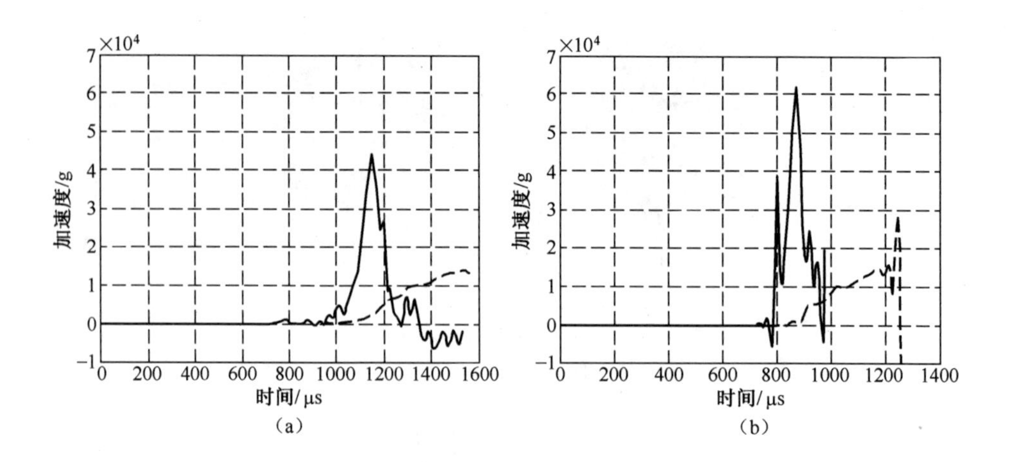

图 7-22　缓冲前后的加速度曲线

(a)第 1 次缓冲测试;(b) 第 2 次缓冲测试。

表 7-3　测试系统的整体缓冲实验测试数据

次数	被撞体壳体加速度 a_1		记录模块加速度 a_2		压缩量 /mm
	幅值/g	脉宽/μs	幅值/g	脉宽/μs	
1	31844	134	14506	300	2.3
2	42219	123	20888	195	2.4

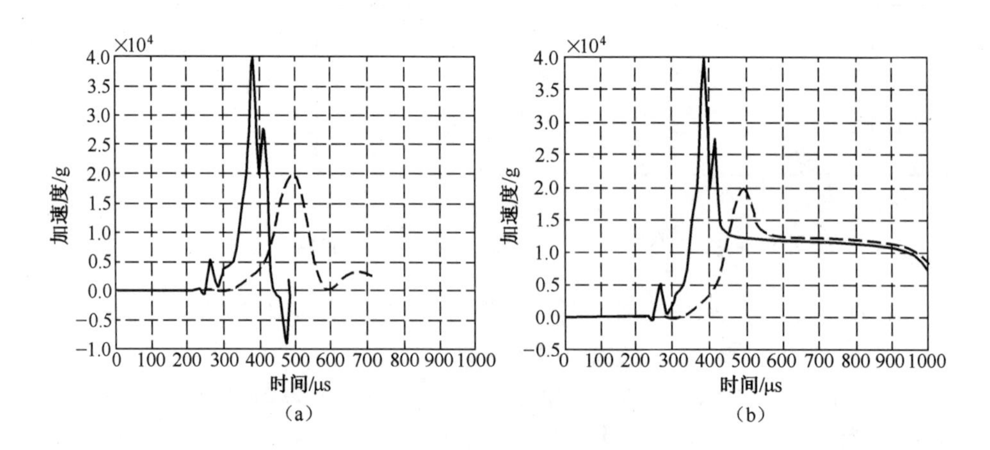

图 7-23　6mm 厚泡沫铝缓冲前后的加速度曲线

(a)第 2 次实验的实测加速度;(b)实弹侵彻过程的模拟加速度。

从图 7-23(a)中可以看出,对于微秒级的加速度信号,当测试系统被整体缓冲时,虽然系统壳体与组件壳体之间仅存在 2.4mm 的相对位移,但系统所感受到的加速度峰值衰减却高达 50%,见表 7-2 和表 7-3。因此更适合于弹丸侵彻混凝土目标的刚体加速度测试,其信号特征如 7-23(b)所示,在撞击瞬间的冲击加速度幅值很大,而在侵彻过程中的加速度比较稳定,加速度的持续时间在毫秒级以上。

综合以上试验结果,可总结出硬目标侵彻测试缓冲结构的设计原则:在遵循泡沫铝材料基本缓冲特性的前提下,令泡沫铝材料塑性平台区的应力所对应的加速度恰好等于图 7-23(b)中平台段的加速度。在多层侵彻测试中,还要令泡沫铝叠片的层数等于侵彻目标的层数。

也就是说,在多层侵彻过程中泡沫铝所吸收的是叠加在弹体刚体加速度之上的高频振动信号,特别是在每一层目标的撞击瞬间,由于应力波波前应力的作用而产生的高幅值窄脉冲加速度。

关于多层侵彻缓冲的复合结构,目前本研究室在国家自然基金“高 g 值冲击下泡沫金属填充壳多次缓冲机理研究”的支持下正在研究。

3)测试系统的存活性试验

为了保证高 g 值加速度测试系统在实弹侵彻时能够可靠获取数据,系统在最终的组装测试完成后要进行存活性试验。由于存活性试验类同于可靠性寿命试验,试验的次数决定了测试系统的寿命,所以对每个测试系统在实弹试验前只进行一次存活性考核,激励加速度要大于测试系统满量程的二分之一。

由于侵彻目标不同,测试系统的缓冲结构也不同,导致高 g 值加速度测试系统的外形结构存在一定的差别。如图 7-24 所示为存活性试验的典型结构。

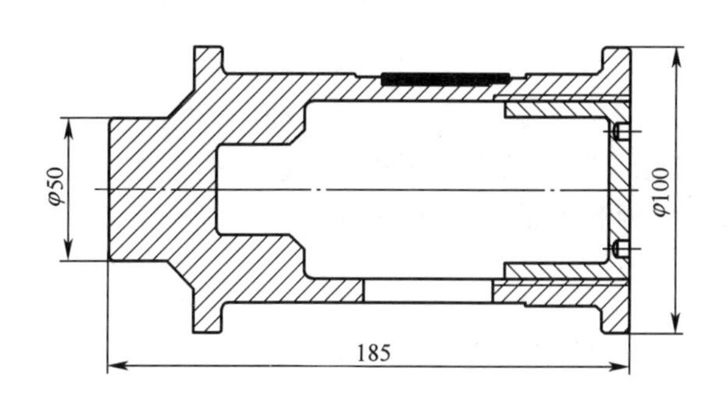

图 7-24　适用于不同测试系统得测试组件壳体

图 7-25 为被考核的高 g 值压电加速度测试系统,量程为 100000g,考核时系统处于带电工作状态,考核数据见表 7-4。

图 7-25　高 g 值压电加速度测试系统

表 7-4　测试系统存活性试验测试数据

次数	气压/MPa	撞击速度/(m/s)	被撞体壳体加速度		检测结果
			幅值/g	脉宽/μs	
1	0.40	50.62	75606	157	正常
2	0.45	53.83	62453	149	正常
3	0.45	52.16	66917	128	正常

试验数据表明,高 g 值压电加速度测试系统的记录模块,经真空灌封和缓冲保护后,其存活性得到了极大的提高。

7.3　高 g 值加速度测试校准技术

高 g 值加速度传感器校准的目的在于确定传感器输出与输入之间的比例关系(灵敏度);确定所关心的频率和幅度范围内灵敏度的变化规律(频率响应特性、幅值线性度等);确定在传感器实际使用环境条件下灵敏度的变化规律(环境特性)。校准的方法必须采用瞬态校准(冲击校准)法,根据其力学量来源的不同,该校准法又可分为绝对法和相对法。由于绝对法将冲击量值或传感器的特征参数直接溯源于长度、时间和频率等基本物理量,因此本节采用冲击绝对法来实现高 g 值加速度传感器的校准。

7.3.1　冲击灵敏度的溯源性校准

1. 校准系统原理

高 g 值加速度传感器冲击灵敏度的校准是通过宽脉冲激励实现的,对不同谐振频率的高 g 值加速度传感器校准所需的激励宽脉冲的最小宽度可由本书 3.1 节所提出的准静态校准准则来估计。基于 Hopkinson 杆的校准系统原理,如图 7-26 所示。

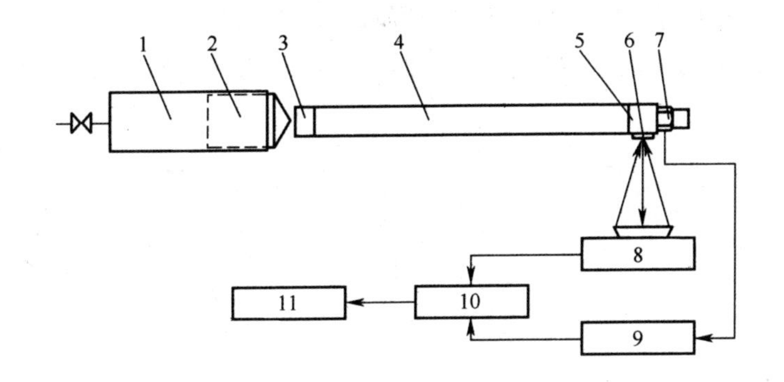

图 7-26 高 g 值加速度传感器宽脉冲校准系统框图

1—发射管；2—子弹；3—波形调整垫；4—Hopkinson 杆；
5—加速度计安装座；6—光栅；7—被校高 g 值加速度传感器；
8—横向激光干涉仪；9—电荷或电压放大器；10—瞬态波形记录仪；11—计算机。

该系统中 Hopkinson 杆采用直径 ϕ16mm（或 25mm）、长度 1600mm 的钛合金（TC4）制作。波形调整垫和加速度计安装座通过工业硅脂和真空夹具紧密吸合于 Hopkinson 杆的两端。光栅粘贴在加速度计安装座的圆柱表面，作为激光干涉仪的衍射合作目标。

子弹在压缩空气作用下撞击位于 Hopkinson 杆左端面的波形调整垫，产生一近似于升余弦的纵向、弹性应力脉冲并沿 Hopkinson 杆向右传播。由于加速度计安装座与杆使用相同的材料，因而具有相同的波阻抗，因此应力脉冲可以在不受任何影响的条件下穿过杆与安装座的界面，到达加速度传感器的安装面。此时，压缩脉冲将在加速度计安装座的自由端面反射为拉伸脉冲，当入射压缩脉冲与反射拉伸脉冲叠加后在 Hopkinson 杆与加速度计安装座的界面处出现静拉力时，安装座和被校加速度传感器将飞离 Hopkinson 杆，传感器的加速运动结束。激光干涉仪通过粘贴在安装座上的衍射光栅做合作目标来测量该激励加速度，加速度传感器的输出经电荷或电压放大器放大，瞬态波形记录仪同时记录干涉仪和放大器的输出信号，比较这两路信号，可求得被校高 g 值加速度传感器的冲击灵敏度。

通过改变压缩空气的压力、子弹头部的形状及调整垫的材料和厚度可以产生幅值$(0.1\sim1.0)\times10^5g$、脉宽 20μs～250μs 的激励加速度脉冲，该脉冲信号由差动式激光多普勒测速仪来测量。

为了获得满足准则要求的激励脉冲，设计了如图 7-27 所示的 2 种子弹，并在子弹与 Hopkinson 之间加入了如图 7-28 所示的波形调整垫。文献[12]对子弹形状和调整垫材料、厚度对应力脉冲的影响进行了详细的分析和试验，结果表明：两种子弹所产生的应力脉冲波形光滑，前沿升时长，比较适合于宽脉冲的校准,但 2#子弹所产生的加速度脉冲最宽;在三种调整中,长度为 5mm~15mm 的铜垫所产生的加速度脉冲最宽,且保持了良好的脉冲形状,适合于宽脉冲的校准。

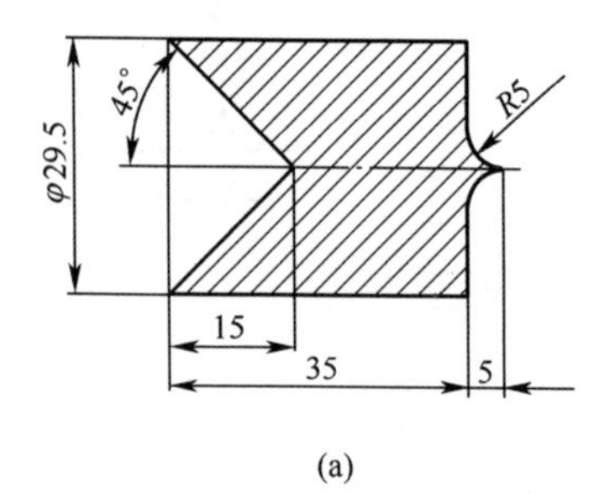

(a)

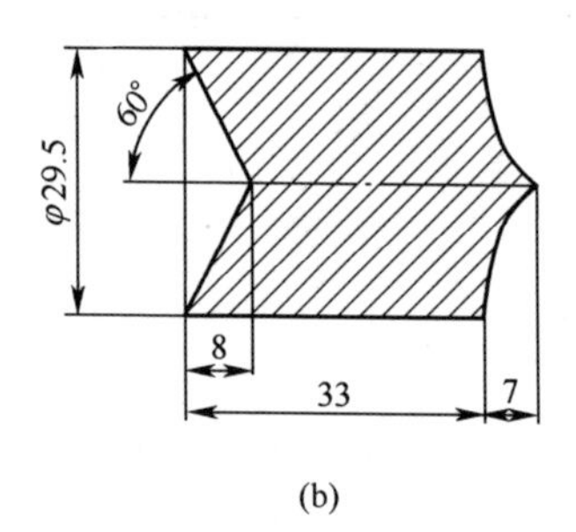

(b)

图 7-27　宽脉冲校准所用的子弹

(a) 1#子弹;(b) 2#子弹。

图 7-28　宽脉冲校准所用的调整垫

2. 校准系统的误差分析

对于图 7-26 所示的校准系统,影响加速度脉冲幅值测量误差的主要因素有:横向激光测速仪对激励信号幅值的测量误差(包括光栅和加速度计安装座引起的幅值测量误差和激光干涉仪自身的测量误差)、电压或电荷放大器引起的误差、瞬态波形记录仪引起的误差。

1) 光栅和加速度计安装座引起的幅值测量误差

如图 7-29 所示,光栅粘贴在加速度计安装座的侧面作为差动式激光多普勒测速仪的合作目标。激光测速仪测得的信号为靠近光栅中点处的加速度,而加速度传感器感受到的信号为加速度计安装座右端面处的加速度。假设激励信号测量点与加速度计安装座右端面的距离为 $\Delta/2$,严格意义上讲两处加速度并不相同。

文献[13]以升余弦激励加速度脉冲为前提,导出了两种理想极限情况下激光测速仪的幅值测量误差。

当光栅伴随加速度计安装座作同步运动时,激励加速度脉冲的幅值误差为

$$\delta_{a\min} = \cos\frac{\pi\Delta}{2\lambda_s} - 1 \tag{7-4}$$

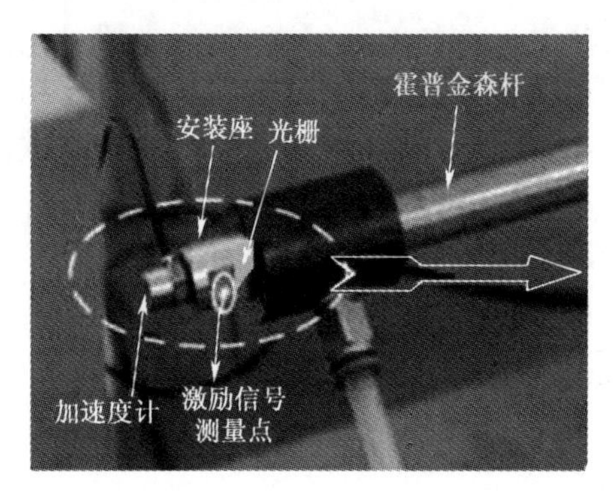

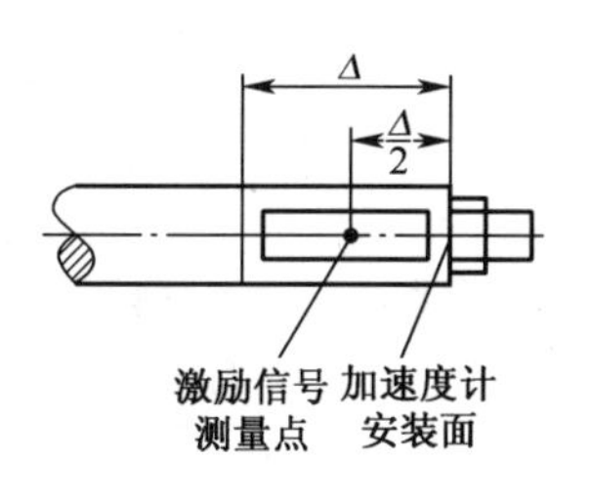

图 7-29　横向激光干涉仪激光测量点

式中：Δ 为加速度计安装座的长度；λ_s 为应力脉冲前沿行程，$\lambda_s = ct_s$。

当光栅伴随加速度计安装座作刚体运动时，激励加速度脉冲的幅值误差为

$$\delta_{a\max} = \frac{\sin\dfrac{\pi\Delta}{\lambda_s}}{\dfrac{\pi\Delta}{\lambda_s}} - 1 \tag{7-5}$$

在实际冲击过程中，光栅和加速度计安装座的相对运动情况介于上述两种情况之间，因此由光栅和加速度计安装座引起的幅值测量误差均不会超出上述误差限，如图 7-30 所示。

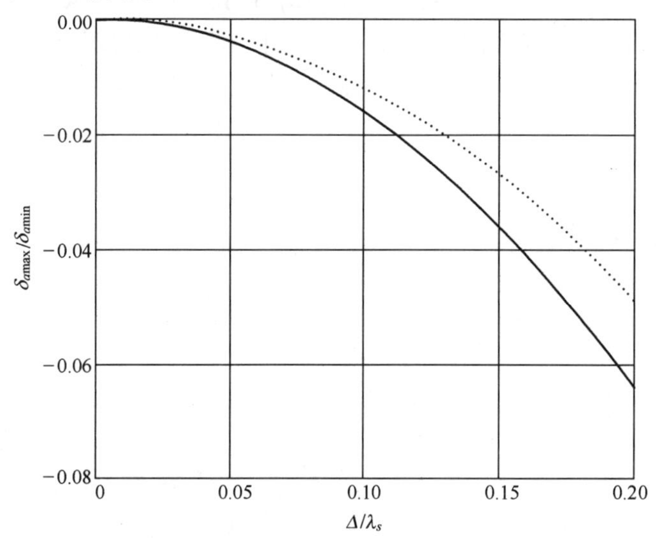

图 7-30　光栅和加速度计安装座引起的幅值测量误差

2）激光干涉仪引起的测量误差

激光干涉仪采用 LSV-G2501 差动式激光多普勒测速仪。在干涉仪的技术

总结报告中指出,引起激光干涉仪测量误差的主要因素有:激光器激光波长的测量误差、二光束半夹角正弦值测量误差、位移测量误差、时间测量误差、数据处理方法引入的速度峰值测量误差、光轴与光栅面不垂直引起的速度峰值测量误差等。按照误差的传递与合成理论,在冲击速度 5m/s~150m/s 的范围内,由激光干涉仪引起的测量不确定度小于 3%。

3）电压或电荷放大器引起的误差

电压放大器采用 Endevco Model 136,电荷放大器采用 Kistler Type 5011B,相应的测量误差在其使用手册或检定证书中给出。

4）瞬态波形记录仪引起的误差

瞬态波形记录仪采用 Agilent infiniium 54832D 逻辑分析仪,分辨率为 8bit,量化误差为 $LSB/2$。

3. 典型加速度传感器的校准

本节以中国兵器工业第 204 研究所的 988 型压电加速度传感器为例进行研究。988 型压电加速度传感器的合格证书给出了该传感器的安装谐振频率为 125kHz,而从频率响应曲线可以看出其第一个谐振峰频率为 40kHz。

在给定校准误差 $\delta=5\%$ 的条件下,根据 3. 1. 3 节宽脉冲校准频域法准则,按照式(3-7)可求得激励脉冲的最小宽度为 558μs;根据 3. 1. 3 节宽脉冲校准解析法准则,按照式(3-8)可求得激励脉冲的最小宽度为 262. 5μs。

对于图 7-26 所示的校准系统,要产生幅值 10^4g~10^5g、脉宽 250μs 的激励加速度脉冲是比较困难的,所以文献[12]在详细研究加速度传感器冲击响应数学模型的基础上,考虑到加速度传感器的阻尼比,导出准静态校准激励脉冲信号的脉宽

$$t_1 \approx \frac{\tau}{2}$$

其中: τ 可按下式来计算

$$\tau = \frac{\sqrt{1-2\zeta^2}}{2\delta f_x\sqrt{1-\zeta^2}}\left(1-\frac{\zeta\pi}{2\sqrt{1-\zeta^2}}\right) \tag{7-6}$$

式中: δ 为可允许的校准误差; f_x 为加速度传感器的一阶谐振频率; ζ 为加速度传感器的阻尼比。

按照式(7-6)可求得 988 型压电加速度传感器,准静态校准所需的激励脉冲的最小宽度为 115μs~125μs(对应于阻尼比 $\zeta=0$~0.05)。

1）实验条件

传感器:988-379#;

子　弹:1#子弹;

调整垫：$\phi16\times15$mm 铝垫；

电荷放大器：T：0.523 pC/g，S：1E+5 g/V；

瞬态波形记录仪：100MSa/s。

2）测试数据及其处理

在全量程范围内对该传感器进行了 6 次校准，校准数据见表 7-5。

表 7-5　高 g 值加速度传感器校准数据(988-379#)

次数	激励加速度(g)	脉宽(μs)	输出电荷(pC)	峰值灵敏度(pC/g)
1	23042	148	10682	0.4636
2	38201	125	17671	0.4626
3	51612	110	23050	0.4466
4	60575	108	27364	0.4517
5	71380	107	31843	0.4461
6	81460	98	37496	0.4603
均值	/	/	/	0.4535

图 7-31 和 7-32 给出了第 1 次校准的测试曲线。图 7-31 为激光干涉仪的测试数据曲线，图 7-32 为加速度传感器的校准数据曲线。

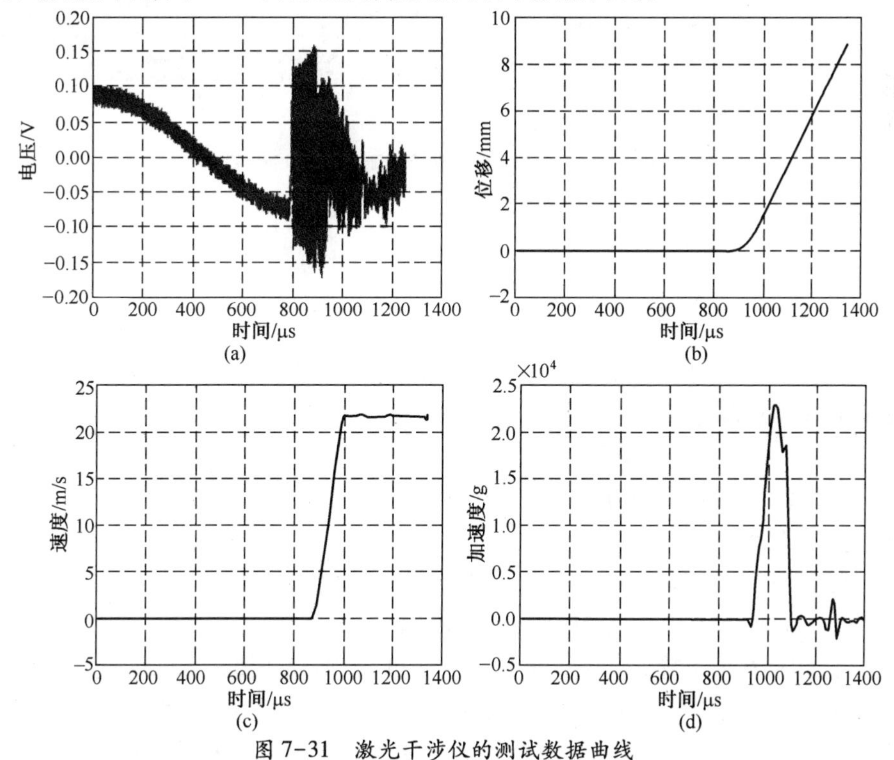

图 7-31　激光干涉仪的测试数据曲线

(a)激光干涉仪输出的多普勒信号；(b)由多普勒信号求得的位移信号；
(c)位移信号微分得到的速度信号；(d)速度信号微分得到的加速度信号。

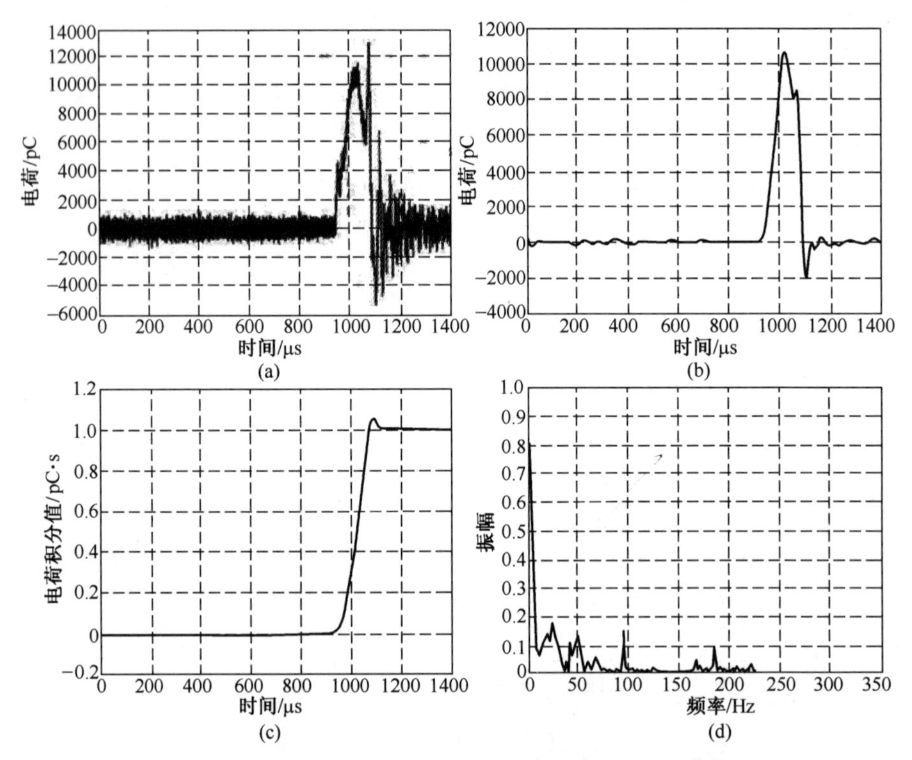

图 7-32 加速度传感器的校准数据曲线(988-379#)

(a)传感器输出信号;(b)25kHz 滤波后的信号;

(c)传感器输出电荷积分曲线;(d)传感器输出信号幅频谱。

表中,峰值灵敏度的计算公式为 $S_{sh} = \dfrac{u_{\text{peak}}}{a_{\text{peak}}}$

对表 7-5 中的校准数据进行最小二乘法拟合,拟合曲线如图 7-33 所示,峰值灵敏度的拟合公式为

$$y = 0.451x + 2728$$

由上式可知 988-379#加速度传感器的峰值灵敏度是 0.451pC/g。

(1) 峰值灵敏度不确定度分析:

根据 ISO/IEC GUIDE 98-3、ISO/IEC GUIDE 98-1、GJB/J 2749 和 JJF 1059,进行加速度传感器冲击灵敏度的校准不确定度评定[14-17]。

① 相对标准不确定度。分析校准方法可知,影响被校加速度传感器峰值灵敏度的测量不确定度的主要因素有:最小二乘法引起的不确定度 u_1;激光多普勒测速仪引起的不确定度 u_2;光栅和加速度计安装座引起的不确定度 u_3;电荷放大器引起的不确定度 u_4;瞬态波形记录仪引起的不确定度 u_5。

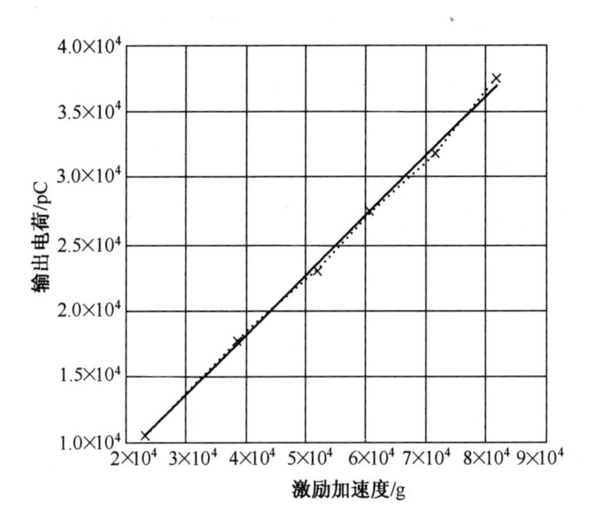

图 7-33 峰值灵敏度最小二乘法拟合

第 1,最小二乘法引起的不确定度 u_1。由最小二乘法引起的不确定度按 A 类评定,根据最小二乘法理论[18],电荷测量的标准差为

$$\sigma = \sqrt{\frac{\sum_{i=1}^{n} \nu_i^2}{n - t}} = \sqrt{\frac{935.94}{6 - 2}} = 467.97\text{pC}$$

进行最小二乘法拟合时的不定乘数矩阵为

$$\boldsymbol{D} = (\boldsymbol{A}^T\boldsymbol{A})^{-1} = \begin{bmatrix} 1.416 & -2.352 \times 10^{-5} \\ -2.352 \times 10^{-5} & 4.325 \times 10^{-10} \end{bmatrix}$$

于是灵敏度系数的标准差为

$$\sigma_2 = \sigma\sqrt{d_{22}} = 467.97 \times \sqrt{4.325 \times 10^{-10}} = 0.00973\text{pC}$$

则其不确定度为

$$u_1 = \frac{0.00973}{0.451} = 2.16\%$$

第 2,激光多普勒测速仪引起的不确定度 u_2。差动式激光多普勒测速仪检定证书给出,速度峰值的测量不确定度 $U = 3\%$,包含因子 $k = 2$,则其标准不确定度按 B 类评定为

$$u_2 = \frac{U}{k} = 1.5\%$$

第 3,光栅和加速度计安装座引起的不确定度 u_3。由图 7-33 可知,光栅和加速度计安装座引起的误差与 $\dfrac{\Delta}{\lambda_s}$ 有关。

已知加速度计安装座的长度 $\Delta = 0.026\text{m}$；应力脉冲前沿行程 $\lambda_s = ct_1 = \sqrt{\frac{E}{\rho}} \cdot t_1$，其中钛合金杆的 Young's 弹性模量 $E = 120\text{GPa}$，密度 $\rho = 4.5 \times 10^3 \text{kg/m}^3$。

当激励脉冲的宽度取 $t_1 = 115\mu\text{s}$ 时，$\lambda_s = 0.594\text{m}$，则 $\frac{\Delta}{\lambda_s} = 0.04377$，查图 7-33可知 $|\delta_{a\min}| = 0.00236$，$|\delta_{a\max}| = 0.00315$。取均匀分布，有

$$u_3 = \frac{|\delta_{a\max}| - |\delta_{a\min}|}{\sqrt{3}} = 0.0456\%$$

第 4，电荷放大器引起的不确定度 u_4。电荷放大器的使用手册中指出，在输入电荷 $\geqslant +100\text{pC FS}$ 时，其测量最大误差为 $\pm 1\%$ [19]，取均匀分布，得

$$u_4 = \frac{1\%}{\sqrt{3}} = 0.577\%$$

第 5，瞬态波形记录仪引起的不确定度 u_5。瞬态波形记录仪的量化误差为 $LSB/2$。在数据采集时，传感器输出的基线位于 $LSB/2$ 附近，所以 A/D 转换器的实际可利用分辨率为 7bit，其不确定度为

$$u_5 = \frac{\frac{1}{2}}{2^7} = 0.39\%$$

② 相对合成不确定度。由于不确定度分量 u_1, u_2, u_3, u_4, u_5 相互独立，相关系数 $\rho_{ij} = 0$，则合成标准不确定度为

$$u_c = \sqrt{u_1^2 + u_2^2 + u_3^2 + u_4^2 + u_5^2} = 2.72\%$$

③ 相对扩展不确定度。根据 ISO 16063-13 的要求，取包含因子 $k = 2$，则相对扩展不确定度为

$$U = ku_c = 5.5\%$$

该不确定度值略高于国防最高冲击标准“激光干涉法冲击加速度标准装置”的计量标准证书（12713301 号）$U/S_{sh} = 5\%$ 的指标。如果考虑在计算传感器输出信号峰值时由于滤波器截止频率的不同而引起的峰值电压的不确定度分量，则该不确定度值会变大。

在上述求峰值灵敏度的过程中，对加速度传感器的输出信号进行了滤波处理，如图 7-32（b）所示，滤波截止频率是根据图 7-32（d）选择的。在校准数据处理时发现，当激励加速度的脉宽略小于由式（7-6）所确定的最小脉宽时，加速度传感器就会出现谐振，传感器输出信号的峰值大小很大程度上取决于滤波器的截止频率。图 7-34 给出了第 6 次校准的加速度传感器的输出信号及其滤

波曲线,3 条曲线所对应的滤波截止频率依次为:未滤波、55kHz 滤波、40kHz 滤波。

从图中可以看出,滤波截止频率选择的不同,导致输出电压的幅值不同,由此求得的灵敏度大小也不同,这样就在峰值灵敏度的计算过程中增加了人为的因素,使得峰值灵敏度的校准不确定度增大。

为了消除人为因素的影响,下面按积分方法计算传感器的平均灵敏度。

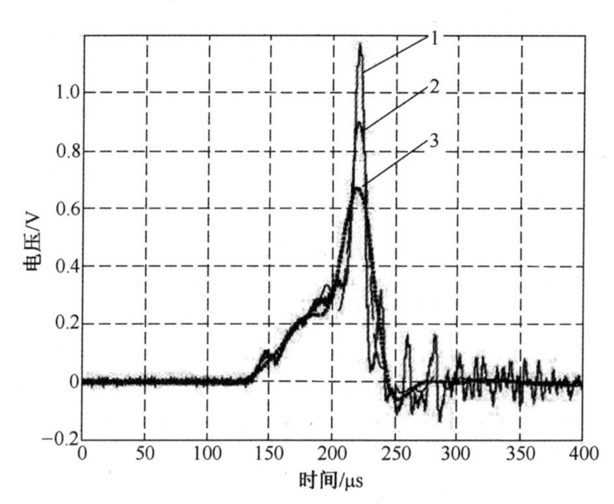

图 7-34 不同截止频率条件下 988 型加速度传感器的输出电压曲线

1—未滤波;2—55kHz 滤波;3—40kHz 滤波。

对表 7-5 中的激励加速度和输出电荷量进行积分,结果见表 7-6。

表 7-6 经积分的高 g 值加速度传感器校准数据(988-379#)

次数	激励速度/m/s	输出电荷积分/pC·s	平均灵敏度/(pC/g)
1	22.292	1.03567	0.4553
2	28.125	1.30867	0.4560
3	22.848	1.07269	0.4672
4	34.970	1.61433	0.4524
5	31.095	1.44750	0.4562
6	32.500	1.51314	0.4563
均值	/	/	0.4572

表中,平均灵敏度的计算公式为 $S_{av} = \dfrac{\int u\mathrm{d}t}{\int a\mathrm{d}t}$

对表 7-6 中的数据进行最小二乘法拟合,求得平均灵敏度拟合公式为

$$y = 0.447x + 0.025$$

由上式可知988-379#加速度传感器的平均灵敏度是0.447pC/g。

（2）平均灵敏度不确定度分析：

① 相对标准不确定度。分析校准方法可知，影响被校加速度传感器平均灵敏度的测量不确定度的主要因素与影响峰值灵敏度测量不确定度的主要因素是一样的，但最小二乘法引起的不确定度 u_1 和瞬态波形记录仪引起的不确定度 u_5 的具体计算结果不同。

第1，最小二乘法引起的不确定度 u_1。电荷测量的标准差为

$$\sigma = \sqrt{\frac{\sum_{i=1}^{n} \nu_i^2}{n - t}} = 6.1 \times 10^{-3}\ \text{pC}$$

进行最小二乘法拟合时的不定乘数矩阵为

$$\boldsymbol{D} = (\boldsymbol{A}^T\boldsymbol{A})^{-1} = \begin{bmatrix} 6.237 & -2.077 \\ -2.077 & 0.711 \end{bmatrix}$$

于是灵敏度系数的标准差为

$$\sigma_2 = \sigma\sqrt{d_{22}} = 6.1 \times 10^{-3} \times \sqrt{0.711} = 0.00514\text{pC}$$

则其不确定度为

$$u_1 = \frac{0.00514}{0.447} = 1.15\%$$

第2，激光多普勒测速仪引起的不确定度 u_2

$$u_2 = \frac{U}{k} = 1.5\%$$

第3，光栅和加速度计安装座引起的不确定度 u_3

$$u_3 = 0.0456\%$$

第4，电荷放大器引起的不确定度 u_4

$$u_4 = \frac{1\%}{\sqrt{3}} = 0.577\%$$

第5，瞬态波形记录仪引起的不确定度 u_5。由于对加速度传感器的输出信号进行了积分运算，瞬态波形记录仪的量化误差在积分运算中抵消，由此项引起的积分速度误差可忽略不计，其不确定度为

$$u_5 = 0$$

② 相对合成不确定度。

$$u_c = \sqrt{u_1^2 + u_2^2 + u_3^2 + u_4^2 + u_5^2} = 1.98\%$$

③ 相对扩展不确定度。取包含因子 $k = 2$，则相对扩展不确定度为

$$U = ku_c = 4.0\%$$

该不确定度值小于国防最高冲击标准中给出的5%。

7.3.2 频率响应特性的校准

1. 校准系统原理

高 g 值加速度传感器频率响应特性的校准是通过窄脉冲激励实现的，对不同谐振频率的高 g 值加速度传感器校准所需的激励宽脉冲的最大宽度可由本书3.2节中所提出的窄脉冲校准准则来估计。基于Hopkinson杆的校准系统原理，如图7-35所示。

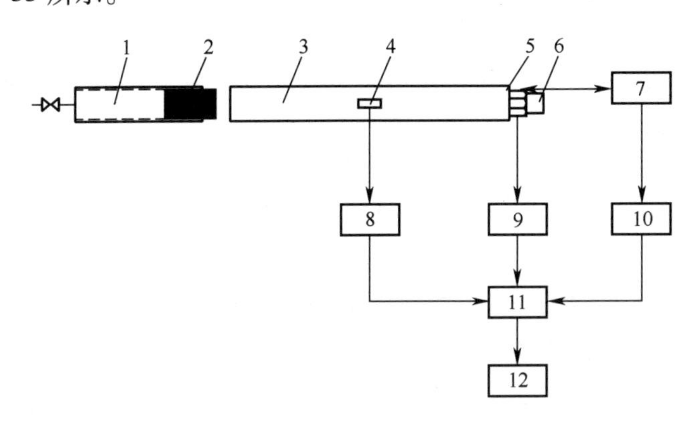

图7-35 高 g 值加速度传感器窄脉冲校准系统框图

1—发射管；2—平头子弹；3—Hopkinson杆；4—应变计；5—反光片；
6—被校高 g 值加速度传感器；7—轴向高感度激光感测器；8—超动态电阻应变仪；
9—电荷或电压放大器；10—宽频带调节器；11—瞬态波形记录仪；12—计算机。

该系统中Hopkinson杆采用直径为 ϕ5mm～10mm、长度为300mm～600mm的钛合金（TC4）或合金钢（45钢）制作。为了消除Hopkinson杆的轴向振动对被校加速度传感器的影响，对于具有安装螺纹的加速度传感器，将杆的右端加工成一定直径的光孔，把传感器安装螺纹嵌入光孔内并用油脂吸附，如图7-36所示。

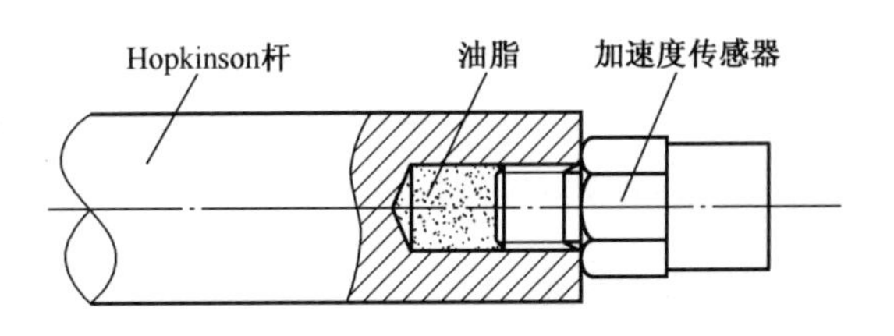

图7-36 加速度传感器安装示意图

通过平头子弹直接撞击 Hopkinson 杆，产生幅值为$(1.0\sim2.0)\times10^5g$、脉宽在 10μs 以下的窄脉冲，激励被校高 g 值加速度传感器。激励脉冲由应变计和轴向激光干涉仪同时测量，加速度传感器的输出信号经电荷或电压放大器放大，瞬态波形记录仪同时记录干涉仪、应变仪和放大器的输出信号，比较这几路信号，根据式(3-11)，可以求得被校高 g 值加速度传感器的频率响应特性曲线，实现其动态特性的校准。

对于谐振频率大于 300kHz 的传感器，ISO 5347-22 指出，前沿升时极短的冲击脉冲需要通过玻璃或铅棒在 Hopkinson 杆端面的碎裂来产生。

2. 校准系统的误差分析

对于图 7-35 所示的校准系统，影响加速度传感器幅频特性测量误差的主要因素有：轴向激光干涉仪对激励信号波形的测量误差、电压或电荷放大器引起的误差、瞬态波形记录仪引起的误差。

1）轴向激光干涉仪对激励信号波形的测量误差

在高 g 值加速度传感器的理论模型分析中，都假定其激励信号为理想半正弦脉冲，而实际的高 g 值激励脉冲是介于 δ 脉冲和矩形脉冲之间的任意单峰波形。对于 10μs 的窄脉冲，由于脉冲形状的测不准所引起的归一化幅频特性曲线误差不会超出图 7-37 示的误差限。

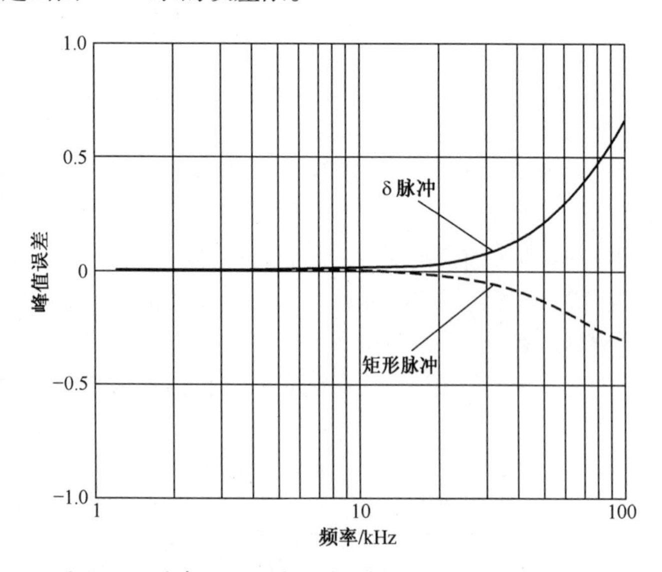

图 7-37　脉宽波形测量误差引起的归一化频谱误差限

2）电压或电荷放大器引起的误差

电压或电荷放大器引起的测量误差主要取决于仪器的频带宽度，在高谐振频率的加速度传感器频率响应特性校准时，电压或电荷放大器的频带是影响传感器幅频特性的最主要的因素。

3）瞬态波形记录仪引起的误差

由于瞬态波形记录仪的高采样频率,所以此项误差可忽略不计。

3. 典型加速度传感器的校准

本节以丹麦 B&K 公司的 8309 型压电加速度传感器为例进行研究。8309 型压电加速度传感器的合格证书给出了该传感器的安装谐振频率为 180kHz。

根据 3.1.4 节窄脉冲校准频域法准则,按照式(3-9)可求得激励脉冲的最大宽度为 13.84μs;根据 3.1.4 节窄脉冲校准解析法准则,按照式(3-10)可求得激励脉冲的最小宽度为 5.89μs;对于图 7-26 所示的校准系统,要产生脉宽 13.84μs 的激励加速度脉冲比脉宽 5.89μs 的激励加速度脉冲容易实现。

1）电雷管激励

早期为了获得脉宽为 5.89μs 的脉冲,曾尝试使用电雷管作为激励,即在图 7-38中用电雷管代替图中的发射管和平头子弹。

(1) 实验条件:

传 感 器:8309-12326#;

激励方式:小电雷管;

Hopkinson 杆:ϕ8×300;

电荷放大器:Kistler Type 5015,T:0.048 pC/g,S:1.5E+5 g/V;

瞬态波形记录仪:200 MSa/s。

(2) 测试数据:

在超量程条件下,对该传感器进行了 2 次实验,测试数据见表 7-7。

表 7-7 高 g 值加速度传感器实验数据(8309-12326#)

次数	激励方式	幅值/g	脉宽/μs	第一谐振频率/kHz
1	小电雷管	60840	6.6	109.0
2	小电雷管	187590	7.3	109.2

频谱曲线如图 7-38 所示。

从图 7-38 中可以看出 8309-12326#的第一阶谐振频率为 109kHz,频谱图中还包括 140kHz、155kHz、230kHz、260kHz 附近的谐振频率。

根据 3.1.4 节窄脉冲校准准则,根据 109kHz 的谐振频率重新计算校准脉宽。按照式(3-9)可求得激励脉冲的最大宽度为 22.86μs;按照式(3-10)可求得激励脉冲的最小宽度为 9.73μs。相对于 180kHz 安装谐振频率,所需激励脉冲的持续时间变长,因此有利于利用图 7-35 所示的系统实现。

2）撞击激励

采用图 7-35 所示的系统,激励脉冲的获取采用轴向激光干涉仪直接测量

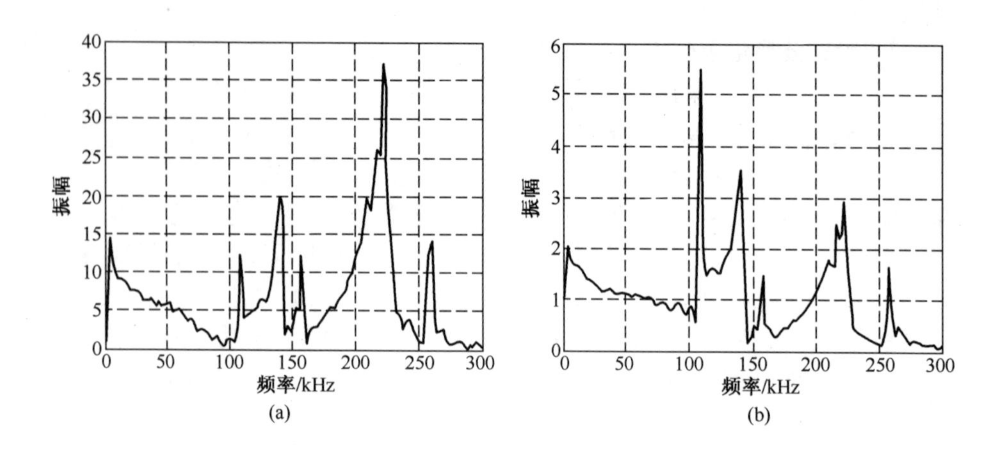

图 7-38　传感器输出信号的频谱曲线(8309-12326#)

(a)第 1 次实验;(b) 第 2 次实验。

杆端面。

(1) 实验条件:

传 感 器:8309-12326#;

激励方式:$\phi10\times20$;

Hopkinson 杆:$\phi10\times300$;

电荷放大器:Kistler Type 5015,T:0.048 pC/g,S:1.5E+5 g/V;

瞬态波形记录仪:200MSa/s。

(2) 测试数据:

对该传感器进行了 2 次实验,测试数据见表 7-8。

表 7-8　高 g 值加速度传感器实验数据(8309-12326#)

次数	测量点	幅值/g	脉宽/μs	第一阶谐振频率/kHz
1	杆端	112700	18.1	107.0
2	杆端	177800	15.5	107.0

频谱曲线如图 7-39 所示。

由图 7-39 中可以看出,在脉宽 18μs 时 8309 加速度传感器的第一阶谐振频率已被充分激发,激励脉冲宽度符合窄脉冲频域法校准准则。根据式(3-11)可以求得该传感器的频率响应特性函数,如图 7-40(a)所示。

图 7-40(a)给出的频谱曲线在 10kHz 后、第一阶谐振频率前呈明显衰减趋势,与理想的或常用的低固有频率的加速度传感器的幅频响应特性曲线 7-40(b)有较大差别。

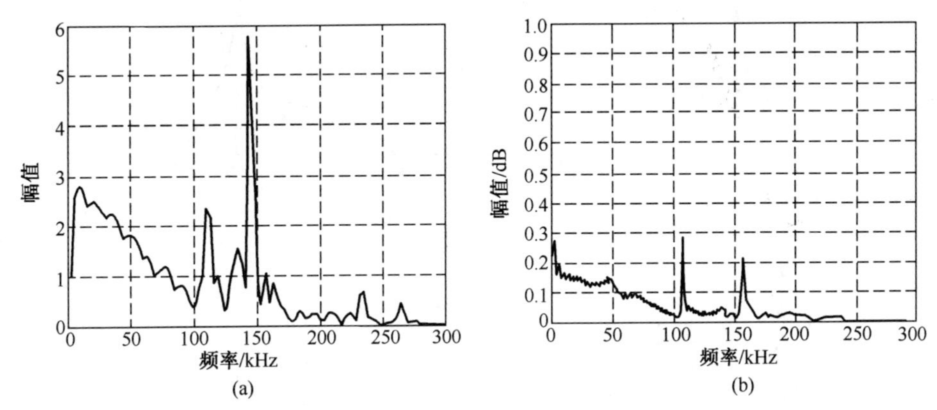

图 7-39 传感器输出信号的频谱曲线(8309-12326#)

(a)第 1 次实验;(b)第 2 次实验。

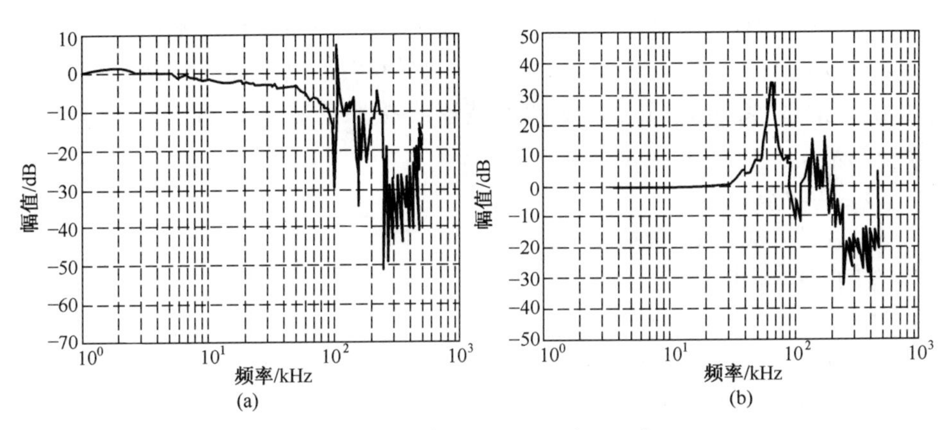

图 7-40 传感器幅频响应特性曲线

(a) 8309 传感器;(b)低固有频率加速度传感器。

由于 8309 传感器的技术手册中没有给出该传感器的幅频响应特性曲线,所以其真实性有待于进一步研究。文献[20]指出,给加速度传感器加机械滤波器后,传感器幅频响应曲线上的谐振峰幅值会降低,谐振峰频点会右移,如图7-41 所示。

根据图 7-41 给出的论述,结合图 7-36 传感器的安装方式,分析图 7-40(a)所示的幅频特性曲线在谐振峰前衰减的可能原因:Hopkinson 杆右端面的光孔为薄壁圆筒,在高冲击下的响应类似于机械滤波器,文献[21]经有限元仿真分析指出,传感器底座与杆右端接触面处的响应与激光照射点处的响应是不一致的。

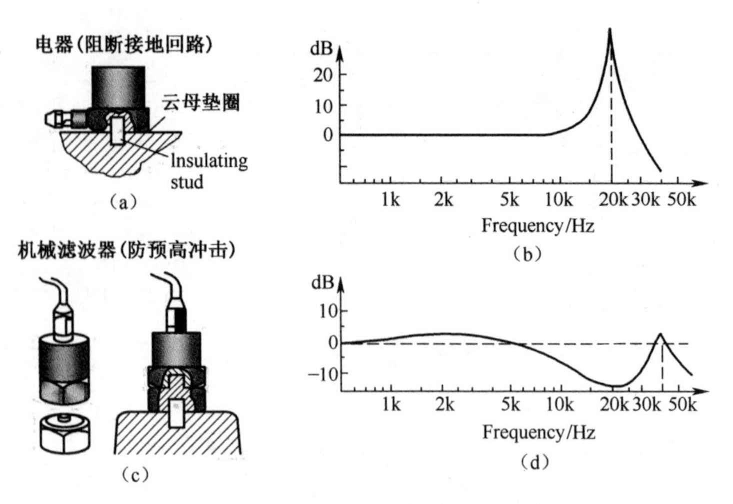

图 7-41　加机械滤波器前后传感器幅频特性曲线

为获得更加真实的激励信号,将图 7-36 中激光测量点由杆端面改在传感器基座底面。具体为在安装座上开出 2mm 宽的槽,通过平面反射镜改变激光干涉仪的光路,将激光通过开槽的安装座直接照射在加速计的底端面,如图7-42 所示。

(1) 实验条件:

传 感 器:8309-12068#;

激励方式:$\phi 10\times 20$;

Hopkinson 杆:$\phi 5\times 300$;

电荷放大器:Kistler Type 5015,T:0. 048pC/g,S:1. 0E+5g/V;

瞬态波形记录仪:200MSa/s。

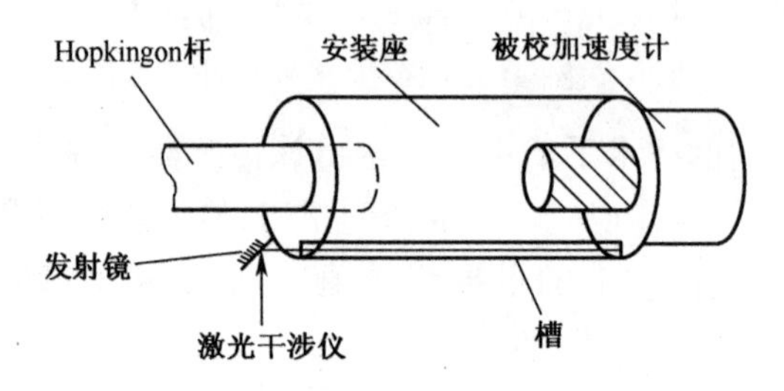

图 7-42　改进后的传感器安装方式

(2) 测试数据:

对该传感器进行了 2 次实验,测试数据见表 7-9。

表 7-9　高 g 值加速度传感器实验数据(8309-12326#)

次数	测量方式	幅值/g	脉宽/μs	第一阶谐振频率/kHz
1	传感器底端	93620	16.0	108.0
2	传感器底端	109000	11.8	109.9

频谱曲线如图 7-43 所示。

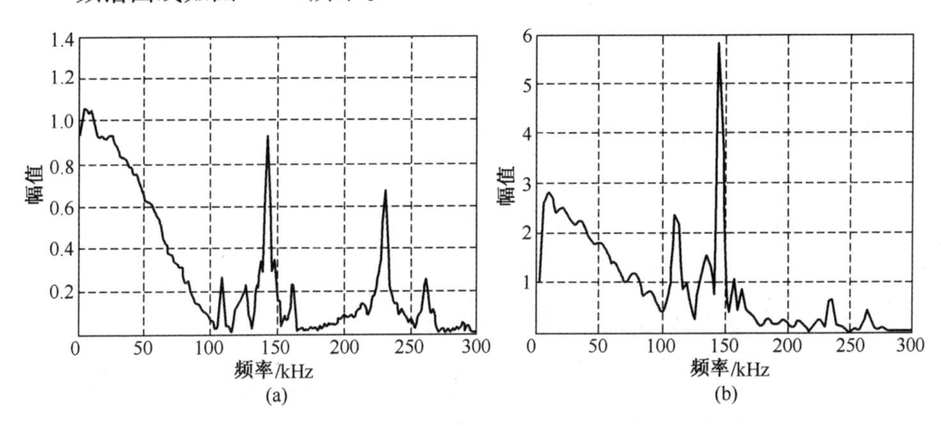

图 7-43　传感器输出信号的频谱曲线(8309-12068#)
(a)第 1 次实验;(b)第 2 次实验。

根据式(3-11)求得的传感器的频率响应特性函数如图 7-44 所示。

改进测量方式后,传感器幅频响应特性曲线的平直段显著增加,在图 7-44(a)中-0.5dB 处的频率为 34kHz,与该传感器技术指标中给出的 39kHz 还有一定的差距。但是幅频响应特性曲线的波形仍然与图 7-40(b)所示相差甚远,此问题有待于今后进一步研究。

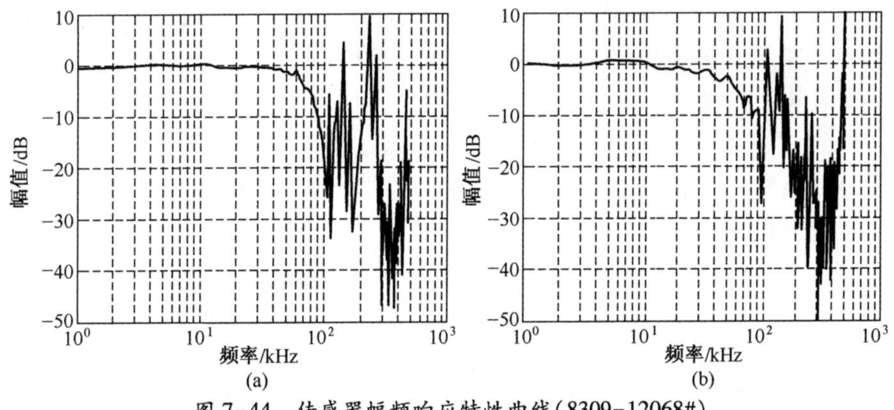

图 7-44　传感器幅频响应特性曲线(8309-12068#)
(a)第 1 次实验;(b) 第 2 次实验。

7.4　高 g 值加速度测试技术的应用

以模块化设计为前提，以可靠性设计为基础，高 g 值加速度测试系统的研究开始于 2000 年，历经 10 年的艰难发展，经过了一代、二代、三代及三代改、四代共 4 个阶段的演变，逐步形成了能够满足不同测试需求的系列化产品。先后与中国工程物理研究院、总参工程兵三所、北京航天长征飞行器研究所、北京理工大学、南京理工大学、304 厂、5013 厂等多家单位合作，成功获得了不同口径射弹侵彻不同类硬目标过程的三环境加速度信号。射弹的速度在 200m/s ~ 1000m/s 之间，侵彻的目标包括素混凝土、钢筋混凝土、块石遮弹层、岩石、钢板、多层复合介质目标等，在侵彻测试领域积累了宝贵的经验，为我国侵彻武器与反侵彻防护工程的研究提供了上百条实测数据。

7.4.1　高 g 值加速度信号测试实践

以模块化设计为基础，高 g 值加速度测试系统从第一代升级到第四代，功能、灵活性、可靠性在逐步提高。第一代测试系统以分离元件为主，存储器采用静态 RAM，电源采用一次性锂亚硫酰氯电池，系统配置国产 988 型压电加速度传感器，主要完成了素混凝土靶、钢筋混凝土靶的轴向侵彻过载测试；第二代测试系统以本研究室研制的专用集成电路（ASIC）HB0201 为主，具有采样频率和负延迟的固定可编程功能，存储器、电源和传感器与第一代相同，主要完成了各类混凝土靶及岩体的轴向侵彻过载测试；第三代测试系统以通用大规模可编程逻辑器件（CPLD）为主，具有采样频率和负延迟的任意可编程功能，存储器采用静态 RAM 和闪存 FLASH，电池采用可充电的固态聚合物锂电池，在组装时与记录模块灌封为一体，系统配置压电加速度传感器和 MEMS 压阻加速度传感器；第四代测试系统仍以通用大规模可编程逻辑器件（CPLD）为主，电源采用可充电的聚合物锂电池，存储器采用与静态 RAM 相同读写速度的非易失性存储器 FRAM，测试通道从单通道扩展为 4 通道，系统配置 MEMS 三维压阻传感器，系统整体外形如图 0-9（a）所示，图 7-45 为三维加速度传感器和四代测试仪记录模块。第四代测试系统由于具备了可编程、可充电功能，记录模块和电源被灌封为整体，可靠性得到了极大的提高，同时可满足斜侵彻测试的需求。

7.4.2　高 g 值加速度信号的处理原则

射弹高速碰撞侵彻过程测试的主要要求是得到高 g 值加速度信号的最大值和侵彻过程参数，本节将讨论这两方面的处理问题。

(a) (b)

图 7-45 第四代侵彻测试仪及配套压阻加速度传感器
(a)三维加速度传感器;(b)侵彻测试仪。

经大量实验表明,加速度传感器在大幅值毫秒级上升沿信号作用后,一般不产生零信号漂移。在大幅值微秒级上升沿作用后,可能产生零信号漂移,压阻传感器漂移较小,轴向加压型压电晶体传感器在微秒级上升沿作用后会产生很大的漂移。据 Endevco 公司高级工程师撰文称剪切作用原理的压电晶体传感器在高冲击作用下的零信号漂移很小,但由于美国政府禁止出口,本书作者未能付诸实验。本书作者认为压电晶体高 g 值加速度传感器在受到高冲击(微秒级)上升沿加压作用过程中传感器结构(质量块压缩晶体)未发生变化,直至上升沿峰值前输出的信号可沿用校准时得到的灵敏度系数;高冲击的下降沿是质量块对晶体压缩的释放过程,在高冲击下降沿的过程中由于传感器的“质量块—晶体—预紧螺栓或预紧筒—本体”的结构特性受到高冲击的激励而发生变化,发生了灵敏度系数与校准时的灵敏度系数之间的偏离,造成了零信号或正向或负向的漂移。

基于对高速撞击侵彻过程测试的要求和本书作者对测试信号零信号漂移的认识,提出高 g 值加速度信号的两条处理原则。

1. 峰值信号的提取

峰值信号的提取方法,按照本章 7.1 节及式(7-1)、式(7-2)及表 7-1,和 7.1 节所举出的 8 个例证处理,按照式(7-1)、式(7-2)进行滤波后得到加速度峰值及其处理误差,在此不再赘述。

2. 加速度过程的数据处理

加速度过程数据处理的目的是得到侵彻过程的动态参数:侵彻过程速度变化规律及侵彻深度。对经过峰值信号提取滤波后的加速度信号积分得到侵彻过程速度变化规律,再积分侵彻过程速度曲线得到侵彻深度值,为此必须进行零点漂移修正。侵彻过程速度变化规律必需符合侵彻开始前弹丸测速仪测得的速度(测速误差在千分之几每秒米范围),而侵彻深度必需符合侵彻后测量的实际侵彻深度(测量误差在毫米量级)。如果差异超过允许范围,则按照实测侵彻前速度和侵彻深度修正测试系统的加速度灵敏度系数,使之符合要求。

1) 零点漂移的修正原则

高 g 值加速度测试的典型数据曲线如图 7-46 所示,包括膛内发射、自由飞行和侵彻目标三个过程。衡量测试数据正确性的基本标准是三个阶段的速度要相等或保持在一定的误差范围内,即膛内发射加速度的积分速度、自由飞行阶段的平均速度和侵彻目标减加速度的积分速度(如果弹体穿透靶板,此项为减加速度的积分速度与剩余速度之和);同时还要保证两个位移的相符,即膛内发射阶段的积分位移和射弹在炮管中的行程一致、侵彻目标阶段的积分位移与射弹的侵彻深度一致。

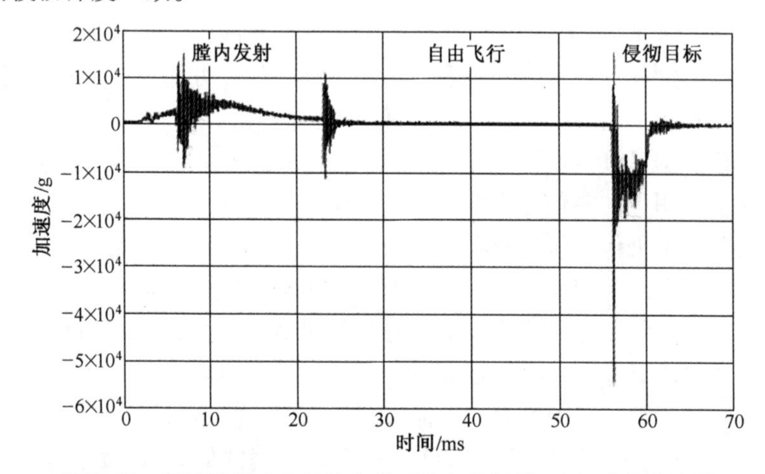

图 7-46 射弹侵彻硬目标的典型测试曲线(侵彻目标对应图 7-5)

在侵彻测试数据的处理时经常发现,加速度信号在侵彻过程结束后没有回到其初始的零线,即存在“零漂”,导致加速度信号的一次积分和二次积分分别与侵彻速度和侵彻深度不一致。文献[22-23]研究了高冲击测量过程中所应考虑的具体问题,指出零漂是高冲击测量过程中普遍存在的现象,与压电传感器相比,压阻加速度传感器在其损坏或退变之前几乎不存在零漂。文献[24]详细研究了压电加速度传感器零漂产生的原因,包括传感器敏感元件的过应力、传感器各部件的物理错动、基座应变等,其中由于过应力引起的敏感元件晶畴改变是压电传感器零漂的主要原因,且多晶体的铁电陶瓷比单晶体的石英在高冲击下更容易产生零漂。因此,丹麦 B&K 公司的 8309 型高 g 值压电加速度传感器采用了一种经特殊处理的压电材料 PZ45,可以经受非常高的动态应力而不产生零漂[25]。

ISO 5347—10 指出,当加速度信号中存在零漂时,可在冲击前的零点和冲击后的漂移零点之间画一条直线作为确定加速度量值的新的基线。这种计算方法的前提是假设从加速度信号一开始就产生了零漂,且这种漂移是按线性规律变化的,显然这种假设与压电传感器的零漂机理是不一致的。通过对压电加速度传感器的气体炮和霍普金森杆校准实验研究,结合文献[26]对压电材料的本质分析,可以得出高 g 值加速度传感器的零漂发生在峰值加速度之后。图7-47给出了校准的实测曲线,图中细实线为差动式激光多普勒干涉仪测得的信号,粗虚线为被校加速度传感器的输出信号。

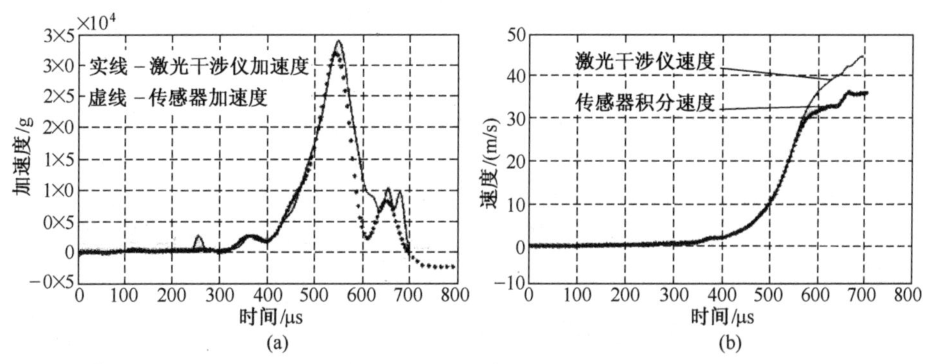

图 7-47　高 g 值加速度传感器校准曲线(含零漂)

(a)加速度曲线;(b)速度曲线。

从图中可以清楚地看出,加速度传感器的输出信号在峰值加速度之后出现了漂移,这种现象在积分速度曲线中表现得尤为明显。漂移最终导致了传感器两个特征参数的改变:一是归零特性,即在冲击过程结束后的零点漂移;二是冲击灵敏度,即在最大冲击载荷之后的传感器灵敏度改变。对于同一个压电加速度传感器,每次冲击过程中传感器敏感元件所历经的载荷和过应力是不同的,由此而引发的压电元件的晶畴改变也是不同的,因此这种漂移不可能通过校准来解决。

根据对高 g 值加速度传感器零漂机理的分析,结合对侵彻加速度信号的处理经验,总结如下。

高 g 值加速度测试信号零漂的处理原则:依据冲击前后高 g 值加速度传感器输出零点的漂移量,对实测加速度信号从峰值点开始进行线性归零修正,为避免峰值处出现不连续点,加速度信号的下降沿峰值点数值不变,终结点调整到冲击前的零点数值,整个下降沿过程数据按照终点和峰值的时间距离,线性调整,然后根据测速装置所获得的绝对速度对加速度传感器的灵敏度进行修正。

2)滤波截止频率的处理

峰值处理滤波是根据高速撞击过程信号的最高频率分量进行的,峰值处理滤波后的加速度信号还会包含一定的结构响应频率分量(非质点加速度或称刚体加速度信号)。这些结构响应频率分量是一种振荡信号,正负振幅呈相等的衰减振荡形式,在积分速度时不会影响积分结果,可以不予进一步考虑。

对实测的侵彻减加速度信号进行频谱分析发现,信号的频谱分量存在许多频谱峰值点,理论上讲这些峰值点应该和弹体与轴向振动相关的模态频率相对应。但由于实弹侵彻过程对弹体的约束条件比有限元模拟施加的边界约束更复杂,有很多是测试装置安装到弹体中发生的结构响应,无法在安装前预测。

通过对大量实测数据的分析,按照本章 7.1 节进行峰值滤波处理,已经能够满足侵彻过程处理的要求。

7.4.3 高 g 值加速度实测数据的处理实例

以图 7-48 所示射弹垂直侵彻高强度混凝土圆筒靶的实测加速度信号为例来说明侵彻加速度的处理方法。图 7-49 给出了高 g 值加速度测试系统记录到的该弹侵彻的全弹道加速度测试曲线。

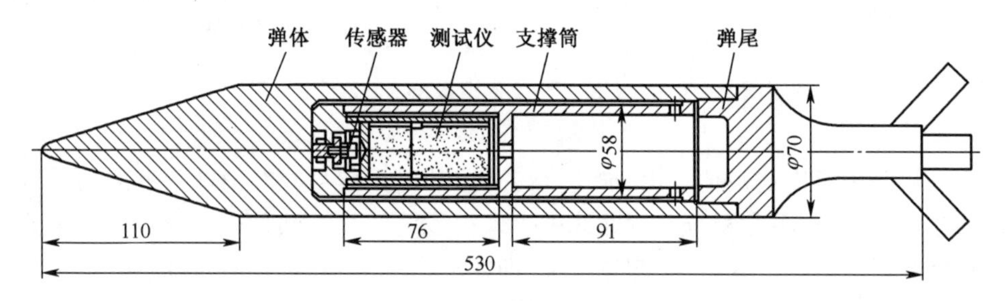

图 7-48 安装高 g 值加速度测试系统的试验弹

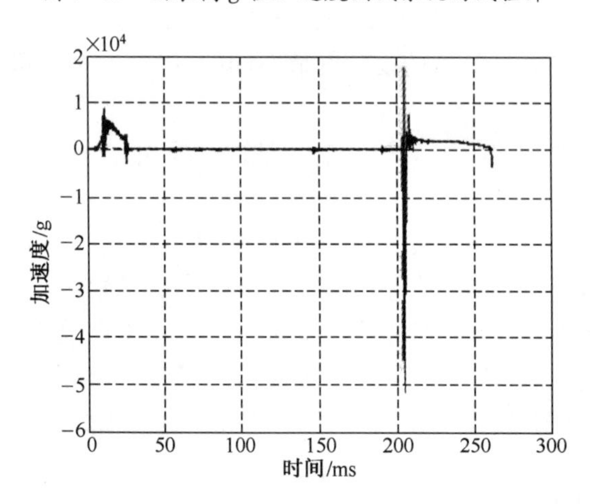

图 7-49 70mm 射弹垂直侵彻高强度混凝土圆筒靶的实测加速度曲线

图中，自由飞行阶段的时间 179.2ms，飞行距离 101.4m，射弹的平均速度 566m/s，而位于炮口处的通断靶测得的平均速度为 556m/s，两者相差 1.8%。

图 7-50 为图 7-49 所示曲线膛内发射部分的数据处理结果。

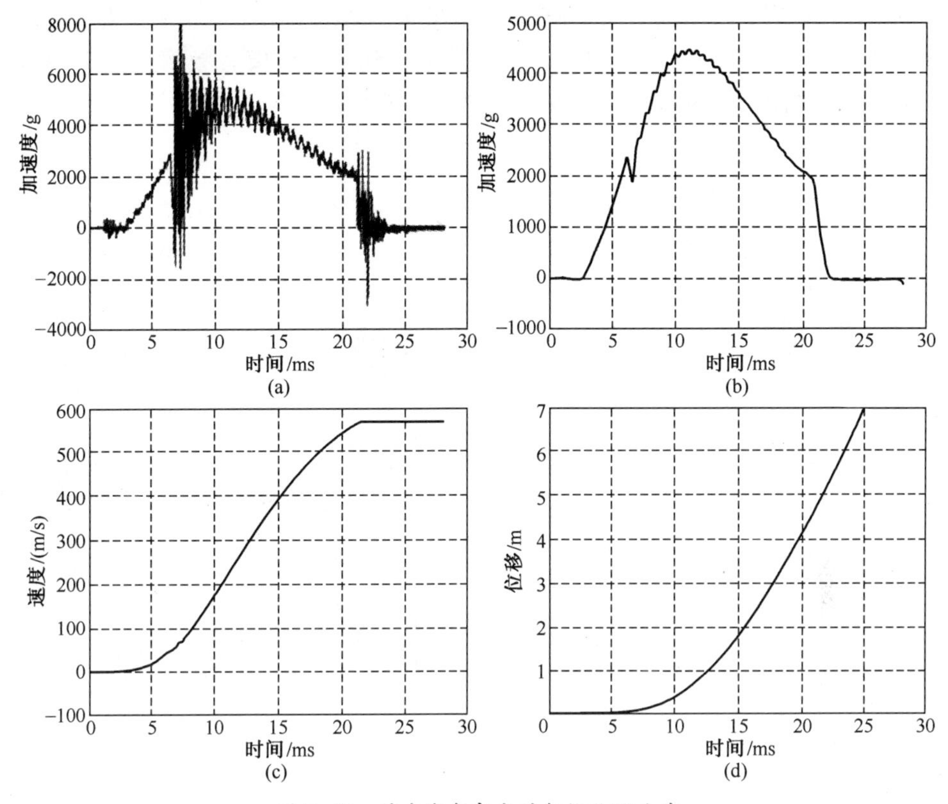

图 7-50　膛内发射部分的数据处理曲线

(a)膛内加速度曲线；(b)1.4kHz 滤波后的曲线；(c)积分速度曲线；(d)积分位移曲线。

由图 7-50(c)可知炮口速度为 569.1m/s，比通断靶测得的平均速度大 2.36%；由图 7-50(d)可知射弹出炮口时的位移为 4.83m，基本接近于射弹在膛内的行程 4.907m。

图 7-51 为图 7-49 所示曲线侵彻目标部分的数据处理结果。

从图 7-51(a)可以看出，加速度信号在侵彻过程结束后存在零漂，所以在对侵彻加速度信号进行处理时，依据高 g 值加速度测试信号的零漂处理原则，首先对该部分的数据进行了消除零漂的修正(本章所给出的侵彻加速度曲线都包含了同样的处理)，具体方法是依据侵彻前后加速度曲线的零点漂移量对实测加速度信号从峰值点开始进行归零校正，然后根据自由飞行段得到的平均速度对峰值点之后的加速度灵敏度进行修正，经修正后的加速度曲线如图 7-51(b)所示。

从图 7-51(a)可以看出,加速度信号包含有较高的频率分量,其频谱曲线如图 7-51(e)所示,曲线在 20kHz 附近有谐振峰。为了得到图 7-48 所示弹体在实际侵彻状态下的结构响应,建立了弹体在包括测试装置和铝压筒和不包括测试装置和铝压筒两种情况下的有限元模型,并取整个结构的四分之一进行分析,约束条件为弹体外表面上的对称约束。动态模拟得到的弹体模态频率见表 7-10,同时表中还给出了侵彻减加速度频谱曲线中各峰值点对应的频率分量。

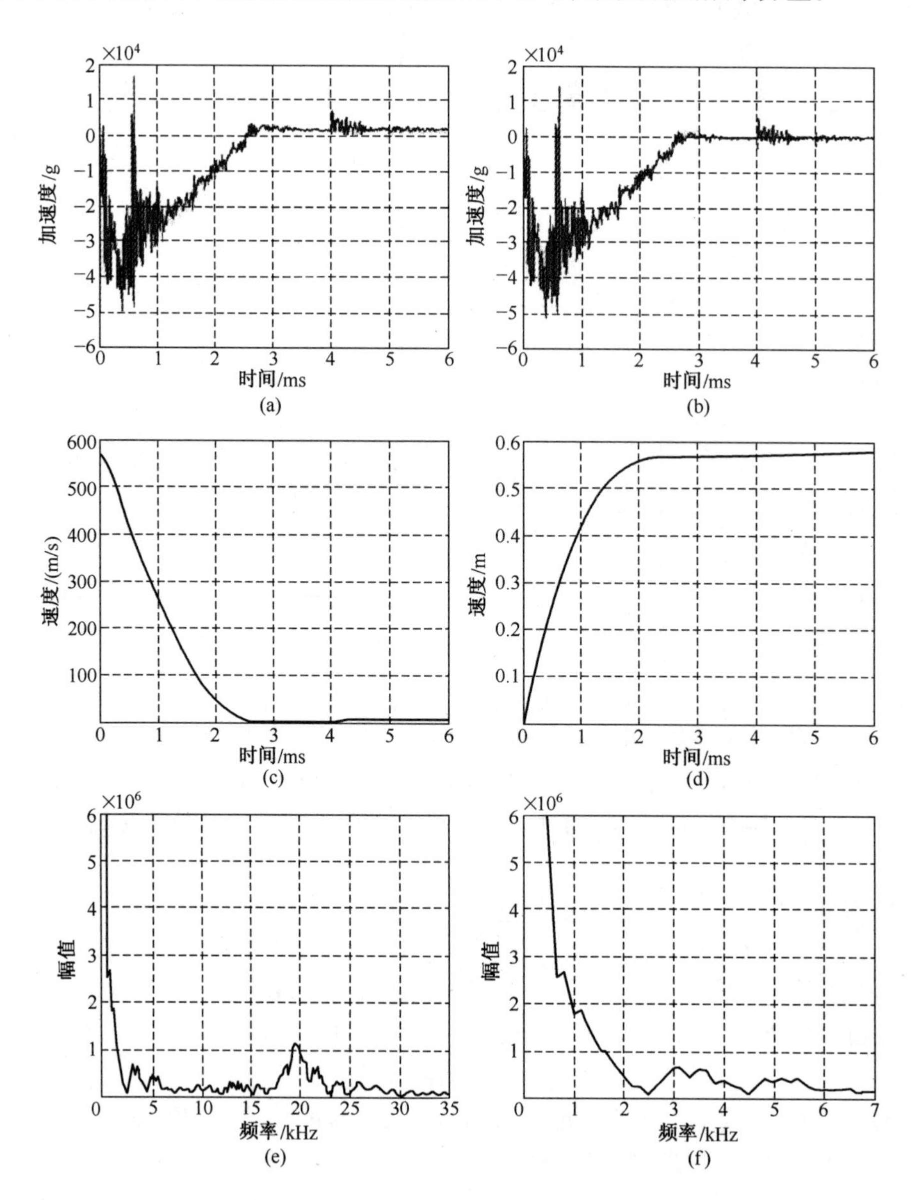

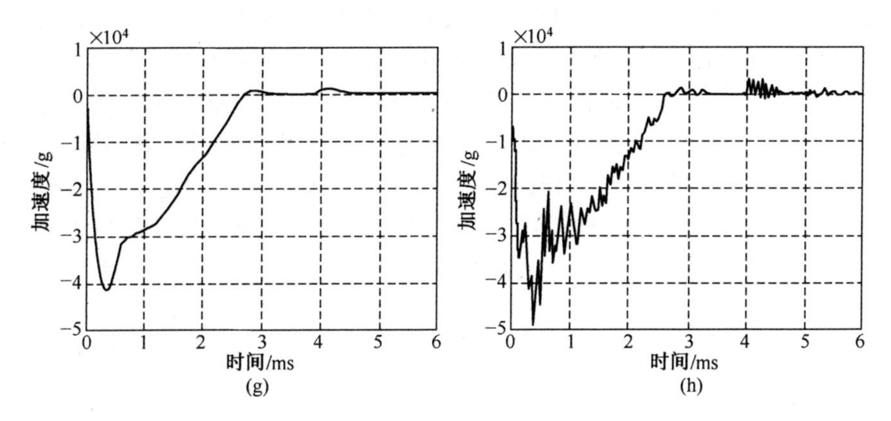

图 7-51　侵彻目标部分的数据处理曲线

(a)侵彻加速度曲线;(b)侵彻加速度修正曲线;(c)积分速度曲线;
(d)积分位移曲线;(e)加速度频谱曲线;(f)加速度频谱展开图;
(g)2.5kHz 滤波后的曲线;(h)17kHz 滤波后的曲线。

表 7-10　弹体结构模态频率与频谱峰值点频率的对照表

频率阶次	弹体模态频率/kHz		频谱峰值点频率/kHz
	含测试装置、支撑筒	不含测试装置、支撑筒	
1	4.531	4.614	3.2
2	6.106	6.090	5.2
3	6.933	6.887	6.5
4	7.656	8.408	7.7
5	8.478	10.015	8.7
6	8.824	10.556	—
7	9.932	13.200	9.7
8	10.621	15.937	—
9	12.219	16.009	11.0
10	12.529	18.813	—
…	…	…	…
23	22.003	—	20.0

从表中可以看出,实测信号频谱峰值所对应的各阶频率都小于弹体(包括测试装置和铝压筒)的各阶模态频率,这主要是由于侵彻过程中混凝土靶对弹体施加的约束较强,从而降低了弹体的结构响应。表中,实测信号的第 1 阶频率为 3.2kHz,对应的振型为轴向振动,对轴向加速度信号的影响最大。为了获得弹体的刚体加速度,可对测试信号以截止频率 2.5kHz 进行滤波,该频率为频

谱曲线的主瓣宽度,见图 7-51(f),滤波后的加速度曲线如图 7-51(g)所示。从图7-51(e)还可以看出,频谱曲线在 20kHz 附近有谐振峰(对应测试仪壳体的轴向振动),对测试信号以截止频率 17kHz 进行滤波后的曲线如图 7-51(h)所示,曲线含有一定的高频分量,其中主要是一阶模态振型(弹体的轴向振动),而二阶模态(弹体空腔部分的径向振动)及其以上振型对轴向加速度的影响很小。

经数值计算可知,对于本例在侵彻数据处理时所选择的无相位失真滤波器,其截止频率选择在 2. 5kHz 时基本不影响积分速度,当截止频率小于 2. 5kHz 时,积分速度会随着截止频率的降低而减小。另外需要注意的是,对于不同的滤波器,在保证滤波前后加速度信号的积分速度不变的条件下,其所对应的截止频率是不同的。

综合以上分析,按照原则,对图 7-51(b)所示的加速度信号进行滤波可以得到弹体的刚体加速度,加速度曲线经一次积分和二次积分得到的速度曲线和位移曲线如图 7-51(c)和(d)所示。积分速度为 566m/s,积分位移为 0. 563m,与实测得到的侵彻深度 0. 601m 相差 6. 3%。

参 考 文 献

[1] 张文栋. 存储测试系统的设计理论及其在导弹动态数据测试测试中的实现[D]. 北京:北京理工大学,1995.

[2] 朱明武. 建立兵器数据采集系统的若干问题. 通用采集处理平台技术在常规靶场的应用与发展研讨会论文集[C],2001.

[3] Zu J. New concept on dynamic measurement. Proceedings of the 5th International Symposium on Test and Measurement[C]. Shenzhen:2003, 1: 370-376.

[4] 祖静,张志杰,裴东兴,等. 新概念动态测试[J]. 测试技术学报,2004,18(1):1-6.

[5] 裴东兴. 新概念动态测试若干问题的研究[D]. 北京:北京理工大学, 2004.

[6] 李铮辉. 侵彻测试系统可靠性研究[D]. 太原:中北大学,2010.

[7] Burke Lw Jr,Irwin E S,Faulstich R J,et al. High-g power sources for U. S. army's hardened subminiature telemetry and sensor systems (HSTSS) program[R]、ARL-MR- 352. Albuquerque:Sandia National Labs, 1997: 1-23.

[8] Burke Lw,Irwin E S,Faulstich R J,et al. High-g power sources for the US army's HSTSS programme[J]. Journal of Power Sources, 1997, 65(2): 263-270.

[9] Coffey B,Hoge B,Malinovsky L. Lithium batteries for high G applications[A]. Pro- ceedings of the 38th Power Sources Conference [C]. Cherry Hill,1998: 139-142.

[10] Burke L W,Bukowski E,Newnham. C,et al. HSTSS battery development for missile & ballistic telemetry application[R]. ARL-MR-477. Aber- deen Proving Ground,Army Research Laboratory:2000: 1-15.

[11] 徐鹏. 高 g 值冲击测试及弹载存储测试装置本征特性研究[D]. 太原:中北大学,2005.

[12] 范锦彪. 高 g 值加速度参量的溯源性校准及高冲击测试技术研究[D]. 太原:中北大学,2010.

[13] 林祖森. 关于传感器校准误差问题的讨论[R]. 太原:中北大学,2007.

[14] ISO/IEC GUIDE 98-3:2008(E). Uncertainty of measurement - Part 3: Guide to the ex- pression of uncertainty in measurement (GUM:1995)[S]. Geneva:IX-ISO, 2008.

[15] ISO/IEC GUIDE 98-1:2009(E). Uncertainty to measurement - Part 3: Introduction to the expression of uncertainty in measurement (GUM:1995)[S]. Geneva:IX-ISO, 2009.

[16] GJB/J 2749-1996. 建立测量标准技术报告的编写要求[S]. 北京:中国人民解放军总装备部,1998.

[17] JJF 1059-1999. 测量不确定度的评定与表示[S]. 北京:国家质量技术监督局,1999.

[18] 费业泰. 误差理论与数据处理(第5版)[M]. 北京:机械工业出版社,2006.

[19] Type 5011B Charge Amplifier Instruction manual. Kistler Instrume AG Winterthur, CH-8408 Winterthur, 1997: 78-79.

[20] Brüel & Kjær Sound and Vibration Measurement A/S, Vibration Transducers and Signal Conditioning (Lecture note), BA7675-12, 1998

[21] 李玺. 窄脉冲校准系统研究[M]. 太原:中北大学, 2015.

[22] Chu A. Problems in high-shock measurement[R]. Endevco TP 308[C].

[23] Patterson J D. Measurement considerations in pyroshock measurements. Proceedings of the 44th International Instrumentation Symposium[C]. Reno, 1998: 364-372.

[24] Chu A. Zeroshift of piezoelectric accelerometer in pyroshock measurements[R]. Endevco TP 290[C]. Bulletin of the 57th Shock and Vibration, 1987: 71-80.

[25] Piezoelectric Accelerometers Product Data: BP0196-22. Brüel & Kjær Co. LTD, 2001.

[26] 杨大智. 智能材料与智能系统[M]. 天津:天津大学出版社,2000.

[27]王燕. 高 g 值冲击加速度信息获取关键技术研究 [D]. 太原:中北大学,2015.

第8章　战斗部爆炸冲击波及其毁伤参数测试技术

冲击波是研究爆炸问题所特别关注的现象,它是压力、密度等物理量的间断,对应着流体力学方程组中存在的间断解。冲击波也是弹药爆炸对人员、设备和防护结构产生损伤和破坏效应的主要因素之一,因此冲击波超压测试是爆轰物理实验的一个重要测试项目,其压力特征参数是评价炸药或武器爆炸威力的一个主要手段,在工程领域特别是军工领域有着重要的作用。

冲击波超压信号具有上升沿陡峭、带宽宽等特点,而且爆炸伴随着高温、强光、强冲击、强电磁脉冲等现象会引起测试系统输出异常,因此冲击波测试系统的动态特性的研究尤为重要。

战斗部对目标(如舰船、坦克装甲车辆、工事、掩体,等等)的毁伤作用经常是发生在爆炸近场范围内,其瞬间压力可达吉帕量级,作用时间在微秒量级,破坏力极大。如果爆源距离目标超过爆炸近场的范围,其破坏力则主要是冲击波超压的作用。本书第9章初步讨论了爆炸近场的测试技术问题,重点讨论冲击波信号测试系统动态特性、数据处理方法及测试系统的布局与布设等问题。舰船毁伤测试系统是最复杂的冲击波及毁伤作用测试系统,本章第8.5.3节举出这个系统作为冲击波及毁伤测试的示范系统。

8.1　空中爆炸冲击波传播特性[1,2]

爆炸是自然界经常发生的一种物理过程或物理化学过程。爆炸作用在军事上和经济建设中得到了广泛应用。爆炸作用的主要特征是:爆炸产生的高温、高压、高速产物对周围介质做功,在爆炸中心周围的介质中产生冲击波。这是造成破坏的直接原因。冲击波的三个主要参数为:超压峰值、正压作用时间和比冲量。冲击波的测量实质是对这三个参数的测量。

8.1.1　爆炸冲击波传播规律[1,3-6]

当炸药爆炸时,以极高的爆速(>7000m/s)形成爆炸产物,周围介质瞬间受到高温、高速、高压的爆炸产物作用，在空气中爆炸时爆炸产物以极高的速度向周围扩散，如同一个超声速活塞一样，强烈地压缩着邻层空气介质，使其压力、密度、温度突跃式地升高，形成初始冲击波。波阵面后压力分布如图 8-1 所示，图中 4 为爆心位置，中间是爆炸产物，属爆炸近场，最外面为空气冲击波波阵面 1，其压力最大为 p_m。波阵面后是压缩区 2，压力衰减很快。在压缩空气层的后面有一负压区 3，其压力低于未经扰动介质的压力 p_0。

空气冲击波波阵面超声速 D 的速度以球面的形式向各方运动，尾部以音速 C_0（C_0的值由初始状态确定）运动。由于 $D>C_0$，所以随着空气冲击波的传播，其正压区不断拉宽。冲击波在空气中传播的状况如图 8-2 所示，图中 t_1,t_2,t_3,t_4 分别表示爆炸后的不同时刻。爆炸冲击波传播距离越远（时间越长）其正压区迅速拉长，峰值迅速减小。

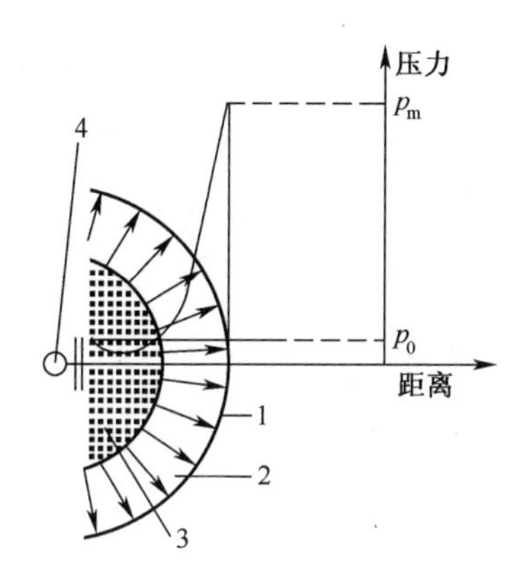

图 8-1　爆炸冲击波场中某一距离上的波阵面后压力分布示意图

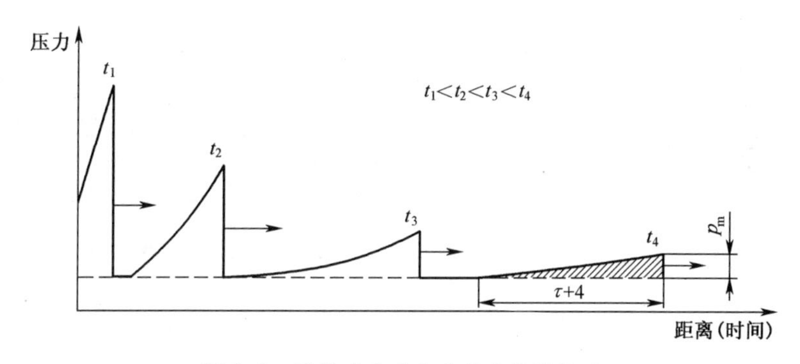

图 8-2　爆炸冲击波在空气中传播状况

当爆心距地面较近时称为近地爆炸。空气冲击波最早在爆心投影点地面发生正反射，也就是当炸药产生的入射波的阵面正好碰到地面时发生正反射。当入射波扩展到更大的尺寸时，入射角 α_0 逐渐增大，在地面发生斜反射。根据冲击波强度和入射角，斜反射又分为双波结构的规则反射和三波结构的非规则反射（又称马赫反射）。规则反射的图像，如图 8-3 所示。随着冲击波继续向外传播，当 α_0 大于极限角 $\alpha_{0极}$ 后进入非规则反射，一个为入射波，一个与地面垂直的合成波（又称马赫杆），再一个是与地面成一定角度的反射波，三个波会聚于一点（称三波点），三波点随着冲击波向外传播逐渐升高，这个非规则反射图像如图 8-4 所示。

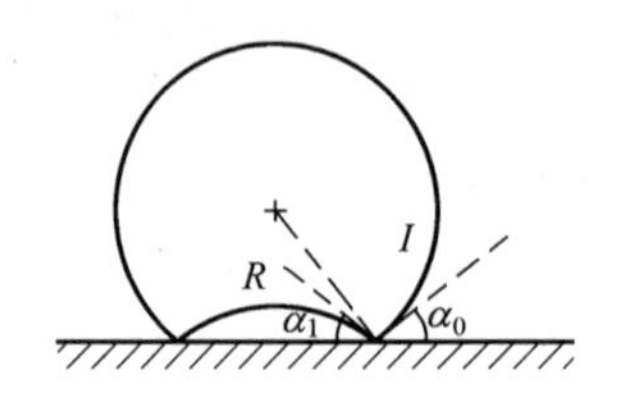

图 8-3 规则反射

I—入射波；R—反射波

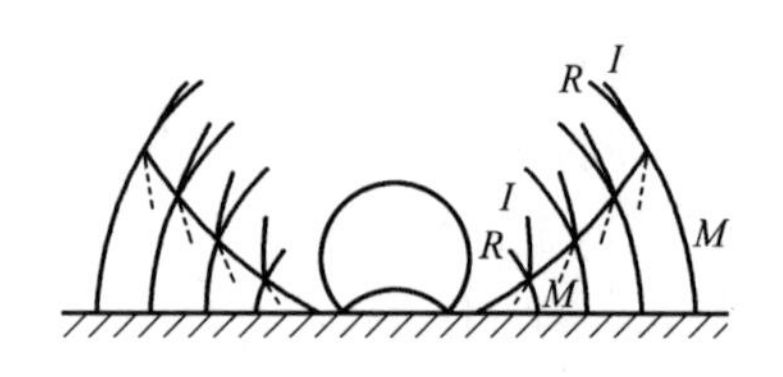

图 8-4 非规则反射

I—入射波；R—反射波；M—合成波（马赫波）。

据上面的分析，可以知道在各个位置所发生的情况，如图 8-5[7] 所示。

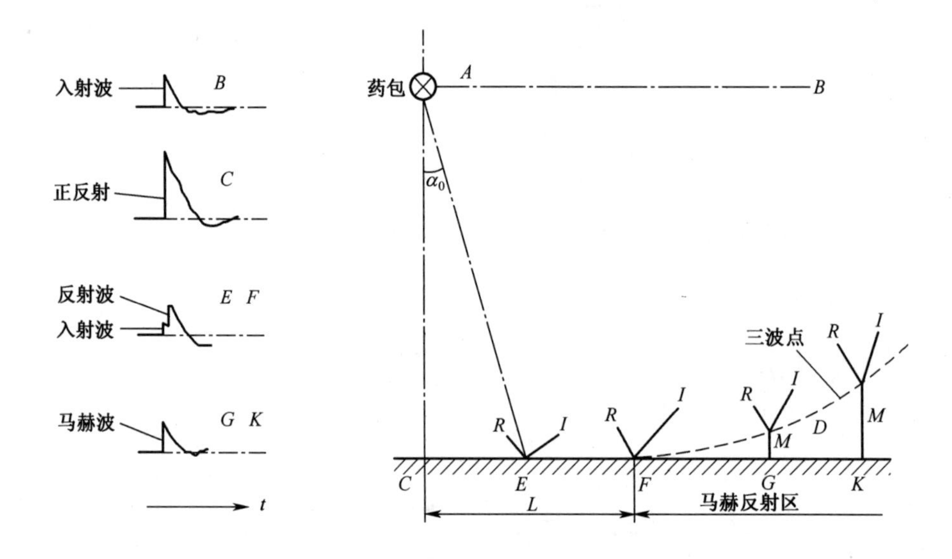

图 8-5 炸药在空中爆炸时不同位置的 P-t 曲线

I—入射波；R—反射波；M—合成波（马赫波）；

A、B、D—空中点；C、E、F、G、K—地面点。

图 8-5 中 A 点为爆炸近场，其瞬间压力可达吉帕级，持续时间为炸药爆轰波持续时间；B 位置放置的传感器在空气冲击波通过时没有任何反射，记录下

的 $p(t)$ 曲线(B)。地表 C、E、F、G、K 各点与爆炸中心构成不同的入射角 α_0。当 $\alpha_0=0$,产生正反射(C 点),这时记录的 $p(t)$ 曲线如(C)所示,反射压力要比(B)高出许多。图中 E 和 F 点由于入射波阵面 I 的 $\alpha_0<\alpha_{0极}$,只发生正规反射。反射压力与时间的关系如(E F)所示,第一个波峰是入射波的压力,第二个是正规反射波的压力。当 $\alpha_0>\alpha_{0极}$,如图中的 G 和 K 点处,产生马赫反射波,马赫波的 $p(t)$ 曲线如(G K)所示,反射压力比入射的高,马赫波与入射波及反射波在空间一点交会,称三波点,三波点以下是马赫波,称马赫杆。炸药在空中爆炸时,在地面上发生了各种反射的情况。如果空中 D 点与 B 点在同一垂直线上,D 点在马赫杆下方,冲击波为马赫波,D 点的 $p(t)$ 曲线与 G 点波形相同。

传感器与冲击波方向不同,所测的冲击波类型也有所不同。图 8-6 给出了传感器安装在激波管侧壁和端面时的安装方式,所测激波分别为掠入压和反射压,两者虽然波形相似,但峰值不同。

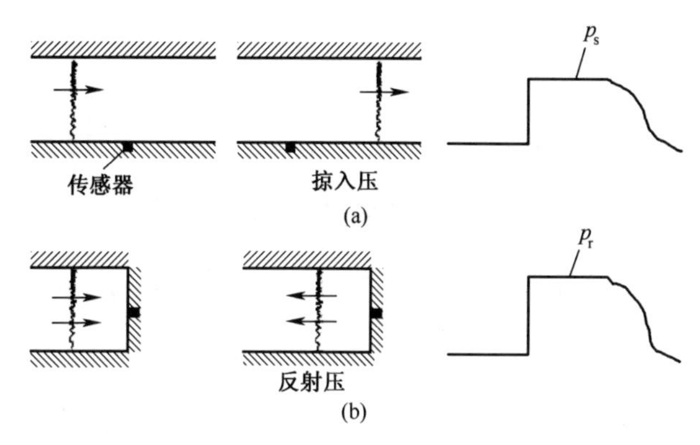

图 8-6　掠入压和反射压

(a)掠入压;(b)反射压。

掠入压是自由场冲击波波阵面及波阵面后的压力,该压力必须由垂直于冲击波传播方向而安装的传感器来测量,并且该传感器尽可能不对冲击波场造成扰动。反射压力是当冲击波冲击一个与冲击波传播方向相垂直的壁面后再以相反的方向返回所产生的压力,反射压力大于掠入式压力。

8.1.2　爆炸冲击波参数估计方法

爆炸中的相似性是以几何相似原理为基础的,与一般工程上所用的相似律类似。根据大量实验研究,空气中爆炸也存在着相似规律。冲击波的峰值、正压区作用时间、比冲量 3 个参数的计算公式都是通过量纲理论和相似原理得到自变量很少的函数,再由实验的方式确定函数的系数。炸药近地爆炸时相当于半无限空间爆炸,空中冲击波特性与无限空间爆炸冲击波的特性可视为一样的关系。

本节所列各点见图 8-5。

1. 冲击波超压峰值估计方法[6,8,9]

1）空中掠入超压（B 点）峰值的估算

目前计算无限空气中爆炸冲击波超压的经验公式有萨多夫斯基公式、亨利奇公式、布罗德公式等公式，式中都用到了比例距离

$$\bar{R}=\frac{r}{\sqrt[3]{\omega}} \quad \text{单位为 m/kg}^{1/3} \tag{8-1}$$

r 为离爆心的距离；ω 为装药量。

冲击波超压峰值与测试环境的大气压、温度也有着密切的关系，因此推荐采用 GJB6390.3—008《面杀伤导弹战斗部静爆威力试验方法》第 3 部分：《冲击波超压测试》所规定使用金尼-格雷厄姆公式

$$\frac{\Delta p_1}{p_{air}}=\frac{808\left[1+\left(\frac{f_d\bar{R}}{4.5}\right)^2\right]}{\sqrt{1+\left(\frac{f_d\bar{R}}{0.048}\right)^2}\sqrt{1+\left(\frac{f_d\bar{R}}{0.32}\right)^2}\sqrt{1+\left(\frac{f_d\bar{R}}{1.35}\right)^2}} \tag{8-2}$$

$$0.053\leqslant\bar{R}\leqslant 500$$

式中：f_d 为大气传输因子，$f_d=\sqrt[3]{\frac{p_{air}}{p_{0air}}\frac{T_{0air}}{T_{air}}}$；$p_{air}$ 为实验现场的大气压（kg/cm^2）；p_{0air} 为标准大气压，其值等于 1.03323kg/cm^2；T_{air} 为试验现场的大气温度（K），T_{0air} 为标准大气温度，其值等于 288.16（K）。

2）地面正反射超压（C 点）峰值的估算

$$\Delta P_2=2\Delta P_1+\frac{(K+1)\Delta P_1^2}{(K-1)\Delta P_1+2KP_0} \tag{8-3}$$

K—空气比热系数，一般取 1.4。

3）马赫反射超压（D 或 G 点）峰值的估算

$$\Delta P_M=\Delta P_1(1+\cos\alpha_0) \tag{8-4}$$

2. 冲击波正压区作用时间 τ_+ 估计方法[5,6]

空气冲击波正压区作用时间 τ_+ 是空气冲击波的另一个特征参数。它对目标的破坏起着重要的作用。如同确定 Δp 一样，它也是根据相似原理通过实验而得到的经验公式。

对 TNT 球形装药在空中爆炸时

$$\tau_+=1.5\times10^{-3}\cdot\sqrt{r}\cdot\sqrt[6]{\omega} \tag{8-5}$$

如果装药在地面爆炸,将 2ω 代入上式 ω 得:

$$\tau_+ = 1.7 \times 10^{-3} \cdot \sqrt{r} \cdot \sqrt[6]{\omega} \tag{8-6}$$

上两式中: r 为测点到爆心的距离(m); ω 为装药质量(kg)。

8.2 冲击波信号分析

8.2.1 信号分析

冲击波信号是一种在连续介质中传播的力学参量发生阶跃的扰动。冲击波波阵面前后的压力、粒子速度、密度、内能、熵和焓等力学和热力学参量发生突变,在连续介质气动力学中用冲击波关系式来确定波前参量和波后参量的关系。冲击波波阵面的空间厚度很薄,当波速为 3*Ma*(马赫)时只有 4 个分子自由程[2,10,11],时域宽度也只有 1.6ns(声速按文献[12]式(C1)计算)。由于空气的密度小,压强低,其冲击阻抗小,所以稀疏波反向传播,冲击波波后流动区域压力迅速下降。理想的冲击波如图 8-7 所示。

图 8-7 理想冲击波超压曲线

从图中可见冲击波信号具有如下特点:

(1) 上升沿陡峭。理论值为 1ns ~2ns,受传感器上升响应时间限制,实测的上升沿要远大于此值。以传感器 PCB113 为例,传感器的响应时间为 1μs,两者相差 1000 倍,所以理论上升时间可以忽略,传感器输出的上升时间为微秒量级。

(2) 超压峰值高。

(3) 正压作用时间 τ_+ 短。其值随药量和距爆心距离的增加而增大,一般在毫秒量级。

(4) 负压低,但作用时间长。最大值为真空状态,负压的积分面积应该略小于正压的积分面积。

(5) 压力衰减过程呈指数衰减。

冲击波超压随时间变化的规律 $\Delta P(t)$ 简单地可用下列指数函数描述[6]

$$\Delta P(t)=\Delta P e^{-at} \tag{8-7}$$

$\Delta P(t)$ 较为复杂的数学表达式为 Friedlander 表达式[6]

$$\Delta P(t)=\Delta P\left(1-\frac{t}{\tau_+}\right)e^{-\frac{bt}{\tau_+}} \tag{8-8}$$

上两式中:ΔP 为峰值压力;τ_+ 为正压作用时间;a,b 为衰减系数,是各种爆炸条件下的试验测定值。

当压力在 $1<\Delta P<3$ 大气压时

$$b=\frac{1}{2}+\Delta P\left[1.1-(0.13+0.20\Delta P)\frac{t}{\tau_+}\right] \tag{8-9}$$

当 $\Delta P\leqslant 1$ 大气压时

$$b=\frac{1}{2}+\Delta P \tag{8-10}$$

这时也可近似地用式(8-11)估算

$$\Delta P(t)=\Delta P\left(1-\frac{t}{\tau_+}\right) \tag{8-11}$$

当 $\Delta P>3$ 大气压时,$b=0.5$。

为了构建冲击波信号,将冲击波曲线分三部分:①爆炸前直线部分,幅值为0;②上升沿部分,取上升时间为 1μs,比例距离 $\overline{R}$ 按式(8-1)计算,峰值由式(8-2)计算,正压区时间由式(8-5)计算;③压力衰减部分,按式(8-8)计算。b 按式(8-9)、式(8-10)取值,观察两式会发现,b 随着 ΔP 的增大而增大,当 $\Delta P>3$ 个大气压时 b 取极限值 0.5。作者构建了 1kg TNT 距爆心 0.5m; 10kg、100kg、1000kg TNT 距爆心 5m 处的空中冲击波信号,其正压区曲线如图 8-8 所示,各冲击波的峰值和正压作用时间差别很大。

为了研究冲击波信号对采集记录系统工作带宽的要求,对构建的冲击波信号进行了频谱分析,4 条压力曲线的频谱如图 8-9 所示。在信号能量损失相同的情况下,冲击脉宽越窄,对测试系统带宽的要求就越高。以第 1 章讲述的 -72dB为信号最高频率分量判断,1000kg-5m 的超压曲线的频带为 100kHz 左右,100kg-5m 的超压曲线频带约为 200kHz,10kg-5m 的超压曲线频带约为 300kHz,1kg-0.5m 的超压曲线的频带在 1MHz 以上。从理论上讲,为构建适合于各种 TNT 当量炸药及各种距离测试都适用的智能传感单元,其有效带宽应在 1MHz 以上,采样频率应不低于 2MHz。

在构建理想系统时,应当是一个 0~1MHz 幅频特性平直的系统,但是由于目前商品传感器的一阶自振频率高于 1MHz 的产品很难得到,为滤除传感器自振对测试结果的影响,一般在传感器调理电路中加上高阶低通滤波器,能得到

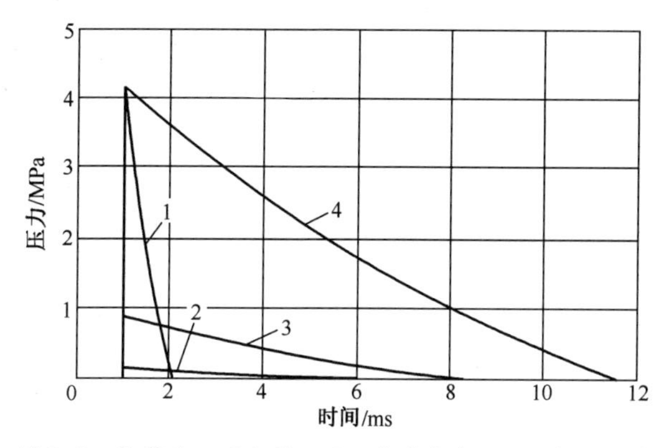

图 8-8 计算的不同当量不同距离冲击波正压区超压曲线

1—0.5m-1kg;2—5m-10kg;3—5m-100kg;4—5m-1000kg。

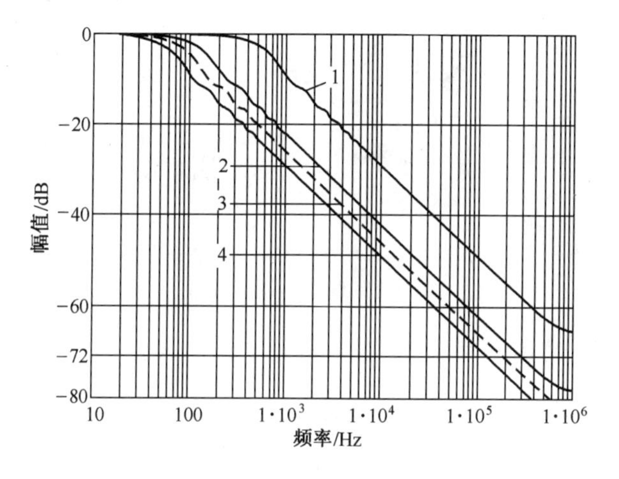

图 8-9 计算的冲击波超压信号的归一化幅频谱图

1—0.5m-1kg;2—5m-10kg;3—5m-100kg;4—5m-1000kg。

高达 300kHz 的理想系统已是不易。

必须强调指出，由于空气激波的波振面非常薄，从理论上讲波振面的持续时间为几个 ns，即使采用 100MHz 的采样频率，也无法保证采样点正好是波振面的峰值，因此直接从采样数据上准确判断爆炸冲击波的峰值压力是不可能的，必须采用适当的能得到公认的算法。

实测冲击波信号与理想冲击波信号有所不同。图 8-10 为 20kg 实弹质心高 1.5m，地面测试点距爆心水平距离 18m 单峰及 22m（双峰）的冲击波信号图；图 8-10 为图 8-11 的两条冲击波曲线的归一化幅频谱图。从图中可以看出，信号的最高频率分量达到 100kHz 以上。使用 ICP 传感器，低频特性较差。

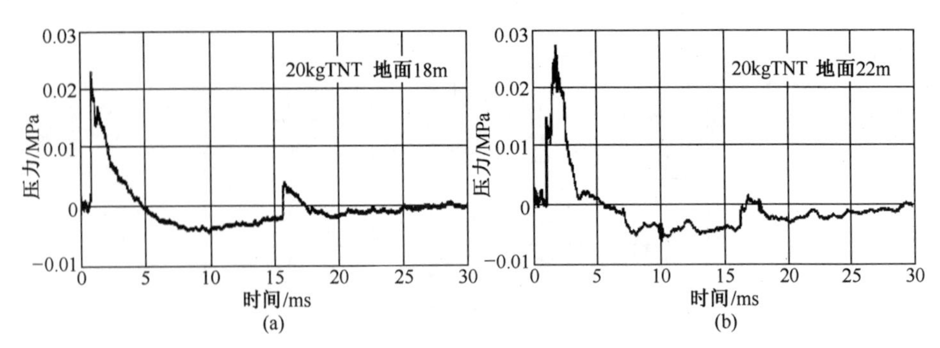

图 8-10 20kgTNT 地面不同距离实测冲击波曲线

(a)地面 18m;(b)地面 22m。

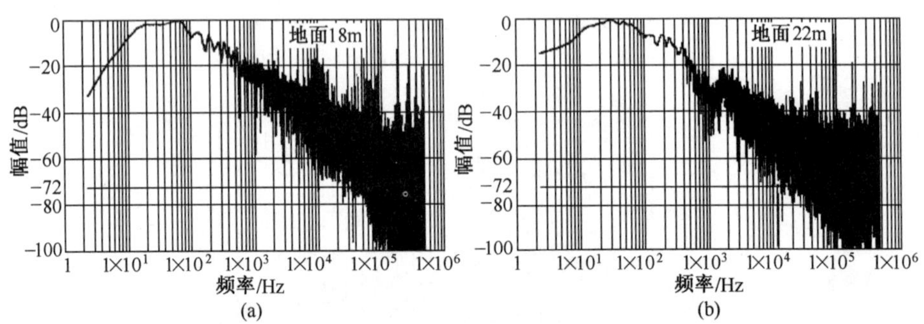

图 8-11 20kgTNT 地面不同距离实测冲击波曲线频谱图

(a)地面 18m;(b)地面 22m

8.2.2 测试系统所处环境分析

爆炸是突发性大量的能量释放,除压力急剧上升(冲击波)外,通常伴随发热、发光、破片、真空和电离等现象[13]。冲击波信号中的噪声也正是由破片、电磁干扰、爆炸光等因素引起的,下面对这些现象进行分析。

1. 高温

温度是燃烧和爆炸的重要参数之一,火药燃烧和炸药爆炸过程异常复杂、剧烈,火药在炮膛内燃爆过程,有几十毫秒;而爆炸过程在几个微秒的时间内完成,但爆炸所产生的火球的持续时间在毫秒甚至几十秒间[14]。关于火球的直径和持续时间可近似按公式计算。

$$D_{max} = 4.48\omega^{0.32} \tag{8-12}$$

$$t_c = 0.25\omega^{0.32} \tag{8-13}$$

式中:D_{max} 火球最大直径(m);t_c 火球持续时间(s);ω 爆炸物质量(kg)。

实际爆炸时由于炸药种类、装填系数、添加物的不同,火球直径和持续时间与计算值略有不同。图 8-12 为实拍的 50kg TNT 爆炸时的火球照片,火球直径为 14.12m。

图 8-12 50kgTNT 爆炸时火球

2. 炸药爆炸中的电磁现象

电磁脉冲产生机理:在地表上空高度很低的爆炸产生的进入地下的 γ 射线,在很短距离内,最多几米处即被吸收。于是在空中遍及相当大的距离上有相当强的康普顿电流,在地下却没有。这样在空气中形成一个半球分布的康普顿电流。但大地与空气相比是个良导体,因此,传导电子流不是沿径向向内流动,而是将部分地流向并进入地下,如图 8-13 所示。于是形成了康普顿电子在空气中向外流动,传导电子在空气中和地下返回电流回路。这些电流回路产生磁场,磁场强度在地表面最大,它围绕爆炸点作水平的右旋运动。在地面附近电场是倾斜的,结果是大体上和地面垂直;同时电场方向指向上方,以维持传导电子进入地下[15]。

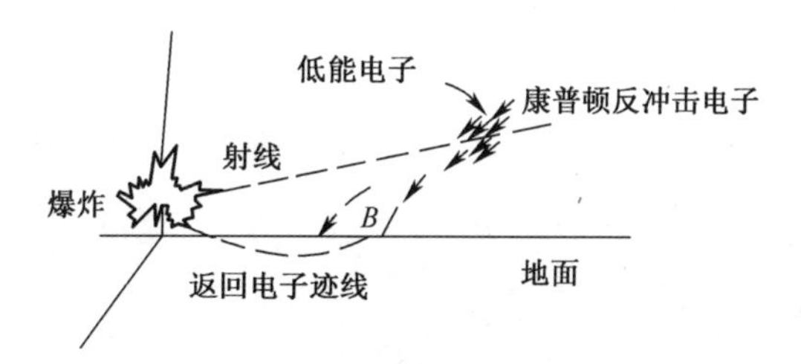

图 8-13 爆炸时产生的康普顿电流示意图

奥尔连科主编的《爆炸物理学》[2]指出,40g 的 TNT 装药爆炸所产生的电磁而是脉冲在距离装药轴线 2m 处最高电场强度 $E_m \approx 1500\text{V/m}$,脉冲的总持续时间 $\tau \approx 50\text{ms}$ 。电磁脉冲常常和测试装置或仪器整体结构相互作用,使整个系统变成一个整体受电磁脉冲作用的天线。电磁脉冲可使敏感的元器件烧坏。例如晶体管只要 10^{-5}J 就能烧坏;内存的存储信息只要 10^{-9}J 就能被抹掉。再如电缆,受到电磁脉冲作用后,它的绝缘材料外皮可能被击穿,造成短路[16]。电子器件物理性毁伤很少,通常情况下主要表现在使系统信号错乱或短暂性工作中断,损伤模式属于工作失灵,重启后系统都能恢复正常工作。电磁脉冲会在集成电路引脚上产生干扰信号,导致单片机重启动、死机、通信出错等。所以在冲击波超压测试系统设计时要考虑屏蔽、滤波和接地来消除电磁脉冲的影响[17]。

新概念动态测试技术中采用智能传感单元,将传感器、调理电路、瞬态波形记录仪、光纤或光隔离器件集成组装在一个完全屏蔽的坚硬壳体内,可以有效地屏蔽掉爆炸产生的电磁噪声。

3. 破片

破片通常是金属壳体在内部炸药装药爆炸作用下猝然解体而产生的一种毁伤组件,目前大部份为预置于弹内的各种形状大量的预置破片,它作为一种毁伤组件,其主要作用在于以其质量高速撞击和击穿有生目标,如人员、飞机和车辆等,并有可能在目标内产生引燃和引爆效应。对于超压测试者来说要从 4 个方面考虑破片的作用:①破片击穿包括传感器在内的测试系统(智能传感单元),导致系统物理性损害;②小的破片击中传感器安装部件,引起系统的谐振,完全掩盖冲击波超压信号;③造成人员伤害、设备的破坏;④一般破片的飞行速度大于空气激波传播的速度,即破片的作用发生在爆炸冲击波信号之前,破片形状复杂,超声速飞行时产生很强的不规则的激波,如果小型破片或土粒撞击到智能传感单元及其安装体上,会引起异常的振荡输出,故破片作用的信号可能是振荡(频率较低)及破片的不规则激波的混合作用。

在某些厚壳弹爆炸时近场破片的杀伤威力很大,大大降低了冲击波测试的信号捕获率。图 8-14 为 200kg 装药 20mm 钢壳爆炸时的破片及被破坏的结构照片。在带壳弹药现场试验时必须按照军标要求布设破片防护杆;为保证有效数据的数量,要适当增加测点。

(a) (b) (c)

图 8-14 破片及受损机械结构照片

(a)破片;(b)被打断的保护杆;(c)打坏的传感单元安装板。

图 8-15(a)为国产 8052C 传感器在试验中所测冲击波超压滤波前信号曲线[18]。可见冲击波信号完全被振荡信号所淹没,经过低通滤波是可以得到冲击波信号,但滤波同样会消弱冲击波信号的峰值,用小波分析的方法会更好。图 8-15(b)中 12ms 前是破片冲击波及撞击智能传感单元的振动信号,12ms 后是爆炸冲击波信号。

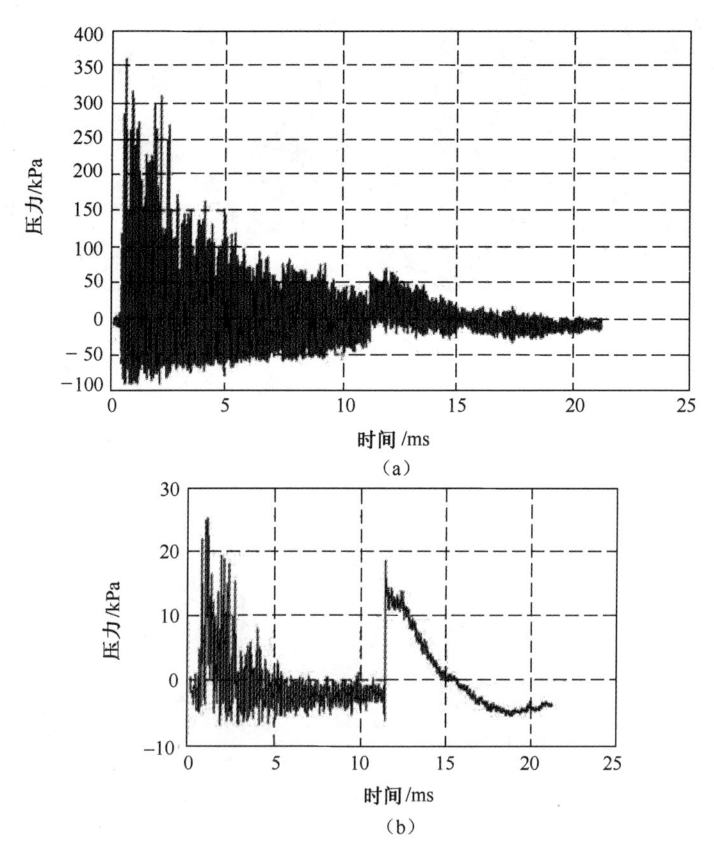

图 8-15　被击中的智能传感单元所测超压曲线及滤波后
(a)超压曲线;(b)滤波后超压曲线。

4. 爆炸光

爆炸可以产生非常强的闪光,图 8-16 为 1kgTNT 爆炸时的高速录像的图像,持续时间为 1/30000s。

在冲击波测试时爆炸产生的圆弧状闪光对光敏感的压力传感器来说成为主要的干扰源。

美国 ENDEVCO 公司的压阻传感器 8530B-500 闪光响应的性能指表为 10psi,相当于量程的 2%,但在 50kg TNT 为爆炸源的爆炸冲击波实际测试中闪光响应远超此值。图 8-17 是三只距爆心分别为 4m、8m、12m 传感器所测超压曲线。爆炸时刻为 0.004s,4m 处传感器闪光响应输出直接造成负向截幅导致测试失败。8m 和 12m 处的光电信号和压力信号混迭在一起,只能给出瞬间最大压力值,却无法准确给出冲击波的两个重要参数:比冲量和持续时间。距爆心越近闪光响应输出越强[19]。

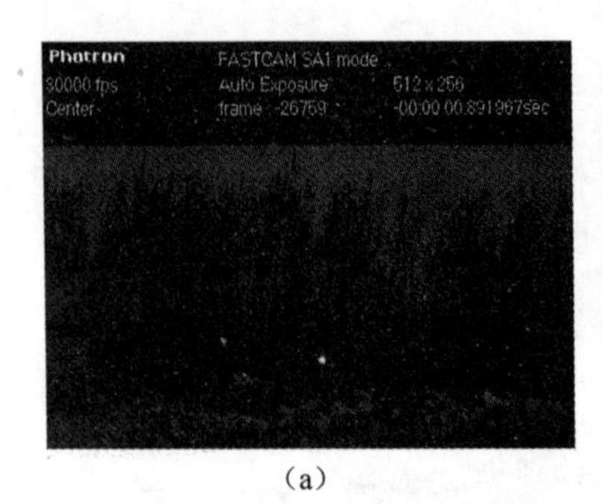

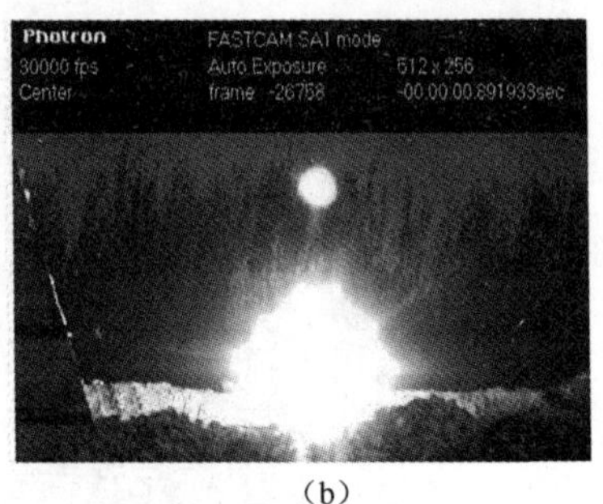

(a) (b)

图 8-16 1kgTNT 爆炸高速录像提取

(a)第一帧;(b)第二帧。

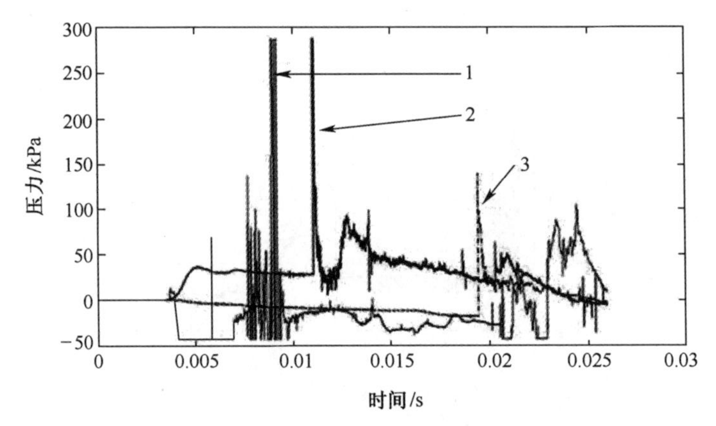

图 8-17 光敏效应明显的压阻传感器冲击波超压曲线

1—距爆心 4 米处超压曲线;2—距爆心 8 米处超压曲线;3—距爆心 12 米处超压曲线。

8.2.3 冲击波超压测试的相关国军标

美国在 1981 年公布了标准 DRSTE-RP-702-103《美国陆军试验与鉴定司令部试验操作规程:空气冲击波超压的电测方法》对冲击波测试的相关内容作了详细的规定,尤其对各类传感器的安装和保护、数据的处理都有描述。我国多个国军标对超压测试系统的传感器、采样频率、分辨率及传感器布置等参数作了规定,但略有不同。国军标代号、名称及编号如表 8-1 所示,内容如表 8-2 所示。

表 8-1 国军标代号和名称对应表

编号	代号	名称
1	GJB20013-1991	爆炸空气冲击波荷载术语

(表)

编号	代号	名称
2	GJB5496. 10-2005	航空炸弹试验方法第 10 部分:地面性能试验冲击波超压值
3	GJB5212-2004	云爆弹定型试验规程(对保护装置有详细的说明)
4	GJB5412-2005	燃料空气炸药(FAE)类弹种爆炸参数测试及爆炸威力评估方法
5	GJB349. 28-90	常规兵器定型试验方法炮口冲击波超压测试
6	GJBz20129-3	平面装药爆炸模拟核爆炸空气冲击波试验规程
7	GJB6390. 3-2008	面杀伤导弹战斗部静爆威力试验方法第 3 部分:冲击波超压测试
8	GJB5232. 4-2003	战术导弹战斗部靶场试验方法　第 4 部分:静爆试验冲击波超压和比冲量测试

表 8-2　国军标对冲击波测试的要求

	编号	2	3	4	5	6	7	8
传感器	非线性/%			0. 5	3	1	1. 5	1. 5
	上升时间/μs			<5	<20		<4	≤4
	固有频率/ kHz	>100		200~500	>75	>150	>200	≥300
适配器	带宽 /kHz	100	300		40	100	100	100
采集系统	采样频率/kHz			1000	200	500	1000	1000
	分辨率/位			8	8		8	12

国军标对传感器的非线性、固有频率、上升时间和适配器的带宽及采集系统的采样频率、分辨率作了规定,但差异较大。不同的弹种在冲击波测试时的布设要求有很大的不同,测试时要根据不同的国军标的具体要求进行传感器的布置,但测点不应少于 3 个。数据的处理包括将测试数据核算为标准条件、同一径向距离上超压的统计、TNT 当量的换算。其中 GJB6390. 3-2008 详细描述了自由场压力传感器和地面压力传感器测量计算冲击波 TNT 当量及异常数据的判别的方法,从而计算出战斗部爆破威力。对于标定的要求,GJB5496. 10-2005 要求进行静态标定,GJB5412-2005 和 GJB6390. 3-2008 要求进行现场的 TNT 标定,而 GJB349. 28-90 要求进行激波管动态标定和炸药标定,此项要求与美国标准 DRSTE-RP-702-103 相同。

应当指出,根据第 8. 2. 1 节的分析,国军标对传感器、适配器及采集系统的要求对于准确获取爆炸冲击波信号来说,是偏低了。这可能和当时的仪器制造技术水准有关。

8.3 冲击波测试系统动态特性设计

信号与数据在测试系统中的流向如图 8-18 所示。根据本书第 1 章论述的动态设计原理,在图 8-18 中 A/D 模块以前的三个模块(传感器、适配器、抗混叠低通滤波器)决定了智能传感单元的动态特性,本节只叙述用于爆炸冲击波测试的智能传感单元的这三个模块的选用原则和设计原理。

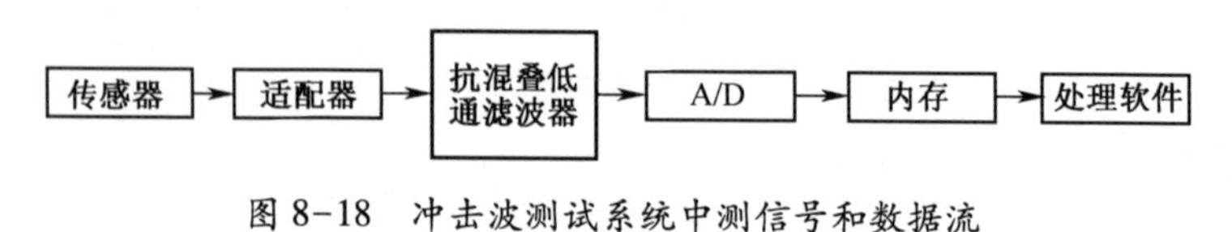

图 8-18　冲击波测试系统中测信号和数据流

8.3.1 传感器的静、动态特性及选择原则

传感器是冲击波测量系统的一个最重要部件。理想的冲击波压力传感器应具备如下特点:①频率响应足够大,能可靠地反映压力的所有细微变化;②尺寸无限小,对爆炸冲击波的瞬变流场不产生扰动;③只对所要测的压力特性敏感,对无关的信号如加速度、电磁、光等环境因子不敏感;④对被测量有大的灵敏度系数;⑤对极小或极大的输入信号都有线性响应;⑥极好的稳定性,最好只需校准一次等。实际的传感器远远达不到以上性能,在选择传感器时必须在这些性能之间作很多的折衷。

传感器制造厂家对该厂出产的某型号传感器给出了一系列技术指标,以 Endevco 8530B-1000 为例,有灵敏度、非线性、非重复性、压力回滞、0 信号输出、3 倍量程后的零信号输出、温度零点漂移、温度灵敏度漂移、谐振频率、热冲击响应、闪光响应、预热时间、加速度灵敏度、爆裂压力、壳体能承受压力等 15 项指标。Edevco 公司是给出技术指标项目最全的一家公司。这些技术指标中,大部分是用于静态特性设计时需要考虑的指标,包括线性度、灵敏度、迟滞、重复性等。多数冲击波压力传感器厂家会给出灵敏度和非线性及谐振频率这三项指标。

对于爆炸冲击波测试系统的动态特性研究和设计来说,最关键的是其中谐振频率及闪光响应两项。关于爆炸时发生的非常强烈的闪光现象,对于离爆点近的反射压测试的压阻式传感器来说,影响很大,关于这方面的问题,杜红棉的博士学位论文中有比较详尽的研究[20],也可以采取一些必要的减小其影响的措施,例如在智能传感单元前按照军标要求放置屏蔽弹片的保护杆,就可以挡住爆炸光。

1. 传感器动态特性指标

压力传感器的动态特性一般简化为单自由度二阶线性系统(典型质量-弹簧系统)的模型。传感器的动态特性可用时域特性和频域特性表述。计量标准《JJG624—89 压力传感器动态校准试行检定规程》规定了动态指标包括以下内容。时域特性是压力传感器受阶跃压力激励时,其响应输出随时间变化的规律,通常为欠阻尼二阶系统的阶跃响应。

1) 时域特性指标

(1) 上升时间 t_r :输出从某一个小值(例如只是稳态的 5%或者 10%)达到稳态值的 90%或 100%所需时间。

(2) 阻尼比 ζ :能量耗损特性,阻尼比是实际阻尼与临界阻尼之比。

(3) 自振频率 ω_d :又称有阻尼的固有频率,它是表达压力传感器被阶跃压力激励时,在输出响应中所产生的自由振荡频率。自由振荡频率用单位时间内的振荡波数来表示,可按式 8-14 计算

$$\omega_d = 2\pi N/t \tag{8-14}$$

式中:t 为 N 个振荡波所需的时间。

对于二阶线性系统的压力传感器,自振频率 ω_d 和谐振频率 ω_n 的关系是

$$\omega_d = [(1 - \zeta^2)^{1/2}]\ \omega_n \tag{8-15}$$

(4) 过冲量 σ :也称作超调量,输出量的最大值减去稳态值,与稳态值之比的百分数。当阻尼比小于 1 时,可用式(8-16)计算过冲量。

$$\sigma = 100\mathrm{e}^{-\left(\frac{\pi\zeta}{\sqrt{1-\zeta^2}}\right)} \tag{8-16}$$

$$\sigma = [(p_{\max} - \bar{p})/\bar{p}] \times 100\% \tag{8-17}$$

过冲量 σ 与输入信号的上升时间 t_r 有关,输入信号上升时间越短,过冲量越大。压力传感器并不是一定要在输入信号激起传感器自振时才会产生过冲,只要阻尼比小于 0.1,在输入阶跃信号作用下,传感器输出都会有过冲。当输入信号上升时间小于 $0.02\pi/\omega_d$ 时,传感器输出响应过冲量就只受传感器自身特性影响而与输入信号无关。实际上,此时输入信号足以完全激励起压力传感器的自振,压力传感器产生的过冲不会因为输入信号的变化而发生变化。所以,当输入信号上升时间小于 $0.02\pi/\omega_d$ 时,用激波管动态压力标准装置测得的过冲量可以在实际压力测量中使用。

(5) 建立时间 t_s :在阶跃响应中输出值与稳定值的差不大于±5%时所需时间。建立时间可以按式(8-18)计算:

$$t_s = 3[(1 - \zeta^2)^{1/2}]/(\zeta\omega_d) \tag{8-18}$$

(6) 灵敏度 K'' :它是压力传感器的输出量与输入量的比值。在式(8-19)中,常数 K'' 就是表征零频时的灵敏度,也称静态灵敏度。被阶跃压力激励时,

压力传感器的灵敏度 K'' 通常称为动态灵敏度。可以按式(8-19)计算:

$$K'' = \bar{V}/\Delta P \tag{8-19}$$

2) 频率特性指标

传感器的谐振频率在测试系统动态设计中是最主要的考虑因素,现代用于测量爆炸冲击波用的传感器的阻尼系数 ζ 一般都很小,生产厂家一般都没有给出,根据笔者的经验,一般动态测试用的传感器都有 $\zeta \leqslant 0.01$ 的特性,本书第 1 章图 1-7 就是按照二阶系统理论取 $\zeta = 0.005$ 计算出来的 Kistler6213 的幅频特性,本章图 8-21 是用激波管校准数据直接 FFT 变换计算出来的幅频特性,图 8-22 是激波管校准后用建模法计算出来的幅频特性。由 3 个图中都可以看出,如果在图 8-18 中前三个模块的输出中包含较大的传感器谐振频率信号(内部噪声信号)将对测量结果带来很大的误差,而在数据处理时加以深度滤波去除这个噪声信号将对冲击波信号造成很大的畸变。为便于在信号调理电路(包括图 8-18 中的适配电路模块和反混叠低通滤波器模块)尽可能减小传感器谐振频率的影响,对于爆炸冲击波测试应当选用谐振频率尽可能高的传感器。

许多科学著作中采用通频带 ω_b (在对数幅频特性曲线上衰减 3dB 时对应的频率——半功率点)作为传感器的频率特性指标,还有较实用的工作频带 ω_g,采用幅值误差为±5%或±10%的工作频带 ω_{g1} 和 ω_{g2}。这些概括性的频率特性指标不能给出完整的频率特性曲线,不便于如本书第 1 章所述的估计频率域的不确定度。

2. 现有传感器的特性

目前可应用于冲击波超压测试的传感器种类繁多,国外主要有 PCB、ENDEVCO、Kistler 等 3 家公司,国内也有多家公司生产。

为了研究常用传感器的动态特性,选取了国内外 6 种常用冲击波壁面传感器用激波管做校准实验,这些传感器为江苏联能电子有限公司压电式 CY-CD-205(谐振频率≥100kHz),PCB 公司压电式 113A(谐振频率≥500kHz)、ICP 型 113A22(谐振频率≥500kHz),ENDEVCO 公司压阻式 8530B-1000(谐振频率≥1MHz),Kistler6215(谐振频率≥240kHz)[21]。传感器的实物如图 8-19 所示。4 种压电式传感器的二次仪表为 Kistler5011 电荷放大器,3dB 带宽为 200kHz。

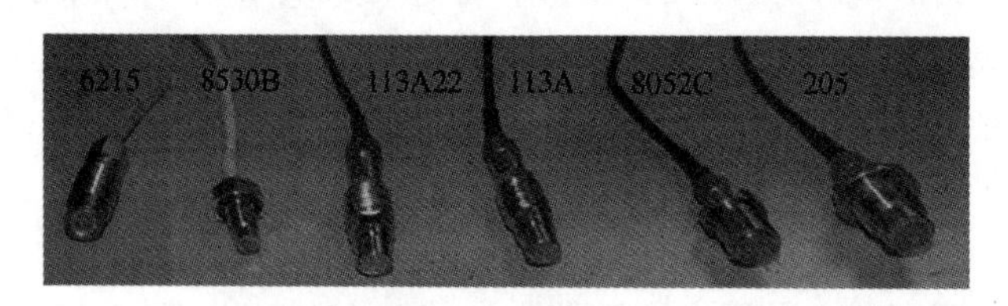

图 8-19 几种常用的壁面安装的传感器的实物图

1）激波管校准结果

传感器安装在激波管端面，测其反射压。压阻式传感器的二次仪表为ENDEVCO136电压放大器，3dB带宽为100kHz。记录仪为Agilent 54832高速数字存储示波器。ICP传感器适配电路为自制，供电电压22V，恒流电流为5.6mA。记录仪为小型专用存储式记录仪。实验中每个传感器进行了平台值0.2MPa至3MPa之间的多个不同压力值的多次激励，其动态重复性都很好。图8-20为其各传感器归一化后阶跃响应曲线，由阶跃响应曲线可以得出带阻尼的谐振频率 ω_d 和阻尼系数 ζ，进而得出谐振频率 ω_n。

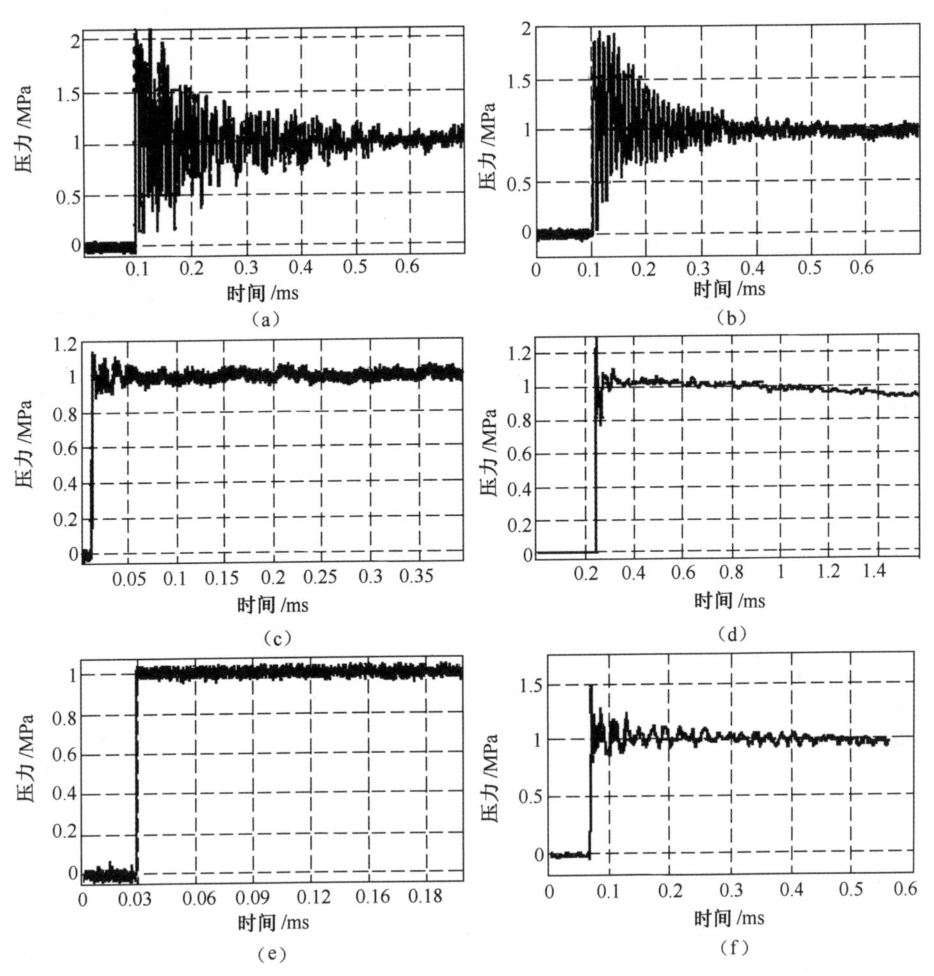

图8-20　6种常用冲击波压力传感器的阶跃响应曲线

(a)8052c；(b)CY-CD-205；(c)PCB113A；(d)PCB113A22；(e)Endevco 8530B-1000；(f)Kistler 6215。

表8-3为各传感器激波管动态校准所测过冲和上升时间测试结果[21]。

表 8-3　上升时间和超调量测试结果

指标 / 传感器	t_r	σ
绵阳奇石缘 8052C	4.5μs	108%
江苏联能 CY-CD-205	4.7μs	89%
PCB 113A	2.3μs	14%
PCB 113A22	4μs	27%
ENEDVCO 8530B	1.5μs	4%
Kistler 6215	15μs	43%

传感器的上升时间基本在微秒量级。超调量大小不均，最大为 108%，8052C 和 CY-CD-205 两只传感器有明显非规则衰减振荡，振荡频率分别为 125.52kHz 和 105.45kHz。Kistler6215 也有振荡，但不太规则。Kistler6215 传感器是用于 600MPa 测试的高量程传感器，不宜用于爆炸冲击波测试。

2）系统频率特性的求解

由被校准系统输入和输出信号的离散采样值，用快速傅立叶变换(FFT)算法计算可得系统频率特性，但这种方式所得特性曲线不够光滑，图 8-21 为将系统输入输出 FFT 变换后相除所得系统幅频特性，显得毛糙和不规则。

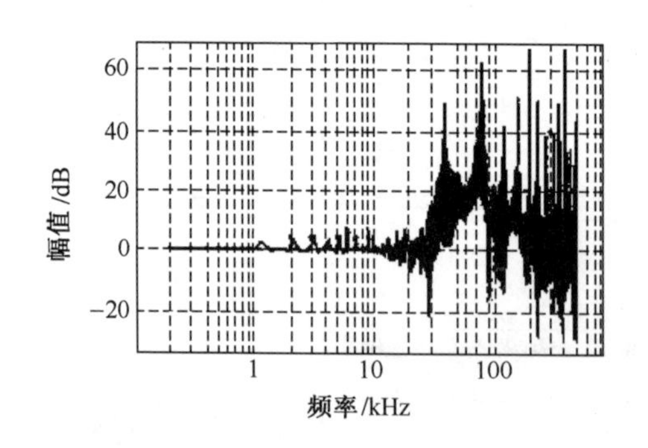

图 8-21　直接 FFT 得到的传感器幅频特性

研究冲击波测试系统的动态特性的另一种方法是建模法，对测试系统进行动态校准，根据动态校准实验结果进行数据处理，建立全面描述测试系统动态特性的动态数学模型。图 8-22 为用时间域建模方法建立的动态数学模型计算的幅频特性，模型计算的频率特性曲线比较光滑而有规则。

现在比较常用的时域广义最小二乘法建模、流行的神经网络建模和参数化建模三种建模方法都可得到系统幅频特性。可利用 Matlab 软件建立 ARMAX 模型，按照残差平方和最小确定模型阶次。Matlab 有现成相关的函数，操作更

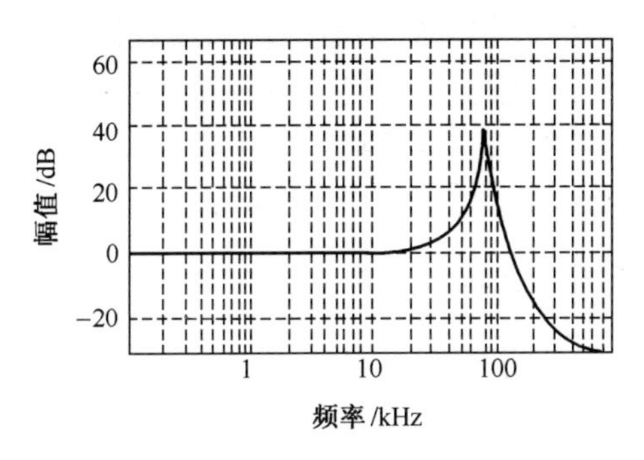

图 8-22 建模法得到的幅频特性

为方便,更易求出较高置信度的模型。

采用参数化的建模方法:由测试系统时域动态校准序列 $\{x(k),y(k)\}$ $(k=1,2,\cdots,N)$,建立如下的 n 阶线性差分方程

$$y(k)+\sum_{i=1}^{n}a_i y(k-i)=\sum b_i x(k-i)+e(k) \tag{8-20}$$

其中:$x(k)$ 为激波管产生的理想阶跃信号;$y(k)$ 为传感器的阶跃回应;$e(k)$ 表示噪声序列。因此,动态数学模型可以化成参数估计形式

$$y(k)=\varphi_k^T\theta+\varepsilon(k) \tag{8-21}$$

式中:$y(k)$ 为 k 时刻的系统输出值;φ_k^T 为表示输入序列、输出序列等的 M 维向量;θ 为表示待估计的 M 维参数向量;$\varepsilon(k)$ 为白噪声序列。

用 Matlab 实现的程序流程如图 8-23 所示。

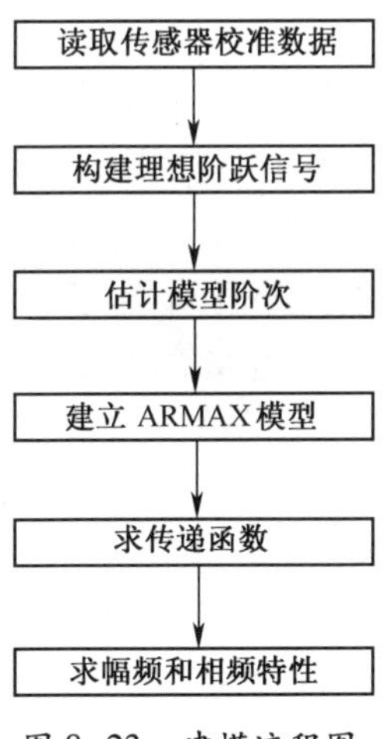

图 8-23 建模流程图

应当指出,建模法建立的传感器(智能传感单元)的幅频特性光滑清楚,是

建立在激波管励磁信号为理想阶跃信号及传感器特性符合某个数学模型的前提下,不易给出其不确定度值。本书第 1 章及第 3 章提出的准 δ 法校准,输入的 δ 信号是可测量的,能给出输入及输出的不确定度,经 FFT 变换得出来的幅频特性虽不够光滑,但应当能更好地反映被校系统的实际特性。

8.3.2 信号调理电路设计原理

1. 放大器动态特性分析与设计

适配器根据传感器类型而确定,表 8-4 列出了常用冲击波压力传感器类型所对应的适配器。电压放大器的频带可以覆盖 0Hz;如第 1 章所述,电荷放大器的下限截止频率要高于某一频率,不能覆盖 0Hz,相当于加了一级一阶高通滤波器;ICP 传感器的下限截止频率为 0.5Hz,而且传感器输出为 10V±5V,适配器除提供恒流供电外,还要对输出信号用电容隔直,也相当于加了一级一阶高通滤波器。

表 8-4 不同传感器类型所对应的适配器

传感器类型	适配器类型
压阻传感器	电压放大器
压电传感器	电荷放大器,等效于加一级一阶高通滤波器
ICP 传感器	恒流源+高通滤波器

一阶无源高通滤波器截止频率的表达式如下

$$f_{\mathrm{c}} = \frac{1}{2\pi RC} \tag{8-22}$$

由 Agilent33220A 任意信号发生器给出一个仿爆炸冲击波的脉冲信号(只有正压区),示波器显示、记录一阶无源高通滤波器的输入输出。图 8-24 为其输入输出曲线,高通滤波器未改变峰值,缩短了正压作用时间。

文献[6]中对高通滤波器对冲击波信号的影响有较深入详细的论述。可综述为高通滤波器对正压作用时间短的冲击波信号影响较小,但对正压作用时间长的冲击波影响严重,10ms 的正压作用时间的冲击波经过截止频率为 1.59Hz 高通滤波后正压作用时间减小了 20%,正压作用时间的改变必然改变信号的比冲量。为了不影响冲击波信号的正压作用时间,高通截止频率应尽可能取低值。

各种放大器的动态特性设计在本书第 1 章中有详尽的论述,本章不再赘述。冲击波测试适配放大器使用的运算放大器应选用 GBW ≥ 20MHz 的品种,如 TI 公司的 OPA365 型。OPA340 的 GBW 只有 5MHz,不宜使用。

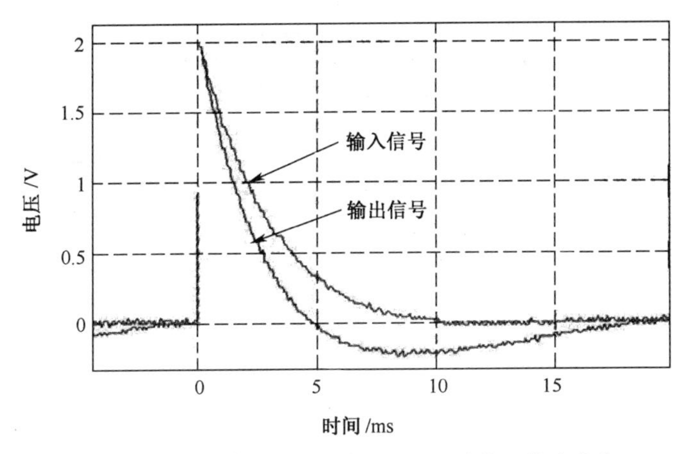

图 8-24 一阶高通滤波器(f_c=15.9Hz)输入输出曲线

2. 爆炸冲击波测试用滤波器设计原理

图 8-18 中的第三框为抗混叠低通滤波器,由于采用高采样率的 ADC 实现过采样的要求,抗混叠功能已经不是主要问题,主要是低通滤波器功能,尽可能滤除传感器的谐振频率信号,以得到比较纯净的爆炸冲击波信号,保持输入的冲击波信号的幅值误差最小和正压区脉宽保真。本节针对爆炸冲击波测试的需要,对工程中广泛使用的有源模拟滤波器巴特沃兹、切比雪夫、贝塞尔等进行分析比较,选择最适合于爆炸冲击波测试电路的类型。各种有源低通滤波器的阻带都以 $-n \times 20$dB/dec(式中 n 为阶次,dec 为 10 倍频程)下降。

巴特沃兹滤波器拥有最平滑的频率响应,在截止频率外,频率响应单调下降。切比雪夫滤波器的频率特性在通带有一定的波动,通带过渡到阻带最为迅速。贝赛尔滤波器主要侧重于相频特性,其基本原则是使通带内相频特性线性度最高,群时延函数最接近于常量,从而使相频特性引起的相位失真最小,信号无畸变传输,且有较平坦的幅度特性。滤波器设计在本书第 1 章讲述,本章不再赘述。

对以上 3 种滤波器对爆炸冲击波信号的滤波效果进行了仿真,输入信号为按 8.2.1 节的构建方法构建的第 3 条 100kgTNT—5m 原理性爆炸冲击波曲线。图 8-25 为 6 阶截止频率 100kHz 的切比雪夫、巴特沃兹、贝塞尔滤波器滤波效果仿真图,图 8-26 为初始段展开图(做了时延)。

滤波计算是在频率域进行的,滤波效果仿真图是经过傅氏反变换(IFFT)得到的,图中包括输入信号图。从物理意义上讲,冲击波没有到达前滤波器不会有输出变化,这三张滤波效果仿真图都把滤波输出的起点从开始可见振荡起平移到输入信号的开始点。图中有 1ms 的负延迟。输入信号是从时标 1ms 开始,

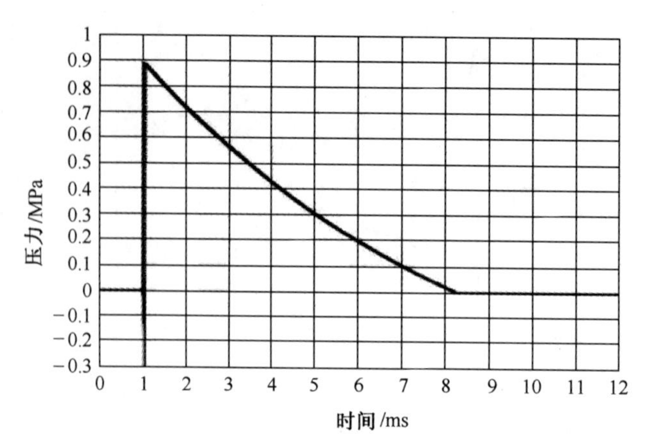

图 8-25　3 种常用滤波器滤波效果仿真图

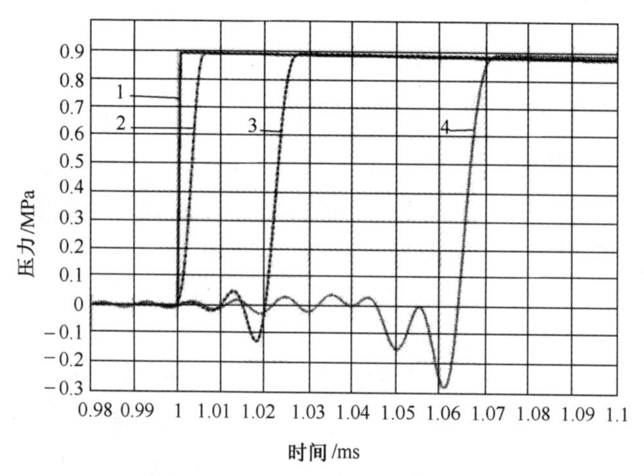

图 8-26　图 8-25 初始段对比图

1—输入信号；2—贝塞尔；3—巴特沃斯；4—切比舍夫。

输入信号的上升沿取为 1μs。

由图 8-26 可以看出，巴特沃斯低通滤波器的幅频特性虽然在滤波器的通段最为平直，但是陡峭的输入信号到来时有较短的振荡过程，这个过程由小到大逐渐开始冲击波前沿的信号；本仿真中选取的是通带有 2dB 不平坦度的切比雪夫低通滤波器，信号到来时有逐渐变大的升幅震荡，最大振荡幅值达到 −0.3dB，然后开始信号的主前沿；贝塞尔低通滤波器则表现为没有前段的振荡输出，直接为信号的主前沿。图 8-27 是正压区终了段的展开图，随各自输入的主前沿后移其终了时间也后移。

根据图 8-26 及图 8-27 可得三种滤波器输出特性如表 8-5 所示。由表

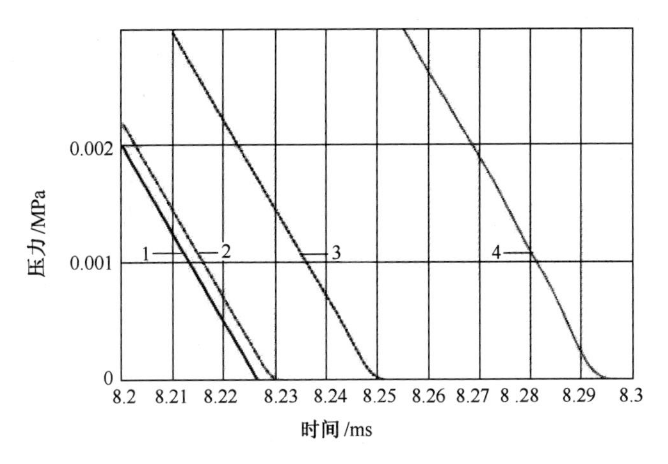

图 8-27　图 8-25 终端对比图

1—输入信号；2—贝塞尔滤波；3—巴特沃斯滤波；4—切比雪夫滤波。

8-5可以看出，同样截止频率为 100kHz 低通滤波器，贝塞尔滤波器由于其相频特性各个频率分量相角的线性度最好，各个频率分量的群延迟时间相同，对于爆炸冲击波这样具有十分陡峭前沿的信号滤波后的畸变最小，且没有起始振荡，上升沿时间最短，峰值误差最小，爆炸冲击波测试智能传感单元的信号调理电路中的滤波器主要用于滤除传感器谐振频率造成的谐振噪声，选用贝塞尔型低通滤波器最好。

表 8-5　三种滤波器仿真结果统计表

	输入信号	贝塞尔滤波器	巴特沃斯滤波器	切比雪夫滤波器
上升沿时间/μs	1	6	8	9
峰值压力/MPa	0. 89135	0. 89060	0. 89039	0. 89041
峰值误差/%	0	-0. 084	-0. 108	-0. 106
主峰起点时间/μs	0	0	20	64
起始振荡	无	无	有	强烈
正压区时间/ms	7. 227	7. 230	7. 231	7. 231

对于贝塞尔低通滤波器截止频率f_c对爆炸冲击波信号输出的影响，本节以f_c = 50kHz 及f_c = 100kHz 两种截止频率的 6 阶滤波器及f_c = 100kHz 的 8 阶滤波器三种情况进行仿真比较，如图 8-28 及其起始段图 8-29 及正压区终了段图8-30 所示。

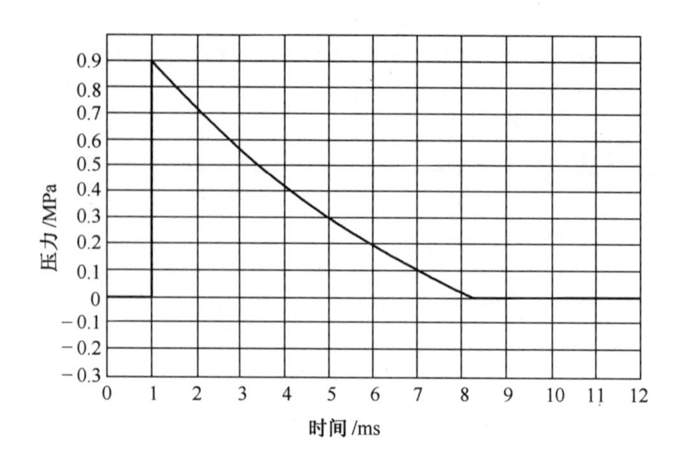

图 8-28 不同特性贝塞尔滤波器滤波效果图

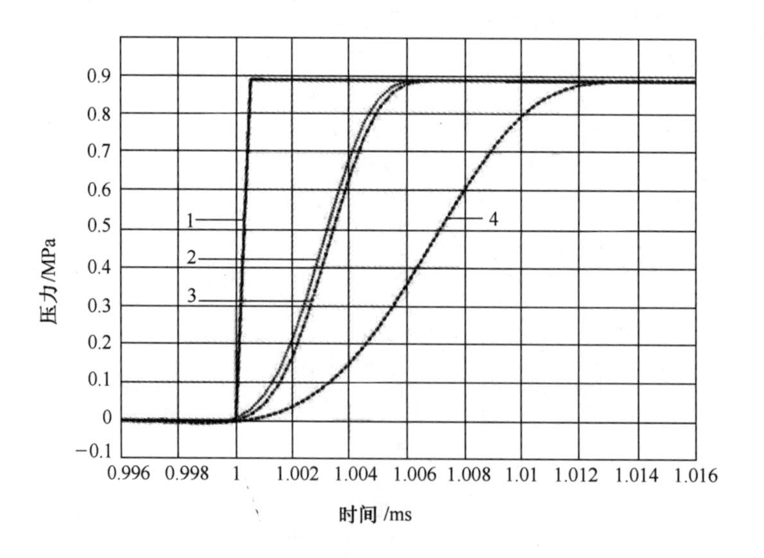

图 8-29 图 8-28 的起始段展开图

1—输入信号;2—贝塞尔 100kHz 6 阶滤波;
3—贝塞尔 100kHz 8 阶滤波;4—贝塞尔 50kHz 6 阶滤波。

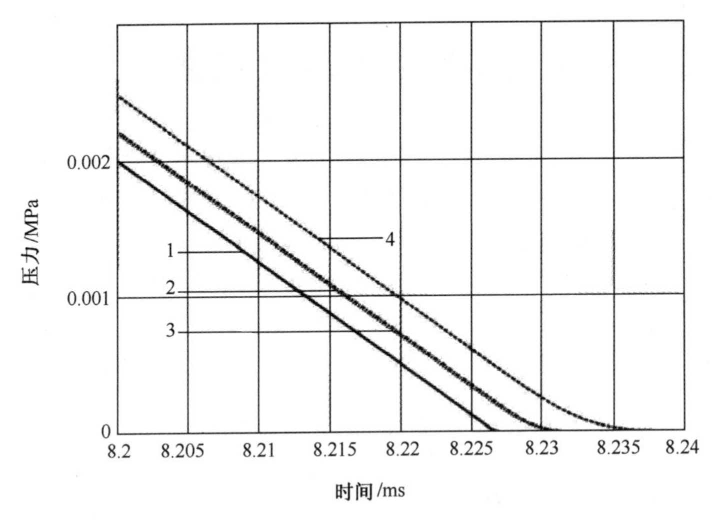

图 8-30　图 8-28 终端对比图

1—输入信号；2—贝塞尔 100kHz 6 阶；3—贝塞尔 100kHz 8 阶；4—贝塞尔 50kHz 6 阶。

由图 8-29 及图 8-30，可得出表 8-6。

表 8-6　贝塞尔滤波器不同截止频率及不同阶数滤波效果比较

	输入信号	50kHz6 阶	100kHz6 阶	100kHz8 阶
上升沿时间/μs	0.5	13	6	6.5
峰值压力/MPa	0.89135	0.88997	0.89064	0.89060
峰值误差/%	0	-0.155	-0.080	-0.084
起始振荡	无	无	无	无
正压区时间/ms	7.227	7.235	7.230	7.230

由图 8-29、图 8-30 及表 8-6 可以看出，贝塞尔滤波器滤波截止频率越高，上升沿时间越短，越接近输入信号；截止频率高的峰值误差小，但都在 1‰左右；都没有起始振荡；截止频率高正压区时间越接近输入信号；同样截止频率 100kHz，6 阶和 8 阶没有明显差异。

在冲击波测试系统的抗混叠滤波器应选择贝塞尔滤波器。ADC 应尽可能采用过采样原理，这样，滤波器设计主要目的是滤除传感器的谐振振荡信号，滤波器的截止频率应尽可能高，对于传感器谐振频率较低的情况，可以采用增加滤波器的阶次的方案，以增加截止段的下降陡度，抑制传感器谐振信号。应当指出，为爆炸冲击波测试应尽可能选用谐振频率高的传感器，谐振频率太低的传感器，不宜于用于爆炸冲击波测试。

滤波器的具体设计方法，可参见本书第 1 章。

8.4 冲击波测试系统的校准问题

冲击波测试系统校准分为静态校准(准静态校准)和动态校准。静态校准和准静态校准是仪器系统校准的基础,确定测试系统的灵敏度函数及其测量的不确定度。在频率域上就是得到0Hz或低频段的灵敏度函数。动态校准是为了得到冲击波测试系统的时域或频域的动态响应特性,以确定所研制或使用的测试系统能否适用于爆炸冲击波的测试,建议采用频率特性来评价冲击波测试系统,以便于按照本书第1章或文献[22]得到该系统的动态不确定度估计。

8.4.1 爆炸冲击波测试系统的静态校准或准静态校准

对于采用压阻传感器的冲击波测试系统,可以采用静态校准。静态校准的校准设备应是经过计量部门溯源的液压或空气式活塞压力计,或以同一压力源以经过计量部门溯源性校准的3个上高一级传感器——仪器系统作为基准进行校准,得到被校系统的灵敏度函数及其测量不确定度。这种校准是在静态条件下进行的,或称得到0Hz时的灵敏度函数及其不确定度。传感器静态校准应按照国家计量标准JJG 860—1994"压力传感器(静态)检定规程"进行。

对于采用压电晶体传感器的冲击波测试系统,用准静态校准方法。按照本书第3章脉冲校准原理,准静态校准方法是用一个宽脉冲或上升沿较宽的阶跃(脉冲)压力源激励被校传感器,用3个以上经过静、动态溯源校准的较高等级的标准传感器测量系统采用比对法进行溯源校准。准静态校准的原则是激励信号的高频分量激励起被校传感器的谐振响应,应在其幅值信号的一个很小的比例,例如1%或1‰以下,视校准不确定度的要求而定。冲击波测试系统可采用落锤法或快开阀法,文献[23]中较详细地介绍了他们在研究工作中采用的落锤法和快开阀法。落锤法脉宽一般在毫秒量级,可以适用于一般冲击波测试用传感器。采用机械结构的快开阀产生的阶跃激励信号的上升沿宽度一般可达100μs左右,对于谐振频率较高的传感器可作为准静态校准,或利用传感器谐振响应以后的短暂时间来做溯源性校准。

这种校准是溯源性校准,是最基本的测试系统的校准过程。静态校准是常规校准方法,本章不再赘述。

8.4.2 冲击波测试系统灵敏度的激波管校准法

常用的冲击波测试系统动态校准装置是激波管,激波管中气体激波的性质与爆炸冲击波相似,具有十分陡峭的前沿(理论上应是3~4个气体分子自由行程，在 3ns 左右），不同的是激波管中的激波有一定宽度的平台段，使得研究工作者考虑是否能够利用这个平台特性（认作理想阶跃信号）除进行测试系统的动态校准外，还可实现对冲击波测试系统的准静态校准问题[10]。激波管校准法目前应按照国家计量标准 JJG 624-2005“动态压力传感器”[12]来进行。激波管校准时，在假定激波管中的气体激波为理想阶跃激励信号的前提下，被校系统在这个激励下得到的压力-时间曲线可直接得出被校系统在阶跃激励下的响应的时域动态特性，包括上升时间、过冲量、自振频率、衰减率（阻尼系数），等等。通过计算，可得到被校系统的阶跃响应的频域特性。一般传感器厂家给出压力传感器的谐振频率，没有给出阻尼系数，通过激波管校准可以得到其阻尼系数和带阻尼的自振频率，便于对测试系统建立动态响应特性模型。

笔者所在实验室的激波管低压室管长 6.5m，内壁直径 100mm，反射压最大值 10MPa，图 8-31 为其实物图。

激波管动态校准系统示意图如图 8-32[12]所示，图中测速系统为得出入射激波速度，用以计算入射激波马赫数 M_S；目前主要在传感器 1 的位置以反射激波阶跃压力校准被校系统（反射式）；较少在压力传感器 2 位置以入射激波阶跃用于校准（掠入式）。

图 8-31　激波管实物图

低压室充初始压力为 p_1，当高压室充入高压 p_4时，膜片在压差下破裂，产生压缩波向低压室推进，当压缩波运行一段距离后，形成平面入射激波 S_f以超声速向前运行。同时，形成稀疏波自膜片向四面运行，经高压室后端面向低压室方向形成反向稀疏波 R_f。入射激波 S_f运行至低压室前端盖反射，形成反射激波 S_f，向反方向运行。激波管中的这些激波系图示于图 8-33[10,12]，图 8-33 是根据文献[10]，为利用文献[12]中的公式（C2）~（C13），对参照文献[12]做了局

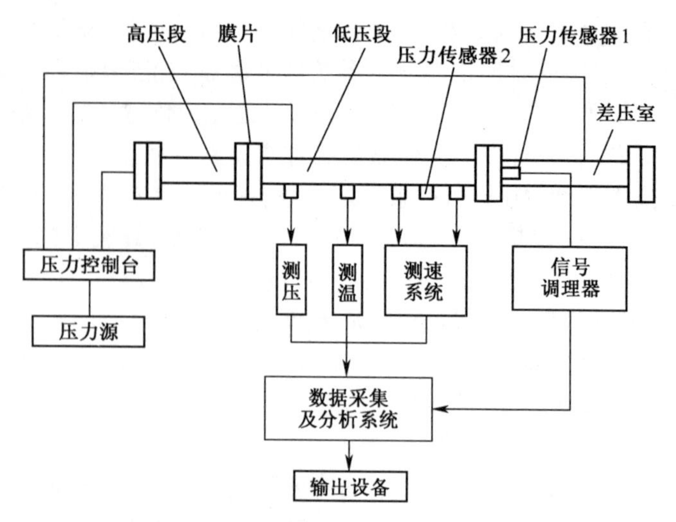

图 8-32　激波管动态校准系统示意图

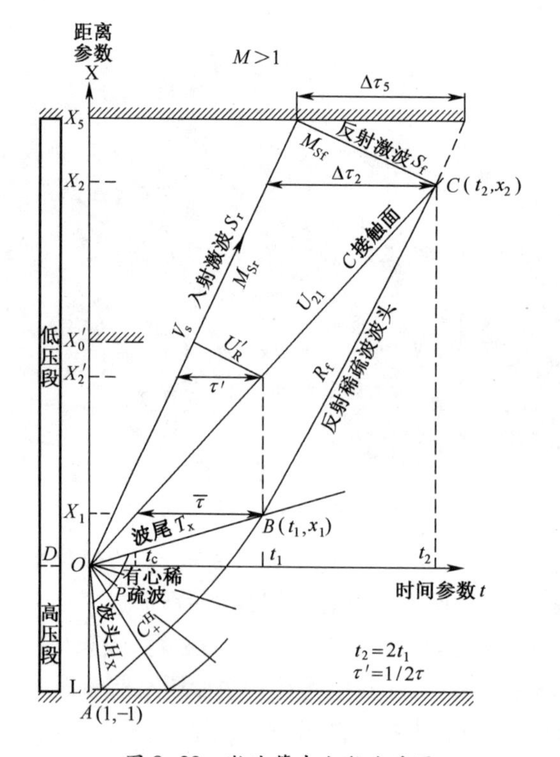

图 8-33　激波管中全激波系图

部修改。根据经验,在激波马赫数 $M = 1.3 \sim 1.4$ 的情况下,入射激波和反射激波都有较平直的平台,可作为阶跃激励进行校准。为此,为得到较高的阶跃压力,需要预先在低压段充以一定的预压 p_1,按照以下公式,确定高压室充气破膜压力 p_4,根据经验选择适当膜片。需要注意,膜片破裂后不得有碎屑飞出,否则会破坏激波系。

兰基涅-胡果尼(Rankine——Hugoniot)方程根据气体动力学等能量和等熵过程计算得出激波压力和激波速度的关系,文献[12]的公式(C2)~(C5)及(C8)、(C9)就是以空气为介质,根据兰基涅—胡果尼公式得出的。现把文献[12]中的有关激波压力的公式列为式(8-23)~式(8-29),有关激波温度的公式请参阅文献[12]。

在下列公式中(压力为绝对压力 MPa,温度单位为 K):T 为低压段介质的初始温度;a 为低压段声速;p_1 为破膜前低压段压力;p_4 为破膜前高压段压力;p_2 为入射激波压力;p_5 为反射激波压力 ;Δp_2 为入射激波阶跃压力;Δp_5 为反射激波阶跃压力;v_s 为入射激波速度;M_S 为入射激波马赫数。

$$a = 331.45\ [T/273.15]^{1/2} \tag{8-23}$$

入射激波系

$$M_S = v_S/a = [(1/7)(6p_{21} + 1)]^{1/2} \tag{8-24}$$

$$p_{41} = p_4/p_1 = (1/6)(7M_S^2 - 1)[1 - (1/6)(M_S - 1/M_S)]^{-7} \tag{8-25}$$

$$p_{21} = p_2/p_1 = (1/6)(7M_S^2 - 1) \tag{8-26}$$

$$\Delta p_2 = p_2 - p_1 = (7/6)(M_S^2 - 1)\,p_1 \tag{8-27}$$

反射激波系

$$p_{51} = p_5/p_1 = (1/3)(7M_S^2 - 1)[(4M_S^2 - 1)/(M_S^2 + 5)] \tag{8-28}$$

$$\Delta p_5 = p_5 - p_1 = (7/3)(M_S^2 - 1)[(4M_S^2 + 2)/(M_S^2 + 5)]\,p_1 \tag{8-29}$$

为构建校准冲击波测试系统用的激波管系统,为得到平坦的激波阶跃平台部分,取 $M_S = 1.3 \sim 1.4$,再根据需要确定 p_5 或 Δp_5 按照式(8-28)、式(8-29)得出 p_1,或确定 p_2 或 Δp_2 按照式(8-26)、式(8-27)得出 p_1,再按照式(8-25)计算高压段充气压力 p_4,最后根据经验(试验)选择合适的膜片结构。

JJG624-2005"动态压力传感器"检定规程[12]中规定以图 8-32 中测速系统实测的入射激波速度 v_S 按照式(8-23)~式(8-29)计算出的激波压力值,并以标准阶跃作为输入值来校准被校系统,这种以理论公式作为校准"源值"的校准方法,不能给出理论公式本身的不确定度,只能得到比较粗略的不确定度估计。

为得到更符合计量原理的爆炸冲击波测试系统的动态校准方法,笔者所在实验室正在建设一套大口径带视窗的冲击波动态校准及准静态校准用激波管系统,通过视窗可观察激波波振面的状态,研究本章 8.4.4 节用于测取爆炸冲击波场的各种掠入式测试装置对激波波振面流场的扰动状况及其校准方法；以及利用大口径，实现采用数套高等级标准测压系统用间接校准法在图8-32中压力传感器1及压力传感器2的位置校准冲击波测试系统，以期得到更为精确的被校系统的不确定度。

爆炸冲击波测试系统组装后应总体在激波管上进行动态特性校准，图8-34示出同一 Endevco 8530B 传感器连接不同放大器后在激波管激励下的输出图形，(a)为用可编程仪表放大器 PGA207 及 PGA103 组装的放大器组成的系统的输出图，(b)为用 Endevco 136 电压放大器组成的系统的输出图，经过分析，用仪表放大器组装的放大器高频部分有 131.5kHz 的自激振荡，低频截止频率也不够低，用于测量爆炸冲击波信号会带来很大的误差。在组建冲击波测试系统（智能传感单元）时要精心设计信号放大及滤波器。

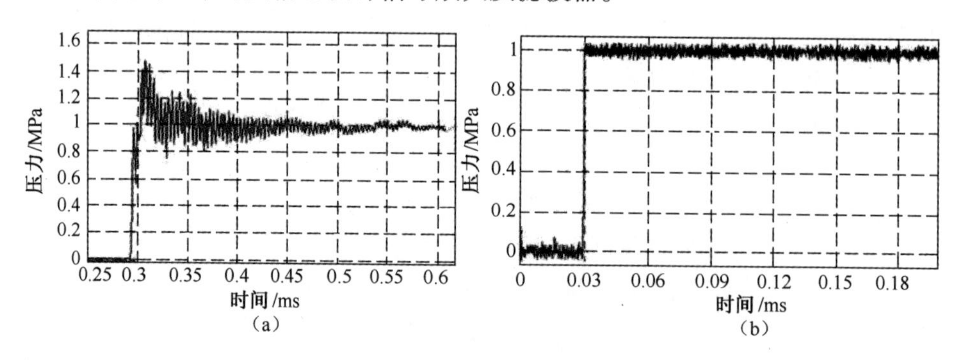

图8-34　同一传感器用自己组装的放大器及 Endevco 136 电压放大器在激波管上输出的图形

8.4.3　测量爆炸冲击波场用（掠入式）测试装置结构的校准研究

测量爆炸冲击波场的压强时，测试装置结构的测量面（传感器的敏感面与测量面平齐）应平行于冲击波场的运动方向，不对冲击波场带来扰动，才能得到准确的冲击波场压强，这一点在实际上是很难实现的，在现实中要求筛选对冲击波场扰动尽可能小的结构。建设中的带视窗的激波管的一个主要目的就是观测和筛选最佳结构。在大口径带视窗激波管建成前用现有激波管从效果上进行筛选。大口径的激波管可将冲击波测试装置或按几何相似律等比缩小的模型放入其内，研究其结构尺寸对其测试精度的影响。

1. 传感器结构模型及校准方法

笔者对笔式、杆式及两种圆盘式共4种结构做了对比实验。笔式结构选取产品化的 PCB 137A24 笔式传感器；立杆式结构内装 PCB113A 小型传感器，圆盘结构设计了 2 种,对称双楔形与平面结构即圆盘Ⅰ型、单楔形即圆盘Ⅱ型,其尺寸见图 8-35,图 8-36 为模型实物图[24]。两种圆盘结构的角度与直径由有限元软件 ANSYS/Flotran CFD 软件仿真结果确定。

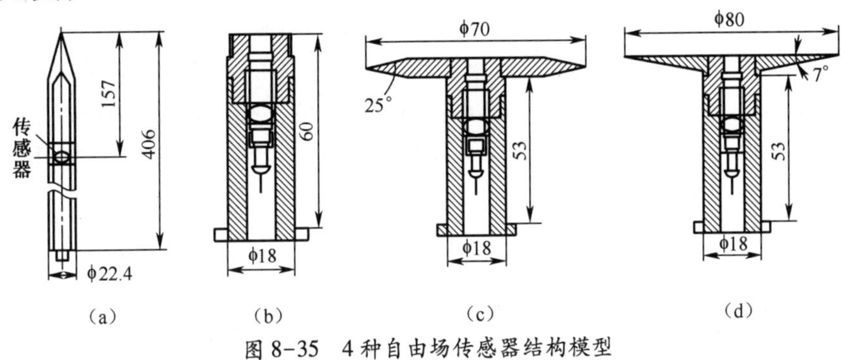

图 8-35　4 种自由场传感器结构模型

图 8-36　4 种结构实物图

传感器在激波管内的安装分为侧壁和顶端 2 种方式,盘式为侧壁安装;笔式为顶端安装;杆式采用 2 种安装方式,分别测掠入射和反射激波,如图 8-37 所示。无论哪种安装方式,传感器的敏感面都在激波管的正中,被校传感器与激波后方的测速传感器的距离大于被校传感器直径的 10 倍,以便激波的恢复。笔式模型的传感器为 ICP 型,供电模块采用自主开发的电路。其他模型结构的传感器为压电式,连接 Kistler5011 电荷放大器,放电常数设为 Long。采集卡为两张 GIGA 14200,采样频率 20MHz。

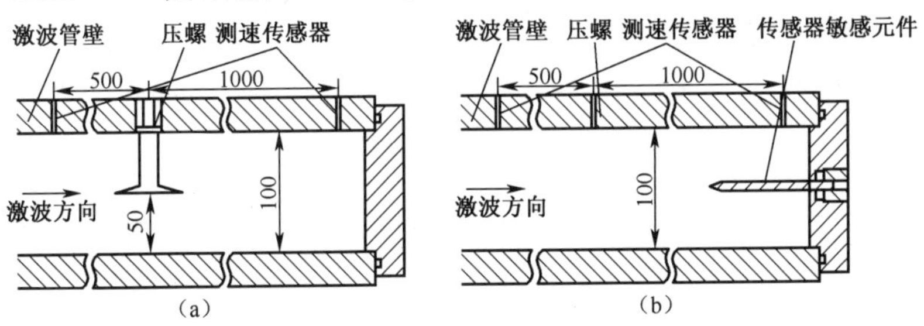

图 8-37　盘式及笔式结构在激波管中的安装方式示意图

(a)盘式结构;(b)笔式结构。

2. 实验结果

传感器动态特性对冲击波超压峰值的主要影响为过冲量。各种结构在激波管中的阶跃响应曲线如图 8-38 所示：杆式结构的过冲量最大，侧壁安装方式的过冲量大于后端盖安装方式；笔式结构在不同平台压力下过 Δp 基本相同；圆盘Ⅱ型比Ⅰ型的过冲量要小，故以后的仿真和试验中的圆盘指圆盘Ⅱ。4 种模型结构进行了平台压力值在 0.1MPa ~1MPa 范围的多次实验，同一压力值下的输出重复性都很好，且圆盘结构在不同平台压力值下输出的过冲量 δ 基本相同，杆式结构也类似，而笔式在平台压力值 0.1MPa ~0.57MPa 范围内压力越大 δ 越小，当大于 0.57MPa 后 δ 不变。过冲量的具体值见表 8-7 第二列。

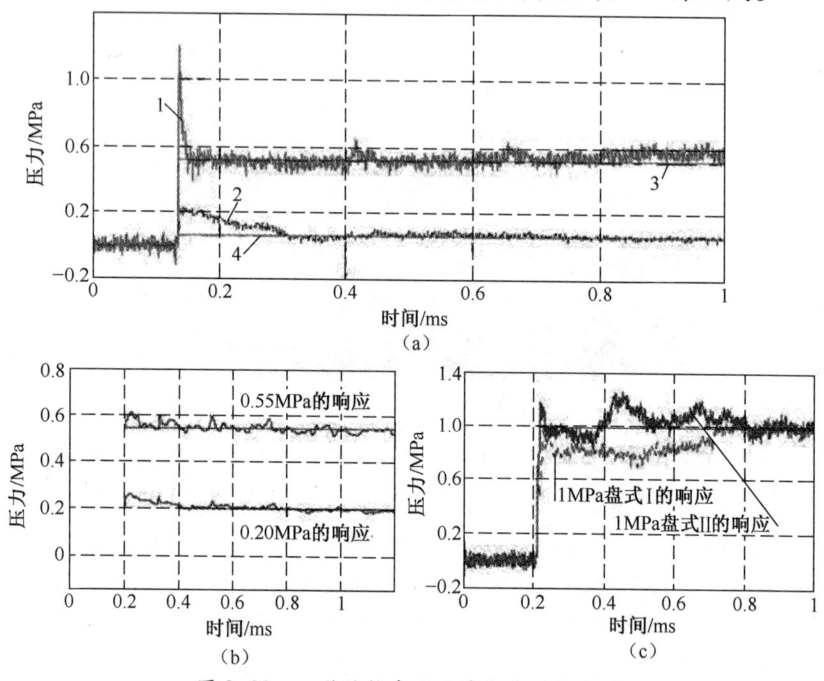

图 8-38 四种结构在激波管中实测曲线图

(a)杆式；(b)笔式；(c)盘式。

1—测压面面向激波(反射式)的响应；2—测压面平行激波(掠入式)的响应；

3—激波管反射激波压力-由测速计算值；4—激波管入射激波压力-由测速计算值。

表 8-7 不同的外形结构过冲量

传感器结构	阶跃响应过冲	输入为冲击波时系统响应过冲
杆式掠入射	260%	237.4%
杆式反射	134%	114.6%
笔式(0.20MPa)	30%	28.2%
盘式Ⅱ	17%	1%
笔式(0.55MPa)	11%	9.5%

3. 测试误差仿真分析及实测爆炸实验

用上述激波管测试数据建立杆式侧壁安装、杆式顶端安装、笔式平台压力0.20MPa、笔式平台压力0.55MPa和圆盘Ⅱ共5个系统模型。构建峰值1MPa的冲击波,用这5个系统模型进行仿真,峰值过冲量比激波管校准结果略小,但几种安装结构过冲量大小排序规律相同。此外除杆式侧壁安装方式的输出正压作用时间小于输入外,其他系统函数的输出的正作用时间等于输入的正压作用时间。仿真的过冲量列在表8-7第三列。

为进一步考核激波管和仿真方法的可行性,进行了战斗部与传感器高度相同的爆炸冲击波超压测试试验。爆炸源为约800kgTNT当量的战斗部,爆高1.2m,爆距R为23m,传感器与爆心同高,以保证安装结构的上平面与冲击波传播方向平行,这样与激波管校准时情况一致。杆式、笔式和盘式3种自由场传感器布设在距爆心为R的圆弧上,均按照掠入式布置。试验中杆式、盘式结构尺寸根据几何相似定律按图8-35所示等比例放大,传感器下端接采集电路。笔式传感器引线到地面后接采集电路。电路采样频率1MHz,记录时间4s,爆炸前无线触发。现场情况及超压曲线见图8-39,冲击波曲线按式(8-8)计算,以峰值0.132MPa的百分比差值示于杆式结构试验中所测冲击波超压曲线失真,衰减过程为非指数衰减,在冲击波上升沿后较短时间快速衰减,但不过零,随后又上升,再指数衰减。杆式结构的正压作用时间略大于笔式和盘式,后两者正压作用时间相同,近似于理论值。

试验中3种结构所测超压峰值规律与激波管校准和仿真结果的规律相同,杆式超压峰值高,然后是笔式、盘式,如表8-8所示。

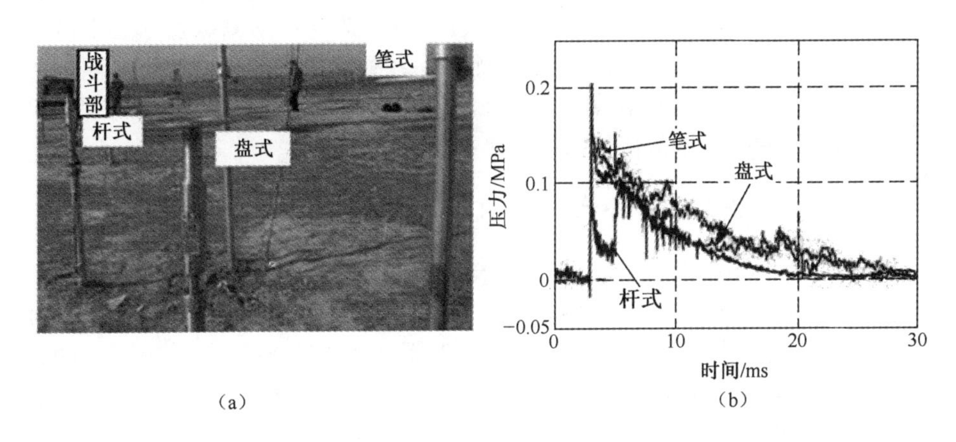

图8-39 冲击波超压测试现场及超压曲线

(a)测试现场;(b)超压曲线。

表 8-8 爆炸试验超压峰值及差值表

结构	试验超压峰值/MPa	与计算值 0.132MPa 差值
杆式	0.212	61%
笔式	0.151	14%
盘式Ⅱ	0.144	9%

杆式结构试验中所测冲击波超压曲线失真，衰减过程为非指数衰减，在冲击波上升沿后较短时间快速衰减，但不过零，随后又上升，再指数衰减。杆式结构的正压作用时间略大于笔式和盘式，后两者正压作用时间相同，近似于理论值。

爆炸冲击波场（自由场）（掠入式）测试的关键问题是作用到传感器敏感面的是没有受到测试装置结构扰动的冲击波场，本节所述激波管校准方法只能从得到的响应曲线间接分析筛选测试装置结构，是有益处的，但是无法研究各种结构对冲击波场的扰动细节，因此迫切需要带视窗的激波管对各种测试装置结构对激波场的扰动的细节进行深入研究和改进，这个问题在笔者所在实验室的工作计划中已安排实施，期望能得到满意的结果。

8.5 爆炸冲击波测试数据处理方法

常规弹药爆炸冲击波测试的主要目的是研究和验证爆炸物的威力、构建冲击波场和验证其破坏力，最主要关心的参数是冲击波波振面的峰值压强，同时也关心其正压区作用时间和压力曲线的形状（冲量计算）。由于波振面的厚度只有几个气体分子自由行程，持续时间只有几 ns，按现在的测试技术是不可能直接准确测到波振面的峰值，只能根据测试曲线处理得到峰值。此外实测的冲击波信号包含了许多除冲击波压力信号以外的其他噪声信号，在数据处理时采取适当的方法滤除。本节探讨目前行之有效的处理方法。

8.5.1 冲击波测试数据的滤波处理

爆炸冲击波测试系统组建时应符合本书第 1 章所述各项原则，即实测数据中尽可能避免测试系统本身的寄生噪声信号，传感器的谐振频率应超过 500kHz，测试系统中应包含高阶贝塞尔滤波器以抑制传感器的谐振频率的响应。这样，在实测信号中主要是被测信号及环境因素造成的噪声信号。对测试数据的滤波处理主要采用低通滤波法和小波分析法。

1. 低通滤波

低通滤波法主要滤除高频噪声，冲击波超压曲线的下降沿的主要频率分量是低频,因此影响不大。上升沿主要是高频分量,影响很大,滤波后的曲线上升时间明显变长[25,26],波振面尖锐变化部分变得圆滑,滤波截止频率越低变化越大,图 8-40 示出不同滤波截止频率对测试数据曲线的影响,例如f_c = 5kHz 时曲线的上升时间由原来的 24μs 变成了 179μs。

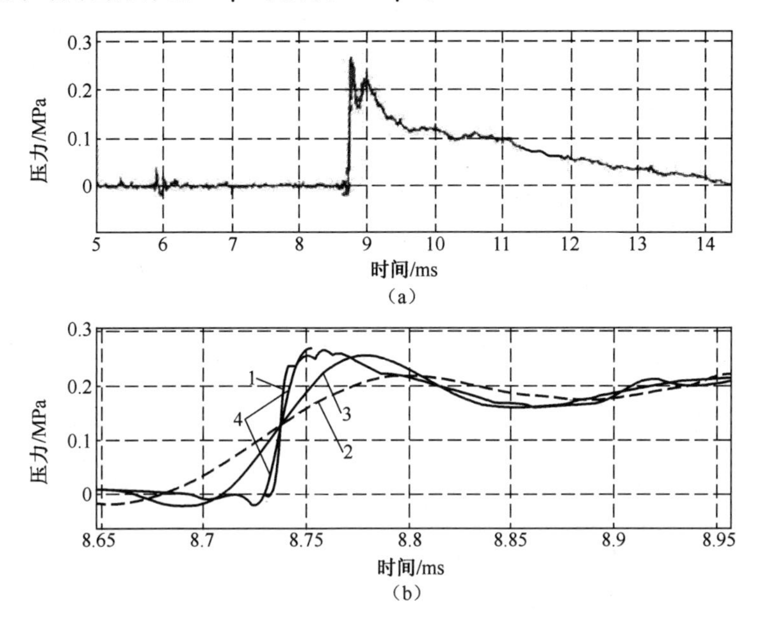

图 8-40　低通滤波处理效果图全局和上升沿展开

(a)全局;(b)上升沿展开。

1—原始数据曲线;2—5kHz 滤波曲线;3—10kHz 滤波曲线;4—40kHz 滤波曲线。

低通滤波截止频率不宜选取过低,为确定超压峰值建议采用 8.5.2 节最小二乘指数拟合法。由于系统设计不当或测试系统安装结构叠加的振荡噪声,应采用处理软件中的高阶带阻滤波器有选择地剔除,对于粗大误差毛刺,应人工剔除。

2. 小波分析法

爆炸冲击波信号具有很宽的频谱范围,所含的频率成分很多,除去占主要能量的低频范围信号,高频部分也有着其规律性,且不同频率范围的信号随时间和距离的衰减规律各不相同。小波变换就是一种变分辨率的时频联合分析方法,对信号有自适应性,并可以在频域和时域两个方向对信号进行分析。多分辨率分析将冲击波信号分解到不同的频率带上,在每个频率带上的信号仍是关于时间变化的信号,因此通过离散小波变换的分层分解可以对不同频率范围内压力分量的时间变化规律加以分析,从而给出冲击波信号的时频特征。

小波变换中可以选择的基函数有多种类型,通过用 Biorthgonal 小波、Daubechies 小波、Symlets 小波对冲击波信号进行的分析研究，Symlets 系列小波在对冲击波信号超压—时间曲线的处理上效果较好。实际应用中选取的小波尺度一般大于 3，但是在实际分解信号中尺度的选取还受到采样点数的限制。因此根据实际信号包含的频率成分、信号的采样频率和采样信号的持续时间并结合所采用的小波分解函数，可以确定小波分解的层数。本节采用 sym12 小波，选取的小波分解尺度为 10。

图 8-41 是采用 sym12 小波对某冲击波信号数据的分析结果，图中 a_i 为各频带的近似部分重构结果，d_i 是细节部分的重构结果（其中，$i = 1,2,3,4,5,6,7,8,9,10$ 为分解层次）。信号的采样频率是 500kHz，根据采样定理信号的有效频率是 250kHz，a_i 和 d_i 对应的频带如表 8-9 所示[20]。

表 8-9　分解后近似部分和细节部分所对应的频率

近似部分	频带/kHz	细节部分	频带/kHz
a_1	0~125.0000	d_1	125.0000~250.0000
a_2	0~62.5000	d_2	62.5000~125.0000
a_3	0~31.2500	d_3	31.2500~62.5000
a_4	0~15.6250	d_4	15.6250~31.2500
a_5	0~7.8125	d_5	7.8125~15.6250
a_6	0~3.9063	d_6	3.9063~7.8125
a_7	0~1.9531	d_7	1.9531~3.9063
a_8	0~0.9766	d_8	0.9766~1.9531
a_9	0~0.4883	d_9	0.4883~0.9766
a_{10}	0~0.2441	d_{10}	0.2441~0.4883

看近似部分：在 $a_1 \sim a_4$ 高频段，冲击波压力的峰值相当大，持续时间短暂，随时间的衰减速度非常快；而在 $a_7 \sim a_{10}$ 低频带，冲击波压力明显降低，正压时间明显变长。

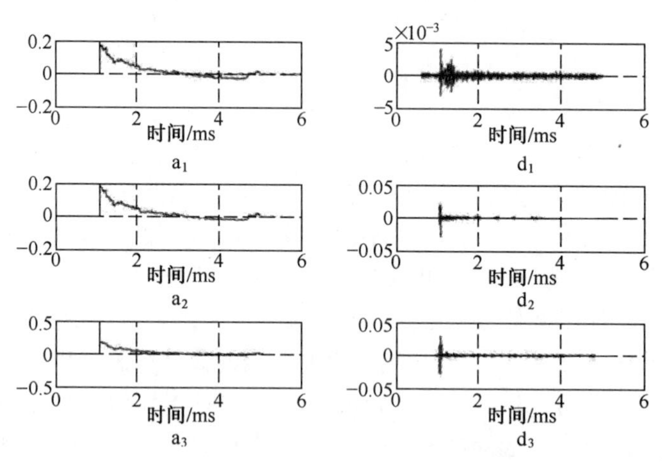

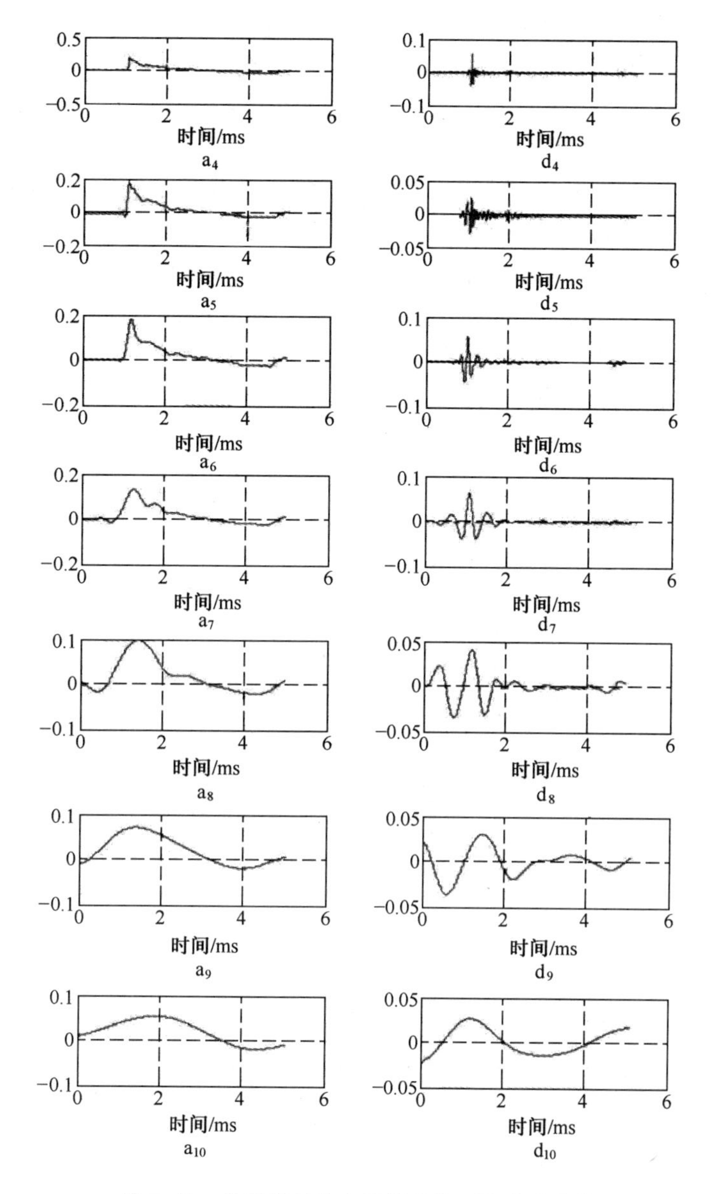

图 8-41 典型爆炸冲击波超压 Sym12 小波分析

结合表 8-9,从细节部分可以看到:①在 d_1(125.0000~250.0000kHz)频段中在冲击波信号未到来之前,出现了大量的幅度在 ±0.001 以内的高频信号,说明是测试仪器的噪声。在冲击波出现后虽然出现了少量幅度在 ±0.005 内的类似振动的信号,为外界环境造成的噪声。在数据处理时可对此频段的信号进行滤波,滤波后的信号如 a_1<125.0000kHz 所示,基本上跟原始信号没什么明显的

差别。②在 $d_2 \sim d_5$(15.6250～125.0000kHz)中仍然存在噪声，但在冲击波出现之后这一段频带中信号的幅值明显比 d1 中有所增加。a_3 曲线明显光滑，但峰值未改变。③在 $d_6 \sim d_{10}$(0.2441～15.6250kHz)中有相对幅值较大的信号，但 $d_6 \sim d_{10}$ 近似部分已失真，不能做处理。

图 8-42 示出图 8-41 所处理的原信号、小波处理重构信号及误差分布，可以看出利用小波基函数分解和重构原始信号而产生的误差变化范围为 $\pm 2 \times 10^{-14}$，在工程误差允许的范围内。可见用小波变换的方法处理冲击波信号，不会与原始数据产生较大的误差。由于完全重构的信号与实测信号具有高度的一致性，因此小波分析结果可以保证对信号特征提取的真实性，同时也证明了 sym12 小波适合于处理短时非平稳随机信号问题。

与其他数据处理方法相比，小波变换具有变时间分辨率，可以给出爆炸冲击波压力的时频分布特征，也就是不同频率成分信号分量随时间衰减的变化规律，可以更好地满足爆炸冲击波压力持时短、突变快的非平稳信号分析的要求。在 Matlab 软件中有相应的工具箱，可以较方便地应用。

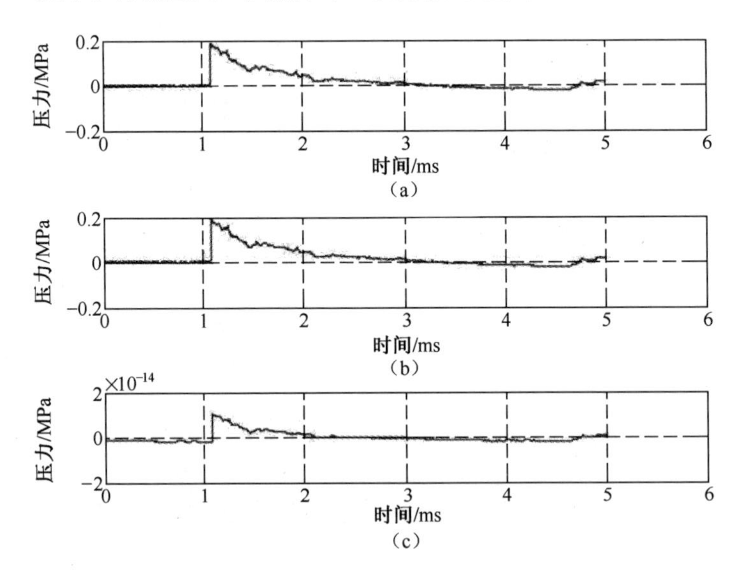

图 8-42　原信号及小波处理重构信号和误差分布图

(a)原始信号；(b)重构信号；(c)误差信号。

8.5.2　最小二乘指数拟合[22]

为求得爆炸冲击波的超压峰值及正压部分作用时间及规律，对滤波后的衰减曲线做最优化最小二乘曲线指数拟合，拟合曲线与冲击波到达时间直线的交点作为峰值点，拟合曲线与零线交点和冲击波到达时间点差为冲击波正压作用时间，拟合曲线作为冲击波超压正压区的压力分布规律。

具体的拟合方法如下（示于图 8-43）。

(1) 以滤波前冲击波上升沿的中点作为超压峰值的到达时间 t_a，如图 8-43 中的 $t=21.648$ms。因为到达时间测量误差（0.1%）远比峰值超压测量误差（对裸露装药为 5%，对带壳战斗部为 10%~15%）准确。

(2) 在到达时间 t_a 画垂直于时间轴的直线。

(3) 在超压时程曲线上选取变化趋势最为明显的一段。

(4) 将截取的超压时程曲线段进行指数衰减拟合，得到拟合曲线。

(5) 取到达时间 t_a 直线和拟合曲线交点处的数值作为该次测试的峰值超压（图中拟合峰值，0.07859MPa）。

实测的冲击波曲线并非完全指数衰减，为分析拟合效果，就需要对不同冲击波曲线选取不同的数据段进行拟合处理。为比较超压时程曲线段的截取对经验拟合方法结果的影响，截取了 3 个曲线段进行了对比分析，图 8-44 是一组实测冲击波超压数据时程曲线分别选取 1、2、3 不同的曲线段的进行的最小二乘指数拟合，指数拟合 4 是综合拟合，取其全线段最小二乘指数拟合，可以看出拟合 4 的结果是比较合适、比较理想的，其提取的超压峰值为 0.192MPa。

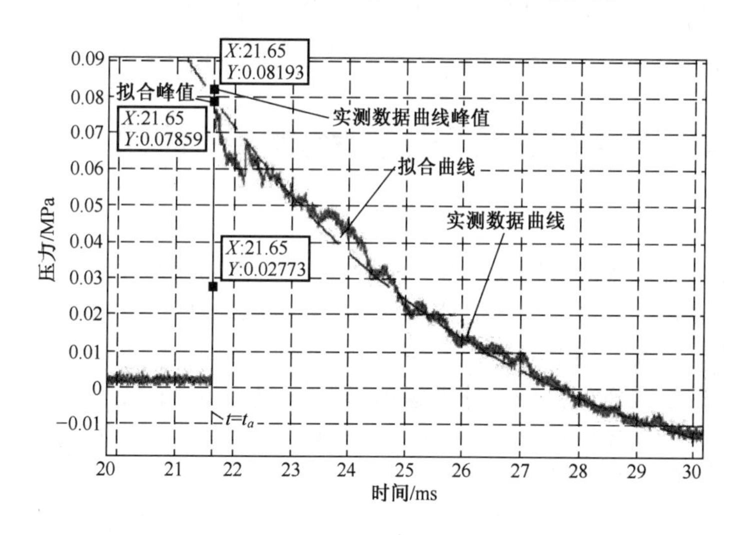

图 8-43　最小二乘指数拟合法求超压峰值及正压区压力分布

新概念动态测试的一个重要的初衷是采用智能传感单元技术，把传感器、调理电路、瞬态记录仪集成封装在一个高强度、高电磁屏蔽的保护壳体内，设计力求完善，尽可能滤除系统内部引起的噪声，削减外界噪声，如实地测取被测对象的动态信号，输出的测试数据是比较光滑的，数据处理相对容易、准确。

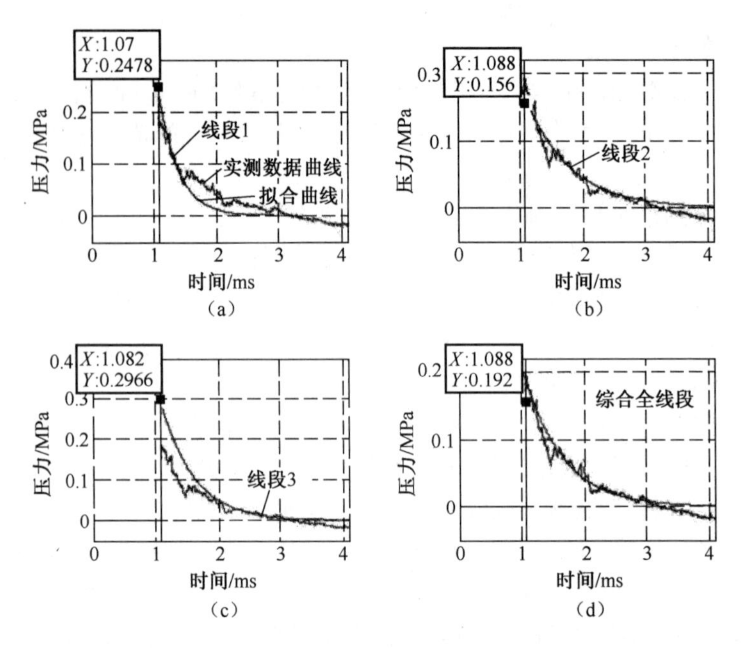

图 8-44 选取数据段不同对拟合结果的影响

(a)指数拟合 1;(b)指数拟合 2;(c)指数拟合 3;(d)指数拟合 4。

8.6 爆炸冲击波测试及爆炸毁伤测试系统的布局和设计

爆炸冲击波测试及爆炸毁伤试验种类繁多,试验场地可分为空旷地、建筑物内、海上舰船内等。每种情况都有各自的特点,例如建筑物的钢筋混凝土结构易碎,碎混凝土块掩埋挤压传感器及测试系统;海上舰船试验关键难点在舰船可能沉没,试验费用十分昂贵且数据回收困难,等等。爆炸源也有多种情况,有静止不动的,也有两三倍声速的运动弹药,炸点也可能是固定的或随机的。因此,测试系统的布局和布设应根据具体试验条件而定。布局和布设包括测试系统实现方式和测点布局、实时通信要求、智能传感单元的组成、传感器选用、外形结构和防护性要求、测点布设、测试系统的性能指标要求等内容。本书第 2 章图 2-4 示出爆炸冲击波测试的布局和布设;图 2-5 示出舰船毁伤测试布局和布设。

以下分三个典型应用分别探讨:空旷场地爆炸冲击波试验、陆上相对封闭空间内爆炸毁伤试验和海上舰船爆炸毁伤试验研究其测试系统的布局,以其中最复杂的舰船毁伤测试系统设计为蓝本讨论有关爆炸测试系统的设计问题。

8.6.1 空旷场地爆炸试验时冲击波测试系统布局和布设

空旷场地爆炸试验测试系统的布局和布设原则见本书第2章图2-4。

1. 测点(智能传感单元)布设

空旷场地爆炸时的冲击波测试有两种情况,空中冲击波测试和地面冲击波测试。空中近地爆炸由于马赫波的波阵面并不是一平面,空中测点高度和安装角的不同会引起较大的误差,因此空中冲击波场测试时传感器的高度应在三波点之上。要求测取重构爆炸冲击波场的压强时(掠入式),传感器的敏感面指向要与冲击波的运动方向一致,与波阵面垂直,要求传感单元尽可能减小对冲击波场的扰动,智能传感单元的构架要能够根据冲击波的传播方向调整传感器敏感面的指向,以便测试入射冲击波超压。要求测取冲击波反射压时,传感器敏感面应与冲击波运动方向垂直(与波振面平行)。地面测试时传感器敏感面与地面平齐,布设位置在马赫波区域最好。正反射冲击波测试时传感器要在爆炸源的正下方,一般来说正下方会铺设钢板或预制板,将智能传感单元牢固固定,否则,爆炸时正下方的智能传感单元会被炸飞。具体布局图如图8-45所示。

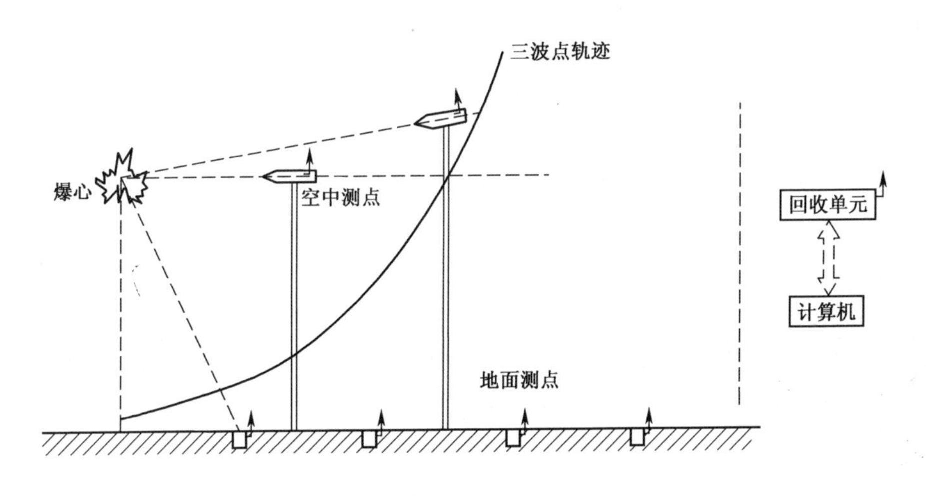

图8-45 地面爆炸冲击波测试系统布局

2. 智能传感单元的组成

炸药爆炸时,会产生强烈火光(见图8-12)及强磁场,干扰测试系统的正常工作,甚至可能摧毁传感单元的输入级[27,28]。现在采用图8-46所示的拓扑结构。最早的智能传感单元是单纯的存储测试装置,每次爆炸试验结束后要回收每一个测试装置并通过计算机接口读出数据(或用便携计算机到现场逐一读出数据)，这样就要比传统的测试系统(传感器+瞬态波形记录仪+计算机)的后处理时间长很多)。图8-46的拓扑结构中智能传感单元中分成两个隔离的内部壳体，有各自的电源，爆炸前由主控计算机通过图8-45中的回收单元，用点名方式对每一个智能传感单元根据试验需要编程，并在起爆前约1s发布群触发命令，所有智能传感单元(测点)同时开始采样作为计时0点，同时断开内部壳体2中的电源2，使内部壳体1和内部壳体2完全脱开电路联系，内部壳体2中的光纤和无线模块处于断电状态，可完全避免爆炸电磁波干扰测试过程及摧毁电子电路[29,30]。爆炸测试过程结束后，智能传感单元的控制器再接通内部壳体2的电源，等候主控计算机用点名方式逐一读出测试数据，并根据统一的时间0点计算出冲击波到达每一个测点的时间，精确度为一个采样周期。智能传感单元的模拟部分按照本书第1章及本章8.2、8.3节设计。

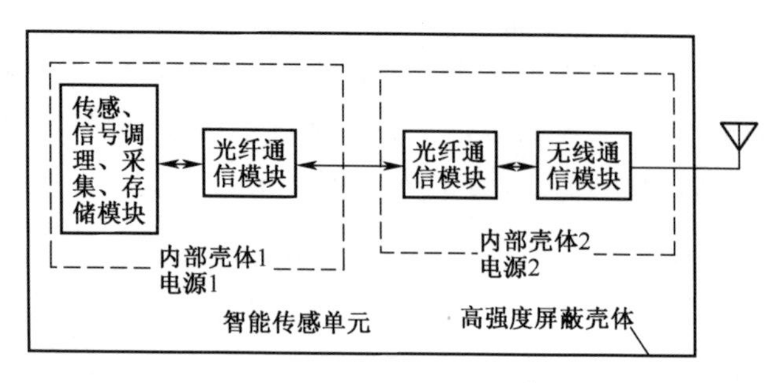

图8-46 智能传感器单元拓扑结构

8.6.2 陆地上有限空间内的爆炸试验测试系统的布局和布设

有限空间指楼宇、模拟船舱和各种防御工事等毁伤过程测试的布局和布设。

1. 智能传感单元的布设

有限空间内爆炸的爆炸源多为运动弹药，炸点位置不是很精确，加之空间内各种反射错综复杂，无法确定冲击波来源方向，因此掠入式测试无意义，只能用壁面传感器测反射冲击波来评估爆源对楼宇、防御工事或模拟船舱的破坏力。传感器要布设在其不同壁面，测试大小不同的冲击波，最终综合评估其威力[31]。传感器安装与壁面平齐。由于炸点不固定，智能传感单元的量程按照所估计的最大量程选用。图8-47示出一间爆炸试验空间布设示意图。

2. 测试系统组成

有限空间内战斗部爆炸后智能传感单元经常被废墟掩埋，测试装置和测试数据回收有很大难度。为确保可靠回收测试数据，在智能传感器单元采集存储数据的同时，传感器将数字化后的压力信号数据通过光纤发给在安全区的备份

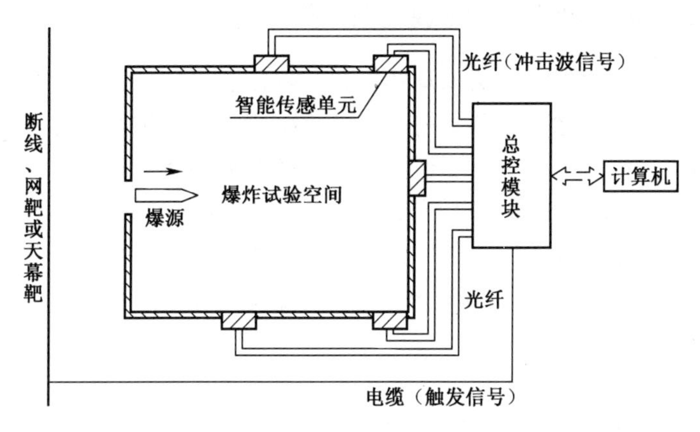

图 8-47　一间爆炸试验空间布设示意图

模块,进行实时数据存储备份[32,33]。测试系统组成如图 8-48 所示。总控模块汇总各测点数据和外触发信号,当外触发信号到来或一定数量的压力测点信号达到预定值,总控模块给所有智能传感单元发群触发命令,所有智能传感单元同时以这一点作为时间基准 0 点。所有智能传感单元都采用负延迟记录方式,都能保存有一定量的触发前的数据。

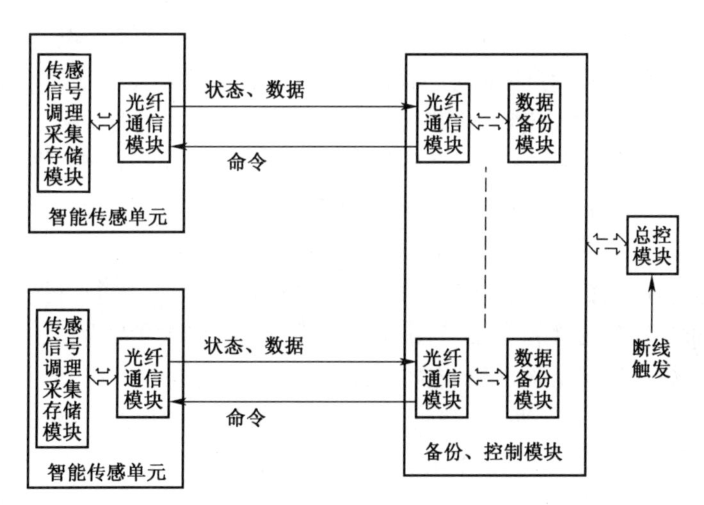

图 8-48　陆地设施爆炸试验测试系统组成框图

对于不重要的试验,出于成本考虑,可能取消图 8-48 中的备份控制模块光纤通信系统。笔者不建议这样做,每次试验最宝贵的是准确的测试数据,而被废墟掩埋的智能传感单元一般是战斗部爆炸的那个试验空间,为节省开支而损失宝贵的爆炸压力过程数据达不到试验的目的。

8.6.3 海上舰船毁伤试验测试系统设计

舰船毁伤试验为考核导弹、炸弹、鱼雷等对舰船命中准确性、毁伤能力及舰船抗攻击的能力,一般攻击目标选定为舰船的机舱、弹仓等要害部位。但由于远程攻击命中精度不一定能达到预期目的,在舰船的要害部位的邻舱也需要布置测点。舰船受到攻击后可能随时沉没,沉没方式多种多样,安装的测试数据浮箱不一定能及时漂浮起来,也可能在一定期间后随海流漂浮到远方[33,34]。为此在本书第 2 章图 2-5 提出一种最复杂的布局与布设方案。本节对此方案加以说明。

1. 总体布局

总体布局如图 8-49 所示。①两种分布式智能传感单元,海上船舶毁伤试验时,爆炸的毁伤已经不是常规的爆炸冲击波场的毁伤作用,更主要的是爆炸近场(贴近爆炸物的爆炸产物场,详见本书第 9 章)的毁伤作用。在靶船舱室内一般难以测到爆炸的入射冲击波信号,尤其是在爆炸的邻舱,由于舱室的分割,基本上无法测到冲击波信号。在实际测试时,每一个测点安装一个爆炸冲击波测试智能传感单元和一个振动测试智能传感单元。分别布设到预定攻击弹药命中仓位及若干邻舱,在需要布设的部位焊接安装底座;智能传感单元都装定到最高量程;智能传感单元具有高速采样、实时存储及逐采样点实时光纤传输到舰艏及舰尾的备份存储主控浮箱的功能;有自触发及集总触发功能,自触发时向舰艏(或舰尾)主控浮箱发出本测点触发状态报告,以便主控浮箱形成群触发命令。②舰艏及舰尾各设一个备份存储浮箱,图中为主控制与备份单元。其中一个为主控浮箱,各浮箱实时存储各个测点智能传感单元通过光纤传来的采样数据,存入相应的非易失存储器;主控浮箱具有群触发控制功能。③无线通信功能,备份浮箱都有无线电台,在测控中心的无线电台控制下设定必要的测试参数,命令各备份浮箱在准备测试时,关闭备份浮箱的无线电台以避免爆炸电磁干扰,爆炸后各备份浮箱自动开启无线电台,测控中心通过无线电台向两个浮箱备份单元点名呼叫,被呼叫备份浮箱通过加密机发出本备份浮箱记录的每一个测点的测试数据。④浮箱可以在海上长期漂浮,为保密设有定时自毁装置。⑤触发功能,采用双重触发机制,迎弹面张挂断线触发网,同时每一个测点都有内触发功能,触发网断线或任一个测点发生触发事件都将形成群触发事件,作为多测点的公共时间 0 点[33]。

2. 智能传感单元的布设

舰船爆炸试验是运动弹药在有限空间内爆炸,是反射式冲击波测试。智能传感单元的布设需要直接焊接,传感器敏感面无法与舱壁齐平。另外船舱内设

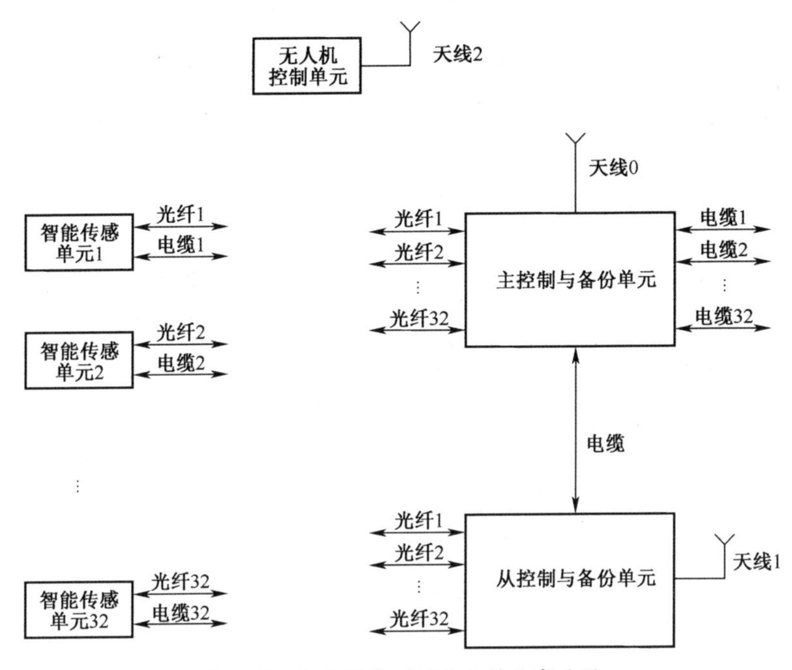

图 8-49　舰船毁伤测试系统总体布局图

备众多,很难找到大块平面,图 8-50 为一靶船的机舱内部及智能传感单元布设照片,并排布设了一个压力测试单元和一个振动测试单元。在这种情况下,测点的布设主要考虑能得到测试冲击波对关键设备的毁坏能力的测试数据。

图 8-50　某靶船机舱内照片

3. 系统组成

1) 主控制与备份单元组成框图

主控制与备份单元其组成框图如图 8-51 所示,由控制模块、备份存储模块、无线通信模块、通信接口、显示模块、人机接口模块、备份通信接口、电缆、光纤组成。控制模块作为控制核心,负责管理智能传感单元的上下电、参数配置、触发控制,完成备份存储模块的数据读取、擦除操作。

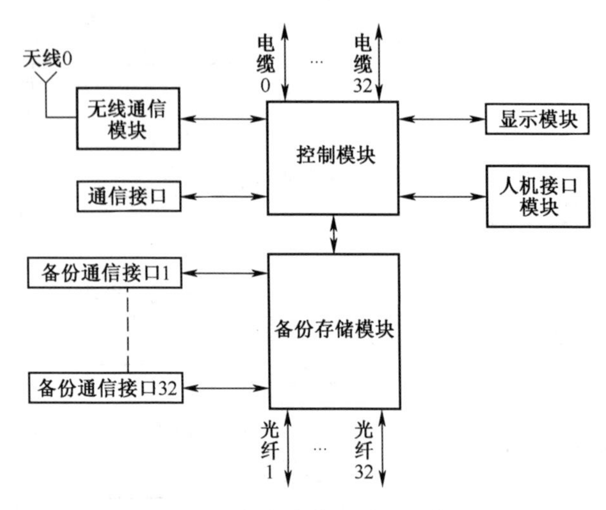

图 8-51 主控制与备份单元组成框图

2) 智能传感单元组成框图

智能传感单元完成非电量信号的变换、模拟信号的前端调理、数据编码、数据加密、数据实时发送、数据存储、数据安全保护工作,其组成框图如图 8-52 所示。智能传感单元接收主控制与备份单元的指令完成上下电、参数配置、数据擦除,并将本单元的状态反馈。

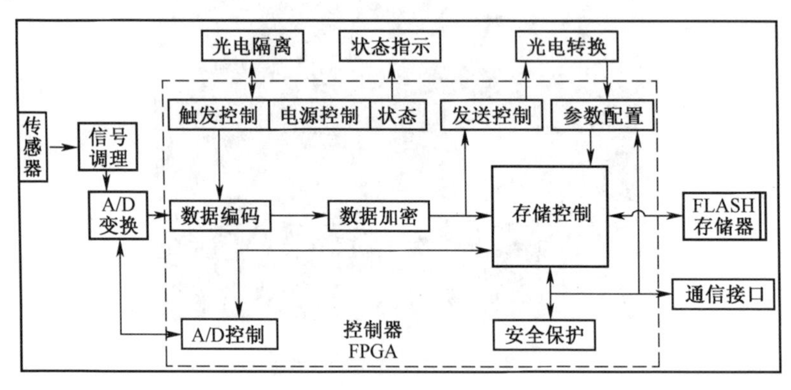

图 8-52 智能传感单元组成框图

图 8-53 智能传感单元的机械结构示意图,机械结构设计主要考虑了操作的便利性、密闭防水能力、抗电磁干扰能力、爆炸时船体的高频振荡等问题。

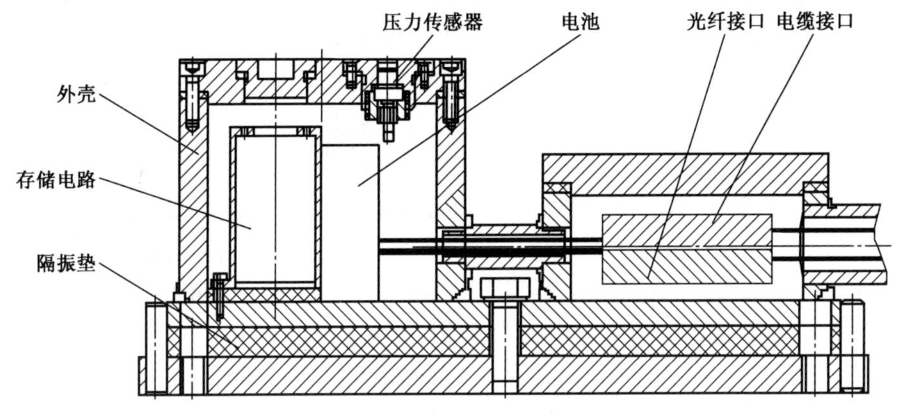

图 8-53　智能传感单元机械结构图

4. 系统工作状态图

1）主控制与备份单元工作状态图

舰船冲击波超压测试系统中主控制与备份单元工作状态关系如图 8-54 所示，主要有 8 个状态：低功耗状态、参数配置状态、状态监测状态、控制锁定状态、数据锁定状态、数据读取状态、数据擦除状态、数据自毁状态。

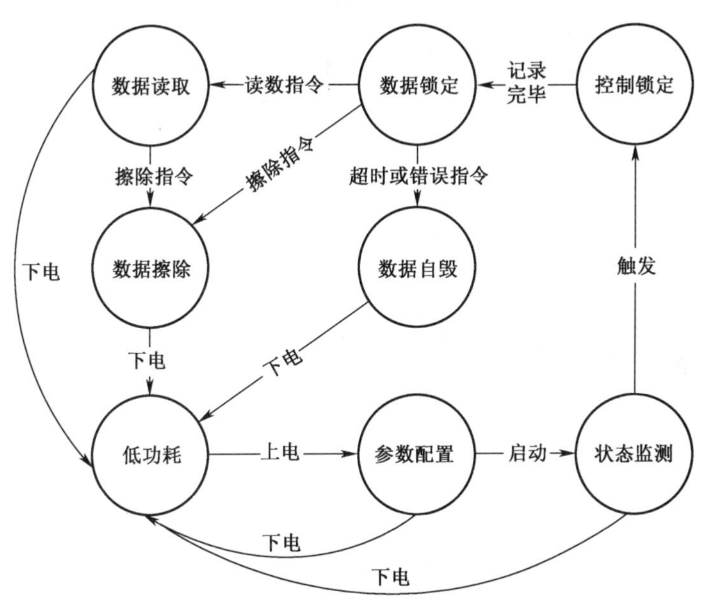

图 8-54　舰船冲击波超压测试系统状态图

低功耗状态下仅电源管理部分工作，装置处于休眠状态；参数配置状态负责对智能传感单元进行采样频率、量程、延时自毁等参数的配置；状态监测状态完成接收智能传感单元的数据并进行编码、解析判断触发信息、数据存储，同时检测触发控制电缆通断并结合接收到智能传感单元内触发信息给出统一触发信号；控制锁定状态是系统统一触发后，所有控制信号状态固定，按键及接口功能关闭，仅备份单元接收数据并存储，直到存储器设定容量记录完毕；数据锁定状态下备份不能够写入新的数据，仅能对已存储数据进行读数、擦除操作；从备份单元记录完毕开始计时到设定值后不对其发送正确的自毁停止指令，或接口上多次出现错误指令时就自动进入数据自毁状态，该状态下控制器自动将存储数据进行擦除操作；数据读取状态时控制器根据读数指令将备份单元闪存中存储的数据输出；数据擦除状态指控制器将备份单元闪存中存储的数据进行擦除。

2）智能传感单元工作状态

智能传感单元的工作状态关系如图 8-55 所示，由低功耗状态、参数配置状态、负延时循环采集状态、顺序采集状态、数据锁定状态、数据读取状态、数据擦除状态、数据自毁状态组成。

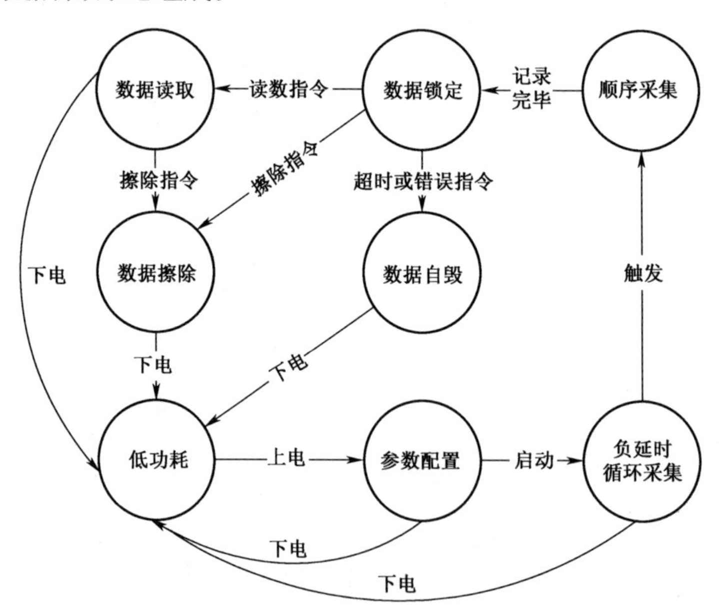

图 8-55 智能传感单元状态图

低功耗状态下仅电源管理部分工作，装置处于休眠状态；参数配置状态指接收到配置指令后对采样频率、量程、自毁延时等参数完成设置；负延时循环采集状态下，数据在特定存储单元中循环记录，并实时将存储数据串行化后经光纤输出，并根据数据的幅值和触发控制电缆的信号跳转到顺序记录状态；顺序记录状态下实时发送数据，并在顺序记录容量到达后停止记录；数据锁定状态下存储器不能够写入新的数据，仅能对已存储数据进行读数、擦除操作；从存储器记录结束开始计时到设定值后不对其发送正确的自毁停止指令，或接口上多次出现错误指令时就自动进入数据自毁状态，该状态下控制器自动将存储数据进行擦除操作；数据读取状态下控制器根据读数指令将备份单元闪存中存储的数据输出；数据擦除状态指控制器将闪存中存储的数据进行擦除。

5. 数据采集存储设计

1）数据编码

模数变换器将模拟量变换成数字量后，为方便数据处理对其进行编码处理。针对单通道压力测试，数据信息主要有内触发信息、外触发信息、采样频率、采集数据。在每次 AD 转换完数据后就进行数据组合，数据定义如表 8-10 所示。由于采用的 Flash 存储器数据接口为并行 8 位接口，因此，将 16 位数据分解为低 8 位 D7，…，D0 和高 8 为 D15，…，D9 分两次进行存储。

表 8-10　数据定义表

D15	D14	D13	D12	D11	…	D0
外触发标志	内触发标志	采样频率位		12 位 AD 采集数据		

触发标志编码信息的含义如表 8-11 所示，触发标志初始状态为 0，当该触发标志变为 1 表示该类触发已经发生。计算机软件通过外触发位作为系统时间基准 0 点，即当多条冲击波曲线进行对比，求取冲击到达各个测点的时间时，以外触发标志第一次为 1 时作为 0 时刻，根据采样频率获得采样点的时间间隔，再由采集数据点数乘以采样时间间隔获得确定冲击波到达时刻。

表 8-11　触发标志定义表

外触发标志/D15	内触发标志/D14	含义
0	0	未触发信息
0	1	仅内触发作用了
1	0	仅外触发作用了
1	1	内外触发均作用了

采样频率位的定义如表 8-12 所示，采样频率默认最高采样频率 1MHz，计算机软件通过识别这两位信息，可以准确获取智能传感单元每个数据点的采样频率信息。

表 8-12　采样频率位含义表

采样频率标志/D13	采样频率标志/D12	采样频率
0	0	1MHz

（续）

采样频率标志/D13	采样频率标志/D12	采样频率
0	1	500kHz
1	0	100kHz
1	1	50kHz

2）Flash 高速数据存储

NAND flash 作为存储介质已广泛应用于存储测试，它有以下特点：非易失性、功耗小、寿命长、密度大、成本低、抗震动、抗冲击、宽温度范围。存储芯片选用三星的 K9F1G08，存储容量为 128MB，读写按页进行操作，擦除按块进行控制。每页容量为 2KB，每块由 64 页组成，其页编程时间最大 700μs（典型时间 200μs），擦除一块的最大时间为 2ms（典型时间 1.5ms）。

在舰船的超压测试中，存储电路启动到超压信号到来时间可能长达数小时，电路的采样频率 1MHz，经编码后的数据码率达到 2MB/s。由于其自身按页来写和读，块擦除的结构特征，决定了其单片存储器不能高速连续写入数据，如何在低功耗小体积条件下对其快速有效存储是关键技术。冲击波测试具有在冲击波信号到来前采集的信号为电路基线，冲击波有效作用时间在几毫秒内的特点，电路采用触发前循环记录，触发后顺序记录的结构，循环记录容量设为 16MB，顺序记录容量设为 32MB。循环写满一块存储器时，需要对下一块先擦除再写数据，考虑到控制命令、坏块检测、块擦除等的时间消耗，其总时间需为 3ms 左右，这就需要缓存采集的数据量为 6KB 左右。采用 Flash 存储器流水结构需要至少 4 片才能满足要求，会造成体积偏大的问题。存储电路采用 FPGA 内部 8KB 的 FIFO 作为数据缓冲，一片 Flash 存储器作为存储介质在 FPGA 控制下完成连续数据的写入。

6. 数据光纤实时发送设计

1）数据光纤传输数据格式

智能传感单元的光纤是单芯双向传输的，用来接收备份控制单元发送的控制指令和输出编码后的采集数据。

由于备份控制单元的控制指令对传输速度没有过高的要求，采用标准 UART 通信协议。为了降低功耗，在发送指令前先发送一个 0x00 的数据来将休眠状态下的智能传感单元唤醒，采用的波特率 9600b/s，保证智能传感单元的电源控制通过低电平中断从休眠状态唤醒并为接受控制指令做好准备。

冲击波测试过程中连续采集的数据通过光纤实时发送时，为确保实验过程中智能传感单元与备份控制单元的数据具有同步性，希望采集一个数据的间隔就要完成数据的发送。而光纤收发模块传输的是串行数据，为了在最小的系统波特率条件下发送完数据,在标准 UART 协议的基础上,制定了专用通信协议,并通过 CPLD 硬件编程完成数据发送。由于智能传感单元采用聚合物锂电池供电,受到体积的限制,电池容量有限,在工作电压一定的条件下频率与功耗成正比,为降低传输波特率,采用降低传输数据位数的方法。自定义异步串行数据格式如图 8-56 所示,由 1 位起始位、16 位数据、1 位结束位构成。采用自定义的异步通信协议比标准 UART 协议减少 1 位起始位和 1 位结束位,从而传输数据位数为标准协议的 90%。同时为使波特率降到最低,波特率设为采样频率的 18 倍,即每采集 1 个数据点的间隔恰好将数据发送完毕,从而有效降低电路的功耗。

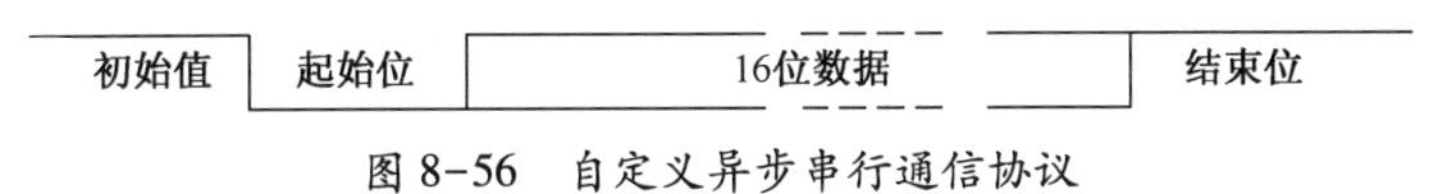

图 8-56　自定义异步串行通信协议

2）光纤传输模块

由于存储电路采用的是 TTL 电平,为降低电路的复杂程度和功耗采用兼容 TTL 输入电平接口,传输速率≥18Mb/s,传输距离≥1000m 的光纤模块。

本设计选用单纤双向 20MHz TTL 收发一体光模块如图 8-57 所示,其具有 FC 尾纤型光接口、多模光收发一体模块、单+3. 3V 供电、接口电平兼容标准 TTL 电平和 CMOS 电平、标准 1×9 管脚封装、-40～+85℃。发射器件工作波长为 FP 多模 1310nm、接收采用平面结构 InGaAsP PIN 探测器,其工作波长为 1550nm。

图 8-57　单纤双向 20MHz TTL 收发一体光模块实体图

参 考 文 献

[1] 李顺波,东兆星,齐燕军,等. 爆炸冲击波在不同介质中传播衰减规律的数值模拟[J]. 振动与冲击, 2009,28(7):115-117.

[2] JIII 奥尔连科. 爆炸物理学[M]. 孙承纬,译. 北京:科学出版社,2011.

[3] HORALD K H. Measurement and evaluation of blast overpressure during F-15A crew station vulnerability assessment test, AL-TR-1992-0033[R], 1992.

[4] 乔登江．空中爆炸冲击波(I)基本理论[J]．爆炸与冲击,1985,5(4):78-86.
[5] 黄正平．爆炸与冲击电测技术[M]．北京:国防工业出版社,2006.
[6] 北京工业学院八系《爆炸与其作用》编写组．爆炸与其作用(下)[M]．北京:北京理工大学出版社,1985.
[7] 张挺．爆炸冲击波测量技术(电测法)[M]．北京:国防工业出版社,1984.
[8] 北京工业学院一系 831/811 教研室合．爆炸物理基础[M]．北京:北京工业学院,1974:445.
[9] 张连玉,王令羽,苗瑞生．爆炸气体动力学基础[M]．北京:北京工业学院,1987.
[10] XA 拉赫马杜林．激波管(中册)激波管参数的计算与测量[M]．北京:国防工业出版社,1965.
[11] 刘永安,盛利元,周一平．大学物理(上册)[M]．长沙:中南大学出版社,2001.
[12] 国家质量监督检验, JJG 624-2005. 中华人民共和国国家计量检定规程动态压力传感器[S]．北京, 2005.
[13] 贝克 W. E. 空中爆炸[M]．江科,译．北京:原子能出版社,1982.
[14] 王连炬．温压炸药综合毁伤效应分析与评价[D]．南京:南京理工大学,2007.
[15] 杨生辉,唐彦峰,刘祥凯,等．核电磁脉冲对车辆装备电控系统辐照效应研究[J]．军事交通学院学报,2010,12(4):46-51.
[16] 王书平,刘尚合,侯民胜．核电磁脉冲对单片机系统的辐照效应研究[J]．军械工程学院学报,2002,14(1):11-15.
[17] 张继坤,李传应．滤波技术在核电磁脉冲防护中的应用研究[C]//第十三届全国核电子学与核探测技术学术年会．西安,2006:133-135.
[18] 尤文斌,祖静．冲击波异常数据的分析[J]．弹箭与制导学报,2009,29(6):204-210.
[19] 杜红棉,祖静,张志杰．压阻传感器 8530B 闪光响应规律研究[J]．测试技术学报,2011,25(1):78-81.
[20] 杜红棉．空中爆炸冲击波测试技术研究[D]．太原:中北大学,2011.
[21] 杜红棉,祖静．常用冲击波传感器动态特性研究[J]．弹箭与制导学报,2012,32(2):214-216.
[22] 张衍芳,杜红棉,祖静　冲击波信号后期处理方法研究[J]．工程与试验,2010,50(4):15-18.
[23] 郭炜,俞统昌,李正来,等．冲击波压力传感器灵敏度的动态校准[J]．火炸药学报,2006,29(3):62-64.
[24] 杜红棉,祖静,马铁华,等．自由场传感器外形结构对冲击波测试的影响研究[J]．振动与冲击,2011,30(11):85-89.
[25] 尤文斌,马铁华,丁永红,等．冲击波测试系统的动态建模及应用[J]．高压物理学报,2014,28(4):429-435.
[26] 张远平,池家春,龚晏青,等．爆炸冲击波压力测试技术及其复杂信号的处理方法[C]//中国仪器仪表学会第九届青年学术会议．合肥,2007:324-327.
[27] 杜红棉,祖静．无线冲击波超压测试系统研究[J]．火力与指挥控制,2012(1):198-200.
[28] 王伟,丁永红,尤文斌．爆炸场参数探测头抗电磁干扰性研究[J]．计算机测量与控制,2014,22(2):486-488.
[29] 许其容,尤文斌,马铁华,等．基于无线控制的爆炸场多参数存储测试系统[J]．电子器件,2014(2):307-310.
[30] 李亚娟,尤文斌,杨卓静,等．无线控制的负延时存储测试方法[J]．探测与控制学报,2011(4):15-18,22.
[31] 杜红棉,王燕,祖静,等．导弹动爆对模拟船舱毁伤效果试验研究[J]．高压物理学报,2011,25(3):

261-267.
[32] 许其容,尤文斌. 毁伤场参数存储测试备份系统的设计[J]. 传感器世界,2013,19(11):7-9.
[33] 丁永红,尤文斌,马铁华. 舰用动爆冲击波记录系统的设计与应用[J]. 爆炸与冲击,2013,33(2):194-199.
[34] 丁永红,尤文斌,张晋业. 舰用动爆振动记录装置的设计与应用[J]. 弹箭与制导学报,2012,32(5):147-148,151.

第9章　油、气井下射孔压裂动态参数测试技术

9.1　动态完井技术简介及井下动态参数测试要求

复合射孔技术(Compound Perforating)和高能气体压裂技术(High Energy Gas Fracturing 简称 HEGF)都是利用火药或推进剂在井下爆燃产生的高温高压气体脉冲压裂地层，形成连通油、气井与地层的多个径向伸展裂缝，解除近井地层损害，是有效的油气田增产措施[1,2]。复合射孔和高能气体压裂(以下简称射孔/压裂)作用过程包括：聚能射孔弹形成金属射流并在井管壁及岩层上穿孔、火药燃烧、压井液体运动、高能气体在孔眼及裂缝中流动、岩石变形及裂缝扩展等，作用机理极其复杂[3]。它的作用效果直接关系到该施工井的产量，但是如果工艺不当会对油、气井本身形成损害，甚至还有可能导致井的报废，造成很大的经济损失，必须对其作用机理进行深入研究。在工程应用的基础上，国内外对射孔/压裂工艺的作用机理有一定的认识，急需定量的直接的井下实况数据和参量的指导。目前，射孔/压裂器具的设计还主要以地面水泥靶试验结果和现场井下实施效果做参考[4]。但工程应用中储层环境复杂，要指导一口井的射孔/压裂设计，尤其是压裂源火药装药设计，增大现场施作成功率，提高油、气井产量，必须准确掌握井下爆燃荷载瞬态特性、油、气井岩层破裂压力等关键特征信息[5,6]。井下射孔/压裂过程信息获取对分析射孔/压裂的完井效果，改进含能工具的系统设计，制定优化的施工工艺等都有重要意义。

9.1.1　射孔过程简介

聚能射孔弹是油—气井完井作业中使用的一种火工器材。它由带有锥形聚能穴的炸药装药、金属药型罩及壳体等构成，引爆后利用爆炸聚能效应产生金属射流来完成井壁岩石穿孔作业。

以某型射孔弹为例，其基本结构如图9-1所示。

聚能射孔弹通过导爆索引爆，爆轰并产生聚能效应。聚能效应即炸药爆炸后，爆炸产物在高温高压下基本沿炸药表面的法线方向向外飞散，在聚能罩凹槽轴线上使炸药爆炸释放出来的化学能集中起来，形成一股汇聚的，速度、压强和温度极高聚能罩金属射流[9]，穿透井管及固井水泥环，并在岩石中形成通道。

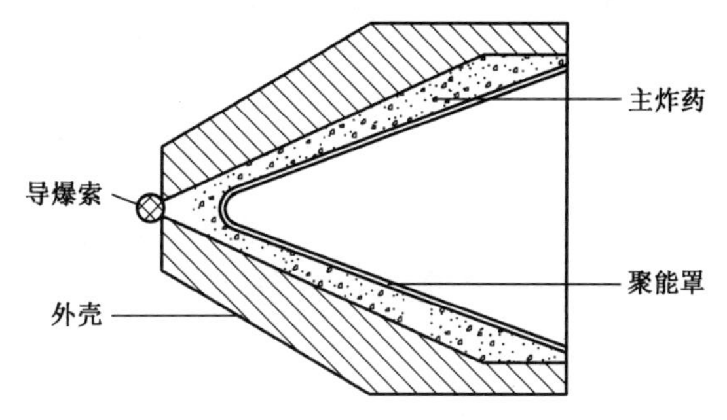

图 9-1 聚能射孔弹的结构示意图

为了适应油气田开发的需要，相关单位研制开发了复合射孔/压裂器。其工作原理为：射孔器内除按螺旋线排列的射孔弹外，还安装火药，利用炸药、火药燃速差，一次施工完成射孔和高能气体压裂两道工序，提高了工作效率。图 9-2 为井下射孔施工示意图。

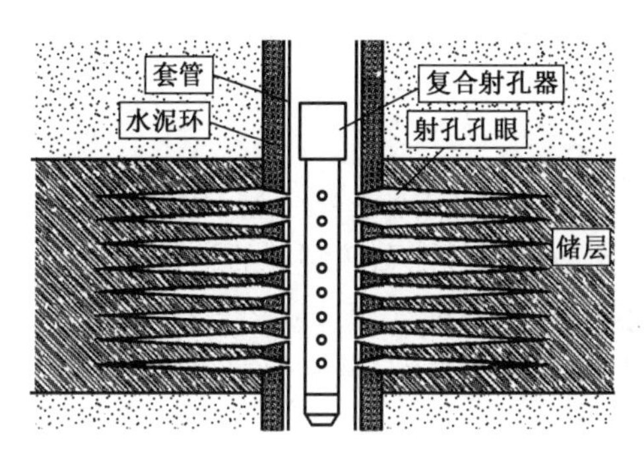

图 9-2 井下射孔施工示意图

9.1.2 高能气体压裂

高能气体压裂(HEGF)又被称为爆燃压裂，高能气体压裂技术[3-6]采用的主要装药为火药或推进剂。是使推进剂或者火药在井底迅速燃烧，从而生成大量的高温高压燃气，燃气沿着射孔孔眼进入地层，压裂出多条径向裂缝，并且沟通天然的裂缝。在 HEGF 过程中，可以解除近井带由于射孔、钻井等施工措施所造成的污染和堵塞，达到改善近井带渗流能力以及油、气井增产，注水井增注的目的。

高能气体压裂技术在国内已有几十年的发展历程，部分单位开展了压裂机理的基础研究，但是因为涉及到多学科交叉，技术问题复杂，基础研究薄弱等情况，有待进一步完善。

目前，国内外 HEGF 新技术有[6-11]：可控脉冲爆燃压裂技术、无壳弹爆燃压裂技术、有壳弹爆燃压裂技术、液体药爆燃压裂技术、深穿透复合射孔技术等。

9.1.3 井下恶劣测试环境分析——动态参数测试要求

油、气井下射孔和高能气体压裂工艺是伴随着火炸药爆炸燃烧，射流穿透套管、近井水泥环和岩层，生成的高能气体压裂岩层等复杂物理化学作用过程。该过程中井下环境参数变化剧烈，动态压力 30MPa ~ 140MPa，压力上升时间从小于 10μs 到几个毫秒，冲击加速度达到上万 g，如果药量控制不好有可能发生炸毁井壁、炸裂射孔器外筒等事故，造成很大的经济损失，迫切需要对射孔器内压力过程、射孔/压裂井下环空压力过程、压裂后井内压力恢复过程等过程进行实时测试。

井下测试仪器面临以下恶劣环境。

(1) 温度高：可以估计为距地表每下降 1000m 温升 30 ℃，7000m 深井井下温度可达到 200℃。井下测试仪器往往需要在井下放置数天，井下温度经常远超普通电子仪器和电池的工作温度的上限，电子仪器及电池的耐高温是首先应解决的难题。

(2) 静压大：在 5000m 深井中，静压超过 50MPa，加压时达到 130MPa。

(3) 空间狭窄：井筒内径和射孔压裂器的外径间的环空十分狭窄。

(4) 与井上通信和供电困难。

这些恶劣环境是井下测试仪器研制必须解决的难题。

9.2 井下动态参数信号特征

9.2.1 射孔器内信号分析

井下射孔过程是起爆各爆炸序列，形成爆炸产物并作用于地层的过程。在射孔弹引爆之后，炸药爆轰形成金属射流，温度可达 3000℃ ~ 5000℃，金属射流穿透射孔器、套管和固井的水泥，进入地层，建立起地层和井筒之间的通道，随后压裂火药持续燃烧，产生持续高压，使得储层从射孔孔眼处产生多方向扩展的裂纹，清除射孔压实带，穿透井周钻井损害，形成渗流通道[12-17]。

在射孔器内狭小的密闭空间中，射孔弹装药以猛炸药为主，使用黑索今(RDX)做成导爆索引爆射孔弹，在炸药内形成爆轰波，爆轰波传播速度 8000m/s 以上，在聚能罩的轴线方向形成瞬间压力高达 20GPa ~ 40GPa 的金属射流。

1. 引爆两射孔弹之间的间隔时间

内置式复合射孔器是由射孔弹和火药装药按照一定的相位和距离在弹架上通过导爆索连接，由射孔弹、弹架和导爆索组成，其连接示意图如图 9-3 所示。

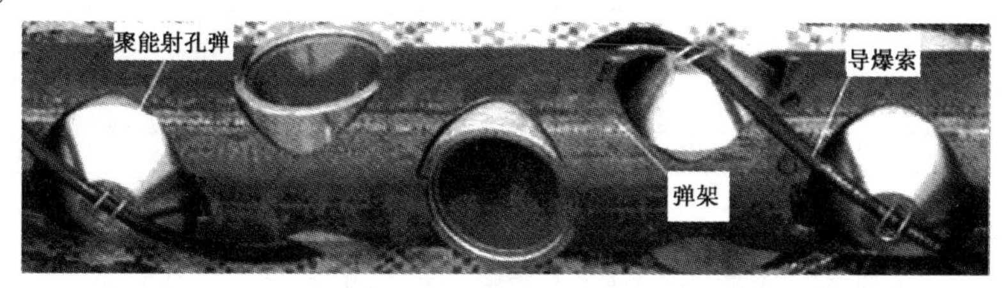

图 9-3　射孔弹与弹架连接图

图 9-3 所示为 4 英寸(101.6mm)射孔器中射孔弹在弹架上安装图，为了计算射孔弹之间的导爆索长度，将两发射孔弹的连接用图 9-4 表示。

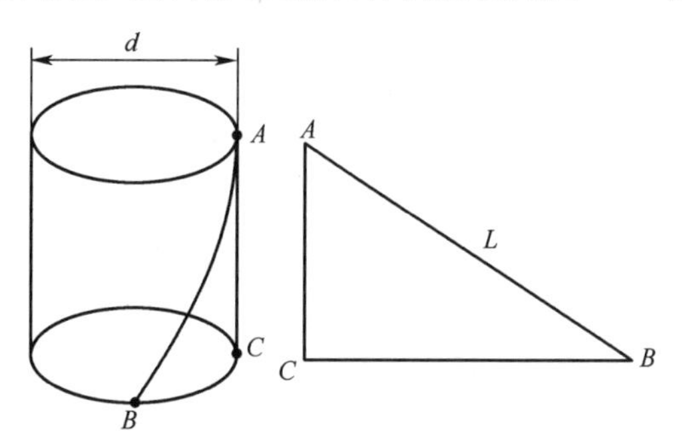

图 9-4　射孔弹连接示意图

图 9-4 中 A 点为一发弹所在位置，B 点为相临弹所在位置，AC 为两射孔弹中心点的垂直距离，$\overset{\frown}{AB}$的弧长 L 为所要求的导爆索的长度，对于该射孔器，射孔器每米长度上射孔弹数量 16 发，分为 4 个相位，射孔弹由导爆索顺序起爆。射孔器弹架的直径 $d=62\text{mm}$，可得出 $L=79\text{mm}$。

通常射孔弹和导爆索所采用的主体炸药为 RDX。RDX 炸药的传爆速度为 7800m/s ~ 8000m/s[18]，在此取 7900m/s。两发弹的间隔时间为 $t=0.079\text{m}/7900\text{m/s}=10\mu\text{s}$。

2. 射孔弹的爆炸特性

爆炸能量来自于炸药，能量主要以光、热和做功的形式释放，其中炸药的爆轰压力为密度和爆速的函数，示于式(9-1)

$$p=\frac{1}{4}\rho D^2 \tag{9-1}$$

式中：p 为爆轰压力；D 为炸药的爆速；ρ 为炸药的密度。

可以看出爆轰压力与炸药密度和爆速的平方成正比，炸药的密度和爆速[12]是决定爆轰压力的主要因素，表 9-1 为同一炸药不同密度下的爆速。

表 9-1　某种炸药在不同密度下的爆速

炸药密度/g/cm^3	爆速/m/s
0.74	5160
0.90	5600
1.40	7150
1.70	8140

图 9-5 示出某射孔弹的剖面示意图。以该弹在 4 英寸射孔器内的爆炸为例，孔密为 16 孔/m，炸药为 RDX，装药密度取为 1.8g/cm^3，根据式(9-3)可以计算其爆轰压力约为 30GPa。射孔弹的结构尺寸在图 9-5 中给出：图中 A 点位于起爆点，B 点为炸药燃烧完点，炸药爆轰 A 到 B 点的距离约为 40mm，爆轰波的传播速度为 8000m/s，结合图中尺寸可以计算得出：单发射孔弹由导爆索起爆到爆轰完毕需要时间约为 5μs。

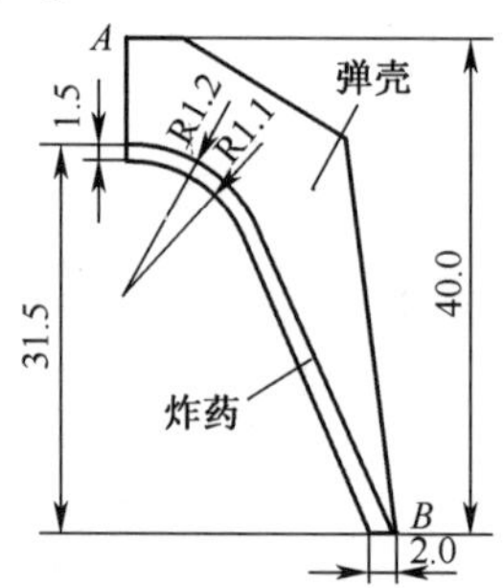

图 9-5　射孔弹剖面示意图（单位 mm）

射孔器内爆炸和燃烧过程是一个极其复杂的过程，射孔弹爆炸后的能量大部分用于射流的动能，一小部分用于壳体的膨胀变形和碎片的动能，再一部分用于爆轰产物的内能和射孔器内空气冲击波的能量。射孔弹引爆后形成爆轰波，在强大的爆轰压力下，壳体膨胀变形，向外压缩周围空气介质，当壳体刚发生破裂时，爆轰气体产物瞬间绕到壳体外面以强冲击波的形式向周围传播。在等熵条件下，对于爆炸产生的初始冲击波可以用以下公式获得相关参数[13]。

$$\begin{cases} D_x = \dfrac{2}{K_a + 1} u_x \\ p_x = \dfrac{K_a + 1}{2} \rho_a u_x^2 \\ u_x = \dfrac{D}{\gamma + 1}\left\{1 + \dfrac{2\gamma}{\gamma - 1}\left[1 - \left(\dfrac{p_x}{p_h}\right)^{\frac{\gamma-1}{2\gamma}}\right]\right\} \end{cases} \tag{9-2}$$

式中:K_a 为空气的等熵绝热指数(对强冲击波 $K_a = 1.2$);ρ_a 为空气的初始状态密度;p_x 为爆炸冲击波波阵面压力;u_x 为爆炸产物的飞散速度;D_x 为冲击波初始传播速度;p_h 为爆轰波波阵面上的压力;γ 为爆轰产物的多方指数,取 $\gamma = 3$。

对于材料为中碳钢的射孔弹外壳,当其壳体半径膨胀到原半径的 1.5~2.0 倍时开始破裂,在这里取 RDX 的密度为 1.8g/cm^3,柱型壳体半径膨胀到原来的 1.5 倍,根据计算可得:$D_x = 7645$m/s,$u_x \approx D = 8140$m/s,$p_x = 94$MPa。

9.2.2 射孔器内压力信号模型

射孔器内作用的冲击波是一种机械波,符合波的特性,存在着反射、衍射以及波与波之间的干涉等现象,在本节的理想模型分析中,忽略这些因素。在射孔过程中,射孔弹通过导爆索顺序起爆,结合上面分析:两发相邻射孔弹之间的起爆时间间隔为 10μs,而单发射孔弹的爆轰时间为 5μs。假设单发射孔弹的爆炸冲击波为一半正弦信号,以 16 孔/m 射孔器为例,1m 射孔器有 16 个半正弦的脉冲,并且以每发射孔弹爆轰完毕所产生的初始冲击波压力为 94MPa。射孔器内冲击波预测信号如图 9-6(a)所示,其归一化幅频特性如图 9-6(b) 所示。

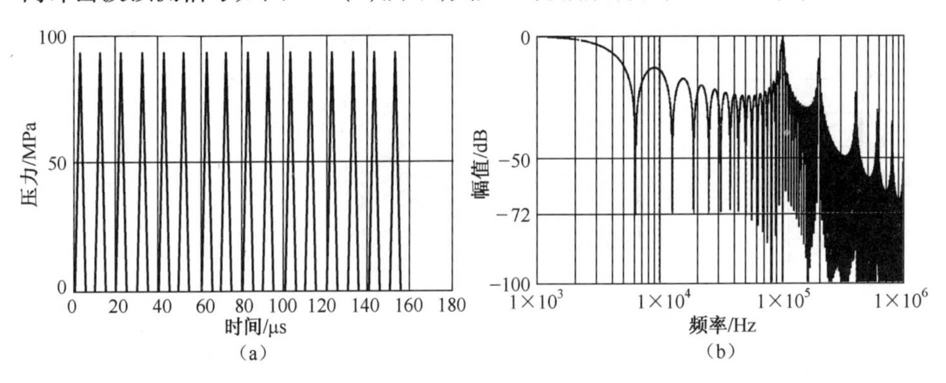

图 9-6 射孔器内压力预测信号及其归一化幅频特性

(a)压力信号;(b)归一化幅频特性。

由图 9-6(b)可以看出,按照本书绪论所述确定信号最高频率分量原则,理论射孔器内冲击波压力信号的最高频率分量最少要定为 1MHz,为准确测取其动态参数,采样频率要在 10MHz 以上为宜。笔者所在科研团队曾数次测试射孔器内动态压力,发生测试装置受压变形,及 600MPa 压电晶体传感器损坏等现象。初步分析,原因之一是射孔器内压力过程不单纯是爆炸冲击波过程,包含爆轰波产物形成的高压场,其幅值远超过按冲击波计算的 94MPa;原因之二是压电晶体传感器的谐振频率>240kHz,陡峭的大压力上升前沿造成晶体损坏。正在研制高频响的锰铜压力传感器,以取得实测的射孔器内压力过程。

9.2.3 复合射孔/压裂过程环空压力信号理论分析

1. 射孔过程对环空的作用

射孔过程是每发射孔弹产生的超高温超高压超高速射流射穿井管壁,及水泥封灌保护层和紧贴井壁的岩石,或其他含油气地质构造的过程。射孔过程是射孔弹一发一发地起爆,持续约 0.2ms(对 1m 射孔器)。本书在分析过程中引用图 9-6(a)的压力过程。

2. 压裂过程对环空的作用

射孔过程一开始就引燃压裂的火药,火药燃烧过程的上升前沿需 1ms~3ms 达到压力的峰值,经多次实测大约在 100MPa 以下。随着含油气层被压裂和射孔/压裂前井管内灌满的水被高压气体向井管上部推挤,压力逐步下降,直到压裂的火药燃烧完毕,整个过程持续约 10ms~30ms(有的装药结构会超过 1s)。

为研究方便,以图 9-6(a)和一个火炮的膛压曲线(峰值压力定为 100MPa,下降沿展宽)合成一个模拟的射孔/压裂过程环空压力模型,分析其特征。图 9-7(a) 展示前 0.5s 模拟波形,几乎看不到射孔信号;图 9-7(b)展开前 1ms 信号波形,可以清楚地看到 16 个射孔波形及缓慢上升的压裂信号。图 9-8(a)

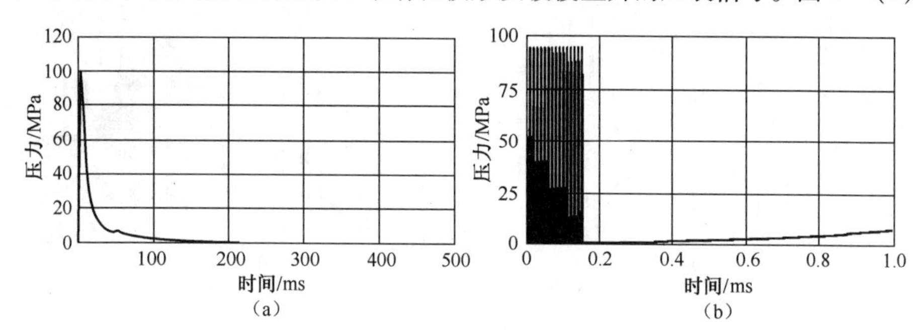

图 9-7 模拟的射孔/压裂环空压力信号

(a)前 0.5s 展开图;(b)前 1s 展开图。

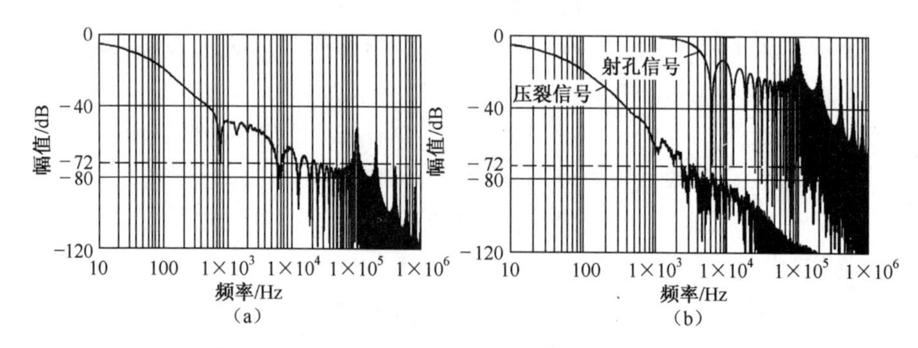

图 9-8 图 9-7 归一化幅频特性及分开的射孔和压裂信号的幅频特性

(a)图 9-7 归一化幅频特性;(b)射孔和压裂信号的幅频特性。

展示图 9-7 信号的归一化幅频特性，根据本书第 1 章的论述，图中标有 -72dB 线，为能看出 16 个射孔波形，信号最高频率分量应定为 300kHz，应以此设计环空压力测试仪器。图 9-8(b) 分别展示纯压裂和纯射孔的频率特性，若单纯为测出压裂信号过程，信号的最高频率分量可定为 3kHz。若为看清射孔信号的细节，信号的最高频率分量定为 1MHz 比较合适。

本节的论述为射孔/压裂环空压力测试及测试系统设计提供了指导性建议。

9.3 井下动态多参数测试系统设计

9.3.1 系统总体设计

井下实时实况信息获取系统主要由采集环空压力、加速度、温度、电池电压等参数的环空多参数测试系统(智能传感单元)及射孔器内动压测试系统(智能传感单元)组成，信息获取总体框图如图 9-9 所示。为了保证高温、高压、高冲击环境中测试的可靠性，研究了缓冲机理、电路强化灌封工艺、高压及破片环境中的防护，保证了智能传感单元在恶劣环境中工作的可靠性。

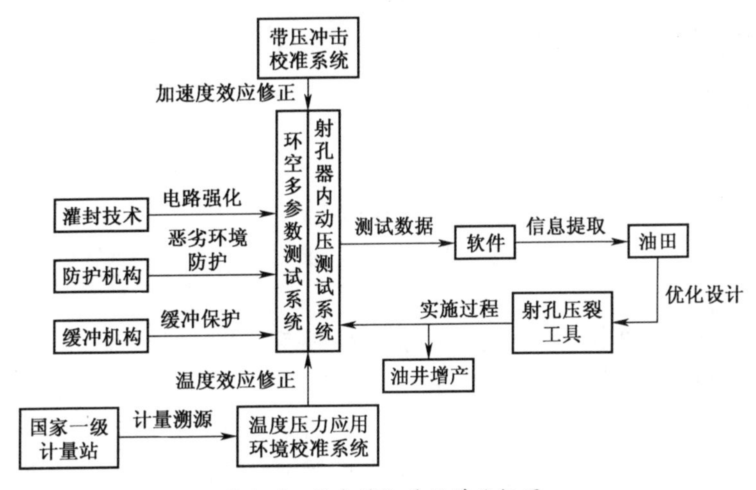

图 9-9 信息获取系统总体框图

智能传感单元在恶劣环境中的实际测试精度受环境参数的影响比较大，常规的校准理论和校准方法不能解决高温高压同时存在，高压与高冲击同时作用的这种复合恶劣环境中的测试精度问题。为此研制了模拟井下温度压力环境的动态校准系统(模拟油井准静态校准装置)，完成温度效应的修正，以及带压冲击校准系统，使井下作用过程中高冲击带来的误差得到有效修正。

环空多参数测试系统与射孔器内动压测试系统的测试数据包含了火炸药爆燃、地层高压破裂、裂缝楔劈扩展等关键信息。在获取测试数据的关键信息后,必须结合射孔/压裂机理进行深层次的解读和信息挖掘。这些关键信息反馈给油田后,相关的技术人员据此对射孔/压裂工具的参数进行优化设计,提高其对油、气井储层的作用效果,达到增产的目的。

智能传感单元动态特性设计

(1) 射孔器内测压器设计原则。根据 9.2.2 节所建射孔器内压力过程信号模型,为完整准确获得射孔器内压力过程参数,压力信号的最高频率分量应≥1MHz,采样频率应在 3MHz 以上,最好能达到 10MHz;量程 1000MPa;传感器的响应频率应在 2MHz 以上。

(2) 射孔/压裂环空测压器设计原则。根据 9.2.3 节所建射孔/压裂环空压力过程信号模型,为完整准确获得射孔/压裂过程参数,压力信号的最高频率分量应≥300kHz,采样频率应在 1MHz 以上;量程应在 200MPa;传感器响应频率应在 1MHz 以上。

(3) 单纯压裂环空测压器设计原则。根据图 9-8(b),单纯压裂信号的最高频率分量在 10kHz 以下;采样频率在 50kHz 以上;量程在 200MPa;传感器响应频率应在 200kHz 以上。

根据上述原则,可按照本书第 1 章设计测试系统(智能传感单元)的静、动态特性。

9.3.2 耐恶劣环境结构设计

1. 环空多参数测试智能传感单元结构设计

油、气井射孔/压裂过程受到高温、高压、高冲击测试环境剧烈影响,必须解决以下方面。

(1) 高压高冲击。设计的结构能抗静压 50MPa,动压 200MPa,并能承受 50000g 的冲击加速度。整套机械装置必须克服高压冲击的作用,给内部电路电池提供一个常压环境,为传感器提供稳固支撑。为了满足设计的高强度要求,以及抗井内液体酸碱盐,以及伴生的 H_2S 的腐蚀,采用特殊钛合金材料。

(2) 耐高温。目前针对 5000m 井深以内的油井,按照耐温 150℃设计。采用能在 150℃下工作的运算放大器、集成电路、专用电池、特制的氟橡胶 O 型圈等。

曾研究带不锈钢板杜瓦瓶,智能传感单元放置在内置蒸馏水中,利用水的汽化热 2260kJ/kg 的超大蓄热量吸收透过杜瓦瓶的热量,设置氯化铵室吸收水蒸气,可以在 220℃环境温度下保持 10 天以上而智能传感单元的温度在 100℃,

可在 7000m 深的深井中工作 10 天以上。

(3) 小体积。由于井筒尺寸限制，测试系统外部径向尺寸受到严格限制，对电路、电池、传感器都有空间位置限制。

油、气井环空多参数测试系统结构如图 9-10 所示。

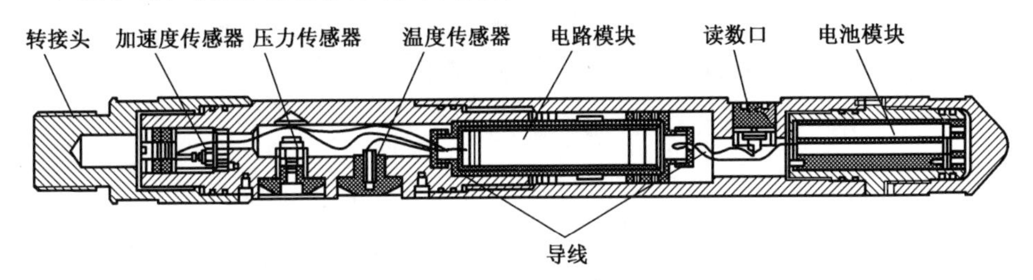

图 9-10 油、气井环空多参数测试系统装配图

该系统主要由转接头、外部壳体、加速度传感器、压力传感器、温度传感器、电路模块、读数口、电池模块、相应的密封元件等组成。其中转接头与射孔/压裂工具直接相连。工作时，所有单元密封成一体，结构紧凑，操作方便。

这种结构的测试系统在油、气井下实况测试中获取了大量测试数据，工作可靠，操作简便。在 150℃ 加压到 200MPa 整体密封良好。实物照片见本书绪论图 0-13。

2. 射孔器内动压测试单元结构设计的若干问题及爆炸近场压力测试问题

射孔器内压力信息获取过程中，其环境存在超动态高压、射孔弹体碎片、高温、碰撞等强作用在微秒量级的时间内同时发生和存在[15]。在复合射孔中，除了射孔弹爆炸产生的各种效应，还有随后发生的毫秒量级的火药压裂的压力效应[16~18]。国内对射孔器内压力的测量进行过有益的探索，如文献[19]中是使用地面拉线的方法测试了单发射孔弹一块压裂药饼的作用曲线，这种测试方法无法进行井下实测，与实际工作环境有一定的差距。本节设计的射孔器内动压测试系统是在不对射孔器结构进行任何修改情况下，可以安装在任一射孔弹所在的位置进行地面或井下实际射孔动态信息获取的测试装置。

根据所查资料的射孔器内试验的压力测试结果，我们可以知道射孔时内部压力在 200MPa 到 1000MPa 之间[31]。因此所设计的壳体须能够承受 1000MPa 的压力。

以目前油田上常用的 4 英寸型射孔器为例，主要相关结构尺寸为：

内径：82mm；

外径：101.6mm；

弹架直径：62mm；

装弹孔直径：52mm。

壳体设计时要保证两点:①测试系统的直径小于射孔弹安装孔,保证智能传感单元能够直接放在弹架射孔弹位置上。②能够横向放置在射孔器内。其机械结构、实物图以及装配示意图如图 9-11、图 9-12 所示。

该结构在射孔器内部安装可靠,并且在模拟火炮膛压的装置里进行了压力测试实验,测试到峰值 320MPa 的数据。由于现有压电晶体传感器不适应射孔器内压力测试,正在研制高压高频响的锰铜压阻传感器。

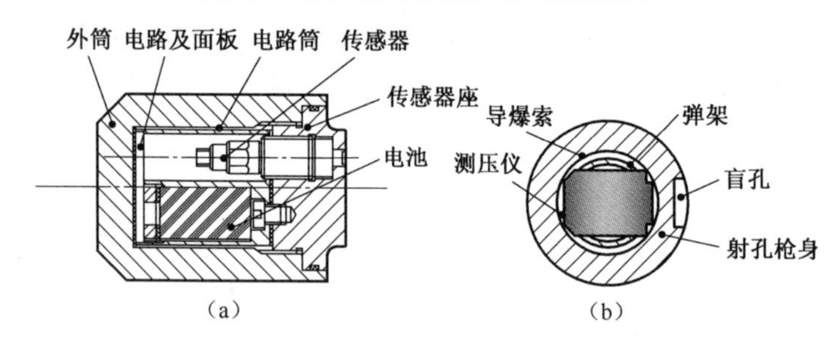

图 9-11　射孔器内动压测试系统机械结构及安装

(a)机械结构;(b)装配示意图。

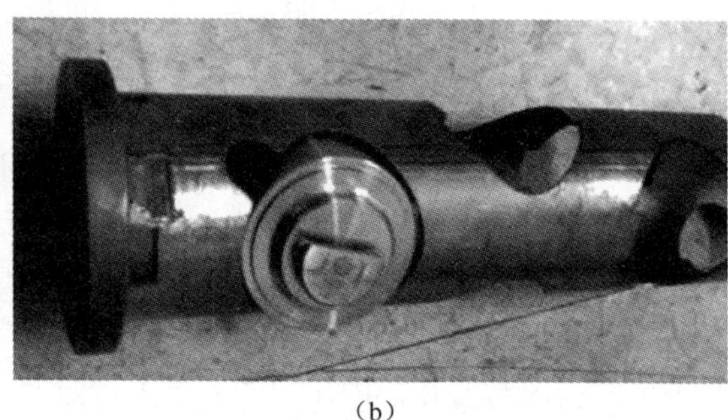

(a)　(b)

图 9-12　动压测试单元实物及在射孔器弹架上安装图

(a)测试单元;(b)安装图。

3. 爆炸近场压力过程的实时实况测试问题

爆炸在炸药中以爆轰波的形式发展,在远离爆源一定距离后形成空气冲击波场(空气激波),本书第 8 章较深入地论述了爆炸空气冲击波测试问题。在贴近炸药处是爆炸近场,是爆炸形成的超高压、超高速、超高温的爆炸产物场,射孔器内压力测试属于爆炸近场测试问题,在国防科技上这是一个十分重要的课题。其关键技术之一是锰铜压阻传感器,现在有一些单位如电子科技大学、中国工程物理研究院等在研究锰铜压阻传感器[41],能测量的压力可达 100GPa,响应时间在纳秒级,可望成为产品。急需研制一种 5GPa 以下,产品化的锰铜压阻传感器,应用于炸药近场压力测试。本章所述智能传感单元结构,有望实现爆炸近场压力过程的实时实况测试。

9.3.3 环空多参数系统设计

本章9.2节及9.3.1节分析了环空多参数系统的动态信号特征和对测试系统的要求，可以分成两类，需要测取射孔和压裂环空压力动态参数，及单纯测试压裂过程环空动态参数。测试电路按照上述主要技术参数要求参照本书第1章设计。本节只述及单纯测取压裂过程环空动态参数的系统设计问题。

对测试系统（智能传感单元）的要求：满足耐高温（150℃），高压（静压50MPa，动压210MPa），高冲击（±50000g），微体积，低功耗等条件，可靠获得从地面装配、下井、压裂、恢复及上井等全过程测试。

油、气井环空多参数测试系统（智能传感单元）的原理框图示于图9-13。

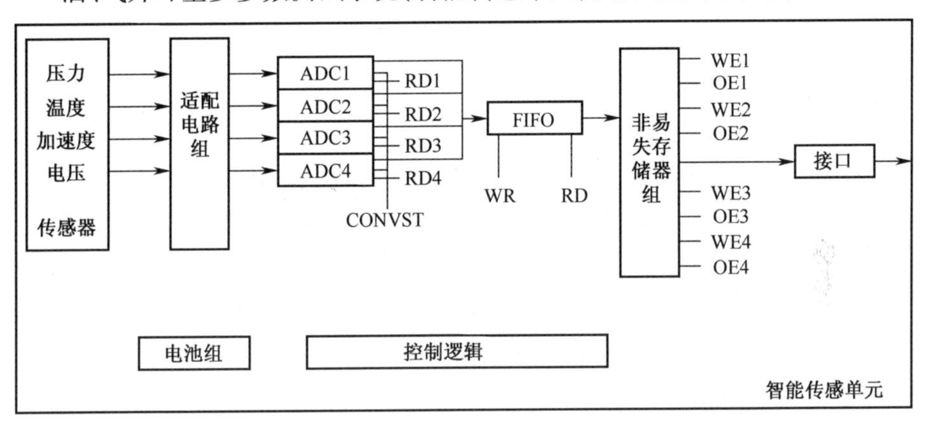

图9-13 油、气井多参数测试系统（智能传感单元）原理框图

其主要技术指标如表9-2所列。

表9-2 油、气井环空多参数测试系统性能表

参　数	指　标
分辨率	12bit
下井过程采样频率	1Hz
射孔/压裂过程采样频率	125kHz
压力恢复采样频率	500Hz
下井~射孔/压裂过程记录长度	4×512kW
射孔/压裂后压力恢复记录时间	17min
压力测量范围	0~210MPa
总记录长度	4×1MW
触发方式	内触发

（续）

参　数	指　标
频响范围	0~10kHz(压力)
加速度测量范围	±50000g
温度测量范围	-40℃~150℃
电池组工作时间	>100h
测量误差	2%FSO

环空多参数测试系统上位机软件采用模块化结构设计及软面板显示技术，可完成读取数据、显示回放、定标、触发压力编程、打印等功能。

9.4　测试系统可靠性技术

9.4.1　射孔器内动压测试系统防护

1. 测试系统的安装位置

射孔器内压力测试环境苛刻(高压、高温、高冲击、破片)，空间狭小，给测试带来了很大困难。需要合理利用内部有限空间，在不修改现有结构的情况下，占用一个射孔弹的位置和空间安放测压器是合适的，不改变射孔弹架的结构，安装方便，传感器处于射孔器的中部，位置适合测试需要。图 9-14 为环空压力多参数测试系统、射孔器内动压测试系统与射孔弹的装配示意图。

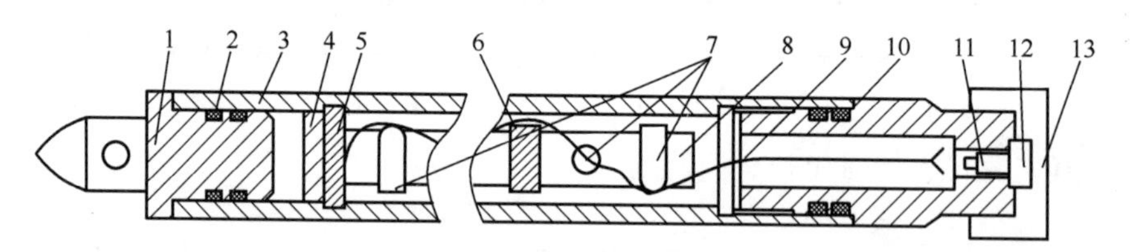

图 9-14　环空压力多参数测试系统及射孔器内动压测试系统与射孔器总体装配结构图
1—环空多参数测试系统；2—密封圈；3—外筒；4—挡板；5—定位器；6—射孔器内动压测试系统；7—射孔弹；8—弹架；9—导爆索；10—密封圈；11—雷管；12—密封导爆器；13—压帽。

2. 防护结构

为防止射孔弹爆炸碎片撞击射孔器内动压测试系统，采用图 9-15 所示防护结构，如图 9-14 所示射孔器内动压测试系统安装在射孔器的中部，则需在射孔器内动压测试系统两边都安上防护结构。在以前的测试试验中曾采用平板式防护结构，由于防护结构与测试系统为线接触，受压后压应力过大，发生测试系统局部塑性变形，现改为防护结构与测试系统面接触形式，避免了其壳体塑性变形。

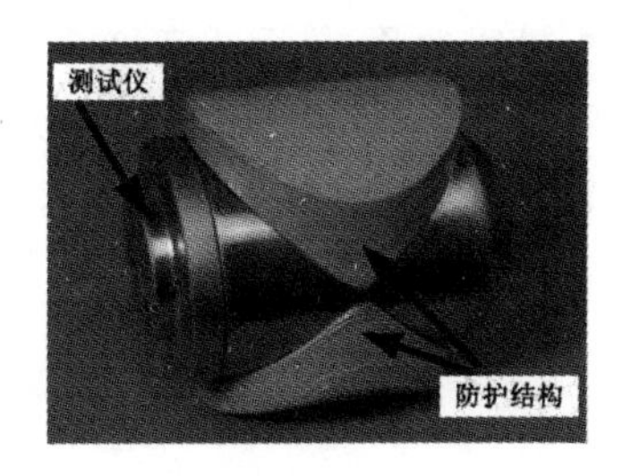

图 9-15　射孔器内动压测试系统的防护结构

9.4.2　电路抗高冲击强化灌封技术

1. 缓冲机理分析

电子线路灌封或缓冲材料进行缓冲的过程实际上就是能量吸收的过程,以减弱和隔离高加速度对电子线路的冲击。灌封材料如环氧树脂、硅橡胶和聚氨酯泡沫塑料为高分子聚合物,具有典型的黏弹性;当它受到外力时,一方面分子链与分子链之间会产生滑移,另一方面分子链本身也会发生变形;当外力除去后,分子链之间的滑移不能完全复原,产生永久性变形,所做功变为热量,显示出材料的黏性性质;而变形的分子链要恢复原位,释放外力所做的功,表现出材料的弹性性质,所以这些材料吸能是储能和耗能效应的综合[21,22],这就是高分子材料的能量吸收机理。

图 9-16 为环氧树脂 5010 应力应变曲线,包括 3 个阶段:弹性变形 $A \to B$,屈服平台 $B \to C$,材料压实区 $C \to D$。从图中可以看出材料在压实以前经过了一个较长的屈服平台,这个性质决定了材料具有吸能缓冲作用。而且由于平台值比较低,材料在被压实之前不可能传递高于平台值的力。

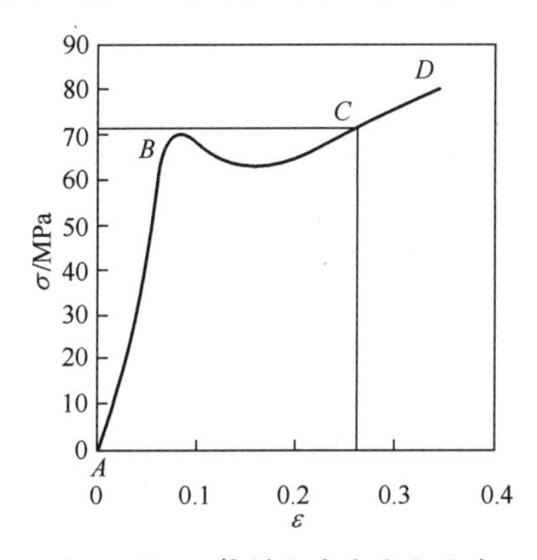

图 9-16　环氧树脂应力应变曲线

对不同种类的材料缓冲吸能性能作出正确评价,是选择灌封或缓冲材料的前提,可以用吸能曲线和能量吸收图表示低密度多孔材料的吸能特性[23],见图 9-17。这两种曲线由实验测得,首先测出材料应力应变曲线,曲线上屈服平台区下所围的面积即为材料受力过程中所吸收的能量,用 E 表示材料的吸能率,I 表示理想吸能率,其数学表达式为

$$E = \int_0^{\varepsilon_m} \sigma \cdot \mathrm{d}\varepsilon / \sigma_m \tag{9-3}$$

$$I = \int_0^{\varepsilon_m} \sigma \cdot \mathrm{d}\varepsilon / (\sigma_m \cdot \varepsilon_m) \tag{9-4}$$

式(9-3)、式(9-4)中: ε_m 为任意应变; σ_m 为与应变相对应的应力。

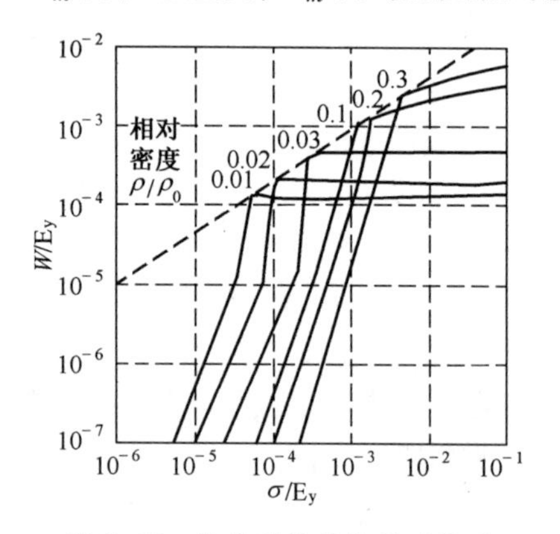

图 9-17　泡沫材料的能量吸收图

从中可以看出吸能率 E 与材料所吸收的能量和应力的比值有关,即 E 等于应力应变曲线所包围的面积 S 与对应应力 σ_m 的比值。理想吸能率 I 是指压缩过程中真实泡沫材料在任意应变下所吸收的能量,与理想吸能材料在相同应变下吸收的能量的比值;当吸能率达到最大值时,缓冲材料的吸能特性最好;吸能率最高点的应变与压实应变很接近[24]。

显然,E、I 值越大,材料的吸能特性越好,所谓的吸能曲线是指吸能率图(E-σ_m)和吸能理想图($I-\sigma_m$)。当需要综合了解缓冲材料在不同密度、应变率条件下的最佳吸能状态点时,应借助于能量吸收图;能量吸收图表示了某一密度范围内单位体积泡沫塑料吸收的能量与峰值应力的关系。如果选择了临界损伤应力,能量吸收图给出不超过应力峰值而吸收最大能量的泡沫材料的密度[23]。图 9-17 为文献[23]给出的聚氨酯泡沫塑料的能量吸收图(环氧树脂材料也有相似的能量吸收图),E_y 为基体材料的杨氏模量。

应力波衰减与弥散机理。缓冲的原理是利用缓冲材料的弹塑性变形及阻尼作用,减弱由于载体加速或减速运动而作用于电子线路上的力,使电子线路承受的过载峰值小于其脆值(美军标 304 中为 $40g$~$59g$)。除了起到缓冲减振

作用以外,缓冲材料还能有效地隔离或衰减载体与目标撞击时的应力波[24]。常用的灌封材料波阻抗低,仅有钢材的 0.001~0.0001 倍,当冲击波从弹性载体透射到灌封材料中时,应力幅值减小 0.001~0.0001 倍;另外由于这些材料的黏弹性效应和横向惯性效应,使得应力波在传播过程中会发生幅值衰减和波形弥散。在聚氨酯泡沫塑料的 SHPB 冲击实验中看出透射波形的长度远远超过入射脉冲的长度,透射波的强度幅值较入射波的小许多;也就是说泡沫塑料在应力波加载条件下具有很好的缓冲效果,应力波强度通过试件后会产生较大的衰减,并且泡沫塑料的密度越小,这种效果越明显。

2. 灌封材料的改性

高分子聚合物灌封材料在固化过程中要产生收缩(环氧树脂为 1%~2%,聚酯树脂收缩率可达 3%~4%),收缩产生内应力使灌封体开裂倾向增加[25]。因此在配方设计中对树脂、固化剂、填料的选用和用量都要作相应的考虑,尽可能降低收缩率[26]。

应力的产生来自两方面:一是树脂系统在固化过程中产生收缩,从而对器件产生收缩应力,应力的大小正比于固化收缩率;另一方面是由于在灌封体中树脂系统(灌封材料)和灌封件(多为金属材料)温度膨胀系数有较大差异,当温度剧变时就会产生热应力。内应力的大小,可由式(9-5)进行计算

$$\sigma_{内} \cong (\Delta L_s + \Delta L_a \times E_r) \cong [\Delta L_s + (a_r - a_m)(T_t - T_r)] \times E_r \quad (9-5)$$

式中:$\sigma_{内}$是内应力;E_r 是树脂弹性模量;ΔL_a 是树脂与嵌件线膨胀系数差异产生的形变;ΔL_s 是树脂固化收缩形变;a_r 是树脂系统的线膨胀系数;T_r 为室温;T_t 是灌封件在高温状态下的温度;a_m 是嵌件线膨胀系数。

由式(9-5)可以看出,内应力大小与固化产物的弹性模量、收缩率、线膨胀系数、温度差等有关。

为减小环氧固化产物的内应力,要注意固化剂、填料和偶联剂的选择。①加入纳米填料,可以减少固化放热与固化收缩率,提高环氧固化物的韧性,大幅度降低灌封料的线性膨胀系数,从而降低内应力,有效地防止开裂。②酸酐(特别是液体酸酐)固化剂加入后放热峰小、固化收缩小。酸酐除具有优良的工艺性、力学、电气性能和耐热性外,与环氧树脂交联时放热峰较为平缓,没有副产物生成,成为灌封用固化剂的首选。③偶联剂的加入可有效地改善填料在环氧基体中的分散性,提高灌封体系中填料的用量,降低固化体系的内应力[27]。

选择井下电路模块的灌封材料应为高温固化型环氧灌封材料,固化收缩率小,长时间处于 150℃ 条件下表面阻抗不小于 0.499×10^{11},且线性膨胀系数小,该灌封材料应选择用液体酸酐作为固化剂,SiO_2 粉末为填料,而偶联剂优先选择硅烷类偶联剂。

在灌封材料中加入纳米碳管具有很好的增韧效果,这主要因为:粒子与基体之间能产生大量微裂纹,材料受冲击时,可吸收更多的冲击能;同时,纳米碳管的存在使裂纹扩展受阻和钝化,最终终止裂纹不致发展为破坏性开裂;粒子之间的基体也产生塑性变形,吸收能量,从而达到增韧的效果。无填料的环氧树脂固化物的热膨胀系数一般是$(5.0\sim6.0)\times10^{-6}/℃$,而添加硅填料后固化物的热膨胀系数降低到$3.0\times10^{-6}/℃$左右[28]。

3. 真空灌封工艺

灌封技术是把构成电器件的各部分按要求合理布置、组装、键合、连接,在介质未固化前排除空气填充到元器件周围,从而实现与环境隔离和保护等操作工艺。为保证电子设备在高温高冲击的恶劣环境下工作的可靠性,测试系统内的电路模块必须经真空灌封工艺处理。按照以下步骤进行。

(1) 称量混合。按一定的比例分别称取一定量的 A、B 组分搅拌混合均匀。

(2) 真空脱泡。采用真空设备进行排泡处理,在真空干燥箱中进行。真空排泡过程中,胶料内的气体逐渐膨胀上升,最终会冲破胶层溢出,此时,应打开阀门,压力回升,使气泡破裂,然后重复减压、放气过程,直至气泡完全消失。

(3) 试件预热。试件包括电路筒和电路模块,在灌封前要预热至灌封材料相近的温度,避免产生过大的内应力。

(4) 分步灌封。首先将电路模块表面涂一层环氧树脂,测试其在不同温度工作状态;最后将其放在电路筒中真空灌封。

(5) 加压加热固化。固化之前在灌封箱升高压力,这样能够使内部残存的微气泡缩小,同时加大灌封料的密实度,提高灌封质量。在固化时,采用分阶段固化工艺,将大放热峰分解成多个小的放热峰,降低放热峰值温度,从而降低树脂固化温度,同时也可以避免“暴聚”情况的发生。

(6) 常压补胶。电路模块固化后,由于灌封材料固化收缩,所以经常需要补胶。

提高环氧树脂灌封料的性能,有赖于配方设计、电子器件结构设计、工艺等多方面的协力合作,应把它作为一项系统工程予以考虑。

9.5 复合恶劣环境下校准技术研究

9.5.1 恶劣环境引起的误差

测试精度是动态测试的关键问题,它的深入研究与提高对油、气井射孔/压裂技术发展起着至关重要的作用。科学的动态校准对动态测试结果给出准确的评定,是进一步提高动态测试系统精度的依据。通常测试系统在测试前首先进行静态标定,其中影响测试系统精度的主要是传感器,而传感器在静标时是在没有加速度、振动、冲击(除非这些量本身是被测物理量)的标准状态下进行的。

实际动态测试是将传感器及测试仪器的主体放置到被测体上或被测环境中,在被测对象实际运动的过程中实时实况地测取其动态参数[30]。恶劣环境对仪器的可靠性和精度都造成巨大的影响。

有两种环境作用需要考虑,一种是测试系统灵敏度系数随环境参数的变化而改变,如在低温或高温条件下测量压力时传感器的灵敏度与常温下校准时的灵敏度相比可能有变化。另外一种环境作用是测试系统对非需要测量的动态参数的响应系数,如测量环空压力时压力传感器的加速度效应。这两种因素在一个测试过程中同时起作用。这两种动态环境参量对测试系统的作用,称作“环境因子(Environmental Factor)”[31]。

环空多参数测试系统在实验室条件下校准的灵敏度结果接近于传感器的出厂灵敏度及电路灵敏度的综合。针对实际应用,需要按本书第3章的要求进行模拟应用环境下的校准。

模拟应用环境校准旨在解决在高温高冲击同时存在的环境下瞬变高压测试系统的校准问题,提高该恶劣环境中动态高压的测量精度。压力模拟应用环境下校准,首先在与实际测试类似的环境中对压力系统进行多梯次温度校准,得出系统的温度环境因子进而得出实际应用压力灵敏度及压力灵敏度的温度修正函数。获取井下射孔/压裂测试数据后,对于关键的压力信息借助所测的温度数据采用模拟应用环境校准数据进行修正,然后使用加速度实测数据对测试数据进一步修正其加速度效应,得出修正后的压力值。模拟应用环境下校准的测试系统更能反映其在实际测试环境下的特性,这是保证测试系统精度的有力措施。

9.5.2 模拟井下温度压力环境——模拟油井准静态校准技术研究

1. 校准试验系统原理及组成

本实验室针对井下环空多参数测试系统进行模拟应用环境下校准,研制了“石油井下环境温度、压力及高能气体压裂模拟实验校准装置”,如图9-18所示。

图9-18所示装置由以下几部分组成。

(1) 高温、超高压容器。此容器的工作静压力最高为50MPa,承受的脉冲

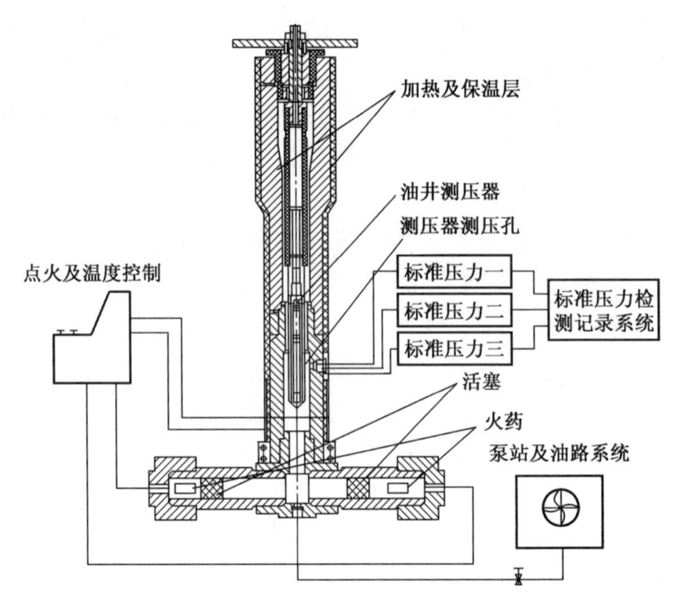

图 9-18　油井模拟实验校准装置的总体系统结构图

压力峰值最高为 150MPa,工作温度最高为 200℃。

(2) 高能气体双脉冲发生器。能够产生峰值达到 150MPa,时间间隔为毫秒级的高能气体双脉冲压力信号。

(3) 泵站、油路系统。用来向容器内输送传压介质,提供容器内常压至 50MPa 的压力值要求。

(4) 加热系统及保温措施。采用电热丝对容器加热,采用温控系统对加热和整个实验过程中的温度进行控制,使容器包覆保温层。

(5) 标准压力检测系统和脉冲控制及 $P-t$ 特性检测、记录系统。包括 3 个经过溯源校准的标准级压力传感器,其后连接有 3 个高精度电荷放大器和高精度瞬态波形记录仪记下 3 个标准 $P-t$ 曲线,按照本书第 3 章的要求及参照本书第 5 章进行数据处理,取其均值作为真值,实现对多参数测试系统进行与实际使用环境相同的高压、高温条件下的动态校准[34]。

油井模拟实验校准系统实物图如图 9-19 所示。

实验时,先将多参数测试系统编程设置并上电,使压力传感器的传压孔和 3 个标准压力传感器孔相对,固定被校测试系统,密封模拟油井。在双脉冲压力发生器中分别放入发射药,然后开始通过泵路给模拟油井内部加静压并对主体部分升温,达到预定初始压力和温度后,通过定时系统对双脉冲压力发生器点火,多参数测试系统触发并记录下压力变化曲线。同时,计算机采集卡记录三路标准 $P-t$ 曲线,取其均值作为真值,对多参数测试系统进行校准修正,实现一

图 9-19　油井模拟实验校准系统实物图

次对多参数测试系统进行与实际使用环境相似的压力、温度条件下的动态校准。在不同温度下对多参数测试系统进行多次校准，分别求出各温度下系统灵敏度[35]。

图 9-20 为油井模拟实验校准装置的虚拟仪器控制界面图，主要完成自动温度控制，自动压力控制，各关键节点温度、压力等参数的显示，起爆控制等功能，实现试验过程的自动化，智能化控制。

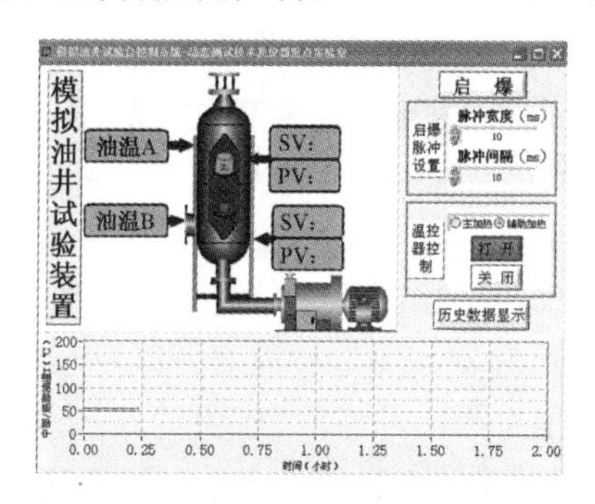

图 9-20　模拟井下环境装置虚拟仪器控制界面

2. 校准数据处理及温度效应修正方法

校准数据处理及温度效应修正按照本书第 3 章，参照第 5 章所述方法进行，在此不再赘述。

9.6　井下动态参数实测与分析

油、气井的复合射孔/高能气体压裂的效果直接关系到该井的产量，这种采用火炸药产生的高温高压气体对含油含气层进行压裂的工艺的影响因素主要有:地层岩石和构造方面(孔隙度和渗透率、地层内液体类型、孔隙压力、弹性模量、裂缝韧性、原位应力等);井眼(液体类型、几何尺寸、套管、已有射孔、桥塞、封隔器等其他设备、施工前压力等);含能工具(射孔器/推进剂类型、详细几何尺寸、能量/燃烧/点火等参数)等。使得压裂工艺的设计变得非常复杂。

针对油气层地质条件,需要针对性研制专用复合射孔器和高能气体压裂弹,其设计过程急需理论的指导和物理模型的建立,而这些都依赖于大量基础数据的测试。本节对不同类型的含能工具和多种典型的施工工艺进行了大量针对性测试,积累了丰富数据。在对数据进行规律总结和信息提取的基础上,研究井下岩石气相动态压裂过程的机理,特别是裂缝扩展的有利条件和影响压裂效果的关键因素,探索进行优化设计的方法是实现油、气井增产所急需的关键技术。

9.6.1 复合射孔/高能气体压裂的关键参量

复合射孔/高能气体压裂主要借助火药产生的高压气体,对井下岩石进行作用,产生沿井眼延伸的多个径向裂缝,并由这些裂缝贯通连接更多的天然裂缝,这就是压裂增产的机理[36-40]。井下工具通过高压气体对岩石的作用最直接的表征量就是环空动态压力,地面模拟井中实验以及理论分析均显示,压力的上升沿对于多裂缝的开裂具有至关重要的作用。压力的上升时间快有助于形成"楔劈效应"压裂岩石,如果压力上升率过于缓慢,只能形成一条类似水力压裂的裂缝,长度相对较短。上升时间定义为从 $p_1=(p_m-p_0)\times 10\%$ 上升到 $p_2=(p_m-p_0)\times 90\%$ 的时间,其中 p_m 是压裂曲线的峰值,p_0 是油井的静压值。压力上升时间受井的类型、装药结构和约束条件等多种因素影响,据经验,无水裸眼井压力上升时间小于 1.2ms、套管井液面下压力上升时间小于 0.4ms,认为有利于形成多裂缝。除了压力上升时间,压力的峰值(峰值压力 p_m)是另一个影响作用效果的指标,压力峰值不能过大以免损坏井壁或套管;也不能过小,小于岩石原位应力不能使岩石开裂。第三个重要指标是动压脉冲的持续时间,持续时间长有利于岩石裂缝扩展,但是超过一定时间之后裂缝增长减速,甚至停止增长,这样过长的持续时间对裂缝扩展作用不大。

9.6.2 井下实测与典型数据分析

为了获取各种类型射孔/压裂工具在多种井下地质条件中的作用效果,针对性地在大庆油田、长庆油田、辽河油田、胜利油田、克拉玛依油田、渤海油田等进行了大量的井下实况测试,取得大量数据,对井下作用过程有了直观清楚的认识。进行了常规射孔、内置式复合射孔、外套式复合射孔、下挂式复合射孔、火药多级燃烧压裂等工艺的实测。本节将以射孔/高能气体压裂工艺类型为依据，选取典型数据结合实际作用物理过程分别进行分析。

1. 内置式复合射孔

内置式复合射孔器在射孔弹之间加装增效火药药饼，工作时射孔弹、导爆索爆炸产生的飞片、冲击波及高温点燃火药，火药药饼的着火点很多，迅速爆燃。

图 9-21 曲线是内置式复合射孔的井下实测曲线，实际射孔井深 1100m，低渗砂岩构造，井内液体为清水，套管钢级 J-55，套管规格 139.7mm，壁厚 7.72mm，直井电缆输送射孔，射孔厚度 2.5m。16 发射孔弹/m，射孔弹类型为 DP44RDX-3，推进剂药饼采用双铅-Ⅱ，安放在各射孔弹之间，药饼直径 49mm，厚度 10mm，装药总重量 1.4kg。

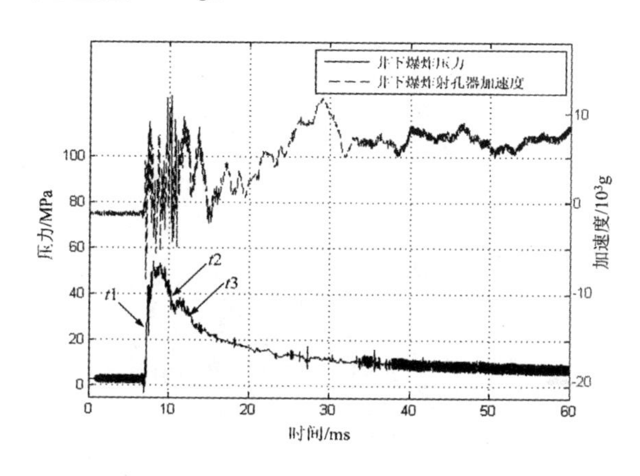

图 9-21 内置式复合射孔井下实测曲线

测试时环空多参数测试系统放置在射孔器的底部，图 9-21 显示 25ms 时间内按 125000 点/s 高速记录的井下实测曲线，下部曲线为环空压力信号，上部曲线为其质心加速度信号。图中下部曲线的时间零点部分是未点火时井内液体的静压。起爆后，射孔弹的炸药爆炸产生的气体在内部多次反射，逐步达到平衡，产生一个初始压力环境。火药被射孔弹爆炸产物点燃开始剧烈燃烧，并产生大量高能气体，在已有的迅速升高压力的影响下，火药的燃烧速度成指数关系上升，在 t_1 时刻高压气体冲出，使环空压力上升。由于环空中充满液体，因此压力上升很快，上升时间约 60μs 达到了峰值压力的 90%，实际上此时输出的气体量并不大。在炸药爆燃压力达到峰值时，火药爆燃产生的大量高能气体使环空压力进一步升高，在图中 8ms 时刻压力达到峰值约 61MPa。随着压力升高，地层被压裂开，大量高能气体进入地层。

此后火药继续燃烧，但是压力却有所降低，特别是 t_2 时刻压力有个较大的突降是由于岩层在高压力作用下产生较大裂缝引起的。t_3 时火药爆燃结束，压力脉冲持续时间约 10ms。此后，随着液柱受推力上升，气体热传导温度降低和体积膨胀，从而导致压力逐渐降低。图中上部的曲线是射孔时记录仪感受到的加速度信号，该加速度信号显示起爆到爆燃结束时，轴向振动剧烈，峰值达到 10000g，爆燃结束后，加速度信号周期变长峰值降低。为了防止内部瞬间压力过大超过外部壳体的强度极限，保证施工的安全，除了射孔弹产生的穿孔外，通常在其壳体上预设压力泄放孔或者铣盲孔增大高能气体泄放面积。图 9-22 是大庆油田内置式复合射孔现场施工图。

图 9-22　内置复合射孔测试现场

2. 外套式复合射孔

外套式复合是将固体推进剂制成圆筒形状，套装在射孔器外围，形成射孔压裂复合装置。该类型的复合射孔的技术特点是：推进剂装配在射孔器外部，直接与井内液体接触；被射孔弹射流点燃后，在井内产生高压气体直接作用于地层，药量设计不受壳体强度的限制；相对于内置式装药，瞬间峰值压力低，燃烧和压力作用时间长，能够有效保护射孔器自身以及套管安全；外套式推进剂必须在一定井液压力作用下才可被聚能射流点燃，本身安全性高。图 9-23 中曲线是大庆油田典型外套式复合射孔/高能气体压裂测试数据。

施工井地层类型为砂泥岩互层，密度$(2.58 \sim 2.70) \times 10^3 kg/m^3$，渗透率 2～5md，孔隙度 12.3，杨氏弹性模量$(1.2 \sim 2.2) \times 10^4$ MPa，泊松比 0.161～0.213。套管尺寸外径 139.7mm，壁厚 7.72mm，套管钢级 P110。射孔段 1689.2m～1691.2m，井温 70℃，人工井底 1900m。在 7 英寸套管中进行复合射孔完井，长度 2.5m，外径 102mm，孔密 16 孔/m。使用外套式固体推进剂内径 103.5mm，外

径 120.5mm,长度 1.5m。

射孔器外套定型药筒,射孔弹射穿地层的过程中引燃药筒中的火药产生高能气体,该气体沿射孔孔眼进行压裂,增大压裂面积。*t*1 时刻起爆后,压力迅速上升,时间约 80μs,峰值压力 71MPa。*t*2 时刻地层开裂导致井内气体被大量吸收,因而压力会有突降。*t*2 时刻之后的压力基本上属于准静态压裂过程,同时推动液柱向上运动。压力大于 30MPa 的总有效压裂作用时间接近 113ms。

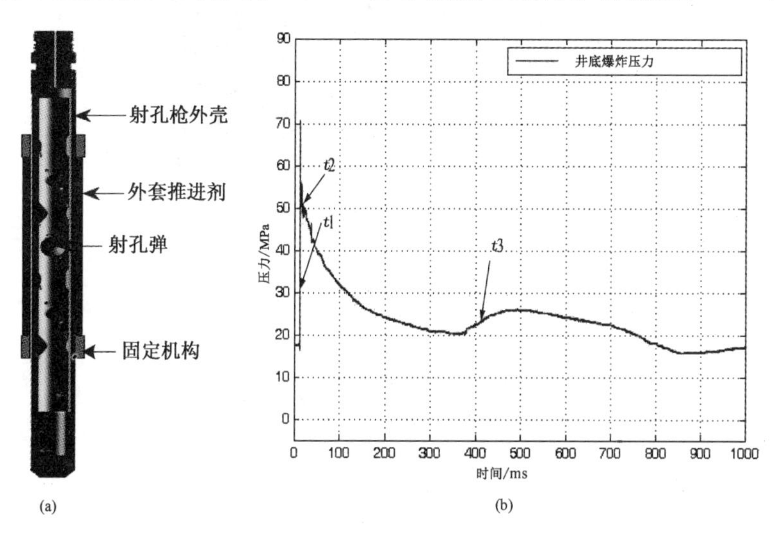

图 9-23　外套式复合射孔原理图及实测曲线

(a)原理图;(b)实测曲线。

380ms 至 830ms 之间的波形是之前的动态压力脉冲传到井底并被反射回来的压力波,我们称其为伴随脉冲,见 *t*3 箭头所指的压力波,该压力波已经发生了较大的衰减。伴随脉冲不是火炸药产生的高能气体的作用的结果,而是主脉冲压力波在液体中向下传播,在井底反射以后再次返回到原位的压力波形。伴随脉冲在传播和反射过程会发生有规律的变化,传播的距离越远(射孔器距井底越远),脉冲的时间间隔就越宽,同时峰值压力就越低。因此我们观察到在射孔层位越靠近井底,伴随脉冲的特征越明显,而且与主脉冲靠的越近,甚至主脉冲作用时间特别长的时候,两者叠加在了一起。

图 9-24 示出复合式射孔/高能气体压裂的施工现场,可以看出在射孔器外套定型药筒的装配情况。

3. 外挂式复合射孔

图 9-25 所示曲线是辽河某井 89 外挂射孔的实测压力曲线,已知作业信息:井深 2254.9m,套管直径 ϕ140mm,射孔厚度 5m。

通过该曲线我们可以看到射孔/压裂过程可以分成 4 个阶段:第 1 个阶段

图 9-24　外套式复合射孔施工现场

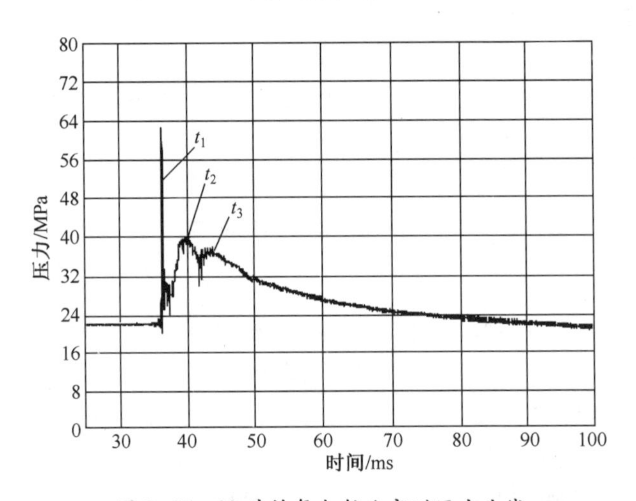

图 9-25　89 外挂复合射孔实测压力曲线

是 t_1 指向的窄脉冲，这是射孔弹爆炸气体产生的，气体压力峰值 62.6MPa，压力持续时间 0.176ms。这个压力过程时间短，峰值高，主要是射孔弹爆炸产生的高压气体作用形成的。第 2 个阶段是从第一个脉冲结束到 t_2 时间点，这个过程是火药燃烧和压力建立过程，这个过程相对比较缓慢，原因是射孔和压裂火药不在一起，压裂火药单独点火，同时第一个脉冲作用过程已经结束，初始压力比较低。第 3 个阶段是 t_2 到 t_3 这个阶段主要是形成裂缝，以及裂缝扩展阶段，可以明显看到由此导致的压力突降。第 4 个阶段是从 t_3 以后，主要是高压气体的膨胀过程。第二个压力脉冲与第一个脉冲间隔时间 1.5ms，压裂压力峰值 40MPa，增效火药燃烧膨胀时间 30ms。

4. 火药多级燃烧压裂

图 9-26 所示曲线是大庆某老井多级燃烧压裂改造的实测压力曲线，改造

层段 1175. 3m～1130. 3m，老井原有射孔井段 1207. 1m～1130. 3m，12 孔/m。

压裂弹一级装药类型双石火药：10MPa/25℃条件下燃速 10mm/s，规格：ϕ55×500mm；装药量：6 发，每发药量 2kg，一级装药量计 12kg。二级装药类型双石火药，10MPa/25℃条件下燃速 7mm/s，规格：ϕ55×500mm，装药量：5 发，每发药量 2kg，二级装药量计 10kg。共用药 11 发，设计总装药量：22kg。设计点火药块：60 块，井内注入清水，液面至地面以下 100m。

在该多级燃烧完井工艺中采用了多级火药压裂技术，地面施工如图 9-27 所示。导爆索被起爆后顺序引燃各点火块，在 t_1 时刻导爆索和点火块产生的气体形成了第一个相对较窄的压力脉冲，如图 9-26 中曲线，持续 2. 25ms，压力峰值 65. 5MPa。之后点火块开始点燃各级火药，在 t_2 时刻第一级火药产生的气体开始升压，压力达到了 30MPa 左右，上升速度 0. 67MPa/ms，持续约 50ms。当井内压力超过地层压力后，大量高能气体进入地层，重新压裂地层。被引燃的慢

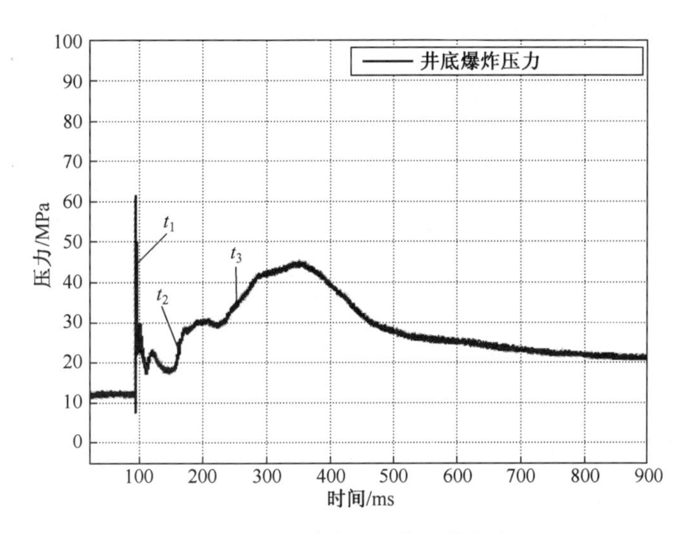

图 9-26　火药多级燃烧压裂曲线

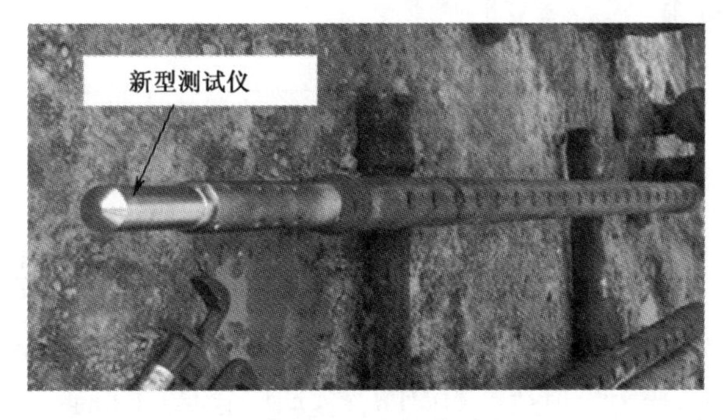

图 9-27　火药多级燃烧压裂弹地面施工图

燃速的第二级火药在一级火药升压的基础上进一步增压，上升速度 0.25MPa/ms，见 t_3 所指的压力上升阶段。在 350ms 时刻压力达到峰值 46.3MPa，火药燃烧基本完毕。之后随着压裂面积扩大，生成的高温高压气柱膨胀，以及温度降低，压力开始逐步降低，大于 30MPa 的火药总压裂时间 305ms。

因为该井是一口水力压裂过的老井，以疏通堵塞、结蜡的已有裂缝为主，其高能气体压裂持续时间较长，在此基础上压裂新的裂缝网络。整个压裂过程除了起爆过程上升沿是微秒级，其他升压过程相对较缓，均为毫秒级，这是火药的燃速决定的。

5. 煤层气井复合射孔曲线

韩城某煤矿开采的某煤层平均厚度约为 5.2m。该煤层属低透气性高瓦斯煤层，其透气性系数仅为 0.039m²/d · MPa，回采水平煤层原始瓦斯压力达 375MPa，煤的瓦斯放散指数平均值达 14，煤层具有突出危险性。

采用的复合射孔器为内置式，射孔器每米 16 发射孔弹，相位 90°，每发弹装药 28gRDX，射孔直径 12mm~16mm，射孔深 1m。射孔层位深度 1150m，井内液体为清水。射孔器总长 3m，内部装压裂药为固体推进剂，总重量为 3kg。套管内径 124.26mm，壁厚 7.72mm。

在韩城煤层气井进行了多次复合射孔实况测试，图 9-28 是其典型的动态压力曲线。

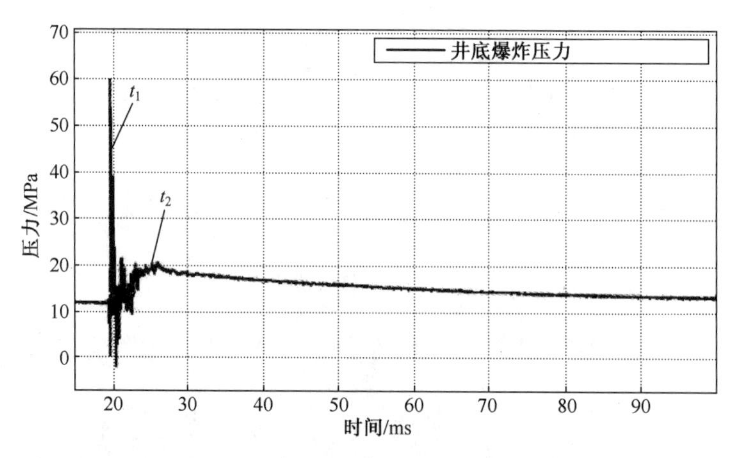

图 9-28　某煤层气井下复合射孔实测曲线

由上图实测曲线可知，复合射孔过程从时间上可以分为两个部分。井内液体产生的静压为 11.5MPa，t_1 脉冲是雷管起爆后，射孔弹内部炸药爆炸生成的气体冲出射孔孔眼到达环空液体中，形成不平衡的动态压力脉冲。这个过程可以称为射孔过程，压力峰值达到 60MPa，持续时间约为 0.8ms。

射孔过程中同时点燃射孔器内火药，到 t_2 时刻，射孔器内部火药被充分点燃，产生大量高温高压气体，该压力使射孔器内部和外部压力逐步升高，由曲线可以看到燃烧持续时间 10ms，峰值压力达到 20MPa。本次射孔的压裂峰值相对砂岩等含油层来讲低很多，主要原因是煤层硬度低，脆性大容易起裂，因而在爆燃过程即有地层起裂，大量气体进入煤层，因而削弱了峰值压力，测试现场如图 9-29 所示。

图 9-29 煤层气内置复合射孔测试现场

6. 数据分析小结

本小节中共对 5 种不同施工工艺进行了分析，各种射孔/压裂工艺作用机理不同，其过程具有各自的特点，分别适用于不同的井况，下面对所分析的各类射孔工艺进行总结。

表 9-5 多种射孔工艺动压关键参数统计

序号	工艺类型	静液柱压力/MPa	上升时间/ms	峰值压力/MPa	脉冲持续时间/ms
1	内置式复合射孔	7.6	0.06	61	10
2	外套式复合射孔	16.3	0.08	71	113
3	外挂式复合射孔	22.1	0.08	62.6	30
4	火药多级燃烧压裂	13.3	140	46.3	305
5	煤层气井复合射孔/压裂	11.5	0.08	60	0.8

常规射孔器不含增效火药，起爆后井下的动态压力脉冲是由射孔弹中炸药爆炸后，生成高速高温高压射流形成的，射孔弹爆炸过程在微秒量级，因此常规射孔压力持续时间比较短。根据目前测到的数据，长度小于 4m 的射孔器压力

脉冲时间 0.2ms~0.8ms。

内置式复合射孔/高能气体压裂的炸药和火药产生的压力叠加在一起产生一个上升沿很陡的高压脉冲，两个过程在曲线波形上重叠不容易分开。压裂火药的燃烧环境比较稳定，基本不受外部环境的影响，因此对于同一种设计其压力的峰值重复性很高，目前测到的在 70MPa 左右，上升时间很快，为 20μs~60μs，是目前国内使用比较多的一种类型。

外套式复合射孔/高能气体压裂火药燃烧产生高压对射孔孔道和地层压裂，一次施工可实现射孔、高能气体压裂两种工艺，改善损坏的近井带渗透性，增加渗流面积。

外挂式复合射孔/高能气体压裂火药燃烧对射孔器本身影响较小，对管柱更安全，装药量大能够达到每米 3kg~5kg，压力峰值大，燃烧时间长超过 110ms，峰值压力与射孔井的参数有关系，它的设计应借助相应的数学模型。这种类型的复合射孔工艺在国内近几年已经实现国产化。

火药多级燃烧压裂工艺及复合射孔多级压裂生成的高能气体量大，主要利用高能气体的压力和热力作用对射孔孔眼进行压裂、解堵。这种工艺作用时间很长，超过了 200ms，有的能够达到 800ms。峰值压力与设计的火药燃速等因素关系很大，一般在 40MPa~60MPa 范围内。

总之，各种复合射孔及高能气体压裂工艺均有各自的工艺特点，适合于不同的井况。储层的产量主要受压裂过程的影响，而环空高能气体作用过程变化剧烈，作用机理复杂，需要进一步深入研究。

9.6.3 井下动压实测曲线规律总结

在大量实况测试的基础上，本节对各种类型复合射孔器及高能气体压裂工具井下的作用机理进行了分析和研究，并对其规律进行了归纳和总结。典型的全过程测试曲线可以分为 10 个阶段，如图 9-30 所示。

这 10 个阶段按时间先后顺序如下：

(1) $0 \sim t_1$ 地面安装及下井阶段。该阶段首先进行射孔/压裂工具的地面组装，以及施工前的准备工作，完成后开始向井下输送，根据工艺不同有电缆输送和油管传输。无论何种输送方式，其压力变化速度都比较慢，因此该过程使用慢速采样即能满足要求，采样间隔可以大于 1s。

(2) $t_1 \sim t_2$ 校深阶段。射孔压裂工具输送到储层附近，需要将工具精确对准施工层段，电缆输送方式使用磁定位的方法，油管传输要计算下入管柱的总长，校深的过程会逐渐调整下入深度。

(3) $t_2 \sim t_3$ 射孔准备阶段。这个阶段完成射孔前的准备工作，电缆点火前

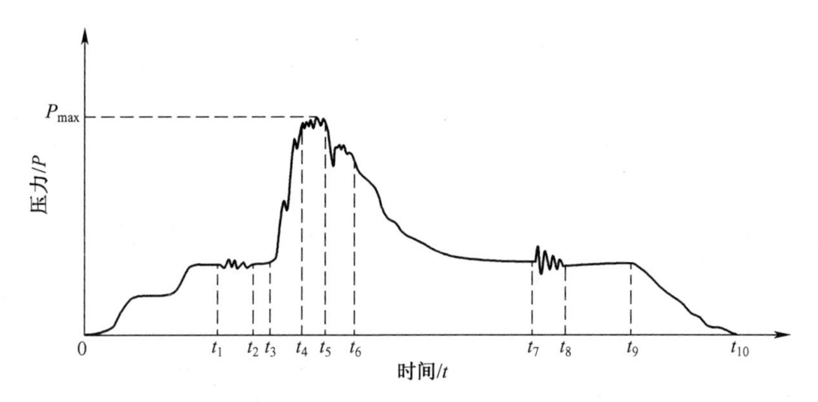

图 9-30 复合射孔及高能气体压裂井下工作过程

要进行仪器的设定检测等,加压起爆要进行井口管线的排布,投棒起爆要准备投棒工具,以及井口防喷机构等。

(4) $t_3 \sim t_4$ 起爆压力上升阶段。定好深度后即可起爆射孔压裂工具,起爆方式有很多:电点火起爆、投棒起爆、加压起爆等等,使雷管发火进而起爆后续的传爆序列。起爆后在火炸药产生的高能气体的作用下,井内压力突然升高。

(5) $t_4 \sim t_5$ 高压建立与岩石起裂阶段。随着爆燃过程的继续,能量不断积聚,压力进一步升高,并超过了岩石的破裂压力,岩石开始破裂。岩石的破裂按前文所述,在套管射孔井中是沿着射孔孔道开始破裂,在裸眼井中是在原位应力的作用下沿 3~7 个方向裂开小的裂缝。

(6) $t_5 \sim t_6$ 裂缝延伸及气体泄放阶段。随着高能气体进入裂缝并开始对裂缝的逐渐加载,楔劈效应促使裂缝沿着地应力方向向前延伸。随着压裂过程的进展和自由体积的增大,使井内高能气体泄放掉很多,因此其压力也会有个突降的过程。这说明压裂过程在这个阶段有个突然迅速的开裂过程,这个过程对于裂缝长度和开裂面积极为关键。

(7) $t_6 \sim t_7$ 井内气柱膨胀阶段。经过压裂过程气体泄放,压力有所降低,裂缝内的气体压力逐渐平衡,楔劈效应减弱,裂缝破裂过程逐渐变慢。井内的液柱在气体压力作用下向上做加速运动,气体的自由体积增大,这会进一步降低气体的压力。这个作用过程相对较长,热流失是气体压力降低的另一个原因。气柱膨胀,液柱上升是压裂效果的消极因素,特别是在浅井影响很大。

(8) $t_7 \sim t_8$ 气液柱压弹起落阶段。这个阶段液柱等效成了质量块,气柱等效成了弹簧,两者行成一个带阻尼的振荡过程,对于裂缝的扩展没有意义。

(9) $t_8 \sim t_9$ 压力恢复阶段。经过压裂的地层,消除了近井损害带的影响,沟通了储层和井眼,井眼内的压力将受储层的影响。这个过程时间比较长,这是评价该井产能的重要环节。

(10) $t_9 \sim t_{10}$起出管柱阶段。起出工具管柱,恢复压力测试结束。

事实上,实际施工过程比上述阶段描述的要复杂,比如说 $t_2 \sim t_3$ 阶段有可能会注入氮气,从而使静态压力升高;工具管柱起爆之前有时要进行封隔器,桥塞等辅助工具的操作,这些工艺对环空中的压力会有很大影响;$t_8 \sim t_9$ 射孔结束以后,可能会对地层进行酸化等操作,还有可能进行多次开关井的测试等。

爆炸近场压力测试、射孔器内压力过程和射孔过程环空压力过程测试问题,由于适用的传感器正在研制过程中,以及可高达 100M 点/s 采样率的智能传感单元也在研制过程中,在图 9-30 未能有所反映,这个问题亟待解决。进一步涉及到吉帕级压力、吉/秒级以上采样率的智能传感单元及其符合计量学原理的校准问题,也应列入研究计划,以满足国防科技发展的需要。

参 考 文 献

[1] 王安仕,秦发动.高能气体压裂技术[M].西安:西北大学出版社,1998.

[2] 陈喜庆.复合射孔工艺技术研究[D].大庆:大庆石油学院,2008.

[3] 王爱华.爆炸压裂和爆燃压裂机理研究和理论计算[M].西安:西安石油大学,1999:21-56.

[4] 王路超.射孔参数优选技术研究[D].东营:中国石油大学,2007.

[5] 李东传,石健,金成福,等.复合射孔器压裂能力评价方法的探讨[J].火工品,2008(3):32-35.

[6] 孙新波,刘辉,王宝兴,等.复合射孔技术综述[J].爆破器材,2007,49(5),29-31.

[7] Schatz J F.Improved modeling of the dynamic fracturing of rock with propellants[J].Rock Mechanics,1992.

[8] Cuderman J F,Northrop D A.A Propellant - Based Technology for Multiple Fracturing Wellbores to Enhance Gas Recovery:Application and Results in Devonian Shale[R].Pittsburgh:SPE/DOE/GRI 12838,1984.

[9] Cuderman J F High Energy Gas Fracturing Development Final Report to GRI[R].Sandia,1989.

[10] Cuderman J F.High Energy Gas Fracture Experiments in Fluid-Filled Boreholes-Potential Geothermal Application[R].SANDIA REPORT SAND85-2809,1986.

[11] Schatz J F,Ziegler B J Bellman R A.Prediction and Interpretation of Multiple Radial Fracture Stimulations [R],Report SAIC-87/1056,Science Applications International Corp.For Gas Research Institute,1987.

[12] 安丰春, 杨玉玲. 大庆油田复合射孔工艺技术的研究与应用[J].兵工学报,2005.

[13] 成建龙,孙宪宏,乔晓光,等.复合射孔枪泄压孔及装药量对环空动态压力的影响研究[J] .测井技术,2007,31(1) :50-55.

[14] 吴晓莉,张河.高冲击下电子线路灌封材料的缓冲机理及措施研究[J].包装工程,2004,25(1).

[15] 胡时胜,刘剑飞,王正道,等.低密度多孔介质的缓冲和减振[J].振动与冲击,1999,18(2):39-42.

[16] 卢子兴,赵明洁.泡沫塑料力学性能研究进展[J].力学与实践,1998,20(2):1- 9.

[17] Xu Peng,Zu Jing,Lin Zu-seng.The study of buffer structure of on-board test's circuit module in high shock[J].The proceeding of IMTC,2003:431-434.

[18] 高华,赵海霞.灌封技术在电子产品中的应用[J].电子工艺技术,2003,24(6).

[19] 靳鸿.基于 SoC 的弹载动态参数测试仪构建方法研究及其应用[D].太原:中北大学,2005.

[20] 贺曼罗.环氧树脂胶粘剂[M].北京:中国石化出版,2004.
[21] 祖静,张志杰,裴东兴,等.新概念动态测试[J].测试技术学报,2004(18):1-6.
[22] 裴东兴.新概念动态测试若干问题的研究[D].北京:北京理工学院,2005.
[23] 张志杰,祖静,杨志刚,等.高压传感器的低温环境因子研究[J].测试技术学报,1998,12(2).
[24] 陈启华,李永新.瞬态压力测量中传压管道频率特性研究[J].电子测量技术,2007,2(30):21-24.
[25] 朱明武,梁人杰,王宗文. 动压测量[M].北京:国防工业出版社,1985:122-135.
[26] 崔春生,马铁华.模拟油井校准系统原理及应用[J]. 中国测试技术,2007,33(6).
[27] 崔春生.油气井复合射孔/压裂过程动态信息获取方法和理论研究[D].太原:中北大学,2013.
[28] Cuderman J F,Northrop D A.A propellant-based technology for multiple fracturing wellbores to enhance gas recovery: applications and results in Devonian shale[J].Pittsburgh:SPE/DOE/GRI.
[29] Nilson R H,Proffer M J,Duff R E.Modeling of gas-driven fractures induced by propellant combustion within a borehole[J].Int. J. Rock Mech. Min. Sci. & Geomech,1985,22:3-19.
[30] Schatz J F,ZeiglerS B J,Hanson J M.Laboratory,Computer Modeling,and Field Studies of the Pulse Fracturing Process[J].SPE 18866,1989.
[31] Желтов В.П Деформации горных пород[M] ,Москва,Недра1996.
[32] Cuderman J F.Tailored-Pulse Fracturing in Cased and Perforated Boreholes[J].SPE 15253,1986.
[33] 杜晓松.锰铜薄膜超高压力传感器研究[D].西安:电子科技大学,2002.

第10章　特殊环境下运动机械动态参数测试技术

军用车辆按用途可分为战斗车辆、牵引运载车辆、运输车辆和特种车辆4种，坦克装甲车辆是其中的一种靠履带驱动的战斗车辆，它集火力、装甲防护力和机动力于一身，在战斗中主要用于突破敌方防线、消灭敌方步兵，歼灭敌方坦克和其他装甲战斗车辆，是地面战争的主要力量。随着科技的不断发展，我国的坦克装甲车辆经历了从最初的引进、试制到如今的自行设计几个阶段，在火力性、机动性、防护性、信息性几大方面也有了大幅度的提升。

推进系统作为坦克装甲车辆的重要组成部分，是产生、传递和控制动力，使坦克获得机动性能的联合装置，用以保障坦克获得高的行驶速度、灵活性和通行能力。坦克装甲车辆的推进系统由动力、传动、行动和操纵等装置组成，是坦克装甲车辆中的运动部分，这些装置的动态参数，例如：传动装置的转速、扭矩，行动装置的驱动力、应力，以及动力装置的温度、振动等，是反映推进系统性能的重要指标。一直以来，由于车辆外部环境和自身条件的限制，车辆运动过程中这些重要部件的实时、实况、实车动态参数测试还远远不能满足车辆研制的要求。在此背景下，本章以坦克装甲车辆为主要研究对象，进行运动机械动态测试技术的研究，主要针对扭矩、转速、应力、振动等参数的动态测试展开论述，通过对测试对象及其环境特点的分析，测试技术应用现状的讨论，就高速旋转轴扭矩测试系统研究、动力舱温度和振动测试系统研究、小空间内应力测试系统研究三个部分展开分析研究，分别从总体测试方案、关键技术研究和系统仿真实验几个方面进行论述。

10.1　测试对象、环境及测试性分析

10.1.1　测试对象特性分析

坦克装甲车辆具有其特殊性，主要体现在空间狭小、紧凑、运动复杂、环境恶劣等方面。这些特点对坦克装甲车辆的动态参数测试提出了苛刻的要求，严重阻碍了实车、实况数据的获取[1]。

1. 空间特点

为了满足坦克装甲车辆更高机动性的要求，对动力舱设计水平的要求越来越高，在结构设计方面形成了整体式的推进系统，在性能设计上采用了新型的油电混合搭配式的动力系统，舱内各种装置器件排列更加紧密。而且新型坦克车辆为了实现整个装备的体积小型化、能源利用高效化、核心器件轻量化的目的，在动力舱各部分设计方面强调集成一体化、功能的模块化，这样就使得动力舱的空间几乎没有再增大的可能，余留的测试空间更加狭小。

2. 运动特性

坦克装甲车辆行驶工况复杂（泥泞、砂石、沟壕等多种工况）行驶速度非稳态，车辆内部的关、重件多处于高速旋转、卷绕等复杂运动状态。例如履带这种刚柔耦合运动形式，在行进过程中与地面直接接触，当履带板做卷绕运动时履带板和地面及主动轮轮齿作周期性的碰撞，常规的引线测试和无线测试无法使用。

3. 参数特性

对于动态参数测试来说，由于设计时对可测试性的考虑不足，使得一些重要部件的可测试性差或者不可测，导致一些关键参数的测试难以实现。坦克装甲车辆实况测试要求在实际运动的过程中准确地获取关键部件的动态参数，需要测试的参数包括动态扭矩信号、高转速信号、持续振动信号，动态应变信号等，参数类型多，数量大，布放范围广。这些被测参数的特点如下。

（1）多类型：需要测试的参数有扭矩、加速度、电压、应力、转速、温度等，其信号频率、幅值各不相同，所需要的传感器件类型多样，并且对传感器件输出模拟信号的处理方法也不同。

（2）多变化：不同运动过程参数变化规律差异较大，坦克装甲车辆在越野、爬坡、制动、作战等不同工况下，不同野外环境下，各部件中被测参数的形态差异较大，动态信号的幅值、脉宽、持续时间等特性也各不相同。

（3）多时间尺度：无论哪种动态参数，无论处在何种工作过程中，测试系统都要能够获取参数完整的动态变化过程，能根据被测参数特点进行数据的采集和存储。这就要根据不同情况对信号采样策略进行调整并且测试系统具有大的存储空间和与车辆总线紧密耦合，实现测试数据的正确、完整获取，并实时提供车长参考。

（4）总线特性：坦克装甲车辆中，乘车人员需对行进中车辆的各个性能参数有所了解，实时有效地控制车辆各功能模块。一方面，车辆对各个子系统完成其自身的职能任务有实时性的要求，另一方面，对各子模块之间信息交互的稳定性、安全性也有很高的要求。因此，需要通过总线完成以上信息传输的有效途径。目前，车内应用较广的是控制器局域网络 CAN (Controller Area Network)总线，通过此总线可以进行数据的实时控制与传输，保证整车系统对信息的处理与传输实时、有效、安全、可靠。

10.1.2 测试环境特征

坦克装甲车辆内部结构紧凑，空间狭小，运动部件高速运动、温度变化范围大、存在油污、潮湿等不利因素并伴随冲击振动，所有这些都对动态参数的实况测试产生直接影响[2]。

在进行动态参数实况测试时，传感器件是测试的首要环节，一般的传感器需要一定的安装空间，但是车辆内部的结构紧凑，空间狭小，使得某些传感器无法进行安装，不能有效提取参数的动态信息。并且传感器需要通过引线输出信号，这对于一些高速运动或结构封闭的部件测试来说是不可行的，也就是参数信息无法有效地、实时地进行传输。

另外车辆内部有各种干扰源，无线的传输方式或一般的电缆线传输方式易受到干扰，并且采用模拟信号进行传输，信号本身抗干扰能力差，导致测试结果精度低、可靠性差。如果将模拟信号就地转换为数字信号进行传输可提高抗干扰能力，这就需要增加前端信号传感电路的功能，也就使测试装置的体积增大，不适用于一些结构紧凑对安装空间要求苛刻的部件测试中。

推进系统作为坦克装甲车辆的机动平台与防护平台，同时也要为多种任务负载提供大功率、稳定的电能，即作为能源平台，存在多能源和能量回馈。多种用电设备的同时运行必然带来严重的电磁干扰，尤其是电热化学炮在发射时，高压脉冲大电流放电将产生强电磁噪声，测试装置往往经不起高电压、大电流电场的冲击而无法正常工作，严重的情况下甚至会引起绝缘层击穿，导致测试装置损坏。强电磁干扰和强噪声环境下，测试数据也会严重失真，这些都是坦克装甲车辆的实况测试不利的环境因素。

10.1.3 部件的功能融合

随着信息技术的飞速发展，坦克装甲车辆已逐渐成为网络信息化作战系统中的一个精装备武器平台，它在现代化战争中所能起到的作用是不容小觑的。关重部件的特性、工作状态在设计、运行、维护等过程都需要进行监测，因此，这些部件的动态参数测试系统逐渐由设计阶段单纯的测试系统转换为与部件融合的车内部件，这些功能融合的部件既可以实现其既有的运动功能，同时也具有信息感知、处理、传输功能。

将测试与被测部件的功能相结合，综合运用微型化技术、微功耗管理、新型传感原理等开展置入式智能传感单元设计，解决狭小、紧凑空间的动态参数可测性问题。在原有部件基础上进行改装，使其在原有功能上增加测试功能，既减少了额外安装测试系统对空间的要求，又提高了部件的智能化程度。在总体设计的时候统筹考虑测试问题，寻求一种既能保证部件(或系统)的本身性能，又兼具良好的测试性能，达到一种双赢效果。

2007 年东南大学周耀群等人提出了一种新的基于无线传输的车轮六分力传感器的设计方法，其核心是一种典型的传感器及其测试系统与功能部件的相融合的设计方法[3]。2012 年江苏大学李耀明等人提出了一种分体式倾斜辐条轮辐扭矩传感器，并申请了实用新型发明专利，其核心思想是将车轮改造成了扭矩传感器，在不影响车轮承载性能的同时，具有了信息感知功能。2012 年中国矿业大学的林福严等人提出了轮辐式联轴器扭矩传感器，赋予了功能部件的感知功能，即在设计功能部件的同时，考虑了传感器及其测试系统的融合[4]。2012 年中国北方车辆研究所徐宜等人研究了传动装置的测试性集成技术，即在不改变传动装置本身性能的前提下，对测试部件进行一定的结构改造，赋予感知功能，以实现更好的嵌入式测试[5]，其中可测试部件的测试集成方案框图如图 10-1 所示，集成化改进前后的压力测试对比图如图 10-2 所示((a)是改进前的多路压力测试，(b)是改进后的一体化压力测试)。

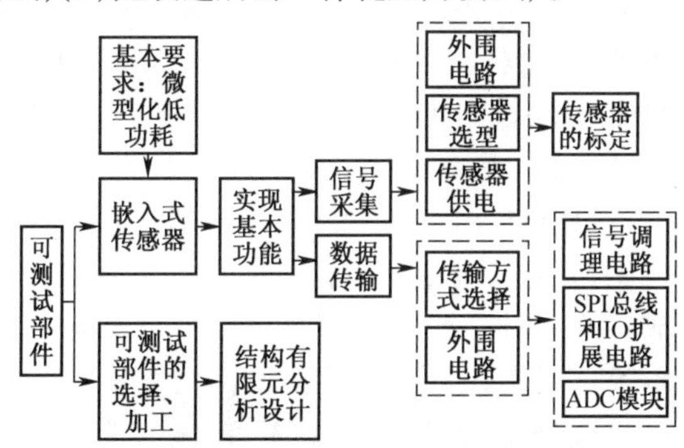

图 10-1　可测试集成方案框图

2013 年中国北方车辆研究所魏来生等人申请了可测试负重轮装置的国家发明专利，将原来负重轮结构改进为梁辐式结构弹性体，尽可能缩小轴承的尺寸、加长应变梁以适合于测试，并且在梁上合适位置嵌入敏感元件(电阻应变片)，对负重轮的三维载荷进行静态和动态测量[6]。

近年来世界各国均展开了对车辆综合电子系统的深度研究与开发，置入式智能传感单元与被测部件的融合，在全过程可实现对部件的监测，对实现系统出错时的故障诊断能力、自动修复与管理能力的提高必不可少，对各部件的智能化提高起着决定性作用，这也将成为其未来发展的趋势。

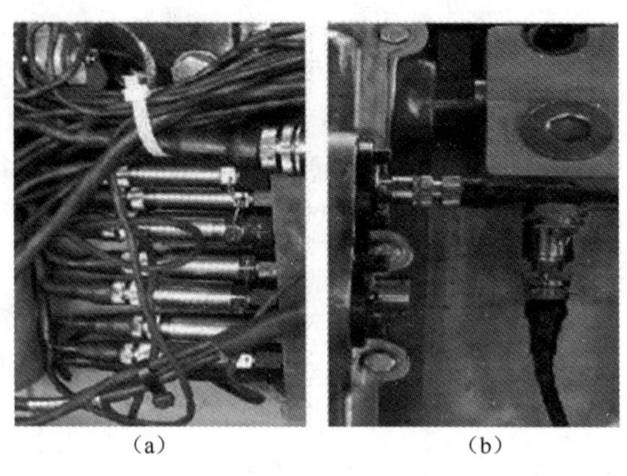

(a) (b)

图 10-2 集成化改进前和改进后的压力测试系统对比图
(a)改进前;(b)改进后。

10.2 测试技术应用现状

10.2.1 存储测试技术的应用

笔者的科研团队自1993年起将存储测试技术应用于坦克装甲车辆测试，取得一些重要的实时测试数据,并研制了两轮专用集成电路。存储测试技术是指在对被测对象无影响或影响在允许范围的条件下,在被测体内置入微型数据采集与存储测试装置,现场实时完成信息的快速采集与记录,事后回放记录仪中的数据,由计算机处理和再现测试信息的一种动态测试技术。存储测试仪则是指将传感器、适配电路、数字化存储记录电路、通信接口、控制指示单元及电源合成一体,而构成的一个微小型化、可安装在被测体内(相对)独立工作的测试系统。它具有无需外引线、体积小、抗干扰能力强、能适应恶劣测试环境等优点,特别适应于引线不便、狭窄空间、恶劣环境条件下的动态参数测试。

存储式工况测试技术是存储测试技术在工况参数测试中的推广与应用。在工况参数的测试中,被测对象通常是高速往复运动或旋转的部件,被测信号虽然不同,但又有其共性:①被测信号具有一定的重复性,对记录的起点没有特殊要求;②被测信号到来的时间具有一定的随机性。这些特点又决定了工况测试系统各状态之间的相互转化关系。工况测试系统一般都有待触发、数据采存、信息保持、休眠和数据读出五种状态(详见本书第2章)。存储测试技术的最大不足是每次装拆测试装置都需要拆解坦克装甲车辆或其部件,带来很大的麻烦,无法普遍推广。

10.2.2 近场(程)遥测技术的发展和应用——能源和信号的传输

对于旋转轴扭矩动态测试目前应用较多的是应变式扭矩传感器,通过测试旋转轴的应变实现动态扭矩的测试,由于旋转轴高速运动无法引线,此种方法存在的问题是数据的传输和传感器的供电。对于数据传输,目前常见的是采用滑环或无线传输方式,即扭矩遥测方法。具体过程是:通过与旋转轴同步运动的调理电路将应变信号转变成电信号并放大,经发射装置将电信号发射出去,接收装置安装在相对固定的位置,接收信号并调理后经信号线传输至数据采集系统,由处理软件转化成扭矩信号。对于传感器电源技术,目前有两种方式实现,一种是电池供电,另一种是感应馈电技术。下面以德国两类扭矩测试系统为例进行说明。

1. 德国 Kraus 公司扭矩遥测系统

该测试系统主要由应变式传感器、发射模块、接收模块、天线和供电电池模块组成。可实现三十二通道同时测试,携带接收天线,12V 电池供电,工作温度范围为-10℃~+80℃。该系统已经用于火车轮轴的扭矩测试。图 10-3 为传感器的结构及现场布置。

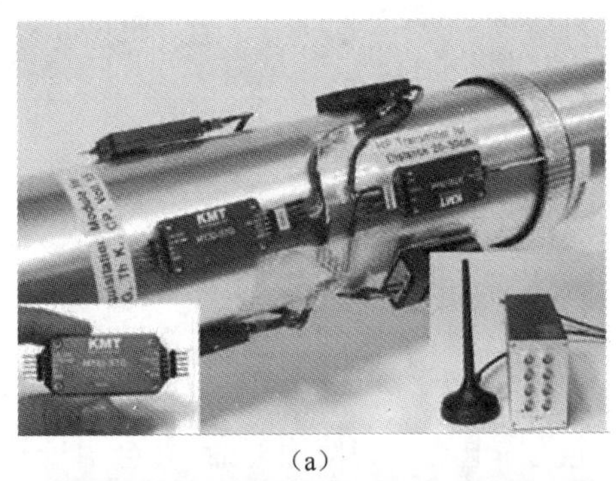

(a)

(b)

图 10-3　Kraus 公司扭矩遥测传感器结构及现场布置情况

(a)结构;(b)现场布置。

2. 德国 datatel 公司扭矩遥测系统

该系统主要由信号发射机、感应供电装置和信号接收机三部分组成,测试时在旋转轴上粘贴应变片,通过与信号发射机集成为一体的调理电路相连接,实现应变向电压的转化。馈电方式采用感应馈电,其馈电环安装在旋转轴外侧,固定在相对静止的部件上,图 10-4 为测试系统结构示意图。测试系统工作温度可达到-40℃~+125℃,并已经用于乘用车和重型卡车的车辆传动轴或传动轮轴的扭矩测量。

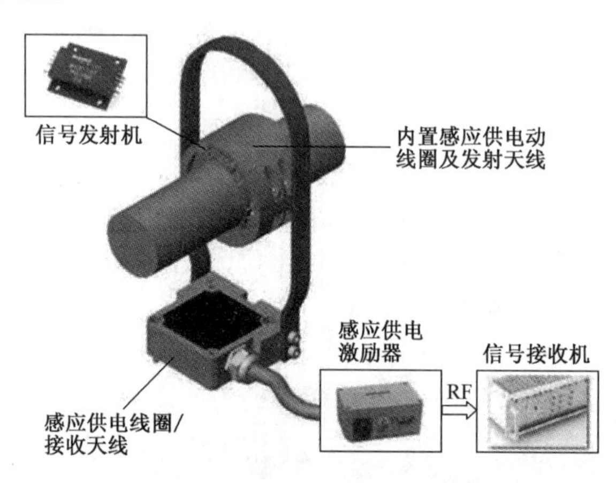

图 10-4 Datatel 公司测试系统结构简图

应变式扭矩传感器由于采用接触式测试方法,对被测部件的形状、材料等属性依赖性大,由于应变片采用粘贴方式,时间一久,粘胶剂老化脱落,影响测试精度。另外由于推进系统结构的限制,无线或滑环的数据传输装置也无法安装到车辆当中,并且导电滑环属于摩擦接触,不可避免地存在着磨损和发热,从而限制了旋转轴的转速及导电滑环的使用寿命,并会由于接触不可靠引起信号波动,造成测试误差大。无线传输方式容易受到实况测试现场电磁波的干扰,并存在供电问题,因此采用应变式扭矩传感器的遥测技术不适合用于坦克装甲车辆实况测试当中。

10.2.3 工况测试的控制方法

前文中介绍过工况测试有重要的两部分,即触发控制技术和电源管理技术,在进行坦克装甲车辆动态参数测试时,考虑到被测对象的特殊性及磁触发的特点,在坦克装甲车辆的动态工况参数测试中优先选用基于霍尔器件的磁触发方式。霍尔开关无机械触点,且内部为集成芯片,因而可使用在高冲击振动的环境中。霍尔器件工作时需要提供电流,目前已经有静止功耗为微瓦级的霍尔器件,适合于电路的微功耗化。

从电路设计的角度出发实现对电源管理，将测试系统分为两种功耗状态，即静态功耗和动态功耗。静态功耗是指在休眠态和保持态时没有断电的元器件的功耗；动态功耗则是指在数据采存状态下的元器件的功耗。

影响静态功耗的因素众多，主要包括处于没有完全关断或接通状态下的电流、内部晶体管的工作电流、输入与三态驱动器的上拉下拉电阻以及存储器件信息保持所需的功耗等。动态功耗包括几个部分，主要有电容负载充电与放电电流及短路电流，即开关功耗与短路功耗。多数动态功率是由内部或外部电容向器件充放电消耗的。对于 CMOS 电路而言，动态功耗基本上确定了电路的总功耗。其次，从电源管理的角度出发，将测试系统设计为三种功耗状态，即休眠态、工作态和保持态。

测试系统从接通电源或系统复位到开始记录为休眠态。该状态下要关掉大部分电路的电源，只有电源芯片及其控制电路供电，此时系统近似于零功耗状态。当工作触发信号起作用时，测试系统进入工作态，此状态下所有电路全部工作，系统处于全功耗状态。当一个工况记录结束时，电路进入保持态，此时只有存储器、地址发生器、状态触发器及电源芯片等少数器件供电，系统处于微功耗状态。此状态还可通过触发信号返回到工作态。

10.3 高速旋转轴扭矩测试方法研究

通过以上对旋转轴扭矩测试中遥测技术的分析，笔者提出一种基于容栅传感原理的无引线测试技术，容栅传感技术是近些年来在国内外发展起来的一大类新型电容传感技术。此类传感器的结构形式较多，其主要特征是电极呈栅状，依据电容量随电极之间相互覆盖面积的变化而变的原理，实现长度、角度等参数的测量。容栅传感技术已经成功应用到数字游标卡尺等精密直行程测量的仪器中，技术已经趋于成熟[7]。

10.3.1 旋转部件上无引线测试技术的探索

旋转轴承受扭矩时的受力模型如图 10-5 所示，扭矩与扭角的关系为

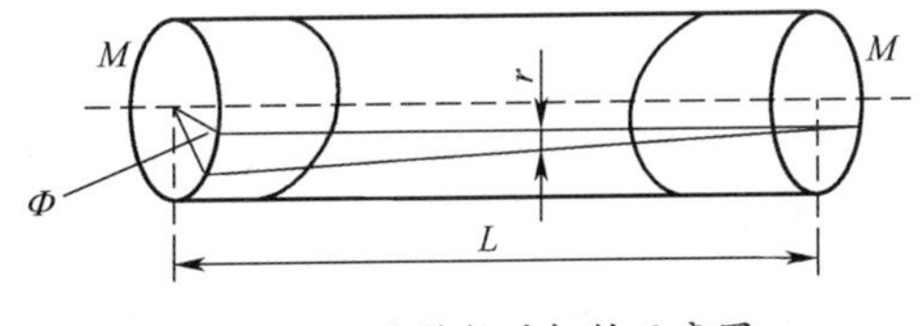

图 10-5 旋转轴的扭转示意图

$$\theta = \frac{M_T L}{G I_P} = \frac{32 M_T L}{G \pi d^4} \tag{10-1}$$

式中：M_T为旋转轴两测量截面的扭矩；G 为旋转轴的剪切弹性模量；I_p 为截面的极惯性矩；L 为两测量截面的距离。

由式(10-1)得出扭转角 θ 正比于扭矩 M_T，即当旋转轴的形状、尺寸及材料一定后，测出旋转轴上距离为 L 的两个横截面的相对扭转角，即可求出旋转轴的扭矩值。

电容传感器是以各种类型的电容器为敏感元件，将被测物理量的变化转换为电容量的变化。结合电容传感器的基本原理和旋转轴在扭矩作用下产生扭角的现象，研究一种新的容栅结构形式和安装方式，使容栅可以测量圆周行程内扭角的变化，并能反映出旋转轴两处不同截面相对扭角的大小，从而实现动态扭矩和转速的测试。所设计的容栅扭矩/转速传感器采用的是改变电容两极板覆盖面积的原理，即随着旋转轴的运动栅极两极板的正对面积改变，从而引起电容的改变，建立传感器输出电容量变化的周期性与旋转轴转速的关系，即可实现转速的测试。在旋转轴两个不同位置分别放置容栅传感器，当旋转轴因扭矩的作用产生扭角时，由于布放位置不同，两个传感器的输出会产生相位上的差异，建立两个传感器输出电容信号之间相位差与扭角的关系，通过信号相位差的测量，可实现动态扭矩的测试。

容栅传感器能抗电磁场的干扰，在采用适当的防护措施后，能防油污、防尘，并且对空气湿度不敏感，适合在坦克装甲车辆内部恶劣的环境中使用。

1. 容栅传感器结构

容栅传感器的两个极板分别由数量、结构不同的条状电极群组成，分为静栅与动栅两部分。静栅为两个结构对称尺寸相同的梳状电极组交错对插组成，相邻两个电极之间有绝缘部分隔开，每个电极宽度相同并等于动栅电极宽度。动栅为间距相等的条状电极并联组成，各栅极大小相同均匀分布，动栅的电极之间由绝缘部分隔开，电极宽度与绝缘部分宽度相等，即静栅的电极个数为动栅的 2 倍，如图 10-6 所示。容栅传感器的两个极板形式上为多个电极并联的结构，这样的结构形式使静栅与动栅相对时组成了两个差动电容 C_1 和 C_2，即当 C_1 达到最大时，C_2 处于最小状态，反之亦然。

2. 转速测试原理

当旋转轴以速度 v 旋转时，动栅与静栅的正对面积不断变化，形成的电容从最小变到最大再变到最小，呈周期性，容栅传感器输出的信号为近似正弦波。设动栅的栅极个数为 n，则旋转轴旋转一周产生的周期性波形个数为 n，只要测出正弦波的周期 t，即可得到轴旋转一周的时间 nt，则有转速

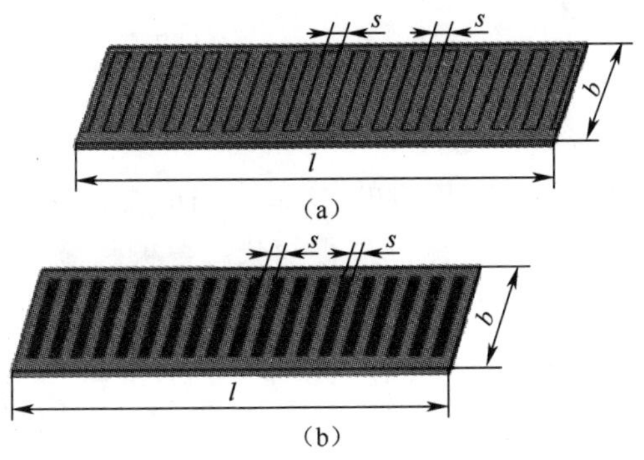

图 10-6　静栅与动栅的结构

(a)静栅;(b)动栅。

$$v = \frac{60}{nt}\ (\text{r/min}) \tag{10-2}$$

测试时,通过适配电路对容栅传感器输出信号的周期进行计数可以得到周期的大小,根据得到的计数脉冲的个数和脉宽可计算出转速

$$v = 60 \times \frac{f}{m_1 n} \tag{10-3}$$

式中:f 为计数脉冲频率;m_1 为一个周期内脉冲个数;n 为容栅的栅极的个数。其中计数脉冲频率 f 由适配电路中的晶振提供。

3. 扭矩测试原理

测试时,在旋转轴上间隔 L 的两端分别安装一个容栅传感器,旋转轴转动时,动栅和静栅电极的正对面积随着轴的转动发生周期性变化。当旋转轴不受扭矩作用时,两个传感器的输出为频率、相位均相同的两路近似正弦波信号;旋转轴受到扭矩作用时,会产生扭角,对应的两个容栅传感器的电容变化存在一个差值,反映到输出信号上就是两路频率相同,相位不同的近似正弦波信号,如图 10-7 中的 a_1、a_2,即两个容栅传感器的输出信号产生了相位差 φ。

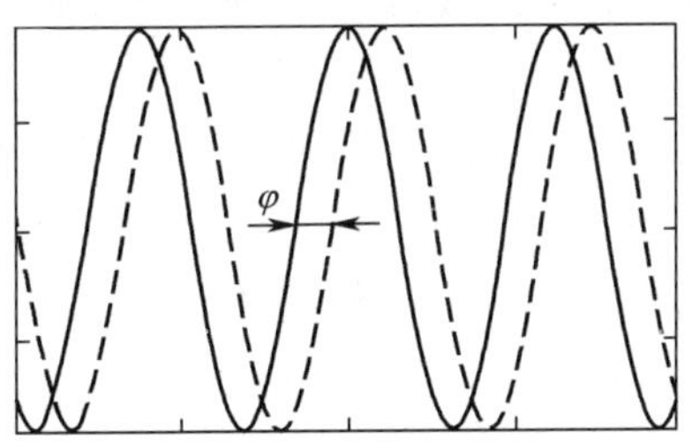

图 10-7　容栅传感器输出曲线

$$a_1 = U_1\sin(\omega t) = U_1\sin(2\pi f t) = U_1\sin\left(\frac{vn\pi}{30}t\right) \tag{10-4}$$

$$a_2 = U_2\sin(\omega t + \varphi) = U_2\sin\left(\frac{vn\pi}{30}t + \varphi\right) \tag{10-5}$$

式中:v 为轴转速;n 为容栅个数。

直接测量相位差 φ 是比较困难的,所以采用把测量 φ 的大小转化为测量相位差内高频脉冲个数的方法将测试过程简化。容栅传感器输出的两路同频信号经过滤波等处理后,得到两路同周期的方波信号,对两路方波信号进行异或运算,得到两信号相位上的差值,再对差值进行与转速相同的计数过程。两方波经异或后得到的脉冲宽度与其中一个方波信号周期的比值即对应为两信号的相位差

$$\varphi = \frac{N_o}{N_i} \cdot \pi \tag{10-6}$$

式中:N_o 为对相位差信号的计数结果;N_i 为对半周期信号的计数结果。

相位差 φ 得到后,通过当前旋转轴的角速度和计数频率即可得出扭转角 θ

$$\theta = \frac{m_2}{fv} \times 2\pi \tag{10-7}$$

式中:f 为计数脉冲的频率;m_2 为计数脉冲个数。

适配电路中通过对相位差 φ 进行测试,得出相位差 φ 与扭角 θ 的关系,从而计算出扭矩 M_T。这样就实现了将直接测试动态扭矩转化为测试扭角得到,进一步将测试扭角转化为相位差的测试,而相位差的测试又是通过高频计数的方法实现。这种方法将复杂的测试过程转化为相对简单的测试,将直接测试变为间接测试[8]。

10.3.2 关键技术及解决途径

1. 高分辨率高灵敏度容栅传感技术

容栅传感器由动栅和静栅组成,静栅的设计是采用差动容栅组的设计原则,即分成结构对称的两部分,形状尺寸完全一样,相互交叉构成,中间有很小的分界间隙。动栅的结构是一个整体,各栅极大小相同均匀分布。采用差动结构形式可以消除旋转轴的振动带来的误差,提高灵敏度,改善非线性。

采用这种结构形式的容栅具有如下两个优点。

(1) 形成的两个电容 C_1 和 C_2 为差动电容,因此输出的两路信号为互补的关系,如果将两路信号进行相关运算,能够有效消除系统带来的固有误差和噪声(轴振动带来的噪声、电容极板间电场分布不均造成的误差、边缘效应造成的非线性失真等),同时减小寄生电容的影响,提高了传感器的灵敏度。

(2) 将动栅嵌入到旋转部件中,与旋转部件通过引线连接,作为容栅的接

地端,静栅嵌入到固定部件与动栅相对应的位置,通过引线将差动电容 C_1 和 C_2 输出,作为容栅的信号输出端,这样无需从旋转部件上引线,不占用额外安装空间,并且解决了传感器供电的问题。

2. 微小信号提取及处理技术

容栅传感器的输出为微小的电容信号,采用差动脉冲调宽电路对电容进行充放电,电路输出脉冲的占空比即随电容量变化而变化,将电容的变化转化为电压的变化。

容栅传感器输出的电容信号有以下几个特点。

(1) 电容信号很小。

(2) 存在传感器连接导线杂散电容和分布电容的影响。

(3) 被测的电容信号是一个动态变化量,要求信号处理电路能实时捕捉到信号变化。

上述特点对容栅传感器的适配电路提出了苛刻的要求。目前的集成芯片均不能满足容栅传感器电容信号的测量要求,因此在分析现有电容信号测试方法的基础上,研究一种高灵敏度容栅传感器适配电路。容栅传感器输出的微小电容信号需要借助于高精度适配电路转化为与其成正比的电压信号,这样才可以显示、记录以及传输。实现将电容信号转化为电压、电流等电量信号的电路有很多种,例如电桥电路、调频电路、差动脉宽调制电路和运算放大器式电路等[9]。其中,差动脉宽调制电路利用对传感器电容的充放电使电路输出脉冲的宽度随传感器电容量变化而变化,从而将电容信号转化为电压信号。电容充放电法可消除分布电容对传感器的影响,并且电路简单可靠,给系统带来的噪声干扰比较小。同时,容栅传感器的输出为一组差动信号,并且两信号拥有公共的接地端,这样的特点也适合通过对差动电容进行充放电实现测试。因此采用差动脉宽调制电路对容栅传感器输出的电容信号进行转化。

基于以上分析的高精度适配电路由信号调理电路、锁相环与控制存储电路组成,适配电路结构如图 10-8 所示。测试时,两个容栅传感器分别输出一组差动信号:C_1、C_2 和 C_3、C_4,将他们接入差动脉宽调制电路,输出两路电平反向占空比随电容量变化而不断变化的电压信号,经过运算和滤波后,为一个周期稳定的近似正弦波信号。此信号经过锁相环后得到频率相同、稳定的输出方波,对两组容栅传感器分别输出的方波在控制电路中进行“异或”操作,会得到一个窄脉冲信号即两信号的相位差。采用高频时钟对其计数,并同时对其中任意一个容栅传感器的输出方波计数,得到窄脉冲的脉宽和方波的周期,通过前面所介绍的方法对两个结果进行计算,从而得到扭矩与转速的大小。

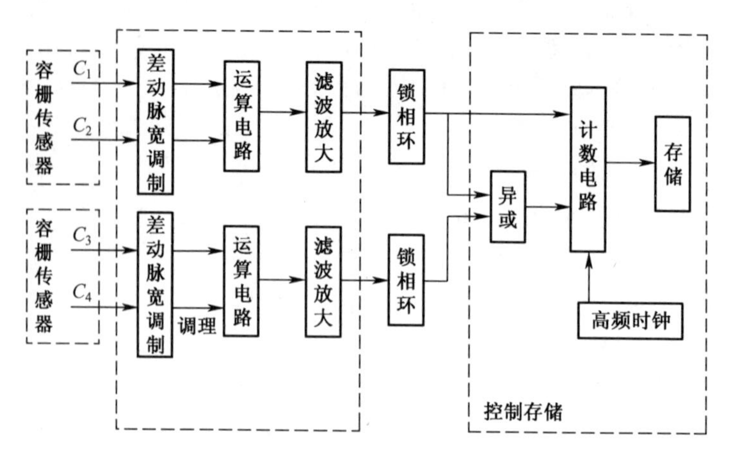

图 10-8 适配电路结构

10.3.3 仿真及实验

1. 信号调理电路设计及调试

信号调理电路包括差动脉宽调制电路和运算滤波电路,差动脉宽调制电路由运放 OPA2340 和 D 触发器组成,如图 10-9 所示。通过比较 OPA2340 两个输入端电压的大小输出控制 D 触发器的"置位"或"复位"信号,对两个差动电容 C_1、C_2 进行充放电,这个过程中在 D 触发器的输出端会产生矩形脉冲信号。这里必须使 OPA2340 正向输入端的比较电压小于 D 触发器输出的高电平。

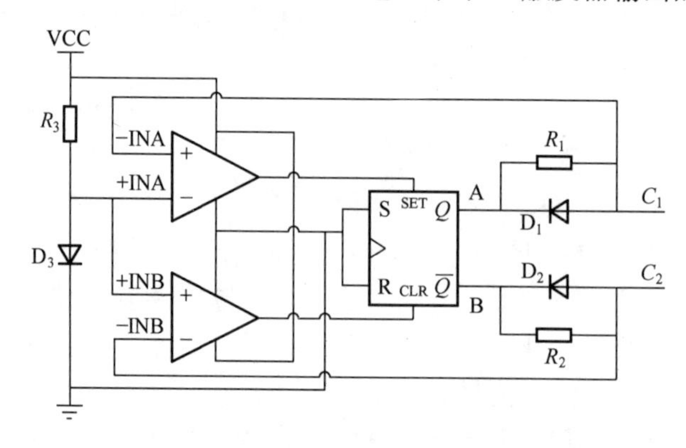

图 10-9 差动脉宽调制电路

差动脉宽调制电路 A 点和 B 点的矩形脉冲的直流分量为

$$U_0 = U_{AB} = \frac{T_1 - T_2}{T_1 + T_2} U_1 \tag{10-8}$$

式中：T_1、T_2 为 C_1、C_2 的充电时间；U_1 为触发器输出的高电位。

若上式中的 U_1 保持不变，则输出信号的直流分量 U_0 随 T_1、T_2 变化而改变，从而实现了输出脉冲电压的调宽。图 10-10 为进行电路调试时，用示波器记录下来的差动电容 C_1、C_2 的充放电波形和 D 触发器两输出端的矩形脉冲波形，可看出两个电容的充放电过程相反，且电压较小，其周期与电容充放电周期相同，高电平时对电容充电，低电平时电容对其放电。

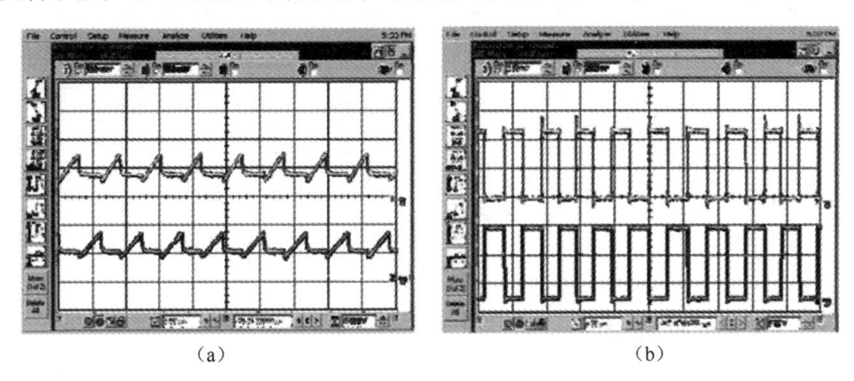

(a)　　　　　　　　(b)

图 10-10　*差动电容充放电波形及 D 触发器输出波形*

(a)充放电波形；(b)D 触发器输出波形。

差动脉宽调制电路输出的矩形波通过运算和低通滤波器后，可得到其直流分量

$$T_1 = R_1C_1\ln\frac{U_1}{U_1 - U_f} \qquad T_2 = R_2C_2\ln\frac{U_1}{U_1 - U_f} \tag{10-9}$$

其中 U_f 为二极管提供的参考电压，若 $R_1 = R_2 = R$，将 T_1、T_2 两式代入式(10-8)中，可得

$$U_0 = U_{AB} = \frac{C_1 - C_2}{C_1 + C_2}U_1 \tag{10-10}$$

由式(10-10)可知，差动脉宽调制电路输出的直流电压与容栅传感器两电容的差值成正比，差动电容 C_1、C_2 随着旋转轴的运动不断周期性地变化，因为 C_1 与 C_2 的最大值相等且变化方向相反，它们的差值即从负向最大变到零再变为正向最大接着又回到零，也呈周期性，则差动脉宽调制电路的输出信号进行运算与滤波后，得到的是近似于正弦波的输出。

2. 控制电路设计及仿真

控制电路主要对锁相环输出的方波信号进行比较和计数，并将结果存入存储器中。采用可编程逻辑器件 CPLD 将锁相环输出的两路信号比较，得到反映两信号相位差的窄脉冲，CPLD 通过高频时钟对窄脉冲高电平段计数，同时也对

其中一个输入信号的完整周期进行计数，对两个计数的结果运算得到两个容栅传感器输出信号的频率和相位差，进而得到旋转轴的扭矩和转速。可根据测试的时间和转速大小选择控制电路中晶振的频率和存储器容量，此处选择 8M 晶振频率和 256M 字节的存储器。控制电路除实现上述功能外，还控制对存储器的读、写功能。图 10-11 为 CPLD 的时序仿真结果。

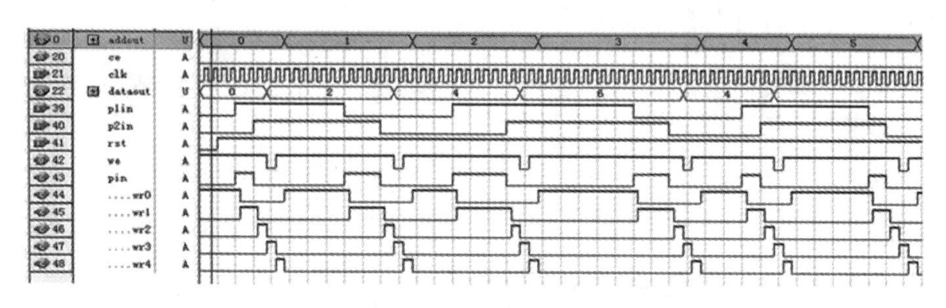

图 10-11　CPLD 程序及仿真结果

3. 试验数据分析

按照上述方法在模拟试验装置上进行动态扭矩及转速的测试，图 10-12 为容栅传感器的输出经信号调理电路后的实测波形，波形整体呈正弦波形状与前面进行的传感器输出特性分析结果一致，验证了对容栅传感器分析的正确性和适配电路的可行性。

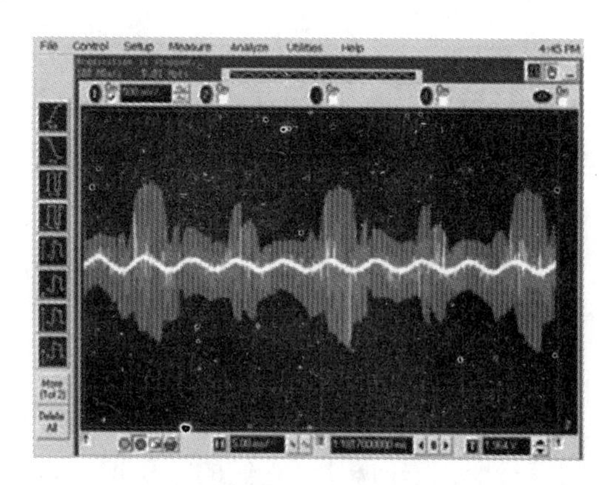

图 10-12　实测波形

1）转速测试数据

接着将电机调至不同转速，测试容栅传感器在不同转速下的输出信号，图 10-13 为电机转速分别为 600r/min、1000r/min 和 1200r/min 时，传感器的输出波形，波形显示出信号的频率与转速成正比。试验中，分别测取了几组不同转速下的值与实际转速值对比。

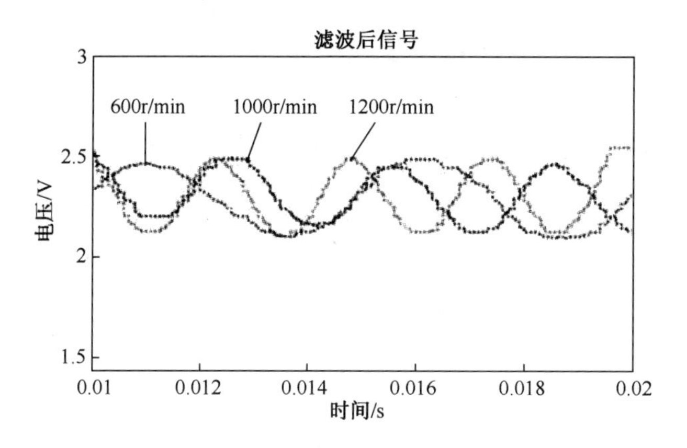

图 10-13　不同转速时传感器输出波形

2）扭矩测试数据

进行动态扭矩测试时，将电机调制固定转速 200r/min 保持不变，转动分度头的手柄，产生不同的扭角，测试容栅传感器对扭角的输出信号，图 10-14 为对应不同扭角时传感器的输出波形，从图中可看出两个传感器输出信号的相位差 φ_1、φ_2 与扭角相关。具体测量值可通过读取存储器中的数据得到。试验中，分别测取不同扭角值与实际值比较。试验中旋转轴等构件选用的材料为 G 钢，其剪切弹性模量为 8.24×10^{10} N/m²，其他参数量值也已确定，可计算得出相应的扭矩值。

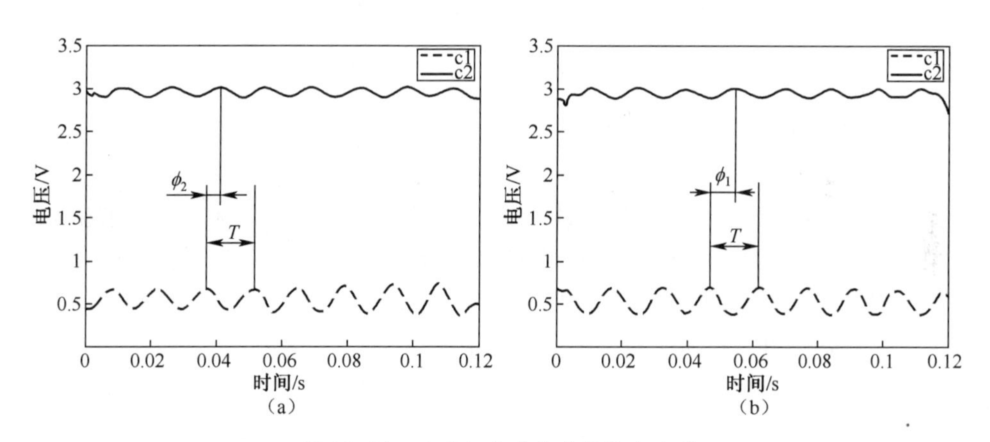

图 10-14　不同扭角时传感器输出波形

通过模拟试验和测试数据分析，表明嵌入式容栅传感技术可用于旋转轴动态扭矩及转速的测试。实际应用中，可通过对容栅栅极进行细分来提高传感器的灵敏度。

10.4 紧凑空间的动态参数测试技术及应用

在某些测试环境中,被测体内空间紧凑,如车辆内燃机活塞的热应力测试。发动机活塞在高温环境中高速往复运动,所处空间狭窄,工作环境恶劣,其应力应变问题非常复杂,给测试带来很大的困难,这种情况下,存储测试仪器的微型化和置入成为实现测试的关键问题。

10.4.1 基于SoC的模块集成

存储测试仪的微型化包括模块的集成及微型化的相关工艺等问题。对于模块的集成,片上系统 SoC(System-on-Chip)的逐渐应用与成熟成为其实现的最佳选择之一。

1. SoC 概述

SoC 的定义多样,内涵丰富,一般倾向于将 SoC 定义为将微处理器、模拟 IP (Intellectual Property 知识产权)核、数字 IP 核和存储器集成在单一芯片上,它通常是客户定制的,或是面向特定用途的标准产品。

SoC 就是将信息的采集、存储和处理等功能电路都集成在一个或数个芯片上,然后通过平面拼接或叠层联接组装成单芯片。SoC 是 ASIC(Application Specific Integrated Circuits,专用集成电路)的更高发展,它集成了数字和模拟电路。SoC 也是一项技术,这项技术采用 IP 复用、低功耗理论等将复杂功能系统集成于单芯片内,性能、可靠性、功耗比其他形式实现的系统有很大提高。

2. 模块集成

结合现有的先进集成技术和工艺—— SoC,可以将不同测试仪共用的器件进行一体化集成,成为一个或几个模块,集成度和器件类型根据目前国内的条件和工艺而定。如图 10-15 所示,电路板的两组芯片经分别集成后电路的组成器件数量得到较大的缩减。电路的基本组成单元由通用、集成度较低的器件转换成专用、集成度高的模块,不仅可以减少电路的组成环节达到缩小体积的目的,还可以由器件组成系统更新为模块组成系统,扩大了系统的基本组成单元,缩短了研制周期、减少了投入精力并使电路性能等方面得到很大的改善。

10.4.2 集成模块选择与优化

存储测试系统结构模型大致可分为三个层次(图 10-16):信息获取层(传感器)、信息处理层(测试仪)、信息分析层(虚拟仪器)。

其中,存储测试仪的信息处理层又可以细分为三个层次:①信号调理层:包

图 10-15　测试仪电路板组成单元变化示意图

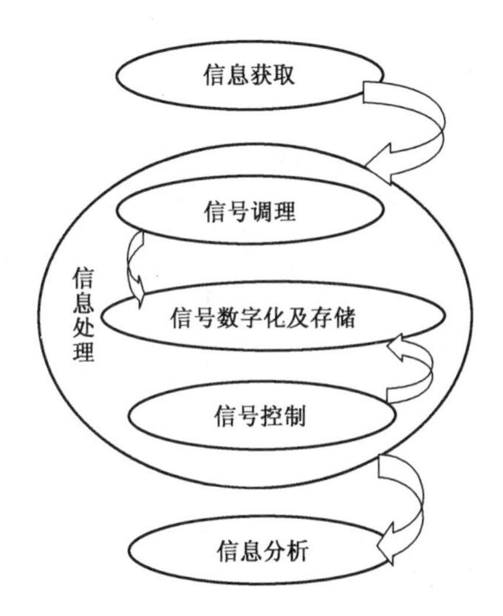

图 10-16　存储测试系统结构模型

括对传感器输出模拟信号的发大、滤波;②信号数字化及存储层:包括 ADC 及存储器;③信号控制层:包括各种控制模块及信息传输模块。

以上的结构模型中,抗恶劣环境的能力主要依靠外部和内部条件实现,外部条件包括电路的固化和高强度壳体的保护;内部条件主要是采用高集成度的器件如单片机、CPLD 等进行电路体积的缩小和减少芯片数量提高可靠性和存活性。

采用 SoC 进行集成的可以包括信息处理层的几个层次,结合实际应用情况、灵活性、成本等因素综合考虑每个层次的可集成性及集成程度。

(1) 信号调理。信号调理层主要包括放大、滤波电路，有源滤波器是较常采用的电路形式。按照传感器类型不同信号调理电路形式有所差异，如电荷放大器、电压放大器、电桥等电路模块。在电路模块内部电阻、电容的数量、标称较多，且决定了放大倍数和滤波器截止频率的值。

(2) 信号数字化及存储。此层主要包括 ADC 及存储器，ADC 位数与传感器的精度有一定的相关性，存储器的容量与被采集信息持续时间和变化快慢有关。

(3) 信号控制。控制的目的是使测试仪能够按照设计的方式及参数正常、有序工作，不同被测参数采集、存储方式不同，多种采样策略基本可以满足存储测试对象的测试要求。

基于以上分析，可以将信号数字化及存储层、信号控制层进行 SoC 设计与实现。以单芯片的形式替代传统的多芯片模块，缩减测试仪的体积，并提高其可靠性。

10.4.3 存储测试 SoC

将存储测试仪进行电路模块集成形成单片 SoC，是实现体积微型化的最佳手段之一，根据以上分析，基于 SoC 的存储测试仪基本框图如图 10-17 所示。图中集成的存储测试 SoC 具有模数转换、存储、控制和接口等功能，由目前使用要求决定：ADC 为 12bit；存储容量：512K×12bit。

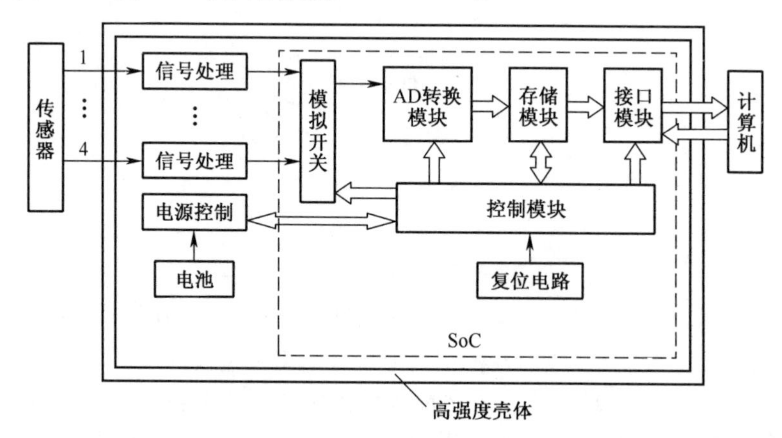

图 10-17 基于 SoC 的存储测试仪基本框图

为提高对不同变化规律参数的采集灵活性，将单次单过程采样策略、单次多过程采样策略、复合的单次单过程采样策略、复合多过程（工况过程）采样策略几种采样策略集成在控制模块中，通过虚拟面板进行具体模式和参数的选择。

提高灵活性的措施还体现在采样频率的可选择性方面,同样,这个参数的具体数值由用户根据实际需要通过虚拟面板进行编程选择。

综合几项指标,选用 SMIC 0.18μm 的工艺进行存储 SoC 的实现。由于 0.18μm 技术的特点,其最佳工作电压为 1.8V,这就使芯片的功耗得到很大程度的降低。芯片采用多电压设计,端口和模拟部分均采用 3.3V 供电,而数字部分和 SRAM 采用 1.8V 电压。图 10-18 示出 SoC 的版图。

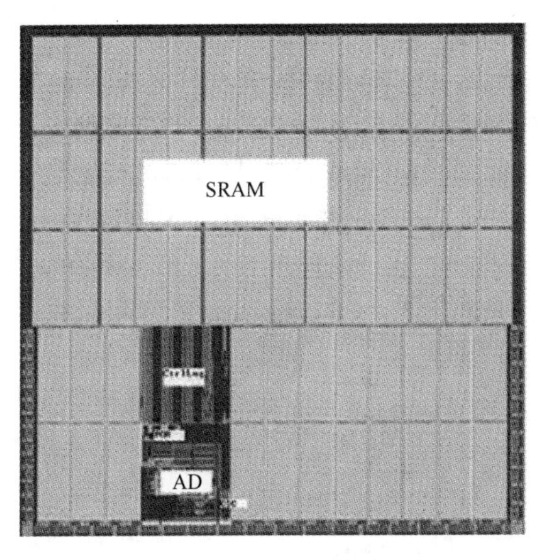

图 10-18　SoC 版图

在版图中大部分面积用于实现 512K×12bit 的 SRAM,大约占到裸片面积的 90%,其他部分包括电压转换模块完成 3.3V 转 1.8V、片内振荡时钟模块 OSC、模拟时钟处理模块、12bit 的 ADC 模块、数字逻辑控制模块 Ctrlling 及复位模块 POR。由于数字集成电路的高集成度,数字控制部分占有的面积较小,而且可以分散在其它模块之间进行布线。

对于存储测试系统,关键指标主要包括:采样频率、存储容量及可测试的参数数量等。单片的 SoC,在某些特殊的情况下,可能需要更高指标来满足测试的需要,这种特殊情况下,设计了 SoC 的组工作模式,组工作的工作方式正是针对采样频率、存储容量及可测试的参数数量这些指标的提升而设计的。共三种方式,其拓扑结构分别为串行、并行和循环,如图 10-19 所示。

组内芯片共同有序地工作需要相应的控制信号,为了不外加额外控制器件,可以将控制逻辑集成在片内。组工作策略的多个 SoC 芯片,无论哪种联接方式,都需要一个主片进行各片工作的管理。为保证弹载 SoC 芯片的同一性,使每一片 SoC 都完全相同,在设计时不能区分主片和从片。因此,需要进行 SoC 通用结构设计,组工作策略实现的通用结构组成模块如图 10-20 所示。

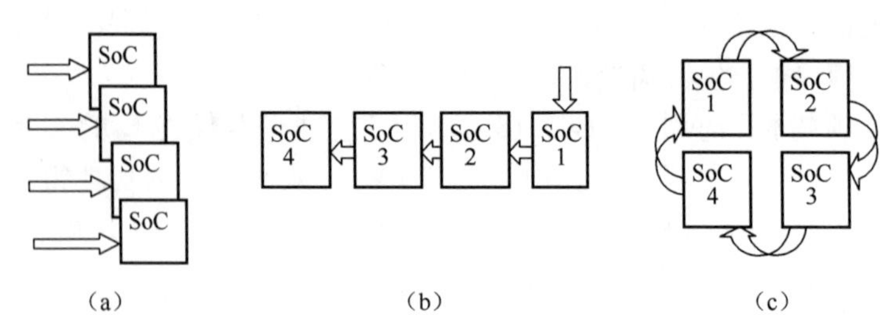

图 10-19 三种联接方式拓扑结构

(a)并联组;(b)串联组;(c)循环组。

组内联接芯片的联接方式、工作顺序、主片的确定都由用户编程选择,每一片 SoC 内部都具有串行、并行、循环三种使用方式的控制模块,并可以通过编程随意选择与更改。

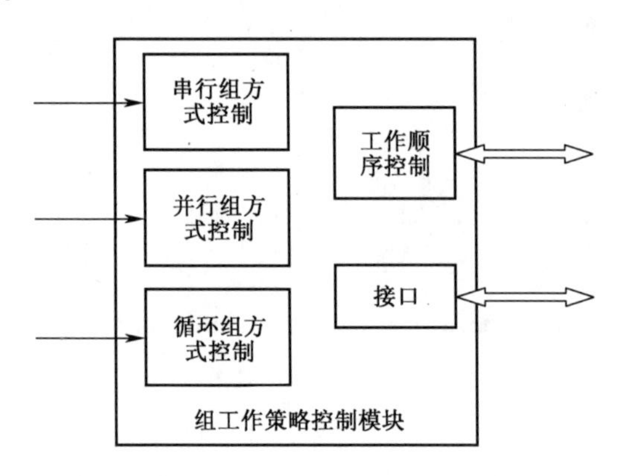

图 10-20 控制模块的通用结构

10.4.4 车辆微型应力测试仪

大型车辆特别是结构复杂的坦克装甲车辆,内部的动态参数如应力等实况测试数据缺乏,但是对于空间狭窄、测试环境恶劣、可测性差、电磁干扰强等条件下动态参数获取一直存在瓶颈,制约了这些参数的获取。

1. 微型应力测试仪组成

存储测试 SoC 的实现为车辆动态参数的获取提供了条件,基于存储测试 SoC 的参数测试仪具有更好的结构适应性,可适合以上环境的测试。根据需求,以存储测试 SoC 为核心芯片构建了微型应力测试仪,如图 10-21 所示。

根据前级应变片输出调理需要,构建直流电桥进行信号的处理,由于测试时需要 6 路信号同时采集,可以采用存储测试 SoC 的并行组工作模式,扩展其通道数。存储的数据可通过 SoC 的接口依次读出。

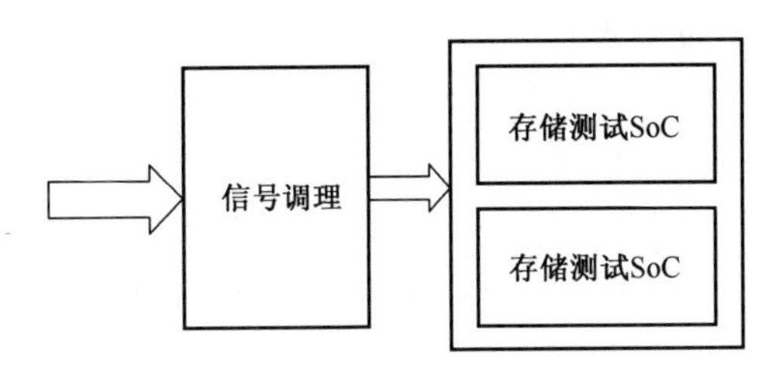

图 10-21　微型应力测试仪组成框图

2. 状态转换

基于 SoC 的微型应力测试仪具有体积、功耗小的优点，且采用智能功耗管理可实现低功耗的实测要求。针对不同工况下数据记录的要求，用于坦克装甲车辆应力测试的微型应力测试仪可采用复合的单次单过程采样策略和复合多过程采样策略。复合多过程的状态转换图如图 10-22 所示。

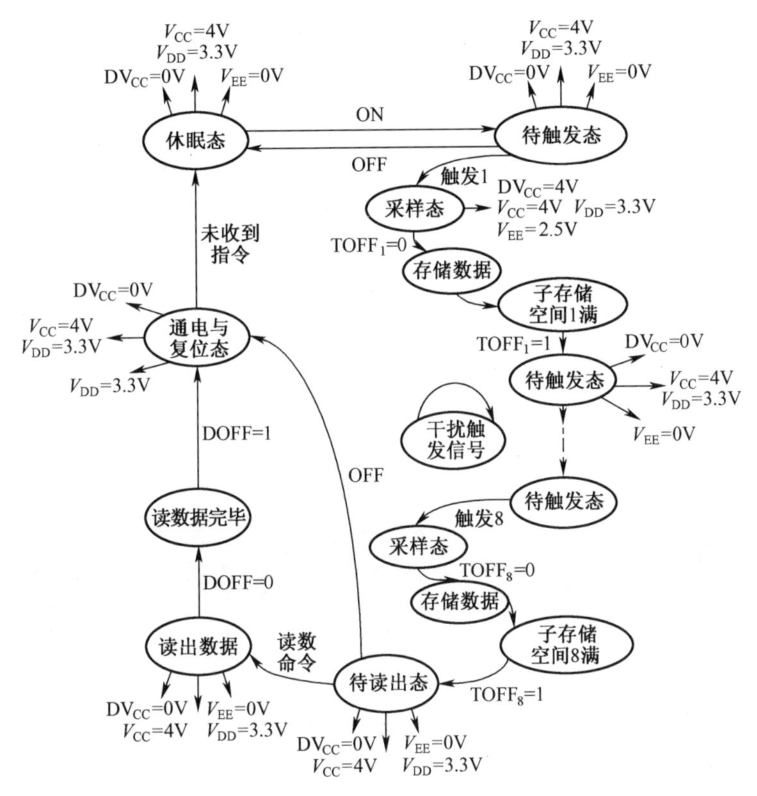

图 10-22　状态转换图

复合多过程采样策略的工作模式下，将测试仪的工作过程划分为八个子过程。多路待测应变信号输入到微型应变存储测试仪的输入信号端，测试仪由休眠态进入待触发态,等待触发信号的到来。系统进入待触发态后,每收到一个触发信号,测试仪的 ADC 根据设计的采样频率进行数据转换,同时存储器地址根据地址推进时钟开始推进,将每次转换的数字量写入存储器并保存,当子存储空间存储满后,输出第一次触发采样完毕信号 TOFF1。当系统查询到 TOFF1 信号为 1 时,停止采样,停止存储器的地址推进,停止数据的存储,进入待触发态,等待下一次触发信号的到来。以此类推,直到第八次触发的子存储空间满后,输出第八次触发采样完毕信号 TOFF8。当系统查询到 TOFF8 信号为 1 时,停止采样,停止存储器的地址推进,此时随机触发采样过程全部完毕,测试仪进入待读出态。

采样过程完毕之后,进入待读出态。当系统接收到发出的读数命令后,将从待读出态跳变到读出数据态,此时不进行采样可关闭采样前端模拟部分的电源供应,即 DVCC 和 VEE 信号都为 0V。读出数据态中,设定读数完毕信号 DOFF。当读数完毕后。信号 DOFF 置 1,停止应变测试仪读数地址的推进和数据的读取工作,系统进入通电与复位态。

若采用单次单过程采样策略,则接受触发信号后,测试仪连续进行数据的采集和存储,直到存储器写满,进入待读数状态。在此模式下,测试仪按照设定的一种采样频率进行信号采集,采样频率的具体数值可根据具体情况进行设定。

3. 结构设计

其结构框图如图 10-23 所示。

模拟板部分为信号调理部分,将传感器的输出信号进行适当的处理;数字板部分通过并行组工作模式可以增加测试仪的通道数,与前端的模拟板进行信号衔接,并完成数据的采集、变换和存储;面板完成与传感器输出的连接,实现数据输入;电池为电路供电,采用可充电电池,可实现多次使用。

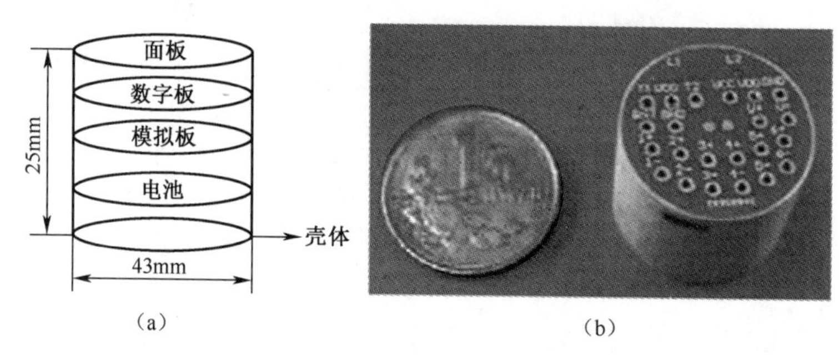

图 10-23 微型应力测试仪组装结构框图和样机
(a)结构框图;(b)样机。

10.4.5 仿真及实验

对于微型测试仪的单次单过程采样策略和复合多过程采样策略进行仿真，观测输出信号的正确性，如图 10-24 和图 10-25 所示。

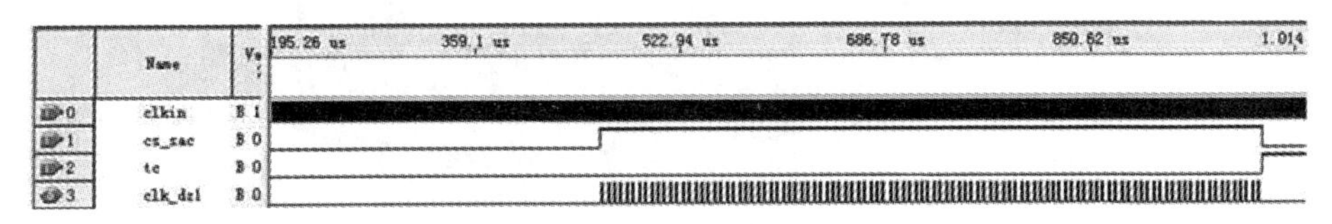

图 10-24 连续采样控制逻辑仿真波形

在图 10-24 中，clkin 是外部时钟，clk_dz1 是采样时钟。clk_dz1 是根据用户所选择的采样频率对 clkin 分频产生的，在这种采样策略下，clk_dz1 是频率固定且连续的采样时钟，控制 ADC 和存储器连续工作。

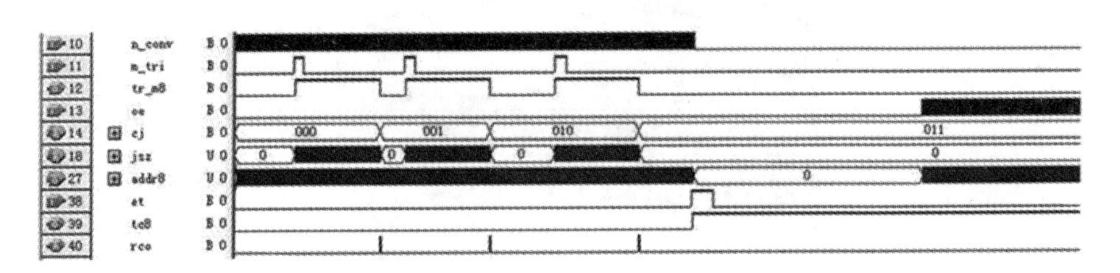

图 10-25 随机触发采样控制逻辑仿真波形

如图 10-25 所示，测试仪由休眠态进入待触发态等待触发信号，此时系统进入待触发态后；每收到一个触发信号，测试仪的 ADC 根据既定的采样频率进行数据转换，存储器地址根据推进时钟开始推进，同时存储器将每次转换的数字量写入并保存，当子存储空间存储满后，停止存储器的地址推进，等待下一次的触发信号到来。直到八次触发的子存储空间满后，停止存储器的地址推进，随机触发采样过程完毕，存储测试仪进入待读出态。其中 JSZ 为存储器地址推进时钟，m_tri 为触发信号。

在图 10-26 中是对测试仪其中一个通道的信号调理模块所做的仿真，以验证电路设计的正确性。模块调试完成后，进行样机的测试，图 10-27 是测试仪所采到的悬臂梁所产生的一个信号。

空间狭小的测试问题，通过模块集成实现参数的可测试性，若测点较多，且类型不同时，这些测点的同步性问题是需要进行进一步研究的。

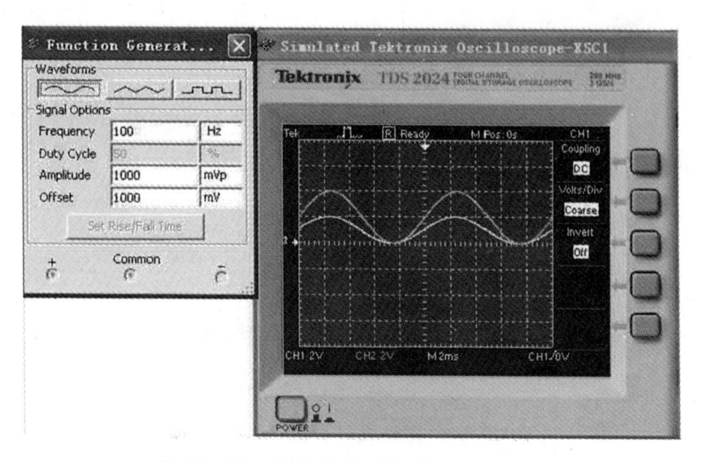

图 10-26 信号调理模块 Multisim 仿真

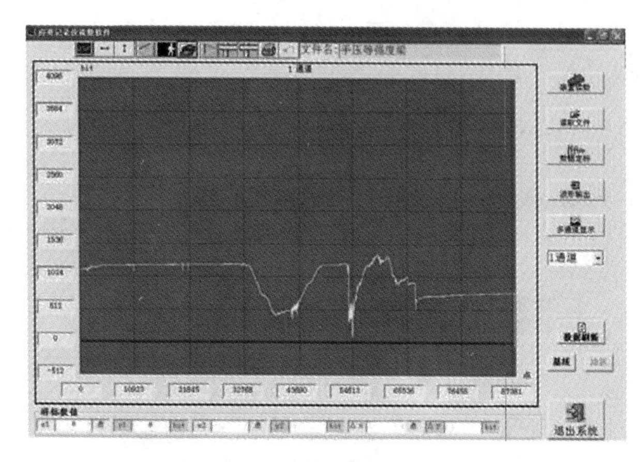

图 10-27 样机采集信号波形

10.5 动力舱多参数测试技术及应用

对于动力舱的高电磁场、高温、测试空间紧凑等恶劣环境,如何精确获取其温度、振动等参数,是需要进行研究解决的瓶颈问题。

10.5.1 测试系统的拓扑结构

动力舱需要测试的参量类型和数量较多,需要通过构建适合的网络进行各测点的管理和控制。车辆实车测试范围局限在车内的特定空间中,因此传输距离较短,从系统的可靠性和测点设置的灵活性角度考虑,测试系统采用星形网络拓扑结构的构建方式。

1. 网络拓扑结构

测试系统由中心控制单元、数字化传感单元及光纤网络组成，光纤网络中包含实现电信号与光信号相互转换的光电转换单元。每个测点分别对应一个数字化传感单元和电光转换单元，两者结合作为一个测试节点，每个测试节点的光信号通过光纤线路传输后经光电转换与中心控制单元连接。测试节点之间相对独立，可同时或顺次和中心控制单元进行命令及数据信息的传输。测试系统的网络拓扑结构如图 10-28 所示。

采用这种方式进行多参数的测试还可以体现相关参数时间上的动态变化关系，具有较好的时间同步性。

测试节点的规划灵活便捷，可根据需要快速地增加或删减。在测试过程中不需要获取信息的测试节点可在中心控制单元的控制下处于低功耗状态，减少资源的浪费。由于采用光纤作为通信媒介，提高了数据传输的抗干扰能力，解决了某些特殊情况下数据无法准确传输的问题[10]。

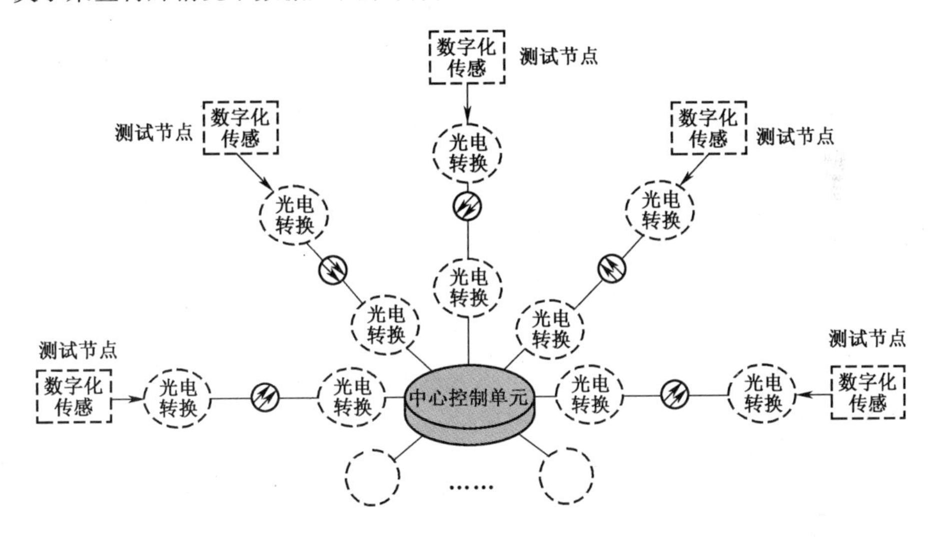

图 10-28　测试系统网络拓扑结构

网络化测试系统中，每个测试节点分别设置数字化传感单元，针对不同的动态参数进行信号的传感、适配、数字化和存储。采用存储测试原理，节点所处位置处的参数进行采集、记录的同时，还将存储记录的信息通过光纤进行传输，避免在某些特殊情况下存储介质中储存的信息丢失。

光电（电光）转换单元的作用是实现数字化传感单元和中心控制单元之间的光信号通信。

中心控制单元集成了存储、控制、接口等功能，可实现对每个测试节点数据的接收、存储，实现多参数同步测试，并且具有控制作用，实现对测试节点的编程功能和状态控制,同时拥有对外接口,可以连接计算机等设备,完成对整个动态测试过程的控制和对各节点记录数据的读取。

测试系统将网络拓扑结构、存储测试、光纤实时传输和 SoC 技术进行集成,星形拓扑结构可实现多参数实时测试;利用存储测试方法提高了系统在恶劣环境下数据获取的可靠性;采用光纤传输技术确保了在强电磁干扰环境下数据的可靠传输;采用 SoC 技术可以实现传感器输出信号本地数字化和数字化传感单元的微型化、低功耗、可编程等功能。

2. 光纤传输与双冗余备份设计

光纤在工作时不导电,对高电压有隔离作用,避免了电路之间的电磁效应引起的相互干扰。动力舱众多电气设备的启停、开关的闭合、各种电弧等不会对光纤通信产生影响,光纤通信自身不会辐射干扰其他设备。使用光纤通信不存在接地、共地问题,安装、测试过程中没有电压、电流的干扰。

每个本地测试节点在采集存储被测信号的同时,将数据通过光纤传送到远端中央控制单元中,形成冗余备份,确保测试数据的安全性和可靠性。采用光纤传输可避免动力舱内部的强电磁场干扰,提高数据传输率和抗干扰的性能。

构建了基于光纤传输的双冗余存储测试系统,主要抗电磁干扰能力体现在三个方面。

(1) 数字量转换:测试仪器采用存储测试技术,其中测试仪的壳体使用了多层综合屏蔽技术,保证了模数转换模块在屏蔽状态下进行工作,使数字量在源头上避免干扰。

(2) 数字量传输:使用光纤进行数字量传输,在传输上实现了抗电磁干扰。

(3) 双冗余备份:使用本地存储和远端存储的双冗余数据存储方法,提高了数据获取的可靠性;即使光纤网络断掉,本地的冗余存储也能够保证测试得到抗电磁干扰的数据源。

10.5.2 中心控制单元设计

中心控制单元由智能控制模块、大容量存储模块和接口模块构成,其结构框图如图 10-29 所示。

中心控制单元通过智能控制模块可实现测试节点的组网功能,根据不同测试需要对测试节点发送编程命令和状态设置命令,并接收所需测试节点的数据写入大容量存储模块中,从而实现多参数的同步测试。

对外接口可以连接计算机等设备,通过计算机软面板的操作实现对整个动态测试过程的控制和对各测试节点的选择、数据的读取和擦除。中心控制单元作为星形测试网络结构的核心,完成数字化传感单元的组网、配置功能,控制测

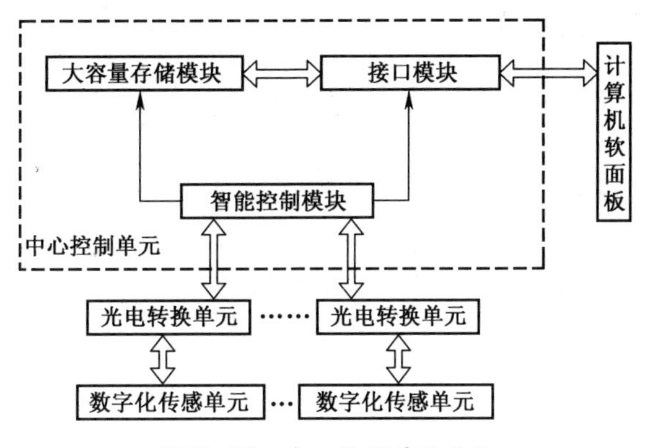

图 10-29　中心控制单元结构

试的开始、数据的实时传输和结束，接收各测试节点的数据并存储。开始测试前，中心控制单元首先进行本地端口及变量初始化，初始化完成后通过端口向测试节点发出组网命令，等待收到测试节点正确的返回值后对各测试节点进行配置，主要是通过对数字化传感单元的编程，设置工作状态、采样频率、通道数量等指标。配置完成后若不立即进行测试，中心控制单元则通过电源管理功能处于低功耗的休眠状态；若即时进行测试则发出开始命令，测试节点按照设置好的指标对相应的动态参数进行测试，并将数据实时传回中心控制单元。中心控制单元接收到测试节点的数据后进行处理并在计算机软面板上实时显示，直到所有参数测试过程完毕后，选择需要保存的测试节点的数据发送读数命令，将测试节点传回的数据在本地存储，无需保存的测试节点的数据则执行擦除操作，直至工作结束。中心控制单元的工作流程图如图 10-30 所示。

采用星形网络结构的中心控制单元工作灵活性好，可在每次测试中针对不同的动态参数进行测试节点的选取，分别对每个测试节点的各种工作状态设置不同的特征值，通过判断特征值选择所需的命令和操作。对一次测试过程中不需要的测试节点设置为低功耗状态，提高了测试效率，通过开始命令的发送可使测试节点的数据具有统一的时间基准，得到数据的同步性好。

10.5.3　数字化传感单元设计

数字化传感单元是测试网络的终端节点，完成对动态参数的采集、调理、转换、存储、输出等功能，并且通过电源管理实现低功耗。

数字化传感单元主要由信号调理模块、采集存储模块、接口模块、控制模块和电源管理模块几部分组成，如图 10-31 所示。

(1) 控制模块。控制模块通过接口与光电转换单元进行双向信息传输，根据中心控制单元的不同命令控制功能模块执行相应操作，实现传感器输出信号

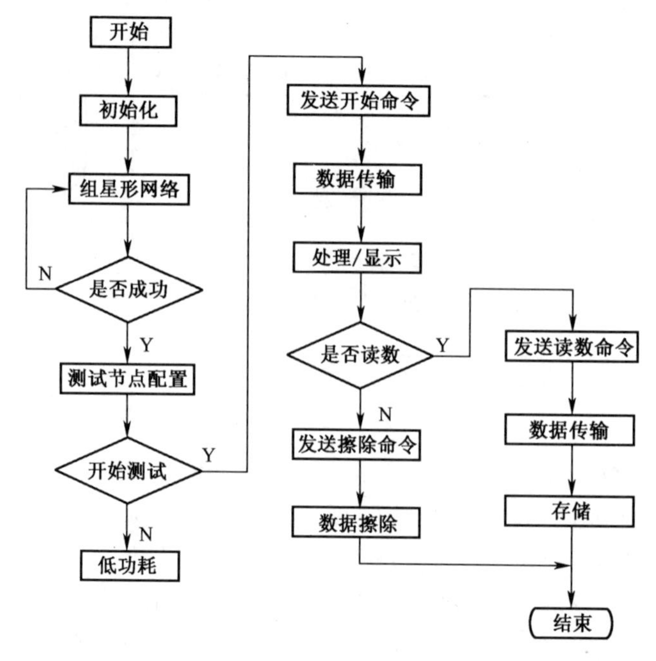

图 10-30　中心节点流程图

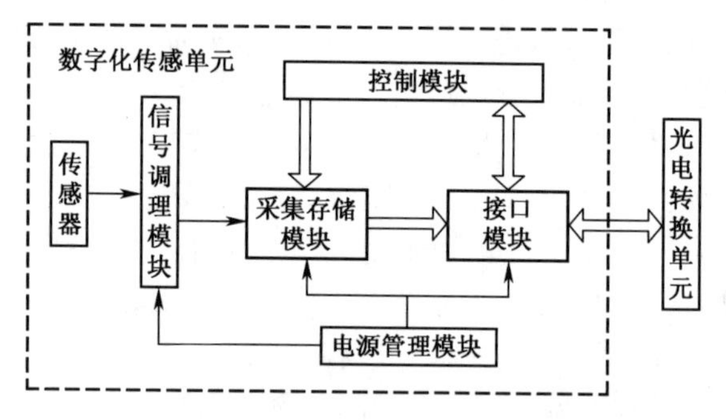

图 10-31　数字化传感单元结构框图

的数字化。

(2) 电源管理模块。电源管理模块根据不同工作状态采取不同供电方式，最大限度地降低功耗，延长数字化传感单元的工作时间。由于针对的动态参数不同，需要进行各功能模块的指标设计。

(3) 工作流程。数字化传感单元上电后首先初始化端口，在接收到组网命令后返回自身的状态与地址完成组网。然后根据中心控制单元发送的命令进行工作参数的设置，之后处于低功耗等待状态，在接收到开始指令后进行数据的采集，并同时完成数据实时传输与本地存储，直到采集完成后根据中心控制单元的进一步操作，完成存储数据的回传。数字化传感单元的工作流程图如 10-32 所示。

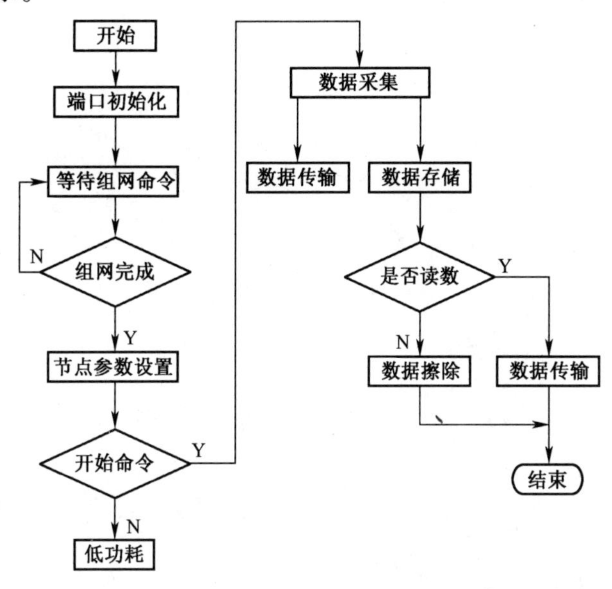

图 10-32 数字化传感单元流程图

10.5.4 光纤传输网络构成

光电转换单元主要由光发送模块和光接收模块组成，他们之间的通信介质为光纤线路。如图 10-33 所示。数字化传感单元内 A/D 转换器输出的数字信号经过编码后由光发送模块转变为光信号，经光纤传输至光接收模块，把光信号转变为电信号，再传输至中心控制单元。

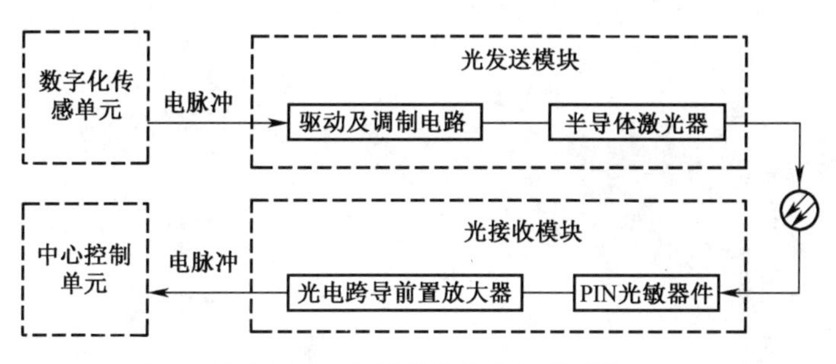

图 10-33 光纤传输部分组成框图

10.5.5 调试与实验

装配完成的初样机如图 10-34 所示，将此样机进行功能验证实验。在实验室环境进行加速度和温度模拟测试实验（图 10-35）。将测试仪初样机固定在悬臂梁上,给测试仪的加速度传感器加载信号,通过风枪改变温度传感器周围温度,提供温度信号。

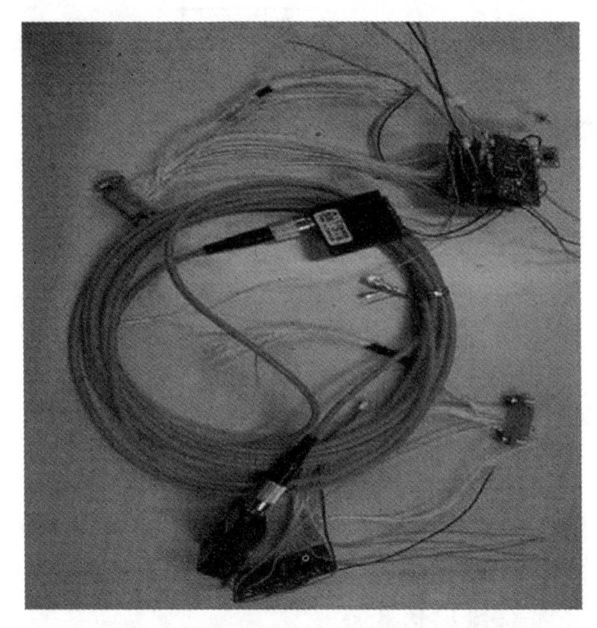

图 10-34 基于光纤传输的多参数测试仪初样机

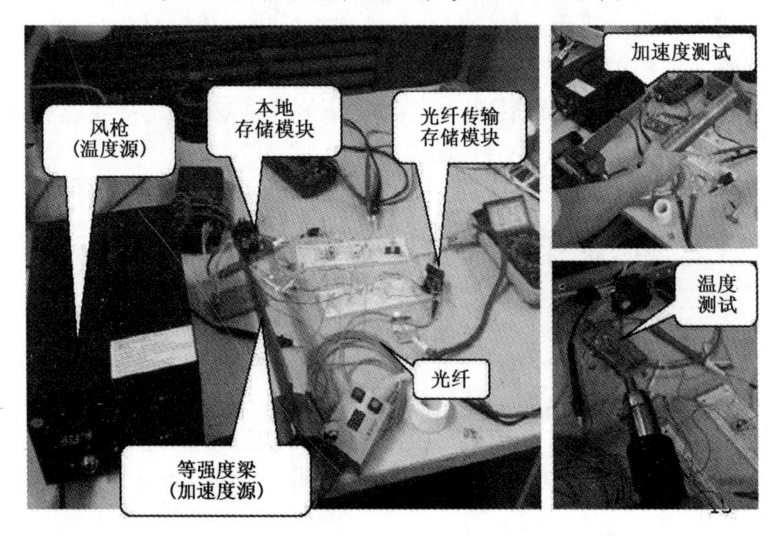

图 10-35 模拟测试实验实物图

测试仪所采集到的信号波形见图 10-36 和图 10-37 所示。一通道为加速度采集通道,所采集到的信号见图 10-36 所示,四通道为温度采集通道,所采集信号如图 10-37 所示。

经实验检验，所构建的测试系统能够实现加速度和温度参数的采集，并且通过数字化传感单元及中央控制单元的数据比较，具有数据的冗余备份功能。

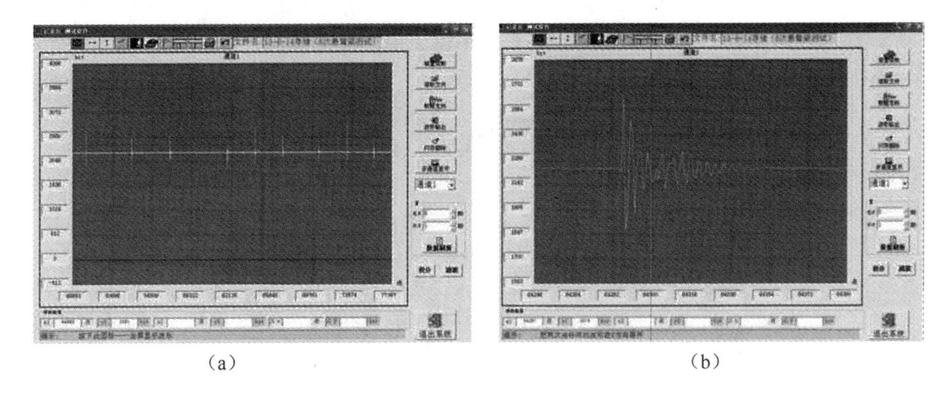

(a)　　　　　　　　　　　　　　　　(b)

图 10-36　采集到的加速度信号波形原始信号和某次信号展开图

(a)原始信号；(b)某次信号展开图。

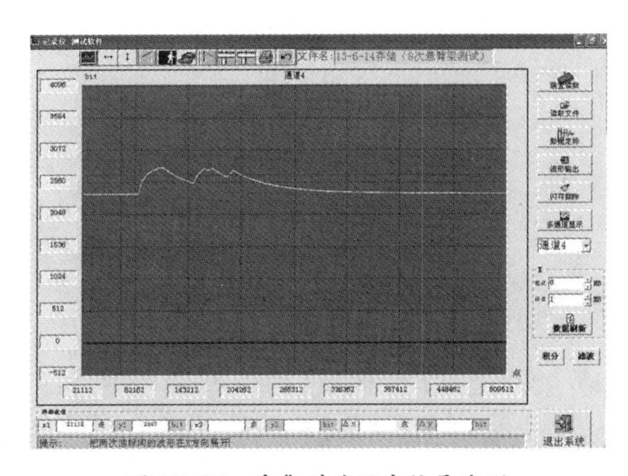

图 10-37　采集到的温度信号波形

10.5.6　总线接口设计

对于动力舱的动态参数测试，光纤所输出的信号可以通过专用接口直接输出至上位机进行分析处理，也可以根据需要增加相应的 CAN 总线接口，通过 CAN 接口接入车辆的 CAN 总线网络系统，从而实现车辆数据的统一管理。

1. CAN 总线硬件实现

CAN 总线数据传输首先需要通过 CAN 控制器将待发送的数据转换为 CAN 总线标准报文，然后通过收发器进行物理电平信号变换，将报文数据转换成符合 CAN 总线协议的差分物理信号，从而实现 CAN 协议通信。

CAN 控制器选用高性能独立控制器 SJA1000，其具有能完成 CAN 高性能通信协议所要求的全部必要特性及完成数据链路层的所有功能;能够存储一条将在 CAN 总线上发送或接收的完整报文(标准的或扩展的);另外,控制器处理一个报文的同时可以继续接收其他节点发来的报文。CAN 控制器外围电路设计原理图如图 10-38 所示。

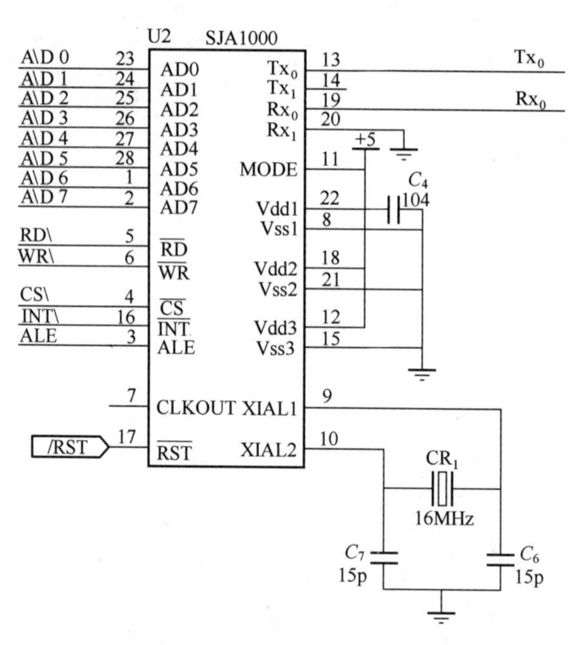

图 10-38　CAN 控制器外围电路设计原理图

CAN 收发器选用高速 CAN 收发器 TJA1050,该器件提供 CAN 控制器和物理总线之间的接口以及对 CAN 总线差动发送和接收功能;其电流限制电路保护发送器的输出级,防止由于正或负电源电压意外造成的短路对驱动器的损坏。当发送器的连接点的温度超过 165℃时,其过热保护措施会选择断开与发送器的连接;其超时定时器用以对 TXD 端的低电位进行监视,以避免由于系统硬件或软件故障而造成 TXD 端长时间为低电位时,总线上所有其他节点将无法进行通信的情况。TJAl050 是 82C50 高速 CAN 收发器的后继产品,相对于后者,该驱动器使得 CANH 线和 CANL 线配合得更加理想,电磁辐射降到更低。CAN 收发器外围电路设计原理图如图 10-39 所示。

在上述原理图中略掉了 SJAl000 和 TJAl050 之间的光耦隔离电路。为了增强 CAN 总线的抗干扰能力,SJAl000 的 TX0 和 RX0 并不是直接与 TJAl050 的 TXD 和 RXD 相连,而是通过高速光耦 6N137 后与 TJA1050 相连,这样就很好地实现了总线上各 CAN 节点间的电气隔离。TJAl050 与 CAN 总线的接口部分也采用一定的安全和抗干扰措施。TJA1050 的 CANH 和 CANL 引脚各自通过一个

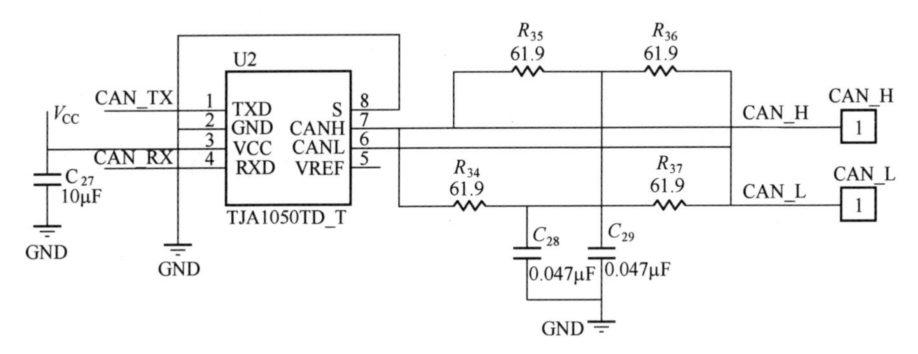

图 10-39　CAN 收发器外围电路设计原理图

电阻和 CAN 总线相连,电阻可起到一定的限流作用,保护 TJA1050 免受过流的冲击。CANH 和 CANL 与地之间并联了两个小电容,可以起到滤除总线上的高频干扰和一定的防电磁辐射的作用。

另外,根据实际电磁环境情况及设计要求,还可以在两根 CAN 总线输入端和地之间分别接入一个 TVS 二极管,当两输入端与地之间出现瞬变干扰时,通过 TVS 二极管起到保护作用,提升 CAN 总线的抗瞬变干扰能力。

2. CAN 总线通信协议设计

CAN 总线链路层与物理层设计符合 ISO11898 标准协议,由 CAN 控制器与收发器保证。在应用层,则根据具体应用需求进行设计,主要包括地址、控制字、数据格式、优先级等协议内容设计。

参 考 文 献

[1] 郑慕侨,冯崇植,蓝祖佑.坦克装甲车辆[M].北京:北京理工大学出版社,2005.

[2] 闫清东,张连第,赵毓芹,等.坦克构造与设计[M].北京:北京理工大学出版社,2007.

[3] 周耀群,张为公,刘广孚,等.基于新型车轮六分力传感器的汽车道路试验系统设计与研究[J].中国机械工程,2007,18(20):2510-2514.

[4] 林福严,周宁闯.轮辐式联轴器扭矩传感器:中国,202533206U[P].2011-11-10.

[5] 徐宜,刘驰远,焦美,等.传动装置部件的测试性集成技术研究[J].车辆与动力技术,2012,127(3):37-39.

[6] 魏来生,赵宁,贾川,等.一种可测试负重轮装置及其验证校准方法:中国,CN103604614A[P].2013-12-05.

[7] 马铁华,刘双峰,武耀艳.嵌入式容栅扭矩及转速传感器:中国,ZL200810054537.0[P].2008-07-23.

[8] 谢锐,马铁华,武耀艳,等.嵌入式容栅传感技术及轴功率测试研究[J].仪器仪表学报,2012,33(4):844-849.

[9] 强锡富.传感器[M].北京:机械工业出版社,2004.

[10] 翟丽,王志福,李合非.车辆电磁兼容基础[M].北京:机械工业出版社,2012.

第 11 章　弹载记录仪(黑匣子)测试技术

11.1　黑匣子简介

所谓黑匣子,最早是飞机专用的电子记录设备之一,名为航空飞行记录器,是专门用来记录飞机在飞行过程中的各种参数,如飞行的时间、速度、高度、飞机倾斜度、发动机的转速及温度等,以及驾驶员与乘务人员和各个塔台之间的对话等[1]。当飞机发生故障或事故时,找到黑匣子,从中读出记录的各种数据,从而帮助技术人员分析飞机出现故障或失事的原因。

随着科学技术的不断发展和完善,黑匣子技术不再局限于飞机领域,已被广泛应用到各个领域,如导弹、火箭、潜艇、轮船、汽车等,用来记录各种目标对象在运行过程中的各项性能参数,在数据记录结束后,根据需要回放目标运行过程中的各种参数并进行分析处理;分析事故原因或研究目标的性能及寻找不足之处,进而对其改进。

11.2　黑匣子总体设计技术

由于黑匣子是用来记录数据的,因此从本质上来讲,黑匣子其实就是一个数据采集记录系统。本节将以弹箭黑匣子为例,介绍黑匣子系统的设计方法。

弹箭飞行特性参数的数据监测是弹箭性能测试检验的重要环节,在弹箭完成总体设计后,需要进行实际的飞行试验,而在实际飞行中,利用数据采集系统记录弹箭的各项飞行参数数据进而分析弹箭的飞行性能,为弹箭飞行轨迹的修正、优化及精确控制提供可靠的数据依据[2]。

对于弹箭黑匣子而言,由于弹箭种类很多,应用情况也有所不同,因此弹箭黑匣子一般都要根据具体测试对象及应用环境进行专门设计。

11.2.1　功能设计

功能设计要根据测试对象及系统的技术指标进行,主要考虑以下因素。

1. 输入信号的特性

主要考虑的问题如下:

（1）信号的数量。

（2）信号的类型，是模拟量还是数字量。

（3）信号的强弱及动态范围。

（4）信号的输入方式，单端输入还是差动输入，信号源接地还是浮地。

（5）信号的频带宽度。

（6）信号是周期信号还是瞬态信号。

（7）信号中的噪声及其共模电压大小。

（8）信号源的阻抗等。

2. 对模拟信号采集的性能要求

（1）系统的采样率。系统的采样率是指在单位时间内系统对模拟信号的采集次数。采样率的倒数是采样周期，表明系统每采样并处理一个数据所占用的时间。它是设计数据采集系统的重要技术指标，对于高速数据采集系统尤为重要。

（2）系统的分辨率。系统分辨率是指数据采集系统可以分辨的输入信号的最小可测变化。即当输出数字量最低位 LSB 发生变化时，输入模拟量变化的最小值 1LSB 的换算公式如下

$$1\text{LSB} = \frac{V_{FS}}{2^N} \tag{11-1}$$

其中：V_{FS}为满量程范围；N 为模数转换器的位数。

（3）系统的精度。系统精度是指系统的实际输出值与理论输出值之差。它是系统各种误差的总和，通常表示为满度值的百分数。应该注意，系统的分辨率和系统的精度是两个不同的概念，不能将二者混淆[3]。

3. 接口特性

接口特性包括输入信号接口是并行接口还是串行接口（对数字信号而言）；采用何种传输协议；存储数据的输出形式，是并行还是串行；数据的编码格式；与什么数据总线相连等。

4. 数据存储要求

数据存储要求主要包括存储容量、存储时间、存储方式等。根据数据速率和记录时间确定数据存储容量；根据测试对象的特性及任务要求确定存储方式，是单次存储还是循环存储。

5. 数据的处理

从某种意义上讲，数据的处理可以分为两种，一种是实时处理，一种是事后处理。对弹箭数据采集系统而言，由于都是采用硬回收方式，因此都属于事后处理。对数据的处理要根据记录的原始信号的特性，将记录的数据进行还原，

如记录的图像数据还原成图像进行播放；振动或冲击信号，采用波形显示的方式进行还原，可以很明确地看出某时刻测试点振动量或冲击量的具体大小，为分析测试对象的飞行特性提供直观的依据；声音信号，在大气层内直接记录声音信号，大气层外，则用高灵敏度振动传感器记录后“还原”成声音信号。

事后处理方式是指采集的数据先以某种方式存储起来，最后在异地分析处理。事后处理方式的数据采集也称为存储式数据采集。存储式数据采集的一个特点是要求存储器具有非易失性，大多数事后处理方式数据采集具有循环采集特点，这是因为数据采集系统中存储器容量总是有限的，当存储器满后最前采集的数据将被新采集的数据覆盖，存储器中总是存储最近的数据。

11.2.2 可靠性设计

可靠性是衡量产品质量的重要指标，同样也是衡量黑匣子质量的重要指标。在设计黑匣子时，需要通过必要的可靠性设计技术来保证黑匣子的质量。常用的可靠性设计技术有元器件的降额设计、冗余设计和电磁兼容设计等。

在可靠性设计过程中，还应注意以下几个问题。

(1) 电路设计应采尽量简化，若有成熟设计则尽量采用成熟设计。

(2) 结构设计应尽量简单化、积木化、插件化。

(3) 若必须采用新电路，则应注意标准化，采用新技术要充分注意继承性。

(4) 尽量采用数字电路、集成电路，逻辑电路要进行简化设计。

(5) 对性能指标、可靠性指标以及成本要综合考虑。

(6) 应尽量采用传统工艺。

(7) 应不断采用新的可靠性设计技术[4]。

1. 元器件降额设计

元器件降额设计是指使元器件工作时承受的应力低于其额定值，以达到延缓其参数退化，降低元器件的工作失效率。元器件降额设计对于提高整机工作的可靠性具有很重要的意义。

通常元器件有一个最佳降额范围，一般应力比在0.5~0.9，在此范围内，元器件工作应力的降低对其失效率的下降有显著的改善，系统的设计易于实现，且不必在设备的重量、体积、成本方面付出大的代价。

应按系统可靠性要求、设计的成熟性、维修费用和难易程度、安全性要求及对重量和尺寸的限制等因素，综合权衡确定其降额等级。在最佳降额范围内推荐采用三个降额等级。

(1) Ⅰ级降额。Ⅰ级降额是最大的降额，对元器件使用可靠性的改善最大。超过它的更大降额，通常对元器件可靠性的提高有限，且可能使系统设计难以实现。

Ⅰ级降额适用于下述情况:设备的失效将导致人员伤亡或装备与保障设施的严重破坏;对设备有高可靠性要求,且采用新技术、新工艺的设计;由于费用和技术原因,设备失效后无法或不宜维修;系统对设备的尺寸、重量有苛刻的限制。

(2) Ⅱ级降额。Ⅱ级降额是中等降额,对元器件使用可靠性有明显改善。Ⅱ级降额在设计上较Ⅰ级降额易于实现。

Ⅱ级降额适用于下述情况:设备的失效将可能引起装备与保障设施的损坏;有高可靠性要求,且采用了某些专门的设计;需支付较高的维修费用。

(3) Ⅲ级降额。Ⅲ级降额是最小的降额,对元器件使用可靠性改善的相对效益最大,但可靠性改善的绝对效果不如Ⅰ级和Ⅱ级降额。Ⅲ级降额在设计上最易实现。

Ⅲ级降额适用于下述情况:设备失效不会造成人员和设施的伤亡和破坏;设备采用成熟的标准设计[5]。

降额可以有效地提高元器件的使用可靠性,但降额是有限度的。通常,超过最佳范围的更大降额,元器件可靠性改善的相对效益下降,而设备的重量、体积和成本却会增加很多。有时过度的降额会使元器件的正常特性发生变化,甚至有可能找不到满足设备或电路功能要求的元器件;过度的降额还可能引入元器件新的失效机理,或导致元器件数量不必要的增加,结果反而会使设备的可靠性下降。

在进行元器件降额设计时,可参考国家军用标准《元器件降额准则》。

2. 冗余设计

冗余设计是指为改善系统运行可靠性而引入重复或代替的系统元素,以确保该特定元素失效时,系统能继续正常运行。冗余系统也常称为备份系统。冗余设计有多种形式,常用的几种形式如下。

(1) 并联系统。这是最常用的冗余形式。就备份件而言,是指由几个单元并联组成系统,其特点是,几个单元中只要有一个单元可靠,则系统就可靠,只有当几个单元全部失效时,系统才失效。如双点双线、存储器双备份等。

(2) 待机系统。这种系统中的备份单元或系统,在平时处于非工作状态,一旦主要单元出现故障后,备份单元才投入工作(属冷储备性质)。待机系统一般装有报告失效的装置和开关转换装置,在系统发生故障时,就可以转换到备份部分工作,如计算机备用的不间断电源(UPS)。但这种冗余形式的前提是报告失效的装置和开关转换装置的失效率应远低于受控部分,这样才能发挥冗余技术的优越性。

（3）表决系统。用于有高可靠性要求的系统。例如，飞船为了保证安全可靠，可在飞船上装3台相同的计算机，将输出数据同时加在2/3表决开关上，只将两个或3个相同的数据送到执行机构，任意一台计算机发生故障都不影响飞行轨道的控制。据此也可组成3/5表决系统，4/7表决系统等。

（4）软件冗余技术。对一些主要的关键程序，如检测、输出控制或系统管理程序，可以设计两套或多套程序，其功能相同，但程序结构、数据区不同。一旦运行的程序出现错误或计算机内存出错，就可自动切换到备用程序，以保证系统脱离故障，恢复正常。

冗余设计可以提高系统的可靠性，但同时也会带来一些不利的因素，如给减小体积、降低功耗带来困难；同时，复杂度提高，延长设计、制造、装配和试验的时间，还会增加费用[6]。因此在设计时应权衡各方面因素，确定合适的冗余形式。

3. 电磁兼容设计

电磁兼容设计涉及到电磁兼容性问题。电磁兼容性问题包括两个方面：一是指设备在正常运行过程中对所在环境产生的电磁干扰不能超过一定的限值；另一方面是指设备对所在环境中存在的电磁干扰具有一定程度的抗扰能力。

电磁兼容设计主要从以下几个方面进行考虑。

（1）屏蔽设计。屏蔽的主要作用是抑制高频电磁场的干扰，主要方法是采用导电良好的金属材料做成屏蔽壳体。均匀无缝屏蔽体的屏蔽效能是很高的，但在实际应用中屏蔽外壳往往不是一个完整的封闭体，屏蔽外壳上各种接插件、按键、通风孔和电缆孔等的孔缝会降低屏蔽效果，这会造成电磁泄漏，使屏蔽效能远远低于理想的计算值。在高频段，由于波长变短，结构上的不连续性会造成电磁泄漏，因此在设计屏蔽结构件时必须注意电磁的连续性，避免孔缝的泄漏。在设计设备结构时，结构体之间可以采用的凹凸对接的方式，增加接触面重叠面积，并在对接处增加软性导电材料，如导电橡胶垫，可实现结构体之间的有续连接，以此来减小电磁波的缝隙泄漏。

（2）电源滤波。屏蔽虽能很好地抑制电磁干扰，但通过信号线和电源线发射出的强制性的电磁传导辐射，仍会在设备之间产生传导辐射干扰且屏蔽无法消除。而电源滤波器可以有效的降低传导耦合带来的系统电磁兼容性能的降低。

在电源设计时，可采用EMI滤波器阻隔DC/DC模块与电源母线间的相互干扰。在滤波器的安装和引线时，注意到将滤波器的安放位置尽量靠近电源输入端，连线尽量短，若连线太长，则可能引入传导干扰；引线采用了带有屏蔽层的双绞线，并确保滤波器输入、输出线分离，若输入、输出线捆扎在一起，它们之间的耦合会使高频衰减降低。此外,为更好的起到散热和滤波的作用,利用紧固件将滤波器直接固定在结构体上。

(3) 接地。合理接地是抑制干扰的主要方法之一。正确的接地方法可以减少或避免电路间的相互干扰。根据不同的电路可以采用不同的接地方法:①单点接地,这种接地方法最简单,抑制干扰能力差,仅适用于低频电路。②多点接地,多点接地其接地电阻较小,在高于 10MHz 时可用多点接地,但此时地线应尽量宽且短,同时,地线与机壳应绝缘。③整机接地,整机接地方式也是保障设备电磁兼容性的主要措施之一。由于其功能不同,故电路差别甚大,接地状况也不大相同[7]。

(4) 印制板设计。在印制板设计方面,应尽量采用多层板设计,将电源和地线设置成独立的板层,用以降低供电线路阻抗,抑制公共阻抗噪声,对信号线形成均匀的接地面,加大信号线和接地面间的分布电容,抑制其向空间辐射的能力,减小信号回路面积。此外,在器件的电源和地线之间增加去耦电容,该电容的作用是为芯片提供电路输出状态发生变化时所需的大电流,这样可以避免电源线上的电流发生突变,减小感应出的噪声电压。

11.2.3 黑匣子回收定位设计技术

黑匣子的应用已为弹箭的研制、改进提供了大量宝贵的数据,而数据获取的前提是在弹箭发射后及时找到黑匣子。到目前为止,弹箭黑匣子的回收方式基本都是硬回收,为了便于黑匣子落地后搜寻,将黑匣子外表面涂成明黄、橘红等鲜艳夺目的色彩,并安置颜色鲜艳的飘带,在黑匣子与弹箭体分离后,飘带自动弹出。但通常由于黑匣子下落地点不明确、加之落点地理条件复杂,使得黑匣子搜寻工作仍然十分困难,搜寻人员时常无功而返。

因此,针对黑匣子难以搜寻的问题,需要研究各种针对黑匣子的搜寻定位技术,下面介绍了几种目前已应用的搜寻定位技术。

1. 声纳定位

声纳是一种利用声波在水下的传播特性,通过电声转换和信息处理,完成水下探测和通信任务的电子设备。

2. GPS 和 GSM 结合定位

GPS(全球定位系统)是随着科学技术的进步而建立起来的新一代卫星导航定位系统,它可以向全球用户连续不断地发送全天候、高精度的三维坐标、三维速度以及时间信息。GPS 卫星定位系统发展成熟、定位精度高、实时性好。

GSM(全球移动通信系统)是当前应用最为广泛的移动电话标准。GSM 通信模块是传统调制解调器与 GSM 无线移动通信系统相结合的一种数据终端设备,可快速安全可靠地实现数据、语音传输、短消息服务等业务。通过 GSM 模块,用 GSM 系统的短消息业务,把数据打包成一个适合短消息业务的数据块,以短消息的形式进行传递。

GPS 和 GSM 在当今都得到了广泛的应用,将 GPS 的定位功能和 GSM 的短消息传递功能进行结合来实现黑匣子的搜寻定位。

GPS 模块接收到来自 GPS 卫星的定位信息,并将定位信息传输到微控制器,GSM 模块通过 GSM 网络搜索到最近的基站得到对应的基站信息,并将基站信息传输到微控制器,再由微控制器把 GPS 定位信息和 GSM 基站信息打包后一起通过 GSM 网络以短消息的形式发送到作为 GSM 接收机的指定手机上,最后通过短消息中的定位信息判断黑匣子的下落位置。图 11-1 是搜寻定位系统的示意图。

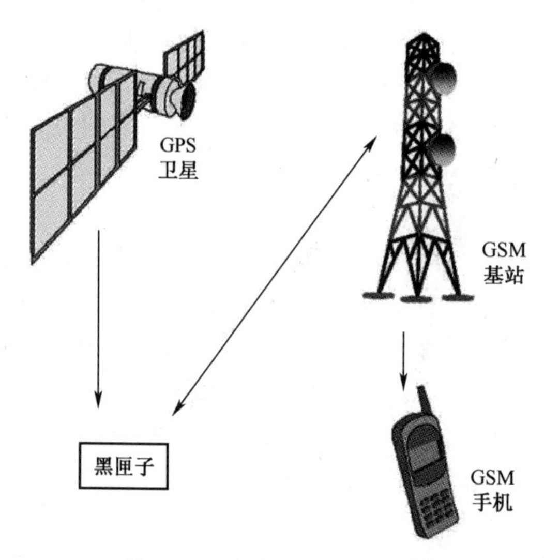

图 11-1　搜寻定位系统示意图

3. 单频无线发送和定向接收结合定位

单频无线发送和定向接收结合定位,即在黑匣子上安装无线电发射机,当黑匣子完成记录任务后,启动无线电发射机,按照既定工作方式发出特定频率的无线电信号,搜寻人员通过定向天线和信号强度检测仪器可以探测黑匣子的方向和无线电发射机发出的信号强度,根据信号的强度估计与黑匣子的直线距离,从而估计出黑匣子所在的大体位置,方便搜索人员快速定位黑匣子落点。图 11-2 是搜索定位示意图。

11.2.4　黑匣子可靠保护设计技术

弹箭载黑匣子的应用环境都比较恶劣,如高过载冲击、高温、高压等,如何

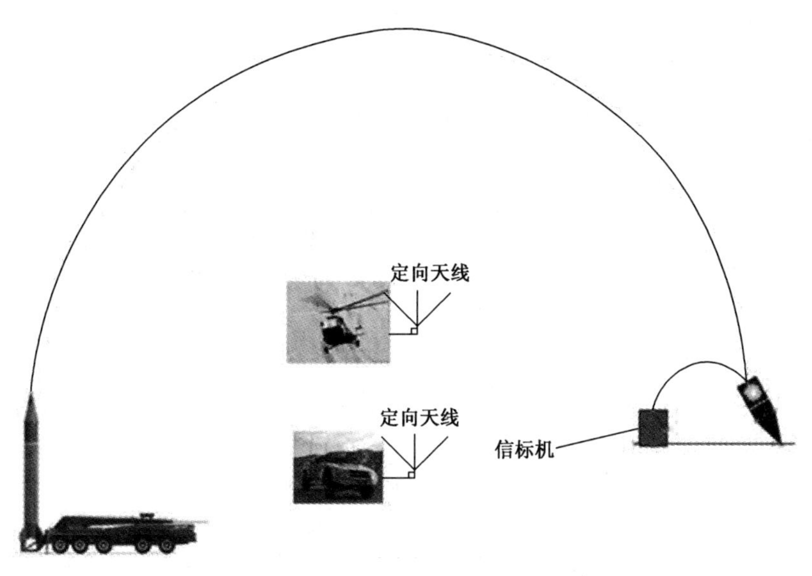

图 11-2　搜索定位示意图

对黑匣子进行有效的保护显得尤为重要;其中难度最大的为对高过载冲击和高温的防护。在实弹飞行及落地过程中,黑匣子内部的部件在高速旋转环境下可能会与被测体相对转动引起连接线路拉断,在高过载环境下的弹性振动、碰撞可能引起电路损坏,结构的弹性、塑性变形可能导致其内部被挤压,高温环境下造成内部电路的损坏等。所以需要分析和理解应用背景的环境,并针对性的设计有效的防护措施。

1. 黑匣子瞬时抗高温烧蚀技术

抗高温烧蚀技术主要是指采用隔热材料,对黑匣子内部的关键模块进行保护,防止其在高温环境下损坏。

2. 黑匣子抗高过载技术

抗高过载要从两方面进行考虑,一是结构设计,二是防护措施。

1）整体结构设计

系统的结构设计是抗高过载设计的一个重要方面。在综合考虑系统各个模块之间的构建方式、印制电路板的安装、电磁兼容性、供电系统的放置和工作环境条件的控制(如散热、除湿、防尘)、可扩展性能以及硬件调试便捷性的前提下,对整体结构进行设计。一方面可采用高强度材料、精密加工制作零件,通过改善各部件的连接关系等措施来提高结构本身的抗高过载能力;另一方面改善结构的受力环境,即增加隔振缓冲装置,利用减振元件的储存和耗散能量机制,减小传递到零件上的冲击峰值,降低高过载环境对结构体的影响。除此以外,还可借助仿真分析软件对结构的受力情况、热分布情况进行仿真,为结构设计提供有效依据。

2）防护措施

抗高冲击过载的防护措施主要有灌封技术和缓冲保护技术。

(1) 灌封。灌封是将加工好的电路采用特制灌封材料封装在一个金属壳体内,成为结构一体化的电路体,能起到提高电路的抗过载能力、使系统可靠工作的作用。但是如果采用整体灌封技术,电路系统成为一体,既增加了整个系统的重量,更致命的是如果其中某一块电路板出现问题,整个系统将无法使用。因此,一般情况下,都是采用局部灌封技术。

① 灌封材料的选择。目前常见的灌封材料有环氧树脂、聚氨酯、硅橡胶和其他橡胶、树脂类。环氧树脂最大的特点是粘合力强、强度高、灌封工艺简单,但是其固化内应力大,没有弹性;硅橡胶的最大特点是韧性好、耐热、耐寒、耐水,但其流动性差、固化时间长、硬度和强度低;聚氨酯的韧性、弹性、硬度都介于硅橡胶和环氧树脂之间,可以满足系统的要求,但液体流动性不太好,且其固化过程中释放的 CO_2气体会使固化后电路模块的强度和硬度降低,影响系统的耐冲击能力。因此,在选择灌封材料时要根据实际情况进行选择。

② 灌封工艺。黑匣子的电路板灌封需要特定的工艺流程,灌封者必须具有丰富的应用经验、采用可靠的原材料和严格的品质管理,才能保证灌封出的黑匣子满足应用要求。灌封时需要注意的是要保证在插槽和电路板之间不能有空隙。由于灌封材料固化时间长,而灌封结构处于相对位置,这就需要在灌封时,保证灌封的其中一面固化好后,再灌封另一面。

灌封要保证电路体的一体化,这样才能达到承受高冲击过载力的要求。若只是外表面看来填充满,而内部部件并未黏结在一起,在高冲击下,由于各器件、各部件的质量大小不同,所以所受的过载力不同,产生相对位移,从而导致装置内部损坏。所以,采用特有的灌封工艺,要分多道工序进行,这样才能保证灌封质量的可靠,使电路能完成高冲击条件下的可靠记录。

(2) 缓冲。所谓缓冲技术,就是当物体受到外力作用时,为了减少外力对物体产生损坏所采取的技术措施。缓冲的原理是利用缓冲体的弹塑性变形以及阻尼作用,减弱由于载体加速或减速运动而作用于存储测试仪的力,使测试仪承受比载体较小的冲击峰值。不过,缓冲体除了起缓冲减振作用外,它还能够有效地隔离或衰减载体与目标撞击时,在其内部形成的应力波,并防止测试仪与载体之间的钢性撞击。

目前采用的缓冲材料主要有橡胶垫和一些具有弹性的化学物质,缓冲模型如图 11-3 所示,由模型可得最大变形量 x_m 的公式

$$x_m = \sqrt{-\frac{k_0}{r} + \sqrt{\frac{k_0^2}{r^2} + \frac{4WH}{r}}} \tag{11-2}$$

其中：k_0 为初始弹性系数；r 为弹性系数增加率；W 为内装物质量；H 为内装物跌落的高度。

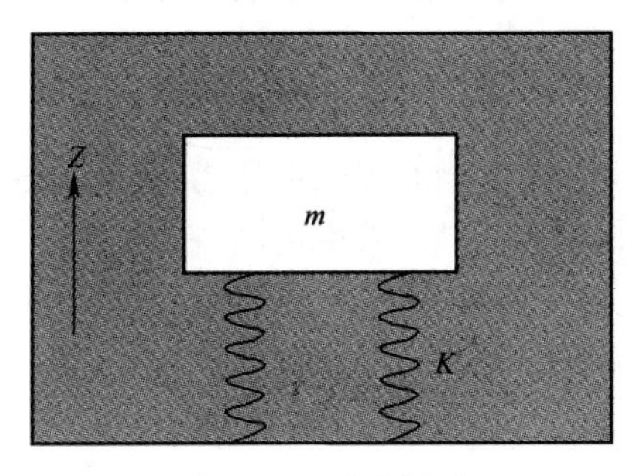

图 11-3　缓冲模型

根据式(11-2)可知，弹性系数越大的变形越严重。综合考虑选用了弹性系数适中的橡胶减振垫，其优点如下：①可实现对任意方向动态激励的随机控制；②优良的隔振、缓冲性能，峰值相应频率随激励的增大而降低；③能实现系统在峰值响应时的平稳过渡。

常用的缓冲材料有：泡沫铝、石英砂、毛毡及橡胶等弹性物质。

泡沫铝的应力应变曲线，存在着一个平台区，平台区内应力基本保持不变，不会随应变的变化而变化，这是泡沫铝的一个重要特征；要是应力超过这个平台允许值，这时泡沫铝就会发生塑性变形，甚至被压垮，依靠自身的塑性变形能吸收外界注入能量，进一步保护被保护元件。因此，泡沫铝被广泛用作缓冲材料。

橡胶是一种高分子材料，它是非常有效的减振材料，具有良好的弹性，本身的特性曲线比较复杂，呈现出非线性的关系。橡胶具有弹性滞后的效应，即加载了一段时间后，才会产生最终的变形；同样卸载了一段时间后，才会慢慢恢复初始状态。

毛毡是很好的冲击防护材料，它是一种孔隙状编织物，其阻尼性能优越，在干湿反复作用下易变硬，丧失弹性，应用时，一般取其厚度为 0.65cm~7.6cm。

除上述方法外，在选用元器件时，也可尽量选择抗过载能力强的元器件。比如全部选用贴片集成芯片及贴片电阻电容，并且选择小封装的器件。一方面可以减小整体体积，另一方面小封装的器件本身质量小，在高过载下不易损坏，选用抗过载能力强的集成时钟发生器取代常规的石英晶体振荡器等。

3. 黑匣子减速技术

减速技术主要是指在黑匣子结构上设计减速装置。目前应用最多的就是在黑匣子结构上设计降落伞，在黑匣子下落过程中自动打开，可减小黑匣子下落的速度，减小黑匣子落地时的冲击力。

11.3 黑匣子校准技术

如果黑匣子采集存储的是模拟信号,则存在采集误差的问题,校准的目的就是将该误差降到最小。黑匣子的校准也称为标定,是在系统正式投入使用之前,给它加上已知的标准输入信号,采用更高一级的基准仪器,得出其输出量与输入量之间的对应关系[8],根据静态标定的结果可以画出相应的标定曲线,按照标定曲线对黑匣子采集测量的结果进行修正。

标定的主要作用如下。

(1) 确定系统的输入与输出关系,赋予系统分度值。

(2) 确定系统的静态特性指标。

(3) 消除系统误差,改善系统的精度。

常用的标定方法有线性标定和关联标定。在使用时,根据系统的内部电路结构确定使用哪种标定方法,有时也需要将两者结合起来对系统进行标定。

线性标定采用的是曲线拟合法。曲线拟合法是指从 n 对测定数据 (x_i,y_i) 中求得一个函数 $f(x)$ 作为实际函数的近似表达式。也就是找出一个简单的、便于计算机处理的近似表达式来代替实际的非线性关系。

曲线拟合法可分为连续函数拟合和分段曲线拟合两种。用连续函数进行拟合,一般采用多项式进行拟合,多项式的阶数应根据仪器所允许的误差来确定。一般情况下,拟合多项式的阶数越高,逼近的精度也就越高。但阶数的增高将使计算繁冗,运算时间也迅速增加。分段曲线拟合法,即是把非线性曲线的整个区间划分成若干段,每一段用直线或抛物线去逼近。只要分点足够多,就完全可以满足精度要求,从而回避了高阶运算,使问题化繁为简。

在曲线拟合法中,最常用的是最小二乘法,它原理简单而且精度相对较高。其原理如下。

设被逼近函数为 $f(x_i)$,逼近函数为 $g(x_i)$, x_i 为 x 上的离散点,逼近误差为

$$E(x_i) = |f(x_i) - g(x_i)| \tag{11-3}$$

记

$$\Phi = \sum_{i=1}^{n} E^2(x_i) \tag{11-4}$$

令 $\Phi \to \min$,即在最小二乘法意义上使 $E(x_i)$ 最小化。为了逼近函数,简单起见通常选择 $g(x)$ 为多项式。当 $g(x)$ 为一次多项式时,为直线拟合,采用直线拟合法也即线性标定;$g(x)$为二次以上多项式时,即为曲线拟合。

由实验精确地测得一组实验数据 $(x_i,y_i,i = 1,2,\cdots,n)$,并设这组实验数

据的最佳拟合直线方程(回归方程)为

$$y = a_0 + a_1 x \tag{11-5}$$

令 $$\Phi_{a_0,a_1} = \sum_{i=1}^{n} E_i^2 = \sum_{i=1}^{n} [y_i - (a_0 + a_1 x_i)]^2 \tag{11-6}$$

要使 Φ_{a_0,a_1} 为最小,按通常求极值的方法,取对 a_0、a_1 的偏导数,并令其为0,得

$$\left.\begin{aligned} \frac{\partial \Phi}{\partial a_0} &= \sum_{i=1}^{n} [-2(y_i - a_0 - a_1 x_i)] = 0 \\ \frac{\partial \Phi}{\partial a_1} &= \sum_{i=1}^{n} [-2x_i(y_i - a_0 - a_1 x_i)] = 0 \end{aligned}\right\} \tag{11-7}$$

进一步可得如下方程组(正则方程组)

$$\left.\begin{aligned} \sum_{i=1}^{n} y_i &= n a_0 + a_1 \sum_{i=1}^{n} x_i \\ \sum_{i=1}^{n} x_i y_i &= a_0 \sum_{i=1}^{n} x_i + a_1 \sum_{i=1}^{n} x_i^2 \end{aligned}\right\} \tag{11-8}$$

解得

$$\left.\begin{aligned} a_0 &= \frac{\left(\sum_{i=1}^{n} y_i\right)\left(\sum_{i=1}^{n} x_i^2\right) - \left(\sum_{i=1}^{n} x_i \cdot y_i\right)\left(\sum_{i=1}^{n} x_i\right)}{n\left(\sum_{i=1}^{n} x_i^2\right) - \left(\sum_{i=1}^{n} x_i\right)^2} \\ a_1 &= \frac{n\left(\sum_{i=1}^{n} x_i \cdot y_i\right) - \left(\sum_{i=1}^{n} x_i\right)\left(\sum_{i=1}^{n} y_i\right)}{n\left(\sum_{i=1}^{n} x_i^2\right) - \left(\sum_{i=1}^{n} x_i\right)^2} \end{aligned}\right\} \tag{11-9}$$

只要将各实验数据代入正则方程组,即可解得回归方程的回归系数 a_0 和 a_1,从而得到这组数据在最小二乘意义上的最佳拟合直线方程。

如利用直流稳压电源提供标准的0V、1V、2V、3V、4V和5V的电压信号黑匣子系统先进行采集,同时利用高精度万用表对稳压电源的输出电压值进行监测,然后得出一组实验数据。在标定时,首先将黑匣子采集的6个点的电压值与高精度万用表记录的电压值组成6组数据,利用这6组数据求得一个 $f(x)$,得出整个区间上的最佳拟合曲线,即对黑匣子进行一个初步的标定,使黑匣子采集的电压值均匀分布到0~5V之间,然后再将整个区间划分成0~1V,1V~

2V,2V~3V,3V~4V、4V~5V 5段,对每段分别求得一个$f(x)$,得出每个区间内的最佳拟合曲线,最后根据每个点所处的区间按照该段的拟合直线再次进行标定。图11-4是系统标定前的1V信号曲线图(图中横向每格刻度为1V),从图中可以看出,输入的标准的1V电压信号,采集回来并显示为1.2V左右。图11-5为经过线性标定后的曲线图,可以看出采集回来的1V信号与1V刻度线吻合的非常好,标定之后系统采集精度优于±1%,满足任务要求。

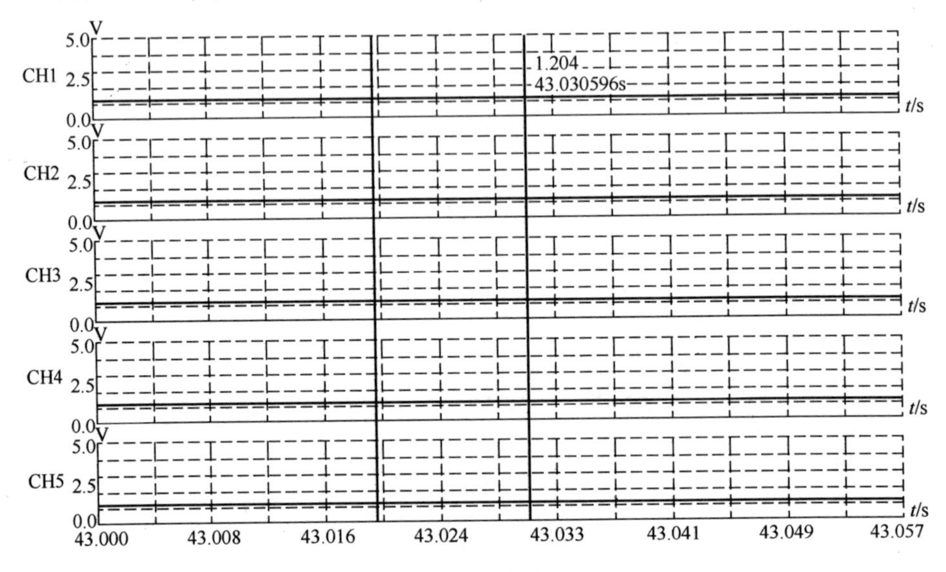

图11-4 线性标定前

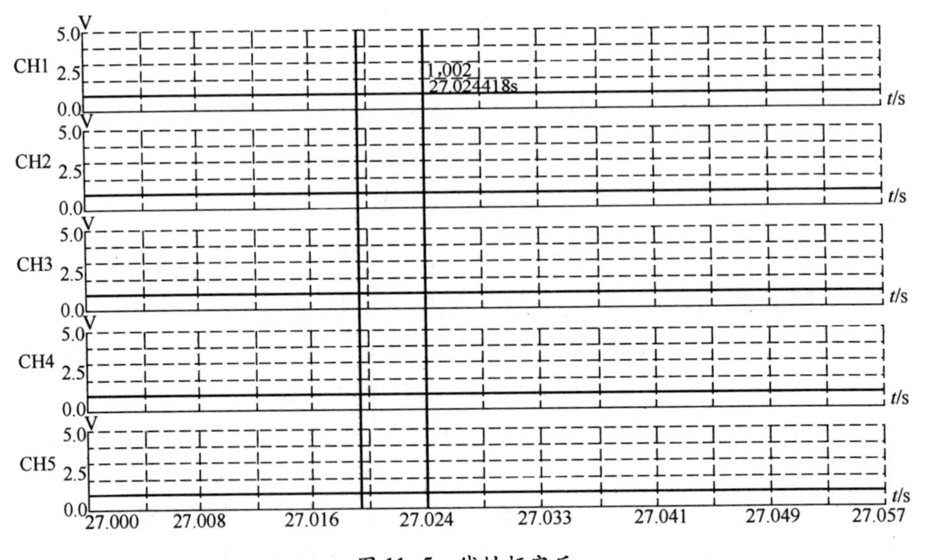

图11-5 线性标定后

如果系统中用到多路模拟开关,那么模拟开关通道间的串扰也是必须解决的问题。如果模拟开关的切换速度较快,当模拟开关在幅值相差较大的相邻两通道切换时,由于其单电源供电、器件等效电容所决定的充放电时间较慢造成了规律性的关联影响。

关联标定是解决模拟开关串扰问题的主要方法。假定相邻两路的输入信号幅值差最大(假如最大的幅值差为5V),通过对多路模拟开关通道切换的时序图(图11-6)进行分析,有可能出现下面两种情况。

(1) 前一路的幅值大于后一路的幅值。如图11-6中的b、c两点,当模拟开关地址选通端低两位切换到10通道的模拟信号幅值(5V)大于11通道的模拟信号幅值(0V),由于受到采样保持电容的充放电过程影响,在第$i+1$处切换开关时,输出信号大于0V。

(2) 前一路的幅值小于后一路的幅值。如图11-6中的a、b两点,当模拟开关地址选通端低两位切换到00通道的模拟信号幅值(0V)小于01通道的模拟信号幅值(5V),由于受到采样保持电容的充放电过程影响,在第i处切换开关时,输出信号小于5V。

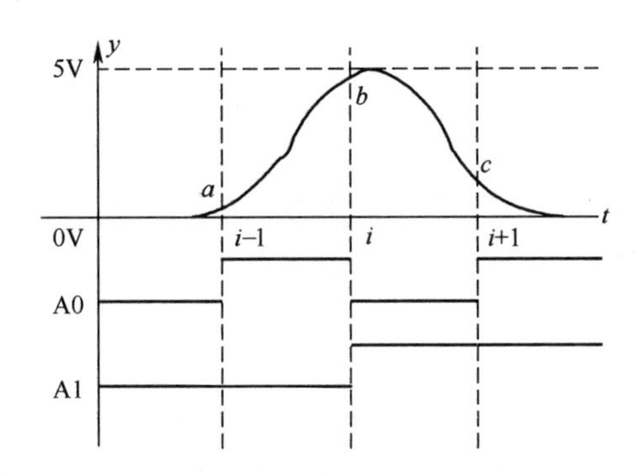

图11-6 模拟开关切换时序图

由此可列出关联标定的算法

$$Y[i]=y[i]+(y[i]-y[i-1])\times CL[i]\quad y[i-1]>y[i] \tag{11-10}$$

$$Y[i]=y[i]-(y[i-1]-y[i])\times CH[i]\quad y[i-1]<y[i] \tag{11-11}$$

式(11-10)、(11-11)中:$y[i]$表示原始值;$y[i-1]$表示相邻的前一个原始值;$CL[i]$表示下降沿关联系数;$CH[i]$表示上升沿关联系数。

按照上述关联标定算法对原始数据处理后可有效的改善输入与输出信号的差异[9]。未经过关联标定的数据结果如图11-7所示,经过关联标定后的数据结果如图11-8所示。

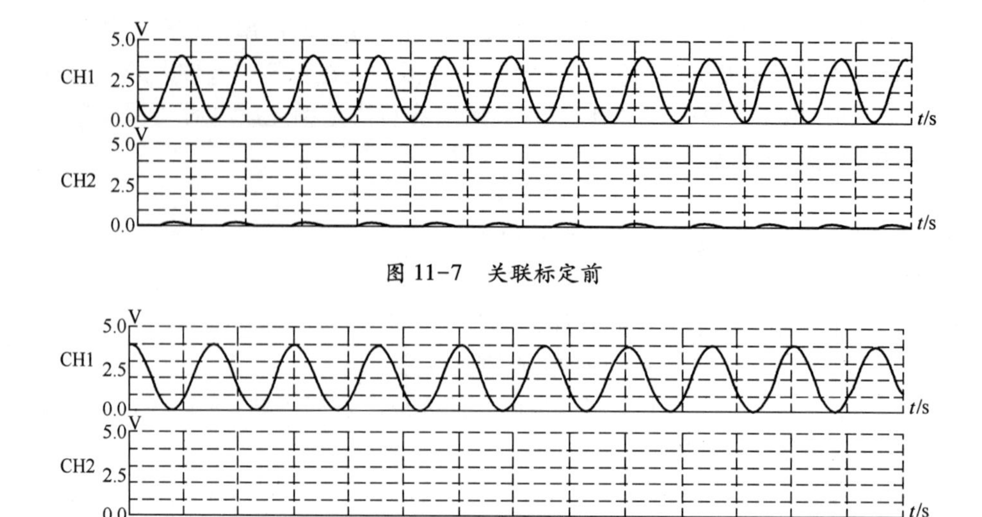

图 11-7 关联标定前

图 11-8 关联标定后

11.4 数据黑匣子设计应用实例

11.4.1 设计描述

该数据黑匣子的主要功能是对速变信号进行采编和存储。采编部分负责对多路速变参数的模拟信号进行采集编码，存储部分负责对采编的数据进行实时存储。由于系统采用硬着陆回收，因此要求系统最关键的存储部分具有耐冲击、长时间保存数据的特点。

系统总体框图如图 11-9 所示。

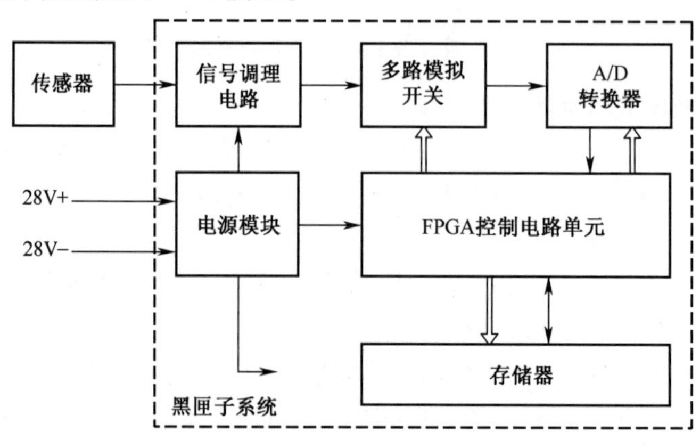

图 11-9 系统总体框图

11.4.2 设计要求

(1) 信号路数及采样率:80 路低频振动信号,每路采样频率 0.5kHz,40 路高频振动信号,每路采样频率 10kHz,6 路噪声信号,每路采样频率 50kHz;

(2) 输入信号范围:0~5V;

(3) A/D 转换位数:8 位;

(4) 记录时间:大于 400s;

(5) 存储模块抗冲击能力大于 20000g。

11.4.3 硬件系统组成

数据黑匣子系统由控制板、采编板、存储板以及供电模块 4 部分组成。

1. 控制板

控制板是整个系统的控制部分,功能包括控制 A/D 转换器进行模数转换、输出多路模拟开关的通道选通地址、控制 Flash 存储器的各种操作以及系统的状态输出等。

控制板电路原理图如图 11-10 所示,其中包括 FPGA(U2)、FPGA 配置存储器(U1)、电源转换芯片(U4)以及晶振(U3)。FPGA 采用的是 XILINX 公司的 XC2S50E,XC2S50E 是 Spartan-IIE 系列产品中的一款,其具有 50000 个系统门,Logic Cells 数量为 1728,BlockRAM 容量 4kB,最多拥有 182 个用户可用 I/O 口,I/O 口电压为 3.3V,内核电压为 1.8V,最高工作频率可达 200MHz[10]。系统采用 50MHz 晶振作为时钟源,电源转换芯片 TPS70351 为 FPGA 提供 3.3V 和 1.8V 电压。系统采用阻容复位,高电平有效(电容 C_3 和电阻 R_8)。

2. 采编板

采编板电路主要包括信号调理电路、多路模拟开关电路以及 A/D 转换电路。

1) 信号调理电路

信号调理电路原理图如图 11-11 所示,由于所有信号采用相同的调理电路,所以此处只给出了其中一路信号的调理电路。

由于输入信号范围是 0~5V,而电源电压(AVCC)也只有 5V,所以设计中采用了具有轨对轨输入输出特性的运算放大器 OPA4340。该运算放大器为 CMOS 低功耗器件,单电源供电,单位增益带宽 5.5MHz,压摆率为 6V/μs,其输入阻抗高,噪声低,非常适合 A/D 采样前的信号缓冲和放大。信号调理电路由 OPA4340 构成电压跟随器,对输入信号进行缓冲,再经适当的 RC 滤波处理滤除高频干扰。

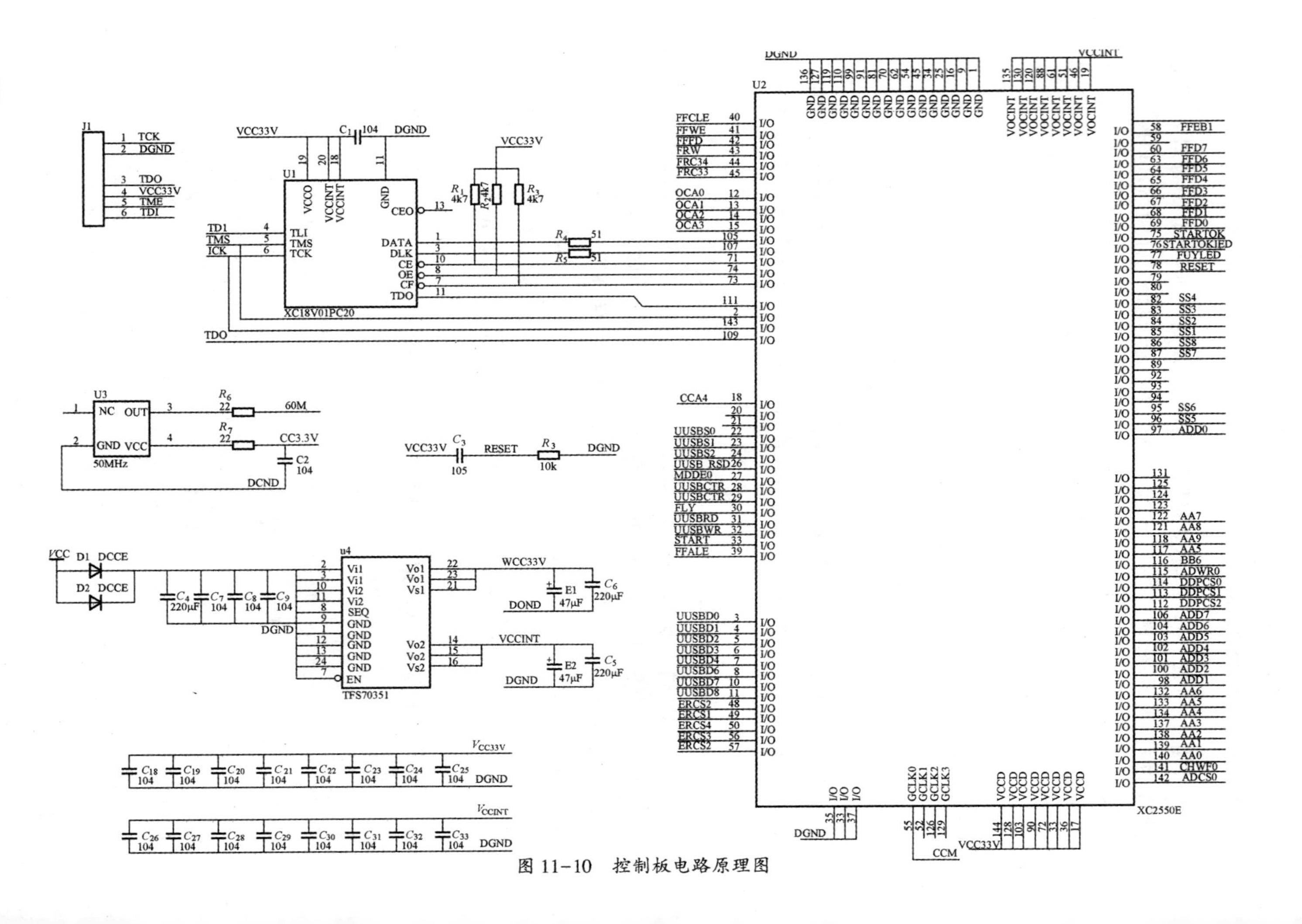

图 11-10　控制板电路原理图

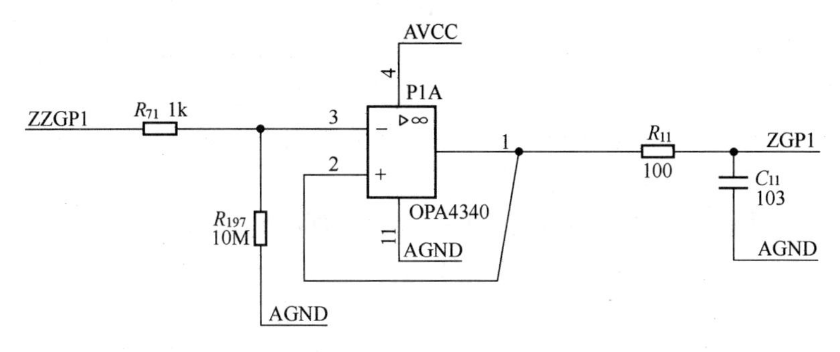

图 11-11　信号调理电路原理图

2）多路模拟开关电路

由于系统中只采用了一个 A/D 转换器，而对输入信号的采样率要求却不同，所以要通过将多路模拟开关进行适当的组合来获得所要求的采样率。一种可行的方法是将模拟开关进行级联，如图 11-12 所示，利用计数器顺序控制级联的多路模拟开关树规律地采集各路模拟信号，某模拟信号在开关树的层次和占用通道的数量决定其采样率。

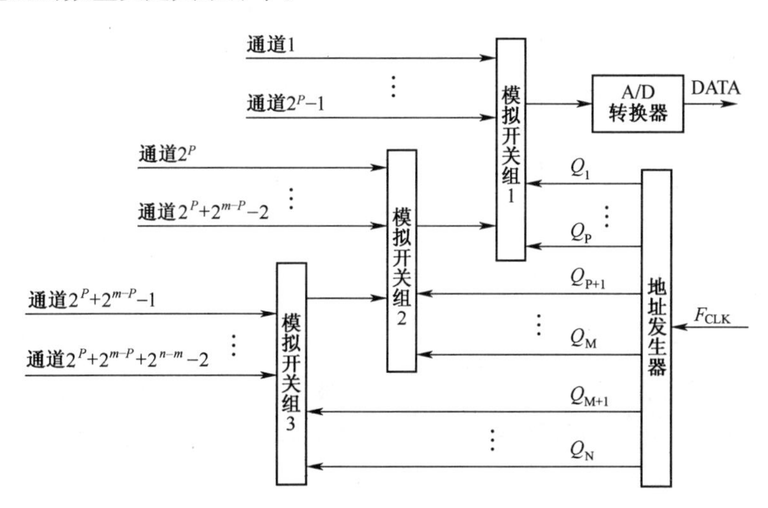

图 11-12　多级模拟开关组合原理框图

令 A/D 转换器的采样率为 F_{CLK}，与模拟开关组 1 相连通道的采样率为 f_1，与模拟开关组 2 相连通道的采样率为 f_2，与模拟开关组 3 相连通道的采样率为 f_3。由图 11-12 可以得到

$$f_1 = F_{CLK}/2^P \tag{11-12}$$

$$f_2 = F_{CLK}/2^M \tag{11-13}$$

$$f_3 = F_{CLK}/2^N \tag{11-14}$$

由于 $N > M > P$，所以 $f_1 > f_2 > f_3$。

由式(11-12)、式(11-13)、式(11-14)可以看出，这种级联式结构后级的采样频率是前一级的 k 倍，(k 是前一级模拟开关组的通道数)，因此，通过对多路模拟开关进行适当级联可以实现对多个输入通道不同频率采样，这种结构层次清晰，工作时序稳定可靠，操作简单。

根据上述原理设计的多路模拟开关电路原理图如图 11-15 和图 11-16 所示，由 5 片双 4 选 1 模拟开关 *ADG*709(图 11-13)和 4 片 32 选 1 模拟开关 *ADG*732(图 11-14)组成，其中 *ADG*732(*U*10)为第一级模拟开关组，*ADG*732(*U*6、*U*7、*U*8)和 *ADG*709(*U*1 ~ *U*5)为第二级模拟开关组。*ADG*732 和 *ADG*709 都是 1.8*V*~5.5*V* 单电源供电或±2.5*V* 双电源供电，导通时间分别为 30*ns* 和 14*ns*，完全满足系统对切换速度的要求。此外，该系列芯片还具有功耗低及封装尺寸小等特点。

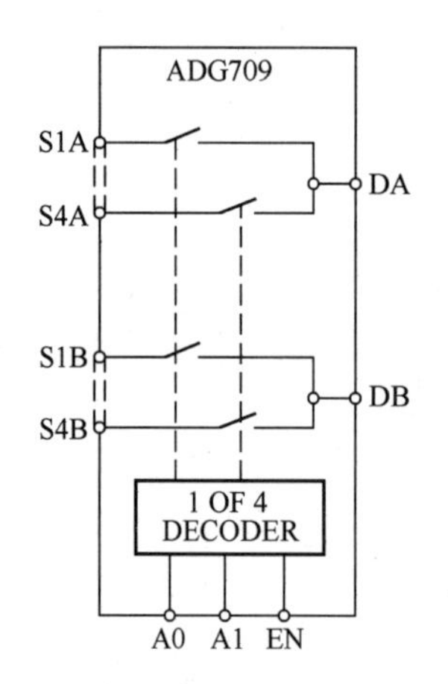

图 11-13 ADG709 引脚配置和内部结构

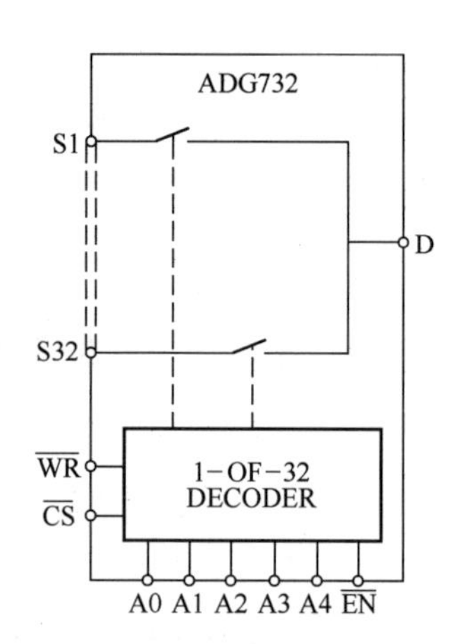

图 11-14 ADG732 引脚配置和内部结构

图 11-15 和图 11-16 中 80 路低频信号被分配到 3 片 *ADG*732(*U*6、*U*7、*U*8)进行选通，40 路高频信号被分配到 5 片 *ADG*709(*U*1 ~ *U*5)进行选通，然后由 *ADG*732(*U*6、*U*7、*U*8)选通输出的 1 路的低频信号、*ADG*709(*U*1 ~ *U*5)选通输出的 10 路高频信号和 6 路噪声信号一起再被分配到第一级模拟开关 *ADG*732(*U*10)进行选通。由此构成的模拟开关组合在 *FPGA* 时序的控制下，即可得到相应的采样率。

*ADG*732 的片选信号 *DPCS*0~ *DPCS*2、地址信号 *A*0 ~ *A*9、*ADG*709 地址信号 *B*5、*B*6 均由 *FPGA* 内部逻辑产生。

3) A/D 转换电路

A/D 转换电路的主要功能是将模拟开关选通的模拟信号进行模拟到数字

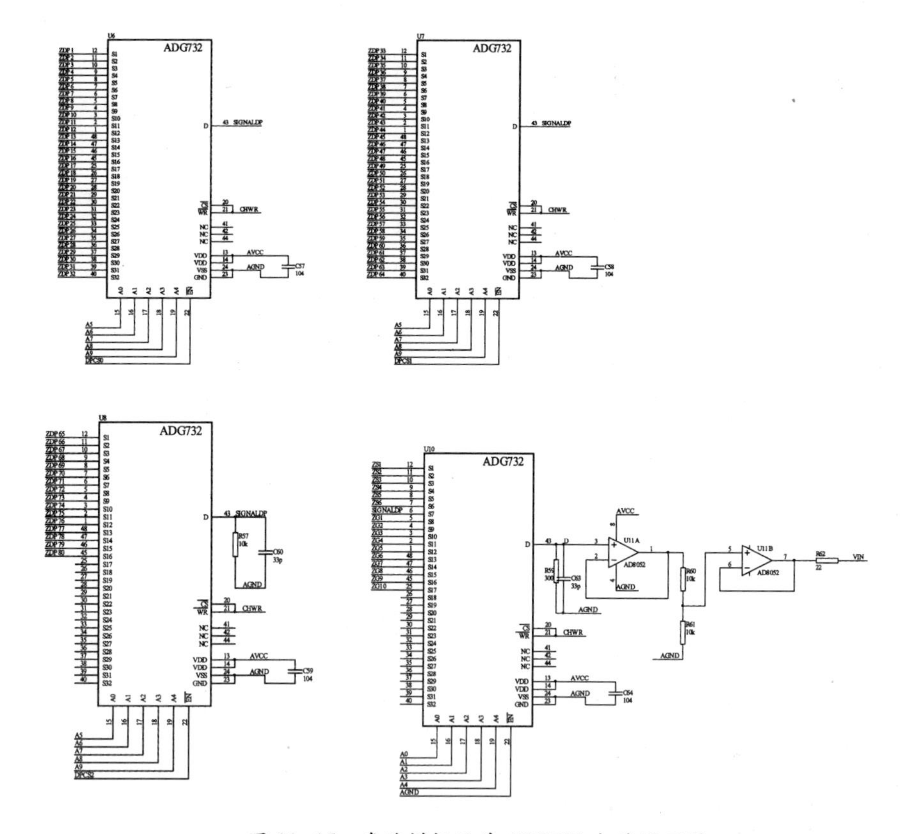

图 11-15　多路模拟开关 ADG732 电路原理图

的转换。设计中采用了 *AD* 公司的高性能 *AD* 转换芯片 *AD*7492，最大采样率为 1. 25*M/s*，12 位的并行数据输出，输出口具有三态功能，使用内部 2. 5*V* 基准电压，并且具有功耗低的特点[11]。

由于 *A/D* 转换器的基准电压为 2. 5*V*，而输入的模拟信号范围为 0~5*V*，因此需要对信号进行适当的分压，分压电路见图 11-15 中模拟开关 *ADG*732（*U*10）的输出端。电阻 R_{60} 和 R_{61} 将模拟开关输出的信号进行 1 ∶ 1 分压，运算放大器 *AD*8052 构成两级电压跟随器对分压前后的信号进行缓冲。

*AD*7492*BRU*-5 的工作时序和电路原理图如图 11-17 和图 11-18 所示。

由图 11-17 可以看出输入信号在 $\overline{CONVST}$ 的下降沿被采样，转换也在此刻开始。转换开始之后 *BUSY* 变为高电平，在 680*ns* 之后变为低电平，这意味着转换结束，并且这部分没有传输延迟。转换结果在 $\overline{CS}$ 和 $\overline{RD}$ 的下降沿被置于总线上。设计中通过将 $\overline{CS}$ 和 $\overline{RD}$ 始终置低，这样一旦 *BUSY* 从高电平变为低电平，转换过程就结束，同时数据被置于输出总线上且在 *BUSY* 下降沿之前都是有效的。

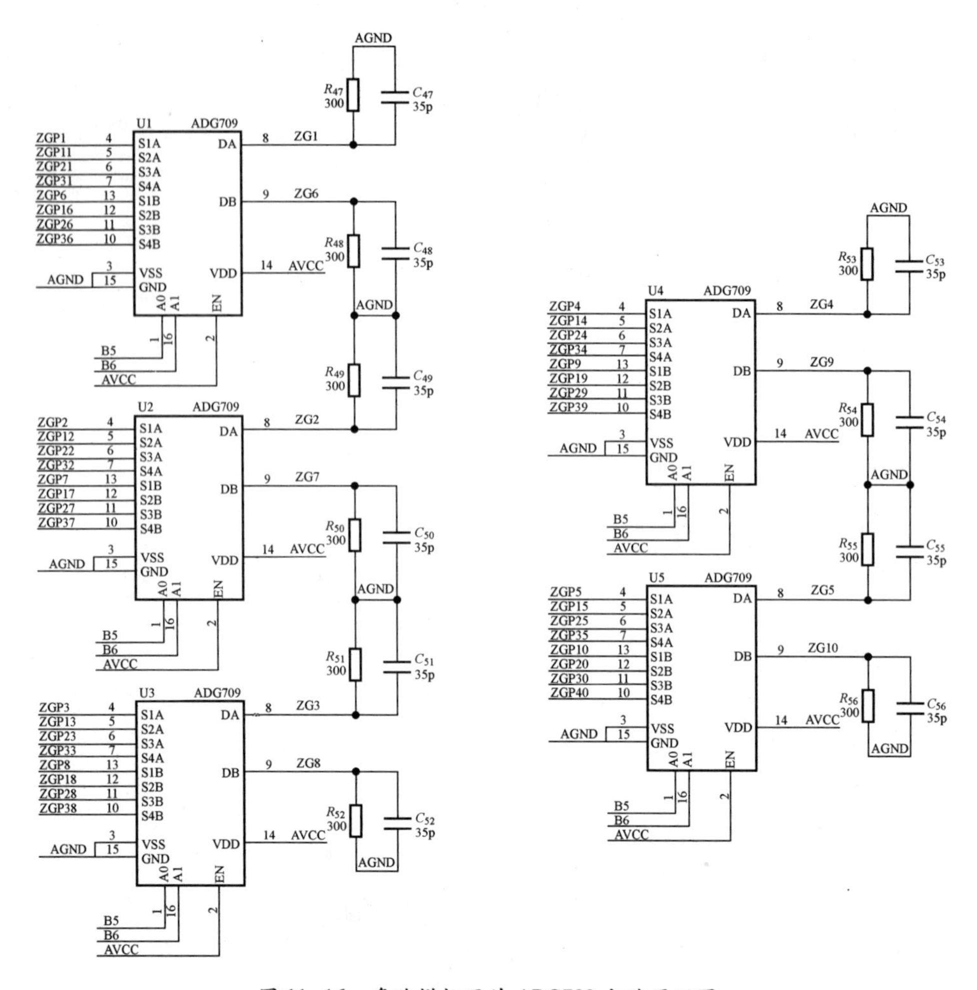

图 11-16　多路模拟开关 ADG709 电路原理图

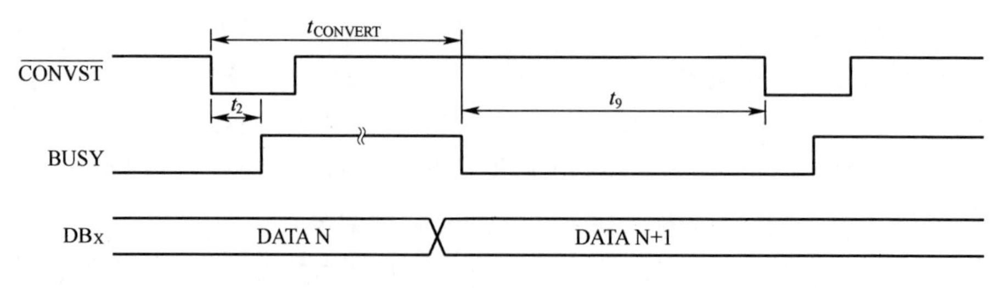

图 11-17　AD7492 工作时序

图 11-18 中 *AD*7492 的片选信号$\overline{CS}$、读输入信号$\overline{RD}$、$\overline{CONVST}$信号、*BUSY* 信号以及数据总线都与 *FPGA* 相连。$\overline{CS}$和$\overline{RD}$都是低电平有效，因此通过 *FPGA* 将

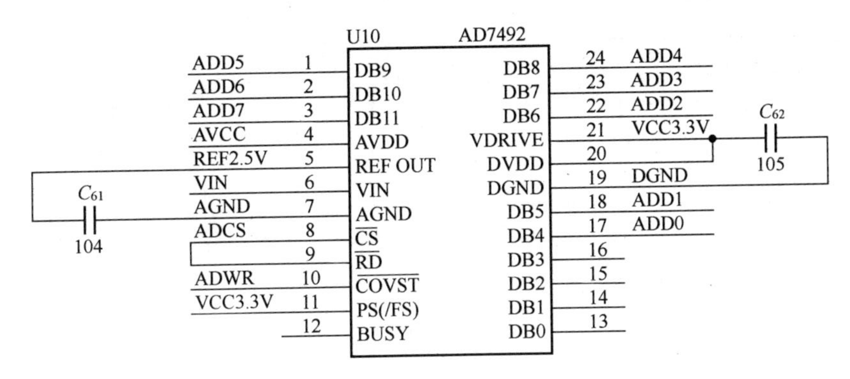

图 11-18　A/D 转换电路原理图

它们始终置低。采样时钟信号即$\overline{CONVST}$信号由 *FPGA* 将系统时钟 50*MHz* 进行分频得到。*BUSY* 信号也与 *FPGA* 相连,作为 *FPGA* 判断 *AD* 转换结束的标志。

*AD*7492 具有两种工作模式,即局部睡眠模式和完全睡眠模式。由引脚 *PS/FS* 进行控制,当该引脚接高电平时为局部睡眠模式,当接低电平时为完全睡眠模式。设计中通过软件将 *PS/FS* 引脚设定为高电平,即让 *AD*7492 工作在局部睡眠模式。在该工作模式下,转换结束后自动进入睡眠状态,在一定程度上降低了系统功耗。

3. 存储板

存储板电路原理图如图 11-20 所示。采编板采集转换的各路信号数据最终都被存储在存储板上。

存储板主要由 4 片容量为 1*GB* 的非易失性 *Flash*(*U*1 ~ *U*4)存储器组成(图 11-19)。*Flash* 存储器采用的是三星公司的 *K9K8G08U0M*,单片容量为 1*G*,

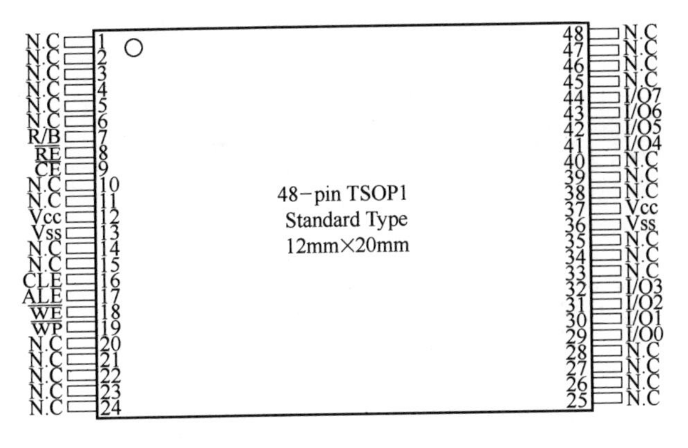

图 11-19　K9K8G08U0M 引脚配置

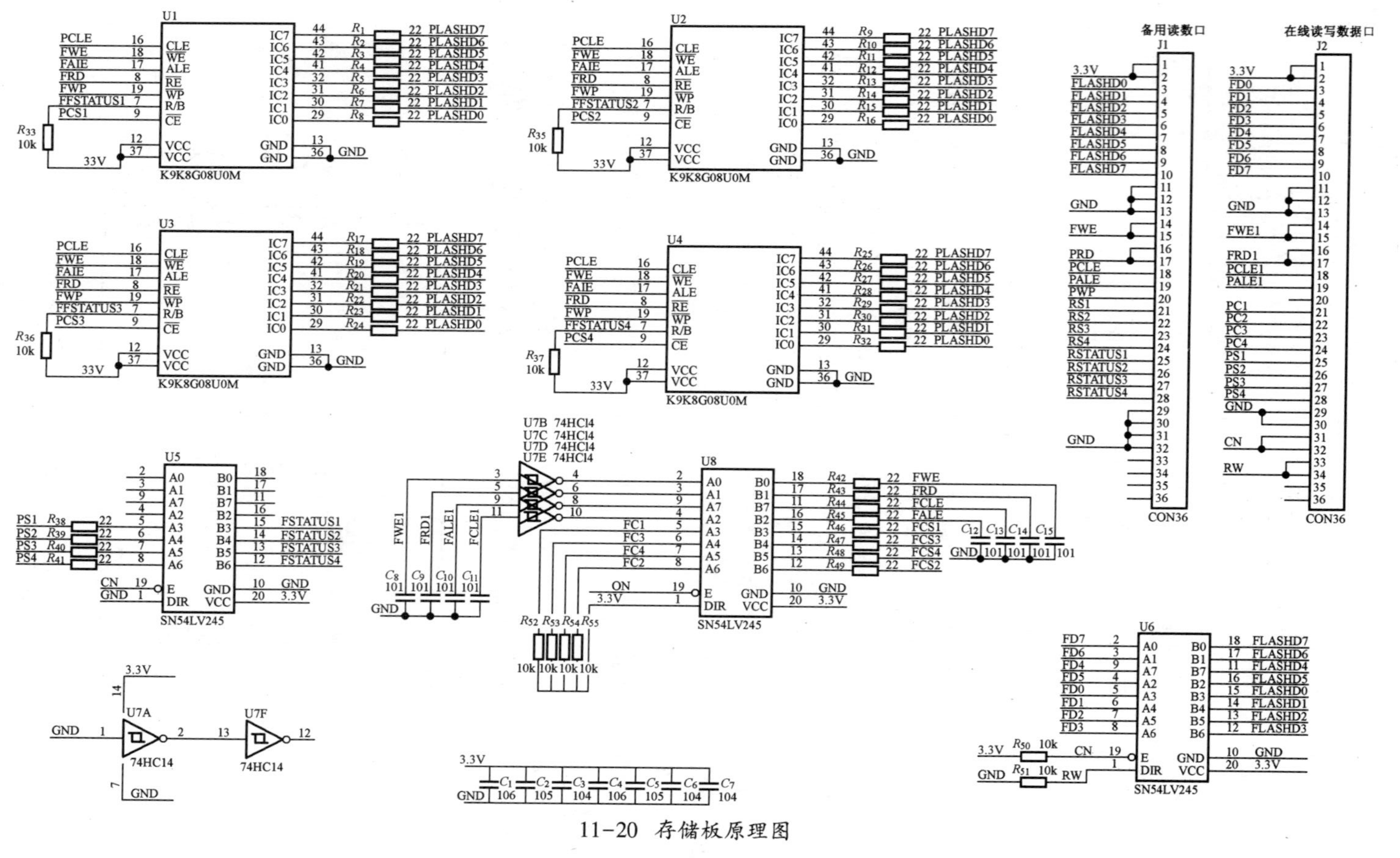
U1
K9K8G08U0M
PCLE
FWE
FAIE
FRD
FWP
FFSTATUS1
PCS1
CLE
WE
ALE
RE
WP
R/B
CE
VCC
GND
IC7
IC6
IC5
IC4
IC3
IC2
IC1
IC0
33V
10k
PLASHD7
PLASHD6
PLASHD5
PLASHD4
PLASHD3
PLASHD2
PLASHD1
PLASHD0
U2
FFSTATUS2
PCS2
U3
FFSTATUS3
PCS3
U4
FFSTATUS4
PCS4
备用读数口
J1
CON36
3.3V
FLASHD0
FLASHD1
FLASHD2
FLASHD3
FLASHD4
FLASHD5
FLASHD6
FLASHD7
PRD
PCLE
PALE
PWP
RS1
RS2
RS3
RS4
RSTATUS1
RSTATUS2
RSTATUS3
RSTATUS4
在线读写数据口
J2
FD0
FD1
FD2
FD3
FD4
FD5
FD6
FD7
FWE1
FRD1
PCLE1
PALE1
PC1
PC2
PC3
PC4
PS1
PS2
PS3
PS4
CN
RW
U5
SN54LV245
FSTATUS1
FSTATUS2
FSTATUS3
FSTATUS4
U7B 74HC14
U7C 74HC14
U7D 74HC14
U7E 74HC14
FWE1
FRD1
FALE1
FCLE1
U8
SN54LV245
FC1
FC3
FC4
FC2
ON
FWE
FRD
FCLE
FALE
FCS1
FCS3
FCS4
FCS2
U6
SN54LV245
U7A
U7F
74HC14

11-20 存储板原理图

4 片总容量为 4*GB*,其中 2*GB* 存储空间作为备份存储空间,满足记录时间和长时间保存数据的要求。存储板接口设计有在线读数接口和备用读数接口。备用读数接口是为了在系统硬回收过程中,在线读数接口损坏的情况下,快速地读取存储的数据。

4. 供电模块

数据黑匣子由外部电源输入的 28*V* 进行供电,28*V* 输入经过 *EMI* 滤波器滤波后进入数据黑匣子内部 *DC/DC* 电源模块转换成 5*V* 电压,提供给内部电路。

11.4.4 数据编码

数据编码的主要作用是将 126 路采编数据进行统一编帧,以方便存储到 *Flash* 存储器,并且在读取数据后便于区分各路模拟信号数据。数据编码的组成如下。

(1) 帧计数:帧计数用来记录数据存储量的大小。

(2) 帧格式:具体定义了存储的每一帧数据的格式,也就是有效数据、帧计数、帧结束标志写入存储模块的具体顺序。

数据编码设计如表 11-1 所示。

该数据格式的设计是与硬件多路模拟开关的设计相对应的。表中的内容即代表系统要采集的信号。表 11-1 中的全部数据代表一大帧数据,其中包括信号数据、帧计数(*SID*1、*SID*2、*SID*3 和 *SID*4)、时间基准信号(*START*)、*CRC* 校验字节(1、2、3、4、5)、小帧结束标志(1122)、大帧结束标志(2*A*22*AA*)等。

表 11-1 数据编码格式

序号	1	2	3	4	5	6	7~79	80
1	ZS1	ZS1	ZS1	ZS1	ZS1	ZS1	…	ZS1
2	ZS2	ZS2	ZS2	ZS2	ZS2	ZS2	…	ZS2
3	ZS3	ZS3	ZS3	ZS3	ZS3	ZS3	…	ZS3
4	ZS4	ZS4	ZS4	ZS4	ZS4	ZS4	…	ZS4
5	ZS5	ZS5	ZS5	ZS5	ZS5	ZS5	…	ZS5
6	ZS6	ZS6	ZS6	ZS6	ZS6	ZS6	…	ZS6
7	DP1	DP2	DP3	DP4	DP5	DP6	…	DP80
8	GP1	GP11	GP21	GP31	—	GP1	…	—
9	GP2	GP12	GP22	GP32	—	GP2	…	—
10	GP3	GP13	GP23	GP33	2A	GP3	…	2A
11	GP4	GP14	GP24	GP34	22	GP4	…	22
12	GP5	GP15	GP25	GP35	AA	GP5	…	AA

（续）

序号	1	2	3	4	5	6	7~79	80
13	GP6	GP16	GP26	GP36	START	GP6	…	START
14	GP7	GP17	GP27	GP37	SID1	GP7	…	SID1
15	GP8	GP18	GP28	GP38	SID2	GP8	…	SID2
16	GP9	GP19	GP29	GP39	SID3	GP9	…	SID3
17	GP10	GP20	GP30	GP40	SID4	GP10	…	SID4
18	1	2	3	4	5	1	…	5
19	11	11	11	11	11	11	…	11
20	22	22	22	22	22	22	…	22

下面分析一下如何通过数据格式计算各通道信号采样频率。

表中总共含有20(行)×80(列)个数据，其中前6行数据ZS1~ZS6代表采样率为50kHz的信号，第7行DP1~DP80代表采样率为0.5kHz的信号，第8行到17行数据GP1~GP40代表采样率为10kHz的信号。每个数据经AD转换后即变成8位的并行数据。由此可以计算出一帧总的数据量为

$$20\text{行}\times 80\text{列}=1600\text{B} \tag{11-15}$$

系统中设置AD总采样率为1MHz，采集时是以表格中的列进行采集的，其中一列又含有20行，所以可以计算得采样频率为50kHz采样率信号的实际采样率为

$$1\text{MHz}\div 20=50\text{kHz} \tag{11-16}$$

从表中可以看出系统每采集一帧数据，共采集50kHz采样频率的信号80次，10kHz采样频率信号16次，0.5kHz采样频率信号1次，由此可以得出50kHz采样频率的信号实际采样率是10kHz采样频率信号的实际采样率的5倍，是0.5kHz采样频率信号的实际采样率的80倍，因此可以计算出10kHz的信号的实际采样率为

$$50\text{kHz}\div 5=10\text{kHz} \tag{11-17}$$

0.5kHz采样率信号的实际采样率为

$$50\text{kHz}\div 80=0.625\text{kHz} \tag{11-18}$$

由上述计算知，所有信号的实际采样频率都满足设计要求的采样频率，如表11-2所示。

表11-2　实际达到采样率与要求采样率对比

要求的采样频率	设计达到的采样频率	信号
50kHz	50kHz	噪声信号
10kHz	10kHz	高频信号
0.5kHz	0.625kHz	低频信号

11.4.5 软件描述

FPGA 内部程序模块如图 11-21 所示,主要由 AD 控制模块、模拟开关控制模块、FIFO 模块以及 Flash 读写控制模块等组成。

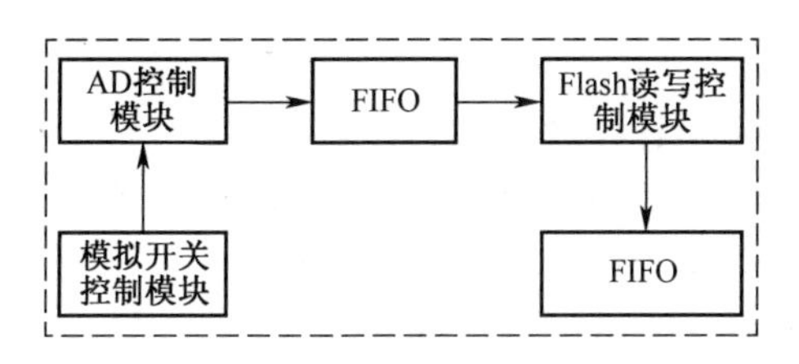

图 11-21 FPGA 内部程序模块

1. 模拟开关控制模块

模拟开关控制模块是根据数据编码中信号采集顺序产生相应的模拟开关选通地址,使模拟开关通道按照数据编码格式中的顺序进行选通信号。模块程序采用 VHDL 语言编写如下。

```
library IEEE;
use IEEE.STD_LOGIC_1164.ALL;
use IEEE.STD_LOGIC_ARITH.ALL;
use IEEE.STD_LOGIC_UNSIGNED.ALL;

entity framectr is
  Port(
     reset       : in std_logic;      --复位信号,低电平有效
     fosc        : in std_logic;      --时钟信号,12.5MHz
     start       : in std_logic;      --启动采集信号
     eraseok     : in std_logic;      --Flash 擦除结束信号,高电平有效
     fclk        : in std_logic;      --1MHz,AD 采样时钟
     adcs        : out std_logic;     --AD 片选信号,低电平有效
     adwr        : out std_logic;     --AD 写信号
     addatain    : in std_logic_vector(7 downto 0);--AD 转换数据,8 位
     chwr        : out std_logic;     --模拟开关片选信号
     addr        : out std_logic_vector(11 downto 0);
      --addr(4 downto 0)是模拟开关 U10 的地址线,

      --addr(9 downto 5)是模拟开关 U6~U8 的地址线
     gpaddr      : out std_logic_vector(1 downto 0);
      --模拟开关 U1~U5 的地址线
```

```
      fifodata     : out std_logic_vector(7 downto 0)
        --经过编帧处理后输出的数据
      );
end framectr;
architecture Behavioral of framectr is
   signal zscont    : std_logic_vector(4 downto 0);
    --噪声信号计数器,计数 20
   signal gpcont    : std_logic_vector(2 downto 0);
    --高频信号计数器,计数 100
   signal fclkzs     : std_logic;
   signal dpcont    : std_logic_vector(7 downto 0);
    --低频信号计数器,计数 80
   signal addrcont    : std_logic_vector(4 downto 0);
    --模拟开关地址计数器
   signal framecont    : std_logic_vector(31 downto 0);
    --帧计数
begin
   adcs<= not eraseok;
   adwr<=not fclk;
   chwr<='0';
   fclkzs<=zscont(4);
   gpaddr<=gpcont(1 downto 0);
   addr(11 downto 5)<=dpcont(6 downto 0);
   addr(4 downto 0)<=addrcont(4 downto 0);

 --行计数器,用于实现 6 路噪声信号的选择
 p1:process(reset,fclk)
 begin
 if(reset='1') then
    zscont<="00000";     --高电平复位,计数器清零
 elsif (fclk'event and fclk ='0') then
    if zscont="10011" then     --计数值到 20,对应数据编码表中的行数
       zscont<="00000";
    else
       zscont<=zscont+1;
   end if;
 end if;
 end processp1;
```

```
--列计数器,用于实现40路高频信号的选择
p2:process(reset,fclkzs)
begin
if(reset='1') then
   gpcont<="000";      --高电平复位,计数器清零
elsif(fclkzs'event and fclkzs ='0') then
   if gpcont="100" then      --计数值到5,对应数据编码表中小帧的列数
      gpcont<="000";
   else
      gpcont<=gpcont+1;
   end if;
end if;
end process p2;

--列计数器,用于实现80路低频信号的选择
p3:process(reset,fclkzs)
begin
if (reset='1') then
   dpcont<="00000000";      --高电平复位,计数器清零
elsif (fclkzs'event and fclkzs ='0') then
   if dpcont="01001111" then
      --计数值到80,对应数据编码表中大帧的列数
      dpcont<="00000000";
   else
      dpcont<=dpcont+1;
   end if;
end if;
end process p3;

--帧计数、帧标志的插入
p4:process(fosc)
begin
if (fosc'event and fosc='1') then
   if(zscont="10010") then
      fifodata<="00010001";      --插入帧标志11
   elsif(zscont="10011")then
      fifodata<="00100010";      --插入帧标志22
```

```
elsif(zscont="10001")then
   fifodata<=dpcont;
elsif(gpcont="100")then
   if(zscont="01101")then
      fifodata<=framecont(31 downto 24);
       --插入帧计数第24位到31位
   elsif(zscont="01110")then
      fifodata<=framecont(23 downto 16);
       --插入帧计数第16位到23位
   elsif(zscont="01111")then
      fifodata<=framecont(15 downto 8);
       --插入帧计数第8位到15位
   elsif(zscont="10000")then
      fifodata<=framecont(7 downto 0);
       --插入帧计数第0位到7位
   elsif(zscont="01100")then
      fifodata(7)<=start;
       --采集启动信号
      fifodata(6 downtown 0)<= "0000000";
   elsif(zscont="01011")then
      fifodata<="00101010";
       --插入帧标志2A
   elsif(zscont="01010")then
      fifodata<="00100010";
       --插入帧标志22
   elsif(zscont="01001")then
      fifodata<="10101010";
       --插入帧标志AA
   else
      fifodata<=addatain;
       --AD转换的数据
   end if;
  else
    fifodata<=addatain;
      --AD转换的数据
    end if;
end if;
end process p4;
```

```
end Behavioral;
```

模拟开关控制与帧插入标志仿真波形如图 11-22 及图 11-23 所示。

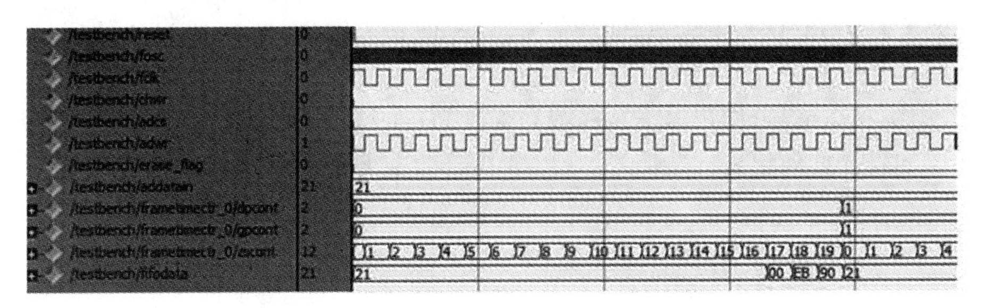

图 11-22　模拟开关控制与帧标志插入仿真波形 1

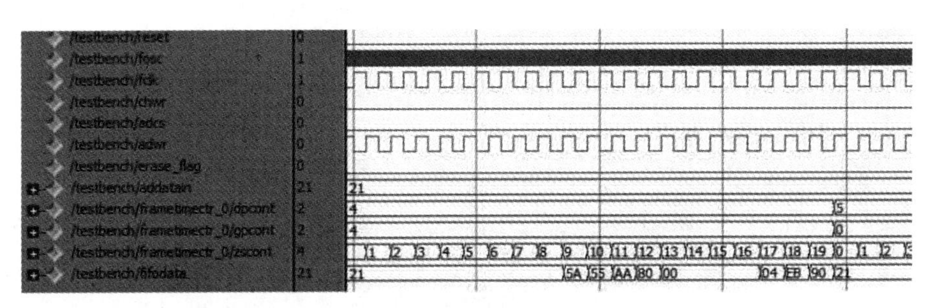

图 11-23　模拟开关控制与帧标志插入仿真波形 2

2. AD 控制模块

AD 控制模块主要是产生 AD 的片选信号以及所需的采样时钟，通过时钟分频获得。

```
adcs<=not eraseok;
    //Flash 存储器擦除完成后启动 AD 转换
adwr<=not fclk;
    //主频时钟分频成 1MHz 信号作为 AD 的采样时钟
```

3. FIFO 模块

系统采用的 FPGA 内部有 2 个 FIFO 模块，用来缓冲数据。其中 1 个用作写入数据时的缓冲，1 个用作读数时的缓冲。

使用 FIFO；一方面是因为 Flash 存储器是一种间歇性工作的器件，存储时有一段 200μs 左右的页编程时间是不能对它进行任何操作的，FIFO 可以帮助存储这段时间内采集的数据；另一方面是可以协调 Flash 读写速度与数据传输系统的速度匹配问题。

FIFO 的本质其实就是一种特殊的双口 RAM，而在 FPGA 内部就有双口 RAM 资源，只要选用合适的 FPGA 芯片，就可以有足够的双口 RAM 资源。因此，可以利用 FPGA 强大的内部资源，自己编写 FPGA 内部集成 FIFO。

1）内部集成 FIFO 需要解决的问题

FIFO 结构的特点是先进先出，对外它是一种没有地址控制的特殊缓存。只要给一个 FIFO 提供读、写使能信号，就能使其工作，这与普通 RAM 的读写使能信号是一样的，不同的是 FIFO 对外不显示地址，只是给出表现内部状态的满、半满和空信号，用户根据这些信号对 FIFO 进行操作。因此，FIFO 设计时最重要的就是如何给出这些信号。FPGA 内部集成 FIFO 的结构如图 11-24 所示。

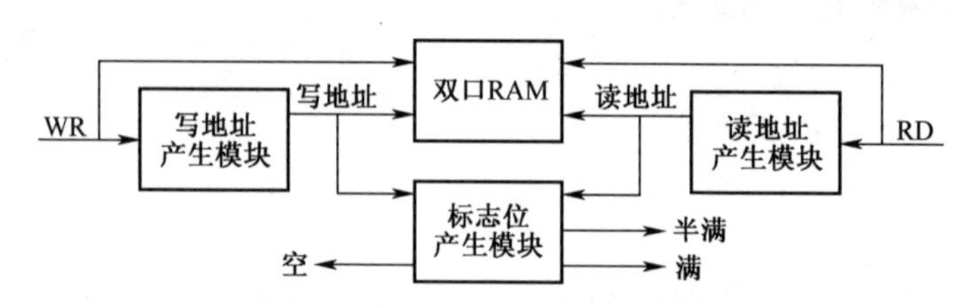

图 11-24　FPGA 内部集成 FIFO 的结构图

2）FIFO 设计方案

不同 FIFO 的内部结构是一样的，主要区别在于产生满、半满以及空状态标志逻辑实现的不同，常用的方式有：用读地址和写地址相减结果来判断 FIFO 的满空状态；把读地址和写地址直接比较来判断 FIFO 的满空状态。第一种方案设计简单，根据两地址相减的结果来判断 FIFO 的状态，不但可以得到满、空状态信号，还可以据此得到 FIFO 的半满状态信号。第二种方案设计是在 FIFO 地址前面要增加一位读写地址。这样，当读写地址完全相等时 FIFO 处于读空状态；当最高位不同而其他位地址相同时，表明写操作赶上读操作，FIFO 处于写满状态。采用这种判断读空、写满标志逻辑后，FIFO 既能准确判断出满、空状态，又能工作到很高的频率。

系统采用了第一种方案。第一种方案可以很容易的控制 FIFO 满、半满、空的深度。对于方案二，虽然控制简单，但是满、空信号没有深度。

3）FIFO 标志位的产生

半满标志的产生办法是：根据读、写地址差值的大小判断 FIFO 内的数据量是否已经达到半满状态。半满标志信号产生流程图如图 11-25 所示。

在数据存储时主要使用半满信号作为读取数据的控制标志。当读、写地址的差值大于 1024 时半满标志一直有效，差值小于 1024 时半满清零。

FIFO 满、空标志的生成原理是与半满一样的，只不过判断比较的差值不一样。FIFO 满时，差值为 2047，空为 1。为了避免时序错误，还可以设定一定的满空深度。例如，当地址差大于 2046 时，认为 FIFO 已满，不再向 FIFO 中写入数据，这样可以避免错误的出现。

满、空信号主要是在读数时使用，用作读数时的握手信号，以保证读数的稳

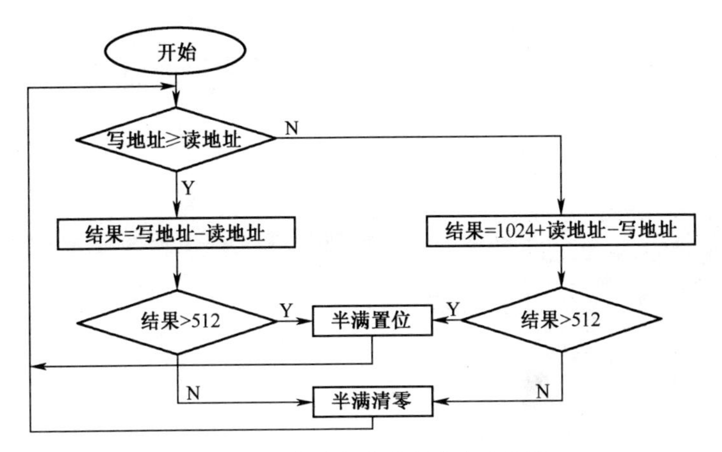

图 11-25　半满标志信号产生流程图

定可靠。

半满、空、满标志产生程序如下。

```
process(fclk)
 begin
     if(fclk'event and fclk='0')then
             if offset<=1 then
-- 空标志
                 empty<='1' ;
             else
                 empty<='0';
             end if;
             if offset>=1024 then
-- 半满标志
                 halffull<='1' ;
             else
                 halffull<='0';
             end if;
             if offset>=2046 then
-- 满标志
                 full<='1' ;
             else
                 full<='0' ;
             end if;
end if;
end process;
```

```
offset<="00000000000"   when (wraddr=rdaddr)
   else (wraddr-rdaddr)   when (wraddr>rdaddr)
   else (2047+wraddr-rdaddr);
--差值计算
```

FIFO 仿真波形如图 11-26 所示。

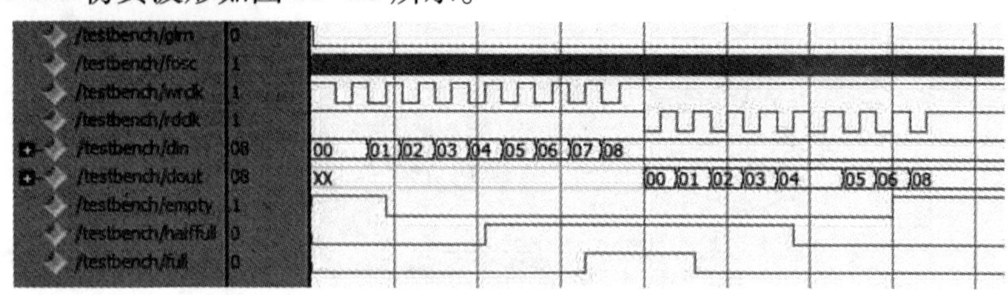

图 11-26　FIFO 仿真波形

为了便于仿真，我们将半满标志门限值设置为 5，满标志门限值设置为 8。

4. Flash 控制模块

Flash 控制模块主要包括块擦除操作、写操作、读操作以及无效块检测 4 部分。

1）块擦除

系统采用的 Flash 存储器为三星公司的 K9K8G08U0M，其内部存储结构如图 11-27 所示。该存储芯片由 8192 块组成，其中每一块又包括 64 页，每一页有(2048+64)B[12]。Flash 存储器在擦除时，是以块为单位的，因此速度非常快（相对于 EEPROM 来说）。块擦除的流程图如图 11-28 所示。

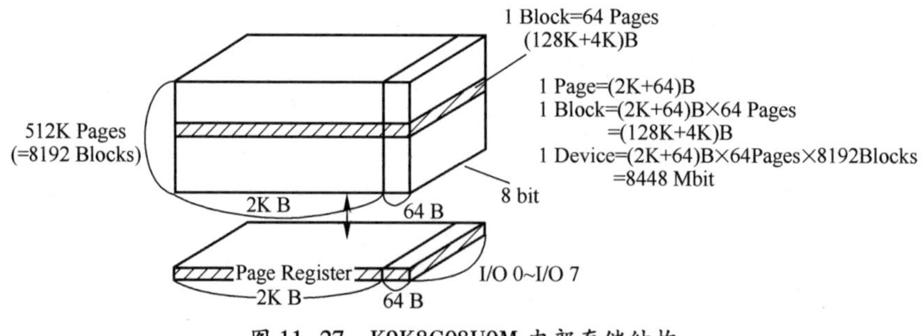

图 11-27　K9K8G08U0M 内部存储结构

2）写操作

写操作也即 Flash 的页编程，是 Flash 的写数特点，其流程图如图 11-29 所示。Flash 芯片内部包含一个页寄存器，写数时先将数据缓存到页寄存器中，在接着写入一个字节的编程命令后，芯片可以自动将页寄存器内容写到存储单元中去。Flash 存储器在数据存储时，是以页为单位存储数据。

3）读操作

Flash 读操作类似于写操作，也是以页为单位进行的，其流程图如图 11-30

所示。

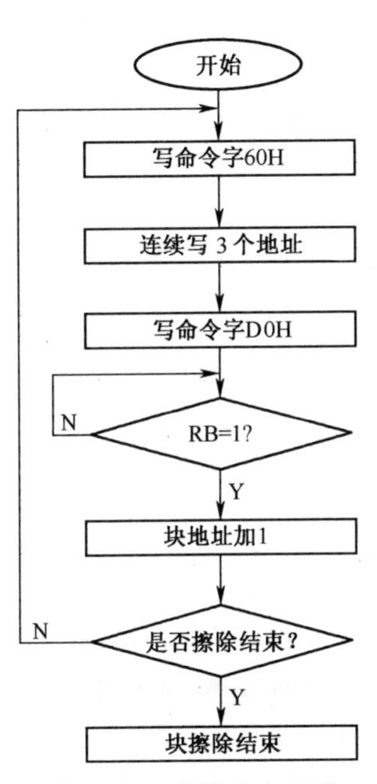

图 11-28　块擦除流程图

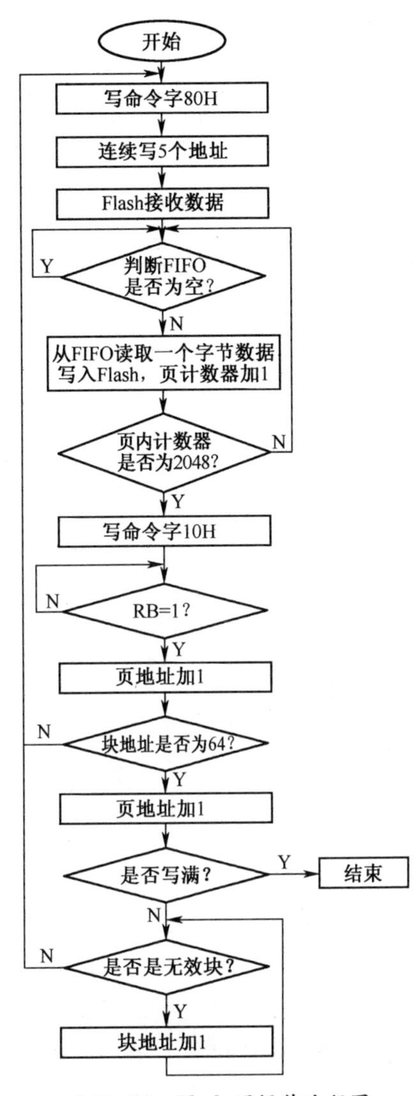

图 11-29　Flash 写操作流程图

4）无效块检测

Flash 芯片在出厂时就有可能存在无效块,使用过程中也可能产生无效块,因此必须在使用前对 Flash 进行无效块检查,避免对无效块进行操作。无效块并不会影响有效块的正常工作,因为在硬件上块与块之间是相互独立的。

当无效块的数量比较少时,一般的处理方法是:先提前检测 Flash 中的无效块,然后在 Flash 控制程序中根据条件判断跳过无效块地址,不对无效块进行操作。这种方法虽然控制简单,但是不具有实时性。因为 Flash 在使用过程中还

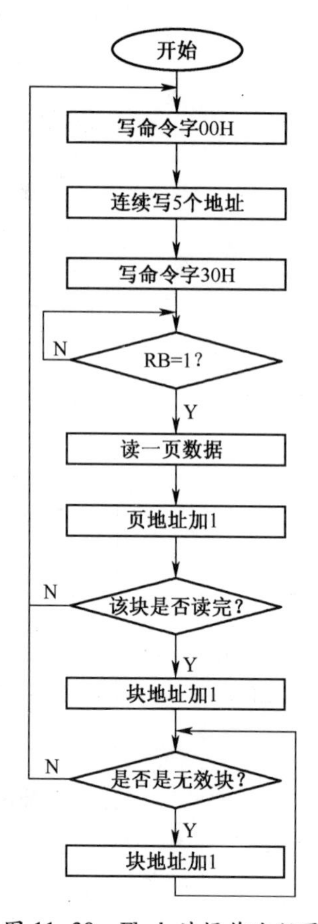

图 11-30　Flash 读操作流程图

会产生新的无效块，这时无效块地址需要实时更新，才能保证数据可靠性。

本设计中采用一种实时查询的方法，该方法要根据具体使用的 Flash 存储芯片来确定检测方法，如本系统使用的是三星公司的 K9K8G08U0M，从芯片资料可知，若该芯片每块的第一页或第二页的 2048 位置不是“FF”，则表示该块是无效块，以此来进行无效块的实时检测。当使用不同的 Flash 存储芯片时，可参考厂家提供的芯片资料确定具体的无效块检测方法。

在 Flash 进行写操作和读操作时都要进行无效块检测。无效块检测流程图如图 11-31 所示。

11.4.6　存储模块的防护

存储模块是整个黑匣子系统的核心部分。为保证存储模块可靠回收，对存储模块内部电路进行整体灌封，然后在存储模块与保护钢壳周围放置毛毡和橡

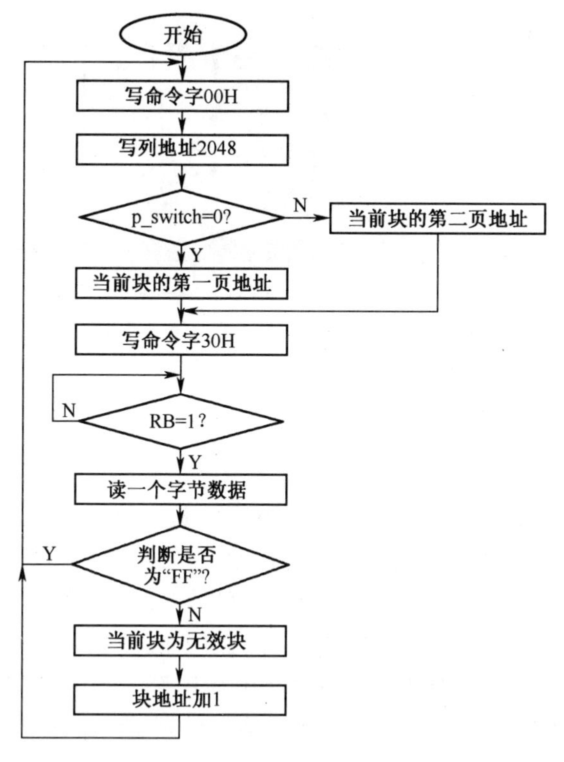

图 11-31　无效块检测流程图

胶垫作为缓冲介质,能够有效保护存储模块内部电路。存储模块防护如图 11-32、图 11-33 所示。

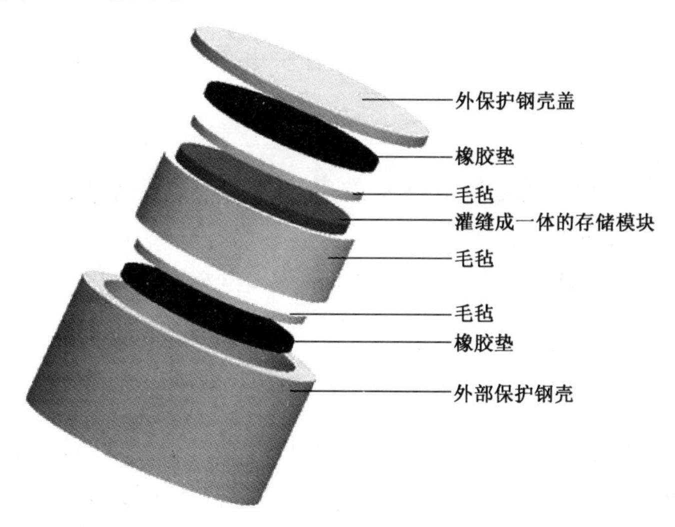

图 11-32　存储模块防护示意图

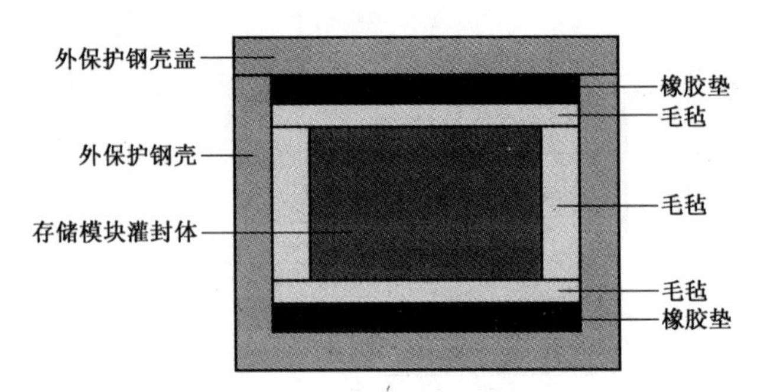

图 11-33 存储模块防护剖面示意图

11.4.7 可靠性

1. 降额设计

所有元器件均按《元器件可靠性降额准则》进行降额设计，以进一步降低元器件的失效率。电阻器件主要从功率降额角度考虑，将实际功率降至额定功率的50%以下；电容主要从降压角度考虑，将实际工作电压降为额定工作电压的50%以下；二极管主要从电流和电压角度降额使用，防止大电流将管子击穿，降额达到50%；逻辑器件主要从容量及频率响应速度方面降额使用；频率响应速度为器件最大响应速度的50%，工作电压取器件规定的最佳电压。

2. 冗余设计

存储模块与采编模块连接的供电信号、时钟信号、读写控制信号采用双点双线冗余设计，存储部分采用双备份冗余设计。

3. 接口防护

数据与控制信号输入接口设有限流保护电阻，以避免误操作引起接口损坏，或发生闩锁效应。

4. 热设计

在本系统设计中，首选低功耗、高效率、高可靠性器件降低发热量。

5. 增强系统抗干扰设计

采用整体屏蔽结构设计，甩出电缆采用单芯屏蔽电缆，以增强抗干扰能力。

11.4.8 环境试验

为验证黑匣子在恶劣环境下工作的可靠性，对黑匣子进行了多项环境试验，包括热真空试验、加速度试验、低气压试验、冲击试验、可靠性增长试验、温度—湿度循环试验以及电磁兼容试验。经过各种环境试验的考核，证明该黑匣子的可靠性设计方案是可行的。

11.4.9 实测数据

图 11-34 是黑匣子采集的振动信号,经上位机处理后的波形。

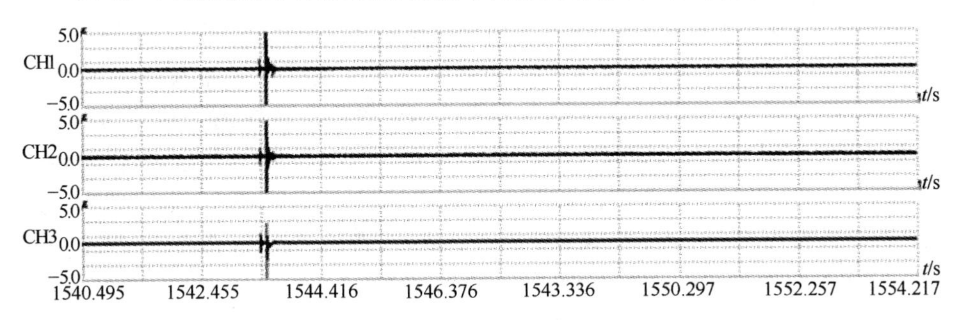

图 11-34 采集显示的波形

参 考 文 献

[1] 谢微.图解黑匣子[J].现代军事,2002,7:84.

[2] 金榜,王跃科,王湘祁. 军用自动测试设备的发展趋向[J].计算机自动测量与控制,2001(5):1-3.

[3] 赵新民,王祁.智能仪器设计基础[M].哈尔滨:哈尔滨工业大学出版社,1999:197.

[4] 周秀清,刘兆黎.电子产品的可靠性设计探讨[J].石油仪器,2006,6:18.

[5] GJB/Z 35—1993.元器件降额准则[S].北京:国防科学技术委员会,1994.

[6] 张文栋.存储测试系统的设计理论及其应用[M].北京:高等教育出版社,2002:80.

[7] 白同云.电磁兼容设计[M].北京:北京邮电大学出版社,2001.

[8] 李军.检测技术及仪器[M].北京:中国轻工业出版社,2006.

[9] 李鹏.基于反熔丝 FPGA 的空间力学参数采编单元的设计与研究[D]. 太原:中北大学,2010.

[10] XILINX. Spartan-IIE 1.8V FPGA Family:Complete Data Sheet,2004,7.[DB]

[11] ANALOG DEVICE. 1.25 MSPS, 16 mW Internal REF and CLK,12-Bit Parallel ADC,2001.[DB]

[12] SAMSUNG. K9XXG08UXM, Preliminary, FLASH MEMORY,2005.[DB]

内 容 简 介

武器系统的射击和发射、燃烧和爆炸、飞行过程、撞击和侵彻过程大多具有高温、高压、高速、高冲击、瞬变性及运动规律复杂多变等特性,此外还有结构紧凑、空间狭小、试验成本昂贵等特点。为了实时实况地测取武器系统运动过程的动态参数,经常需要将测试仪器系统的主体放置到被测体内或被测场中,承受与被测对象相同的恶劣环境。恶劣环境可能会影响仪器的性能,甚至可能损坏仪器。因此,强烈要求考虑仪器系统具有微小体积、质量和功耗,在恶劣环境下高的动态测试精度,对复杂运动规律的适应性,高的存活性,低的对被测对象的“介入”误差等因素。这些要求催生新的测试理论和技术。《新概念动态测试》从原理上和实践上研究这些问题。

本书分为两篇。第一篇论述新概念动态测试原理。包括为实现上述要求的测试系统动态特性设计原理;适应被测过程复杂多变的运动规律、恶劣条件及军工测试特殊需要的适应性设计方法;脉冲校准原理及在恶劣的应用环境下溯源性校准、动态特性溯源性校准、环境因子校准等 3 个层面校准的原理和技术;仪器系统在恶劣环境下的存活性研究。第二篇论述新概念动态测试应用,分析 7 个已成功应用的领域的动态测试方法、系统组成及设计、动态校准及数据处理方法。本书研究的是恶劣环境下的信息获取科学和技术。

本书可供从事武器系统动态测试及其他恶劣环境下动态测试的科技工作者参考,可作为仪器科学与技术相关专业博士、硕士研究生及高年级本科生的参考书。

Brief Introduction

The weapon systems, experiencing firing or launching, combustion and explosion, flying process, impact and penetration, tend to suffer from high temperature, high pressure, high speed, high impact, transient behavior and complex motion; moreover, they are often compact in structure and leave enclosed small space for the mostly very costly testing. For real-time truly testing of the dynamic parameters in the motion processes of the weapon systems, it becomes significant for the main body of instruments to be positioned either within the tested effect physical field or inside the tested objects, enduring the same harsh environment as the objects do, Harsh environment may influence the performance of the instruments, or even worse damage them. Therefore, the considerations including the small volume, light weight, low power consumption, and high accuracy of dynamic testing in harsh environment, the suitability for complex motion, and survivability in harsh environment, and elimination of influence on the tested object, etc, are strongly required. These are hastening the creation of new test theories and techniques. "New concept dynamic test" theoretically and practically studies these problems.

The book is composed of two parts. Part I discusses the principle of new concept dynamic test, including general design principle of dynamic test system for weapon systems; adaptability design meeting the special requirements of military industry, like harsh environment and complexity of swift motion; pulse calibration theory and three aspects of calibration technology: traceable calibration for tests in harsh environment, traceable calibration for dynamic properties, and calibration of the environmental factors; and the system's survivability in harsh environment. Part II discusses and analyzes the dynamic test methods, system composition and design, dynamic calibration and data processing by taking seven practically successful test projects as examples. The book studies the information acquisition science in harsh environment.

This book is for the readers engaged in the area of dynamic test of modern weapon systems or other tests in harsh environments, and for the students majoring the disciplines related to instrumentation sciences in their doctoral, graduate or senior-undergraduate study.